Repertorium der Physik.

Eine Zusammenstellung

der neueren Fortschritte dieser Wissenschaft.

Band VIII.

Enthält:

Galvanismus, von W. Beetz.
Akustik, von A. Seebeck.

Mit zwei Figurentafeln.

Berlin.
Verlag von Veit & Comp.
1849.

Den vorliegenden Bericht über die Fortschritte des Galvanismus habe ich vom Jahre 1835, wo der erste Bericht vom Herrn Professor Moser im I. Bande des Repertoriums geliefert wurde, bis 1847 fortgeführt. Durch diesen Abschluss sind allerdings manche (wenn auch nicht sehr viele) interessante Arbeiten des letzten Jahres ausgeblieben, er wurde aber dadurch geboten, dass der grösste Theil des Manuscripts schon im December 1847 vollendet und zum Druck gegeben war. Durch die Zeitumstände ist das Erscheinen des Buches so verzögert worden, dass den letzten Kapiteln wohl noch die neueren Arbeiten hätten hinzugefügt werden können; der Gleichmässigkeit wegen habe ich jedoch auch hier mit demselben Jahre abgeschlossen.

Berlin im Mai 1849.

Bz.

Zwanzigster Abschnitt.

Die Fortschritte des Galvanismus in den Jahren 1837 – 1847.

Von

Dr. W. Beetz.

I. Ketten und Säulen.

Ketten mit einer Flüssigkeit.

Neben den constanten Ketten, deren Geschichte ganz dem zu besprechenden Zeitraume angehört, haben sich noch immer einige Ketten mit einer Leitungsflüssigkeit geltend gemacht, besonders weil sie zu technischen Zwecken leichter zu handhaben sind.

Die Kupferzinkkette hat verschiedene Veränderungen erfahren. Van Melsen [1]) hat der Pariser Academie eine Säule vorgelegt, über welche sich die Commission günstig ausspricht. Es ist eine Modification der Faraday'schen Säule, nur dass zur Trennung der Platten Glasscheiben statt des gefirnissten Papiers angewandt werden. Die Wärmewirkung dieser Kette, verglichen mit der einer Daniell'schen von gleicher Oberfläche, fiel sehr zu Gunsten der ersteren aus, wie der Verfasser hinzufügt, wegen der grossen Entfernung der Platten, welche bei der constanten Kette durch die Einbringung des porösen Gefässes nöthig wird. — In Gassiot's Batterie wird Brunnenwasser als Leitungsflüssigkeit angewandt. Die aus 3520 Paaren zusammengesetzte Säule besteht aus Kupfer und Zinkcylindern, welche in gut gefirnissten Glasgefässen stehen. Diese sind ebenfalls auf gefirnisste Glasplatten gestellt, welche auf gläsernen Unterlagen an hölzernen Rähmen befestigt sind. Versuche mit der Wasserbatterie haben Gassiot [2]) und Noad [3]) beschrieben. —

1) Inst. IX. 164.*

2) Phil. Trans. 1840. 184*; Phil. Trans. 1844. 39*; Phil. Mag. XXV. 285*; Pogg. Ann. LXV. 476*; Inst. XII. 239*; Arch. de l'El. IV. 262*. Arch. des sc. ph. et nat. III. 44.

3) Phil. Mag. XIX. 106*.

Warren de la Rue[1]) schlägt als Leitungsflüssigkeit Kupfervitriol vor, eine Veränderung, die Fyfe[2]) in seiner Kette ebenfalls anbrachte, in welcher das Zink durch Eisen ersetzt ist. Ein Zusatz von Salpeter oder Seesalz vergrösserte die Wirkung. Van der Boon Mesch, der mit beiden Vorrichtungen Versuche angestellt hat[3]), erwähnt übrigens, dass schon Mulder[4]), Pfaff[5]) und Marianini[6]) ähnliche Vorschläge gemacht haben. Van der Boon Mesch fand, dass sich das Kupfer nicht nur auf die Kupferplatten, sondern auch auf das Zink ablagere, dies geschah auch, wenn die Zinkplatten nach de la Rue's Vorschlag nur mit Kupferdrähten umgeben waren; seine Messungen zeigen indess, dass der Kupferniederschlag der Wirkung der Kette nur wenig schadet, wenn er nicht die Kupferplatte selbst berührt. Die mit Kupfervitriol gefüllten Säulen übertrafen die mit verdünnter Schwefelsäure bedeutend an Wirkung; die Fyfe'sche Kupfereisenkette fand er von schwächerer Wirkung als die Kupferzinkkette. Desbordaux wendet ein Gemisch aus Zinkvitriol, Kupfervitriol, und Schwefelsäure an[7]), und der Fürst Bagration gräbt die Platten in ein Gefäss mit Erde, die mit einer Salmiaklösung getränkt ist[8]). Die von Wheatstone[9]) vorgeschlagene Kette besteht aus Zinkamalgam, das sich in einem kleinen Thoncylinder von einem Zoll Tiefe und 0,75 Zoll Durchmesser befindet, und Kupfercylindern, welche von Kupfervitriollösung umgeben sind. Für Wirkungen bei grossem ausserwesentlichen Widerstande ist eine Anzahl solcher Ketten ganz anwendbar, aber nicht von constanter Thätigkeit. Der Vortheil dieser Vorrichtung besteht darin, dass man das verbrauchte Zink leicht durch neues ersetzen kann.

Smee hat die Bemerkung gemacht und benutzt, dass eine Kette eine stärkere Wirkung giebt, nachdem man die Platten er-

1) Phil. Mag. X. 244*; Pogg. Ann. XL. 628*.
2) Phil. Mag. XI. 145*; Pogg. Ann. XLIII. 228*.
3) Bull. des sc. phys. de Néerl. 1839. 420*; Tijdsch: voor Nijverheid. V. 137. 283. 543.
4) Natuur en Scheikundig Archief I. en II.
5) Der Electromagnetismus. Hamburg. 1824. 83.
6) Ann. de chim. phys. XXXIII. 152.
7) Inst. XII. 258*; Mech. Mag. XLI. 237*.
8) Inst. XII. 65*; Mech. Mag. XLI. 44*; Arch. de l'El. IV. 158*.
9) Arch. de l'El. IV. 114. 338*; Pogg. Ann. LXI. 212* LXII. 511*; Phil. Trans. 1843. 309*; Ann. de chim. phys. 3me Ser. X. 267*.

hitzt und wieder abgekühlt hat [1]). Er schreibt jene Wirkung der Entfernung einer, unter gewöhnlichen Umständen an der Platte haftenden Luftschicht zu, welche die Flüssigkeiten von der unmittelbaren Berührung mit den Metallen abhält. Auch für Kohlenketten fand er jenes Mittel wirksam. Da er sich nun überzeugt hatte, dass in einem Strome die grösste Gasmenge an den Ecken, Kanten oder Spitzen abgegeben wird, so verband er ein Stück Platinschwamm mit amalgamirtem Zink, und erzeugte dadurch eine Kette von sehr kräftiger Wirkung. Um den zerbrechlichen Platinschwamm zu vermeiden, wurden andere Flächen platinirt, und gaben, mit Zink verbunden, und zur Wasserzersetzung angewandt, folgende Resultate:

Platinirtes Platin, 7 Quadr.-Zoll gross,		5″Cub	in 1	Min.
Erhitztes Platin	do.	1 -	- 1	-
Gewöhnliches Platin	do.	1 -	- 6	-
Platinirtes Coke, ein kleines Stück,		3 -	- 5	-
Gewöhnlicher Coke	do.	1 -	-25	-

Es wurde nun geprüft, welche Substanz sich am besten als Unterlage für den Platinschwamm eigne; auch Porzellan befand sich unter den untersuchten Stoffen. Palladium, Silber, und plattirtes Silber entsprachen dem Zweck am besten, Silber vorzüglich, so dass also die Smee'sche Kette aus platinirtem Silber und amalgamirtem Zink besteht. Eine Platte von 32 Quadratzoll beiderseitiger Oberfläche soll auf etwa 6 Pence zu stehen kommen. Paterson ersetzt das Silber der Smee'schen Kette durch Eisen [2]); die Eisenplatten werden durch blosses Eintauchen in eine salpetersalzsaure Platinlösung platinirt. Ausser der grösseren Wohlfeilheit findet er in dieser Anordnung den Vortheil, dass das Eisen nicht so leicht von Quecksilbertheilchen, welche vom amalgirten Zink herübergeführt werden, angegriffen wird, wie das Silber.

Die Anwendung des Eisens als negatives Metall einer Kette ist von Roberts [3]) eingeführt worden, wenn auch Andere [4]) schon viel früher ähnliche Vorschläge gemacht haben; er fand, dass Zink und Eisen einen stärkeren Strom erzeugen, als unter gleichen Um-

1) Phil. Mag. XVI. 315*; Mech. Mag. XXXII. 540*; Pogg. Ann. LI. 375*; Bibl. un. XVII 186*.

2) Mech. Mag. XXXIII. 20*.

3) Phil. Mag. XVI. 142*; Pogg. Ann. XLIX. 532*.

4) Vrgl. Suckow im Journ. f. prakt. Chem. XXIV. 418; und Poggendorff in seinen Annalen LV. 337*.

ständen Zink und Kupfer. Poggendorf [1]) hat diese Angabe bestätigt, und zwar sowohl für Schwefelsäure, als Salpetersäure und Kochsalzlösung, ja sogar überwog eine Zinkeisenkette selbst nach Einschaltung bedeutender Widerstände eine Zinksilber- oder Zinkplatinkette, nicht aber Daniell's constante Zinkkupferkette. Als Grund des abweichenden Verhaltens des Eisens führt er an [2]), dass das Eisen dem Strome bei seinem Uebergange in die Flüssigkeit einen geringeren Uebergangswiderstand darbiete, als das Kupfer, so dass, wenn in den die Intensität beider Ketten ausdrückenden Brüchen die im Zähler stehende electromatorische Kraft bei der Zinkkupferkette auch die grössere wäre, der ganze Werth durch den grösseren Nenner doch kleiner ausfallen könne, wie der entsprechende bei der Zinkeisenkette. Zum Belege für diese Ansicht schaltete er in beide Ketten Widerstände (Neusilberdraht) ein. Bei der Zinkeisenkette war die relative Stromschwächung grösser, wie es auch nach den obigen Betrachtungen sein musste. Hieraus folgert Poggendorff zugleich, dass die genannte Kette in Fällen, wo kein zu grosser Widerstand im Schliessungsbogen gegeben ist, allerdings mit Vortheil statt der sonst üblichen anzuwenden sei. Roberts [3]) sucht die Wirkung der Zinkeisenkette anders zu erklären. Er kann nicht begreifen, wie Kupfer der Electricität einen grösseren Widerstand darbieten könne, als Eisen, da es doch ein besserer Leiter sei. Er nimmt daher an, beide Metalle erleiden in der Kette eine Oxydation, die Säure vermöge das gebildete Kupferoxyd nicht vollständig aufzulösen, wohl aber das Eisenoxyd, und da die Oxyde schlechtere Leiter seien, als ihre Metalle, so entstehe beim Kupfer eine grössere Stromschwächung. Er führt hierfür an, dass im ersten Moment des Eintauchens die Kupferzinkkette Wasser viel heftiger zersetze, als die Eisenzinkkette, dass die Kupferzinkkette an einem Differentialgalvanometer zuerst die überwiegende war, dann aber von der Eisenzinkkette überwogen wurde; dass die Eisenfläche blank blieb, während die Kupferfläche sich mit braunem Oxyd bedeckte; und dass nach zwölfstündiger Wirkung das Kupfer in der ersten Kette Nichts, das Eisen aber von 9 Drachmen 6 Gran verloren

1) Pogg. Ann. XLIX. 532*; Phil. Mag. XVIII. 42*.
2) Pogg. Ann. L. 255*.
3) Phil. Mag. XIX. 106*; Inst. VIII. 122*.

hatte. — Spätere Messungen haben Poggendorff[1]) in seiner Ansicht über die Ursache der bedeutenden Wirkung der Zinkeisenkette bestärkt. Bei Einschaltung eines grossen Widerstandes, der dem von 50000 Fuss gewöhnlichen Kupferdrahtes, wie er zum Galvanometer gebraucht wird, gleichkam, zeigte sich die Wirkung zu Gunsten der Zinkkupferkette, während sie bei einem geringeren Widerstande zu Gunsten der Eisenkette ausfiel. Es war nämlich die Intensität der

	bei 50000 Fuss Draht	bei 5 Fuss Draht und einem anderen Multiplicator
Zinkkupferkette	1678	284
Zinkeisenkette	1000	1000

Sturgeon[2]) hat die Roberts'sche Kette in grösserem Maassstabe construirt. Sein Apparat besteht aus gusseisernen Töpfen und Zinkcylindern, welche in eine im Verhältniss 1 : 8 verdünnte Schwefelsäure tauchen. Die Wirkung dieser Säule, welche auch Mohr[3]) beschreibt, war sehr heftig. Spencer bemerkt, dass dieselbe um so kräftiger war, wenn sich die Platten mit einer Rostschicht bedeckt hatten.

De la Rive's[4]) Kette ist aus amalgamirtem Zink und Platin construirt, welches von Bleisuperoxyd umgeben ist. Als Leitungsflüssigkeit dient verdünnte Schwefelsäure. Die Wirkung dieser Kette, welche anhaltend, aber doch nicht constant ist, schreibt de la Rive der Oxydation des Zinks und der Reduction des Bleisuperoxyds zu.

Um inconstanten Ketten auf einige Zeit eine grössere Constanz zu verleihen, hat Poggendorff[5]) vier Mittel vorgeschlagen, die er zunächst bei der Kupferzink-, aber auch bei anderen Ketten anwandte: 1) Erhitzen der Kupferplatte an der Luft bis zum Verschwinden der anfangs erscheinenden Farben. 2) Eintauchen in Salpetersäure und sofortiges Abspülen mit Wasser. 3) Bekleiden mit einem Ueberzug von gefälltem pulverförmigen Kupfer, wie man es vermittelst der Daniell'schen Kette bekommt, sobald die Lö-

1) Pogg. Ann. LIII. 436*; Berl. Acb. 1841. 151*.
2) Ann. of El. V. 66. 121*; Dingl. p. J. LXXVII. 280*.
3) Pogg. Ann. LI. 372*; Dingl. p. J. LXXX. 152*.
4) Arch. de l'Él. III. 159*; Pogg. Ann. LX. 400*.
5) Pogg. Ann. LI. 384*; Berl. Acad. Ber. 1840. 219*; Inst. IX. 336*; Arch. de l'Él. I. 268*.

sung des Kupfervitriols verdünnt ist, und freie Säure enthält. 4) Bekleiden mit dem ähnlichen Ueberzug, der sich bildet, wenn man Kupferplatten in Schwefelsäure von gewisser Verdünnung stehend, der Wirkung des hin- und hergehenden Stromes der Saxton'schen Maschine aussetzt.

Eine bedeutende Verstärkung der gewöhnlichen Volta'schen Säule erreicht Muncke [1]) dadurch, dass er in der Anordnung: Kupfer, nasse Pappe, Zink, nasse Pappe, Kupfer die Pappscheiben vor dem Netzen mit pulvrisirtem Graphit bekleidet, der durch schwaches Gummiwasser zum kleben gebracht, und gegen die Kupferplatte gelegt wird.

Amalgamirte Metalle in der Kette. [2])

Das amalgamirte Zink hat wegen seiner geringen Angreifbarkeit durch verdünnte Säuren, und wegen seiner Stellung am positiven Ende der Spannungsreihe in fast allen neueren Ketten die Stelle des positiven Metalles angenommen. Zuerst wurde zu diesem Zweck Zinkamalgam von Kemp [3]), amalgamirte Zinkplatten von Sturgeon [4]) angewandt; der letztgenannte Physiker fürchtete jedoch, dass die Zerbrechlichkeit solcher Platten ihrer Einführung entgegen sein würde; in der Unangreifbarkeit seiner Platten fand er übrigens den schärfsten Beweis gegen die chemische Hypothese des Galvanismus.

De la Rive hatte früher gezeigt [5]), dass destillirtes Zink von Säuren weniger angegriffen wird, als käufliches. Er hatte diese Erscheinung durch eine grosse Zahl kleiner Volta'scher Ströme erklärt, welche zwischen dem Zink und einem verunreinigenden Metall entstehen, und durch welche am negativen Metall Wasserstoff entwickelt wird, während sich das positive oxydirt. Auf die Thätigkeit der Amalgame lässt sich diese Erklärungsweise nicht ausdehnen, da dieselben noch unangreifbarer sind, als das destillirte Zink.

---

1) Pogg. Ann. LIII. 276*; Inst. X. 56*.

2) Vergl. Rep. I. 185*.

3) Jamson's. Ed. Journ. Oct. 1828.

4) Recent exper. Research. 42. p. p.; Faradey Exp. Res. 999*.

5) Bibl. univ. XLIII. 391. Pogg. Ann. XIX. 221*; Quarterl: Journ. of Sc. 1831. 388.

Die Gründe, welche Faraday [1]) für die Unangreifbarkeit des amalgamirten Zinks aufstellt, schliessen sich dieser Betrachtungsweise an. Nach ihm nämlich verschwinden, durch die Gleichförmigkeit, welche die Zinkoberfläche durch den Quecksilberüberzug erhält, jene klei-

---

1) Exp. Res. 1000*. Faraday's Arbeiten sind immer nach der Paragraphennummer citirt. Um die Parallelstellen leichter finden zu können, folgen hier dieselben von der 11. Reihe an. Bis dahin stehen sie Rep. I. 176. Die bekannte Zusammenstellung der Experimental researches in Electricity erschien Vol. I 1839. Vol. II. 1844. Der letztere beginnt mit Ser. XV. Par. 1749 und schliesst mit Ser. XVIII. Par. 2145.

Ser XI. §. 18. On Induction 1—6. 1161; Phil. Trans. 1838. 1; Phil. Mag. XIII. 281. 412; Ann. of El. IV. 1. 81; Pogg. Ann. XLVI. 1. 537. Supplementary Note: 1307. Phil. Trans. 1838. 79; Phil. Mag. XIV. 34; Ann. of El. IV. 229; Pogg. Ann. XLVI. 581.

Ser. XII. §. 18. On Induction (continued) 7 - 9. 1318; Phil Trans. 1838. 83; Phil. Mag. XII. 426; Ann. of El V. 81. 161; Pogg. Ann. XLVII. 33.

Ser. XIII. §. 18. On Induction (coutinued) 9—11. §. 19. Nature of the electric current. 1480. Phil. Trans. 1838. 125; Phil. Mag. XII. 430; Ann. of El. V. 255. 321; Pogg. Ann. XLVIII. 269.

Ser. XIV. §. 20. Nature of the electric force or forces. §. 21. Relation of the electric and magnetic forces. §. 22. Note on electric excitation. 1667. Phil. Trans. 1838. 265; Phil. Mag. XIII. 402; Ann. of. El. V. 407; Pogg. Ann. I Erg. 249.

Ser. XV. §. 23. On the character and direction of the electric force of the Gymnotus. 1749. Phil. Trans. 1839. 1; Phil. Mag. XV. 358; Pogg. Ann. I. Erg. 385.

Ser. XVI. §. 24. On the source of power in the voltacc pile 1 — 3. 1796. Phil. Trans. 1840. 61; Phil. Mag. XVI. 329; Arch. de l'Él. I. 93. 342; Pogg. Ann. LII. 149.

Ser. XVII. §. 24. (continued) 4 — 10. 1913. Phil. Trans. 1840. 93; Pogg. Ann. LIII. 316.

Ser. XVIII. §. 25. On the electricity evalued by the friction of water and steam aganist other bodies. 2075. Phil. Trans. 1843 17; Pogg. Ann. LX. 321.

Ser. XIX. §. 26. On the Magnetization of light and the illumination of magnetic lines of force. 2146. Phil. Trans. 1846. 1; Pogg. Ann. LXVIII. 105.

Ser. XX. §. 27. On new magnetic actions, and on the magnetic condition of all matter. 1 — 4. 2243. Phil. Trans. 1846. 21; Pogg. Ann: LXIX 289.

Ser. XXI. §. 27. (continued) 5—7. 2343. Phil. Trans. 1846. 41; Pogg. Ann. LXX. 24.

nen Ströme, oder, wenn jene Gleichförmigkeit im ersten Momente noch nicht vollständig ist, führen sie das Quecksilber so lange zu den negativen Theilchen, bis alle gleichmässig mit Quecksilber bekleidet sind. Aehnlich ist Grove's [1]) Erklärung. Er stützt sich auf die Beobachtungen von Davy [2]) (denen die von Ritter [3]) bereits vorausgehen), dass Quecksilber durch die Aufnahme anderer Metalle stark positiv wird. Wenn nämlich das unreine Zink mit Quecksilber überzogen wird, so nimmt dies kleine Antheile anderer Metalle auf, wird dadurch positiver, und polarisirt alle kleinen negativen Elemente, welche oben erwähnt wurden, so dass sie ebenso positiv werden, wie das Zink, und dass also die kleinen Ströme hier fortfallen. Faraday [4]) hat noch eine, allerdings noch unwahrscheinlichere Erklärung für die grosse Wirksamkeit des amalgamirten Zinks gegeben. Das unamalgamirte Zink neutralisire durch das erzeugte Oxyd die, seine Oberfläche berührende Säure, so dass die weitere Oxydation verzögert wird, während auf der Oberfläche des amalgamirten Zinks alles gebildete Oxyd sogleich durch die freie Säure, welche zugegen ist, fortgeschafft wird, und die reine metallische Oberfläche stets bereit ist, mit voller Kraft auf das Wasser zu wirken. Poggendorff [5]) erklärt übrigens diese Auseinandersetzung, wie die ganze Annahme örtlicher Ströme und die daraus gezogenen Folgerungen für unzulässig.

Henrici [6]) hält die Wirkung der Amalgame für eine secundäre, weil er fand, dass bei gleichzeitigem Eintauchen einer trockenen amalgamirten, und einer gewöhnlichen Zinkplatte die letztere sich zuerst positiv verhielt, dass der Strom aber bald die entgegengesetzte Richtung annahm. Er erklärt diese Erscheinung daraus, dass die Amalgame eine stärkere Ladung annehmen, als ihre reinen Metalle, und hält dafür, dass sie übrigens in der electromotorischen Reihe unter den letzteren stehen.

Den Widerspruch, in welchem die starke Wirkung des unangreifbaren Zinks in der Kette zur electrochemischen Theorie steht,

---

1) Phil. Mag. XV. 81*; Pogg. Ann. XLVIII. 310*; C. r. VIII. 1023*.
2) Phil. Trans. 1826. Bac. lect. 405*; James. Ed. Journ. Dec. 1826.
3) Gilb. Ann. XVI. 293.
4) Exp. Res. 1005*.
5) Pogg. Ann. XLIX. 70.
6) Pogg. Ann. LVIII. 372*.

sucht de la Rive[1]) durch eine Beobachtung von Daniell[2]) zu heben, dass nämlich das amalgamirte Zink im Momente des Eintauchens wohl von verdünnten Säuren angegriffen wird, dass sich aber seine Oberfläche schnell mit Gasblasen bedeckt, die den weiteren chemischen Process verhindern. Verbindet man aber die Zinkplatte mit einer in dieselbe Flüssigkeit tauchenden Platinplatte, so soll der Wasserstoff durch den Strom, der durch diese Berührung eine neue Richtung erhalten hat, fortgeführt, und auf das Platin abgesetzt, das Zink aber dadurch einem weiteren Angriffe ausgesetzt werden.

Eine Amalgamation des Eisens erlangte Grove[3]), indem er eine Eisenplatte als negative Electrode in verdünnter Schwefelsäure anwandte, und darauf mit Quecksilber in Berührung brachte, oder indem er das Eisen mit Quecksilber behandelte, das ebenfalls als negative Electrode gedient hatte; er fand dabei, dass diese Erscheinung von der Reduction eines Alkali's herrühre, eine Beobachtung welche Poggendorff[4]) dadurch bestätigt hat, dass ihm die Amalgamation nicht in chemisch reiner Schwefelsäure gelang, wohl aber, wenn er derselben schwefelsaures Kali oder Natron hinzusetzte. Die von Böttger[5]) vorgeschlagene Amalgamationsmethode bekleidet das Eisen nur mit einer Schicht von Zinkamalgam. Man bringt in ein Porcellangefäss 12 Gewichtstheile Quecksilber, 1 Theil Zink, 2 Theile Eisenvitriol, 12 Theile Wasser, und $1\frac{1}{2}$ Theil Salzsäure, wirft das zu amalgamirende Eisen hinein, und erhitzt bis zum Kochen. Münnich hat das Eisen durch Reiben mit verdünnter Schwefelsäure (im Verhältniss 1:7), einer kupfernen Kratzbürste, und Quecksilber leicht amalgamirt[6]), doch fürchtete er auf diese Weise einen Ueberzug von Kupferamalgam erhalten zu haben, jedenfalls sieht er das Kupfer als durch den Metallcontact beim Processe mitwirkend an, ebenso wie das Zink bei der Böttger'schen Methode. Um ganz reines Eisenamalgam zu erhalten, rieb er die Eisenplatte mit Sand oder Bimsstein, verdünnter Schwefelsäure, und Quecksilber.

1) Pogg. Ann. XL. 370*.

2) Phil. Trans. 1836. 107*; Pogg. Ann. XLII. 265*; Bibl. univers. 1836. I. 107.

3) C. r. VIII. 1023*; Pogg. Ann. XLVIII. 311*.

4) Pogg. Ann. LXVII. 363*.

5) Beiträge, Heft III. 14*; Pogg. Ann. LXVII. 115*.

6) Pogg. Ann. LXVII. 364*.

Die Verquickung beginnt nicht ohne Schwierigkeit; ist aber erst eine Stelle vom Quecksilber angegriffen, so verbreitet sich dasselbe leicht von da aus weiter [1]. Am einfachsten wird nach Poggendorff's [2] Vorschlag das Eisen durch Eintauchen in Quecksilberchloridlösung oder in metallisches, mit verdünnter Säure übergossenes, Quecksilber erhalten.

Das galvanische oder durch Eintauchen in Quecksilberchloridlösung verquickte Eisen verhält sich beim Contacte mit gewöhnlichem Eisen negativ, das nach Böttger's Methode bereitete dagegen positiv. Das letztere ist sogar positiv gegen gewöhnliches Zink [3]. In die electromotorische Spannungsreihe hat Poggendorff [4] einige Amalgame in folgender Weise eingeordnet: Amalgamirtes Zink, Zink, Cadmium, amalgamirtes Cadmium, amalgamirtes Zinn, amalgamirtes Blei, Blei, Zinn, Eisen, amalgamirtes Eisen. Nach Münnich [5] steht das amalgamirte Eisen in dieser Reihe sehr nahe dem platinirten Silber, so dass er eine Kette aus amalgamirtem Eisen und amalgamirtem Zink mit Vortheil mit einer Smee'schen Batterie verglich.

Kette mit zwei Flüssigkeiten.

Die erste Kette mit zweien Flüssigkeiten hat Becquerel [6] construirt. Seine Zellensäule (pile clissonnée) bestand aus zweien, durch eine poröse Wand getrennten, Zellen, in deren eine Kupfer, in die andere Zink taucht. Beide sind mit verschiedenen Lösungen gefüllt; die besten Resultate erhielt Becquerel mit salpetersaurem Kupferoxyd und salpetersaurem Zinkoxyd. Diese Säule hat einigen Physikern Gelegenheit gegeben, Becquerel für den Erfinder der constanten Kette zu halten, aber Poggendorff [7] bemerkt mit Recht, man würde dem Pariser Physiker zu viel Ehre anthun, wenn man ihm diese Erfindung zuschreiben wollte, denn erstens ging er bei der

1) Pogg. Ann. LXVII. 363*.
2) Pogg. Ann. L. 263*.
3) Pogg. Ann. LXVII. 363*.
4) Pogg. Ann. L. 263*.
5) Pogg. Ann. LXVII. 362*.
6) Ann. de chim. phys. II. Ser. XLI. 20*.
7) Pogg. Ann. XLII. 283*.

Construction seiner Zellensäule von ganz anderen Principien aus, als die waren, auf welche die Erforderung der constanten Kette gestützt wurde; dann ist die salpetersaure Kupferlösung ebensowenig die geeignetste Flüssigkeit in der einen Zelle, als die schwefelsaure Zinklösung in der anderen; und drittens geben die von ihm gerade mit dieser Säule angestellten Messungen keineswegs den Beweis von der Constanz ihrer Kraft, denn die Abweichung des Galvanometers war 84° im ersten Augenblick, 72° nach 15 Minuten, 68° nach 30 Minuten [1]).

Das Verdienst die constante Kette erfunden zu haben gebührt demnach nicht Becquerel sondern Daniell [2]). Seine Kette besteht aus einem Kupferbecher, an dessen Deckel ein Stück Ochsengurgel befestigt ist, deren beide Enden mit Korken verstopft sind. Durch den oberen geht ein amalgamirter Zinkcylinder, durch den unteren ein Glasrohr, das den Boden des Kupferbechers durchbohrt, und zur Seite in die Höhe gebogen ist. Die innere Zelle (in der Gurgel) ist mit verdünnter Schwefelsäure, die von oben her durch einen Trichter immer wieder erneuert wird, während die schwerere alte Säure, welche Zinkoxyd gelöst hat, durch den Heber abfliesst. Die äussere Zelle enthält Kupfervitriollösung, um statt des Wasserstoffs metallisches Kupfer auf der inneren Fläche abzuscheiden. Diesen letzteren Zweck der Kupferlösung hat Becquerel durchaus nicht erkannt; übrigens sagt er selbst [3]), dass seine Kette die Ursache der Verminderung, welche ihre Intensität fortwährend erleide, in sich trage, denn es gehen Zersetzungen und Stoffverände-

---

1) Traité de l'Électr. V^b. 167*.

2) Phil. Trans. 1836. 117*; Pogg. Ann. XLII. 272*. Daniells sich hieran anschliessende Arbeiten sind:
— On voltaic combinations, a letter to M. Faraday. Phil. Trans. 1836. 107*; Pogg. Ann. XLII. 263*.
— Additional observations on voltaic combinations; a letter etc. Phil. Trans. 1836. 125*; Ann. of El. I. 102*; Pogg Ann. XLII. 277*.
— Further observations on volt. comb. in a letter etc. Phil. Trans. 1837. 141*; Ann. of El. III. 165*.
— Fourth letter on volt. combinations. Phil Trans. 1838. 41*; Ann. of El. VII. 1*.
— Fifth letter on volt. comb. Phil. Trans. 1839. 89*.
— Sixth. letter on volt. combinations. Phil. Trans. 1842. 137*; Pogg. Ann. LX. 387*.

3) Ann. de chim. phys. II Ser. XLI. 23*.

rungen in ihr vor, welche eine, dem ursprünglichen Strome entgegengerichtete Polarisation hervorbringen. Es ist deshalb auffallend, dass er dennoch seine Kette als die erste constante ausgiebt [1]; es kommt dabei noch die, gewiss auf einem Druckfehler beruhende Verwechselung vor, als sei er der erste gewesen, der das schwefelsaure Kupferoxyd in die Zelle eingeführ hat. Auch Edmond Becquerel's Worte [2]: „Man sieht nach den von meinem Vater aufgestellten Principien, dass, um eine constante Kette zu bilden, beide Platten in verschiedene Flüssigkeiten tauchen müssen, welche durch eine Scheidewand getrennt sind, die die Flüssigkeiten nach und nach durchdringen lässt, weil diese Vorrichtung die einzige ist, durch welche der durch die Polarisation der Electroden hervorgebrachte secundäre Strom zerstört werden kann" vermögen die Ansprüche seines Vaters, mit dessen eigenem Ausspruche sie im directen Widerspruche stehen, nicht zu retten. Daniell [3] ist den Bemühungen E. Becquerel's, das Erstenrecht für seinen Vater zu erlangen, durch eine nochmalige Auseinandersetzung der Principien, von denen er bei seiner Erfindung geleitet wurde, und der ganz abweichenden, welche die Becquerel'sche Zellenkette entstehen liessen, begegnet. Die hierauf erfolgte Antwort [4] vermag Daniell's Recht ebensowenig zu schmälern, so dass wir am besten E. Becquerel's Frage unentschieden lassen „ob kindliche Liebe ihn geblendet hat, oder vielmehr Liebe zur Wahrheit."

Die grosse Aehnlichkeit, welche diese Kette mit der constanten in ihrer äusserlichen Gestalt hat, wird gewiss selbst mancher Anhänger der electrochemischen Hypothese einen Glücksfall zu nennen nicht umhin können [5].

In der Gestalt hat die constante Kette vielfache Veränderungen erfahren. Als poröse Scheidewände sind Blase, Seegeltuch, Packpapier, verglühtes Porzellan, Pergament, Holz, Leder etc. angewandt; die Porzellangefässe, welche Daniell [6] zuerst vorschlug,

---

1) Ann. de chim. phys. III Ser. VII. 360*.

2) Ann. de chim. phys. III Ser. III. 442*; Arch. de l'Él. II. 406*.

3) Phil. Mag. XX. 294*; Ann. de chim. phys. III Ser. V. 401*; Arch. de l'Él. II. 406*; Ann. of El. VIII. 456*.

4) Ann. de chim. phys. III Ser. V. 412*; Phil. Mag. XXI. 329*; Arch. de l'Él. II. 406*.

5) Pogg. Ann. XLIX. 514*.

6) Phil. Trans. 1837. 144*.

scheinen aber immer die Oberhand zu behalten. Péclet [1]) schlägt viereckige Kupferkästen vor, in denen ein Sack von gegerbtem Kalbleder mit der Zinkplatte hängt. Der Sack enthält Zinkvitriollösung, der Kupferkasten Kupfervitriol.

Mullins [2]) hat in seiner soustaining battery, um den Kupferabsatz, welcher immer auf der Blase stattfindet, zu vermeiden, Holzcylinder vorgeschlagen, welche zuvor in mit Schwefelsäure angesäuertem Wasser ausgekocht sind. Er stellt in diese Cylinder, welche Kupfervitriollösung enthalten, hohle, unten geschlossene und mit Sand gefüllte Kupfercylinder. Oben ist ein Kupferrand an dieselben gelöthet, der mit Kupfervitriolkrystallen gefüllt ist, und der umgebenden Flüssigkeit durch Löcher Zutritt zu den Krystallen gewährt, um sie immer in derselben Concentration zu erhalten. Grove [3]) construirte eine zwanzigpaarige Säule aus Eisenplatten, die abwechselnd in verdünnte Schwefelsäure und Kupfervitriollösung, beide durch poröse Thongefässe getrennt, tauchten. Die eine Hälfte der Platten überzieht sich mit Kupfer und vertritt dadurch die Stelle der Kupferplatten in der Daniell'schen Kette. In ähnlicher Art hat Spencer [4]) das Kupfer durch Tabaksblei ersetzt, das zu einem gerippten Cylinder zusammengefaltet wird, um der Flüssigkeit eine recht grosse Oberfläche darzubieten. Die Anwendung gerippter Kupfercylinder rührt übrigens nach einer Angabe von Dircks [5]) von Dancer her, der sie in den Jahren 1838—39 zuerst vorschlug. Clarke [6]) vergrössert die Kupferoberfläche dadurch, dass er dem Zinkcylinder innen und aussen einen Kupfercylinder gegenüberstellt. Ein Kupferbecher enthält einen hohlen Cylinder mit doppelten Wänden von einer thierischen Membran. Zwischen diesen Wänden befindet sich der Zinkcylinder in verdünnter Schwefelsäure, im inneren Raum ein hohler, mit Sand gefüllter Kupfercylinder. Die, an diesem und dem Kupferbecher befindlichen Quecksilbernäpfchen sind durch einen Leitungsdraht verbunden, und

1) C. r. VIII. 632*.
2) Phil. Mag. XV. 37*.
3) Phil. Mag. XIII. 430*.
4) Ann. of El. III. 591*.
5) Mech. Mag. XL. 215*.
6) Ann. of El. III. 77. 85. 314*.

bilden den einen Pol, ein Näpfchen am Zink den anderen Pol der Kette.

Grove's [1]) constante Kette bestand aus einem kleinen Glase, auf dessen Boden der Kopf einer Thonpfeife gekittet war. Das Glas enthielt Salpetersäure und einen Platincylinder von drei Viertel Zoll Höhe, der Pfeifenkopf verdünnte Schwefelsäure oder Kali und eine Zinkplatte, die in der verdünnten Säuren amalgamirt, in Kali unamalgamirt angewandt wurde. Grove fand die Stromstärke bei Anwendung von Kali grösser, wie die Messungen von Poggendorff [2]) später gezeigt haben. Indess fand Grove den Gebrauch des Kali's durch die Bildung von Salpeterkrystallen unausführbar; Thongefässe werden durch dieselben gesprengt, andere Scheidewände gewinnen wenigstens bedeutend an Widerstand. Schoenbein [3]) liess eine Säule nach der Grove'schen Construction von Watkins anfertigen, bei welcher sich die Platinplatten in parallelopipedischen, mit Salpetersäure gefüllten Thonkästen befanden, die nach Art der Wollaston'schen Ketten von den amalgamirten Zinkplatten umgeben waren. Grüel [4]) gab beiden Metallen Cylinderform, trennte die Flüssigkeiten durch poröse Thonbecher, und erhielt so eine sehr kräftig wirkende Vorrichtung, bei der sich aber die Salpetersäure zwischen dem Platin und dem Thonbecher stark erhitzte, während die innere Platinfläche unthätig blieb. Er zerschnitt deshalb das Platin, und formte es zu einem Kreuz, an dessen oberen Durchschnittspunkt ein eingesägter Kupferdraht als Leitung befestigt wird. Poggendorff [5]), hat die Platinplatte in die Gestalt eines S gebracht wodurch, bei sonst gleichen Vortheilen, das Platin unzerschnitten bleibt.

Knox [6]) verbindet die Thongefässe der Grove'schen Säule durch Glasröhren miteinander, füllt sie alle auf einmal, und stellt den ganzen Apparat in einen Trog mit verdünnter Schwefelsäure. Um die Mischung der beiden Flüssigkeiten zu verlangsamen, hat

1) C. r. VIII. 567*; Pogg. Ann. XLVIII. 300*; Phil. Mag. XV. 287*; Mech. Mag. XXXI. 447*; Bibl. un. XVII. 388.

2) Pogg. Ann. LIV. 369*.

3) Pogg. Ann. XLIX. 511*.

4) Pogg. Ann. LI. 383*; Inst. IX. 336*; Arch. de l'Él. I. 270*; Ann. of El. VIII. 75*.

5) Pogg. Ann. LIV. 425*.

6) Inst. IX. 189*.

Morse [1]) zwei poröse Gefässe ineinander gesetzt, und den Zwischenraum ebenfalls mit Salpetersäure angefüllt. Die Diffusion verändert dann zunächst vorzugsweise die Zwischenflüssigkeit. Mullins [2]) füllte, besonders für electromagnetische Zwecke, die Platinzelle mit salpetersaurem Ammoniak, die Zinkzelle mit Chlorammonium; das Zink ist nicht amalgamirt, das Platin möglichst dünn, und kann auch durch dünne Brettchen von Buchsbaumholz, die auf beiden Seiten mit Kohle eingerieben sind, ersetzt werden.

Die Ansichten, welche Becquerel [3]) über die Erfindung der constanten Ketten aufgestellt hat, haben sowohl Daniell als Grove zu Erwiderungen Veranlassung gegeben. Becquerel sagt von Daniell, er habe Grove's Versuche wieder aufgenommen, und mit Umsicht verfolgt. Zur Widerlegung dieser Angabe führt Daniell die Zeitpunkte an, an welchen seine und Grove's Vorrichtungen zuerst der Oeffentlichkeit übergeben wurden, und fügt hinzu [4]), Grove habe von seiner Kette immer nur als von einer weiteren Anwendung der Principien gesprochen, die er (Daniell) früher aufgestellt habe. Hiergegen protestirt Grove [5]). Er habe weder die Becquerel'schen noch die Daniell'schen Grundsätze zu seiner Erfindung benutzt, sondern die früher von ihm auseinandergesetzten [6]), welche von beiden abweichen. Die späteren Bemerkungen von Daniell [7]) und von Grove [8]) verbreiten sich noch weiter über diese Streitfrage. Auch Mullins [9]) widerspricht der von Daniell ausgesprochenen Ansicht [10]), als weiche die von ihm (Mullins) beschriebene Kette (sustaining battery) nur in Nebensachen von der seinigen ab; Form und Princip beider sei in vielen Hinsichten abweichend.

Ganz neuerdings hat Callan [11]) den Vorschlag gemacht, das

---

1) Americ. J. XLIV. 1; Arch. de l'Él. III. 651*.

2) Inst. X. 429*.

3) Traité de l'Él. V^{b}. 195*.

4) Phil. Mag. XX. 304*; Ann. de chim. phys. III Ser. V. 401*; Arch. de l'Él. II. 406*; Ann. of El. VIII. 456*.

5) Phil. Mag. XXI. 333*; Ann. of El. IX. 538*.

6) Phil. Mag. XV. 287* etc.

7) Phil. Mag. XXI. 421*.

8) Phil. Mag. XXII. 32*.

9) Phil. Mag. XXII. 133*; Ann. of El. VIII. 465*.

10) Phil. Mag. XX. 303* etc.

11) Phil. Mag. XXXI. 81.

Platin in der Grove'schen Kette durch platinirtes Blei zu ersetzen, und statt der Salpetersäure ein Gemisch aus 4 Gewichtstheilen concentrirter Schwefelsäure, 2 Th. Salpetersäure und 2 Th. gesättigter Salpeterlösung anzuwenden. Poggendorff [1]) hält die Salpeterlösung für überflüssig, und nimmt nur Gemische aus den beiden Säuren; dann aber fand er die Angaben Callan's völlig bestätigt. Die electromotorische Kraft der Kette kam der der Grove'schen gleich, und übertraf sie sogar, wenn das Platin nur in Salpetersäure tauchte.

Die Kohlenzinkkette ist zuerst von Cooper [2]) vorgeschlagen und von Schoenbein [3]) empfohlen worden. Der letztere bediente sich der harten graphitähnlichen Kohle, welche sich an den Wänden der Gascylinder ablagert. Cooper's Ansprüche auf die Erfindung der Kohlenzinkkette gehören dem Jahre 1840 an, und sind somit älter als die, welche Itier [4]) erhoben, und auf eine Mittheilung [5]) vom Januar 1841 begründet hat; diese Mittheilung bezieht sich auf die Anwendung von Holzkohle in der Kette. Ungefähr gleichzeitig mit derselben erschienen die ersten Angaben Bunsen's [6]) über den Gebrauch eines Gemenges aus Coak und Steinkohlen als negativen Elementes der constanten Kette. Die Kohlencylinder sind unten geschlossen, von oben ausgehöhlt, und haben so die Bestimmung, die porösen Thongefässe mit zu vertreten, indem sie mit der oxydirenden Substanz, am besten Salpetersäure, gefüllt werden. Der amalgamirte Zinkcylinder wird durch Bindfäden, die in Wachs getränkt sind, von der Kohle abgehalten; ebenso werden die Stellen der Kohle, an welchen das leitende Metall befestigt wird, in Wachs getränkt, was ihre Leitungsfähigkeit gar nicht ändern soll. Poggendorff [7]) hat gleich bei dieser ersten Mittheilung darauf aufmerksam gemacht, wie manche Uebelstände ein Verdrängen der Zinkplatinkette durch die Zinkkohlenkette verhin-

---

1) Pogg. Ann. LXXII. 495*.

2) Phil. Mag. XVI. 35*.

3) Pogg. Ann. XLIX. 589*.

4) Inst. XII. 11*.

5) Bull. de la Soc. de Statistique de Grenoble. Janv. 41.

6) Pogg. Ann. LIV. 417*; Dingl. p. J. LXXXI. 275*; Ann. d. Chem. u. Pharm. XXXVIII. 311; Ann. de chim. phys. III Ser. VII. 355*; Arch. de l'Él. III. 96*.

7) Pogg. Ann. LIV. 420*.

dern würden: Uebelstände, die zum Theil auch jetzt, bei besserer Beschaffenheit der Kohle, manchem Physiker bemerklich sein werden. Die Kohle ist nicht immer gleich porös, und lässt, selbst im dichteren Zustande, die eingegossene Säure schnell hindurchfliessen. Nach Bunsen's Vorschlag braucht man sie zwar nur in Salpetersäure zu tränken, doch nimmt sie hierbei etwa die Hälfte ihres Gewichtes an Säure in sich auf, die man nach jedem Gebrauch gut auswaschen, und also verloren geben muss, wenn sich die Wirkung der Kohle nicht sehr vermindern soll. Um also die Batterie jeden Augenblick schlagfertig zu haben, bedarf man zweier Kohlen für jede Zelle; hierdurch wird auch der Kostenpunkt nicht sehr vortheilhaft für die Kohlenzinkkette, namentlich da (selbst jetzt noch) der Preis eines Cylinders ein sehr hoher ist. Ueberdies ist ein solcher Cylinder zerbrechlicher als Platin, und wenn dies auch in seiner Gestalt gelitten hat, so behält es doch seinen Werth als Metall [1]). Die Kohle, welche in der Bunsen'schen Kette angewandt wird, wird durch Glühen eines gesiebten Gemenges von etwa einem Theil pulverisirten Coaks und zwei Theilen gut backender Steinkohlen in eisenblechernen Formen bei mässigem Kohlenfeuer dargestellt [2]). Sie wird darauf in einer Lösung von Zuckerabfällen getränkt, getrocknet, und in einem, mit Kohlenstücken angefüllten, bedeckten, feuerfesten Gefässe der mehrstündigen Einwirkung einer starken Weissglühhitze, z. B. in einem Töpferofen, ausgesetzt. Sie ist dann wenig porös, nicht abfärbend, klingend, metallisch aussehend, und sehr fest. Man kann aus dieser Substanz entweder Cylinder drehen, oder Parallelepipeden formen, die man mittelst einer Säge in Platten schneidet.

Eine wesentliche Verbesserung der Kohlenzinkkette ist die, dass der Kohlencylinder nur noch als negativer Erreger, nicht mehr als poröses Gefäss benutzt wird. Diese, von Bunsen angebrachte, Abänderung hat Reiset [3]) mitgetheilt. Die Kohlencylinder sind hohl und unten offen; die Glasgefässe haben oben eine halsförmige Einschnürung, welche an dem Kohlencylinder anliegt. Innerhalb des letzteren steht ein poröses Thongefäss, das die verdünnte Schwe-

1) Vergl. Pogg. Ann. LV. 268*.

2) Pogg. Ann. LV. 265*; Dingl. p. J. LXXXIV. 279*.

3) Ann. de chim. phys. VIII. 28*: Rev. de Quesn. XII. 601*; Arch. de l'Él. III. 325*; Pogg. Ann. LX. 402*.

felsäure und den Zinkcylinder enthält, während die Kohle von der Salpetersäure umgeben ist. Ueber die Bereitung solcher Kohlencylinder haben Reiset [1]) und zuletzt Casselmann [2]) das Nähere mitgetheilt. Die auf der Drehbank bearbeiteten Cylinder werden an mehreren Stellen mittelst einer Korkfeile durchbohrt, und zwar schräg von oben und aussen nach unten und innen, um den Reductionsprodukten der Salpetersäure ein Entweichen aus dem engen Raume zu gestatten, welcher zwischen der Kohle und dem Thongefässe bleibt.

Silliman [3]) hat statt des Kohlengemenges die Graphittiegelmasse, eine Mischung von Graphit und feuerfestem Thon, angewandt. Er bereitet daraus Cylinder, in welche ein leitender Metallstab eingeschraubt ist. Der solide Graphitcylinder steht im Thongefäss, das mit Salpetersäure gefüllt, und vom Zinkcyliuder umgeben ist. Bei Säulen, welche aus Kohlenzinkketten bestehen, befestigt Silliman beide Erreger an einem Holzrahmen, so dass man die ganze Säule mit einem Male ausser Thätigkeit setzen kann. Denselben Zweck hat eine von Tasché [4]) beschriebene Einrichtung der Bunsenschen Säule. Indess bemerkt Poggendorff, dass ein Auseinandernehmen der beiden Flüssigkeiten ebenfalls erforderlich ist, wenn man die Apparate schonen will.

Die Stromstärke der Kohlenzinkkette hat Casselmann nach der von Weber angegebenen Methode nach absolutem Maasse bestimmt, mit Zugrundlegung des Werthes 1,8274 für T, die horizontale Componente der magnetischen Erdkraft für den Ort der Beobachtung; der wesentliche Widerstand einer Kette, welche für den ausserwesentlichen Widerstand = 0 die Stromstärke 291,39 gab, wurde im Mittel = 2,094 gefunden, als Einheit den Widerstand eines Kupferdrahtes von einem Quadratmillimeter Querschnitt und einem Meter Länge gesetzt. Die electromotorische Kraft dieser Kette folgt daraus im Mittel = 609,57.

Auf das anomale Verhalten des Eisens in starker Salpetersäure

---

1) Ann. de chim. phys. VIII. 35*; Rev. de Quesn. XII. 608*; Monit. industr. 1843. N. 781; Dingl. p. J. XCI. 191*.

2) Ueber die galvanische Kohlenzinkkette. Marburg. 1844. 6*.

3) Americ. Journ. XLIV. 180; Mech. Mag. XXXVII. 544*; Pogg. Ann. LX. 405*.

4) Dingl. p. J. XCVI. 273*; Berl. Ber. 1845. 468*.

hat Hawkins [1]) eine Zinkeisenkette mit zweien Flüssigkeiten begründet. Ein Eisendraht taucht in Salpetersäure von 1,5 sp. Gew. die in einem porösen Gefässe enthalten, und dadurch von verdünnter Schwefelsäure getrennt ist, in welche ein amalgamirtes Zinkstück, oder auch, aber mit geringerem Vortheil, ebenfalls ein Eisendraht taucht. Dem Aufhören des passiven Zustandes des Eisens suchte Hawkins dadurch zuvorzukommen, dass er etwas Quecksilber in der Säure löste, das sich dann während der Thätigkeit der Säule am Eisen abscheidet, und es vor weiterem Angriffe schützt. Mit Benutzung einer Mittheilung von Poggendorff, aber wohl ohne die frühere Arbeit von Hawkins zu kennen, haben auch Wöhler und Weber [2]) eine Kette aus Eisenplatten construirt, deren eine in concentrirte Salpetersäure, die andere in verdünnte Schwefelsäure tauchte. Um den Angriff der Schwefelsäure auf das Eisen zu vermindern, schlägt Wöhler die Anwendung von verzinntem Eisenblech vor; mit einer so construirten Kette hat Walchner [3]) einige Versuche angestellt; auch Schoenbein [4]) und Poggendorff [5]) bestätigten die Anwendbarkeit der Zinkeisenkette, und beschreiben einige Wirkungen derselben.

Die lästige Gasentwicklung aus der Salpetersäure, welche die negative Platte der constanten Kette umgiebt, hat mehrfache Veranlassung gegeben, einen anderweiten Ersatz für jene Flüssigkeit aufzusuchen. Zuerst hat Bunsen [6]) das chromsaure Kali oder auch chlorsaures Kali und Mischungen aus Kochsalz und Braunstein für seine Kohlenbatterie angewandt, aber deren Wirkung nicht hinreichend constant gefunden. Leeson [7]) hat der London Electrical Society ebenfalls doppelt chromsaures Kali, und Warington [8]) eine Mischung aus diesem Salze und Schwefelsäure vorgeschlagen, ein Gemisch, das er wegen seiner leichten Zersetzbarkeit durch re-

---

1) Phil. Mag. XVI. 115*.

2) Ann. d. Chem. u. Pharm. 1841. 307; Dingl. p. J. LXXXI. 273*.

3) Ann. d. Chem. u. Pharm. Oct. 1841; Dingl. p. J. LXXXII. 392*.

4) Dingl. p. J. LXXXIV. 385*; Phil. Mag. XXII. 232*; Arch. de l'Él. II. 286*.

5) Berl. Acb. 1841. 167*; Dingl. p. J. LXXXI. 274*; Ann. d. Chem. u. Pharm. 1841. 307; Inst. IX. 189*.

6) Pogg. Ann. LIV. 420*.

7) Phil. Mag. XX. 262*; Ann. of El. VIII. 416*.

8) Phil. Mag. XX. 393*.

ducirende Substanzen für besonders brauchbar hielt. Nach dem Vergleich, den Warington zwischen der oxydirenden Wirkung seines Gemisches und der Salpetersäure anstellt, muss die Platinzelle bei Anwendung des ersteren vergrössert werden, denn um ebensoviel Sauerstoff zu bekommen, wie 100 Theile Salpetersäure liefern, bedarf man 206,9 Theile doppelt chromsauren Kali's, und um dies in Kalichromalaun zu verwandeln, noch 275,8 Theile Schwefelsäure. Nach diesen Angaben ist die Mischung zu nehmen, um das Maximum der Wirkung zu erreichen. In runden Zahlen schlägt Poggendorff[1]) vor, 3 Theile chromsaures Kali, 4 Theile Schwefelsäure und 18 Theile Wasser mit einander zu mischen. Zwischen der Wirkung dieser Flüssigkeit, der Salpetersäure und des Kupfervitriols in der Zinkkohlen-, Zinkplatin- und Zinkkupferkette sind vergleichende Versuche angestellt. Für die Kohle ist die electromotorische Kraft der Kette in beiden Säuren sehr bedeutend und nahe dieselbe, in der Chromsäure sogar etwas grösser, was auch Casselmann[2]) später beobachtet hat; allein abgesehen davon, dass mit der letzteren der Strom und wahrscheinlich auch die electromotorische Kraft inconstant ist, zeigt sich dabei der wesentliche Widerstand fast doppelt so gross, als bei der Salpetersäure. Den Grund beider Umstände vermuthet Poggendorff in einem Abscheiden von Chromoxyd in den Poren des Thongefässes. Mit Platin ist die electromotorische Kraft in der Chromsäure nur etwa zwei Drittheile von der bei der Salpetersäure, ungeachtet diese absichtlich von keiner grösseren Concentration genommen ward, als sie in dem Acidum nitricum crudum der Droguisten besitzt. Die Kraft ist nicht viel grösser als die, welche das Kupfer mit der Chromsäure entwickelt, und steht sogar der etwas nach, welche dasselbe Metall mit Hülfe des Kupfervitriols liefert. Aus diesen Resultaten folgert Poggendorff, dass die oxydirenden Lösungen nicht nur in sofern auf die electromotorische Kraft der Kette einfliessen, als sie die Bildung des Wasserstoffs hindern (weil ja dann ihre Wirkung in allen Ketten dieselbe sein müsste), sondern auch in sofern sie die Fähigkeit haben, die electrischen Relationen der Metalle und anderer starrer Leiter auf eine uns noch unbekannte Weise in sehr verschiedenem

---

1) Berl. Acb. 1842. 279*; Pogg. Ann. LVII. 101*; Inst. XI. 100*; Arch. de l'Él. III. 124*.

2) Ueber die galvanische Kohlenzinkkette. 34*.

Grade zu modificiren. — Die Mengen von Sauerstoff, welche ein Volumen der oxydirenden Flüssigkeit, das gleich ist dem von 100 Gewichtstheilen Wasser, abgeben kann, berechnet Poggendorff für Kupfervitriollösung = 15,39; für Chromflüssigkeit = 22,81; für Salpetersäure = 156,11. Eine Kupferzinkkette mit einer Flüssigkeit, nämlich der Chromflüssigkeit, constant zu erhalten, gelang Poggendorff nicht.

Mackrell [1]) verglich die Wirkung von schwefelsaurem Kupferoxyd, chromsaurem Kali, salpetersaurem Kali und salpetersaurem Natron als oxydirenden Flüssigkeiten in der constanten Kette; er fand die Wirkung von salpetersaurem Natron am bedeutendsten, d. h. eine damit geladene Kette schied aus einer Kupferlösung die grösste Kupfermenge aus. Die von Moullin vorgeschlagene Anwendung von salpetersaurem Ammoniak [2]) ist oben erwähnt worden. Chlorplatinlösung in der Grove'schen Kette statt der Salpetersäure angewandt, gab nach Poggendorff's [3]) Versuchen nur etwa zwei Drittheile der electromotorischen Kraft, welche die Kette mit dieser Flüssigkeit geladen liefert.

Vergleich verschiedener Ketten.

Die älteren Angaben über den Vorzug der einen oder der anderen Kette sind meist von der Art, dass sie ein bestimmtes Urtheil nicht zulassen, weil nicht die Elemente der Stromstärke, sondern deren Wirkung unter gewissen besonderen Bedingungen mitgetheilt sind. So giebt Smee [4]) an, dass seine Kette die Daniell'sche überwiegt. Vier Zellen, jede 48 Quadratzoll platinirtes Silber enthaltend, entwickelte 7 Cubikzoll gemischtes Gas in der Minute, vier Daniell'sche Zellen mit 65 Quadratzoll Kupfer in einer jeden gaben nur 5 Cubikzoll in derselben Zeit. Um die Wirkungen der Zinkkupfer- und Zinkplatinkette miteinander zu vergleichen, hat Jacobi [5]) die Maxima beider Wirkungen aufgesucht, weil

1) Phil. Mag. XXI. 61*.
2) Inst. X. 429*.
3) Pogg. Ann. LIII. 344*.
4) Phil. Mag. XVI. 319*; Mech. Mag. XXXII. 540*; Pogg. Ann. LI. 375*.
5) Pogg. Ann. L. 510*; C. r. XI. 1058*; Phil. Mag. XVII. 241; Inst. VIII. 259*.

für andere Anordnungen als die, dem Maximum entsprechenden, keine constanten Relationen zwischen den verschiedenen Volta'schen Ketten vorhanden sind. Die Messungen sind mit Becquerel's magnetischer Waage angestellt. Nach dem Ohm'schen Gesetz ist für eine $z$gliedrige Säule die Intensität

$$C = \frac{zA}{z\lambda + L},$$

wo A die electromotorische Kraft, λ den wesentlichen, L den ausserwesentlichen Widerstand darstellt. Ist s die Gesammtoberfläche der Säule, also $\frac{s}{z}$ die einer Kette, so ist

$$C = \frac{zA}{\frac{z\lambda}{\frac{s}{z}} + L} = \frac{zAs}{z^2\lambda + Ls}.$$

Für das Maximum ist $\frac{dC}{dz} = 0$, also $Ls - z^2\lambda = 0$ d. h. $L = \frac{z^2\lambda}{s}$; also der wesentliche Widerstand gleich dem ausserwesentlichen. Werden für die andere Säule die entsprechenden Elemente durch A', λ', s' bezeichnet, so ist

$$C \text{ max.} = \frac{As}{2z\lambda} = \frac{A's'}{2z\lambda'},$$

oder, wenn für $z = \sqrt{\frac{Ls}{\lambda}}$ eingesetzt wird:

$$C \text{ max.} = \frac{A\sqrt{s}}{2\sqrt{\lambda L}} = \frac{A'\sqrt{s'}}{2\sqrt{\lambda' L}}$$

Wurden hierin die Werke A, A', λ, λ' durch den Versuch bestimmt, so ergab sich:

$$s' = s \,.\, 0{,}06 \text{ und } z' = z \,.\, 0{,}6. \quad \text{d. h.:}$$

Man bedarf nur einer Säule von 6 Quadratfuss Platinfläche um eine Säule von 100 Quadratfuss Kupfer zu ersetzen, oder: Sechs Platinpaare, jedes von einem Quadratfuss Oberfläche, geben die nämliche Wirkung, wie zehn Kupferpaare, jedes von 10 Quadratfuss. — Einige später bekannt gemachte Versuche [1]) gaben fast dasselbe Resultat, nämlich:

$$s' = s \,.\, 0{,}07 \text{ und } z' = z \,.\, 0{,}6.$$

Wenn eine Kupferzink- und eine Platinzinkkette in entgegengesetzter Richtung mit einander verbunden wurden, so überwog die

---

1) Pogg. Ann. LIII. 342*

letztere; wenn aber der Zinkplatinkette zwei Zinkkupferketten ententgegengestellt wurden, so war die Wirkung der letzteren die stärkere.

Becquerel [1]) warnt die Physiker vor Irrthümern über die Ursache der von Jacobi erhaltenen Resultate, und sucht die grössere Wirksamkeit der Zinkplatinkette darin, dass die Wirkung der concentrirten Salpetersäure auf das gesäuerte Wasser einen stärkeren Strom erzeuge, als Kupfervitriollösung und gesäuertes Wasser, wogegen aber Jacobi [2]) die sehr geringe Wirkung anführt, welche Fechner und andere Experimentatoren bei dem Contacte zweier Flüssigkeiten fanden. Uebrigens fügt Poggendorf [3]) hinzu, dass die starke Wirkung der Grove'schen Combination nicht nur in der Aufhebung der Ladung gesucht werden dürfe, da Chlorplatinlösung statt der Salpetersäure angewandt nur etwa zwei Drittheil der electromotorischen Kraft liefert; in einer vergleichenden Uebersicht zeigt er den Einfluss, den die Concentration der Flüssigkeiten auf die electromotorische Kraft der Säule hat. Die grösste electromotorische Kraft bei den verschiedenen Anordnungen der Zinkplatinkette ist, bei Anwendung von rauchender Salpetersäure und mit dem vierfachen Wassergewicht verdünnter Schwefelsäure = 28,760; bei der Kupferzinkkette, bei Anwendung von gesättigter Kupfervitriollösung und derselben verdünnten Säure, = 15,868.

Die relative Wirkung der Zinkplatin- und Zinkkohlenkette unter möglichst gleichen Umständen, d. h. auch bei gleicher äusserer Oberfläche, ist nach Cooper's [4]) Angabe folgende:

Es wurden in gleichen Zeiten entwickelt durch die

	Zinkplatinkette.	Zinkkohlenkette (mit gut ausgebrannten Holzkohlen)
	3,4	2,8
	3,4	3,0
	3,4	3,1
	3,6	3,2
Latus	13,8	12,1

1) C. r. XII. 20*; Inst. IX. 1*; Arch. de l'Él. II. 187*; Ann. of El. VIII. 21*.

2) Pogg. Ann. LIII. 336*; Inst. IX. 369*; Arch. de l'Él. II. 188*; Ann. of El. VIII. 18*.

3) Pogg. Ann. LIII. 343*.

4) Phil. Mag. XVI. 35*.

Zinkplatinkette.	Zinkkohlenkette (mit gut ausgebranuten Holzkohlen)
Transport 13,8	12,1
3,6	3,25
3,5	3,25
3,75	3,25
3,5	3,4
3,5	3,25
31,65	28,50

Zinkplatinkette.	Zinkkohlenkette (mit Kohle aus dem Gas-Cylinder)
3,2	2,6
3,2	2,8
3,3	3,3
3,2	3,4
3,2	3,4
3,6	3,45
3,6	3,5
3,7	3,6
3,5	3,4
30,5	29,45

Mittel 3,4 und 3,27 Cubiczoll gemischten Gases. Nach Bunsen's Messungen [1]) übertraf seine Kette unter gleichen Umständen eine Zinkplatinkette. Die Beobachtungen wurden mit Weber's Tangentenboussole angestellt und nach der Formel $J = \frac{1}{2\pi} R\, T \operatorname{tang} \varphi$ berechnet, wo R der Halbmesser des Galvanometerringes, und T die horizontale Intensität des Erdmagnetismus (für Marburg = 1,88) vorstellt. Es war bei Anwendung von Salpetersäure vom spec. Gewicht 1,38 bei der Zinkplatinkette $\varphi = 80° 30'$, bei der Zinkkohlenkette $= 80° 45'$, also J bei jener = 180,20, bei dieser = 185,15. Als Salpetersäure von 1,41 spec. Gew. angewandt wurde, war φ für die Zinkplatinkette $= 81°$, für die Zinkkohlenkette $= 80° 45'$, als J für jene 190,45, für diese 405,85. Indess haben einerseits bei den gefundenen Ablenkungen kleine Beobachtungsfehler sehr bedeutenden Einfluss, andererseits

1) Pogg. Ann. LIV. 418*.

ist die wahre Oberfläche der Kohle weit grösser als die des Platins, da nur die äussere Fläche in Rechnung gebracht werden kann. Die Messungen mit dem Exemplar einer Zinkkohlenkette, über welches Poggendorff [1]) zuerst disponirte, gingen direct darauf hinaus, die electromotorische Kraft beider Vorrichtungen zu bestimmen. Sie geschahen mittelst der Sinusboussole, und ergaben: für die Zinkplatinkette 24,787; 24,674; für die Zinkkohlenkette: 24,292; 24,146; 23,749. Die letztere wirkte also etwas weniger constant, und hatte eine etwas geringere electromotorische Kraft. Ein Vergleich dreier, aus amalgamirtem Zink einerseits, Platin, Graphit oder Gaskohle andererseits, construirten Ketten, deren Leitungsflüssigkeiten Salpetersäure von 1,40 spec. Gew. und verdünnte Schwefelsäure, die ein Fünftheil ihres Gewichts an concentrirter enthielt, gab folgende electromotorische Kräfte:

Zinkplatin	26,679
Zinkgraphit	26,679
Zinkgaskohle	26,623.

Bei einer Zinkplatinplatte, in der das amalgamirte Zink in eine Lösung von 1 Theil Kali in 4 Theilen Wasser, das Platin in Salpetersäure von 1,33 spec. Gew. tauchte, fand Poggendorff die electromotorische Kraft = 34,9, also etwa ein Viertel stärker als die der gewöhnlichen Grove'schen Kette.

Die von Casselmann [2]) gegebene Zusammenstellung der Stromstärken der Zinkplatin-, Zinkkohlen- und Zinkkupferkette zeigt, dass die Zinkkohlenkette in ihrer Wirkung nur wenig der Zinkplatinkette nachsteht, dass sie aber die Zinkkupferkette bedeutend übertrifft. Die Tabellen enthalten nur die Angabe der Stromstärken, der Oberflächen der angewandten Erreger, und der ausserwesentlichen Widerstände. Um daraus die electromotorischen Kräfte abzuleiten, die allein einen richtigen Blick in die Wirkung der drei Ketten gestatten, wollen wir die Formel $E = \frac{J J' (l' - l)}{J - J'}$ benutzen, welche aus den zwei Gleichungen

$$J = \frac{E}{L + l} \text{ und } J' = \frac{E}{L + l'} \text{ folgt.}$$

1) Pogg. Ann. LIV. 427*.
2) Die galvanische Kohlenzinkkette. 30*.

Für den Vergleich der Platinzink- und Kohlenzinkkette mögen folgende Werthe aus der Tabelle benutzt werden [1]:

Platinzink: $J = 70{,}58$; $J' = 55{,}74$ $\Big\}$ $l = 10$

Kohlenzink: $J = 70{,}49$; $J' = 53{,}64$ $\Big\}$ $l' = 16$

Woraus folgt:

für die Platinzinkkette $E = 1590{,}5$

für die Kohlenzinkkette $E = 1346{,}3$.

Die Angaben für die relative Wirkung der Kohlenzink- und Kupferzinkkette sind auf Widerstände von anderer Einheit bezogen: Es ist z. B. für

Kohlenzink: $J = 153{,}91$; $J' = 106{,}97$ $\Big\}$ $l = 0{,}4$

Kupferzink: $J = 64{,}14$; $J' = 41{,}69$ $\Big\}$ $l' = 2$

Mithin für die Kohlenzinkkette $E = 5611{,}5$

für die Kupferzinkkette $E = 1905{,}7$.

Werden diese Zahlen auf die vorige Einheit bezogen, so findet sich die electromotorische Kraft der

Platinzinkkette $= 1590{,}5$

Kohlenzinkkette $= 1346{,}3$

Kupferzinkkette $= 457{,}2$.

Roberts [2]) verglich eine Zinkeisensäule von zehn Paaren mit einer ähnlichen Zinkkupfersäule. Die erstere entwickelte aus verdünnter Schwefelsäure in 104 Minuten 4 Cubiczoll gemischtes Gas, die letztere in 125 Minuten nur anderthalb Cubiczoll.

Die electromotorischen Kräfte und den wesentlichen Widerstand der Zinkeisen- und Zinkkupferkette, bestimmte Poggendorff [3]) durch folgende Zahlen:

	Zinkeisen	Zinkkupfer
electromotorische Kraft	21,51	11,86
Widerstand	14,85	26,27

Um die Wirkung der Zinkeisenkette ganz ohne Einwirkung des Widerstandes mit der der Zinkkupferkette zu vergleichen, wurden eine Anzahl Ketten jeder Art in entgegengesetztem Sinne mit einander verbunden. Wäre z. B. die Wirkung von *m* Ketten der ersten

1) a. a. O. Tab. II zu p. 32. Manche Beobachtungen geben etwas abweichende Resultate, so dass wohl eigentlich die wahren Werthe durch Interpolation gesucht werden sollten.

2) Phil. Mag. XIX. 109*; Inst. VIII. 122*.

3) Berl. Acb. 1841. 151*; Pogg. Ann. LIII. 436*

Art gleich der von n Ketten der zweiten, so wäre die electromotorische Kraft von Zinkeisen $= \frac{n}{m}$ von der der Zinkkupferkette. Nun fand sich:

$$9\,E < 6\,K, \text{ und } 10\,E > 6\,K,$$

also die electromotorische Kraft der Zinkeisenkette zwischen $\frac{6}{9}$ und $\frac{6}{10}$ von der der Zinkkupferkette.

Bei dem Vergleich, den Walchner [1]) zwischen einer Zinkplatinkette und einer Kette aus Eisen und verzinntem Eisen, in Salpetersäure und verdünnte Schwefelsäure tauchend, anstellte, gaben unter gleichen Umständen die erstere in einer Minute 9 Cubiczoll Gas, die letztere in 14 Minuten 25 Cubiczoll; und leistete demnach nur ein Fünftheil von der Wirkung der Platinzinkkette. Poggendorff's [2]) Messungen ergaben für die electromotorischen Kräfte der Zinkplatin- und Zinkeisenkette, beide mit Salpetersäure und verdünnter Schwefelsäure von 1 Theil Säure und 4 Theilen Wasser geladen, folgende Zahlen:

Zinkplatin:	100,00
Zinkeisen:	78,62
Zinkstahl:	86,99
Zinkgusseisen:	89,73.

Nach Sturgeon's Beobachtungen [3]) gaben die Smee'sche, Daniell'sche, Sturgeon'sche und Grove'sche Säule, jede aus 10 Paaren bestehend, folgende chemische Wirkungen:

Daniell's Kette gab bei 360 Quadratzoll Metallfläche	12	Cubiczoll	Gas,
Smee's bei 192 Quadratzoll:	15	-	-
Grove's bei 104 -	24	-	-
Sturgeon's bei 162 -	25	-	-

in derselben Zeit. Werden diese Zahlen auf gleiche Metallfläche bezogen, so werden die Wirkungen der vier Säulen nach ihrer chemischen Thätigkeit durch folgende Zahlen ausgedrückt: Grove's Säule = 24; Sturgeon's = 14,8; Smee's = 8,1; Daniell's = 3,5.

---

1) Ann. d. Chem. u. Pharm. Oct. 41; Dingl. p. J. LXXXII. 392*.

2) Berl. Acb. 1841. 167*; Dingl. p. J. LXXXI. 274*; Ann. d. Chem. u. Pharm. 1841. 307; Inst. IX. 189*.

3) Ann. of El. V. 128. 239*.

Die de la Rive'sche Superoxydkette soll eine weit lebhaftere Wasserzersetzung zwischen Platinelectroden geben, als die Grove'sche [1]). Während die letztere kaum merklich Gas entwickelte, gab die erstere in einer Minute 10 Cubikcentimeter. Bei einer Säule aus zweien Elementen überwog aber die Wirkung der Grove'schen Vorrichtung; sie gab 27 Cubikcentimeter, die de la Rive'sche 24 in einer Minute. Wurde die Superoxydkette mit einer Platinzinkkette verbunden, so soll sie 32 Cubikcentimeter Gas geliefert haben, mit einer Kupferzinkkette 31 Cubikcentimeter, also in beiden Fällen mehr, als eine Combination aus zwei Ketten jeder der drei Arten für sich.

Die von Wheatstone [2]) mittelst des Rheostaten angestellten Messungen haben für die electromotorischen Kräfte verschiedener Ketten folgende relative Werthe geliefert:

Kupfer-Zinkamalgam mit Kupfervitriol	30
— — — mit verdünnter Schwefelsäure. . . .	20
Platin-Zinkamalgam mit Chlorplatinlösung	40
— — — mit verdünnter Schwefelsäure	27
Kaliumamalgam-Zink mit Zinkvitriol	29
Kaliumamalgam-Kupfer mit Kupfervitriol	59
Kaliumamalgam-Platin mit Chlorplatin	69
Zinkamalgam-Bleisuperoxyd (auf Platin niedergeschlagen) mit verdünnter Schwefelsäure	68
Kaliumamalgam-Bleisuperoxyd mit verdünnter Schwefelsäure.	98
Zinkamalgam-Manganoxyd (ebenso electrolytisch niedergeschlagen) mit verdünnter Schwefelsäure	54
Kaliumamalgam-Manganoxyd mit verdünnter Schwefelsäure .	84.

Daniell [3]) hat in einer Säule, die aus 10 seiner constanten Zinkkupferketten bestand, drei amalgamirte Zinkstäbe durch amalgamirte Zinnstäbe ersetzt, und dann die Säule durch ein Voltameter geschlossen. In einer Stunde entwickelten sich darin nur 25 Cubikzoll Knallgas, während durchschnittlich jeder Zinnstab 25 Gr. oder ein Aequivalent für ein Aequivalent Gas verlor. Als er hierauf die sieben, mit Zinkstäben versehenen Zellen für sich allein mit dem

1) Arch. de l'Él. III. 112*; Pogg. Ann. LX. 400*.
2) Phil. Trans. 1843. 314*; Pogg. Ann. LXII. 520*; etc.
3) Phil. Trans. 1840. 209. Versuch 31*; Pogg. Ann. Ergänz. I. 565*.

Voltameter schloss, erhielt er dieselbe Gasmenge in acht Minuten. Er betrachtet das Resultat als einen Einwurf gegen die Contacttheorie, da die electromotorische Kraft von Zinnkupfer wenig, wenn überhaupt kleiner sei, als die von Zinkkupfer, und doch die Hinzufügung der Zinkupfer-Zellen den Strom so ausserordentlich schwächte. Dagegen hat Poggendorff [1]) gezeigt, dass die electromotorische Kraft von Zinnkupfer nur etwa halb so gross sei, als die von Zinkkupfer, und dass die Zinkkupferketten durch ihren Eintritt in die Säule der Gesammtintensität deshalb so nachtheilig sind, weil sie durch das Zinnoxyd, welches sich unaufgelöst an den Zinnstäben ablagert, eine bedeutende Ladung annehmen.

Trockene Säulen.

Die Theorie, welche Jäger [2]) für die Electricitätserregung in der trockenen Säule gegeben hat, hat Munck af Rosenschöld [3]) durch seine Versuche widerlegt. Jäger war zunächst von seinen Säulen ausgegangen, in denen die beiden Metalle durch Harze oder ähnliche isolirende Substanzen getrennt waren, und glaubte hier, wo eine Leitung zwischen zweien Paaren nicht anzunehmen sei, die Verbreitung der Electricität durch Vertheilungserscheinungen erklären zu müssen. Munck af Rosenschöld hat nun gezeigt, dass auch hier die gewöhnliche Leitung vorkomme, und zwar sowohl die den Metallen, als die den Electolyten eigene Leitung, die erstere vorzugsweise bei sehr dünnen Schichten bemerklich. Er erkannte diese Leitungen daran, ob sie durch Temperaturzunahme wuchsen oder abnahmen. Wird das Harz erwärmt, so geht es bei einer gewissen Temperatur vom Leiter erster Klasse ganz in dem zweiter über. Diese electrolytische Leitung soll keinesweges einem Wassergehalte zuzuschreiben sein, da sie mit der Temperatur zunimmt.

Delezenne [4]) hat die Angaben, welche Peltier über die Wirksamkeit trockener Säulen gemacht hat und die seinen eigenen

---

1) Berl. Acb. 1842. 142*.
2) Gilb. Ann. XLIX. 47, L. 215, LI. 195, LII. 81, LV. 369, LXII. 227.
3) Pogg. Ann. XLIII. 193*.
4) Arch. de l'Él. V. 67*.

früheren Mittheilungen [1]) widersprechen, berichtigt. Peltier hatte an solchen Säulen zwar electroscopische Wirkungen und selbst Funken bemerkt, hatte aber nur dann Wasser mit ihnen zersetzen können, wenn die Anzahl der Platten vermindert wurde. Durch Versuche mit Säulen, die bald aus verzinntem und verkupfertem Papiere, bald aus verzinntem Papiere gemacht waren, dessen Rückseite mit Kienruss oder Manganoxyd und Leim bestrichen wurden, hat nun Delezenne, gezeigt dass alle Erscheinungen, wie Erschütterungen, Zersetzungen, magnetische Wirkung, den gewöhnlichen Gesetzen der Säule folgen, wenn auch nicht immer mit derselben Regelmässigkeit, da die verschiedenen Zustände der Feuchtigkeit, des Druckes u. dgl. m. wesentliche Einflüsse auf die Resultate der Versuche ausüben.

II. Commutatoren, Mutatoren u. dgl.

Von den Apparaten, welche zum Unterbrechen und Umsetzen der Ströme benutzt worden sind, mögen zunächst nur diejenigen besprochen werden, bei denen die Bewegung durch eine äussere Kraft hergestellt wird. Die durch Magnetoelectricität oder Electromagnetismus bewegten Vorrichtungen, sowie diejenigen, welche nur als Theile bestimmter Maschinen auftreten, sollen an den geeigneten Orten ihre Erledigung finden.

Von Stromunterbrechern (Mutatoren, Rheotomen, Electrotomen) sind früher bereits der Mutator von Jacobi und das Blitzrad von Neef erwähnt [2]); ganz analog sind die Vorrichtungen von Page [3]) und Clarke [4]), bei denen gezahnte Räder mit den Zähnen in Quecksilber laufen, das den Strom aufnimmt, während die Achse der Räder ihn weiterführt, und die von Masson [5]) und Bachhoffer [6]), welche das Quecksilber mit grösserer Sauberkeit durch

---

1) Journ. de phys. LXXXII. 269. 449.
2) Rep. I. 252*.
3) Amer. Journ. Oct. 1836; Ann. of El. I. 293*.
4) Ann. of El. I. 500*.
5) C. r. IV. 456*.
6) Ann. of El. I. 496*.

eine an die Zähne anliegende Feder ersetzen. Barker[1]) wendet eine mit Quecksilber gefüllte Schaale an, die durch eine isolirende Scheidewand in zwei Hälften getheilt ist. Das Quecksilber der einen communicirt mit einem Pole, das der anderen mit dem anderen. Auf einer Metallachse, die durch eine Rolle mit Schnurlauf schnell gedreht werden kann, sitzen eine Metallscheibe, die mit ihrem Rande stetig in der einen Quecksilberhälfte läuft, und zwei diametral gegenüberstehende Spitzen, welche abwechselnd in die andere Hälfte tauchen, und so den Strom schliessen oder unterbrechen. Sturgeon[2]) befestigt eine horizontale Stahlfeder mit einem Ende an einem Statif, und lässt den Strom in dieselbe treten, während das andere Ende in Quecksilber taucht, durch welches der Strom austritt. Eine excentrische Vorrichtung, die durch einen Schnurlauf bewegt wird, drückt von Zeit zu Zeit die Feder in die Höhe und unterbricht so den Strom. Um die Unterbrechungsfunken zu zeigen, welche verschiedene Metalle, wenn man an ihrer Oberfläche den Strom unterbricht, liefern, hat Sturgeon[3]) zwei Apparate vorgeschlagen. Der eine besteht aus einer Kreisscheibe, die sich um eine leitende Achse dreht, und aus acht concentrischen Ringen von Eisen, Kupfer, Messing, Zink, Zinn, Blei, Wismuth, Antimon zusammengesetzt ist; jeder Ring trägt hervortretende Rippen, so dass eine Stahlfeder, die über denselben hinschleift, den Strom an jeder Rippe schliesst, und zwischen zweien Rippen unterbricht. Die andere Vorrichtung besteht aus einer Metallscheibe, die ebenfalls drehbar ist und zwei Mal acht Metallstückchen trägt, nämlich von Eisen, Kupfer, Messing, Zink, Silber, Antimon, Zinn und Wismuth. Diese Stückchen gehören verschiedenen concentrischen Ringen an; über dieselben schleifen acht Stahlfedern hin, deren jede während einer Umdrehung zweimal, und zwar jedesmal mit demselben Metall, den Strom schliesst. (Tab. I. Fig. 1.)

Als Commutatoren sind ausser den Gyrotropen von Pixii und Pohl, und dem Commutator von Jacobi, noch vorgeschlagen: der Inversor von Poggendorff[4]). Er besteht aus einer etwa vier Linien dicken Holzscheibe (Tab. I. Fig. 2.), in welche die

1) Ann. of El. I. 157*.
2) Ann. of El. I. 479*.
3) Ann. of El. III. 31*.
4) Pogg. Ann. XLV. 385*.

Kupferstücke *a* und *b*, zwanzig an der Zahl, vom Rande her eingelassen sind. An die erste Scheibe legen sich noch zwei Holzscheiben *c* und *d*, und zwei Kupferscheiben *e* und *f*. Von der kupfernen Achse, die aus zwei Theilen besteht, ist das Stück *g* an *e*, *h* an *f* angelöthet; ausserdem sind die Stücke *a* durch Schrauben mit *e*, die Stücke *b* mit *f* verbunden. Gegen die Achsen schleifen die Federn *i* und *k*, welche man mit der Kette verbindet, gegen die Peripherie die Federn *l* und *m*, von denen der Strom in abwechselnder Richtung weiter gehen soll. Die Enden der letzteren tragen Kupferstückchen *n*, *p*, welche soweit von einander entfernt sind, wie ein *a* vom nächsten *b*. Jede Feder nimmt deshalb einmal aus *a*, und wenn die Scheibe durch eine Kurbel um $\frac{1}{20}$ einer Umdrehung bewegt ist, aus *b* den Strom auf. Clarke's [1]) Electrepeter ist ein Mahagonicylinder, der um eine horizontale Achse gedreht werden kann. In demselben sind vier Silberstückchen *a*, *a'*, *b*, *b'* eingelegt, von denen *a* mit *a'* und *b* mit *b'* in metallischer Leitung durch den Cylinder hindurch steht. Ausserdem führen die Silberstreifen *c* und *d* schief um den Cylinder herum. Zwei Federn *f* und *g*, die von Quecksilbernäpfchen auf dem Boden des Apparates ausgehen, schleifen auf der Vorderseite, eben solche Federn *f'* und *g'* auf der Rückseite gegen den Cylinder, so dass in der gezeichneten Stellung (Tab. I. Fig. 3) *f* mit *g'*, *f'* mit *g* verbunden ist. Wenn aber der Cylinder um 90° gedreht ist, so verbinden die Silberstücke *a*, *a'* die Federn *f* und *f'*, ebenso *b*, *b'* die Federn *g*, *g'*, und setzen so den Strom um. Dujardin's [2]) Commutator besteht aus einem Brett, auf welchem fünf Metallstreifen *a*, *b*, *c*, *d*, *e* (Tab. I. Fig. 4) befestigt sind. Von diesen stehen *a* und *b* mit der Kette, *c* und *e* mit einander in Verbindung, von *d* und *e* wird der Strom weiter geleitet. Zwei andere Streifen *g* und *h*, die miteinander durch den Griff *k* verbunden sind, drehen sich um die Punkte *m* und *n*, an denen sie mit *a* und *b* leitend verbunden sind, und führen daher bald den Strom von *a* nach *c*, von *b* nach *d*; bald von *a* nach *d*; von *b* nach *e*, so dass von *d* und *e* die Ströme abwechselnd ausgehen.

Die zuerst von Poggendorff [3]) angewandten Wippen haben,

1) Sill. Journ. XXXIII. 224*; Ann. of El. I. 500*.
2) Ann. de chim. phys. III Ser. IX. 110*; Pogg. Ann. LX. 407*.
3) Pogg. Ann. LX. 568*, LXI. 586*.

wie die gewöhnlichen Stromwender, den Zweck, durch eine plötzliche Bewegung eine Reihe von Verbindungen aufzuheben, und neue der Art wieder herzustellen. Die Wippen in der Gestalt, welche ihnen Poggendorff gegeben hat, sind zum Studium der Ladungserscheinungen, die von mir angegebene [1]), zu dem der Passivität bebenutzt worden, und werden bei diesen Erscheinungen beschrieben werden.

Vorrichtungen, welche eine Reihe von Ketten bald in der Gestalt einer Säule, bald in der einer zusammengesetzten Kette vereinigen, sind in sehr verschiedenen Formen vorgeschlagen worden, und namentlich nach dem Princip der Wippe leicht zu ersinnen. Es mögen daher nur die leicht anzubringenden Apparate von Strathing [2]) und von Clarke [3]) genannt werden. Der erstere (Tab. I. Fig. 5) besteht aus einem cylindrischen Holzklotz mit acht Quecksilbergefässen, welche die Poldrähte von vier Ketten aufnehmen, und durch Drähte in der Form *a* zur Säule, in der Form *b* zur Kette verbunden werden. Der letztere nimmt ebenso je zwei Paare von Poldrähten in einem Klotz auf, und verbindet eine beliebige Reihe von Ketten durch ein Brett, mit eingesetzten Drähten in der einen Gestalt zur Säule, in der anderen zur Kette.

Endlich seien hier noch ein paar kleine Apparate erwähnt, welche von Poggendorff [4]) zur Herstellung galvanischer Leitungen vorgeschlagen sind. Der eine, die Klemmschraube, ist durch den Gebrauch jedem Experimentator zu bekannt, als dass er einer Beschreibung bedürfte; der andere besteht aus zweien Kupferplatten, die durch eine Schraube aneinander gepresst werden können; damit sich die Platten nicht gegen einander verschieben, trägt die eine einen Stift, der durch ein Loch in der anderen geht. Die eine Platte hat auf der inneren Seite eine keilförmige Furche, so dass sich die Vorrichtung sowohl zum Halten von Platten, als von Drähten verschiedener Dicke eignet.

---

1) Pogg. Ann. LXVII. 194*.

2) Bull. des Sc. phys. en Néerl. 1839. 445*; Natuur en Scheikundig Archief VI. 259.

3) Ann. of El. I. 499*.

4) Pogg. Ann. XLIX. 39*.

III. Messinstrumente.

Galvanometer.

Die Einrichtung des Galvanometers für die verschiedenen Zwecke, denen er dienen kann, ist durch das Ohm'sche Gesetz so vollkommen vorgeschrieben, dass die meisten praktischen Vorschläge über Länge der Drähte u. dgl. kaum berücksichtigt zu werden brauchen. Auf jene Anwendung des Ohm'schen Gesetzes hat besonders Fechner [1]) aufmerksam gemacht, in einer Arbeit, in welcher er die Vortheile langer Multiplicatoren für gewisse Zwecke bespricht. Von den Instrumenten, die er benutzte, enthielt das eine 16454 Par. Fuss Draht, von welchem 2 Fuss im unbekleideten Zustande im Mittel 0,226 Gramme wogen. Dieser Draht war auf einen Rahmen von 5 Zoll Länge, ebensoviel Breite, und 7,1 Zoll Höhe in etwa 12076 Windungen aufgewunden. Der andere hatte nicht ganz 3000 Fuss Draht in etwas über 3000 Windungen. An solchen Multiplicatoren wurde das astatische Nadelsystem durch einen Strom von Maschinenelectricität abgelenkt, wenn das freie Drahtende mit dem Boden in Verbindung gesetzt wurde. Der erstere Multiplicator gab dabei eine stehende Ablenkung von 45°. Die Wirkungsabnahme von Ketten, welche durch solche Multiplicatoren geschlossen sind, wird weit unmerklicher, was Fechner daraus erklärt, dass die continuirlich fortschreitende Zunahme des Uebergangswiderstandes mehr verschwindet, wenn der Widerstand des Multiplicatordrahtes selbst schon sehr bedeutend ist gegen den Uebergangswiderstand. Für die Wirkung der Ladung liesse sich etwas ähnliches behaupten, da die Veränderungen des Zählers auf den, die Intensität der Kette darstellenden Bruch einen um so geringeren Einfluss haben werden, je grösser sein Nenner ist. Bei schwachen Strömen, besonders solchen, die durch einen grossen wesentlichen Widerstand der Kette schwach sind, geben die Galvanometer mit langem Drahte noch deutliche und messbare Resultate, wo gewöhnliche Multiplicatoren beinahe schon die Anzeige versagen, so dass dadurch in einer Menge von Fällen der Grundsatz der electrochemischen Hypothese widerlegt wird, dass bei mangelnder chemischer Wirkung auch keine galvanische wahrzuuehmen ist, (z. B. bei der Verbindung von Gold

---

1) Pogg. Ann. XLV. 232*.

und passivem Eisen). Man kann ausserdem bei Anwendung solcher Galvanometer mit sehr kleinen Oberflächen experimentiren, was bei kostbaren Stoffen sehr wichtig, und nach der Contacttheorie vollkommen ausreichend ist, da nicht die electromotorische Kraft, sondern der Widerstand eine Function der Oberfläche ist. — Nach denselben Principien construirte auch Schröder [1]) die, von ihm beschriebenen, äusserst empfindlichen Galvanometer, bei denen die Zahl der Windungen bis auf 10000 stieg.

Für Ströme von geringem wesentlichen Widerstand sind ebenfalls einige Einrichtungen des Galvanometers vorgeschlagen: Locke [2]) windet einen Kupferstreifen von 50 Fuss Länge, $\frac{1}{4}$ Zoll Breite und 1 Linie Dicke, der zwischen 4 und 5 Pfund wiegt, in parallelen Windungen auf ein kreisförmiges Brett von 11$\frac{1}{2}$ Zoll Durchmesser, und $\frac{1}{2}$ Zoll Dicke, so dass das Ganze bedeckt wird mit Ausnahme zweier kleiner, einander gegenüberliegender Abschnitte von etwa 90°. Wird das Brett herausgezogen, so bleibt der hohle Raum für die Nadel frei. Die einzelnen Windungen sind von einander nicht durch Seide, sondern durch Holzstückchen getrennt. Page [3]) will die Windungen statt aus Kupfer, aus Zinnfolie machen, und die einzelnen Lagen durch trockenes Papier gegen einander isoliren. Derselbe Physiker hat ausserdem noch einige galvanoskopische Apparate beschrieben, die aber wohl beide auf keine ausgedehnte Anwendung rechnen dürfen: das Galvanometer mit drehendem Multiplicator [4]) besteht aus einem elliptisch aufgewundenen Draht, der sich um eine Achse dreht, und unten auf eine Drahtspitze gestellt ist. Concentrisch mit dieser Spitze trägt er unten zwei in einander steckende Cylinder, gegen einander isolirt, und bezüglich mit den beiden Enden der Drahtwindungen verbunden. Gegen diese Cylinder reiben federnd zwei Drähte, die am Statif befestigt sind, und die Zuleitung bilden. Die Achse, um welche sich der Ring dreht, trägt unten innerhalb der Windungen einen Magnetstab, wenn man will, auch oberhalb einen zweiten, der mit dem ersten ein astatisches System bildet. Ein Strom, welcher den Draht durchläuft, lenkt den Multipli-

1) Pogg. Ann. LIV. 57*.

2) Sill. Journ. XXXIII. 365*; Phil. Mag. XI. 378*; Mech. Mag. XXIX. 271*.

3) Ann. of El. I. 10*.

4) Sill. Journ. XXXIII. 576*; Ann. of El. II. 286*; Phil. Mag. XI. 327*

cator ab. Page sagt übrigens selbst, dass das beschriebene Instrument weniger seiner practischen Anwendbarkeit als Messapparat wegen, als vielmehr wegen seines Princips bemerkenswerth sei. Im kreisförmigen Galvanometer [1]) hat der feststehende Multiplicator Kreisgestalt, und trägt innerhalb auf einer Spitze eine ebenfalls kreisförmig gebogene Uhrfeder als Magneten. Der Zweck dieser Einrichtung soll der sein, den Einfluss des Stromes in den Windungen auf alle Stellen der Magnetnadel möglichst gleichförmig zu machen.

Um ein gewöhnliches Galvanometer auch für stärkere Ströme brauchbar zu machen, richtet Iremonger [2]) die Windungen desselben so ein, dass der Strom über und unter der Nadel in gleicher Richtung hingeführt wird, so also, dass nur die Differenz der von beiden Bündeln bewirkten Ablenkungen gemessen wird. Bei schwachen Strömen hebt oder senkt man die Nadel, so dass die Wirkung der einen Stromleitung gegen die der anderen verschwindet. Bei stärkeren Strömen rückt man die Nadel der Mitte zwischen beiden Leitungen näher, und erhält eine um so geringere Ablenkung, je mehr man die Nadel einer gleichmässigen Einwirkung beider Ströme ausgesetzt hat.

Die Unregelmässigkeiten in der Wirkung der Drahtwindungen, welche durch die Lücke, durch die der Verbindungsstab des astatischen Systemes geht, entstehen, will Péclet [3]) durch folgende Einrichtung des Galvanometers vermeiden. Er windet den Draht auf einen Holzrahmen, so dass er ein etwa zweimal so schmales Bündel bildet, als bei der gewöhnlichen Einrichtung. Der Rahmen trägt die Theilung auf einer dicken Kupferscheibe, und kann leicht um seine Achse gedreht werden. Der bewegliche Theil des Apparates ist an einem Coconfaden aufgehängt, und besteht aus zweien Magnetnadeln in der rautenförmigen Gestalt der Boussolnadeln, aber einer Höhe von 4 bis 5 Millimetern. Ein Elfenbeinrahmen umfasst den oberen Theil der Windungen, so dass seine untere horizontale Seite durch die Oeffnung im Holzrahmen geht. Die Nadeln sind horizontal und senkrecht zu den beiden horizontalen Seiten des Elfenbeinrahmens, an diesem befestigt, so dass ihre Pole einander ent-

1) Sill. Journ. XXXV. 259*.
2) Ann. of El. II. 286*.
3) C. r. VIII. 298*; Inst. VII. 67*; Ann. de chim. phys. III Sér. II. 103*.

gegengesetzt gerichtet sind. Ueber der oberen Nadel und mit dem beweglichen Systeme fest verbunden, befindet sich eine dritte Nadel, deren Achse in der Verticalebene der beiden Magnetnadeln liegt, und die sich um eine horizontale Achse dreht, so dass sie jede Neigung annehmen kann. Je nachdem der eine oder andere Pol derselben der oberen Nadel des astatischen Systemes mehr oder weniger genähert wird, kann die Astaticität desselben vergrössert oder verringert werden. An einem so eingerichteten Instrument fand Péclet immer nur einen Ruhepunkt für die Nadel; selbst wenn die Kupferdrähte nicht ganz eisenfrei waren. Wurden aber dieselben Drähte auf die gewöhnliche Art angebracht, so erzeugte sich zwar beim Nullpunkte eine Stellung der Nadel im labilen Gleichgewichte, vermöge der Wirkung beider Bündel, aber zugleich waren noch stabile Gleichgewichtslagen bei Ablenkungen von + 20° und — 20°. Die Begränzung der Ablenkungswinkel durch die angegebene Vorrichtung, welche auch Poggendorff[1]) hervorhebt, hält Péclet für keinen Uebelstand, da die Beobachtung bis 50° möglich ist, während man 40° als Grenze der Anwendung des Galvanometers als Messinstrument betrachten könne. Eine ganz ähnliche Vorrichtung zur Veränderung der Astaticität des Nadelsystems hat Melloni[2]) angegeben. Nachdem es ihm nach langen Bemühungen gelungen war, ein Nadelsystem zu erhalten, welches sich senkrecht zum Meridian stellen konnte, fand er dasselbe zu seinen Beobachtungen unbrauchbar, weil starke und schwache Ströme dieselben Wirkungen daran hervorbrachten. Um diese allzugrosse Empfindlichkeit zu schwächen, ohne das Nadelsystem dadurch zu verderben, näherte er demselben einen Magnetstab horizontal, in der Ebene des Systems und der Höhe nach zwischen beiden Nadeln liegend. Der Einfluss dieses Magnets richtet sich nach der Lage zu den beiden Nadeln, muss aber jedenfalls das System aus dem astatischen Zustande bringen. Umgekehrt stellt Melloni die Astaticität eines Systems, das etwas Richtkraft besitzt, wieder her, indem er einen Magneten auf eine Nadel vorherrschend einwirken lässt, d. h. ihn von oben her dem Systeme nähert. Der Magnetstab befindet sich gegen den Horizont geneigt in einer Klemme, mit der er in verschiedene Lagen zum Galvanometer gebracht werden kann. Schwächt man dadurch

1) Pogg. Ann. LVI. 328. Anm.*.
2) C. r. XIV. 52*; Arch. de l'Él. I. 656*.

die Intensität der Nadel, welche mit dem ganzen System gleiche Richtkraft hat, so kann man das letztere völlig astatisch machen. Ein System, das durch ein mit der Hand erwärmtes Wismuthkupferpaar um 20° abgelenkt wurde, gab bei Benutzung dieser Vorrichtung eine Ablenkung von 37°. Poggendorff[1]) bemerkt hierzu, dass dieses Verfahren in Deutschland schon lange angewandt werde; das von Péclet vorgeschlagene vergleicht er mit dem, welches er bei der Sinusboussole anzuwenden pflegt. Er legt nämlich, ehe die Nadel abgelenkt wird, einen Magnetstab auf das Instrument, so dass die Richtkraft der Nadel geschwächt, aber in ihrer Richtung nicht verändert wird. Ist nun die Nadel nach der Drehung wieder in einer Ebene mit den Windungen, so hat sie genau dieselbe Lage zum Stabe wie vorher, und es ist so gut, als wäre sie fest mit demselben verbunden.

Die Anwendung des Galvanometers als Messinstrument kann zwar immer nur eine beschränkte sein, für manche Zwecke ist indess gerade die Leichtigkeit der Ablesung, welche das Instrument gewährt, sehr erwünscht. Nur muss demselben eine Theilung gegeben werden, welche in der That als Maass der Stromstärke dienen kann. Für gewisse beschränkende Bedingungen liesse sich eine solche Theilung wohl berechnen, im Allgemeinen aber kann sie für jede unregelmässige Gestalt der Drahtgewinde nur auf dem Erfahrungswege gefunden werden. Solche Methoden haben Becquerel[2]), Nobili[3]) und Melloni[4]) früher vorgeschlagen, deren Werth Poggendorff[5]) erörtert, und zwar mit dem Resultate, dass eine tadelfreie Methode zur Bestimmung der Intensitätsskale der Galvanometer bisher noch nicht gegeben ward. Das von ihm vorgeschlagene Princip beruht nun darauf, dass man die Ablenkungen, welche die Drahtwindungen, im magnetischen Meridian liegend, bei verschiedener Stärke des durchgeleiteten Stromes der Magnetnadel ertheilen, herleiten kann aus denjenigen, welche sie, von einem und demselben Strome durchflossen, aber unter verschiedene Winkel gegen den magnetischen Meridian gestellt, auf dieselbe Nadel ausüben. Zur

1) Pogg. Ann. LVI. 370*.
2) Traité de l'Él. II. 24*.
3) Ann. de chim. phys. XLIII. 146; Pogg. Ann. IX. 346 u. XX. 226*.
4) Pogg. Ann. XXXV. 132*.
5) Pogg. Ann. LVI. 324*; Inst. X. 431*; Ann. de chim. phys. III Sér. VIII. 115*.

Erläuterung dieses Satzes stellt er folgende geometrische Betrachtung an: Die Kraft, mit welcher der Erdmagnetismus eine aus dem Meridian abgelenkte Magnetnadel zurückzuführen strebt, ist das Product aus der Intensität des Erdmagnetismus, der der Magnetnadel, und dem Sinus des Ablenkungswinkels; Sie kann also durch eine Curve *MN* (Tab. I. Fig. 6.) dargestellt werden, welche diese Winkel zu Abscissen, ihre Sinus zu Ordinaten hat. Ebenso könnte die Kraft, mit welcher ein electrischer Strom eine Nadel abzulenken sucht, durch eine entgegengesetzt liegende Curve dargestellt werden, weil sie nach dem Gesetze des Cosinus fortschreitet. Der Durchschnittspunkt beider Curven bestimmt die aus beiden Kräften resultirende Ablenkung der Magnetnadel. Wegen der Unregelmässigkeit der Multiplicatorwindungen wird die letztere Curve ebenfalls eine etwas unregelmässige Gestalt, etwa die *a R* annehmen. Diese Gestalt muss auf experimentellem Wege bestimmt werden. Dies kann geschehen, wenn man die ganze Curve auf der Abscissenachse nach links und rechts verschiebt, und für jede Stellung die Coordinaten der Durchschnittspunkte mit der *MN* bestimmt. Hat man ein Galvanometer mit drehbaren Windungen und einem feststehenden Zeiger, so stellt man Zeiger und Nulllinie der Theilung in den Meridian, und leitet einen Strom von constanter Kraft, am besten einen thermoelectrischen, durch den Multiplicator, so dass man eine stehende Ablenkung von 35—40° bekommt. Sei dies die Abscisse Mp, der zugehörige Sinus pc. Man dreht nun die Windungen z. B. nach der Linken um einen Winkel wM; hierdurch erfolgt die Ablenkung Mp', mithin hat man für den Punkt c' der Curve $wM + Mp = wp'$, und $p'c' = \sin Mp'$. So fährt man fort bis $wM = 90°$, also die Ablenkung $= 0°$, und nach der Rechten bis der Winkel zwischen Nadel und Drahtwindungen $= 0°$ ist. Allgemein ausgedrückt wäre der Gang also folgender: Man giebt dem Drahtgewinde gegen den Meridian einen Winkel m, dann macht die Nadel mit dem Gewinde den Winkel n, mit dem Meridian den Winkel $a = n + m$ oder $n - m$. Unterscheidet man nun die einzelnen Werthe von m und n durch Accente oben und unten, je nachdem m auf gleicher oder entgegengesetzter Seite des Meridians, wie n liegt, so erhält man folgende Resultate:

Winkel zwischen Drahtgewinde und Meridian.	Abscisse.	Ordinate.
$+m'''$	0	$\sin a''' = \sin m'''$
. . . .	. . .	. . . .
$+m''$	n''	$\sin a'' = \sin (n'' + m'')$
$+m'$	n'	$\sin a' = \sin (n' + m')$
0	n	$\sin a = \sin n$
$-m_,$	$n_,$	$\sin a_, = \sin (n_, - m_,)$
$-m_{,,}$	$n_{,,}$	$\sin a_{,,} = \sin (n_{,,} - m_{,,})$
. . . .	. . .	. . . .
-90^0	90	0

Wodurch die Gestalt der Curve für einen Strom von gewisser Stärke bestimmt ist.

Um für jede andere Stromstärke die entsprechende Curve zu finden, braucht man nicht jene ganze Operation zu wiederholen, man kann vielmehr aus der Curve für eine Stromstärke die für eine andere finden, wenn man alle Ordinaten in demselben Verhältniss verlängert oder verkürzt, in welchem diese Stromstärke grösser oder kleiner ist, als jene. So ist z. B. AR die Curve für die Stromstärke $1\frac{1}{2}$, die von $aR = 1$ gesetzt. Aus den Durchschnittspunkten der Curven mit der MN muss nun das Verhältniss der Stromstärken zu der als Einheit angenommenen gefunden werden.

Seien AR und aR zwei Curven, deren zugeordnete Stromstärken verglichen werden sollen, so verhalten diese sich wie $Ph : Pl$. In diesem Verhältniss ist Ph zu bestimmen. Denkt man die Curve aR längs der Abscissenachse nach links verschoben, so rückt ihr Durchschnittspunkt mit der MN auf dieser herab, und es giebt eine Stellung $a'r'$, bei welcher $p'c' = Ph$ ist. Aber $c'p'$ ist $= \sin Mp'$, d. h. der Sinus eines Werthes von a, für den man die entsprechenden m und n durch das früher beschriebene Verfahren schon bestimmt hat. PC ist $= \sin MP = \sin wp'$, und dieses wp' ist der dem Werth von a entsprechende Werth von n. Es verhalten sich also die Stromstärken, die durch aR und AR vorgestellt sind, wie ein $\sin a$ zu einem $\sin n$ der früher gegebenen Tafel, d. h. wenn $n_,$ und $m_,$ die speciellen, der Stellung $a'r'$ der unteren Curve entsprechenden Werthe von n und m sind, wie $\sin (n_, - m_,) : \sin n_,$. Auf ähnliche Weise lässt sich im Verhältniss $pc : pk$ der letztere Werth bestimmen, wenn die obige Tafel für die Curve AR entworfen ist, so dass man hat $pc : pk = \sin n' : \sin (n' + m')$.

Die ganze Methode lässt sich demnach so ausdrücken: Hat man eine Stromstärke, grösser oder kleiner als die zur Einheit angenommene Stärke zu bestimmen, so beobachte man, während die Drahtwindungen im Meridian liegen, die von ihr hervorgebrachte Ablenkung. Hierauf drehe man die Windungen im ersten Falle rück-, im zweiten vorwärts, bis der Winkel zwischen der Nadel und den Windungen dem eben beobachteten Ablenkungswinkel gleich geworden ist. Der Sinus dieses Ablenkungswinkels dividirt durch den Sinus des nach der Drehung stattfindenden Ablenkungswinkels, ist das Verhältniss der zu bestimmenden Stromstärke zu der als Einheit angenommenen.

Analytisch erläutert **Poggendorff** sein Princip auch so: Für die Intensität J seien successive die Winkel zwischen dem Meridian und den Windungen $= + m''$, $+ m'$, 0, $- m_{,}$, $- m_{,,}$ und die entsprechenden Winkel zwischen der Magnetnadel und den Drahtwindungen n'', n', n, $n_{,}$, $n_{,,}$; so wird bei den Gleichgewichtslagen der Nadel J mal einer unbekannten Function der letzteren Winkel gleich einer dem Erdmagnetismus proportionalen Grösse M, multiplicirt mit dem Sinus der Summe zweier entsprechenden Winkel aus beiden Reihen sein, also

$$\begin{aligned} Jfn'' &= M \sin (n'' + m'') \\ Jfn' &= M \sin (n' + m') \\ Jfn &= M \sin n \\ Jfn_{,} &= M \sin (n_{,} - m_{,}) \\ Jfn_{,,} &= M \sin (n_{,,} - m_{,,}) \end{aligned}$$

Liegen aber die Drahtwindungen im Meridian, und werden die Ablenkungen n'', n', n, $n_{,}$, $n_{,,}$ durch die Ströme J'', J', J, $J_{,}$, $J_{,,}$ hervorgebracht, so ist

$$\begin{aligned} Jfn_{,,} &= M \sin n'' \\ Jfn' &= M \sin n' \\ Jfn &= M \sin n \\ Jfn_{,} &= M \sin n_{,} \\ Jfn_{,,} &= M \sin n_{,,} \end{aligned}$$

Durch Elimination der unbekannten Function erhält man die Werthe J'', J' etc. bezogen auf die Einheit J.

Das mitgetheilte Verfahren erklärt Lenz [1]) für übereinstimmend, mit einem von Nervander [2]) bereits im Jahre 1836 angegebenen, oder wenigstens für eine Anwendung des Nervander'schen Principes, welche auf der Hand liege. Poggendorff [3]) gesteht zwar ein, dass er die Mittheilungen dieses Physikers nicht gekannt habe, behält aber jedenfalls das Erstenrecht in der von ihm gemachten Anwendung, die doch wohl nicht so auf der Hand liegen musste, da sie in einem Zeitraum von acht Jahren Niemand vor ihm ersonnen hatte. Nervanders Verfahren giebt eine Methode, um zu sehen, ob bei der, im Voraus nach der Rechnung bestimmten Gestalt des Drahtgewindes die Tangenten der Ablenkungswinkel wirklich den Intensitäten proportional seien, und bis zu welcher Amplitude. Bei Poggendorff's Methode ist die Gestalt des Gewindes ganz willkürlich, und soll erst die Beziehung zwischen den Intensitäten und den Ablenkungen der Nadel gefunden werden.

Die, in einem bekannten Verhältniss wachsenden Ströme, welche man zur erfahrungsmässigen Eintheilung des Galvanometers haben muss, verschafft man sich auch sehr einfach nach Petrina's Vorschlag [4]). Eine Kette wird durch einen Leiter von geringem Widerstand geschlossen, z. B. eine Quecksilberrinne oder einen Kupferstab. Die Enden eines Galvanometerdrahtes werden auf diesen, mit einer Theilung versehenen Stab aufgelegt, oder in das Quecksilber getaucht, und es verhalten sich die Ströme, welche nun den Multiplicator durchlaufen, gerade wie die zwischen den Drahtenden liegenden Stücke des Schliessungsdrahtes. Diese Methode, welche zwar Poggendorff [5]) anfangs nicht allgemein empfehlen wollte, die er aber später für Instrumente mit grossem Widerstande und bedeutender Empfindlichkeit ebenfalls anerkannt hat [6]), hat Petrina [7]) später näher begründet, und gezeigt, bis zu welchem Grade man sie als richtig ansehen dürfe. Ist nämlich k die electromotorische Kraft einer Kette, r der Widerstand des Schliessers zwischen

---

1) Pogg. Ann. XLI. 18*.
2) Oken, Isis, 1836; Rep. I. 261*.
3) Pogg. Ann. XLI. 50*.
4) Holger's Zeitschr. I. 171*.
5) Pogg. Ann. LVI. 328 Anm.*.
6) Pogg. Ann. LVII. 115 Anm.*.
7) Pogg. Ann. LVII. 111*; Arch. de l'Él. II. 665*.

den beiden Drahtenden, r' der übrige Widerstand der Kette, r'' der des Galvanometers, so ist der Strom, welcher durch das Galvanometer geht

$$q = \frac{k\,r}{r'(r+r'')+r\,r''}\,.$$

Verschiebt man die Drahtenden so, dass zwischen ihnen der Widerstand $= r + w$ wird, so ist der übrige Widerstand der Kette $= r - w$, weil die Verbindungspunkte des dicken Leiters mit der Kette dieselben bleiben, also die neue Stromstärke

$$Q = \frac{k\,(r+w)}{(r'-w)\,(r+w+r'')+(r+w)\,r''}$$

$$= \frac{k\,(r+w)}{r'(r+r'')+r\,r''+w\,[r'-(r+w)]}$$

demnach das Verhältniss

$$\frac{q}{Q} = \frac{r\,[r'(r+r'')+r\,r''+w\,[r'-(r+w)]]}{(r+w)\,[r'(r+r'')+r\,r'']}$$

$$= \frac{r}{r+w}\cdot\left(1+\frac{w\,[r'-(r+w)]}{r'(r+r'')+r\,r''}\right).$$

Dies Verhältniss wird dasselbe sein wie

$$\frac{r}{r+w},\ \text{wenn}\ \frac{w\,[r'-(r+w)]}{r'(r+r'')+r\,r''} = 0\ \text{ist,}$$

oder

$$r' = r + w\,.$$

Bei einem bedeutenden Widerstande des Galvanometers wird das annähernd sehr leicht zu erreichen sein [1]). Den Galvanometerdraht als Nebenschliessung für starke Ströme zu benutzen, hat später auch Wheatstone vorgeschlagen; er lässt aber die Enden des Galvanometerdrahtes in gleicher Entfernung von einander an den Hauptschliessungsdraht anliegen, und beobachtet die verschiedenen Ablenkungen, welche durch verschiedene Ströme hervorgebracht werden [2]).

Wheatstone's [3]) Methode zur empirischen Graduirung der Galvanometer ist wohl die einfachste, und deshalb am gewöhnlichsten angewandt. Bleibt die electromotorische Kraft eines Stromes

---

1) Vergl. auch Casselmann's Messungen in: Die galvanische Kohlenzinkkette u. s. w.

2) Phil. Trans. 1843. 322*; Arch. de l'El. IV. 102*; Pogg. Ann. LXII. 533*; Ann. de chim. phys. 3me Ser. X. 257*; Inst. XII. 5*.

3) Phil. Trans. 1843. 327*; Pogg. Ann. XLII. 543*.

constant, so ist seine Intensität umgekehrt proportional dem Widerstande, der dem Strome geboten wird. Ist deshalb der Gesammtwiderstand des Stromes, wenn die Nadel auf 1° steht, bestimmt, und werden dann mittelst des Rheostaten und der Widerstandsspiralen die Widerstände nach der Reihe auf $\frac{1}{2}$, $\frac{1}{3}$, $\frac{1}{4}$, $\frac{1}{5}$ u. s. w. verkleinert, so werden die entsprechenden Stromstärken 2, 3, 4, 5 u. s. w. sein. Umgekehrt, wenn die reducirten Längen *a*, *b*, *c*, *d* u. s. w. aus dem Kreise genommen werden müsseu, um die Nadel von Grad zu Grad weitergehen zu lassen, so müssen die den einzelnen Graden entsprechenden Stromstärken

$$\frac{1}{R}, \frac{1}{R-a}, \frac{1}{R-(a+b)}, \frac{1}{R-(a+b+c)}, \text{ u. s. w. sein.}$$

Differentalgalvanometer.

Das Differentialgalvanometer von Becquerel hat in der letzten Zeit nur sehr unbedeutende Anwendung gefunden. Einen Fehler, der es besonders zur Beobachtung unbrauchbar macht, hat Poggendorff [1]) hervorgehoben. Wenn nämlich durch die Wirkung beider Windungen die Nadel gerade auf 0° kommen sollte, so bemerkt man häufig, dass sie gegen beide Ausschlagsrichtungen gleichgültig ist. Den Grund dieser Erscheinung sucht Poggendorff in der ungleichartigen Wirkung der Windungen auf die Nadel; die zunächst liegenden Windungen müssen auf denselben immer so einwirken, dass diejenige jedesmal überwiegt, nach welcher hin die Nadel ausschlägt.

Haukel [2]) hat das Differentialgalvanometer wieder in Anwendung gebracht, aber in veränderter Gestalt. Er wendet einen grossen Ring von 3 Fuss Durchmesser an, auf welchen zwei Drähte von 0,14789 Par. Zoll Durchmesser, jeder von 286 Fuss Länge in 28 Windungen aufgewickelt sind. Die Magnetnadel besteht aus einem 3 Zoll langen Stabe, welche an einem Coconfaden hängt, einen Spiegel trägt, und nach der beim Magnetometer üblichen Methode mit dem Fernrohre beobachtet wird. Die Intensität des Stabes kann durch Nähern oder Entfernen eines Magneten in der Ebene des Meridians abgeändert werden. Zur Prüfung der Richtigkeit des Instruments wurde ein Strom gespalten, und durch beide Drähte geleitet.

1) Berl. Acb. 1844. 306*.
2) Pogg. Ann. LXIX. 255*.

Seine Wirkung war nicht genau 0°, weil der eine Draht stärker gespannt war. Der Widerstand in diesem Zweige musste deshalb durch Hinzufügung einiger Fuss Draht erst dem im anderen Zweige gleichgemacht werden. Haukel empfiehlt dieses Instrument auch als Tangentenboussole.

Tangentenboussole.

Pouillet's Tangentenboussole [1]) besteht in einem Kupferstreifen von $1^m,6$ Länge, $0^m,02$ Breite, und $0^m,002$ Dicke, umwickelt mit Seide, und so gebogen, dass er sehr genau einen Kreis von $0^m,412$ Durchmesser bildet. Die beiden hervorragenden Enden des Streifens befinden sich dicht nebeneinander und gehen jeder in einen Becher mit Quecksilber, wo sie den Strom aufnehmen. Der Kreis steht vertical, und in seinem Mittelpunkte hängt an einem Seidenfaden eine Magnetnadel von 5 bis 6 Centimeter Länge, welche einen 16 Centimeter langen leichten Stab von Holz oder Metall trägt, der als Zeiger dient, weil sich seine Enden auf dem Umfang eines getheiten Kreises bewegen. Wenn der Streifenkreis im magnetischen Meridian steht, ist die Magnetnadel auf dem Nullpunkt, und so wie ein Strom durch den Kreis geht, wird die Nadel abgelenkt. Um Ströme mit grossem Widerstande zu messen, können mehre Drahtwindungen um die Nadel geführt werden. Wenn Gleichgewicht eingetreten ist, so wird die Intensität des Stromes durch die Tangente des Ablenkungswinkels gemessen. Ein Molecul der Nadel in A (Tab. I. Fig. 8.) wird nämlich im Gleichgewicht sein, wenn die magnetische Richtkraft $T = AD$ und die Richtkraft des Stromes $F = AE$ einander aufheben. Dies geschieht, wenn die auf der Nadelrichtung senkrechten Componenten beider Kräfte, AC und AB, einander gleich sind, während die anderen Componenten jener Kräfte in der Nadelrichtung liegen, und daher unwirksam sind. Dann ist, wenn α den Ablenkungswinkel bezeichnet:

$$AE \cdot \cos \alpha = AD \cdot \sin \alpha \ ,$$

also

$$F = T \cdot \text{tang.}\ \alpha \ .$$

Um starke galvanische Ströme nach absolutem Maasse zu messen, bedient sich W. Weber [2]) einer ganz ähnlichen Tangenten-

1) C. r. IV. 276*; Pogg. Ann. XLII. 283*; Ann. of El. II. 93*.
2) Pogg. Ann. LV. 27*; Casselmann, d. galvan. Kohlenzinnkkette 15*.

boussole. In der Achse eines starken Kupferringes, der im magnetischen Meridian steht, befindet sich eine kleine Magnetnadel, deren Länge nur etwa den vierten Theil des Ringdurchmessers beträgt. Zwei verticale, isolirt in einander steckende Cylinder bilden die Leitungen zu den beiden Enden des Ringes, so dass nur ein Strom, der durch den Ring geht, auf die Nadel wirken kann.

Ist A (Tab. I. Fig. 7.) der Mittelpunkt des Ringes, AB die Achse desselben, $AC = y$ sein Halbmesser, und g die Intensität des Stromes; ist ferner in der Achse um $AB = x$ von A entfernt ein nordmagnetisches Element μ, und geht der Strom durch das Ringelement $y\,d\varphi$ im Punkte C (von hinten nach vorn in der Figur), so wird μ von B nach D senkrecht gegen die durch B und das Element bei C gelegte Ebene bewegt. Die Grösse der bewegenden Kraft steht im geraden Verhältniss zum Product $g \cdot \mu \cdot y \cdot d\varphi$, im umgekehrt quadratischen zu $CB = \sqrt{x^2 + y^2}$, ist also

$$= f\,\frac{g\,m\,\mu\,y\,d\varphi}{x^2 + y^2},$$

wo f einen constanten Factor bezeichnet. Sucht man hieraus die in der Richtung AB wirkende Componente ξ aus der Proportion

$$BC : y = BD : \xi,$$

so findet sich

$$\xi = \frac{f \cdot g \cdot m \cdot y^2\,d\varphi}{(x^2 + y^2)^{\frac{3}{2}}},$$

also die gesammte Kraft, mit der alle Elemente $y\,d\varphi$ des Kreisstromes das Theilchen μ in der Richtung der Achse afficiren

$$K = \frac{2\pi \cdot f \cdot g \cdot \mu \cdot y^2}{(x^2 + y^2)^{\frac{3}{2}}}.$$

Dieser Werth ist mit derjenigen Kraft verglichen worden, welche ein magnetisches Element, dessen Moment $= M$ ist und dessen Richtung mit AB zusammenfällt, aus der Entfernung $\sqrt{x^2 + y^2}$ auf das Element μ ausübt. Diese Kraft ist

$$= \frac{2M\mu}{(x^2 + y^2)^{\frac{3}{2}}}$$ [1])

ein Ausdruck, der mit dem für K identisch wird, wenn

$$M = \pi \cdot f g \cdot y^2 \text{ ist.}$$

---

1) Gauss, Result. des magnet. Vereins. 1840. 26*. und Weber, in Pogg. Ann. LV. 33*.

Der Analogie wegen nennt Weber diesen Ausdruck das Moment des galvanischen Kreisstromes = G.

Um das Moment eines Magnets zu bekommen, hat Gauss die Ablenkung einer Nadel bei zwei verschiedenen Entfernungen vom Magnet beobachtet [1]). Der Magnet liege immer in der Horizontalebene der Nadel und senkrecht gegen den Meridian, seine Achse treffe verlängert den Mittelpunkt der Nadel. Die aus 4 Beobachtungen gefundenen Mittelwerthe der Ablenkungen für die Entfernungen R und R' seien v und v', so ist

$$\operatorname{tang} v = \frac{L}{R^3} + \frac{L'}{R^5},$$

$$\operatorname{tang} v' = \frac{L}{R'^3} + \frac{L'}{R'^5},$$

wenn R und R' gegen die Länge des Magnets und der Nadel so gross sind, dass man die folgenden Glieder, welche die höheren Potenzen von R und R' enthalten, vernachlässigen darf. Hieraus folgt

$$L = \frac{R^5 \operatorname{tang} v - R'^5 \operatorname{tang} v'}{R^2 - R'^2};$$

v, v', R und R' werden gemessen, L und L' sind constante Functionen der Intensität. Zwischen L und dem gesuchten Momente M besteht endlich noch die Relation

$$L = \frac{2M}{T}, \quad M = \tfrac{1}{2} LT,$$

wo T die horizontale Intensität des Erdmagnetismus bezeichnet.

Wird ebenso hier mit u die Ablenkung einer Magnetnadel in A, mit u' die derselben in B und B' (so dass $BA = B'A$), bezeichnet, und $y = R$, $\sqrt{x^2 + y^2} = R'$ gesetzt, so ist

$$\operatorname{tang} u = \frac{L}{R^3} + \frac{L'}{R^5},$$

$$\operatorname{tang} u' = \frac{L}{R'^3} + \frac{L'}{R'^5},$$

$$L = \frac{R^5 \operatorname{tang} u - R'^5 \operatorname{tang} u'}{R^2 - R'^2} = \frac{2G}{T}.$$

oder

$$G = \tfrac{1}{2} \frac{R^5 \operatorname{tang} u - R'^5 \operatorname{tang} u'}{R^2 - R'^2} \cdot T = \pi f g R^2,$$

woraus sich g ergiebt.

---

1) Pogg. Ann. XXVIII. 241. 591*; Comment. soc. reg. scient. Goetting. sec. T. VIII*.

Als Einheit wird die Stromintensität angenommen, wobei der Strom, wenn er in der Ebene der Flächeneinheit umläuft, in der Ferne dieselbe Wirkung, wie die Einheit des freien Magnetismus ausübt. Dann ist nämlich $g = 1$, $G = 1$, die Fläche $\pi R^2 = 1$, folglich auch $f = 1$, und

$$g = \frac{LT}{2\pi R^2},$$

worin L aus den gemessenen Grössen u, u', R, R' berechnet werden kann.

Kann die Länge der Nadel als verschwindend gegen den Durchmesser des Kreises betrachtet werden, so darf man sich in der Tangentenreihe auf das erste Glied beschränken, und hat daher

$$\text{tang}\, u = \frac{L}{R^3}, \quad L = R^3 \,\text{tang.}\, u\,.$$

Man braucht dann nur u, wenn sich die Nadel im Mittelpunkt des Kreises befindet, zu messen, und erhält

$$g = \frac{1}{2\pi} RT \cdot \text{tang}\, u,$$

einen Werth, den Weber auch für seine Messungen noch als genügend betrachtet, wenn die Nadellänge nicht den vierten oder fünften Theil des Durchmessers übersteigt.

Diese Messungsmethode ist deshalb besonders für starke Ströme anwendbar, weil, wenn der Fehler in der Beobachtung $= du$ ist, in der Stromintensität ein Fehler verursacht wird, der in Theilen der ganzen Intensität $= \frac{2\,du}{\sin 2u}$ ist, ein Werth der für $u = 45^\circ$ ein Minimum ist, also für eine Ablenkung, welche nur starke Ströme erzeugen.

Lenz hat bei seinen Versuchen über die Wärmeentwicklung durch den galvanischen Strom die von Nervander vorgeschlagene Tangentenboussole [1]) in einer veränderten Gestalt [2]) angewandt:

Auf einem Consol MM' (Taf. II. Fig. 9.) steht auf drei Stellschrauben das Brett AA', in dessen Mitte in einem entsprechenden Ausschnitt das hohle konische Achsenlager dd' vermittelst Holzschrauben befestigt ist, und mit ihm das auf ihm abgedrehte, flache cylindrische, oben offene Messinggefäss DD', dessen oben horizontal

---

1) Repert. I. 261*.

2) Pogg. Ann. LIX. 204*.

abgedrehter Rand eine Theilung von 20 zu 20 Minuten trägt. In dem hohlen Achsenlager dreht sich die konische Achse *C*, und mit ihr die, auf ihr abgedrehte Alhidade *BB'*, die an ihren oberen, mit dem getheilten Kreise in einer Horizontalebene befindlichen Rändern Nonien trägt, welche eine Ablesung auf eine Minute gestatten. Auf dem Brette ist ein verticaler Ständer angeschraubt, welcher oben einen horizontalen Arm, und an dessen Ende eine Vorrichtung trägt, um den Coconfaden zu halten. An diesem ist bei *b* in einem kleinen Haken ein Messingdraht vertical aufgehängt, in welchem unbeweglich gegeneinander und in derselben Verticalebene die Magnetnadel *ns* und darüber der Zeiger *ee'* befestigt sind. Der Coconfaden hängt oben an der Rolle *a*, durch die er gehoben und gesenkt werden kann, liegt aber dann in einem Einschnitt der Oeffnung der oberen Platte an, so dass dieser Aufhängepunkt beim Heben und Senken des Fadens immer derselbe bleibt. Mittelst zweier Schlitten und der Stellschrauben *Q* und *R* kann er indess in seiner Lage verändert werden. Der Apparat ist von einem Glaskasten *OO'*, der in eine Rinne des Brettes *AA'* passt, und durch zwei halbkreisförmige Glasplatten *PP'* gedeckt wird, umgeben. Der Faden selbst ist von einer Glasröhre eingeschlossen.

Im Brette *MM'* ist ein Loch angebracht, durch welches eine Verlängerung der konischen Achse geht. Diese trägt gleich unter dem Brette ein Querstück *CC*, welches die zwei cylindrischen Stangen (gezogene Messingröhren) *CC'* hält, deren untere Enden wieder durch ein Querstück *C'C'* verbunden sind, so dass das Ganze einen senkrechten rechteckigen Rahmen bildet. Zwischen den Röhren lässt sich mittelst der Klemmschrauben *L*, *L'* eine horizontale Messingplatte verschieben, welche zwei gabelförmige Messingträger *E*, *E'* trägt, in welche ein hohler Messingcylinder *FF'* unbeweglich eingelegt werden kann. Die Fläche des Cylinders *cc'* ist mit einer Doppelspirale von $\frac{3}{4}$ engl. Linien dickem Kupferdraht, der mit Baumwolle besponnen ist, umwunden. Die Windungen gehen von einem Ende zum anderen, und dann in einer zweiten Schicht wieder zurück. Die an einem Ende liegenden Drahtenden sind zu einem Schnur vereinigt, und enden in den Klemmschrauben *G* und *G'* in der Mitte des Apparates. Durch Stellschrauben und Federn kann die Achse des Cylinders horizontal gelegt und ihre Mitte in die Verlängerung der Drehachse der Magnetnadel gebracht werden.

Um die Schwingungen der Nadel abzukürzen, ist der Draht,

welcher Nadel und Zeiger trägt, nach unten in einen Platinstiel verlängert und endigt in einem Platinflügel, der in einem flachen, cylindrischen, mit reinem Baumöl gefüllten Gefässe T hängt. Diese Vorrichtung, welche Lenz vom Baron Schilling kennen lernte, rührt übrigens von Draper her. (Vergl. unten S. 61.)

Die Entfernung der Spirale von der Magnetnadel beträgt bei dem beschriebenen Instrument $12\frac{3}{4}$ Zoll. Wird die Achse der Spirale senkrecht auf den Meridian gerichtet, und dann ein Strom durch sie hindurchgelassen, so kann man sich ihre Wirkung wie die eines auf die Magnetnadel senkrecht gerichteten Magnets denken, und die Nadel wird abgelenkt. Wenn Nadel und Spirale gehörig centrirt sind, so sind die den Ablenkungen entsprechenden Ströme den Tangenten der Ablenkungen proportional, wovon sich Lenz durch folgende Methode überzeugte:

Wenn die Nadel durch einen Strom auf der Ablenkung α erhalten wird, so muss wiederum die Wirkung des Drehungsmomentes der Erde gleich der des Stromes sein, also

$$T \sin \alpha = F \cdot \varphi(\alpha)$$

wo φ eine näher zu bestimmende Function bedeutet; also

$$F = T \frac{\sin \alpha}{\varphi(\alpha)} .$$

Soll auch hier das Gesetz der Tangenten gelten, so muss $\varphi(\alpha) = \cos \alpha$ sein. Ist nun (Taf. I. Fig. 10.) AB die Richtung des Meridians, CD die der Windungen, die mit AB den Winkel β bilden, NS die der abgelenkten Nadel, die mit dem Meridian den Winkel α bildet, so muss wieder

$$T \sin \alpha = F . \cos(\alpha + \beta), \text{ also}$$

$$\frac{\sin \alpha}{\cos(\alpha + \beta)} = \text{Const sein} ,$$

was durch die Beobachtungen, von denen einige in Gemeinschaft mit Nervander angestellt sind, bestätigt wurde.

Eine zweite Prüfung des Instrumentes, welche Lenz unternahm, bestand in vergleichenden Messungen derselben Ströme mittelst der Sinus- und Tangentenboussole, eine dritte im Vergleich mit der electrolytischen Wirkung in einem Voltameter.

Waren bei den Ablenkungen α, α', α'' die auf denselben Barometerstand und dieselbe Temperatur reducirten Gasvolumina v, v', v'' in den Zeiten t, t', t'', und wird der Strom, der die Ablenkung 1° hervorbringt, $= 1$ gesetzt, so muss

$$F = \frac{\text{tang } \alpha}{\text{tang } 1^\circ}, \quad F' = \frac{\text{tang } \alpha'}{\text{tang } 1^\circ}, \text{ etc.}$$

sein, folglich nach dem electrolytischen Gesetz, wenn der Strom 1 in der Zeiteinheit die Gasmenge x entwickelt

$$v = F \,.\, t \,.\, x,$$
$$v' = F' \,.\, t' \,.\, x,$$
$$v'' = F'' \,.\, t'' \,.\, x,$$

woraus x nach der Methode der kleinsten Quadrate bestimmt und zur Berechnung von v benutzt wurde. Beide Methoden gaben ebenfalls genügende Uebereinstimmung.

Aus der von Poggendorff[1]) bei Gelegenheit der empirischen Graduirung seines Galvanometers angestellten Betrachtung (S. 39.) geht ebenfalls eine Methode zur Controlirung der Tangentenboussole hervor. Es fand sich nämlich daselbst

$$i = \frac{\sin n}{\sin (n + m)},$$

wo m eine unbekannte Function von n ist, die für jedes Instrument speciell bestimmt werden muss. Ist nun an einem Instrument, dessen Gewinde natürlich um eine verticale Achse drehbar sein müssen, um jene Gleichung überhaupt benutzen zu können, aus anderen Gründen bekannt, dass die Intensität eine bestimmte Function der Ablenkung ist, so erhält man einen Ausdruck für jene unbekannte Function, und dadurch die Möglichkeit, die Brauchbarkeit des Instrumentes für den ganzen Umfang des Quadranten zu prüfen. Z. B. für die Tangentenboussole ist

$$\frac{\sin n}{\sin (n + m)} = a \,.\, \text{tang } n,$$

und daraus

$$\text{tang } n = \frac{\frac{1}{a} - \sin m}{\cos m}.$$

Diese Bedingung muss vom Instrumente überall erfüllt werden, wenn man es wirklich als Tangentenboussole brauchen soll.

Der Gestalt nach der Nervander'schen Tangentenboussole ähnlich, aber durchaus für feine Messungen nicht anwendbar, ist das Reelectrometer von Marianini[2]), das er zur Messung sowohl

1) Pogg. Ann. LVII. 609*.

2) Ann. de chim. phys. III Sér. X. 491*.

plötzlich eintretender und vorübergehender, als auch dauernder Ströme vorschlägt. Ein weicher Eisenstab, mit einem besponnenen Drahte bewickelt, liegt auf dem Deckel einer Boussole, in der eine Magnetnadel auf einer Spitze schwebt. Die Richtung des Stabes ist senkrecht gegen die der Nadel und also des Meridianes. Geht ein Strom durch die Drahtwindungen, so stossen die Pole des Electromagneten die der Nadel ab, und nähern sie immer mehr einer dem ersteren Stabe parallelen Stellung.

Sinusboussole.

Pouillet's Sinusboussole [1]) besteht aus einem ähnlichen Kupferstreifen, wie der in der Tangentenboussole angewandte war, der aber in Form eines Rechtecks gebogen ist. Seine grossen horizontalen Seiten messen zwei Decimeter, seine kleinen verticalen 5 bis 8 Centimeter, je nach dem Grade der Empfindlichkeit, den man erreichen will. Dieses Rechteck steht auf einem getheilten Kreise, dessen Alhidade es gewissermaassen bildet, und in dem Rechtecke hängt eine Magnetnadel so, dass ihr Mittelpunkt in der Verticalen über dem Mittelpunkt des getheilten Kreises liegt. Wenn ein Strom durch das Rechteck geht, wird die Nadel abgelenkt, allein man folgt ihr mit dem Rechteck, bis sie sich in dessen Verticalebene befindet, wenn sie, im Gleichgewicht gehalten zwischen der magnetischen Kraft der Erde und der des Stromes, stillsteht. In diesem Fall ist die Intensität des Stromes proportional dem Sinus des Ablenkungswinkels. Für sehr schwache Ströme ist die Boussole statt mit einem einfachen Streifen multiplicatorisch mit mehren Drahtwindungen versehen.

Als wesentliche Vorzüge der Sinusboussole vor anderen ähnlichen Messinstrumenten hebt Poggendorff [2]) hervor: 1) dass die Idee derselben keine hypothetische Voraussetzung einschliesst, für Winkel von jeder Grösse richtig bleibt, und durch die Hülfsmittel der practischen Mechanik streng verwirklicht werden kann. 2) Dass an die Drahtwindungen nicht die Forderung eines vollkommenen Parallelismus unter sich, oder überhaupt einer bestimm-

---

1) C. r. IV. 267*; Pogg. Ann. XLII. 287*; Ann. of El. II. 93*.
2) Pogg. Ann. L. 505*; Berl. Ac. Ber. 1840. 163*.

ten Form gestellt wird. 3) Dass die Magnetnadel ebensowenig diesen Windungen parallel gehalten, als concentrisch mit der Theilung des Kreises aufgehängt zu werden braucht, sondern nur Constanz in der Lage gegen die Windungen und in der Excentricität erforderlich ist, Bedingungen, welche beide streng erfüllt werden können. 4) Dass die Torsion des Fadens eliminirt ist. 5) Dass sie zur Messung sowohl schwacher als starker Ströme von fast beliebigem Intensitätsverhältniss anwendbar ist, und schon bei kleinen Dimensionen einen hohen Grad von Genauigkeit gewährt.

Die von Pouillet angewandte Methode, die Nadel auf einer Spitze drehen zu lassen, verwirft Poggendorff, weil sie das Instrument sehr unempfindlich macht. Er hängt die Nadel an einem in eine Glasröhre eingeschlossenen Coconfaden auf, verlängert diesen auch nach unten, und versieht ihn hier am Ende mit einem kugelförmigen Gewicht, das in einer senkrecht unter dem Aufhängepunkt des Systems befindlichen, und mit dem drehbaren Theile des Instruments verbundenen Glasröhre schwebt. Hierdurch erhält das Instrument eine grössere Empfindlichkeit, ohne dass die Nadel durch Erschütterungen in starkes Schwanken geräth. Die Torsion des Fadens wird wegen der gleichzeitigen Drehung des, die Nadel tragenden Stativs mit dem Kreis und den Drahtwindungen eliminirt.

Da die Ströme immer mit ihrer ganzen Kraft auf die Nadel wirken, so zeigt die Sinusboussole, trotz der Anwendung einer einzelnen Nadel statt des astatischen Systemes, doch eine bedeutende Empfindlichkeit. Pouillet hat deshalb, und weil die Sinus, welche als Maass der Stromstärke dienen, bald ein Maximum erreichen, dieselbe nur für schwache Ströme anwendbar gehalten. Poggendorff erweitert indess die Scala durch Anwendung zweier Drähte, die parallel oder zusammengedreht neben einander fortlaufen. Führt man einen Strom durch beide Zweigdrähte einmal in gleicher, und einmal in entgegengesetzter Richtung, so bekommt man eine Summe und eine Differenz von Wirkung, deren Verhältniss nur von dem Widerstandsverhältniss der Drähte, nicht aber von der Intensität des Stromes abhängt, so dass es also bei ungeänderten Zweigdrähten für alle Intensitäten gleich bleibt, und für eine Intensität experimentell bestimmt werden kann. Ist nämlich die electromotorische Kraft der angewandten Kette $= k$, der Widerstand der beiden Drähte $= l$ und l', der übrige Widerstand $= r$, so sind die beiden Zweigströme:

$$J = \frac{kl'}{rl + rl' + ll'},$$

$$J' = \frac{kl}{rl + rl' + ll'},$$

also das Verhältniss der Summe beider, zur Differenz beider

$$= \frac{l' + l}{l' - l}.$$

Um also zwei Ströme, deren Intensitätsverhältniss den Umfang der Scala überschreitet, zu vergleichen, misst man nur den starken Strom mit der Differenz, den schwachen mit der Summe der Zweigwirkungen, und multiplicirt das gefundene Verhältniss mit dem Verhältniss jener Summe und Differenz. Da man das letztere Verhältniss nach dem Widerstande der Zweigdrähte fast beliebig abändern kann, so ist man hierdurch im Stande, Ströme von fast beliebigem Intensitätsverhältniss mit einander zu vergleichen.

Um sehr starke Ströme an der Sinusboussole zu messen, hält Poggendorff[1]) die Stromschwächung durch Verkleinerung der in die Flüssigkeit tauchenden Platten nicht für anwendbar, weil dadurch noch ein anderes Element als der Widerstand geändert wird, nämlich die Ladung; bei Ketten mit geringem Widerstand, wie die Grove'sche eine ist, wird ausserdem durch dieses Mittel nur eine geringe Aenderung in der Stromstärke erzeugt. Er schlägt daher wiederum eine Methode vor, welche auf die Verzweigung der Ströme begründet ist. Man theilt den Strom in zwei Drähte, deren Widerstände l und nl seien, und lässt ihn beide in entgegengesetzter Richtung durchlaufen. Mit Beibehaltung der obigen Bezeichnung hat man dann für die Stromstärke

$$i = \frac{k(nl - l)}{rl + r \cdot nl + nl^2} = \frac{k + \frac{n-1}{n+1}}{r + \frac{n}{n+1}\, l},$$

und für ein anderes n

$$i' = \frac{k + \frac{n'-1}{n'+1}}{r + \frac{n'}{n'+1}\, l},$$

aus welchen Gleichungen sich k und r bestimmen lassen.

Die Wirkungsweise der Sinusboussole, namentlich der Einfluss,

---

1) Pogg. Ann. LIV. 168. Anm.*.

den die Stellung der Nadel zu den Windungen haben kann, hat Henrici folgendermaassen erörtert [1]: Sei *CA* (Taf. I. Fig. 11.) die Richtung des magnetischen Meridians, *CB* die Richtung des auf die Nadel wirkenden Leitdrahts, *CD* die magnetische Achse der Nadel in der Gleichgewichtslage und zugleich das Maass der Mittelkraft, durch welche die Nadel in dieser Lage erhalten wird, so erhält man die beiden Componenten derselben, wenn man *DA* senkrecht auf *CB* zieht, nämlich *CA*, die Kraft des Erdmagnetismus $= E$, *DA* die Stromstärke $= Q$; es ist dann

$$\frac{Q}{E} = \frac{\sin \alpha}{\sin \gamma},$$

und da $\gamma = 90^0 - \beta$ ist

$$\frac{Q}{E} = \frac{\sin \alpha}{\cos \beta},$$

worin β fast nie eine zu berücksichtigende Grösse erlangen wird, so dass $\cos \beta = 1$, und, auf die Kraft des Erdmagnetismus als Einheit bezogen,

$$Q = \sin \alpha \quad \text{ist.}$$

In Bezug auf die Wirkungsabnahme, welche die Nadel vom Leitungsdrahte erfährt, wenn sich ihre Pole ein wenig aus seiner Verticalebene entfernen, bemerkt Henrici, dass das Gleichgewicht in der Ebene selbst ein labiles ist. Kommt die Achse der Nadel im geringsten aus derselben, so wird zwar die Wirkung des Erdmagnetismus unverändert bleiben, aber die abstossende Wirkung des Stromes geschwächt, so dass die Nadel in einer, dem Meridiane mehr genäherten Stellung ein stabiles Gleichgewicht erreicht. Diese Lage ist dann die, welche in der Praxis wirklich zu benutzen ist.

Jacobi erklärt [2]) die Messungen mit der Sinusboussole für langweilig, weil man die Nadel immer mit dem Multiplicator verfolgen muss, und so die Beobachtungen eine ungleich grössere Zeit erfordern, als die mit der Tangentenboussole. Poggendorff bemerkt hierzu, dass dieser Aufwand von Zeit und Mühe neben den grossen Vorzügen des Instrumentes vor allen ähnlichen von keinem Belang ist, dass man bei einiger Uebung das Einstellen erst aus freier Hand, dann mittelst der Schraube in zwei, höchstens drittehalb Minuten vollenden kann. Uebrigens fügt Poggendorff hinzu,

---

1) Pogg. Ann. LII. 405*.
2) Pogg. Ann. LVII. 86*.

die Tangentenboussole könne erst dadurch zu einem vollkommenen Instrumente werden, dass man sie mit der Sinusboussole vereinige, weil man dadurch in den Stand gesetzt wird, sie für jegliche Gestalt des Drahtgewindes zu graduiren [1]) und innerhalb des Quadranten als Messinstrument zu benutzen.

Dynamometer.

Das von W. Weber construirte Electrodynamometer [2]) unterscheidet sich von den gewöhnlichen Messvorrichtungen dadurch, dass der Theil des Apparates, welcher abgelenkt werden soll, nicht eine Magnetnadel ist, sondern selbst ein Stromleiter, dass also die Intensität und Richtung des Magnetismus im beweglichen Theile mit denselben Elementen im festen Theile wechselt. Es hat folgende Einrichtung: (Taf. I. Fig. 12.) Zwei quadratische Messingplatten *a*, *a* von 140 Millimeter Seite enthalten kreisrunde Löcher von 76 Millimeter Durchmesser und sind durch eine Röhre mit einander verbunden, welche sie, einander parallel, in einer Entfernung von 70 Millimeter von einander hält. Auf diese Röhre ist der 0,7 Millimeter dicke Kupferdraht in etwa 3500 Windungen aufgewickelt. In diesem Multiplicator hängt eine Bifilarrolle *b*, d. h. eine zwischen zwei Messingsscheiben von 66,8 Millimeter Durchmesser auf eine 3 Millimeter dicke und 30 Millimeter lange Röhre gewickelte Drahtrolle, von etwa 5000 Windungen $\frac{1}{10}$ Millimeter dickem Kupferdrahts. Diese Rolle trägt auf einer Messingplatte einen Planspiegel *c*, der durch zwei Fortsätze an den Messingscheiben befestigt ist. Ebenso ist auf der anderen Seite der Rolle ein Gegengewicht *d* angebracht. Die Drahtenden der Bifilarrolle sind an einem Halter befestigt, der aus einer messingenen Gabel mit zweien 100 Millimeter langen parallelen verticalen Armen, in 100 Millimeter Abstand voneinander, besteht und dessen beide Arme *e*, *e* bezüglich an die Messingplatte, die den Spiegel trägt, und an den Träger des Gegengewichtes angreifen. Dieser Halter umfasst den Multiplicator, und hält in ihm die Bifilarrolle schwebend. Die bei *f* und *g* mit den Enddrähten

1) Vergl. Pogg. Ann. LVI. 329*.

2) Pogg. Ann. LV. 183*; Electrodynamische Maassbestimmungen, 10. Aus den Abh. bei Begr. der Königl. Sächs. Gesellsch.*.

der Rolle verbundenen, unbesponnenen Tragdrähte sind unter zweien Elfenbeinplatten am horizontalen Theil der Gabel hinweggeführt, und gehen durch zwei Kerbe an den in der Mitte sich berührenden Elfenbeinplatten durch die Oeffnung senkrecht in die Höhe. Sie sind 1 Meter lang und $\frac{1}{6}$ Millimeter dick, ihr Abstand, der durch eine Schraube regulirt werden kann, beträgt 3 bis 4 Millimeter. Oben werden sie durch ein starkes Stück Elfenbein getragen, welches wie ein Deckel auf das obere Ende einer 30 Millimeter weiten, 150 Millimeter langen Messingröhre aufgepasst ist. Diese Röhre lässt sich auf einer zweiten verschieben, und durch eine Klemmschraube befestigen; so dass beide die Drähte umgeben, und die Höhe der Aufhängung bestimmen. An der untern Seite der Elfenbeinplatte befinden sich zwei mit Klemmschrauben versehene Messingrollen von 10 Millimeter Durchmesser, über welche die Drähte gehen, die dann in Oesen endigen, und durch seidene Fäden zusammengebunden sind. Die Klemmschrauben nehmen die Drähte zur weiteren Stromleitung auf. Ueber das ganze Instrument, mit Ausnahme der Röhren, ist ein Mahagonikasten ohne Boden gestürzt, welcher an der Seite vor dem Spiegel eine durch ein Planglas geschlossene Oeffnung hat, durch welche die Bewegungen des Instruments nach der bei den Magnetometern üblichen Methode durch ein Fernrohr abgelesen werden können.

Die electrodynamische Kraft, welche durch das beschriebene Instrument gemessen wird, ist dem Quadrate der electromagnetischen Kraft, mithin dem Quadrate der Stromintensität proportional. Um diesen Satz, der übrigens schon aus der Art, wie der Strom als ablenkende Kraft im Multiplicator, und als Richtkraft in der Bifilarrolle wirkt, übersichtlich ist, experimentell zu beweisen, benutzte Weber eine einfache Abänderung des Magnetometers, an welcher die Intensität derselben Ströme, welche das Dynamometer durchliefen, beobachtet werden sollte. Eine gewöhnliche Magnetnadel mit einem Spiegel zu versehen, um sie nach Art der Magnetometer mit dem Fernrohr zu beobachten, ist wegen des grossen Trägheitsmomentes nachtheilig; Weber half sich daher, indem er statt einer Magnetnadel einen kleinen kreisrunden, und selbst magnetischen Spiegel an einem Coconfaden aufhängte. Die Spiegelscheibe hat 35 Millimeter Durchmesser und 6 Millimeter Dicke, und hat oben und unten ein Häkchen, um in beiden Richtungen befestigt werden zu können. Um ihre Schwingungen durch magnetoelectrische Induction zu dämpfen, steht die Messingsröhre, in der sich der Coconfaden befindet, auf einer soliden Kupferkugel von 90 Millimeter Durchmesser, in welche von der einen Seite ein durch eine Glasplatte geschlossenes Loch von 40 Millimeter Durchmesser 70 Millimeter tief eingedreht ist, am inneren Ende ist dasselbe für den magnetischen Spiegel erweitert, am äusseren trichterförmig um dem Licht freien Zutritt zum Spiegel zu verschaffen. In den inneren erweiterten Raum führt von oben ein Spalt von 8 Millimeter Breite und 10 Millimeter Länge; die Kupferkugel steht auf einem Ring von 20 Millimeter Höhe, 70 Millimeter Durchmesser und 2 Millimeter Dicke. Das Magnetometer und das Dynamometer waren in einer Entfernung von 583,5 Millimetern von einander so aufgestellt, dass der Durchmesser des Magnetometerspiegels in die Verlängerung der Axe der Bifilarrolle fiel. Die Fernröhre, welche zur Ablehsung beider Instrumente dienen, müssen demnach auch parallel, und ihre Scalen in einer geraden Linie liegen. Die Strömc, welche zur Vergleichung beider Instrumente dienen sollten, werden durch 1, 2 oder 3 grovesche Elemente erregt. Aus der Entfernung der Spiegel von der Scale wird der Werth eines Scalentheils = 17″,136 gefunden. Die mittleren Ablenkungen, welche am Dynamometer durch die Wechselwirkung beider Rollen, am Magnetometer durch die Einwirkung des Multiplicators auf den magnetischen Spiegel wahrgenommen worden, waren:

	Magnetometer.	Dynamometer.
für 3 Elemente	108,566	440,508
- 2 -	72,438	198,305
- 1 -	36,332	50,915.

Da diese Zahlen den Tangenten der doppelten Ablenkungswinkel proportional sind, so müssen sie auf die Tangenten der einfachen reducirt werden. Dieser und eine andere Correction wegen der Excentricität der Spiegel verwandeln sie in die folgenden

Magnetometer.	Dynamometer.
108,426	440,038
72,398	198,255
36,332	50,915.

Multiplicirt man die Quadratwurzeln aus den Zahlen der zweiten Columne: $\sqrt{440,038}$, $\sqrt{198,255}$, $\sqrt{50,915}$ mit der Constanten 5,5534, so erhält man nahe die am Magnetometer beobachteten Zahlen, nämlich

108,144; 72,589; 36,786.

Das Gesetz, dass sich die electrodynamischen Wirkungen wie die Quadrate der Stromintensitäten verhalten, ist demnach bewiesen.

Galvanoskope.

Gegen die gewöhnlichen Galvanometer wendet Page [1]) ein, dass die magnetische Kraft der Nadel beständig unter dem Einflusse der Ströme wechselt, dass man starke Ströme garnicht mehr an ihnen unterscheiden könne, und dass die Astaticität der Systeme äusserst schwer zu erhalten sei. Diese Fehlerquellen hofft er durch die Contruction seines Axialgalvanometers überwunden zu haben, bei welchem die Magnetnadel durch einen Eisendraht ersetzt ist, welcher selbst durch den Strom zum Magnete wird. In dem zuerst beschriebenen Instrumente der Art [2]) wurde die Wirkung des Stromes auf den Draht durch eine Federwaage gemessen; später wendet Page eine bogenförmig gekrümmte Spirale an, in welcher sich ein längerer, concentrisch mit derselben gekrümmter Eisendraht verschieben kann, indem er um eine Axe drehbar ist, und durch ein Gegengewicht im Gleichgewicht gehalten wird. Ein Strom, welcher durch die Drähte geht, verschiebt den Eisendraht und den daran befestigten Zeiger, welcher an einer Scala diese Verschiebung misst. Die Empfindlichkeit des Instrumentes kann durch eine Verschiebung der Spirale mittelst der Schraube verändert werden.

Magnetische Waage.

Becquerel's magnetische Waage [3]) ist eine chemische Waage, die an beiden Enden kurz aufgehängte Schaalen, und daran verticale Magnetstäbe trägt, beide mit dem Nordpol nach unten. Diese können sich bei einer Bewegung des Waagebalkens frei in zwei

1) Sill. Journ. 2. Ser. I. 242*.

2) Sill. Journ. XLIX. 137.

3) C. r. IV. 35*; Ann. de chim. phys. LXVI. 84*; Pogg. Ann. XLII. 307*; Phil. Mag. X. 358*; Mech. Mag. XXVII. 205*; Ann. of El. I. 398*; Inst. V. 9*.

Glasröhren hineinbewegen, welche mit 10,000 Kupferdrahtwindungen umgeben sind. Der Strom, der in eine solche Spirale tritt, wird den Magneten hineinziehen oder herausstossen, und man kann den Strom durch beide Spiralen so nach einander leiten, dass sich die Wirkungen auf beide Magnete addiren. Maass der Stromstärke ist das Gewicht, das man zur Herstellung des Gleichgewichts einer der Schaalen hinzufügen muss.

Lenz und Jacobi haben die Becquerel'sche Waage zu ihren Versuchen angewandt, aber in veränderter Gestalt [1]). (Tab. I. Fig. 13.) Die Magnetstäbe sind einer über, der andere unter der Drahtspirale angebracht; bei letzterem geht ein Draht vom Magneten durch die Spirale zum Waagebalken. Die Wirkungen der beiden Spiralen summiren sich, und können dort ein stabiles Gleichgewicht hervorbringen, was bei der Becquerel'schen Einrichtung unmöglich ist. Denn sobald die Oscillationen des Waagebalkens nach der Seite der Anziehung hingerichtet sind, nimmt die abstossende Kraft ab, und die anziehende zu. Ihre Summe wird wegen der eigenthümlichen Natur der magnetischen Wirkung, die mit der Abnahme der Entfernungen rasch wächst, grösser als das Gegengewicht, und der Waagebalken muss nach der Seite der Anziehung ausschlagen. Bei der Oscillation nach der Seite der Abstossung dagegen nimmt die Kraft zwar auch zu, aber in entgegengesetzter Richtung der Bewegung, wodurch das System in die Lage des Gleichgewichts wieder zurückgeführt wird. Bei den Messungen musste noch eine Correction angebracht werden, weil sich beständig Anomalien zeigten, deren Grund Lenz und Jacobi in der Waage selbst fanden. Die Spiralen ihrer Waage bestanden aus sechs, von einander getrennten und zum Schnur geflochtenen Drähten, jeder von 200 Fuss Länge. Diese Drähte können hinter- oder nebeneinander verbunden werden, und so eine stärkere oder schwächere Einwirkung auf die Magnetstäbe hervorbringen. War m die Zahl der Drähte und x ein aus den Beobachtungen zu bestimmender constanter Coefficient, so stimmten die Messungen mit dem berechneten Gewicht, das die Stromstärke darstellen sollte, $k = mx$, nur unvollständig überein. Zur Correction wurde die Formel $k = k' - k'z^2$ anwendbar gefunden, wo k' die wahre Stromkraft und z eine Constante ist, welche für eine jede Waage bestimmt werden muss [2]).

1) Pogg. Ann. XLVII. 226*.

2) A. a. O. 240*.

Bei späteren Untersuchungen hat Jacobi diese Waage als, mit Benutzung der angegebenen Correction, sehr schätzbar ebenfalls empfohlen [1]).

Torsionswaage.

Die Coulomb'sche Torsionswaage, früher bereits von Ohm zur Messung galvanischer Ströme benutzt, hat neuerdings Draper [2]) zu demselben Zwecke angewandt. Ihre Gestalt ist im allgemeinen die alte, die einfache Nadel schwebt über einem breiten Kupferstreifen, welcher als Leitungsdraht dient. Der Streifen hat in der Mitte ein Loch, durch welches eine Verlängerung der Nadelaufhängung geht, das unten ein in Wasser hängendes Rechteck von Zinnfolie trägt. Der Zweck dieser Vorrichtung ist, die Nadel schneller zur Ruhe zu bringen.

Voltameter.

Am Voltameter entsteht jedesmal ein Gasverlust durch die Gasmengen, welche vom Wasser absorbirt und in Blasengestalt zurückgehalten werden. Diesen Verlust zu vermeiden, wendet de la Rive [3]) bei seinem Versuchen, das von seinem Vater vorgeschlagene Voltameter an, das aus einer Flasche mit eingeriebenem Stöpsel besteht, in dessen Wände die zu den Electroden führenden Leitungsdrähte eingekittet sind. Aus dem Grunde des Glases führt eine enge Röhre erst seitwärts und dann aufwärts. Das Gefäss enthält verdünnte Schwefelsäure, welche in der engen Röhre, um eine, dem entwickelten Gase entsprechende Höhe aufsteigt. Aus dieser Höhe, der Temperatur und dem Barometerstande schliesst man auf die Menge des freigewordenen Gases, bei dessen Bestimmung jener Verlust jetzt nicht in Rechnung kommt, wenigstens wenn man annimmt, dass das absorbirte Gas denselben Raum einnimmt, den es als freies Gas füllen würde. Dasselbe Princip und fast dieselbe Contruction

1) Pogg. Ann. L. 510*; Phil. Mag. XVII. 241*; Bull. de St. Pét.
2) Phil. Mag. XV. 266*.
3) Pogg. Ann. XL. 378*. etc.

befolgt Stratingh [1]), dessen Voltameter aus einem Uförmig gebogenen Rohr mit einem kurzen weiten und einem langen engen Schenkel besteht. Der weite Schenkel ist oben durch einen Korkstöpsel geschlossen, durch den die Electrodendräthe gehen. Ebenso wendet Roberts [2]) eine Uförmige Röhre an, welche an dem Schenkel, in welchen die Electroden eingeschmolzen sind, oben verengt ist und über dieser Verengung einen Hahn trägt, während der andere Schenkel zu einer Kugel erweitert ist. Wenn durch einen Strom die verdünnte Säure im engen Rohre gesunken ist, und man das Instrument zu einem neuen Versuche füllen will, so braucht man nur den Hahn zu öffnen, um die Flüssigkeit auf beiden Seiten gleich hoch steigen zu lassen.

Um beide Gase gesondert auffangen und die zurückbleibenden Flüssigkeiten untersuchen zu können, schneidet Daniell [3]) einen starken an beiden Enden geschlossenen Glascylinder der Länge nach auseinander, legt zwischen beide Hälften eine Platte von porösem Steingut, und fügt das Ganze durch Messingsringe und Schrauben wieder zusammen. In jeder Zelle befindet sich eine Platinelectrode, befestigt an einem Drahte, der durch das Glas geführt ist. Oben sind in jede Zelle Glasröhren eingeschliffen, durch welche die entwickelten Gase fortgeleitet werden können, um in einem graduirten Rohre aufgefangen zu werden. Da diese Vorrichtung ein Uebergehen der Flüssigkeit aus einer Zelle in die andere noch zu wenig verhindert, wendet Daniell auch ein Voltameter mit doppelter Scheidewand an. Die Platinelectroden befinden sich in zwei gesonderten Cylindern, welche unten durch ein Uförmiges, in die Böden eingeriebenes Rohr verbunden sind. Dieses Rohr ist an beiden Enden mit Blase verbunden, wobei ein Eindringen von Luft sorgfältig vermieden ist, und trägt mit dem horizontalen Theile in einem Brette befestigt, den ganzen Apparat. In die Gipfel der Cylinder sind wieder Leitungsröhren eingerieben. Der später von Daniell und Miller [4]) benutzte Appaɹat unterscheidet sich von diesem nur in der Form. Ein Glascylinder wird in der Mitte senkrecht zur Axe durchgeschnitten; ein Glasring, ebenfalls an beiden Seiten ab-

1) Bull. de Néerl. 1839. 445*; Natuur en scheikundig Archief VI. 259.

2) Ann. of El. IV. 401*; Inst. VIII. 112*.

3) Phil. Trans. 1839. 97*; Arch. de l'Él. 1. 594*; Pogg. Ann. 1. Erg. 565*.

4) Phil. Trans. 1844. p. 1; Pogg. Ann. LXIV. 22*.

geschliffen, passt genau zwischen beide Halbcylinder, und wird durch Schrauben an dieselben angedrückt. Der Ring ist wieder an beiden Seiten mit Blase überspannt, aus den beiden Halbcylindern führen die Gasröhren, und der ganze horizontale Cylinder liegt in einem Holzgestell. Jede der drei Zellen kann mit einer beliebigen Flüssigkeit gefüllt werden.

Poggendorff [1]) bedient sich zur getrennten Auffangung der Gase der Erfahrung, das feine Drahtgeflechte, oder Thongefässe unter Wasser, Gase nur in sehr geringem Grade durchdringen lassen. Zwei Glasröhren, oben geschlossen, die eine von doppelt so grossen Querschnitt als die andere, münden unter Thongefässe, welche ihre Oeffnung nach unten kehren. Diese Gefässe enthalten die Platinplatten, deren Leitungsdrähte durch die Thongefässe geführt sind. Die Röhren können einander auf eine sehr geringe Entfernung genähert werden. Die Thongefässe können auch durch Drahtnetze, Haartuch und Leinwand ersetzt werden; um die Röhren zu füllen, müssen sie dann aber oben Hähne tragen, durch welche der Electrolyt aufgesogen werden kann. Gegen die Anwendbarkeit der Drahtnetze hat Jacobi [2]) eingewandt, dass sich dieselben nicht voltaisch indifferent verhalten, sondern als Zwischenplatten des Stromes auftreten, wodurch sie einen störenden Einfluss auf das Resultat der Messung ausüben, und wenn sie aus oxydirbaren Metallen bestehen, bald zerstört werden würden. Er will deshalb lieber Platinnetze anwenden und diese zugleich als Electroden brauchen. Poggendorff [3]) hat indess den Angriff, welchen die Messingnetze erleiden, nur unbedeutend gefunden, und beruft sich übrigens auf die anderen Stoffe, welche er an ihrer Stelle gleichzeitig vorgeschlagen hatte; namentlich giebt er der Leinwand den Vorzug, da in den Poren der Thongefässe wohl ebenfalls eine, wenn auch geringe, Wasserzersetzung vorgeht. Für Zersetzungen nach grösserem Maassstabe benutzt Poggendorff einen parallelepipedischen Kasten von porösem Thone, der der Länge nach durch eine Scheidewand in zwei Hälften getheilt, unten aber ganz offen ist. Die obere Wand jeder Zelle hat zwei, mit Korken versehene Oeffnungen, durch deren eine der Leitungsdraht,

1) Pogg. Ann. LV. 279*; Arch. de l'Él. II. 615*; Inst. X. 285*.
2) Bull. scient. de St. P. X. 257*; Pogg. Ann. LVII. 96* etc.
3) Pogg. Ann. LVII. 99. Anm.*

durch die andere die Gasleitungsröhren eingesetzt sind. Als Metall für die Electroden haben Poggendorff's vergleichende Versuche Eisen in Kalilauge als das vortheilhafteste herausgestellt, nach späteren Versuchen desselben Physikers [1]), welche bei Gelegenheit der Ladung besprochen werden sollen, ergiebt die Anwendung platinirter Platinelectroden in verdünnter Säure noch viel günstigere Resultate. Bunsen [2]) bereitet die Electroden seines Voltameters aus dem, in seiner constanten Kette benutzten, Kohlengemisch. Der Apparat besteht aus einer dreihalsigen Wulff'schen Flasche ohne Boden, in welche ein hohler und innerhalb desselben ein massiver Kohlencylinder gebracht sind. Beide schliessen nahe aneinander an, und sind nur durch geflochtene Stränge von gesponnenem Glas gegen einander isolirt, während der äussere Cylinder durch drei Hervorragungen auf der inneren Seite des Glasgefässes in seiner Stellung erhalten wird. Durch zwei Hälse gehen die, in Glasröhre und Korke eingesetzten, dicken kupfernen Leitungsdräthe, statt deren man auch Kohlenstäbe nehmen kann, in den dicken Hals ist ein Kork mit dem Gasleitungsrohr eingesetzt. Sollen sehr grosse Polflächen bei der Zersetzung benutzt werden, so kann man die Electroden mehrerer solcher Apparate mit einander verbinden. Diese Anwendung der Kohle hält indess Poggendorff nicht für empfehlenswerth, denn als er in denselben Strom ein Voltameter mit Platinelectroden, und ein anderes mit Kohlenelectroden hintereinander einschaltete, fand er die in letzterem entwickelte Gasmenge geringer; der stattgehabte Verlust ist gewiss einer Absorption der Gase auf der Kohlenfläche zuzuschreiben.

Das Voltamètre actif, welches Crusell [3]) beschrieben hat, construirte er, um bei seinen electrotherapeutischen Messungen ein absolutes Maass für die Stromstärke zu haben, und weil nach seiner Meinung die magnetische Wirkung ein solches Maass nur sehr schwer, und durch grosse Umwege giebt [4]). Das von ihm angegebene Instrument besteht [5]) in einer Zinkplatinkette, welche in den

1) Berl. Arch. 1846. 331*; Pogg. Ann. LXX. 182*; Fror. Not. I. No. 21. 330.

2) Pogg. Ann. LV. 273*; Omyl. p. J. LXXXIV. 379*.

3) Bull. de St. P. IV. 304.

4) Crusell, über den Galvanismus als chemisches Heilmittel. Dritter Zusatz. 154.

5) Bull. de St. P. V. 267*.

Strom eingeschaltet wird, und über deren Platinelement ein Glasrohr zum Messen des entwickelten Wasserstoffs aufgestellt ist. Crusell glaubt den Vorwurf, den man gewöhnlich den Voltametern macht, dass sie durch ihren Widerstand und die Polarisation der Platten den Strom schwächen, nicht auf seinen Apparat anwenden zu dürfen, „weil sich seine Wirksamkeit durch die Vergrösserung der Electromotoren in's Unendliche vergrössert.“ Es ist indess leider zu sehr bekannt, dass solche Mittel innerhalb der Kette die Ladung ebensowenig verschwinden lassen können, wie in der Zersetzungszelle.

Metallthermometer.

De la Rive [1]) hat das Metallthermometer von Breguet zur Messung electrischer Ströme angewandt. Zu dem Ende verband er das Statif, an welchem die Metallspirale hängt, mit dem einen Pole der Säule; die andere stand mit einem Quecksilbernäpfchen in Verbindung, in welches ein Draht tauchte, der vom unteren Ende der Spirale in der Richtung ihrer Axe ausging. Der Strom musste so die Spirale durchlaufen, nach deren Erwärmung seine Intensität beurtheilt wurde. Lenz [2]) hat diese Anwendung des Metallthermometers angegriffen, und macht, um seine Einwürfe zu begründen, folgende Betrachtung: Der Strom vertheilt sich in den Metallen der Spirale im Verhältniss der Leitungsfähgkeiten. Der grösste Antheil derselben geht also durch das Silber, ein geringerer durch das Gold und der geringste durch das Platin. Hierdurch würde nur dann eine gleichmässige Erwärmung der ganzen Spirale erzeugt werden, wenn die Erwärmungsfähigkeit durch einen und denselben Strom genau umgekehrt proportional der Leitungsfähigkeit wäre. Würde dagegen die Platinspirale verhältnissmässig stärker erwärmt, so könnte das Thermometer möglicherweise gar keine Erwärmung oder sogar eine Erkältung anzeigen. Da aber nur die entwickelten Wärmemengen, nicht aber die Leitungsfähigkeit der Metalle umgekehrt proportional ist, so wird das ganze Phänomen

---

1) Mém. de la Soc. de Genève VII. 486; Bibl. univ. IV. 152; Ann. de chim. phys. LXI. 38: Pogg. Ann. XL. 380*.

2) Bull. scient. de St. Pét. VI. 98; Inst. VIII. 186; Pogg. Ann. XLVIII. 385*.

des Breguet'schens Thermometers ein sehr verwickeltes. Gegen diese Einwürfe hat de la Rive [1]) seine Vorrichtung vertheidigt. Er führt an, dass sich der geringere Antheil des Stromes, welches den schlechteren Leiter durchläuft, und dessen grössere Erwärmung compensiren. Dies ist indess gerade der von Lenz bezweifelte Punkt; denn wenn auch die hervorgebrachte Wärmemenge im umgekehrten Verhältniss der Leitungsfähigkeiten steht, so lässt sich das nicht von der Erwärmung der Metalle sagen, zu deren Kenntniss vielmehr ihre specifische Wärme in Rechnung kommen müsste. Ein anderer Vertheidigungsgrund ist noch haltloser. „Die Gesammtheit der Lamellen, sagt de la Rive, ist nicht dicker, als 0,02 Linien, und wie kann man glauben, dass während eines Versuches, der immer einige Minuten dauert, die entsprechenden Punkte der drei Lamellen sich auf ungleiche Temperaturen zu halten vermögen. Das würde allen Erscheinungen zuwider sein.“ Der Genfer Physiker würde Recht haben, wenn es sich um die Vertheilung einer einmal erregten Wärme, und nicht um die, während des ganzen Versuches erregt werdende Wärme handelte.

Henrici [2]) hat noch auf einen anderen Grund der Unbrauchbarkeit des Metallthermometers zur Messung electrischer Ströme aufmerksam gemacht; dies ist nämlich die Verkürzung, welche nach Doppler's [3]) Beobachtungen eine Metallstange erleiden soll, wenn sie von einem Strome durchlaufen wird. Um diesen Einfluss in die Messung mit einzuführen, fehlen nährere Angaben über die Erscheinung.

Luftthermometer.

Das von Riess [4]) zur Messung der Reibungselectricität vorgeschlagene Luftthermometer hat Poggendorff [5]) in denselben Fällen angewandt, wo de la Rive das Metallthermometer gebrauchte, nämlich zur Messung abwechselnd gerichteter Ströme, bei denen

1) Arch. de l'Él. I. 175*; Pogg. Ann. LIV. 228*; Ann. of El. IX. 41*.
2) Electric. der galvan. Kette 136*.
3) Zeitschr. für Physik und verwandte Wissensch. 1837. 342; Pogg. Ann. XLVI. 128*.
4) Pogg. Ann. XL. 335*; XLIII. 49*; XLV. 7*; LII. 315*.
5) Pogg. Ann. LII. 324*.

das Galvanometer seine Dienste versagt. Der Platindraht, durch dessen Erwärmung die in der Kugel befindliche Luft ausgedehnt wird, ist dabei zu einer Spirale aufgewickelt. Poggendorff[1]) macht übrigens die Bemerkung, dass zwischen der Wirkung des Luft- und des Metallthermometers ein wesentlicher Unterschied stattfinde. Bei diesem wird von der dem Leiter zugeführten Wärme der Theil gemessen, welchen er behält, bei jenem der, welchen er verliert. Bei höheren Temperaturen ist der letztere Antheil offenbar grösser, als der erstere. Wenn man daher das Luftthermometer einem zu starken Strome aussetzt, so kann es auf einen festen Stand kommen, indem es ebensoviel Wärme verliert, als empfängt. Solche hohe Intensitäten wurden daher beim Gebrauch dieses Instrumentes vermieden.

IV. Widerstandsmesser.

Zur Bestimmung des Widerstandes in den Theilen eines volta'schen Stromes sind mehrere Apparate angewandt worden, deren Princip, bei abweichender Form, immer dasselbe ist, nämlich einen Körper, dessen Widerstand gemessen werden soll, durch einen anderen von gleichem Widerstande zu ersetzen, dessen Längeneinheit die Widerstandseinheit darbietet. Poggendorff's [2]) Widerstandsmesser besteht aus einer 3 Fuss langen, 4 Zoll breiten, 1½ Zoll dicken Holzlatte, welche auf der einen breiten Seite mit einer Eintheilung versehen ist. Ueber dieser Eintheilung sind vier Neusilberdrähte von 0,166 Par. Linien Dicke parallel nebeneinander ausgespannt; an der einen Seite endigen sie in Oesen, welche an Stiften befestigt sind, an der anderen sind sie in die Durchbohrungen kupferner Klemmschrauben, welche fest in der Latte sitzen, eingeschraubt, nachdem sie zuvor straff angespannt waren. Die einzelnen Drähte stehen zunächst nicht in leitender Verbindung, diese kann aber hergestellt werden, indem man dicke Messingklammern, oder auch parallelepipedische Läufer von Kupfer, welche auf je zweien der Drähte hingleiten können, und deren Widerstand = *o*

1) Pogg. Ann. LII. 545. Anm.*

2) Pogg. Ann. LII*; Berl. Acb. 1841. 21*; Inst. IX. 271*; Arch. de l'Él. I. 497*.

zu setzen ist, auf denselben verschiebt. Die Klemmschrauben nehmen die Zuleitungsdrähte auf, und aus der Stellung der Klammern ist die Grösse des eingeschalteten Widerstandes abzumessen. Es sind bei diesem Apparat vier Drähte nebeneinander gespannt, um denselben nicht eine zu bedeutende Länge geben zu müssen. Aus demselben Grunde ist der Draht von Neusilber, dessen Leitungsvermögen sich nach den Versuchen von Riess, zu dem des Kupfers wie 8,86 zu 100 verhält, so dass die ganze auf der Latte ausgespannte Drahtlänge von 132 Zollen den Widerstand bietet, wie ein Kupferdraht von gleicher Dicke und etwas über 124 Fuss Länge.

Wheatstone [1]) benutzt zur Veränderung des Widerstandes einer Kette zwei Instrumente, welche den Namen Rheostat erhalten haben, und von denen das eine für grosse, das andere für kleine Widerstände Anwendung findet. Das erstere (Tab. II. Fig. 14) besteht aus einer Holzwalze *a* und einer Messingwalze *b*, von gleichen Dimensionen und mit parallelen Axen. Die erstere trägt einen Messingring *c*, an welchem eine Feder *d* schleift; vom Ringe *c* beginnt ein Draht, der in vorgezeichneten Rinnen die Holzwalze umgiebt, und an dem entgegengesetzten Ende der Walze *b* befestigt ist. Eine zweite Feder *e* schleift an dieser, und der Strom wird durch beide Federn geschlossen. Dreht man die Walze *b* rechts herum, so wickelt sich der Draht von der Holzwalze auf die Messingwalze, der Strom hat also nicht die ganze Drahtlänge zu durchlaufen, sondern nur die auf die Holzwalze gewundene, während der Messingcylinder jedesmal den Widerstand *o* darbietet. Die Anzahl der gemachten Umdrehungen beobachtet man an einem Zeigerwerk, das mit der Axe der Holzwalze verbunden ist. Die gewöhnlichen Dimensionen der Cylinder sind 6 Zoll Länge und $1\frac{1}{2}$ Zoll Durchmesser; von den Drahtwindungen gehen 40 auf den Zoll, und der Messingdraht hat $\frac{1}{100}$ Zoll Durchmesser. Das andere Instrument (Tab. II. Fig. 15) besteht aus einem Holzcylinder *a*, der mit einem dicken Kupferdraht bewickelt ist. Ueber dem Cylinder, und parallel mit seiner Axe liegt ein dreiseitiges Prisma *b*, auf dem sich ein Reiter oder Schlitten *c* verschiebt. Dieser trägt eine Feder, welche gegen die Drahtwindungen fest anliegt. Dreht man nun die Walze, so verschiebt sich der Reiter an den Windungen und auf dem

1) Phil. Trans. 1843. 309*; Ann. de chim. phys. 3. Sér. X. 267*; Pogg. Ann. LXII. 509*; Arch. de l'Él. IV. 102*; Jnst. XII. 5*.

Prisma, und wenn die Leitung einerseits in das Prisma, andererseits durch eine Feder in einen, mit dem Anfang der Drahtwindungen verbundenen Ring geführt ist, so ist immer nur der Theil des Drahtes in der Kette, der zwischen diesem Anfang und der Feder des Reiters liegt. Der Cylinder hat $10\frac{1}{2}$ Zoll Länge, $3\frac{1}{4}$ Zoll Durchmesser. Der Kupferdraht ist $\frac{1}{16}$ Zoll dick und macht 108 Umgänge um den Cylinder.

Jacobi's [1]) Voltagometer hat eine, dem zuerst beschriebenen Rheostaten ganz ähnliche Einrichtung. In seiner ersten Form (Tab. II. Fig. 16) bestand es aus zwei, auf derselben Axe sitzenden Cylindern, *A* von Marmor, *B* von Messing. In beide sind Schrauben geschnitten, und an *A* eine Messingscheibe *a* gekittet, an *B* eine eben solche *b* gelöthet. Beide tauchen in Quecksilbergefässe *c* und *d*, welche mit den Stromleitern verbunden sind. Ein Draht, der an *a* befestigt ist, durchläuft eine Reihe von Windungen am Marmor, ist dann durch ein Gewicht über die Rollen *e* und *f* gespannt, und auf den Messingcylinder, an den das andere Ende befestigt ist, aufgewickelt. Dreht man die Axe beider Cylinder, so wickelt sich der Draht von einem Cylinder auf den anderen, und verändert den Leitungswiderstand wie beim Wheatstonischen Rheostaten. Die Drehungen können wiederum an einer Kreistheilung abgelesen werden. Die Quecksilbergefässe sind auch durch Messingringe und Federn zu ersetzen, und als Draht lieber Messing als Neusilber anzuwenden, weil die geringe Leitungsfähigkeit des Neusilbers nicht die erforderliche Genauigkeit zulässt. Die Cylinder haben 2″,375 Durchmesser, ein jeder 6″ Länge; auf jeder Schraube befinden sich 125 Gänge, so dass ungefähr 78 Fuss aufgewickelt werden können. Der Messingdraht hat $\frac{1}{40}$″ Dicke.

Die Construction dieses Apparates war der Petersburger Academie bereits mitgetheilt, als Jacobi Rheostaten bei Wheatstone kennen lernte, und dies geschah wieder etwas früher, als Poggendorff eine Beschreibung seines Widerstandsmessers gab, so dass alle drei Instrumente gleichen Anspruch auf Selbstständigkeit der Erfindung machen dürfen [2]). Die verbesserte Einrichtung des Voltagometers, die von Lenz und Nervander vorgeschlagen, und von

1) Bull. de St. P. IX; Pogg. Ann. LIV. 340*.

2) Pogg. Ann. LVII. 89 Anm.* LIV. 346*; Phil. Trans. 1843. 308. Anm.*; Pogg. Ann. LXII. 508 Anm.* etc.

Jacobi[1]) beschrieben worden ist, ist dem Rheostaten in seiner zweiten Gestalt ähnlich. Eine Marmorwalze *a* (Tab. II. Fig. 17) mit flach eingeschnittenen Schraubengängen sitzt auf einer nach beiden Seiten um die Länge der Walze verlängerten Messingaxe. Das Stück *AB* ist mit gleichweiten Schraubengängen versehen, wie die Walze, und läuft bei *M* in einer aufgeschnittenen Mutter, *CD* ist glatt, und reibt sich bei *N* in einem aufgeschnittenen Lager. Ein Draht, dessen eines Ende an der Axe, das andere am Cylinder befestigt ist, ist in die Gänge des letzteren gewickelt. Eine durch ein Gewicht beschwerte Rolle *b*, mit flacher Kehle auf der Peripherie wird gegen eine Windung gedrückt, und läuft in einem Lager an einem Ende eines Hebels *c*, der durch ein Gewicht beschwert und an einer Klemmschraube *d* befestigt ist. Die Axe *CD* trägt eine Scheibe *e* mit scharfem Rande, der in 100 Theile getheilt ist, und einen Maassstab *f* beinahe tangirt, dessen Theilung der Entfernung zwischen den Drahtwindungen gleich ist. An diesem liest man die ganzen, an der Scheibe die Bruchtheile der Umdrehungen ab, welche man die Walze durch den Krummzapfen *g* machen lässt. Durch eine Klemmschraube in *N* und die Klemmschraube *d* erhält der Draht seine Zuleitung; der Widerstand, den das Instrument bietet, ist also der der Drahtwindungen zwischen der Rolle *b* und der Axe. Die Rolle und der Draht sind von Platin, letzterer hat 0,''0219 engl. Durchmesser, und etwa 80' Länge.

Zur vergleichenden Messung der Widerstände beschreibt Wheatstone[2]) zwei Vorrichtungen, weil das Becquerel'sche Differentialgalvanometer in der Ausübung nicht das leistet, was die Theorie verspricht. Bei seinem ersten Differentialwiderstandsmesser stehen auf einem Brette (Tab. II. Fig. 18) vier Klemmschrauben *C*, *Z*, *a*, *b*, von denen *C*, *Z* mit der Kette, *a*, *b* mit dem Galvanometer verbunden sind. Diese vier Schrauben sind durch die Drähte *Zb*, *Za*, *Ca*, *Cb* in Verbindung, so dass der Strom der Kette durch beide Klemmschrauben in das Galvanometer eintritt, und also gar keine Wirkung hervorbringen kann, wenn die Widerstände *ZbaCZ* und *ZabCZ* einander gleich sind. Wird aber in einem dieser Leiter ein Widerstand eingeschaltet, so wird der Theil des Stromes, welcher diesen mit durchlaufen muss, von dem anderen Theile über-

1) Bull. de St. P. X. No. 18; Pogg. Ann. LIX. 145*.
2) Phil. Trans. 1843. 323*; Pogg. Ann. LXII. 535*; etc.

wunden werden. Kann man also zwischen die Klemmschrauben *c*, *d* einerseits und *e*, *f* andererseits Widerstände einschalten, so ergiebt der Ausschlag des Galvanometers, welches der, grössere war.

Der andere Apparat ist empfindlicher, giebt also jede Veränderung des Stromes an, sei sie begründet in einer Veränderung des Widerstandes oder der electromotorischen Kraft. Er ist deshalb nur da anwendbar, wo man die Veränderungen in zweien Electromotoren vergleichend messen will. Auf einem kreisrunden Brett (Tab. II. Fig. 19) stehen zehn Klemmschrauben. Die Leitungsdrähte der einen Kette sind an C', Z', die der anderen an C^2, Z^2 befestigt; die Enden des Galvanometerdrahtes an *a* und *b*. Werden *e*, *f* und *e'*, *f'* durch Drähte von gleichen Widerständen verbunden, und beide Ströme sind gleich stark, so muss Gleichgewicht im Galvanometer sein; wenn aber eine von beiden Ketten überwiegt, oder wenn bei übrigens gleichbleibender Stärke der Ketten, einem der Drähte *ef* und *e'f'* ein grösserer Widerstand gegeben wird, so wird die Galvanometernadel abgelenkt.

Poggendorff[1]) giebt dem Wheatstone'schen Instrumenten den Vorzug vor Becquerel's Differentialgalvanometer, wenn man keinen bedeutenden Widerstand einschalten darf; wo dies aber nicht schadet, soll das letztere eben so viel leisten, wie jene.

V. Methoden zur Bestimmung der Constanten der Kette.

Die Methoden, welche früher zur Bestimmung der electromotorischen Kraft der Ketten angewandt wurden, unterwirft Poggendorff[2]) einer näheren Erörterung. Die erste Methode, welche von Ohm herstammt, folgt unmittelbar aus seinem Intensitätsgesetz. Man misst für zwei ausserwesentliche Widerstände *l* und *l'* die entsprechenden Intensitäten *i* und *i'*, während die electromotorische Kraft *k* und der wesentliche Widerstand *r* unverändert bleibt. Aus den Gleichungen

---

1) Berl. Acb. 1844. 306*.

2) Pogg. Ann. LIV. 161*; Berl. Acb. 1841. 263*; Ann. de chim. phys. 3. Sér VII. 87*; Inst. X. 77*; Arch. de l'Él. 115*.

$$i = \frac{k}{r+l};\ i' = \frac{k}{r+l'}$$

folgt

$$r + l = \frac{i'}{i-i'}\,(l'-l) \text{ und}$$

$$k = \frac{ii'}{i-i'}\,(l'-l),$$

Formeln, die bei Anwendung der Sinusboussole für die logarithmische Rechnung sehr bequem werden; sind die gemessenen Winkel bezüglich a und a', so ist

$$r + l = \frac{\sin a'}{\cos \frac{1}{2}(a+a') \sin \frac{1}{2}(a-a')} \cdot \frac{l'-l}{2}$$

und

$$k = \frac{\sin a \sin a'}{\cos \frac{1}{2}(a+a') \cdot \sin \frac{1}{2}(a-a')} \cdot \frac{l'-l}{2}.$$

Durch beliebige Veränderung der electromotorischen Kraft selbst würde man ebenfalls ein Mittel zu ihrer Messung erlangen; indess ist eine solche Veränderung nur bei thermoelectrischen und inducirten, nicht aber bei hydroelectrischen Strömen anzubringen möglich.

Wo es sich nur darum handelt, die electromotorischen Kräfte zweier Ketten zu vergleichen, verbindet Fechner beide, einmal in gleichem, dann in entgegengesetztem Sinne mit einander und misst s und d, die Summe und die Differenz der Wirkungen. Der Widerstand der verbundenen Ketten ist immer $r + r'$, also

$$s = \frac{k+k'}{r+r'};\ d = \frac{k-k'}{r+r'}$$

folglich

$$\frac{k}{k'} = \frac{s+d}{s-d}.$$

Sind die Widerstände zweier Ketten gleich, so verhalten sich die electromotorischen Kräfte wie die Intensitäten. Das erreicht man annähernd, wenn man den ausserwesentlichen Widerstand sehr gross macht, weil dann in den Ausdrücken

$$i = \frac{k}{r+R};\ i' = \frac{k}{r'+R}$$

annähernd $r + R = r' + R$ wird, ein Fall, den Fechner bei der Anwendung seines langen Multiplicators benutzt hat.

Für die gewöhnlichen Ketten mit einer Flüssigkeit, deren Stromstärke durch die Polarisation veränderlich und auch dann noch inconstant ist, wenn sie durch dieselbe zu einem sehr geringen Werthe herabgesunken ist, sind alle diese Methoden wenig anwendbar, und

Poggendorff schlägt deshalb die folgende vor: Aus den von ihm angestellten und weiter unten mitgetheilten Betrachtungen über die Wirksamkeit der zusammengesetzten Ketten ergaben sich drei Gleichungen (II.) die, wenn es sich nur um zwei Ketten handelt, die Gestalt haben:

$$J = \frac{1}{sr}\left(\frac{k'}{r'} + \frac{k''}{r''}\right),$$

$$J' = \frac{1}{sr'}\left(\frac{k'(sr'-1)}{r'} - \frac{k''}{r''}\right),$$

$$J'' = \frac{1}{sr''}\left(\frac{k''(sr''-1)}{r''} - \frac{k'}{r'}\right).$$

Die in diesen Gleichungen vorkommenden Grössen kann man so wählen, dass die darin enthaltene Differenz $= o$ wird. Setzt man z. B. $J'' = o$, so dass

$\frac{k''(sr''-1)}{r''} - \frac{k'}{r'} = o$ wird, so ist $(\alpha) \ldots\ldots k'' = \frac{r}{r+r'}\,k'$,

wenn für s der Werth $\frac{1}{r} + \frac{1}{r'} + \frac{1}{r''}$ gesetzt ist.

Setzt man diesen Werth in die beiden ersten Gleichungen, so erhält man beidemal denselben Werth

$$J = J' = \frac{k'}{r+r'} \ldots\ldots (\beta)$$

$$\text{also } k'' = rJ \ldots\ldots (\gamma).$$

Aus den beiden letzten Gleichungen ergeben sich die beiden von Poggendorff angewandten Methoden.

Erstes Verfahren: Es soll die electromotorische Kraft k'' einer inconstanten Kette (z. B. Zinkkupfer) gemessen werden. Man nimmt eine constante Kette (z. B. Zinkplatin), misst ihre electromotorische Kraft k' nach der Ohm'schen Methode, verbindet ihre Zinkplatte mit der Zinkplatte der inconstanten Kette durch einen Draht a, (Tab. II. Fig. 20) ihre Platinplatte mit derselben Zinkplatte der inconstanten Kette durch den Draht b, und lässt ausserdem von der Platinplatte einen Draht c ausgehen, der einen Multiplicator einschliesst, und an die Kupferplatte angebracht werden kann. Der Draht a und die Flüssigkeiten in der constanten Kette leisten den Widerstand r', der Draht b den Widerstand r. Man kann beide Widerstände so auswählen, dass in c der Strom o ist, d. h., das der Multiplicator bei momentaner Schliessung keine Wirkung äussert. Man sucht dieses Verhältniss der Widerstände auf, lässt aber zwischen je zweien Proben die inconstante Kette eine Zeit ungeschlossen, um ihre Ladung aufzuheben. Hat man die Drahtlänge r und den Widerstand von a und w gemesseu, so ergiebt sich unmittelbar

$$k'' = \frac{r}{r + r'} k'.$$

Zweites Verfahren. Bei lange fortgesetzten Versuchen könnten sich die Elemente der Stromstärke in der constanten Kette ändern. Man benutzt dann besser die Gleichung

$$\gamma) \ldots . \; k'' = Jr,$$

d. h. die gesuchte electromotorische Kraft ist gleich dem Widerstande des Drahtes b mal der Intensität in diesem Drahte (oder auch der im Drahte $a = J'$). Für die Messung an der Sinusboussole hat man also

$$k'' = r \, . \, \sin \alpha.$$

Beide Methoden der Compensation haben hinreichend übereinstimmende Resultate geliefert, und entsprechen jedenfalls allen Anforderungen, die man an Messungen der Art zu stellen hat.

Zuweilen ist es von Interesse, die Wirkungen zweier verschiedenen Ketten mit einander zu vergleichen, wenn sie unter den vortheilhaftesten Bedingungen angewandt werden. Man müsste dann die electromotorischen Kräfte und wenigstens die wesentlichen Widerstände beider bestimmen. Das wäre z. B. hinreichend für den Fall, wo zwei einfache Ketten das Maximum ihrer Intensität liefern, für diese Bedingung ist nämlich der ausserordentliche Widerstand $= o$, also

$$i' = \frac{k'}{r'}, \; i'' = \frac{k''}{r''}.$$

Es wäre auch ausreichend, wenn die Aufgabe gestellt wäre, aus einer gegebenen Oberfläche irgend eine Kette oder Säule zu construiren, bei der die Beschaffenheit der Leitungsflüssigkeit und der Abstand der Platten vorgeschrieben ist, so dass sie in einem gegebenen Voltameter die grösstmögliche chemische Wirkung hervorbringt. Diese Aufgabe ist nämlich gelöst, wenn die Intensität der Vorrichtung $= \frac{k}{2r}$ ist, also halb so gross, als das Maximum der Intensität jeder einzelnen Kette [1]). Einen solchen Vergleich zwi-

1) Vergl. unten die Construction der Ketten und Säulen.

schen zweien Stromstärken bei ihrem Maximum hat Poggendorff[1]) aus der Formel

$$J = \frac{1}{sr}\left(\frac{k'}{r'} + \frac{k''}{r''}\right)$$

abgeleitet. Diese Formel galt nämlich für die Intensität zweier in gleichem Sinne verbundenen Ketten. Werden dieselben Ketten in entgegengesetzter Richtung mit einander verbunden (Tab. II. Fig. 21), so ist die electromotorische Kraft der einen negativ zu setzen, also

$$J' = \frac{1}{sr}\left(\frac{k'}{r'} - \frac{k''}{r''}\right).$$

Subtrahirt man diesen Ausdruck vom ersten, und dividirt mit der Differenz in die Summe beider, so erhält man

$$\frac{J+J'}{J-J'} = \frac{k'r''}{k''r'};$$

wird nun $\frac{k'}{r'} = m'$, und $\frac{k''}{r''} = m''$ gesetzt, so folgt

$$\frac{J+J'}{J-J'} = \frac{m'}{m''}.$$

Bei dieser Bestimmung, welche nur zwei Messungen erfordert, sind die Widerstände von a und c in r' und r'' enthalten. Man nimmt deshalb statt derselben dicke, breite und kurze Bügel. Der Widerstand von b ist gleichgültig; dieser Draht kann daher beliebig lang und dick genommen werden, um seine Erhitzung und eine direkte Einwirkung der Ketten auf die Magnetnadel zu verhindern.

Wheatstone's[2]) Verfahren, die electromotorische Kraft einer Kette zu messen, hat den Vortheil, dass man dazu gar keines wirklichen Intensitätsmessapparates bedarf, sondern nur irgend einer Rheometervorrichtung, an welcher man ein für allemal dieselbe Ablenkung der Nadel hervorbringt. Wenn nämlich zwei Ströme dieselbe magnetische Wirkung ausüben, so muss ihre Intensität gleich sein, d. h. ihre electromotorischen Kräfte müssen sich wie die entsprechenden Widerstände verhalten. Kennt man also das Verhältniss der Widerstände, so ist daraus das der electromotorischen Kräfte bekannt, deren eine die als Maass angenommene, die andere die zu messende sein mag. Da es aber in den meisten Fällen schwer ist, den Gesammt-Widerstand der Ketten zu kennen, so

1) Pogg. Ann. LV. 43*; Berl. Acb. 1842. 6*; Arch. de l'Él. II. 196*.
2) Phil. Trans. 1843. 313*; Pogg. Ann. LXII. 517*; etc.

braucht man nur die Widerstände beider zu vermehren. War nämlich

$$\frac{E}{R} = \frac{nE}{nR},$$

so kann eine Vermehrung beider Widerstände nicht anders wieder dieselbe magnetische Wirkung herbeiführen, als wenn der Widerstand R um r, dagegen nR um nr vermehrt wird, weil dann

$$\frac{E}{R+r} = \frac{nE}{nR+nr} \text{ ist.}$$

Man schaltet also den Rheostat und ein Galvanometer in den Strom ein, und bringt die Nadel durch den ersteren auf eine gewisse Ablenkung z. B. 45°. Dann dreht man den Rheostaten, bis die Ablenkung 40° beträgt; die Anzahl der Umdrehungen ist das Maass der electromotorischen Kraft, wenn die entsprechenden Umdrehungen, welche die als Maass angenommene Kette verlangte, als Einheit gesetzt werden.

Zur Messung der reducirten Länge einer Kette wendet Wheatstone fünf Methoden an:

1) Sei E die electromotorische Kraft einer Kette, g der Widerstand eines in den Strom geschalteten Galvanometers, R der ganze übrige Widerstand, so wird das Galvanometer durch die Kraft

$$F = \frac{E}{R+g}$$

auf einen gewissen Punkt abgelenkt. Schaltet man neben den Galvanometerdraht einen anderen Draht von gleichem Widerstande ein, so wird der gesammte Widerstand $= R + \frac{g}{2}$, also die Intensität im Galvanometer, da durch dasselbe nur die Hälfte des früheren Stromes geht,

$$= \frac{\frac{1}{2}E}{R+\frac{1}{2}g}.$$

Soll dieser Werth wieder auf den von F zurückgeführt werden, so muss man vom Widerstande R mittelst des Rheostaten eine Grösse λ wegnehmen, so dass

$$\frac{\frac{1}{2}E}{R-\lambda+\frac{1}{2}g} = \frac{\frac{1}{2}E}{\frac{1}{2}R+\frac{1}{2}g} = F$$

wird. Dann ist

$$R = 2\lambda.$$

2) Man bringe mittelst des Rheostaten die Galvanometernadel

auf einen Punkt b, und suche den Widerstand r, den man einschalten muss, um sie auf die Ablenkung a zurückzubringen. Man stelle sie darauf auf b zurück, und theile den Strom so, dass ein Theil durch das Galvanometer, der andere durch eine Nebenschliessung geht, deren Länge r' man so wählt, dass die Nadel wieder auf a kommt. War dann für den Punkt b

$$F = \frac{E}{R+g},$$

so ist für den Punkt a

$$\text{erstens } F' = \frac{E}{R+g+r},$$

$$\text{zweitens } F' = \frac{Er'}{R(g+r)+gr'},$$

wo F' als Zweigstrom berechnet ist, folglich

$$\frac{E}{R+g+r} = \frac{Er'}{R(g+r')+gr'} \text{ und } R = \frac{rr'}{g}.$$

3) Schaltet man wieder neben dem Galvanometer einen Draht vom Widerstande g ein, so ist die Intensität im Galvanometer

$$= \frac{\frac{1}{2}E}{R+\frac{1}{2}g}.$$

Wird jetzt dem Widerstande R mittelst des Rheostaten ein Widerstand $\frac{1}{2}g$ hinzugefügt, so wird jene Intensität

$$= \frac{\frac{1}{2}E}{R+g}.$$

Man kann sich also durch dieses Mittel überzeugen, welche Wirkung ein Strom am Galvanometer hervorbringen wird, der eine halb so grosse Intensität hat, wie der ursprünglich wirkende. Man bringe nun die Nadel auf irgend einen Punkt, und suche die Ablenkung, welche der halben Intensität entspricht. Bleibt dann die electromotische Kraft unverändert, so verhalten sich die Stromstärken umgekehrt wie die Gesammtwiderstände; es muss daher, um die Nadel von a nach $\frac{a}{2}$ zu bringen, ein Widerstand eingeschaltet werden, der dem ursprünglichen gleich ist. Allgemeiner, wenn zwei Stromstärken und die entsprechenden Nadelablenkungen a und b bekannt sind, so ist der Gesammtwiderstand der Kette $R = \frac{br}{a-b}$, wenn r der Widerstand ist, der eingeschaltet werden muss, um die Nadel von a nach b zu bringen. Ist $a = 2b$, so ist

$$R = r.$$

4) Man nimmt zwei ganz gleiche Ketten, schaltet die eine in den Strom und stellt den Rheostaten, bis die Nadel irgend eine Stellung einnimmt. Dann schalte man die zweite Kette neben die erste ein, und stelle den Rheostaten, bis die Nadel wieder dieselbe Stelle einnimmt. Die Hälfte des jetzt hinzugefügten Widerstandes ist gleich dem einer Kette; denn durch die Einschaltung der zweiten Kette wird an dieser Steller der Widerstand auf die Hälfte vermindert; fügt man also nachher eine Länge λ hinzu, um dieselbe Intensität zu haben, so ist

$$\frac{E}{R+r} = \frac{E}{\frac{R}{2}+r+\lambda}, \text{ folglich}$$

$$R = 2\lambda.$$

Man stelle beide Ketten hinter einander, und bringe die Nadel durch den Rheostaten auf irgend einen Punkt. Dann stelle man beide neben einander, und füge einen Widerstand λ hinzu, der die Nadel wieder auf dieselbe Stelle bringt. Die beiden Intensitäten sind dann

$$\frac{2E}{2R+r} = \frac{E}{\frac{R}{2}+r+\lambda}, \text{ also}$$

$$R = r + 2\lambda.$$

Zur Widerstandsmessung einer Flüssigkeit bedient sich **Wheatstone** eines Glascylinders von zwei Zoll Länge und einem halben Zoll inneren Durchmesser, dessen eines Ende durch einen Metallstöpsel geschlossen ist, der in einer Platinplatte endet. Ihm gegenüber steht ein beweglicher Stempel, der ebenfalls eine Platinplatte trägt und dessen Verschiebung durch eine Micrometervorrichtung geschieht. Beide Platten werden als Electroden gebraucht. Ist durch den Rheostaten die Nadel auf eine gewisse Stellung gebracht, während das beschriebene Instrument in den Strom eingeschaltet ist, so verschiebt man den Stempel um eine bekannte Länge, und bringt durch den Rheostaten dieselbe Ablenkung wieder hervor. Die Veränderung im Widerstand des Rheostaten ist gleich und entgegengesetzt der der Flüssigkeit, da die Ladung, die in beiden Fällen vorhanden ist, nicht in Betracht kommt.

Eine andere Methode ist folgende: Eine Kette gebe ohne Einschaltung des flüssigen Leiters die Intensität $F = \frac{E}{R}$, mit seiner Einschaltung $F = \frac{E-e}{R+x}$, wo e die Ladung, x der Widerstand der Flüssigkeit ist. Man vermindert den Widerstand der Rheostaten so, dass die Nadel um dieselbe Grösse, wie vorher, abgelenkt wird, so ist

$$F = \frac{E-e}{R+x-\lambda} = \frac{E}{R}, \text{ also}$$

$$x = \lambda - \frac{e}{E} R.$$

Sowohl in diesem, als im vorigen Falle ist die Ladung als unabhängig von der Stromstärke angesehen worden.

Jacobi's [1]) Bestimmung der electromotorischen Kraft einer Kette mittelst des Voltagometers ist vollständig zusammenfallend mit der von Wheatstone unter Nr. 2 beschriebenen.

Um den Widerstand eines Galvanometers zu bestimmen, beschreibt Henrici [2]) eine Methode, bei deren Ausführung die Anwendung eines zweiten Messapparates gar nicht erfordert wird. Er bedient sich als Electricitätsquelle eines thermoelectrischen Elementes, dessen wesentlicher Widerstand vernachlässigt werden darf. Ist r der gesuchte Widerstand des Galvanometers, k_1 die electromorische Kraft für irgend einen constanten Temperaturunterschied der Berührungsstellen beider Metalle, so ist bei Einschaltung eines willkürlichen Widerstandes w_1 die Intensität $q_1 = \frac{k_1}{r+w_1}$, für einen Widerstand w_2

$$q_2 = \frac{k_1}{r+w_2}.$$

Verändert man den Temperaturunterschied so, dass die electromotorische Kraft des Elementes $= k_2$ wird, so kann man einen Widerstand w'_1 finden, bei dessen Einschaltung die Stromstärke wieder q_1 wird, also

$$q_1 = \frac{k_2}{r+w'_1}$$

und ebenso kann ein Widerstand w'_2 gefunden werden, so dass

$$q_2 = \frac{k_2}{r+w'_2}$$

---

1) Bull. scient. de St. P. X. 257*; Pogg. Ann. LVII. 85*; Arch. de l'El. II. 575*; Inst. XI. 67*.

2) Pogg. Ann. LXIII. 344*.

wird. Werden aus diesen Gleichungen die Grössen q_1, q_2, k_1 und k_2 eliminirt, so folgt

$$r = \frac{w_2 w'_1 - w_1 w'_2}{(w_1 + w'_2) - (w_2 + w'_1)}.$$

Svanberg [1]) findet den Galvanometerwiderstand durch Einschaltung eines Zweigdrahtes. Der Strom wird zwischen einem Drahte mit dem Widerstand b und einer Leitung getheilt, die aus dem Galvanometerdraht g und dem Rheostatendraht r besteht. Der Stromtheil im Galvanometer ist dann

$$S = \frac{b}{b+r+g} \cdot \frac{E}{R + \frac{b(r+g)}{b+r+g}}$$

Wird der Widerstand r in r' verwandelt, so hat man

$$S_1 = \frac{b}{b+r'+g} \cdot \frac{E}{R + \frac{b+(r'+g)}{b'+r'+g}}$$

und entsprechend, wenn man b durch eine Länge β, r durch r ersetzt, so dass die Intensitäten wieder S und S' werden:

$$S = \frac{\beta}{\beta+\varrho+g} \cdot \frac{E}{R + \frac{\beta(\varrho+g)}{\beta+\varrho+g}}$$

$$S_1 = \frac{\beta}{\beta+\varrho'+g} \cdot \frac{E}{R + \frac{\beta(\varrho_1+g)}{\beta+\varrho_1+g}}$$

woraus folgt

$$g = \frac{r\varrho' - r'\varrho}{r - r - \varrho' + \varrho}$$

Cooke's [2]) Methode schliesst sich unmittelbar an die oben beschriebene von Petrina an, bei welcher die partiellen Stromstärken den Längen der Nebenleitung proportional sind. Er hat diese Methode auch zur Bestimmung der Elemente einer Kette angewandt, wobei er sich einer Art Widerstandsmessers bedient, den er „detached Galvanometer Scale“ nennt.

---

1) Vetensk. Acad. förhandl. 1847. 88*.
2) Phil. Mag. XXX. 385*.

VI. Theorien.

Chemische Hypothese.

Die Gesetze für die Wirkung volta'scher Ketten sind durch Ohm's Bemühungen in einer Weise hingestellt, welche einen weiteren Fortbau an der Lehre vom Galvanismus gestatten, ohne Rücksicht auf die Hypothese, welche man der Quelle der Electricität unterlegen will. In diesem Sinne hat das Ohm'sche Gesetz selbst da volle Anerkennung gefunden, wo der grösste Theil der Richter der electrochemischen Hypothese zugewandt ist [1]). Das Repertorium braucht deshalb auch nicht einer der herrschenden Hypothesen vorzugsweise das Wort zu reden, sondern nur einfach berichtend an zuführen, was für die eine, was für die andere als Beweisgrund aufgestellt worden ist, umsomehr, als gewiss selbst der nicht ganz Parteilose dem von Poggendorf [2]) ausgesprochenen Urtheil beistimmen wird: Dass die Contacttheorie nicht widerlegt und die chemische nicht erwiesen ist. Wenn es dennoch dem Referenten nicht immer möglich sein wird, sein Glaubensbekenntniss zu verbergen, so wird dies in dem Streben nach irgend einem Anhaltspunkte selbst dann eine Entschuldigung finden, wenn es dem des früheren Berichterstatters im ersten Bande des Repertoriums entgegenläuft. Grössern Nachtheil hat jedenfalls die Wissenschaft vom Anschluss an die Contacttherie noch nie zu fürchten gehabt. Denn wenn auch Schoenbein [3]) sich viel darauf zu Gute thut, dass die chemische Hypothese so übel doch nicht sein müsse, da unter ihrer Leitung der Wissenschaft so schöne Dienste geleistet worden seien, so darf man doch bescheidenen Zweifel nicht unterdrücken, ob wohl die Physik aus dem Schoosse dieser Hypothese eine Bereicherung zu erwarten hätte, wie sie ihr durch Ohm geworden ist, wenn noch im Jahre 1842 einer ihrer Vorkämpfer, de la Rive [4]), „nicht glauben kann, dass die Wissenschaft hinreichend vorgeschritten sei, um

1) Phil. Trans. 1841. Pogg. Ann. LV. 180*.
2) Pogg. Ann. LVIII. 210*.
3) Pogg. Ann. XLIX. 514*.
4) Arch. de l'Él. II. 481*.

mittelst einer streng mathematischen Formel die Intensität eines hydroelectrischen Stromes auszudrücken". —

Die chemische Hypothese ist in vielen verschiedenen Gestalten aufgetreten, nachdem die von Faraday schon an einer früheren Stelle des Repertoriums [1]) besprochen ist:

De la Rive's Hypothese [2]): Die Gesetze der Electricitäts-Entwicklung hat de la Rive in folgende Sätze zusammengefasst [3]):

1) Wenn zwei heterogene, sich berührende Körper in ein Liquidum oder ein Gas gebracht sind, welches auf beide, oder bloss auf einen von ihnen eine chemische Wirkung ausübt, so findet Electricitäts-Entwicklung statt.

2) Wenn die beiden sich berührenden Körper abseiten des Gases oder des Liquidums, in welches sie gebracht sind, keine chemische Einwirkung erfahren, so findet keine Electricitäts-Entwicklung statt, wenigstens in dem Falle nicht, wo auch keine Wärmewirkung oder chemische Wirkung stattfindet.

3) Die durch die chemische Wirkung erregte Electricität hat keineswegs in allen Fällen und unter allen Gestalten eine der Lebhaftigkeit der chemischen Wirkung proportionale Intensität, vielmehr ändern vorzüglich zwei Umstände diese Intensität ab, nämlich die unmittelbare, mehr oder weniger beträchtliche Wiedervereinigung der beiden electrischen Principien, und die eigenthümliche Natur der, die Electricität erregenden chemischen Wirkung. — Zur weiteren Erläuterung dieser Sätze dient Folgendes:

Wenn eine Substanz, ein Metall z. B., in ein dieselbe angreifendes flüssiges oder gasförmiges Mittel getaucht wird, so entwickelt sich negative Electricität, die in das angreifende Mittel übergeht, und positive Electricität, die im angegriffenen Metall zurückbleibt. Die beiden so getrennten Electricitäten streben, vermöge ihrer gegenseitigen Anziehung, sich wieder zu vereinigen, und diese unmittelbare Vereinigung geschieht desto vollkommener, je besser die angegriffene Substanz und das angreifende Mittel die Electricität leiten, und vor

1) Rep. II. 114*; Exp. Res. 875*.

2) Vergl. Pogg. Ann. XV. 98. 122*; Ann. de chim. phys. XXXIX. 298. Pogg. Ann. XXXVIII. 506*.

3) Recherches sur la cause de l'électricité voltaïque. Genève 1836*; Pogg. Ann. XL. 355. 515*; Ann. de chim. phys. 2me Ser. LXI. 38, LXII. 147*; Phil. Mag. XI. 274*; Mem. de la Soc. de phys. et d'hist. natur. de Genève IV. 285. VI. 149. VII. 475; Bibl. un. IV. 152*.

Allem, je leichter die Electricität von einem zum andern dieser Körper übergeht. Es folgt daraus, dass die electrische Spannung, welche die beiden auf einander wirkenden Körper erlangen können, eine Grenze habe, die von der Natur dieser Körper abhängt.

In der Säule denkt de la Rive die Electricitätsentwickelung ganz analog. Die am angegriffenen Metall entwickelte positive Electricität geht in die mit ihm verbundene Metallplatte des andern Paares über, und neutralisirt sich dort mit der, an Menge ganz gleichen, negativen Electricität der Flüssigkeit, nachdem schon ein Theil der wirklich entwickelten Electricitäten durch Wiedervereinigung der Wahrnehmung entzogen worden ist. Es bleiben also nur an beiden Enden freie Electricitäten übrig, welche sich bei Schliessung der Säule durch einen Leiter in einem Strome vereinigen. Demnach erhält man an einem Differential-Galvanometer keinen Ausschlag, wenn man durch den einen Draht ein einfaches Paar, durch den andern eine Säule, deren Elemente dieselbe Construction haben, schliesst [1]).

Besteht die Säule aus Ketten verschiedener Construction, so dass eine derselben schwächere Wirkung hat, als die übrigen, so müsste der Strom eines jeden Paares, und folglich auch der der ganzen Säule gleich sein dem der schwächsten Kette. Dass die Intensität des ganzen Stromes nicht wirklich so weit geschwächt wird, erklärt de la Rive daraus, dass, wenn das schwächste Paar allein ist, die beiden durch chemische Action getrennten Fluida in grösserem Verhältniss sich zu vereinen streben, als wenn dies Paar zwischen zwei andere gestellt ist, von denen eines sich seiner positiven Electricität bemächtigt, und das andere seiner negativen*).

De la Rive verwahrt sich übrigens [2]) gegen die Meinung, als behaupte er, alle Electricitätserregung rühre von chemischer Action

---

1) Sehr natürlich, nämlich in dem Falle, dass der Widerstand des Galvanometerdrahtes verschwindend klein ist gegen den der Kette.

*) Der Ausdruck „ein schwaches Paar" erlaubt im vorliegenden Falle ganz verschiedene Deutungen. Die Intensität des Stromes wird ganz andere Veränderungen erfahren, wenn die der schwachen Ketten dadurch gering ist, dass sie eine geringe electromotorisehe Kraft besitzen, und wieder eine andere, wenn die Intensität durch einen grossen Widerstand in der Kette geschwächt ist.

2) C. r. VII. 1061; Pogg. XLVI. 495*.

her. Er sagt vielmehr nur, dass der Contact heterogener Substanzen an sich selbst keine Electricitätsquelle sei, obgleich er künftig eine unumgängliche Bedingung zur Wahrnehmung der, durch andere Ursachen erzeugten Electricität sein könne. Was diese Ursachen betrifft, so habe er immer gesagt, dass jeder Vorgang, welcher das moleculare Gleichgewicht störe, von einer Electricitätserregung begleitet sei, und dass dieser Vorgang nicht bloss ein chemischer sein könne, sondern auch ein physikalischer, wie die mechanische Wärme, Druck und Reibung.

Um die freie Spannungs-Electricität [1]) eines Poles zu beobachten, muss man ihn um so länger mit dem Condensator in Contact lassen, ein je schlechterer Leiter die Flüssigkeit ist, mit welcher die Säule geladen wurde; man muss zwischen zwei einander folgenden Entladungen eine Zeit verstreichen lassen, die mit der Natur der Flüssigkeit verschieden ist, genau auf dieselbe Weise, wie die, während welcher die Berührung des Condensators mit dem Pole dauern muss. Lässt man der Spannung an den Polen die nöthige Zeit, ihr Maximum zu erreichen, so ist dies immer sehr nahe gleich gross, mit welcher Flüssigkeit man auch die Säule geladen haben mag; ist aber der Pol, welcher den Condensator nicht berührt, isolirt, so zeigt zwar die Säule immer eine geringere Spannung am andern Pole, aber der Unterschied ist um so grösser, je besser die Flüssigkeit leitet. Aus diesen Resultaten schliesst de la Rive, dass sich die an den Polen frei werdenden Electricitäten durch die Säule hindurch zu vereinigen streben. Da aber diese Vereinigung nicht so rasch geschieht, wie die Trennung der Electricitäten durch die chemische Action, so bekommt jeder Pol einen Ueberschuss von Electricität. Wird demnach die Leitungsfähigkeit der Säule vermindert, ohne dass dadurch die Intensität der von jedem Paare erregten Electricität geschwächt wird, so wird dadurch die Spannung erhöht. Wird der eine Pol isolirt, so vereinigt sich seine Electricität um so leichter mit der andern, ein je besserer Leiter die Flüssigkeit ist.

Wird die Säule geschlossen, und ist sie ein auch nur wenig besserer Leiter als der, die Pole verbindende Körper, so geht durch diesen Nichts oder sehr wenig vom Strom. Die Anzahl der Plat-

---

1) Pogg. Ann. XL. 515* etc.

tenpaare muss daher immer so beschaffen sein, dass die Säule weniger gut leitet, als der die Pole verbindende Körper. Durch jeden Schliesser einer Säule geht demnach immer nur ein Theil der erregten Electricität, der andere wird zum Theil durch Wiedervereinigung in jeder Kette gleich nach seiner Entstehung aufgehoben, der andere verschwindet durch Wiedervereinigung eines Theiles der an den Polen bereits frei gewordenen Electricitäten durch die Säule hindurch.

Schoenbein's Hypothese [1]. Schoenbein geht bei der Aufstellung seiner Hypothese von der Wirksamkeit der Ketten aus, welche zwischen Platin oder passivem Eisen einerseits, und einem Hyperoxyd andrerseits gebildet werden. Salpetersäure wirkt weder auf Bleisuperoxyd, noch auf Platin chemisch ein; nach de la Rive's Hypothese dürften daher diese drei Stoffe eine wirksame volta'sche Verbindung geben. Da die Erfahrung aber das Gegentheil lehrt, so haben die Contacttheoretiker gerade diese Erscheinung zu den Beweisen gegen die Zulässigkeit der chemischen Hypothese gezählt. Schönbein behauptet nun, dass das in Rede stehende Factum keineswegs im Widerspruch steht zu derjenigen Ansicht, welche die strömende Electricität in hydroelectrischen Ketten von einer chemischen Ursache ableitet; um aber eine solche Behauptung zu rechtfertigen, erklärt er zunächst, was er unter chemischer Thätigkeit versteht. „Gewöhnlich sagt man: Stoffe, welche in inniger Berührung mit einander stehen, wirken nicht chemisch auf einander, entweder, wenn sie nicht eine bestimmte unterscheidbare Verbindung mit einander eingehen, oder wenn, falls wir es mit zusammengesetzten Materien zu thun haben, die eine nicht unter dem Einfluss der anderen zerlegt wird, überhaupt, wenn die Berührung der Substanzen keine qualitative Veränderung derselben nach sich zieht.“ Demnach würde also Salpetersäure chemisch nicht auf Bleisuperoxyd wirken; Schoenbein nimmt aber an, dass sich beide Stoffe dennoch nicht absolut unthätig gegen einander verhalten: „es lässt sich vielmehr als chemisches Axiom der Grundsatz aufstellen, dass, so oft verschiedenartige Materien in Contact gerathen, auch zwischen denselben chemische, je nach der Beschaffenheit der sich berührenden Körper mehr oder weniger intensive An-

---

1) Pogg. Ann. XLIII. 89*; Phil. Mag. XII. 215.

ziehungskräfte ins Spiel kommen, mögen letztere irgend eine chemische Verbindung oder Trennung veranlassen oder nicht." — „Diese chemischen Anziehungsthätigkeiten müssen nun als die eigentlichen electromotorischen Kräfte betrachtet werden, und sie sind es, welche das electrische Gleichgewicht stören, ehe der wirkliche Process erfolgt. Versteht sich von selbst, dass die Entbindung der Electricität auch während des Acts der Verbindung fordauert." Die so erzeugten volta'schen Ströme, bei denen also eine ursprüngliche wahrnehmbare chemische Thätigkeit gar nicht erfordert wird, nennt Schönbein „Tendenzströme." Die Versuche, welche er zur Erhärtung seiner Hypothese beigebracht hat [1]), beziehen sich auch meist auf Ketten, in denen passives Eisen eine Rolle spielt, und in denen jedenfalls eine ursprüngliche chemische Wirkung nicht wahrnehmbar ist.

L. Gmelin's Hypothese [2]). Es giebt zwei entgegengesetzte electrische Flüssigkeiten, die mit Affinität gegen einander begabt sind, und aus deren Vereinigung die Wärme entsteht. Die wägbaren Stoffe haben sowohl Affinität gegen einander, als auch gegen die beiden Electricitäten. Ieder einfache wägbare Stoff hält eine grosse Menge positiver und negativer Electricität chemisch gebunden; die sogenannten electronegativen Stoffe: positive; die electropositiven: negative.

Bei der Verbindung zweier derartigen Stoffe vereinigen sich zugleich die Electricitäten zu Wärme, doch rührt die bei chemischen Verbindungen freiwerdende Wärme nicht alle von dieser Vereinigung her. Bei der Verbindung zweier solcher Stoffe wird deshalb keine oder nur geringe Electricitätsentwickelung wahrgenommen, weil beide Electricitäten sich sogleich unmittelbare zu Wärme vereinigen. Die bekannten Versuche (von de la Rive und Becquerel) machen es aber auch wahrscheinlich, dass kleine Mengen der beiden Electricitäten durch dazwischen gelagerte nicht leitende Materie an der unmittelbaren Verbindung gehindert, den weiteren Weg durch den Galvanometerdraht nehmen.

Auch die Verbindungen der einfachen Stoffe können noch positive und negative Electricität gebunden enthalten, wenn bei der

1) Pogg. Ann. XLIII. 229*; Phil. Mag. XII. 311*.
2) Pogg. Ann. XLIV. 1*. Vergl. auch Gmelin Handb. der theor. Chemie. 3. Aufl. 1. 187.

Vereinigung die eine Electricität zur Sättigung der andern nicht hinreicht.

Bei den rein chemischen Zersetzungen findet keine Electricitätsentwickelung statt. Z. B. bei der Lösung von Zink in verdünnter Säure tritt die, aus dem Zink frei werdende negative Electricität unmittelbar in den Wasserstoff über, und wird von diesem gebunden. Beim galvanisch-chemischen Process aber, wo sich beide Metalle, z. B. Kupfer-Zink, metallisch berühren, entwickelt sich der Wasserstoff zum grossen Theile, statt am Zink, am Kupfer, und es geht positive Electricität durch die metallische Verbindung vom Kupfer zum Zink, oder negative vom Zink zum Kupfer. Die Affinität des Zinks zum Sauerstoff bewirkt nämlich, dass sich die Sauerstoffatome des zunächst liegenden Wassers dem Zink zukehren, eine Stellung der Atome, die sich bis zum Zink fortpflanzt. Das Wasserstoffatom des, das Zink berührenden Wassers ist aber durch ein Sauerstoffatom von ihm getrennt; das Zink vereinigt sich daher mit dem Sauerstoffatom, während das letzte Wasserstoffatom am Kupfer frei wird. Die negative Electricität, welche dies Wasserstoffatom zu einer solchen Verbindung nöthig hat, erhält es von dem Zink, das sich in Zinkoxyd verwandelt hat, und zwar auf dem Wege der besten Leitung, durch den Metallbogen.

In einer Säule (zunächst aus zweien Kupferzinkpaaren) findet fast nur die chemische Wirkung statt, so lange dieselbe nicht geschlossen ist. Zwar könnte das Zink der Zelle 2 die mehr freiwerdende negative Electricität in das Kupfer der Zelle 1 überführen; aber da die, im Zink der Zelle 1 frei werdende negative Electricität keinen andern Ausweg hat, als unmittelbar an den Wasserstoff der Zelle 1, so wird dieser hier am Zink entwickelt, und da der in der Zelle 2 freiwerdende Wasserstoff die ihm gebührende negative Electricität nicht von der einzeln stehenden Kupferplatte erhalten kann, so muss er sie unmittelbar von dem Zink aufnehmen, sich also ebenfalls an diesem entwickeln. Aber selbst bei ungeschlossener Kette ist eine ganz schwache chemische Wirkung anzunehmen, vermöge welcher eine, bei zwei Zellen nur äusserst schwache, Ladung entsteht. Mit der Zunahme der Plattenpaare und Zellen wirkt diese Kraft in mmer grösserer Intensität, so dass im äussersten Kupfer immer mehr positive Electricität freigemacht wird, und im äussersten Zink sich immer mehr negative Electricität anhäuft. Wird dagegen der aus zweien Plattenpaaren bestehende Apparat geschlossen, dann ist die galvanisch-chemische Wirkung in vollem Masse möglich. Der Wasserstoff der Zelle 1 nimmt die negative Electricität auf, die ihm vom Zink der Zelle 2 durch das Kupfer der Zelle 1 zugeführt wird, und entwickelt sich an diesem; der Wasserstoff der Zelle 2 nimmt vom Kupfer dieser Zelle die negative Electricität auf, die dieses vom Zink der Zelle 1 mittelst des Schliessungsdrahtes erhält. So nimmt die rein chemische Wirkung in beiden Zellen in Vergleich mit einer gleichmässig ab, die galvanisch-chemische zu, und der Strom, der sich durch den Schliessungsbogen begiebt, überwindet die, sich seinem Durchgange entgegensetzenden Hindernisse leichter, d. h. er hat eine grössere Spannung. Mit Vermehrung der Plattenpaare treten beide Erfolge in immer grösserem Masse ein. Der Strom geht dabei nicht durch die Flüssigkeit, sondern diese ist nur scheinbar leitend, weil sie fortwährend die hinzutretenden Electricitäten absorbirt. Nur bei starker Spannung kann ein Theil des Stromes die Flüssigkeit durchdringen, da sie kein vollkommener Isolator ist.

Pollock's Hypothese ist auf die Franklin'sche Electricitätsansicht basirt. Der Uebergang von Zink in Zinkoxyd ist der primäre Grund der Electricitätsentwickelung in der Kette. Die Dichtigkeit des Zinkoxyds ist = 3, die des metallischen Zinkes = 7. Da sich nun die Volumina umgekehrt wie die Dichtigkeiten verhalten, so ist eine Raumvergrösserung im Verhältniss 3 : 7 eingetreten. Wenn nun das Zink von vorn herein eine Electricitätsmenge enthielt, welche dem Volumen 3 entsprach, so sollte es nach der Volumenveränderung eine Electricitätsmenge 7 haben; es behält aber nur die alte Menge 3, erscheint folglich negativ electrisch. Ebenso erscheint der Sauerstoff electrisch, weil die Dichtigkeit des Wassers = 1, die des Zinkoxyds = 3 ist, und sich, wie sich Pollock [1]) durch den Versuch überzeugt hat, die vom Sauerstoff angenommenen Räume wie 3 : 1 verhalten.

Es wird vorausgesetzt, dass jeder Körper fähig ist, Vibrationen zu machen, die in einem ausdehnenden und einem zusammenziehenden Zustande bestehen. Während des ersteren wird der Körper negativ und kann Electricität aufnehmen, während der letzteren positiv, und kann solche abgeben. Wenn die Säure auf das Zink

---

1) Ann. of Electr. II. 333. III. 385.

zu wirken anfängt, so tritt das Oxyd in den Zustand der Ausdehnung, und zeigt sich, wie oben nachgewiesen ist, negativ electrisch Die Electricität wird dadurch dem übrigen metallischen Zink kräftig entzogen, und dies tritt dadurch in seinen Zustand der Zusammenziehung. Wenn diese beiden Zustände bestehen, so wird ein Strom *a* (Tab. 2 Fig. 22) zwischen ihnen entstehen. Hört dieser Strom auf, so beginnt der Zustand der Ausdehnung im Zink, es wird negativ und nimmt die Electricität aus dem Kupfer auf; so entsteht der Strom *b*. Hört auch dieser auf, so beginnt hier der Zustand der Ausdehnung, es wird negativ, und nimmt Electricität aus der Flüssigkeit auf, wobei der Strom *c* erzeugt wird.

Die verschiedene Wirkung der Kette und der Säule hat Pollock, den angegebenen Grundsätzen folgend, ebenfalls erörtert.

VII. Contacttheorie.

Die Contacttheorie ist im Allgemeinen wenig von der alten Gestalt abgewichen, die ihr von ihrem Schöpfer gegeben war, nur der Ort der Contactwirkung ist nicht immer in gleicher Weise aufgefasst worden, so dass zunächst allgemein die Berührung zwischen Metall und Flüssigkeit ebenfalls als wirksam angesehen wird, zum Theil sogar diese Berührung für die wichtigste gehalten worden ist. Es ist den Anhängern der chemischen Hypothese ein Stein des Anstosses, dass eine Kraft, deren Dasein durch keine andere Aeusserung wahrgenommen wird, als die, welche man durch die Annahme ihres Vorhandenseins erklären will, so wichtige Wirkungen nach sich ziehen soll; der Begriff des Contactes selbst ist ihnen zu hypothetisch. Am klarsten spricht sich gegen solche von Seiten der Electrochemiker geäusserten Besorgnisse Poggendorff[1]) aus:

„Wenn Volta und seine Anhänger vom Contact als der Ursache der galvanischen Electricität sprechen, so kann es ihnen wohl

---

1) Pogg. Ann. LVIII. 209*.

niemals eingefallen sein, den Contact an sich damit meinen zu wollen, sondern eine in oder bei dem Contact auftretende Kraft; und dass es solche Kräfte giebt, die bis jetzt noch nicht mit Sicherheit auf die chemischen Verwandtschaften zurückgeführt werden können, sehen wir ja eben an der Capillarkraft, die an Mächtigkeit keinesweges der galvanischen nachsteht. Indem die Voltaisten den Galvanismus von einer solchen nicht näher bezeichneten Contactkraft ableiten, verfahren sie wenigstens vorsichtig, sie halten eine unentschiedene Frage noch offen, während die Gegner dieselbe mit den Verwandtschaftskräften schon für abgeschlossen betrachten, schwerlich zum Vortheil der ferneren Ausbildung der Wissenschaft, und sicher so wenig mit Recht, als frei von Hypothese, denn die Verwandtschaftskräfte sind uns nicht minder unbekannt, als es die Contactkraft sein kann."

Den specielleren Vorgang bei der Electricitätserregung durch Contact denkt sich Fechner [1]) so: Wenn sich eine Kupfer- und eine Zinkplatte berühren, oder in eine Nähe kommen, welche für unsere Sinne Berührung scheint, so vereinigen sich in dem kleinen Zwischenraum zwischen beiden Platten ein Antheil negativer Electricität des Zinks, und ein Antheil positiver des Kupfers, und lassen dadurch beide Platten respectiv mit den entgegengesetzten Electricitäten geladen zurück. Eine solche Wirkung wäre selbst bei nicht unmerklich kleinen Entfernungen der Platten möglich, und würde dann die Entstehung der Schliessungsfunken, wenn dessen Existenz bestimmt nachgewiesen werden sollte, erklären [2]).

Um das Eingreifen des Chemismus in das Spiel der galvanischen Erscheinungen zu erklären, kommen beispielsweise ein Sauerstoff- und ein Wasserstoffatom in sehr kleinen Abstand von einander; dann geht bei ihnen derselbe Process vor, wie vorher bei der Zink- und Kupferplatte. Vermöge der, beiden Theilchen bleibenden, Ladung, halten sie sich dauernd fest. (Chemische Verwandtschaft). Sie würden sich hierdurch bis zur Berührung nähern, wenn nicht ein thatsächlich vorhandener repulsiver Einfluss bei einem gewissen Abstande Gleichgewicht hervorbrächte. Kommt nun Wasser zwi-

1) Pogg. Ann. XLIV. 37*. Vergl. Fechner Lehrbuch des Galvanismus. 321. 372*.

2) Vergl. Marianini in: Memorie della Società Italiana resid. in Modena. XXI. 2. 225*.

schen zwei, mit einander in Contact stehende Metalle, so wird, so bald die Anziehung des positiven Pols gegen das negative Sauerstofftheilchen, und umgekehrt, deren gegenseitige electrische Anziehung überwiegt, Zersetzung erfolgen müssen. Die aus der Zersetzung hervorgehenden Bestandtheile führen nach entgegengesetzten Richtungen die entgegengesetzten Electricitäten mit sich, die ihnen in ihrer Verbindung zukommen, und tragen diese Electricitäten zur Unterhaltung der Strömung bei. Hiernach wird also die fortdauernde Strömung allerdings durch chemische Zersetzung und Ueberführung vermittelt, aber diese selbst geht ursprünglich vom Contact aus. Die Electricität, die die Flüssigkeit leitet, ist nicht die der Metalle, durch einen passiven Uebergang überkommen, sondern die eigene Electricität der Bestandtheile.

Den bisher ziemlich unbestimmt gelassenen Begriff der Contactkraft, welche ins Unendliche freie Electricität und somit mechanische Kräfte, Wärme und Licht erzeugen zu können scheint, hat Helmholtz [1]) bestimmter definirt und somit nachgewiesen, dass auch diese Kraft dem allgemein von ihm entwickelten Gesetze der Erhaltung der Kraft folgt. Nimmt man an, dass die verschiedenen Stoffe verschiedene Anziehungskraft haben gegen die beiden Electricitäten, und dass diese Anziehungskräfte nur in unmessbar kleinen Entfernungen wirken, während die Electricitäten es auf einander auch in grösseren thun, so ist die Contactkraft die Differenz der Anziehungskräfte, welche die der Berührungsstelle zunächst liegenden Metalltheilchen auf die Electricitäten dieser Stelle ausüben, und das electrische Gleichgewicht wird eintreten, wenn ein electrisches Theilchen, welches von einem zum andern übergeht, nichts mehr an lebendiger Kraft gewinnt oder verliert. Sind $c_{,}$ und $c_{,,}$ die freien Spannungen der beiden Metalle, $a_{,}e$ und $a_{,,}e$ die lebendigeu Kräfte, welche das electrische Theilchen e bei seinem Uebergange auf das eine oder das andere nicht geladene Metall gewinnt, so ist die Kraft, welche es beim Uebergang von dem einen geladenen auf das andere gewinnt

$$e(a_{,} - a_{,,}) = e(c_{,} - c_{,,})$$

was für den Fall des Gleichgewichts $= o$ sein muss, also

$$a_{,} - a_{,,} = c_{,} - c_{,,}\ ,$$

d. h. die Spannungsdifferenz muss bei verschiedenen Stücken dersel-

1) Ueber die Erhaltung der Kraft. Berlin, 1847. p. 45*.

ben Metalle constant sein, und bei verschiedenen Metallen dem Gesetz der galvanischen Spannungsreihe folgen. Dies gilt für alle Leiter erster Klasse. Eine beliebige, in sich geschlossene, Reihe derselben ist daher nicht im Stande einen Strom zu erregen. Gäbe es einen einzigen Leiter zweiter Klasse, der nicht Electrolyt wäre, so würde der oben erwähnte Fall der unendlichen Kraftentwickelung eintreten. Nimmt man aber darauf Rücksicht, dass die Leiter zweiter Klasse eben deshalb der Spannungsreihe nicht folgen, weil sie electrolytisch leiten, so stellt sich jener einfache Begriff der Contactkraft heraus.

Karstens Hypothese [1]). Beim chemischen Process vereinigen sich die Electricitäten unmittelbar, beim galvanischen findet ein polares Auseinandertreten der entgegengesetzten Electricitäten in der Flüssigkeit, und ihre Ausgleichung in den starren Leitern statt. Deshalb kann wahre galvanische Thätigkeit nur möglich sein, wenn die Flüssigkeit der Zersetzung fähig ist. Durch die Wechselwirkung eines starren Electricitätsleiters von starker electromotorischer Kraft auf eine zersetzbare Flüssigkeit wird jener in den positiv-, diese in den negativ-electrischen Zustand versetzt. Ein zweiter, mit dem ersten in leitender Verbindung stehender starrer Leiter von geringerer electromotorischer Kraft erhält dabei theils unmittelbar, (durch die Berührung mit dem stärkeren, positiven, Electromotor) theils mittelbar (durch die Zuführung von negativer Electricität der Flüssigkeit durch den stärkeren Electromotor) die negative Electricität, und büsst dadurch die ihm durch die Berührung mit der Flüssigkeit ebenfalls zukommende positive Electricität ein. Durch diese electrischen Zustände der starren Leiter wird ein polares Verhalten der Flüssigkeiten auf die Weise eingeleitet, dass durch den stärkeren (positiven) Leiter die negative, durch den schwächeren (negativen) Leiter die positive Electricität in der Flüssigkeit angezogen wird. Im Schliessungsbogen werden beide Electricitäten unmittelbar vernichtet, und in Folge dieses polaren Gesetzes sammelt sich der negativ electrische Bestandtheil der Flüssigkeit am positiven, der positive am negativen Metall. Die Thätigkeit der Kette ist lediglich auf die Trennung der beiden entgegengesetzten Electricitäten und

---

1) Berl. Acb. 1838. 153*; Pogg. Ann. XLV. 438*. Vergl. Karsten: die Contactelectricität. Berlin 1836*.

der Bestandtheile der Flüssigkeit gerichtet. Die starren Leiter erfahren nur die zufällig mit der galvanischen Wirkung verbundene chemische Veränderung. Die Vorstellung eines Stromes, welcher durch die ganze Flüssigkeit und die Säule geht, ist nicht richtig, daher kann auch ein Widerstand in der Flüssigkeit nicht vorhanden sein. Es existirt nur der Strom durch den Schliessungsbogen, und dieser stammt von der positiven und negativen Electricität aus der Flüssigkeit ab. Die Bestandtheile der Flüssigkeit können daher nur an den starren Leitern, nie in der Flüssigkeit selbst abgesondert werden.

Die weitläufigen Arbeiten von Martens [1]) über die Theorie der Säule enthalten in Bezug auf die Electricitätserregung keine von der gewöhnlichen Ansicht abweichende Resultate. Nur in Bezug auf die Ansammlung der Electricität an den Polen nähert sich Martens der von de la Rive ausgesprochenen Ansicht vom Rückstrom Er sagt, in isolirten Säulen strebt die electromotorische Kraft den äussersten Platten eine Spannung zu geben, welche in umgekehrtem Verhältniss zur Leitungsfähigkeit der Säule steht, und die sich mehr oder weniger den mittleren Paaren mittheilt. In der geschlossenen Säule entsteht der Strom nur von den äussersten Platten, nicht, wie Volta glaubte, aus der ganzen Säule. Die Anzahl der Paare dient in der offenen Säule zur Vergrösserung der Spannung, in der geschlossenen, um die Electricität zu zwingen, durch den Leiter zu gehen.

Die Gründe, mit welchen Peltier [2]) sich für dasselbe Princip ausspricht, zerfallen, mit Berücksichtigung des Ohm'schen Gesetzes, in Nichts. Er vergleicht nämlich die drei Theorien mit einander, welche für die Bewegung der Electricität in der Säule aufgestellt worden sind. Es sind folgende: 1) die Electricität jedes Paares wandert ungehindert durch die ganze Säule, 2) sie erleidet in jedem nächsten Paare eine Veränderung, welche ihre Kraft erhöht, 3) alle Electricitätsquanta der einzelnen Paare heben sich auf, nur die der äussersten bleiben wirksam.

Die erste Annahme erklärt er deshalb für unrichtig, weil ihr

---

1) Bull. de Brux. VI. 1me 161*. VIII. 2me 305*. IX. 1me 192*; Arch. de l'Él. II. 531*. Vergl. auch Arch. de l'Él. II. 555*.

2) L'Institut. V. 208*.

zufolge die Säule eine stärkere Intensität haben müsste als die Kette, was nicht der Fall ist, wenn der Schliesser keinen Widerstand leistet. Nach der zweiten müsste eine gegebene Menge von Electricität verschiedene Wirkungen haben, je nachdem sie von einem oder von mehren Paaren ausgeht, aber zwei gleiche Quantitäten von Electricität geben in gleicher Zeit gleiche chemische Wirkung, gleiche Erhitzung und gleiche magnetische Wirkung. Die dritte Ansicht hält er daher für die richtige, obwohl sie am wenigsten directe Versuche für sich habe.

Manche Physiker haben eine Vereinigung der beiden Theorien über die Erregung der Electricität herbeizuführen gesucht: Peltier [1]) nimmt an, der galvanische Strom sei zwar eine Folge der chemischen Wirkung, aber die Spannung eine Folge des Contactes. Eine ähnliche Ansicht hat Majocchi [2]) ausgesprochen. Er sieht als eigentliche Quelle der Electricität den Contact, oder vielmehr die dabei stattfindende Adhäsionswirkung an; zur Stromerzeugung aber hält er die chemische Thätigkeit für nothwendig, mag dieselbe nun sichtbar sein, oder unsichtbar, wie z. B. die Ladung, welche durch schwache Ströme erzeugt wird. Als einen Beweis für diese Ansicht führt er die Contactwirkung zwischen Gold und Platin an, welche wohl nach aller Urtheil Spannungselectricität, aber nach dem Vieler keinen electrischen Strom in einer Leitungsflüssigkeit erzeugen, welche keines der Metalle angreift. Durch einige Versuche sucht er die Unmöglichkeit zu erweisen, durch blosse chemische Action Electricität zu entwickeln. Er nimmt einen durch ein Galvanometer geschlossenen Kupferdraht, und ätzt irgend eine Stelle desselben durch Säuren an. Man bemerkt keinen Strom, und kann auch nach der chemischen Hypothese keinen erwarten, weil die Electricitätserregung nach beiden Seiten gleich gross sein müsste. Er bringt aber zu einer Seite der angegriffenen Stelle einen Widerstand gegen die Electricität an, und glaubt nun nach der chemischen Hypothese einen Strom erhalten zu müssen. Der Widerstand besteht in einem Pressen oder Hämmern des Drahts, dem Einschalten

---

1) L'Institut III. Nr. 133.

2) Annali d. fis. chim. d. Mil. XVI. 120, XIX. 166; Atti della VI. riun. dgl. Scienz. It. 118. Rendc. della VII. riun. 86; Annali XX. 3; Bull. de Brux. XIII. 1. 303; Phil. Mag. XXX. 97*.

eines heterogenen Metalles u. dgl. Natürlich wird auch trotz diesem Hinderniss kein Strom hervorgebracht.

Zantedeschi[1]) glaubt durch einige Versuche bewiesen zu haben, dass die Electricitätserregung eine Folge chemischer Action ist, mit welcher sich aber eine Contactwirkung bald fördernd, bald hindernd verbinden kann. Die Versuche sind durch die Erscheinungen des Contacts zwischen Flüssigkeiten und Metallen, und zwischen Flüssigkeiten unter sich zu erklären. Buff's[2]) Bemühung, den Gegensatz der beiden Hypothesen fortzudemonstriren, muss gewiss eine missglückte genannt werden, da schwerlich eine der beiden Parteien die Identität derselben anerkennen wird[3]).

Die Versuche, welche für und wider die beiden Hypothesen der Electricitätserregung als Belege hingestellt worden sind, sollen weiter unten einzeln besprochen werden. Zunächt Einiges über das von de la Rive ersonnene und von wenigen Anderen anerkannte Princip des Rückstroms.

Marianini[4]) hat gegen die Existenz des Rückstroms angeführt, man müsse entweder annehmen, das Streben der entgegengesetzten Electricitäten, ihren Weg durch die Säule statt durch den Schliessungsbogen zu nehmen, bestehe entweder schon in der

---

1) Arch. de l'Él. III. 147*; J. R. Jstit. Veneto. 9. Agost. 1841; Ann. delle Scienze del. R. Lomb. Ven. VI.

2) Der Zusammenhang der neueren Electricitätslehre mit der Contacttheorie. Vortrag in der Naturforscher-Versammlung zu Mainz.

3) Man vergl. noch: Zantideschi: Degli argomenti a favore della teoria chimico-elettrica; Trattato del Magnetismo e della elettricità. Venezia 1844, II. 459; degl. argomenti a favore della teoria del contatto. ib. 452* und Becquerel Traité du Magn. et de l'Él. an verschiedenen Orten.

4) Memorie de fisica sperimentale scritta dapo 1836. Modena. — Die hierher gehörigen Abhandlungen Marianini's findet man an folgenden Stellen:

Mem. prima: sopra la teoria della pila, parte fisico delle Memorie della Soc. Ital. delle Scienze 1832. T. XX.

Mem. sec.: sopra la teoria chimica degli elettromotori voltiani simplici e composti Venezia; Ann. de chim. et de phys. XLV.

Mem. terza: sopra la teoria chimica degli elettromotori. Ann. delle Scienze del Regno Lomb. Ven.

Mem. quarta: Sopra la teoria degli elettromotori. Mem. della Soc. Ital. delle Scienze 1837. XXI.

Mem. quinta e sesta: solla teoria degl. elettromotori voltiani. Modena 1838.

einfachen Kette, oder nur in der Säule. Im ersten Fall weiss man nicht, warum die Electricität nicht den Weg durch den feuchten Leiter vermeidet, da ihr der Weg der besseren, metallischen Leitung offen steht; im andern Falle weiss man nicht, wie das Streben jenen Weg zu nehmen, plötzlich in der Säule vorhanden sein kann, wenn es nicht in jedem Elemente da war. Der Hypothese, dass ein Theil der Electricität den metallischen Weg wählt, und die Anzahl der Platten die Spannung nur desshalb vergrössere, weil sie nur einer geringeren Electricitätsmenge den Durchgang verstatte, begegnet Marianini durch den Versuch, dass man die Spannung einer Säule nicht dadurch vergrössern kann, dass man einer Reihe von gleichartigen metallischen Leitern, welche mit feuchten Leitern wechseln, in dieselben einschaltet. Eine solche Einschaltung vermehrt nicht nur die Spannung nicht, sondern verringert sogar die Intensität der Säule, und doch müsste bei Verbindung der Pole durch einen Leiter desto mehr Electricität durch denselben gehen, je schlechter die Säule leitet. Endlich hält er es für auffallend, dass die Electricitäten sich in der Säule mit einander vereinigen sollen, da es gerade eine Eigenschaft dieses Apparates ist, die zuvor vereinigten Electricitäten zu trennen.

De la Rive [1]) entgegnet auf diese Einwürfe, jede Verminderung der Leitung in der Säule müsse allerdings die Spannung an den Polen erhöhen, wenn sonst alle Umstände unverändert bleiben. Wenn aber Marianini Kupferplatten, die mit einem feuchten Leiter abwechseln, einschalte, so sei die Zink- und die Kupferplatte, zwischen denen die homogenen Platten eingeschaltet sind, nicht mehr unter denselben Bedingungen, wie die übrigen Zink-Kupferplatten, und die beiden Electricitäten jener Platten vereinigen sich dann in geringerem Grade, weil die Leitungsfähigkeit der, sie trennenden, Flüssigkeit verringert ist. Nun werde aber die freie Electricität aller übrigen Plattenpaare in demselben Verhältniss verringert, wie die des eben betrachteten Plattenpaares, so dass sich zwar die an den beiden Polen angehäuften Electricitäten mit geringerer Leichtigkeit vereinigen können, aber auch in geringerer Menge entwickelt werden.

Weitere Beweise für die Existenz des Rückstroms sucht de la

1) Recherches 151. 152; Pogg. Ann. XL. 515*. Bibl. un. IV. 159*. etc.

Rive in der Beständigkeit, welche die Spannung an den Polen einer offenen electrischen Säule zeigt. Wenn die Neutralisation der frei werdenden Electricitäten nicht, je nach der Leitungsfähigkeit eines Apparates in grösserem oder geringerem Verhältniss durch die Säule vor sich ginge, so müsste die Spannung fortdauernd wachsen. Sobald aber die Pole durch einen Leiter verbunden sind, so geht ein mehr oder weniger grosse Antheil dieses Gegenstroms durch den neuen Leiter, und es ist nicht nöthig, was Marianini voraussetzt, dass der Leiter so gut leite, wie die Säule, da sich ja electrische Ströme immer in mehr oder weniger grossem Verhältniss in alle auf ihrer Bahn liegenden Leiter vertheilen. Auf den Widerspruch, den diese Aeusserung gegen einen früheren Ausspruch de la Rive's enthält, dass nämlich Nichts oder nur sehr wenig vom Strom durch den Schliessungsbogen geht, wenn die Säule ein nur etwas besserer Leiter ist, als er, hat Poggendorff[1]) hingewiesen. Marianini[2]) vertritt seine Ansicht, dass ein Einschalten von Kupferplatten, dem Principe des Rückstroms gemäss, die Spannung erhöhen müsse, dadurch, dass er de la Rive's oben angeführten Einwurf dagegen widerlegt. Die Platten sind nicht zwischen das Kupfer und Zink eines Paares eingeschaltet, sondern zwischen zwei verschiedene Paare, so dass die Wirkung der unmittelbaren Wiedervereinigung gar nicht gestört werden kann. Einige Versuche entschieden directer über die Wirkung, welche eine Veränderung in der Leitung der Säule hervorbringt. Es wurden Zellen von verschiedenen Plattenabständen construirt; war die Anzahl der verbundenen Paare dieselbe, so war es auch die Spannung, unabhängig vom Plattenabstande. Oder um der electrochemischen Theorie zu genügen, werden in Elementen von gleichem Plattenabstande die Verbindungen in jedem Paare durch einen dünnen Draht von 1000 Meter Länge, in den beiden anderen durch Drähte von je 500 Metern Länge, dann durch ganz kurze Drähte hergestellt, ohne dass die Spannung dadurch geändert wäre.

Die Einwände, welche Vorsselman de Heer[3]) gegen die

---

1) Pogg. Ann. LVI. 355. Anm. *.

2) Annali delle Scienze del Regno Lomb. Veneto. Bimestre IV. 1837. 192; Phil. Mag. XVIII. 529*.

3) Bullet. des sciences phys. en Néerlande. 1839. 341*; Pogg. Ann. LVI. 354.*

Zulässigkeit eines Rückstroms gemacht hat, sind allgemeiner Natur, und kommen ebenfalls darauf zurück, dass man eine Wiedervereinigung der Electricitäten nicht wohl denken kann, in einem Apparate, dessen Streben es ist, dieselben zu trennen.

Am speciellsten hat Poggendorff [1]) die Hypothese vom Rückstrom beleuchtet. Er betrachtet den Rückstrom als eine Nebenschliessung neben dem gewöhnlichen Schliessungsdraht einer Kette. Ist J die Intensität im Schliessungsdraht, J' die Intensität des Hauptstromes, J'' die des Rückstromes so ist

$$J' = \frac{k(r+r'')}{rr'+rr''+r'r''},$$

$$J'' = \frac{kr}{rr'+rr''+r'r''},$$

$$J = \frac{kr''}{rr'+rr''+r'r''},$$

wo k die electromotorische Kraft, r, r', r'' die den gleichartig bezeichneten Intensitäten entsprechenden Widerstände sind. In diesen Formeln ist r'' derselbe Widerstand, wie r, nämlich der der Flüssigkeit, sie verwandeln sich deshalb in die folgenden:

$$J' = \frac{k(r+r')}{(2r+r')r'},$$

$$J'' = \frac{kr}{(2r+r')r'},$$

$$J = \frac{kr'}{(2r+r')r'} = \frac{k}{2r+r'}.$$

Dieser letzte Werth widerspricht der gewöhnlichen Folgerung aus dem Ohm'schen Gesetz, nach welchem unter den angegebenen Umständen die Intensität im Schliessungsbogen $J' = \frac{k}{r+r'}$ sein müsste.

Das Experiment müsste über die Richtigkeit eines dieser Werthe entscheiden.

Wenn der Widerstand r um einen Werth ϱ vergrössert, r' um denselben Werth verkleinert wird, so muss der gewöhnlichen Annahme gemäss J unverändert bleiben, denn

$$\frac{k}{r+\varrho+r'-\varrho} = \frac{k}{r+r'},$$

---

1) Pogg. Ann. LVI. 353*; Berl. Acb. 1842. 161*; Inst. X. 402*.

legt man aber die Hypothese vom Rückstrom zu Grunde, so erhält man

$$J = \frac{k}{2(r+\varrho)+(r'-\varrho)} = \frac{k}{2r+r'+\varrho}.$$

Entsprechend würde die Veränderung von J sein, wenn man r um ϱ verkleinert und r' um ebensoviel vergrössert. Dagegen müsste J unverändert bleiben, wenn man r um halbsoviel verkleinert, als man r' vergrössert, oder umgekehrt, so dass

$$J = \frac{k}{2\left(r \pm \frac{\varrho}{2}\right) + (r' \mp \varrho)} = \frac{k}{2r+r'}$$

würde. Die Messungen, welche Poggendorff anstellte, indem er den Abstand der Erregsplatten einer Kette und den der Electroden den obigen Ausdrücken gemäss veränderte, liefern einen unzweideutigen Beweis gegen das Dasein eines Rückstroms in der volta'schen Säule.

Gegen diese Erörterungen wendet de la Rive [1]) zunächst ein, dass sie sich auf eine Kette beziehen, während nach seiner Voraussetzung in der einfachen Kette nur eine unmittelbare Wiedervereinigung der Electricitäten, nicht aber ein Rückstrom stattfinden könne. Ferner werde natürlich an dem Strome nichts verändert, wenn in dem einen Gefäss die Flüssigkeits-Schicht um dieselbe Länge vergrössert wird, um welche man sie im andern verkleinert hat, da der Widerstand beider Flüssigkeiten in r' enthalten sei. Man habe nämlich nicht die in ein Gefäss tauchende Platin- und Zinkplatte, sondern die Platinplatte mit der im andern Gefäss befindlichen, metallisch mit ihr verbundenen Zinkelectrode als die Kette anzusehen, während die andere Zinkelectrode und die im ersten Gefäss stehende Zinkplatte den Schliessungsbogen bilden helfen.

Poggendorff [2]) widerlegt beide Einwürfe. Er zeigt nämlich, dass, wenn einmal ein Rückstrom angenommen wird, dieser ganz nothwendig ebenso gut für die einfache Kette, wie für die Säule angenommen werden muss, weil man sonst auf ungereimte, den gemeinsten Erfahrungen widersprechende Resultate verfällt. Eine Säule

1) Arch. de l'Él. II. 481*; L'Inst. XI. 75*.

2) Pogg. Ann. LXII. 241*; Arch. de l'El. IV. 297*; L'Inst. XII. 128*; Berl. Acb. 1843. Dec.

aus zweien Paaren, welche nach de la Rive in sich einen Rückstrom hat, müsste nämlich die Intensität

$$J = \frac{2k}{2r + 2r'} = \frac{k}{r + r'}$$

haben, also ganz dieselbe, welche sich in der einfachen Kette findet, da ja in dieser kein Rückstrom stattfinden soll. Es ist aber bekannt, dass eine Säule von zwei Ketten, durch denselben Leiter wie eine gleichartige einfache Kette geschlossen, nicht dieselbe Intensität erzeugen kann, wie diese. Der andere Einwurf ist vom Standpunkte der Contacttheorie aus gesehen richtig; Poggendorff wollte sich aber grade auf den der chemischen Hypothese stellen, weil die ganze Annahme des Rückstroms zum Dienste dieser Hypothese bestimmt war, und dann bilden allerdings die beiden Metalle, welche in dasselbe Gefäss tauchen, die Kette.

VI. Volta's Fundamentalversuch.

Die wesentlichste Stütze der Contacttheorie, der von Volta angestellte Fundamentalversuch, haben die Electrochemiker durch zwei Mittel zu erschüttern gesucht, nämlich durch die Angabe, dass sie beim Contact mancher Stoffe keine Electricität erhalten konnten (wie Becquerel, zwischen Gold und Platin), und dadurch, dass sie die Electricitätserregung da, wo sie nicht fortzuleugnen war, durch eine unmerkliche chemische Wirkung erklärten (wie de la Rive bei allen Metallen, selbst den edlen). Abgesehen davon, dass ein negatives Resultat vielen positiven gegenüber kein Beweisgrund sein kann, haben andere Versuche derselben Experimentatoren die Wirklichkeit einer Electricitätserregung beim Contacte trockner Leiter unzweifelhaft dargethan; Becquerel fand sie sogar zwischen Gold und Graphit. Was ferner die von de la Rive hervorgesuchte Erklärungsweise betrifft, so darf man dagegen Fechner's Ausspruch widerholen: Wenn de la Rive in allen Fällen eine chemische Wirkung supponirt, so muss es auch erlaubt sein in allen Fällen eine electrische Wirkung zu supponiren, wo sie nicht nachweisbar ist, wofern sie nur besser zur Contacttheorie passt. — Die meisten hierhergehörigen Arbeiten sind bereits im Repertorium [1]) besprochen worden, namentlich die Versuche und Schlüsse, welche Fechner [2]) gegen de la Rive's [3]) Angriffe aufgestellt hat. Dort sind auch die Versuche von Péclet [4]), Marianini [5]), der leydensche Flaschen durch Contactelectricität lud, und Anderen angeführt, zu denen man noch die Bemerkungen Becquerel's [6]) und Pfaff's [7]) nehmen mag. Zamboni [8]) hat gegen die de la Rive'sche Ansicht die aus seinen Versuchen mit trockenen Säulen gezogenen Erfahrungen benutzt. De la Rive hatte von Zamboni's Säulen gesagt [9]), sie gäben noch merkliche Spuren von Electricität, Zamboni dagegen sagt, sie hätten ganz dieselbe Spannung behalten, die sie vor 24 Jahren gehabt hätten. Als Grund, weshalb die Electricitätserregung mit der Zeit geschwächt werden müsste, hat de la Rive die Oxydation angeführt, der die inneren Metallflächen ausgesetzt seien, und zwar besonders, weil die natürliche Feuchtigkeit des Papiers stärker oxydirend wirke, als reines Wasser, feuchte Luft stärker als ungesäuertes Wasser, und der electrische Strom die Oxydation unterstütze. Zamboni erwidert hierauf, in blossem ungesäuerten Wasser würden die Metalle gewiss in wenigen Monaten sichtbar oxydirt sein, und doch sage de la Rive: dreissig Jahre seien eine zu kurze Zeit, um die Oxydation durch feuchte Luft an den Säulen bemerken zu können. Die Annahme de la Rive's, nach welchen die sauer oder alkalisch reagirende Feuchtigkeit der Hand beim Fundamentalversuch das positive Metall angreifen soll, widerlegt Zamboni durch Versuche mit Superoxyden, Kohle und Metallen. In einer Säule aus Kohle oder Eisencarburet und Bleisuperoxyd, oder aus Platin und Mangansuperoxyd kann unmöglich das Platin

---

1) Repert. VI. 257*.
2) Pogg. Ann. XLII. 481*.
3) Recherches sur les causes de l'éctricitè voltaique 57. etc.
4) C. r. VII. 624. 930*. L'Inst. VI. 307. 396*; Ann. de chim. phys. 3me Ser. II. 232*; Arch. de l'Él. I. 621*; Pogg. Ann. XLVI. 346*.
5) Memorie di fisica sperim. Modena 1838. VI. 88; Gazetta Piemontese 1838 No. 232; Ann. of El. V. 241*.
6) C. r. VIII. 424*; Inst. VII. 101*; Traité de l'Él. et du magnétisme II. 139. V. b 1*.
7) Revision der Lehre vom Galvano-Voltaismus 8*.
8) Mem. della Soc. Ital. delle Scienze resid. in Modena XXXI. 368*;
9) Bibl. univ. 1837. 193.

oder die Kohle oxydirt werden, und doch wird es positiv. Um auch dem Einwande zu begegnen, dass die Electricität einer Reduction der Superoxyde zuzuschreiben sei, nimmt er ein Platin-Kohlenpaar; hier ist Kohle negativ, und kann sich doch ebensowenig desoxydiren, als Platin oxydiren; ausserdem gelingen alle diese Versuche bei nachweislicher Abwesenheit aller Säuren und Alkalien. Dem Einfluss der Gase schreibt Edm. Becquerel[1]) ebenfalls bedeutende Wirkungen zu. Wenn man die beiden Platten eines Condensators aus Zink und Platin bestehen lässt, und beide durch eine metallische Leitung verbindet, so ist das Zink positiv; verbindet man beide durch die feuchten Finger, so ist das Zink negativ. Zur Erklärung dieser Erscheinung wandte er zwei Platinplatten zum Condensator an, die unter keiner Bedingung Electricität zeigten. Wurde der eine derselben einige Zeit hindurch in Wasserstoffgas getaucht, so zeigte sie sich, wenn beide metallisch verbunden wurden, positiv. Becquerel glaubt nun, dass wenn man eine Zink- und eine Platinplatte nimmt, die erstere sich an der Oberfläche auf Kosten des Sauerstoffs der Luft oxydirt, und durch den Oxydüberzug vor weiterem Angriffe geschützt wird. Es soll sich dann wie ein Metall verhalten, welches keinen Sauerstoff condensirt hat, oder wie Platin, das man in Wasserstoff getaucht hatte. Geschieht dagegen die Verbindung mit feuchten Fingern, so soll die chemische Wirkung des Wassers auf das Zink in demselben die entgegengesetzte Electricität erregen. De la Rive[2]) stimmt im Allgemeinen dieser Ansicht bei, hält aber die Wirkung der Gase mehr für eine chemische als bloss mechanische. Die Wirkung der Gase bei der Electricitätserregung haben auch schon früher Biot und Cuvier[3]) und neuerdings Adie[4]) untersucht. Der letztere tauchte zwei Metalle, z. B. Zink oder Eisen einerseits, Platin, Silber oder Kupfer andrerseits in destillirtes Wasser, das zuvor völlig luftleer gemacht worden war, und fand, dass die positiven Metalle dabei unverändert blieben; dasselbe geschah aber auch, wenn beide Metalle mit einander in Verbindung gebracht wurden, während sich im lufthal-

---

1) C. r. XXII. 677*; L'Inst. XIV. 134; Arch. des sc. ph. et nat. I. 59.
2) C. r. XXII. 680*.
3) Ann. de chim. XXXIX. 242; Traité de phys. exp. II. 526*.
4) Edinb. new. Phil. J. XXXVIII 97; XXXIX 327*; Arch. des sc. ph. et nat. I. 163*.

tigen Wasser das positive Metall dann schnell zu oxydiren anfing. Wurde ein Galvanometer in den Strom eingeschaltet, so zeigte sich im sauerstofffreien Wasser fast gar kein Strom, wohl aber im sauerstoffhaltigen. Salzlösungen verhielten sich ganz ähnlich. Er fand, dass eine Kette, die mit lufthaltigem Wasser von gewöhnlicher Temperatur geladen war, einen Ausschlag der Galvanometernadel von 50° bewirkte, während dasselbe bis auf 5° herabsank, wenn das Wasser bis zum Kochen erhitzt wurde. Adie glaubt daher schliessen zu müssen, dass der Sauerstoff der Luft bei der Erzeugung der Electricität wesentlich betheiligt sei [1]).

Ausser der von Fechner[2]) vorgeschlagenen Methode zur Anstellung des Fundamentalversuchs ist die von Dellmann [3]) zu erwähnen, der sich dabei des früher von ihm beschriebenen [4]) Electroskops bedient. Es besteht aus einem, an einen Coconfaden hangenden Schellackbalken, der an einem Ende eine Hollundermarkkugel trägt, und mit dieser eine ruhende Kugel berührt, die durch einen Draht mit einem, ausserhalb des Glasgefässes befindlichen Knopf oder einer Platte verbunden ist. Auf diese (Kupfer-) Platte wird eine Zinkplatte mit isolirendem Griff gelegt, und beim Abheben derselben die freie Electricität wahrgenommen.

Der Fundamentalversuch gelingt übrigens, nach Grove's [5]) Angabe, auch, wenn die beiden Metallplatten durch einen Papierring von einander getrennt sind, so dass sie sich nicht unmittelbar berühren. Grove sucht in dieser Erscheinung ein chemisches Phänomen der Strahlung, ähnlich wie bei der Hervorbringung der Moser'schen Bilder. Dieser Versuch würde für Marianini's [6]) An-

1) Die Versuche, welche ich während des Druckes dieses Buches über die Wirkung des freien Sauerstoffs in der Kette angestellt habe (vgl. Pogg. Ann. Juliheft 1848) zeigen indess, dass dieselbe nur secundär ist, indem nämlich die schwächende Ladung an der negativen Platte dadurch aufgehoben wird. Umgiebt man daher beide Metalle mit Glasröhren, so ist der Sauerstoff zum positiven Metalle fast unwirksam, der zum negativen dagegen dauernd wirksam. In einer kleinen constanten Kette fand ich daher den Luftzutritt ganz erfolglos.

2) Pogg. Ann. XLI. 225*.

3) Pogg. Ann. LVI. 49*; Arch. III. 572*.

4) Pogg. Ann. LIII. 606*.

5) Electr. Mag. I. 57; Arch. de l'Él. III. 568*.

6) Mem. della Società Italiana res. in Modena XXI. 232*.

sicht sprechen, dass nicht der unmittelbare Contact, sondern eine grosse Annäherung der Metalle zur Electricitätserregung erforderlich ist.

Den Werth der volta'schen Spannungsreihe hat Faraday [1], wie die übrigen Electrochemiker, verdächtigt. Er nennt sie eine unbestimmte (large) Annahme, und glaubt, dass keine, von der fraglichen Theorie unabhängige, Angaben vorhanden sind, welche ihre Wahrheit erhärten. Dieser Vorwurf war zwar seiner Zeit schon grundlos, denn Fechner's [2]) Versuche liefern hinreichende Belege für das electromotorische Gesetz, später aber ist er völlig entkräftet worden. Wheatstone [3]) hat einige Versuche mit dem Rheostaten angestellt, welche das Gesetz der Spannungsreihe aufs bestimmteste bestätigen. Er fand die electromotorische Kraft von

Kaliumamalgam und Zinkamalgam	=	29
Zinkamalgam und Kupfer	=	30
Kaliumamalgam und Kupfer	=	59
ferner von:		
Kaliumamalgam und Zinkamalgam	=	29
Zinkamalgam und Platin	=	40
Kaliumamalgam und Platin	=	69.

Ebenso bestätigend sind vereinzelte Versuche von Poggendorff [4]), mittelst der Compensationsmethode ausgeführt, wie der folgende. Es ist die electromotorische Kraft von

Amalgamirtem Zink und Eisen	=	7,392
von Eisen und Kupfer	=	6,000
von amalgamirtem Zink und Kupfer	=	13,792.

Weit ausgedehntere Versuche hat Poggendorff [5]) in der jüngsten Zeit bekannt gemacht. Bei siebenundzwanzig einzelnen Versuchsreihen findet sich das Gesetz mit hinreichender Annäherung bestätigt, und zwar für amalgamirtes Zink, Zink, Cadmium, Zinn, Eisen, Wismuth, Kupfer, Antimon, Silber, Palladium, Platin. Ebenso gab

1) Exp. Res. 1809*.
2) Maassbestimmungen 60*.
3) Phil. Trans. 1843. 317*; Pogg. Ann. LXII. 525* etc.
4) Pogg. Ann. LIV. 190*.
5) Berl. Acb. 46. 242*; Pogg. Ann. LXX. 60*.

eine complicirtere Combination ganz das erwartete Resultat. Bildet man nämlich drei Combinationen:

A: Zink, Platin, Eisen, Kupfer,

B: Zink, Kupfer, Eisen, Platin,

C: Zink, Eisen, Kupfer, Platin,

wo 1 und 2, 3 und 4 immer in gemeinsamer Leitungsflüssigkeit stehen, 1 mit 4, 2 mit 3 metallisch verbunden sind, so sind die electromotorischen Kräfte

$$A = (Z-K) + (E-P),$$
$$B = (Z-P) + (E-K),$$
$$C = (Z-P) - (E-K).$$

Hiernach muss $A = B$ sein, und, wenn man die binären Combinationen misst, müssen die daraus gebildeten Werthe von A, B und C mit den gemessenen übereinstimmen, wie es sich auch wirklich fand. Dass die Spannungsreihe in verschiedenen Leitungsflüssigkeiten eine andere ist, ist von den Electrochemikern als ein vorzüglicher Beweis gegen die Richtigkeit der Contacttheorie benutzt worden. Der Grund dieser Abweichung, die Electricitätserregung zwischen dem Metalle und der Flüssigkeit selbst, wird im folgenden Abschnitt genauer betrachtet. Hier mögen nur einige ältere und neuere Angaben über Spannungsreihen in verschiedenen Flüssigkeiten folgen. Manche Experimentatoren haben nicht angegeben, mit welcher Flüssigkeit sie gearbeitet haben, so dass die Versuche kein bestimmtes Urtheil erlauben. Umgekehrt sind manche Versuche so angestellt, dass nur die Ablenkung beobachtet wurde, welche zwei Metalle in verschiedene Flüssigkeiten getaucht, an einem Galvanometer hervorbrachten. Durch solche Versuche, z. B. die des Fürsten Mich. Cito della Rocca [1]) erfährt man Nichts von der electromotorischen Kraft, sondern man erhält nur relative Intensitätsbestimmungen:

---

1) Rocc. fis. chim. Ital. I. 141*; Arch. de l'Él. V. 429*.

Verdünnte Schwefelsäure.	Verdünnte Salpetersäure.		
Faraday[1]).	Avogrado u. Michelotti[2]).	de la Rive.[3])	Faraday.
Zink	Zink	Zink	Zink
Cadmium	Blei	Zinn	Cadmium
Zinn	Zinn	Quecksilber	Blei
Blei	Eisen	Blei	Zinn
Eisen	Wismuth	Eisen	Eisen
Nickel	Kupfer	Eisenoxyd	Nickel
Wismuth	Nickel	Kupfer	Wismuth
Antimon.	Cobalt	Silber.	Antimon
Kupfer	Antimon		Kupfer
Silber.	Arsenik		Silber.
	Quecksilber		
	Silber		
	Gold		
	Platin.		

Starke Salpetersäure.		Salzsäure.	Säuren.
de la Rive.	Faraday.	Faraday.	Davy[4]).
Zinn	Cadmium	Zink	Kalium
Zink	Zink	Cadmium	Kargum
Eisen	Blei	Zinn	Zinkamalgam
Kupfer	Zinn	Blei	Zink
Blei	Eisen	Eisen	Ammonium-amalgam
Quecksilber	Wismuth	Kupfer	Cadmium
Silber	Kupfer	Wismuth	Zinn
Eisenoxyd.	Antimon	Nickel	Eisen
	Silber	Silber	Wismuth
	Nickel.	Antimon	Antimon
		Gold	Bleikupfer
		Platin	Silber
		Rhodium	Palladium
		Graphit	Tellur
		Eisenoxyd	Gold
		Mangansuper-oxyd	Kohle
		Bleisuperoxyd.	Platin
			Iridium
			Rhodium.

1) Exp. Res. 2012*.

2) Ann. de chim. phys., 2me Sér. XXII. 364, vergl. auch Fechner Lehrb. 106*.

3) Ann. de chim. phys. XXXVII. 235.

4) Ann. de chim. phys. XXXIII. 306.

Kalilösung.		Salmiaklösung.	
Davy.	Faraday.	Poggendorff[1]).	
Alkalimetalle	Zink	Zink	Arsenik
Zink	Zinn	Cadmium	Chrom
Zinn	Cadmium	Mangan	Silber
Blei	Antimon	Blei	Quecksilber, Schwefelkupfer u. Schwefelkies
Kupfer	Blei	Zinn	Tellur
Eisen	Wismuth	Eisen	Gold
Silber	Eisen	Stahl	Bleiglanz und Kohle
Palladium	Kupfer	Uran	Platin
Gold	Nickel	Messing, Magneteisenstein u. Kupfernickel	Graphit
Platin.	Silber.	Cobalt	Mangansuperoxyd.
		Wismuth	
		Antimon	

Cyankalium.		Schwefelkaliumlösung.	
		farblos.	gelb.
Poggendorff[2]).	Davy.	Faraday.	Faraday.
Amalg. Zink	Zink	Cadmium	Zink
Zink	Zinn	Zink	Kupfer
Kupfer	Kupfer	Kupfer	Cadmium
Cadmium	Eisen	Zinn	Zinn
Zinn	Wismuth	Antimon	Silber
Silber	Silber	Silber	Antimon
Nickel	Platin	Blei	Blei
Antimon	Palladium	Wismuth	Wismuth
Blei	Gold	Nickel	Nickel
Quecksilber	Kohle.	Eisen.	Eisen.
Palladium			
Wismuth			
Eisen			
Platin			
Gusseisen			
Kohle.			

1) Okens Isis 1821 Hft. 8. 706.
2) Pogg. Ann. LXVI. 598*.

VII. Contact der Metalle mit Flüssigkeiten und der Flüssigkeiten mit einander.

Die Erregung von statischer Electricität beim Contact fester und flüssiger Leiter, wie sie durch die Versuche von Pfaff und von Péclet dargethan ist, wurde schon an einer frühern Stelle des Repertoriums besprochen [1]; ebenso sind manche Arbeiten erwähnt worden, welche zur Erklärung der von Becquerel beschriebenen Kette aus Säure und Alkali dienen sollten, [2] wobei zuletzt die eigenen Versuche von Moser und Dulk eine Stelle fanden. Diese Versuche stellten die Verfasser an „von einer theoretischen Ansicht geleitet," und hofften dadurch frühere Angaben widerlegt zu haben, denen zufolge der Contact zwischen Metall und Flüssigkeit der Grund der Wirksamkeit der erwähnten Kette sei. Die oben angezogenen Versuche von Pfaff und Péclet leiteten auf solche Schlüsse, ja Péclet fand sogar die statische Electricität zwischen Metallen und Flüssigkeiten stärker als die zwischen Metallen untereinander. Zamboni [3] beobachtete, dass eine Säule aus Kupfer und Zinn fast ein Drittheil ihrer ursprünglichen Spannung behielt, wenn man den Metallcontact dadurch aufhob, dass zwischen die beiden Platten eines jeden Paares ein in verdünnter Salpetersäure getränktes Blatt Papier gelegt wurde; Belli [4] versichert, dass Wasser, welches mit einem Zweihundertel Schwefelsäure angesäuert und zwischen Zink und Kupfer gebracht ist, eine fast ebenso grosse Spannung gebe, wie der unmittelbare Contact beider Metallen; Karsten begründete seine Theorie der Kette auf ähnliche Beobachtungen, und die Versuche Pfaff's über die Becquérel'sche Kette [5] zeigten die Rolle, welche in denselben der Contact zwischen Metallen und Flüssigkeiten spielt. Das stete Schwanken in den Resultaten, welche in diesem Capitel von verschiedenen Physikern erlangt worden sind,

---

1) Rep. VI. 260*.
2) Rep. I. 194. II. 100*. Vgl. Pogg. Ann. XLII. 91*.
3) Ann. dell. Sc. del R. Lomb. Ven. 1836. 24.
4) Mem. letta alla terza riun: degli Scienz. It. in Firenze.
5) Pogg. Ann. XL. 443*.

die directen Widersprüche in Bezug auf scheinbar höchst einfache Experimente (z. B. in Bezug auf die Frage, ob die Becquérel'sche Kette Sauerstoff entwickelt oder nicht?) beweisen hinreichend, wie wenig die im Repertorium damals mitgetheilten Ansichten die Acten schlossen, und wie auch jene von Moser und Dulk gelieferten Arbeiten dem Gebiete der Kritik in diesem selben Werke anheimfallen. Die sicherste Kritik mögen anderweitige Untersuchungen über den Gegenstand liefern.

Zur Erregung statischer Electricität zwischen Metall und Flüssigkeit bringt de la Rive [1]) einen Versuch bei, dessen Richtigkeit Fechner [2]) bestätigt. Zwei Zinkplatten werden an die Enden eines Holzcylinders befestigt, und tragen eine jede einen Messingknopf. Man berührt den einen mit der Hand, den andern bringt man an den Condensator. War das Holz an einem Ende feuchter, so erhält man einen Ausschlag, nach dem die, am minder feuchten Ende befestigte Platte negativ ist. Fechner schlägt verschiedene Abänderungen dieses Versuches vor: Man umwickelt z. B. ein Zinkstäbchen an einem Ende mit trockenem, am andern mit feuchtem Papier und entladet das eine oder das andere an einer messingenen Condensatorplatte, während man das andere Ende ableitet; oder man berührt eine Condensatorplatte von Zink mit dem feuchten Finger und erhält einen negativen Ausschlag.

Buff [3]) firnisst die Condensatorplatte eines Säulenelectroskops, die aus dem zu untersuchenden Metalle besteht, legt darauf eine unten gefirnisste dünne Spiegelglasplatte, und auf diese ein mit der fraglichen Flüssigkeit angefeuchtetes Fliesspapier, das er dann durch ein geeignetes Metall mit der Condensatorplatte verbindet. Einen andern Versuch de la Rive's, der die Electricitäts-Erregung bei der Einwirkung einer Flüssigkeit auf ein Superoxyd zeigen sollte, hat Zamboni [4]) geradezu angegriffen. De la Rive legte ein Platinblech auf eine Condensatorplatte, darauf ein Stück feuchtes Papier, und darauf etwas Mangansuperoxyd, das er mit Holz oder dem trockenen Finger berührte. Er fand die Condensatorplatte ne-

1) Recherches 62*; Schweigg. J. LIX. 494.

2) Pogg. Ann. XLII. 512*.

3) Ann. der Chem. und Pharm. XLII. 5*; vergl. auch ib. p. 1*; Arch. de l'Él. III. 566*.

4) Mem. della Soc. Ital. delle Scienze resid. in Modena XXII. 378.

gativ, Zamboni aber positiv; der letztere erklärt demnach, der Versuch zeige gar nichts für die Wirkung der Flüssigkeit, sondern die Electricität sei hauptsächlich durch die Condensatorplatte, welche aus Kupfer bestand, und das Platin erregt; wurde das Kupfer durch Blei oder Zinn ersetzt, so zeigte sich in der That eine stärkere Spannung. Auch Grimelli [1]) erwähnt ein hierhergehöriges, aber wohl nicht allgemein richtiges Experiment. Wenn man zwei Holzscheiben mit zwei verschiedenen Lösungen tränkt, so zeigen dieselben an einem Condensator eine um so stärkere Electricitäts erregung, je bessere Leiter sie sind, abgesehen von ihrer chemischen Einwirkung auf einander.

Das oben erwähnte Resultat, welches Pfaff durch seine Versuche mit Becquerel's Kette erlangt hat, stützt sich auf Versuche, denen zufolge ein Metall bei Berührung mit einem Alkali stärker electronegativ wird, als bei Berührung mit einer Säure. Am stärksten fand er die Wirkung, wenn das Platin durch Zink oder Zinn ersetzt wurde. Henrici [2]) bestätigt und erweitert die von Pfaff ausgesprochene und auch von Lenz [3]) aufgestellte Ansicht. Er liess die mit den Multiplicatorenden verbundenen Platinstreifen in Säure und Alkali tauchen, und verband beide Flüssigkeiten durch die Finger oder durch ein Uförmiges Rohr, das mit schwacher Kochsalzlösung gefüllt und an beiden Enden mit Hollundermarkpfropfen verschlossen war. Er liess ferner beide Platten in Kali tauchen, die Kalilösung des einen Gefässes berührte concentrische Salpetersäure, während die des anderen mit derselben wieder nur durch jenes Rohr leitend verbunden war. Auch hier zeigte sich ein Strom, aber ein sehr unbedeutender, so dass er die Wirkung der Becquerel'schen Kette hauptsächlich dem Contact zwischen Metall und Flüssigkeit, in geringerem Maasse aber auch dem der Flüssigkeiten untereinander zuschreibt. Den letzten Versuch hatten schon Nobili und Becquérel in etwas veränderter Form angestellt. Peltier [4]) hat Henrici's Versuche für nicht beweisend erklärt. Gegen die Verbindung mit den Fingern wendet er ein, Henrici habe die Wir-

---

1) Rocc. fis. chim. It. I. 152*; Foglio di Modena 1845, N. 652, 453.
2) Pogg. Ann. XLVIII. 372*; Bibl. un. XXXV. 182*; L'Instit. VIII. 35*;
3) Bull. scient. de St. Pét. I. 173*; Pogg. Ann. XLVII. 592*.
4) L'Institut. VIII. 61*.

kung der verschiedenen Flüssigkeiten auf die Substanz der Finger vernachlässigt; die Verbindung durch das mit Flüssigkeit gefüllte Rohr soll einen so bedeutenden Widerstand leisten, dass die Vereinigung der Electricitäten unmittelbar und nicht durch das Galvanometer hindurch stattfindet. Martens [1]) hat später ganz analoge Versuche mit entsprechendem Erfolge angestellt, indem er die beiden Flüssigkeiten durch poröse Thonzellen und zwischen denselben befindliche Salpeterlösung trennte, eine chemische Wirkung ist hier bei unmöglich.

Die wichtigsten Thatsachen zur Aufklärung des fraglichen Gegenstandes hat Fechner [2]) beigebracht. Er schliesst seine Untersuchungen [3]) unmittelbar an die des Nobili [4]) an. Er verband mit der nöthigen Sorgfalt zwei Gefässe (*A* und *B*) mit den beiden Flüssigkeiten, deren electromotorische Kraft geprüft werden sollte, mit zweien anderen (*a* und *b*), welche eine und dieselbe Zuleitungsflüssigkeit enthielten, und in welche die Endplatten der Multiplicatordrähte tauchten. Die Verbindungen zwischen den einzelnen Gefässen wurden sämmtlich durch Röhren hergestellt, welche, an beiden Seiten nach unten gebogen, capillar endeten, und mit einer Flüssigkeit, die sich nach dem jedesmaligen Versuche richtete, gefüllt waren. Es ergab sich eine Wirkung auf das Galvanometer, wenn *A* und *B* mit einander durch eine der erregenden Flüssigkeiten selbst verbunden worden, nicht aber, wenn die Verbindungsflüssigkeit dieselbe war, wie die Zuleitungsflüssigkeit. Z. B. *a* und *b* enthalten Salpeterlösung, *A* Kali, *B* Salpetersäure. *A* und *B* durch Salpeter verbunden erregen keine Electricität, wohl aber durch Salpetersäure. Der Grund hiervon scheint zuerst im Mangel chemischer Thätigkeit zu liegen; in der That aber kann nach der Contacttheorie kein Strom entstehen, weil jede Erregerflüssigkeit nach beiden Seiten Contact mit denselben Substanzen hat. Als Beleg

---

1) Mém. de l'Ac. de Brux. XIX. 38*.

2) Pogg. Ann. XLII. 512*. Pogg. Ann. XLVIII. 1. 225*; Riv. de Quesn. V. 276*.

3) Diese Untersuchungen sind im September- und Octoberhefte, die angeführten von Henrici im Octoberhefte veröffentlicht; der Brief, in welchem die letzteren mitgetheilt waren, ist aber vom 23. Juni datirt, so dass beide Experimentatoren unabhängig von einander arbeiteten.

4) Ann. de chim. phys. XXXVIII. 339; XIV. 157*.

für die Richtigkeit dieser Ansicht giebt Fechner an, dass der Ausschlag des Galvanometers eintrat, wenn *a* und *b* mit Brunnenwasser gefüllt wurden, wenn auch die Verbindungen von *A* und *B* durch Salpetersäure stattfand. Natürlich kann diese Veränderung der Zuleitungsflüssigkeit nur dann einen Erfolg haben, wenn die Erreger nicht dem electromotorischen Gesetze unterworfen sind, wie das ja bei Electrolyten nothwendig der Fall sein muss, wenn die gewöhnliche Theorie der Säule einen Sinn haben soll. Der Inhalt der Verbindungsreihe hatte bei andern Versuchen einen noch auffallenderen Einfluss; Kupferplatten tauchten in die mit Salpeter gefüllten Gefässe *a* und *b*, *A* enthielt Schwefelsäure, *B* Salmiak. Als die Verbindungsröhre mit Schwefelsäure oder Salzsäure gefüllt wurde, war der Ausschlag in dem Sinne, als sei die Schwefelsäure negativ; enthielt sie Glaubersalz oder Kali, so entstand eine Ablenkung im entgegengesetzten Sinne. Das allmähliche Abnehmen solcher Ströme fand Fechner in einer Ladungserscheinung begründet, die sichtbar wurde, wenn die Verbindung zwischen den zu leitenden Gefässen durch ein, mit derselben Flüssigkeit gefülltes Rohr hergestellt wurde. Die Stärke der Ladung übertraf oft die des primären Stromes, weil der eingeschaltete Widerstand bei jener geringer war. —

Ausser dieser Electricitätserregung zwischen Flüssigkeiten untersuchte Fechner die zwischen Flüssigkeiten und Metallplatten. Die Platinplatten tauchten in die Gefässe *A* und *B*, während *a* und *b* durch dieselbe Röhre mit Salpetersäure, welche vorher *A* und *B* verband, und deren Enden in Salpeter abgespült waren, verbunden werden. Es ergab sich nach der Methode der Oscillation für die jetzt vorhandene Stromintensität der Werth 8,644; während der vorige Versuch nur 0,140 gegeben hatte. Die Wirkung des Contactes zwischen den Flüssigkeiten ist demnach verschwindend klein gegen die des Contactes zwischen Metallen und Flüssigkeiten. Dass diese letztere in der That sehr überwiegend ist, zeigt Fechner noch durch folgende Versuche: 1) *a* und *b* enthalten Kali, *A* Salpeter, *B* Salpetersäure. 2) *a* und *b* enthalten Kochsalz, *A* Salzsäure, *B* kohlensaures Natron. 3) *a* und *b* Salmiak, *A* Kupfervitriol, *B* Schwefelleber. Die Platinplatten tauchten in die zuleitenden Gefässe, der Ausschlag geschah in dem Sinne, als wären die Platten auf der Seite des Salpeters, des kohlensauren Natrons, und der Schwefelleber negativ. Die Platten werden darauf in die

Gefässe *A* und *B* selbst getaucht, also nach Art der Becquerel'schen Kette; der Ausschlag war heftiger und nach der entgegengesetzten Seite.

Wie sehr bei Ketten aus zwei Flüssigkeiten und einerlei Me-Metall die Wirkung der Flüssigkeit auf die Metalle, sei es nun durch ändernden Einfluss oder durch Spannung, in Betracht kommt, zeigt Fechner noch dadurch, dass unter sonst gleichen Umständen die Anwendung verschiedener Metalle ganz verschiedene Erfolge giebt, und zwar erhält man grade mit den negativsten Metallen die grössten Werthe.

Der chemischen Erklärung von der Wirksamkeit der Becquerel'schen Kette widerspricht ferner ein anderer Versuch Fechner's vollständig. Es ist nämlich gleichgültig, ob die Verbindungen der einzelnen Gefässe durch eine oder mehrere Röhren hergestellt ist, d. h. in wie viel Punkten der Contact der Flüssigkeiten stattfindet, natürlich unter der Bedingung, dass der Widerstand dieses Theils der Vorrichtung verschwindend ist gegen den des übrigen Theiles. Durch diese Beobachtung wird sogleich eine Beobachtung von Mousson [1]) widerlegt, der der Ansicht ist, man müsse, um eine lebhaftere Electricitätsentwicklung zu haben, die Zahl der Punkte vermehren, in denen die beiden Flüssigkeiten auf einander wirken, da von ihr die Menge der erregten Electricität abhängt.

Die Flüssigkeiten in den zuleitenden Gefässen haben ebensogut ihre Contactwirkungen, wie die in den erregenden. Fechner fand daher, dass der Strom die drei Flüssigkeiten noch immer in derselben Folge durchläuft, wenn man eine der Flüssigkeiten, welche in den erregenden Gefässen waren, der zuleitenden substituirt, und umgekehrt. Dagegen kann die Stromrichtung verändert werden, wenn man eine neue Flüssigkeit in die zuleitenden Gefässe bringt. Z. B. enthalten *a* und *b* Salpeter, *A* Salpetersäure, *B* Kali, so ist die Salpetersäure negativ; enthalten aber *a* und *b* Kochsalz, so ist das Kali negativ. Zwischen Brunnenwasser ist Salpetersäure negativ gegen Kali, schwefelsaures Kali, Salpeter oder Zinkvitriol, zwischen Kochsalz ist sie positiv gegen dieselben Lösungen. Eine Kette aus Kupfervitriol und Schwefelleber zwischen Kochsalz und Kupferplatten, welche eine starke Wirkung am Galvanometer gab, zersetzte

1) Bibl. un. XXI. 171*.

Jodkaliumlösung nicht, wenn eine damit gefüllte Röhre zur Verbindung von *a* und *b* gebraucht wurde.

Aus den angeführten Versuchen folgert Fechner [1]), dass entweder die Flüssigkeiten zwar vom Gesetz der Spannungsreihe abweichen, aber nur wenig, oder dass sie zwar an sich diesem Gesetz gleich den festen Leitern unterthan sind, dass aber secundäre Erfolge aus ihre Berührung hervorgehen, welche die Strömungen einleiten.

Faraday [2]) sagt, „nicht allein die Metalle und die übrigen festen Leiter müssen in der Contacttheorie so betrachtet werden, als bringen sie, zu einem geschlossenen Bogen vereinigt, keine Wirkung hervor, sondern auch die Electrolyte, wie Schwefelkalium, Kali, Salpetersäure, wenn sie den Stromleiter ohne eine chemische Wirkung ausüben.“ Diese Annahme ist durchaus nicht begründet ,da, wie weiter unten gezeigt wird, eine Leitung in diesen Substanzen ohne chemische Wirkung und ohne Stromerregung garnicht möglich ist. Nur indem Faraday auf die Electricitätserregung beim Contact fester und flüssiger Leiter gar keine Rücksicht nimmt, kann er das electromotorische Gesetz dadurch widerlegt halten [3]), dass die Spannungsreihe in den verschiedenen Flüssigkeiten eine verschiedene ist.

Neben den angeführten ausgedehnten Versuchen sind noch manche vereinzelte angestellt worden, welche die Wirkung verschiedener Flüssigkeiten bei ihrem Contacte untereinander und mit Metallen erkennen lassen. Grove [4]) benutzte das Auftreten eines Stromes zwischen zweien Goldblättern, die in Salz- und Salpetersäure tauchten, während beide Flüssigkeiten durch ein poröses Thongefäss getrennt und die Goldblätter leitend verbunden waren, und die dabei stattfindende Auflösung des positiven Blattes zur Erklärung für die leichte Löslichkeit des Goldes in Salpetersalzsäure, einen Process, der ihm electrischen Ursprungs zu sein scheint. Auch glaubt er, dass ihn diese Versuche auf die Erfindung seiner constanten Kette geführt haben. Arrot [5]) hat Versuche mit Platin-

1) a. a. O. 256*.
2) Exp. Res. 1870*.
3) Exp. Res. 2010*.
4) C. r. VIII. 567*; Pogg. Ann. L. 300*.
5) Inst. XI. 314*; Arch. de l'Él. III.

blechen angestellt, die in Salpetersäure und verdünnte Schwefelsäure tauchen, oder in Eisenoxyd und Oxydallösungen, oder in Chlorsäure, Chromsäure und Salpetersäure einerseits. Die Wirkung einer solchen Kette setzte er in die Oxydation der einen Flüssigkeit durch die andere. Bei einer andern Versuchsreihe tauchten zwei Platinplatten in Gemische aus Eisenoxyd- und Oxydallösungen. Ein Galvanometer zeigte keine Wirkung an. Nachdem aber beide Platten als Electroden einer Kette gewirkt hatten, wobei jedoch keine Gasentwicklung stattfand, so ward die Wirkung am Galvanometer sichtbar. Arrot fügt zu diesen Versuchen die Bemerkung: volta'sche uud chemische Wirkung seien nur die Anziehung der Molecule zu einander zuzuschreiben, mit dem einzigen Unterschied, dass bei der chemischen Wirkung diese Molecule in Contact oder sehr nahe an einander gelegen sind, die volta'sche zwischen Moleculen in merklichem Abstande von einander stattfinde. Die vom Prinzen Louis Napoléon[1]) construirte Kette besteht aus Kupferplatten, welche in verdünnte Schwefelsäure und verdünnte Salpetersäure tauchen.

Zur practischen Anwendung beschreibt Becquerel[2]) eine besondere Form seiner Kette. Die beiden Metalle haben die Form von Platinröhren, die an einem Ende eingebogen und mit Thon gefüllt sind. Die eine Röhre steht mit den anderen durch einen durchlöcherten Platindeckel geschlossenen Ende in Salpetersäure, die andere in Kalilösung, welche Flüssigkeiten die Thonmasse durchdringen, und mit einander durch eine, mit Thon, der in Kochsalz getränkt ist, gefüllte Röhre communiciren. Auch zur Erklärung der Wirkurg in seiner Kette hat Becquerel[3]) noch Beobachtungen mitgetheilt, die aber von den bekannten in keinem wesentlichen Punkte abweichen, nicht aber solche, die auf den Ort und Grund jener Wirkungen irgend einen Schluss erlauben. Zu den einzelnen Versuchen wird dann ein Zusatz gemacht wie: Dieser Versuch zeigt deutlich, dass die Salpetersäure in der Kette durch die Wir-

1) L'Instit. XI. 290*.
2) C. r. IV. 55*; Ann. de chim. phys. 2me sér. LXXVI. 84*; Pogg. Ann. XLII. 309*; Phil. Mag. X. 358*; Ann. of El. I. 398*; Mech. Mag. XXVIII. 205*; L'Instit. V. 9*.
3) C. r. VI. 125*; Pogg. Ann. XLIV. 537*.

kung des Stromes zersetzt wird, der aus der chemischen Einwirkung der Säure auf das Alkali entspringt; oder: Man sieht hieraus, dass die Electricität, welche aus der Verbindung von Kali und Schwefelsäure entsteht, u. s. w.; und in gleich logischer Weise lautet der Schluss der Abhandlung: Die vorstehenden Versuche beweisen offenbar, dass die genannten Zersetzungen von dem Strom bewirkt werden, der aus der chemischen Wirkung beider Lösungen entspringt.

Moser, der es ebenfalls versucht hat, die Wirkung der Becquerel'sche Kette aus den Principien der electrochemischen Hypothese zu deduciren, sieht sich, um seinen eigenen Versuchen nicht zu widersprechen, gezwungen, die Faraday'sche Ansicht seinem Zwecke entsprechend zurecht zu machen. Auf der anderen Seite sucht Karsten [1]) den Grund der Wirkung von Ketten mit zweien Flüssigkeiten im Contact der Flüssigkeiten selbst. Sie polarisiren sich so, dass die am meisten saure Flüssigkeit negative, die am meisten basische positive Electricität annimmt. Sie gelangen zur Thätigkeit, indem jeder Leiter die Electricität seiner Flüssigketi aufnimmt, und zur andern überführt.

Die Erscheinungen, welche den Contact zwischen Flüssigkeiten unter einander und mit Metallen darbieten, sind namentlich von Faraday als Beweisgründe gegen die Zulässigkeit der Contacttheorie benutzt worden. Schon in seinen frühern Untersuchungen über die Quelle der Kraft in der Kette [2]) hatte er einen Versuch angegeführt, der ihm besondere Beweiskraft zu haben scheint: Zwei Zinkplatinketten werden, einander entgegengesetzt, mit einander verbunden, die Leitungsflüssigkeit der einen ist verdünnte Schwefelsäure, die der andern Jodkalium; bei der letztern zeigte sich die Polarität durch die Wirkung der ersteren umgekehrt. Um diesen Versuch näher zu beleuchten und seine völlige Unbrauchbarkeit als Beweismittel für die chemische Theorie nachzuweisen, hat Poggendorff [3]) eine sehr ausgedehnte Reihe von Untersuchungen angestellt über die Wirkung der Ketten aus zweien Metallen und zweien Flüssigkeiten. Als Metalle hat er Platin, Silber, Kupfer, Zinn, Eisen, Zink (gewöhnliches destillirtes und amalgamirtes) be-

---

1) Berl. Acb. 1838. 155*; Pogg. Ann. XLV. 440*.
2) Exp. Res. 8te Series.
3) Pogg. Ann. XLIX. 31*; Berl. Acb. 1839. 201*; Inst. IX. 341*.

nutzt, als Flüssigkeiten Wasser, verdünnte Schwefelsäure, verdünnte Salpetersäure, verdünnte Salzsäure, Chlorwasser, Ammoniakflüssigkeit, Lösungen von Kali, kohlensaurem Natron, Bittersalz, Borax, Zinkvitriol, Kochsalz, Salmiak, Jodkalium. Die beiden Ketten werden einander entgegengesetzt verbunden und durch ein Galvanometer geschlossen. Der Ausschlag des letztern giebt den Sinn der vorwaltenden electromotorischen Kraft an, die Widerstände können, wie sie sich auch ändern mögen, auf das Vorzeichen der magnetischen Wirkung keinen Einfluss haben, da sie beiden Ketten in gleicher Weise zukommen. Als Hauptresultat der, mit jeder möglichen Vorsicht angestellten Versuche hat sich herausgestellt, dass die electromotorische Kraft im Allgemeinen durch jede dem Wasser zugesetzte Substanz, sei sie Electrolyt oder nicht, verändert wird, bald vergrössert, bald verringert, und zwar, was wohl zu berücksichtigen ist, durch dieselbe Substanz, dem Wasser in demselben Verhältniss zugesetzt, für eine Metallcombination vergrössert, für die andere verringert wird. Ebenso fand Poggendorff den Satz durchaus nicht bestätigt, dass jene Kraft in einem geraden Verhältniss zur Stärke der Verwandtschaft zwischen dem positiven Metall und dem negativen Bestandtheil der Flüssigkeit stehe. Sie ist in Fällen von starker Verwandtschaft zuweilen schwach, und zeigt sich dagegen stark, wo nur eine schwache Verwandtschaft vorhanden ist. Häufig entsteht sogar ein Strom, und bisweilen ein recht kräftiger, wo, nach dieser Verwandtschaft zu urtheilen, durchaus keine Wirkung zu erwarten wäre. Von den zahlreichen Versuchen sind die Resultate besonders merkwürdig, welche eine Zinkplatinkette in Jodkalium und Säuren, namentlich Salzsäure, lieferten. Während sich Faraday darauf stützt, dass diese Kette in Salzsäure die in Jodkalium bedeutend überwiegt, hat Poggendorff gefunden, dass der Concentrationsgrad der Säure von der grössten Wichtigkeit für den Ausfall des Versuches ist. Die Kette überwog in einer Säure von 1,138 sp. Gew., während sie der in Jodkalium tauchenden nachstand, sobald diese Säure mit sechs Theilen Wasser verdünnt wurde, obgleich der chemische Angriff noch immer sehr lebhaft war; wird der Säure Salpetersäure zugesetzt, so ist das Uebergewicht der Säurekette über die Jodkaliumkette viel entschiedener. Faraday [1]) sucht den Grund hiervon in der vermehrten chemi-

1) Exp. Res. 908*.

schen Action, Poggendorff dagegen bemerkt, dass, wenn man die Menge des aufgelösten Metalles als Maas dieser Action betrachtet, kein Grund vorhanden ist, weshalb die Salpetersäure irgend einen Vorzug vor der Schwefelsäure haben sollte, wenn man beide Säuren von solchem Concentrationsgrade nimmt, dass sie beide von gleicher Zinkfläche in gleicher Zeit gleich viel auflösen. Die Faraday'sche Ansicht wird übrigens bestimmt durch Poggendorff's Beobachtungen widerlegt, dass der Erfolg des Zusatzes der Salpetersäure durchaus gar nicht von dem chemischen Angriff dieser Säure auf das Zink herrührt, sondern allein von einer Einwirkung derselben auf das Platin. Bei diesem Versuch waren die Flüssigkeiten, in welche beide Metalle tauchten, durch eine thierische Blase getrennt. Auch überzeugte sich Poggendorff, dass die electromotorische Kraft einer Kette in den getrennten Säuren nicht nur ebenso gross, sondern sogar noch etwas grösser sei, als in dem Säuregemisch.

In einer spätern Versuchsreihe 1) theilt Poggendorff einige Erscheinungen mit, welche den von Fechner unter den Benennungen Sprünge im Uebergangswiderstand 2) und Sprünge im Wirkungszustande der Kette 3) beschriebenen nahe kommen. Es fand sich nämlich bei einer Messung der electromotorischen Kräfte dreier Ketten, deren Flüssigkeiten verdünnte Schwefelsäure (im Verhältniss 1 : 12) und chemisch reine Salpetersäure war, die der Zinkplatinkette = 9, 9, der Eisenplatinkette = 1, 5, der Kupferplatinkette = 10, 3; Werthe, die sich nach dem Gesetze der Spannungsreihe gar nicht vermuthen liessen. Als aber die Zinkplatinkette längere Zeit gestanden und an der Sinusboussole eine Drehung von 25° 20′ erfordert hatte, um Nadel und Wendungen einander parallel zu stellen, wuchs plötzlich die Intensität so, dass der Limbus auf 84° 17′ nachgedreht werden musste, so dass sich jetzt die electromotorische Kraft dieser Kette = 24,732 fand. So lange die geringe Ablenkung stattfand, wurde an der Platinplatte sehr reichlich Gas entbunden; diese Entwicklung wurde sehr schwach, als die stärkere Ablenkung eintrat. Das zuerst entwickelte Gas war Wasserstoff, oder ein Gemenge desselben mit Stickstoffoxydal., so

1) Pogg. Ann. LIII. 445*; Berl. Acb. April 41.
2) Maassbestimmungen 133*.
3) ibid. 256*.

dass Poggendorff schliesst, es habe zuerst eine Zersetzung des Wassers und der Salpetersäure, hernach nur die letztere stattgefunden. Die Pohl'sche [1]) Arbeit über die Ketten mit zweien Flüssigkeiten bespricht den von Poggendorff angewandten Weg des Versuchs. Pohl glaubt, dass wenn zwei Ketten einander entgegengesetzt verbunden werden, immer diejenige einen überwiegenden Einfluss auf ein Galvanometer haben müsse, welche für sich den grösseren Ausschlag geben würde. Diese Bemerkung, welche bei einiger Rücksicht auf das Ohmsche Gesetz wohl unterblieben wäre, findet in diesem Sinne ihre Erledigung durch eine Erwiderung von Poggendorff [2]). Die eigentliche Tendenz jener Pohl'schen Abhandlung ist, eine Vermittelung zwischen Contact und chemischer Theorie hervorzubringen. Ob dies irgendwie gelungen ist, wird man besser aus der Originalabhandlung ersehen

An die besprochene Klasse von Erscheinungen reihen sich einige Versuche, welche von den Anhängern der Contacttheorie als so starke Beweisgründe für dieselben angesehen worden sind, dass sie als Experimenta crucis hingestellt worden sind. Die von Pfaff [3]) hervorgehobene Erscheinung ist die, dass eine Grove'sche Zinkplatinplatte unter sonst gleichen Umständen eine kräftigere electromagnetische Wirkung hervorbrachte, wenn das Zink in Zinkvitriollösung, als wenn es in verdünnter Schwefelsäure stand; wo also eine geringere chemische, aber eine grössere electrische Wirkung stattfindet. Der Versuch ist eigentlich nur eine Abänderung des bereits angeführten und von Grove selbst mitgetheilten, dass Aetzkali in der Zinkzelle eine grössere Wirkung hervorbringt, als verdünnte Schwefelsäure.

Fechner's [4]) Versuch ist folgender: Man stelle eine grade Anzahl Zinkkupferketten zu einer Säule zusammen, aber so, dass die eine Hälfte derselben der andern entgegengesetzt angeordnet ist. Alle Zellen sind mit Wasser gefüllt. Man kann es dahin bringen, dass eine solche Zusammenstellung ein Galvanometer vollständig im Gleichgewicht hält. Giesst man zu der einen Hälfte der Zellen

1) Pogg. Ann. LIV. 515*; Arch. de l'Él. III. 656*.
2) Pogg. Ann. LIV. 590*.
3) Pogg. Ann. LIII. 303*.
4) Schweigg. LVII. 9; Pogg. Ann. LXII. 509*.

Salzsäure, selbst so, dass die Flüssigkeit bedeutend steigt, so bleibt nichtsdestoweniger das Galvanometer in Ruhe; nach einiger Zeit entwickelt sich zwar ein Uebergewicht durch Wirkung der Salzsäure, aber zu Gunsten der mit Wasser gefüllten Zellen. Einzeln am Galvanometer geprüft überwiegt die Säurekette. Nach der Contacttheorie muss der Versuch so ausfallen, da die Säure nur eine Widerstandsverringerung hervorbringt, die beiden Ketten gleichmässig zu Gute kommt; der kleine Ausschlag, der aber im umgekehrten Sinne, als ihn die Electrochemiker erwarten, ausfällt, erklärt sich, wie auch Poggendorff[1]) aus der Contactwirkung der Metalle und Flüssigkeiten bemerkt; denn dass die Verdünnung der Leitungsflüssigkeit eine Veränderung, ja sogar eine Umkehrung der electromotorischen Kraft einer Kette hervorbringen kann, haben schon Avogadro und Oerstedt[2]) gefunden. De la Rive[3]) und Becquerel[4]) haben weitere Beiträge zur Kenntniss dieser Erscheinung geliefert, und Faraday[5]) hat daraus einen neuen Angriff auf die Contacttheorie formirt. Im Allgemeinen hat er die Thatsache bestätigt, dass ein Metall in der verdünnten Flüssigkeit positiv ist gegen das in der concentrirten, jedoch mit einigen Unterschieden. In verdünnter Salpetersäure (5 Vol. Säure und 2 Vol. Wasser) waren stark positiv gegen die gleichen Metalle in der concentrirten: Kupfer, Silber, Eisen, Blei, Zinn, Cadmium, Zink. Silber war aber sehr veränderlich, und der Strom kehrte sich öfter um. In Schwefelsäure war das in der verdünnten Säure stehende Metall positiv bei Eisen und Kupfer, positiv bei Blei und Zinn, unmerklich verschieden bei Silber, Cadmium und Zink. In Salzsäure waren Silber, Kupfer, Blei, Cadmium, Zink in verdünnter Säure negativ; ebenso Eisen, das aber bald positiv wurde und blieb. In starker Kalilauge waren Eisen, Kupfer, Blei, Zinn, Cadmium, Zink, positiv, Eisen war schwach, Kupfer ziemlich stark. Verschiedene Verdünnungsgrade derselben Flüssigkeit zeigten gar keine Regelmässigkeit in ihrem Verhalten. War z. B. *A* eine sehr starke Salpetersäure, *B* ein Gemisch aus einem Vol. von *A* und einem Vol. Wasser, *C* aus

1) Pogg. Ann. L. 264*.
2) Annales des Chimie XXII. 361.
3) Ann. de Chim. XXXVII, 234; Pogg. Ann. XV. 122*.
4) Ann. de Chim. XXXV 120; Traité de l'Él. II. 81*.
5) Exp. Res. 1970*.

1 Vol. *A* und 3 Wasser, D aus 1 Vol. *A* und 20 Wasser, so war Kupfer in *C* positiv gegen Kupfer in *A* oder *D*, in *B* war es positiv gegen das in *D*. Andere Flüssigkeiten zeigten ähnliche Unregelmässigkeiten, welche Faraday als unüberwindliche Schwierigkeiten für die Contacttheorie hält. Ob die chemische Hypothese bei der Erklärung derselben sehr glücklich ist, möchte indess zweifelhaft bleiben. Auch Martens [1]) hat einige hierhergehörige Versuche angestellt.

Schönbein [2]), der den Fechner'schen Versuch wiederholt und nur in wenigen Fällen einige Störung des Gleichgewichtes durch Zusatz der Säure gefunden hat, hält freilich eine solche Ablenkung für völlig unerklärlich nach den Principien der Contacttheorie, während er den Versuch selbst auch nach der chemischen Theorie erklären zu können glaubt. Der eigentliche electrische Process soll nämlich nur in den Säurezellen stattfinden, die Wasserzellen sollen nur als Leiter dienen. Da nun die Pole einer Säule einmal durch den Schliessungsbogen, dann durch die Säule selbst, (Gegenstrom) geschlossen werden, so wird bei grossem Widerstande des Schliessungsbogens kein wahrnehmbarer Stromantheil durch denselben gehen. Zu diesem Falle zählt Schönbein den vorliegenden Versuch, und belegt seine Meinung dadurch, dass er die Platten in den Wasserzellen durch Platindrähte ersetzen konnte, ohne das Resultat zu ändern. Fechner [3]) sagt in Bezug auf diese Auseinandersetzung, dass für den, der sich auf de la Rive's Theorie von der Wiedervereinigung der Electricitäten stützt, und welcher Klarheit in diese Vorstellung zu bringen vermag, ein Experimentum crucis gegen die chemische Theorie allerdings aufhört, ein solches zu sein, indem derselbe dann natürlich noch weniger Bedenken tragen wird, die andere Voraussetzung zu genehmigen, welche zur Erklärung desselben nach chemischen Ansichten erforderlich ist.

Poggendorff [4]) bestätigt den Fechner'schen Versuch noch durch eine Abänderung desselben mittelst einer Saxton'schen Maschine. Bei acht Umdrehungen des Ankers in der Secunde hielt

---

1) Mém. de Brux. XIX*.
2) Pogg. Ann. XLIV. 59*; Phil. Mag. XIII. 161*.
3) Pogg. Ann. XLV. 242*.
4) Pogg. Ann. XLV. 405*.

dieselbe einer Säule von drei Zinkkupferpaaren an einem Galvanometer das Gleichgewicht. Dieses Gleichgewicht blieb, die Platten mochten einen oder zwölf Quadratzoll Oberfläche haben, die Ketten mochten mit Wasser oder Säure geladen sein. Bei grossen Platten zeigte sich ebenfalls ein kleines Uebergewicht für die Wasserketten. In dieser Gestalt des Versuchs bleibt der Widerstand, den die volta'sche Kette ausserhalb ihrer selbst zu überwinden hat, immer derselbe, so dass der, gegen das Experimentum crucis erhobene Einwand gänzlich wegfällt. Eine Widerlung des Versuchs mit zwei einander entgegen gerichteten Ketten, deren eine zwölfmal mehr Oberfläche hatte, als die andere, gab Poggendorff dasselbe Resultat.

Unter den Flüssigkeiten, welche bei den Versuchen für und wider die chemische Hypothese angewandter Ketten eine Rolle gespielt haben, steht Schwefelkaliumlösung oben an. Es würde völlig zwecklos sein, alle einzelne Erscheinungen anzuführen, welche verschiedene Metallcombinationen in solchen Lösungen darbieten, da sie das einzige Ziel, dem sie die Wissenschaft zuführen sollten, die Entscheidung der Principienfrage über die Ursache des Stromes, durchaus verfehlt haben. Es giebt schwerlich ein hierhergehöriges Phaenomen, von dem nicht beide Parteien eine Erklärung zu geben wüssten; ob eine genügende, ist gleichgültig, denn auch die gewagtesten sind lieber vorgeschoben worden, als dass der Gegenpartei einen Schritt gewichen wäre. Die ausgedehntesten Untersuchungen von Faraday [1], von Marianini [2], von Pfaff [3], von Poulsen [4], von Henrici [5] und Anderen geben selbst einen hinreichenden Beweis für diese Ansicht. Es seien daher nur einige Hauptpunkte hier erwähnt.

Wenn eine Eisenkupferkette in verdünnte Schwefelsäure taucht,

---

1) Exp. Res. 1823 ff.*.

2) Memorie di matemat. et di fisic. della Società Italiana res. in Modena XXI. 2. 205*.

3) Parallele der chemischen und Contacttheorie der galvanischen Kette. Kiel 1845*.

4) Die Contacttheorie vertheidigt gegen Faraday's Abhandlungen. Heidelberg 1845*.

5) Pogg. Ann. LV. 253. 455. LVIII. 61. 375*.

so ist das Eisen positiv gegen Kupfer; wenn die Leitungsflüssigkeit Schwefelkalium ist, fand Sir Humphry Davy [1]) die Polarität umgekehrt. Diese Bemerkung hatte Faraday [2]) bereits in einer früheren Reihe aufgefasst, und als Beweisgrund gegen die Contacttheorie gebraucht. Marianini [3]) zeigte darauf, dass eine solche Veränderung der electromotorischen Kraft in der Oberflächenveränderung des Kupfers begründet sei. Er tauchte die, mit den Galvanometerdrähten verbundenen Eisen- und Kupferplatten in die Schwefelkaliumlösung, und fand das Eisen positiv, der Strom war bei wiederholtem Eintauchen immer schwächer, und ging endlich in die entgegengesetzte Richtung über, so dass also eines der Metalle eine wirkliche Veränderung erfahren haben musste. Um zu zeigen, welches von beiden dies sei tauchte er das Eisen in Kochsalzlösung, das Kupfer in Schwefelkalium, und liess beide Lösungen einander berühren; auch jetzt wurde das Kupfer positiv gegen Eisen.

Faraday [4]) hat diese Versuche wieder aufgenommen, und zwar mit Anwendung mannigfach wechselnder Metalle. Als er Platin und Zinn durch die Lösung zur Kette verband, erhielt er zuerst einen starken Strom, der aber bald auf *o* zurückging. In diesem Zustande war der Apparat auch unfähig, den Strom einer Thermokette zu leiten. Diese Veränderung schreibt Faraday der Bildung eines unlöslichen, nicht leitenden Sulphurets zu, und benutzt die Erscheinung zum Einwurf gegen Marianini's Ansicht, dass das Schwefelkupfer durch seine Contactwirkung das Resultat umkehre, da ja nichtleitende Substanzen keine Contactwirkung haben können. Wenn es sich aber auch um leitende Sulphurete handelt, wie beim Blei, so glaubt Faraday doch, dass man das Verschwinden des Stromes nicht daraus erklären dürfe, dass sich jetzt die Contacteffecte zwischen den festen Körpern und zwischen diesen und der Lösung aufhöben, weil ja dasselbe dann auch für das Blei selbst stattfinden müsse. Mit Berücksichtigung dessen, was wir über die electromotorische Spannungsreihe fester und flüssiger Erreger wissen, wird sich diese Ansicht etwas ändern. Auch die Versuche mit Kalilösung können Nichts gegen die Contacttheorie

1) Elements of chemical Philosophy 148*.
2) Exp. Res. 943.*
3) Mem. della Societa Italiana XXI. 220.*
4) Exp. Res. 1879*.

beweisen, aber sehr für dieselbe. De la Rive 1) und Faraday 2) haben gezeigt, dass eine Eisenplatinkette in Kalilösung fast gar keine Wirkung gebe, weil alle chemische Action dabei fehle. Poggendorff 3) nahm eine Eisenplatinkette, bei der das Eisen in Kalilauge, das Platin in starker Salpetersäure tauchte, trennte beide Flüssigkeiten durch eine poröse Scheidewand, und erhielt so einen mindestens 50 mal stärkeren Strom, als bei Anwendung von blosser Kalilauge, ohne dass doch eine grössere chemische Action an den Metallen stattgefunden hätte. Diese Wirkung konnte man der Electricitätserregung zwischen den beiden Flüssigkeiten zuschreiben, ein Gegenversuch von Poggendorf hatt aber bewiesen, dass darin nicht der einzige Grund zu finden ist, denn eine, durch dieselben Flüssigkeiten geschlossene Platinplätinkette zeigte bei Anwendung des Compensationsverfahrens die electomotorischen Kräfte 10,60; 9,02, während sich die der Eisenplatinkette = 20,17; 19,90; 19,75 fanden. Dass dennoch die Eisenplatinkette in blosser Kalilösung nur eine so geringe Wirkung zeigt, ist nur einer Ladung und der eigenthümlichen Oberflächenveränderung zuzuschreiben, welche das Eisen unter dem Einflusse der Kalilösung erleidet. Die Wirkung, welche Kalilösung an Stelle der verdünnten Schwefelsäure in der Groveschen Kette ausübt, und welche schon von Grove beobachtet war, hebt Poggendorf ebenfalls als einen directen Widerspruch gegen die Grundsätze der chemischen Hypothese hervor; die Wirkung der Zinkplatinkette ist etwa ein Viertel mal so gross, wenn das Zink in Kali, als wenn es in verdünnte Schwefelsäure taucht.

Die Nothwendigkeit des Metallcontactes in der Kette giebt Faraday 4) zwar nicht zu, wohl aber das Fördernde desselben. Wenn nämlich eine Zinkplatte in verdünnte Schwefelsäure taucht, so ist die chemische Wirkung nicht kräftig genug, um einen merklichen Erfolg auf der Berührungsfläche hervorzubringen. Verbindet man nun durch einen metallischen Leiter, z. B. Platin, das Zink mit der Säure, so findet die freiwerdende Electricität einen steten

---

1) Pogg. Ann. XL. 367*.

2) Exp. Res. 1823.

3) Pogg. Annal. LIV. 353*; Berl. Acb. 1841. 312; Arch de l'El. III. 117*.

4) Exp. Res. 893*.

Abfluss. Die hierdurch stattfindende Electricitätserregung muss bei unmittelbarem Metallcontact stärker sein, als wenn beide Metalle durch einen Electolyten getrennt sind, weil in lezterem Falle das Zink von dieser Flüssigkeit eine, der primären entgegengesetzte Wirkung erleidet. Um diese chemische Wirkung recht sichtbar zu machen, bediente sich Faraday der Jodkaliumlösung als eingeschaltete Flüssigkeit. Marianini[1]) widerlegt diese Erklärung dadurch, dass eine solche Stromschwächung nicht stattfindet, wenn sich zwar die Metalle unmittelbar berühren, die Flüssigkeit (oder das mit derselben getränkte Papier) aber an einer Unterbrechungsstelle des Zinks eingeschaltet wird, so dass also die Wirkung nur die einer verminderten Leitung ist.

Schliessungsfunken an der einfachen Kette.

Einen Haupteinwand gegen die Nothwendigkeit des Metallcontactes hatte früher Faraday[2]) aus dem Vorhandensein eines Schliessungsfunken der einfachen Kette hergenommen. Marianini[3]) bemüht sich nachzuweisen, dass ein solcher Funke auch nach der Contacttheorie denkbar sei. In der That ist er es, wenn man auf den Contact zwischen Metall und Flüssigkeit Rücksicht nimmt; Marianini hat sich dem Schliessungsfunken zu Gefallen veranlasst gefunden, den unmittelbaren Contact der Metalle für die Electricitätserregung nicht als nöthig zu erachten, sondern nur eine grosse Annäherung derselben, etwa auf $\frac{1}{10000}$ Linie. Diese Hypothese ist indess für den vorliegenden Zweck überflüssig, nachdem Jacobi[4]) gezeigt hat, dass ein Schliessungsfunke in der einfachen Kette gar nicht existirt, eine Beobachtung, die Faraday[5]) schon bei der Herausgabe der ersten vierzehn Reihen seiner Experimentaluntersuchungen anerkannt hat. Jacobi's Apparat erlaubte ein langsames Nähern des einen Poldrathes an den andern mittelst einer Mikrometerschraube. Hierdurch vermeidet man den leicht möglichen Fehler den Oeffnungsfunken für ein Phänomen der Schliessung

---

1) Mem. della Soc. Ital. XXI. 210*.

2) Exp. Res. 915*.

3) A. a. O. 225*.

4) Bull. scient de St. Pet. IV. 102*; Phil. Mag. XIII. 401*; L'Instit. VII. 82*; Pogg. Ann. XLIV. 633*.

5) Exp. Ress. P. I. Preface V*.

zu halten, wie dies z. B. bei Anwendung von Quecksilber geschehen kann, das im Momente der Schliessung durch eine kleine Erschütterung leicht die Kette wieder öffnen kann. Aehnlich war der Apparat von Gussiot [1]) eingerichtet, der selbst an einer Säule von 200 constanten Ketten keinen Funken von der Berührung bemerken konnte, wiewohl die Polenden Messungen bis auf $\frac{1}{5000}$ Zoll zuliessen; auch ein Abstand von der Dicke eines seidenen Taschentuches verhinderte das Uebergehen eines Funken. Draper [2]) konnte den Messungsfunken sogar im Torricellischen Vacuum nicht finden.

Die hier noch nicht besprochenen Einwände gegen die Contacttheorie und die Art, wie sie ausgelegt worden sind, stützen sich auf Erscheinungen der Ladung oder andere ähnliche, und werden dort angedeutet werden.

VIII. Bewegung der Electricität.

Allgemeine Vorstellungen und Historisches.

In Bezug auf den Wortausdruck leidet das Ohmsche Gesetz noch häufig an einiger Sprachverwirrung. Abgesehen von dem Missbrauch, der von denjenigen Physikern, die sich über jenes Gesetz noch immer keine Klarheit verschaffen konnten oder wollten, mit den Benennungen Quantität und Intensität getrieben wird, so dass z. B. Faraday [3]) die Intensität eine eigenthümliche Eigenschaft des Stromes nennt, und Botto und Avogadro [4]) diese Meinung vertheidigen, brauchen Andere die Ausdrücke Stromstärke, Stromgrösse, Intensität, Quantität, Dichtigkeit nicht immer in demselben Sinne. Ohm nannte Quantität oder Stromgrösse den Quotienten $\frac{A}{R}$, wo A die electromotorische Kraft, R die gesammte reducirte Länge der Kette bezeichnet, dagegen Intensität die specifische Stromgrösse eines Punktes, d. h. des Quotienten $\frac{A}{RS}$, wo S

1) Phil. Trans. 1840. 183*.
2) Phil. Mag. XV. 349*.
3) Exp. Res. 990*.
4) Ann. de chim. phys. II. Ser. LXXI. 20*.

der Querdurchschnitt des Leiters an der betreffenden Stelle ist. Später ist der Ausdruck Stromgrösse verschwunden, und durch Intensität oder Stromstärke ersetzt worden.

Vorsselman de Heer [1]) sagt: die Intensität T eines Stromes ist die Electricitätsmenge, die in der Zeiteinheit durch einen auf die Axe eines Leiters senkrechten Querschnitt geht, d. h. gleich der absoluten Electricitätsmenge dividirt durch die Zeit. Bezeichnet man den Querschnitt mit S, so nennt er den Quotienten $\frac{T}{S}$ die Dichtigkeit des Stromes, eine Bezeichnung, welche zur selben Zeit auch Jacobi [2]) vorgeschlagen hat. Die Electricitätsmenge, welche in der Zeiteinheit durch die Einheit des Durchschnitts geht ist gleich der Electricitätsmenge, die sich in irgend einem Augenblick in einem Cylinder befindet, dessen Grundfläche gleich der Flächeneinheit ist, und dessen Länge in der Zeiteinheit von der Electricität durchlaufen wird. Diese Länge setzt Vorsselman de Heer vorläufig der Leitungsfähigkeit C proportional, setzt aber hinzu, dass diese Voraussetzung eigentlich durch Versuche bewiesen werden müsse. Dann findet sich die Electricitätsmenge in jenem Cylinder $= \frac{T}{CS}$, und im Draht von der Länge $L = \frac{TL}{CS}$. Die Intensität ist demnach dasselbe, was man sonst mechanisches Moment nennt, nämlich die Masse des electrischen Fluidums multiplicirt mit der Leitungsfähigkeit, welche er als identisch mit der Geschwindigkeit ansieht. Diese letztere ist nur von der Natur der Materie abhängig, wie die des Lichtes und des Schalles. Diese Betrachtungen sind leicht auf die Vorstellung einer oscillatorischen Bewegung der Electricität zu übertragen.

Aus dem Begriff eines continuirlichen Stromes folgert nun Vorsselman de Heer unmittelbar folgende Sätze:

1) Die Electricitätsmenge, welche in der Zeiteinheit durch irgend einen Querdurchschnitt geht, ist immer dieselbe.

2) Die Electricitätsmenge, die sich in einem gegebenen Momente auf der ganzen Länge des Kreises für die Querschnittseinheit findet, ist für eine constante Electricitätsquelle constant. In einer verzweigten Leitung ist also

$$T\left(\frac{l}{cs} = \frac{l'}{c's'} + \frac{l''}{c''s''} + \cdots\right)$$

1) Bull. des Sc. phys. et nat. de Néerl. 1839. 319.*

2) Pogg. Ann. XLVIII. 44*.

wenn diese Buchstaben dieselben Bedeutungen für die Zweige, wie die entsprechenden grossen für den ganzen Strom haben. Diese Formel ist aber die von Pouillet gegebene; die obige Voraussetzung ist also auf indirectem Wege bewiesen.

Mit diesen Erörterungen stimmt Poggendorf[1]) nicht völlig überein. Denkt man die ganze Leitung der Kette von überall gleichem Querschnitt s, ihre Länge $= l$, und die Stromstärke, die in jedem Querschnitt dieselbe ist $= i$, so ist die Gesammtwirkung der Kette $= il$, und da

$$i = \frac{k}{r}, \; r = \frac{cl}{s},$$

ist, wo r den Gesammtwiderstand, c den Widerstand für die Einheit der Dimensionen bezeichnet, so hat man

$$il = \frac{ks}{c},$$

wobei die electromotorische Kraft der Kette $= k$ gesetzt ist. Bei einer Kette derselben Art ist also die durch die obere ganze Ausdehnung in der Zeiteinheit gegangene Electricitätsmenge constant, sobald es s ist. Man erfährt aber hierdurch Nichts über die, in einem gegebenen Moment in irgend einem Längenschnitt vorhandene Electricität. Nennt man die durch einen Querschnitt in der Zeiteinheit gehende Electricitätsmenge $= i$, die darin enthaltene Menge $= e$, und ihre Geschwindigkeit $= v$, so hat man $i = ev$. Um also e zu finden müsste man i und v kennen. Nimmt man nun an, dass die Geschwindigkeit im umgekehrten Verhältniss zum Widerstande des Leiters steht, so folgt, dass von gleich langen Stücken der Strombahn diejenigen, welche einen grösseren Widerstand darbieten, auch eine grössere Electricitätsmenge enthalten als die übrigen. Dies lässt sich gut denken, wenn der Strom aus einem Leiter in einen anderen von gleichem Querschnitt, aber verschiedenem Material übergeht; der Strom erleidet seiner Länge nach eine Verdünnung oder Verdichtung. Bleibt aber die Substanz dieselbe, und ändert sich der Querschnitt, so ist diese Verdünnung oder Verdichtung transversal. Nach Vorsselman de Heer müsste hierbei die Geschwindigkeit unverändert bleiben; dann ist aber gar nicht einzusehen, warum der dünnere Körper bei gleicher Länge einen

---

1) Pogg. Ann. LXXIII. 337*; Berl. Acbr. Nov. 1847:

grösseren Widerstand leistet, als der dickere. Der Widerstand muss aber der Grösse $\frac{s}{c}$ proportional sein, d. h. die Zeit vorstellen, in welcher der Körper vom Strome durchlaufen wird. Als einen Beleg für die Unwarscheinlichkeit der Annahme, dass die Geschwindigkeit nur von der Materie abhänge, führt Poggendorff an, dass mit Zugrundlegung der Wheatstone'schen Messungen über die Electricitätsgeschwindigkeit im Kupfer und derer über die Leitungsfähigkeiten fester und flüssiger Körper von Riess, und Horsford, in einer Kochsalzlösung, die auf 100 Cubiccentimeter Wasser 1 Gramen Salz enthält, die Geschwindigkeit etwa 98 englische Fuss beträgt. Die Telegraphenbeobachtungen zeigen aber, das selbst der Erdboden schneller leitet, der doch gewiss kein besserer Leiter ist, als jene Lösung. Aus der gemachten Voraussetzung und den bekannten Formeln für die Elemente des Stromes, so wie für die Wärmeerregung durch den Strom hat Poggendorff noch mehre interessante Sätze hergeleitet, von denen an dieser Stelle nur zwei erwähnt sein mögen. Ist E die in einem Leiter von der Länge l und dem Querschnitt s enthaltene Electricitätsmenge, so ist

$$E = cl \qquad v = \frac{s}{c}$$

$$i = ve \qquad r = \frac{cl}{s}$$

also

$$E = el = \frac{il}{v} = \frac{icl}{s} = ir = k,$$

d. h. die in der ganzen Kette oder auch in einem Theil derselben vorhandene Electricitätsmenge ist eine constante, vom Widerstand und von der Stromstärke völlig unabhängige Grösse, welche mit der electromotorischen Kraft zusammenfällt. Ist ferner m die, dem magnetischen und chemischen Effect eines Stromes proportionale Grösse, so ist

$$E = cl, \; i = ve, \; m = il,$$

also

$$Ev = il = m,$$

d. h. die für einen Moment vorhandene Electricitätsmenge, multiplicirt mit ihrer Geschwindigkeit, ist gleich dem magnetischen Effect des Theils, in welchem sie vorhanden ist. —

Zur Geschichte des Ohmschen Gesetzes hat die neueste Literatur eben so merkwürdige als traurige Beiträge geliefert. Péclet [1]) hat, bei Verhandlung einer persönlichen Angelegenheit in Betreff seines Lehrbuches der Physik, auch manche Thatsachen angeregt, welche sich auf Pouillet's Verhältniss zur Aufstellung des Gesetzes für die Stromintensität bezieht. Pouillet [2]) hat vor der Pariser Academie diese Thatsachen nach seiner Weise ausgelegt, und Péclet [3]) hat darauf wieder Erwiderungen gemacht, welche die Academie der Oeffentlichkeit zu übergeben nicht nothwendig erachtet hat. In die Einzelnheiten dieses Streites braucht hier wohl um so weniger eingegangen zu werden, als dieselben schon an einem anderen Orte [4]) hinlänglich besprochen sind, und als es anderen Physikern gewiss mit grösserer Leichtigkeit gelingen wird, als Herrn Pouillet selbst, die Arbeiten aufzufinden, welche die ersten experimentellen und theoretischen Beweise für das Intensitätsgesetz geben. Die Angriffe, welche das Ohmsche Gesetz in Bezug auf seine Entstehungsweise hat erdulden müssen, sind übrigens von der Art, dass man ihm von einer Seite das zum Vorwurfe macht, was ihm von der anderen abgesprochen wird. Während nämlich Pouillet [5]) der Meinung ist, Ohm habe sein Gesetz nur auf theoretische Hypothesen basirt, welche selbst noch des Beweises bedürfen, zählt de la Rive [6]) die „galvanische Kette“ zu „den Büchern deutscher Gelehrten, welche die Resultate von Experimentaluntersuchungen als Folgerung aus *a priori* hingestellten Gesetzen darstellen, statt, der Wahrheit gemäss, zu zeigen, dass diese Gesetze aus Versuchen herzuleiten sind, welche man in einer mehr oder weniger bestimmten Absicht angestellt hat, und zu gestehen, dass sie mit aller Unsicherheit behaftet sind, welche beim gegenwärtigen Zustand der experimentellen Wissenschaft den Beobachtungen ankleben kann.“ Solche Angriffe sind in der That nur zu geeignet, um das Gesetz gegenseitig gegeneinander in Schutz zu nehmen.

Was übrigens die Gestalt der von Pouillet gegebenen Formeln betrifft, so weicht dieselbe von der Ohmschen hauptsächlich dadurch

---

1) C. r. XX. 54*.
2) C. r. XX. 199*.
3) C. r. XX. 370*.
4) Berl. Jahresb. 1845. 442*.
5) C. r. XX. 209*.
6) Arch. de l'El. V. 449*.

ab, dass die Intensitäten nicht auf die electromotorische Kraft, sondern auf die Intensität beim ausserwesentlichen Widerstande = 0 bezogen sind. Henrici [1]) hat gezeigt, wie man den Zusammenhang zwischen beiden Ausdrucksweisen leicht herstellen kann, was ich eben so für eine im Sinne der chemischen Hypothese angebrachte Version dieses Gesetzes [2]) gethan habe [3]).

Verbreitung der Electricität in Flächen und Körpern.

Von allgemeinerem Gesichtspunkte aus, als es früher von Ohm geschehen war, ist die Bewegung der Electricität der Gegenstand der Untersuchungen von Kirchhoff und Smaasen gewesen. Kirchhoff hat den Durchgang eines Stromes durch eine Ebene der Analyse unterworfen, und Smaasen hat auch die dritte Ausmessung mit in die Betrachtung gezogen. Kirchhoff's [4]) Entwickelung ist folgende:

Ist ein Punkt durch rechtwinklichte Coordinaten x, y bestimmt, so ist seine Spannung

$$u = f(x, y),$$

und wenn u_0 eine Constante ist, so stellt die Gleichung

$$f(x, y) = u_0$$

eine Curve dar, deren Punkte gleiche Spannung haben. Zwei solche, unendlich nahe liegende Curven von gleicher Spannung seien

$$f(x, y) = u^0$$

$$f(x, y) = u^0 + du.$$

In der ersten seien A und B (Tab. 2, Fig. 23) zwei unendlich nahe liegende Punkte, man ziehe in ihnen die Normalen AA', BB', die auch für die zweite Curve Normalen sind, so ist $AA'\,BB'$ ein unendlich kleines Rechteck, durch welches, nach den Ohmschen

---

1) Pogg. Ann. LIII. 277*.
2) Racc. fis. chim. Ital. I.; Arch. des. sc. ph. et nat. V. 353*.
3) Berl. Jahresb. 1845. 465*.
4) Pogg. Ann. LXIV. 497*; Berl. Jahresb. 1845. 451*.

Prinzipien in der Zeiteinheit die Electricitätsmenge

$$-k.AB.\frac{du}{AA'},$$

fliesst, wo k die Leitungsfähigkeit der Scheibe bezeichnet; ist δ die Dicke derselben, so ist die Electricitätsmenge

$$-k.\delta.AB.\frac{du}{AA'}.$$

Zieht man in diesem Rechteck parallel der Axe der x die Gerade CD, so geht durch diese dieselbe Electricitätsmenge; setzt man noch den Winkel zwischen x und AA', der Richtung des Stromes, $= \varphi$, so ist jene Menge

$$= -k.\delta.CD.\sin\varphi.\frac{du}{AA'}, \quad .\ .\ .\ .\ (1).$$

Ferner ist

$$du = \frac{du}{dx}dx + \frac{du}{dy}dy \quad .\ .\ .\ .\ (2)$$

(worin dx und dy die Unterschiede der Coordinaten von A und A' sind) und also

$$\frac{du}{AA'} = \frac{du}{dx}\cos\varphi + \frac{du}{dy}\sin\varphi \quad .\ .\ .\ .\ (3).$$

Da nun A und B Punkte gleicher Spannung sind, so ist

$$\frac{du}{dx}\sin\varphi - \frac{du}{dy}\cos\varphi = 0 \quad .\ .\ .\ .\ (4).$$

Aus (3) und (4) folgt

$$\frac{du}{AA'}\cos\varphi = \frac{du}{dx}; \quad \frac{du}{AA'}\sin\varphi = \frac{du}{dy}.$$

Der letzte Werth in (1) gesetzt, giebt

$$-k.\delta.CD.\frac{du}{dy}.$$

Da hierbei das Coordinatensystem willkürlich war, so ist allgemein die Electricitätsmenge, welche durch ein Element ds geht, wenn man die Differentiation in der Richtung der Normalen von ds mit $\frac{du}{dN}$ bezeichnet,

$$= -k.\delta.ds.\frac{du}{dN}.$$

Um den electrischen Zustand der Scheibe stationär zu halten, muss er folgende Bedingungen erfüllen:

1) Für eine geschlossene Curve, innerhalb welcher der Scheibe keine Electricität zugeführt wird, muss die Summe aller, durch diese Curve fliessenden Electricitätsmengen = 0 sein, also

$$\int ds \, . \, \frac{du}{dN} = 0 \quad \ldots \ldots (5).$$

Bezeichnet man die Winkel zwischen N und der Coordinatenaxe durch (N, x) und (N, y), so folgt aus (2)

$$\frac{du}{dN} = \frac{du}{dx} \cos (N, x) + \frac{du}{dy} \cos (N, y),$$

ausserdem $dx = - ds \, . \cos (N, y)$,

$dy = ds \, . \cos (N, y)$,

so dass (5) die Gestalt erhält:

$$\int \left(\frac{du}{dx} dy - \frac{du}{dy} dx \right) = 0.$$

Diese Bedingung kann, da die Curve eine ganz beliebige sein kann, nur erfüllt werden, wenn

$$\frac{du}{dx} dy - \frac{du}{dy} dx$$

ein vollständiges Differential, $= dv$, also

$$\frac{d^2 u}{dx^2} + \frac{d^2 u}{dy^2} = 0 \text{ ist} \quad \ldots \ldots (6).$$

Die Gleichung $dv = 0$, oder $v = Const.$ stellt ein System von Curven dar, die die Spannungscurve senkrecht schneiden, und die Strömungscurven vorstellen.

2) Umschliesst dagegen die Curve einen der Einströmungspunkte, durch den eine Electricitätsmenge E in die Scheibe tritt, so muss

$$- k \, . \, \delta \, . \int ds \, . \, \frac{du}{dN} = - k \, . \, \delta \, . \int \left(\frac{du}{dx} dy - \frac{du}{dy} dx \right) = E$$

sein.

3) Für die Gränze der Scheibe muss

$$\frac{du}{dN} = 0$$

sein, oder bei einer unbegränzten Scheibe muss in der Unendlichkeit die Spannung = Const. sein.

4) Endlich muss die der ganzen Scheibe zugeführte Electricitätsmenge oder die Spannung des Punktes u eine gegebene sein.

Strömt die Electricität durch die Punkte $A_1, A_2, A_3, \ldots A_n$, wo die Ausströmungspunkte als Punkte negativer Einströmung mitgezählt sind, und treten durch diese Punkte die Electricitätsmengen $E_1, E_2, \ldots E_n$, wobei $E_1 + E_2 + \ldots + E_n = 0$ sein muss, sind ferner die Entfernungen eines Punktes der Scheibe von A_1, $A_2, \ldots A_n = r_1, r_2, \ldots r_n$, so genügt der Werth

$$u = M - \frac{E_1}{2\pi . k . \delta} \log r_1 - \frac{E_2}{2\pi . k . \delta} \log r_2 - \ldots - \frac{E_n}{2\pi . k . \delta} \log r_n$$

den obigen Bedingungen.

Das unbestimmte Integral $\int \left(\frac{du}{dx} dy - \frac{du}{dy} dx\right)$ ist nämlich

$$= u \int \Sigma_1^n \left[- \frac{E_1}{2 r_1 \pi k \delta} \left(\frac{dr_1}{dx} dy - \frac{dr_1}{dy} dx \right) \right] \quad \ldots . (7).$$

Legt man nun durch den betrachteten Punkt eine Linie R parallel der Axe der x, und bezeichnet mit x_1, y_1 die Coordinaten von A_1 in Bezug auf diesen Punkt und die Axe R, so ist $r_1^2 = x_1^2 + y_1^2$, $dx = dx_1$, $dy = dy_1$ und $\frac{dr_1}{dx} = \frac{x_1}{\sqrt{x_1^2 + y_1^2}}$, $\frac{dr}{dy} = \frac{y_1}{\sqrt{x_1^2 + y_1^2}}$ oder $\frac{dr_1}{dx} = \frac{x_1}{r_1^2}$, $\frac{dr_1}{dy} = \frac{y_1}{r_1^2}$.

Diese Werthe in (7) gesetzt geben:

$$= - \frac{1}{2\pi k \delta} \int \Sigma_1^n \left[E_1 \left(\frac{x_1}{r_1^2} dy - \frac{y_1}{r_1^2} dx \right) \right]$$

$$= - \frac{1}{2\pi k \delta} \int \Sigma_1^n \left(\frac{x_1^2 E_1}{r_1^2} . \frac{x_1 dy_1 - y_1 dx_1}{x_1^2} \right)$$

$$= - \frac{1}{2\pi k \delta} \int \Sigma_1^n \left(\frac{x_1^2 E_1}{r_1^2} . d \frac{y}{x} \right).$$

Bezeichnet man den Winkel zwischen R und r_1 mit (R, r_1) u. s. w., so ist

$$\text{tang}\,(R, r_1) = \frac{y_1}{x_1},\; d\,(R, r_1) = d\,.\,\text{arc.tang.}\,\frac{y_1}{x_1}$$

$$= \frac{d \frac{y_1}{x_1}}{1 + \frac{y_1^2}{x_1^2}} = \frac{x_1^2 \, d \frac{y_1}{x_1}}{r_1^2}, \text{ also das Integral:}$$

$$= - \frac{1}{2\pi k \delta} \int \Sigma_1^n \left[E_1 \, d\,(R, r_1) \right] = - \frac{1}{2\pi k \delta} \left[E_1 (R, r_1) + E_2 (R, r_2) + \ldots + E_n (R, r_n) \right] \quad \ldots . (8).$$

Der Werth von u findet sich aus der Bedingung (6):

$$\frac{d^2 u}{dx^2} + \frac{d^2 u}{dy^2} = 0,$$

welcher durch die Particularlösungen

$$u = \varphi\,(x + y\sqrt{-1}) \text{ und } u = \varphi\,(x - y\sqrt{-1})$$

also auch durch $\varphi\,(x + y\sqrt{-1}) + \varphi\,(x - y\sqrt{-1})$ entsprochen wird. Nimmt man als Functionen die Logarithmen, so ist

$$\begin{aligned} u &= \log\,(x + y\sqrt{-1}) + \log\,(x - y\sqrt{-1}) \\ &= \log\,(x + y\sqrt{-1})\,(x - y\sqrt{-1}) = \log\,(x^2 + y^2) \\ &= \log r^2 = 2\log r. \end{aligned}$$

Für jeden der Punkte $A_1, A_2, \ldots . A_n$ genügt man also der obigen Bedingung durch $u = C\log r$, allgemein also durch

$$u = M + C_1\log r_1 + C_2\log r_2 + \ldots + C_n\log r_n.$$

Die Constanten sind wie oben zu bestimmen, also

$$u = M - \frac{E_1}{2\pi k\delta}\log r_1 - \frac{E_2}{2\pi k\delta}\log r_2 - \ldots - \frac{E_n}{2\pi k\delta}\log r_n \ldots (9).$$

Die obigen Bedingungen werden nun erfüllt, denn:

1) nimmt man das Integral

$$\int\left(\frac{du}{dx}dy - \frac{du}{dy}dx\right)$$

für die geschlossene Curve, die keinen Einströmungspunkt enthält, so wird es $= 0$;

2) umschliesst sie z. B. der Punkt A_1, so wird das Integral (8) in Bezug auf diesen $= -\frac{1}{k\delta}E_1$, also die, in der Zeiteinheit hindurchströmende Electricitätsmenge $= E_1$;

3) liegt der Punkt in der Unendlichkeit, so ist $r_1 = r_2 = \ldots . = r_n$, also

$$u = M + \frac{1}{2\pi k\delta}(E_1 + E_2 + \ldots + E_n)\log r_1,$$

und da $E_1 + E_2 + \ldots + E_n = 0$ ist,

$$u = M;$$

4) M kann einen passenden Werth erhalten.

Für begränzte Scheiben gilt derselbe Ausdruck, wenn nur die Curven gleicher Spannung senkrecht auf der Gränze stehen.

Für zwei Einströmungspunkte ist

$$E_1 = -E_2.$$

Setzt man noch $N = \frac{E_1}{2\pi k\delta}$, so ist

$$u = M - N(\log r_1 - \log r_2) = M + N \log \frac{r_2}{r_1} \text{ und } \frac{r_2}{r_1} = Const.$$

Eine solche Curve ist also ein Kreis, dessen Durchschnittspunkte mit der Geraden A_1, A_2 diesen Punkten harmonisch zugeordnet sind. Die auf solchen Kreisen senkrecht stehenden Strömungscurven sind Kreise, die durch A_1 und A_2 gelegt werden, denn eine jede ist der Ort der Spitzen aller Winkel $(R, r_2 - R, r_1)$, welche über A_1, A_2 errichtet werden können, weil für die beiden Einströmungspunkte

$$\frac{E}{2k\pi\delta} = (R, r_2 - R, r_1) = Const.$$

ist. Die angegebenen Resultate gelten nicht nur für unendliche Scheiben, sondern auch für solche, deren Begränzung durch einen oder mehrere dieser Kreise geschieht.

Die obigen Betrachtungen bestätigt Kirchhoff durch Versuche mit einer dünnen Kupferplatte. Zwei Stellen ihres Randes, $\frac{3}{4}$ Fuss von einander entfernt, dienten als Einströmungspunkte. Die Drahtenden eines Galvanometers wurden auf verschiedene Stellen der Platte aufgelegt und das Instrument durfte keinen Ausschlag geben, wenn die vorhandenen Punkte einer Curve gleicher Spannung angehörten. Durch Versuche wurden solche Curven ermittelt, und den besprochenen Kreisen sehr angenähert gefunden, so dass sie der Gleichung $u = f\left(\frac{r_2}{r_1}\right)$ entsprochen.

Um die Bedeutung von f zu finden, wurden in der Verbindungslinie der Einströmungspunkte zwei Paare von Punkten constanter Spannungsdifferenz gesucht, indem eine Thermokette in den Multiplicatordraht eingeschaltet war. Zeigte die Nadel auf 0, so musste die Spannungsdifferenz der beiden Punkte gleich der electromotorischen Kraft der Thermokette sein. Die Entfernung der beiden Paare von Punkten von A_1 und A_2 wurden mit r_1, r_2, R_1, R_2 bezeichnet. Sowohl hier, als wenn derselbe Versuch auf der Peripherie eines durch A_1 und A_2 gehenden Kreises angestellt wurde, fand sich

$$\frac{r_1}{r_2} \cdot \frac{R_2}{R_1} = Const.$$

Wenn also $f\left(\frac{r_2}{r_1}\right) - f\left(\frac{R_2}{R_1}\right)$, d. h. der Spannungsunterschied der Berührunpspunkte, constant ist, so ist es auch $\frac{r_1}{r_2} \cdot \frac{R_2}{R_1}$, so dass man schreiben kann:

$$f(p) - f(P) = \varphi\left(\frac{p}{P}\right),$$

wo $\frac{r_2}{r_1} = p$, $\frac{R_2}{R_1} = P$ gesetzt ist.

Setzt man ausserdem noch $\frac{p}{P} = q$, so ist

$$f(p) - f(P) = \varphi(q),$$

woraus durch partielle Differentiation nach P folgt

$$q \cdot f^1(q\text{-}P) - f^1(P) = 0.$$

Wird $P = 1$, so ist

$$f(q) = \frac{f^1(1)}{q} = \frac{N}{q},$$

daher $f(q) = M + N \log q$, oder $u = M + N \log\left(\frac{r_2}{r_1}\right)$, wie oben gefunden war.

Für n Einströmungspunkte entwickelt Kirchhoff $u = M - N_1(\log r_1 + \log r_1^1) - N_2(\log r_2 + \log r_2^1) \ldots N_n(\log r_n + \log r_n^1)$, wo N_i für $\frac{E_i}{2\pi k \delta}$ gesetzt ist, und r_1^1, r_2^1 ... r_n^1 die Entfernungen des fraglichen Punktes von den Punkten A_1^1, A_2^1 ... A_n^1 bezeichnen, welche ausserhalb der Scheibe so liegen, dass der Radius der Scheibe die mittlere Proportionale zu den Abständen der Punkte A_1 und A_1^1 u. s. w. vom Mittelpunkt der Scheibe ist.

In einem Nachtrage[1]) giebt Kirchhoff noch eine andere Methode, um seine Rechnung durch den Versuch zu controliren, die darin besteht, dass man die Ablenkung einer Magnetnadel betrachtet, welche horizontal über der zu prüfenden Stelle einer horizontalen Scheibe aufgehängt ist.

Er untersucht zu dem Ende zunächst den Einfluss, den die Scheibe auf eine irgendwo über derselben aufgehängte Magnetnadel ausübt, und findet dafür den Ausdruck

$$H \sin \psi = \pi\left(\frac{du(x', y')}{dl} + \frac{du(x'', y'')}{dl}\right),$$

wo H die horizontale Componente des Erdmagnetismus, ψ die Ablenkung der Nadel aus dem magnetischen Meridian, x', y' und x'', y'' die horizontalen Coordinaten der Nadelendpunkte, und $\frac{d}{dl}$ die Differentiation in der Richtung der Nadelaxe bezeichnen. Die

1) Pogg. Ann. LXVII. 344*.

aus dieser Bedingung hergeleiteten Werthe von ψ stimmen ebenfalls sehr gut mit denen, welche Kirchhoff durch den Versuch auffand. Auch die für den Widerstand einer Ebene hergeleiteten Werthe hat er experimentell zu bestimmen gesucht; bei der linearen Verzweigung der Ströme werden diese Versuche mitgetheilt werden.

Smaasen[1]) bezeichnet mit dem Ausdruck „Electricitätsfluth" die Electricitätsmenge Γ, welche in der Zeiteinheit einen unendlich kleinen Querschnitt eines Körpers durchströmt. Sei d der unendlich kleine Querschnitt senkrecht auf der Verbindungslinie der Molecule E und E^1, deren Volumina $= M$ und M^1 sei, so ist die Electricitätsfluth proportional einer unbekannten Function α der Coordinaten E (x, y, z) und E^1 $(x + \Delta x, y + \Delta y, z + \Delta z)$, dem Unterschiede $\Delta \varphi$ der Spannungen, und den Volumen M und M^1 der Molecule, also

$$\Gamma = \alpha M M^1 \Delta \varphi.$$

Ist $\Delta \varphi = 1$, so ist $\Gamma = \alpha M M^1$ und das Product dieser Grösse in dem Abstand δ der Molecule ist die Leitungsfähigkeit, also

$$k = \alpha M M^1 \delta$$

$$\Gamma = \frac{k \Delta \varphi}{\delta},$$

ausserdem:

$$\Delta \varphi = \frac{d\varphi}{dx} \Delta x + \frac{d\varphi}{dy} \Delta y + \frac{d\varphi}{dz} \Delta z.$$

Seien α, β, γ die Winkel zwischen der Normalen des Querschnitts d und den Coordinatenaxen, so ist

$$\frac{\Delta x}{\delta} = -\cos\alpha, \frac{\Delta y}{\delta} = -\cos\beta, \frac{\Delta z}{\delta} = -\cos\gamma,$$

folglich

$$\Gamma = -k\left(\frac{d\varphi}{dx}\cos\alpha + \frac{d\varphi}{dy}\cos\beta + \frac{d\varphi}{dy}\cos\gamma\right) \quad \ldots, \quad (1),$$

woraus die Gleichungen für das dynamische Gleichgewicht der Electricität in einem Körper folgt, d. h. von dem Beharrungszustand, den die Electricität, welche durch einen Draht in den Körper strömt, nach einiger Zeit annimmt, nämlich:

$$\frac{d^2\varphi}{dx^2} + \frac{d^2\varphi}{dy^2} + \frac{d^2\varphi}{dz^2} = 0$$

und in der Ebene

$$\frac{d^2\varphi}{dx^2} + \frac{d^2\varphi}{dy^2} = 0$$

1) Pogg. Ann. LXIX. 161*.

Gleichungen, die den von Poisson für die Fortpflanzung der Wärme gegebenen vollkommen entsprechen. Will man die äussere Leitungsfähigkeit, d. h. die der Ebene durch die Luft entzogene Electricitätsmenge berücksichtigen, und dieselbe der Spannung eines Punktes der Ebene proportional setzen, so findet man für das dynamische Gleichgewicht:

$$\frac{d^2\varphi}{dx^2} + \frac{d^2\varphi}{dy^2} = \lambda^2 \varphi \quad \ldots \quad (2),$$

wo λ^2 ein Bruch ist, der zum Zähler die äussere Leitungsfähigkeit hat, zum Nenner das Product aus der inneren Leitungsfähigkeit in den Abstand der Ebenen, zwischen welchen die Electricität circulirt.

Beschreibt man um einen Punkt P (Tab. 2, Fig. 24), dessen Coordinaten (x, y) sind, einen Kreis mit dem unendlich kleinen Radius ϱ, ist φ die Spannung in P, φ^1 die eines Punktes Q der Peripherie, ist PR parallel der Axe der x, und Winkel $RPQ = \vartheta$, so sind die Coordinaten von Q

$$x + \varrho \cos \vartheta, \quad y + \varrho \sin \vartheta,$$

und die Spannung von Q

$$\varphi^1 = \varphi + \frac{d\varphi}{dx} \varrho \cos \vartheta + \frac{d\varphi}{dy} \varrho \sin \vartheta.$$

Wird die Lage von PQ so gewählt, dass der Spannungsunterschied $\varphi^1 - \varphi$ der Punkte P und Q ein Maximum ist, so ist

$$\tan \vartheta = \frac{\frac{d\varphi}{dy}}{\frac{d\varphi}{dx}} \quad \ldots \quad (3).$$

Werden die Coordinaten so gedreht, dass PR mit PQ zusammenfällt, so hat man $\vartheta = 0$, $\frac{d\varphi}{dy} = 0$, also die Spannung φ' eines Punktes Q', dessen Radius vector mit PR den Winkel ϑ' macht:

$$\varphi'' = \varphi + \frac{d\varphi}{dx} \varrho \cos \vartheta'.$$

Verwandelt sich ϑ' in $-\vartheta'$, so bleibt φ'' unverändert; die Spannung ist also zu beiden Seiten der Curve $P\dot{Q}$ in gleichen Abständen von Q gleich, und die Electricität hat keinen Grund, sich nach einer oder der anderen Seite fortzupflanzen. PQ ist deshalb die Richtung des electrischen Stromes.

Wird $\vartheta' = \pm 90^0$, so ist $\varphi = \varphi'$.

Es lässt sich also eine Reihe von Punkten finden, welche gleiche Spannung haben, und deren Verbindungslinien Linien gleicher Spannung heissen. Sie stehen ihrer Herleitung zufolge auf den Strömungscurven senkrecht.

Bei begränzten Körpern muss man bei der Frage nach dem Vertheilungszustand der Electricität die Bedingung mit einführen, dass die Curven gleicher Spannung auf den Gränzen des Körpers senkrecht stehen.

Fliesst die Electricität nur aus einer Electrode, deren Spannung $= \mu$ ist; ist φ die Spannung irgend einer Ebene, so ist φ eine Funktion der Coordinaten und der Spannung μ proportional,

$$\varphi = \mu F(x, y).$$

Für das Einströmen aus einer anderen Electrode sei

$$\varphi_1 = \mu_1 F_1 (x, y).$$

Fliesst die Electricität aus beiden Electroden zugleich, so wird die Spannung einer jeden durch die andere verändert. Diese Veränderung muss aber eine Constante sein, wenn man die Grösse der Electrode vernachlässigt. Verändert sich μ in μ'; μ_1 in μ'_1, so würde jede Electrode bezüglich die Wirkungen

$$\varphi = \mu' F(x, g); \varphi_1 = \mu'_1 F_1 (x, y) \; . \; . \; . \; . \; (a)$$

hervorbringen, und ebenso wird der obigen Differentialgleichung durch die Summe dieser Integrale ein Genüge geleistet

$$\Phi = \mu' F(x, y) + \mu'_1 F_1 (x, y) \; . \; . \; . \; . \; (b),$$

wo Φ die Spannung des Punktes x, y bei gleichzeitiger Wirkung beider Electroden bezeichnet.

Diese Formel genügt der Bedingung der Gränzen, wenn die Gleichungen (a) ihr genügen; denn wenn α und β die Winkel zwischen der Normale der Gränzcurve und den Axen der x und y sind, so ist

$$\frac{dF}{dx} \cos \alpha + \frac{dF}{dy} \cos \beta = 0,$$

$$\frac{dF_1}{dx} \cos \alpha + \frac{dF_1}{dy} \cos \beta = 0,$$

welchen genügt sein muss, wenn x und y die Coordinaten der Gränzcurve sind. Multiplicirt man die Gleichung bezüglich mit μ' und μ', und addirt, so ist

$$\left(\mu' \frac{dF}{dx} + \mu'_1 \frac{dF_1}{dx}\right) \cos \alpha + \left(\mu' \frac{dF}{dy} + \mu'_1 \frac{dF_1}{dy}\right) \cos \beta = 0$$

oder

$$\frac{d\Phi}{dx} \cos \alpha + \frac{d\Phi}{dy} \cos \beta = 0.$$

Um die Constanten μ' und μ'_1 zu bestimmen, seien a, b und a_1, b_1 die Coordinaten der beiden Electroden, so ist aus (a)

$$F(a, b) = 1; \; F_1(a_1, b_1) = 1.$$

Setzt man in (b) für x und y successiv die Coordinaten der ersten und zweiten Electrode, so ist, da μ und μ_1 die gegebenen Spannungen derselben sind:

$$\left.\begin{aligned} \mu'_1 F_1(a, b) + \mu' &= \mu \\ \mu' F(a_1, b_1) + \mu'_1 &= \mu_1 \end{aligned}\right\} (c)$$

Die Constanten sind also zu Funktionen der Constanten μ, μ_1, a, b, a_1, b_1, bestimmt, also ist Φ eine lineare Funktion von φ und φ_1.

Um die Vertheilung der Electricität in einer unbegränzten Scheibe zu finden, bei der man die äussere Leitungsfähigkeit nicht vernachlässigen will, wenn die Electricität von einer Electrode ausfliesst, setze man den Radius dieser (kreisrunden) Electrode $= \varrho$. Im Centrum derselben liege der Anfangspunkt der Coordinaten; k' sei die innere, k die äussere Leitungsfähigkeit, φ die Spannung des Punktes (x, y), dessen Radius vector $= r$ ist, w der Winkel zwischen zweien anliegenden radiis vertoribus, δ der Abstand zweier parallelen Ebenen, zwischen denen die Electricität circulirt, so ist aus (1)

$$\Gamma = -k^1 \left(\frac{d\varphi}{dx} \cdot \frac{x}{r} + \frac{d\varphi}{dy} \cdot \frac{y}{r}\right).$$

Es ist aber $x^2 + y^2 = r^2$, folglich:

$$\frac{d\varphi}{dx} = \frac{d\varphi}{dr} \cdot \frac{dr}{dx} = \frac{d\varphi}{dr} \cdot \frac{x}{r}; \quad \frac{d\varphi}{dy} = \frac{d\varphi}{dr} \cdot \frac{dr}{dy} = \frac{d\varphi}{dr} \cdot \frac{y}{r},$$

also $\Gamma = -k' \dfrac{d\varphi}{dr}$.

Mit Benutzung der Werthe für $\dfrac{d\varphi}{dx}$ und $\dfrac{d\varphi}{dy}$ und nochmalige Differentiation derselben wird aus (2):

$$\frac{d^2\varphi}{dr^2} + \frac{1}{r} \cdot \frac{d\varphi}{dr} - \lambda^2 \varphi = 0 \; \ldots . \; (4),$$

woran $\lambda^2 = \dfrac{k}{k'\delta}$ ist.

Von der Riccati'schen Gleichung, der man folgende Gestalt geben kann[1])

$$\frac{d^2\varphi}{dr^2} + \frac{m-1}{m} \cdot \frac{d\varphi}{dr} \cdot \frac{1}{r} - \lambda^2 \varphi = 0 \; \ldots . \; (5),$$

1) Moigno, Calc. intégral. I. 645*.

hat Labatto folgendes particulares Integral gegeben:

$$\varphi_1 = \alpha \int_0^1 (e^{\lambda t r} + e^{-\lambda t r})\,(1-t^2)^{-\frac{m+1}{2m}}\,dt.$$

Setzt man $m = \infty$, so erhalten die Gleichungen (4) und (5) gleiche Form, und man hat also als erstes Integral die Gleichung (4)

$$\varphi_1 = \alpha \int_0^1 (e^{\lambda t r} - e^{-\lambda t r}) \frac{dt}{\sqrt{1-t^2}}.$$

Als zweites Integral der Gleichung (4) findet sich an der erwähnten Stelle: $r\varphi_1$, wenn man m in $-m$ verwandelt. Dieser Werth genügt aber nicht mehr, wenn $m = \infty$ ist. Um aber das zweite Integral zu finden, sei

$$\varphi = \alpha_1 \varphi_1,$$

wo α_1 eine Funktion von r bedeutet; dann findet man:

$$\alpha_1 = \beta \int^r \frac{dr}{r\varphi_1^2} + \beta^1,$$

so dass das vollständige Integral von (4) sein wird:

$$\varphi = \beta_1 \varphi_1 + \beta \varphi_1 \int^r \frac{dr}{r\varphi_1^2},$$

wo φ_1 das obige Integral ist, in dem $\alpha = 1$ gesetzt worden, und wo β und β^1 willkürliche Constanten sind. Für $r = \infty$ muss $\varphi = 0$ werden; dann ist $\varphi_1 = \infty$, also $\beta' = 0$. Für die andere Gränze $= \infty$ wird das andere Glied $= 0$. Denn für $r = \infty$ ist $\varphi_1 = \infty$, also wird

$$\varphi_1 \int_\infty^r \frac{dr}{r\varphi_1^2} = \frac{\int_\infty^r \frac{dr}{r\varphi_1^2}}{\frac{1}{\varphi_1}}$$

die Form $\frac{0}{0}$ haben, wenn $r = \infty$ wird. Der wahre Werth dieses Ausdrucks findet sich

$$\frac{1}{\lambda t r \int_0 (e^{\lambda t r} - e^{-\lambda t r}) \frac{dt}{\sqrt{1-t^2}}}$$

und verschwindet für $r = \infty$. Man hat also

$$\varphi = \beta \varphi_1 \int_\infty^r \frac{dr}{r\varphi_1^2}.$$

Für $r = \varrho$ ist $\varphi = \mu$, also

$$\beta = \frac{\mu}{\int\limits_0^1 \left(e^{\lambda t \varrho} + e^{-\lambda t \varrho}\right) \frac{dt}{\sqrt{1-t^2}} \int\limits_\infty^\varrho \frac{dr}{r\varphi_1^2}}.$$

Für den Fall, dass die Electricität durch zwei kreisrunde Electroden vom Radius ϱ und dem Abstand $2a$ eintritt, giebt Smaasen zwei Lösungen, von denen die erstere, strengere hier folgt.

Sind φ' und φ'' die Spannungen eines Punktes vermöge der einzelnen Wirkungen der Electroden, φ die durch die gleichzeitige Wirkung beider erzeugte, seien r' und r'' die Radii vectores vom Punkte $(x_1 y)$ zu den Mittelpunkten der Electroden, so ist

$$\varphi' = \beta' \int\limits_0^1 \left(e^{\lambda t r'} - e^{-\lambda t r'}\right) \frac{dt}{\sqrt{1-t^2}} \int\limits_\infty^{r'} \frac{dr}{r\varphi_1^2}$$

$$\varphi'' = \beta'' \int\limits_0^1 \left(e^{\lambda t r''} - e^{-\lambda t r''}\right) \frac{dt}{\sqrt{1-t^2}} \int\limits_\infty^{r''} \frac{dr}{r\varphi_1^2}$$

$$\Phi = \alpha' \varphi' + \alpha'' \varphi''.$$

In der letzten Gleichung sei $\beta' = \beta'' = 1$ genommen, indem man sie in α' und α'' mit umfasst.

Für $r' = \varrho$ und $r'' = 2a$ ist $\Phi = \mu$, für $r'' = \varrho$ und $r' = 2a$ ist $\Phi = -\mu$, wodurch die Gleichungen (c) werden:

$$\alpha' \int\limits_0^1 \left(e^{\lambda t \varrho} + e^{-\lambda t \varrho}\right) \frac{dt}{\sqrt{1-t^2}} \int\limits_\infty^\varrho \frac{dt}{r\varphi_1^2} +$$

$$\alpha'' \int\limits_0^1 \left(e^{2\lambda t a} + e^{-2\lambda t a}\right) \frac{dt}{\sqrt{1-t^2}} \int\limits_\infty^{2a} \frac{dt}{r\varphi_1^2} = \mu,$$

und

$$\alpha' \int\limits_0^1 \left(e^{2\lambda t a} + e^{-2\lambda t a}\right) \frac{dt}{\sqrt{1-t^2}} \int\limits_\infty^{2a} \frac{dt}{r\varphi_1^2} +$$

$$\alpha'' \int\limits_0^1 \left(e^{\lambda t \varrho} + e^{-\lambda t \varrho}\right) \frac{dt}{\sqrt{1-t^2}} \int\limits_\infty^\varrho \frac{dt}{r\varphi_1^2} = -\mu,$$

woraus unmittelbar $\alpha' + \alpha'' = 0$ folgt, und daher

$$\alpha' = -\alpha'' = \frac{\mu}{N}$$

wo $N =$

$$\int\limits_0^1 \left(e^{\lambda t \varrho} + e^{-\lambda t \varrho}\right) \frac{dt}{\sqrt{1-t^2}} \int\limits_\infty^\varrho \frac{dr}{r\varphi_1^2} -$$

$$\int\limits_0^1 \left(e^{2\lambda t a} + e^{-2\lambda t a}\right) \frac{dt}{\sqrt{1-t^2}} \int\limits_\infty^{2a} \frac{dr}{r\varphi_1^2}.$$

Diesen Werth in φ gesetzt, giebt die verlangte Lösung. —

Für die Vertheilung der Electricität in einem Körper nimmt Smaasen[1]) zuerst an, die Electricität trete aus einer einzigen Quelle in den unbegrenzten Raum. Um M (Tab. 2. Fig. 25.) sei eine Kugel mit dem Radius ϱ beschrieben, durch deren Oberfläche die Electricität von M aus in den Raum tritt. M sei der Mittelpunkt der Coordinaten, μ die Spannung auf der Oberfläche der Kugel. Die Flächen gleicher Spannung werden natürlich concentrische Kugelflächen um M werden. Denkt man zwei solche mit den Radien r und $r+dr$, und nimmt man auf beiden die, von demselben sphärischen Winkel ω eingeschlossenen Vierecke $abcd$ und $a'b'c'd'$ an, so wird die durch die Oberflächeneinheit einer Kugel, deren Radius $= 1$ ist, gehende Electricitätsfluth Γ, wenn man die Spannung der Punkte $x, y, z = \varphi$ setzt, nach der oben gegebenen Entwickelung

$$\Gamma = -k\left(\frac{d\varphi}{dx}\frac{x}{r} + \frac{d\varphi}{dy}\frac{y}{r} + \frac{d\varphi}{dz}\frac{z}{r}\right) \quad \ldots . \quad (1.)$$

Durch das Vierseit $abcd$, dessen Fläche $= r^2\omega$ ist, geht dann die Electricitätsmenge $\Gamma r^2\omega$, durch $a'b'c'd'$ aber $(\Gamma + d\Gamma)(r+dr)^2\omega$, und da für das dynamische Gleichgewicht beide Werthe einander gleich sein müssen, so ist $r^2 d\Gamma + 2r\Gamma dr = 0$, also $\Gamma = -\frac{\alpha k}{r^2}$ wo α eine Constante der Integration bezeichnet. Diesen Werth in (1.) substituirt giebt

$$x\frac{d\varphi}{dx} + y\frac{d\varphi}{dy} + z\frac{d\varphi}{dz} = \frac{\alpha}{r} \quad \ldots . \quad (2.),$$

und da $x^2 + y^2 + z^2 = r^2$ und

$$\frac{d\varphi}{dx} = \frac{d\varphi}{dr} \cdot \frac{dr}{dx} = \frac{x}{r} \cdot \frac{d\varphi}{dr}, \text{ ebenso } \frac{d\varphi}{dy} = \frac{y}{r} \cdot \frac{d\varphi}{dr}, \; \frac{d\varphi}{dz} = \frac{z}{r} \cdot \frac{d\varphi}{dr},$$

so hat man nach Substitution dieser Werthe in (2)

$$\frac{d\varphi}{dr} = \frac{\alpha}{r^2} \text{ und } \varphi = -\frac{\alpha}{r} + \alpha',$$

wo α' eine neue Constante ist.

Ferner wird angenommen, die Electricität trete durch zwei kugelförmige Electroden, deren Abstand $= 2a$ ist, in den Raum. Die Verbindungslinie ihrer beiden Mittelpunkte sei die Axe der x, in ihrer Mitte liege der Anfangspunkt der Coordinaten. φ' sei die Spannung, die der Punkt x, y, z vermöge der Wirkung einer Electrode, φ'' die, welche er von der zweiten, und Φ diejenige, welche

1) Pogg Ann. LXXII. 435. *

er durch den Strom, d. h. durch die gleichzeitige Wirkung beider Electroden empfängt, so ist

$$\varphi' = -\frac{\alpha}{r} + \alpha' = -\frac{\alpha}{\sqrt{(x-a)^2+y^2+z^2}} + \alpha'$$

$$\varphi'' = -\frac{\alpha'}{r'} + \alpha'_1 = -\frac{\alpha_1}{\sqrt{(x+a)^2+y^2+z^2}} + \alpha'_1$$

und da Φ eine lineare Function von φ' und φ'' sein muss,

$$\Phi = \frac{\beta}{\sqrt{(x-a)^2+y^2+z^2}} + \frac{\beta'}{\sqrt{(x+a)^2+y^3+z^2}} + \beta''.$$

Für x oder y oder $z = \infty$ muss aber $\Phi = 0$ sein, also $\beta'' = 0$. β und β' bestimmen sich aus

$$\Phi = \mu \text{ für } (x-a)^2+y^2+z^2 = \varrho^2 \text{ und}$$

$$\Phi = -\mu \text{ für } (x+a)^2+y^2+z^2 = \varrho^2$$

woraus

$$\mu = \frac{\beta}{\varrho} + \frac{\beta'}{\sqrt{\varrho^2+4ax}}$$

$$-\mu = \frac{\beta}{\sqrt{\varrho^2+4ax}} + \frac{\beta'}{\varrho}.$$

Für diesen Fall wird $a = x$, und ϱ^2 kann gegen $4a^2$ vernachlässigt werden, so dass man hat

$$\mu = \frac{\beta}{\varrho} + \frac{\beta'}{2a},\ -\mu = \frac{\beta}{2a} + \frac{\beta'}{\varrho},$$

also $\beta = -\beta' = \varrho\mu$, und

$$\Phi = \varrho\mu\left(\frac{1}{\sqrt{(x-a)^2+y^2+z^2}} - \frac{1}{\sqrt{(x+a)^2+y^2+z^2}}\right) \ldots (3.)$$

Zur Gleichung für die Strömungsflächen führt folgende Betrachtung. Durch die Axe der x werde eine Ebene gelegt, so schneidet diese die Strömungsflächen in einer Curve, die in den Electroden endigt, und durch deren Rotation um x die Strömungsfläche beschrieben wird. In einem Punkte x, y, z sei die Richtung des Stromes AB (Tab. 2 Fig. 26), diese bilde mit der Ebene der x, y den Winkel ϑ, ihre Projection Ab bilde mit der Axe der x den Winkel γ, und AB mit derselben Axe den Winkel ψ, so ist $\cos\psi = \cos\vartheta \cos\gamma$

$$= \frac{\frac{d\varphi}{dx}}{\sqrt{\left(\frac{d\varphi}{dx}\right)^2+\left(\frac{d\varphi}{dy}\right)^2}} \cdot \frac{\sqrt{\left(\frac{d\varphi}{dx}\right)^2+\left(\frac{d\varphi}{dy}\right)^2}}{\sqrt{\left(\frac{d\varphi}{dx}\right)^3+\left(\frac{d\varphi}{dy}\right)^2+\left(\frac{d\varphi}{dz}\right)^2}}$$

$$= \frac{\frac{d\varphi}{dx}}{\sqrt{\left(\frac{d\varphi}{dx}\right)^2 + \left(\frac{d\varphi}{dy}\right)^2 + \left(\frac{d\varphi}{dz}\right)^2}}.$$

Sei $R^2 = y^2 + z^2$, so hat man

$$\frac{d\varphi}{dy} = \frac{y}{R} \cdot \frac{d\varphi}{dR}, \quad \frac{d\varphi}{dz} = \frac{z}{R} \cdot \frac{d\varphi}{dR},$$

also

$$\left(\frac{d\varphi}{dz}\right)^2 + \left(\frac{d\varphi}{dy}\right)^2 = \left(\frac{d\varphi}{dR}\right)^2,$$

welcher Werth in den Ausdruck für $\cos\psi$ gesetzt,

$$\cos\psi = \frac{\frac{d\varphi}{dx}}{\sqrt{\left(\frac{d\varphi}{dx}\right)^2 + \left(\frac{d\varphi}{dR}\right)^2}}$$

und

$$\tang\psi = \frac{\frac{d\varphi}{dR}}{\frac{d\varphi}{dx}}$$

giebt. Ausserdem ist aber

$$\tang\psi = \frac{dR}{dx},$$

folglich

$$\frac{dR}{dx} = \frac{\frac{d\varphi}{dR}}{\frac{d\varphi}{dx}}.$$

Durch Differentiation von (3) nach x und R können die Werthe $\frac{d\varphi}{dR}$ und $\frac{d\varphi}{dx}$ gefunden werden; so dass man hat:

$$\frac{dR}{dx} = \frac{-\frac{R}{(R^2+[x-a]^2)^{\frac{3}{2}}} + \frac{R}{(R^2+[x+a]^2)^{\frac{3}{2}}}}{\frac{x-a}{(R^2+[x-a]^2)^{\frac{3}{2}}} + \frac{x+a}{(R^2+[x+a]^2)^{\frac{3}{2}}}},$$

was sich durch einfache Umformung verwandelt in:

$$\frac{d \cdot \frac{x+a}{R}}{\left(1+\left[\frac{x+a}{R}\right]^2\right)^{\frac{3}{2}}} = \frac{d \cdot \frac{x-a}{R}}{\left(1+\left[\frac{x-a}{R}\right]^2\right)^{\frac{3}{2}}}.$$

Das Integral dieser Gleichung ist

$$\frac{x+a}{\sqrt{R^2+(x+a)^2}} = \frac{x-a}{\sqrt{R^2+(x-a)^2}} + c.$$

Zur Bestimmung von c bezeichne man den Winkel, den die Richtung des Stromes im Punkte, wo er in die Electrode tritt, mit der Axe der x bildet, mit δ, dann hat man $R = \varrho \sin \delta$; $x - a = -\varrho \cos \delta$. Setzt man diese Werthe in die letzte Gleichung, und vernachlässigt die Glieder, welche ϱ^2 enthalten, so wird $c = 1 + \cos \delta$. Setzt man endlich für R dessen Werth, so ist

$$\frac{x+a}{\sqrt{(x+a)^2+y^2+z^2}} = \frac{x-a}{\sqrt{(x-a)^2+y^2+z^2}} + 1 + \cos\delta \quad \ldots . \quad (4.)$$

Legt man durch die Mittelpunkte der beiden Electroden eine Ebene, so theilt dieselbe den Raum in zwei Theile. Nur eine derselben mag aus leitender Materie bestehen; dann sind die Electroden Halbkugeln, aber dieselbe Electricitätsmenge wie zuvor tritt in den Halbraum. Die Gleichungen (3) und (4) gelten hier ebenfalls, und dies geschieht auch dann noch, wenn der Raum durch eine Umdrehungsfläche von der Form der Gleichung (4) begrenzt ist, da immer noch für x, y oder $z = \infty$ in (3) $\Phi = 0$ wird, und die Flächen gleicher Spannung, $\Phi =$ const., auf der Grenzfläche senkrecht stehen.

In ganz ähnlicher Weise wie Kirchhoff und Smaasen hat auch Ridolfi [1]) die Gesetze der Electricitätsbewegung studirt. Nachdem er die Gleichungen für das dynamische Gleichgewicht im Allgemeinen entwickelt hat, giebt er einige Anwendungen, nämlich die Bewegung in einer unendlichen Ebene mit mehren und mit zweien Einströmungspunkten, in einer kreisrunden Ebene, in einem unbegrenzten Raume und auf einer sphärischen Fläche von geringer Dicke.

Kirchhoff stellt sich noch die Aufgabe, in der er den Widerstand einer Ebene entwickelt: In den Punkten A_1 und A_2 treten zwei Leitungsdrähte, deren Leitungsfähigkeit $= k$, deren Radius $= \varrho$ ist, und deren Durchschnittsflächen in A_1 und A_2 ihre Mittelpunkte haben, an die Platte. In einem Durchschnitt D des Drahtes habe die electromotorische Kraft ihren Sitz, man soll den electrischen Zustand der Schliessung ermitteln.

---

1) Il Cimento. An. V. Fascic. Maggio-Giugno.*

Ist l die Länge des Drahtes von D bis zu einem andern Querschnitt mit l, so ist $u' = m - nl$ für den einen, $u' = m - \varkappa + nl'$ für den andern Theil des Drahtes.

Die Spannung ist

$$u = M - \frac{E_1}{2\pi k\delta}(\log r_1 + \log r'_1) - \frac{E_2}{2\pi k\delta}(\log r_2 + \log r'_2)$$
$$= M - \frac{E}{2\pi k\delta}\log\frac{r_1 r'_1}{r_2 r'_2},$$

wo E, als Intensität des Stromes $= n \,.\, k' \,.\, \pi\varrho^2$, also $n = \frac{E}{k' \,.\, \pi\varrho^2}$ ist.

Die Werthe von l, welche zu den durch A_1 und A_2 gelegten Querschnitten gehören, seien $= l_1$ und l_2, so sind die Spannungen in denselben

$$u'_1 = m - \frac{E}{k' \,.\, \pi\varrho^2} - l'_1,$$
$$u'_2 = m - k + \frac{E}{k' \,.\, \pi\varrho^2} l_2.$$

Da diese Querschnitte aber gleichzeitig Theile der Scheibe sind, so ist auch

$$u'_1 = M - \frac{E}{2\pi k\delta}\log\frac{\varrho \,.\, A_1A'_1}{A_1A_2 \,.\, A_1A'_2}$$
$$u'_2 = M - \frac{E}{2\pi k\delta}\log\frac{A_2A_1 \,.\, A_2A'_1}{\varrho A_2A'_2},$$

wo A_1 und A'_1 für r' gesetzt ist, weil ϱ unendlich klein ist.

Aus den vier letzten Gleichungen folgt:

$$k = E\left[\frac{(l_1 + l_2)}{k' \,.\, \pi\varrho^2} + \frac{1}{2\pi k\delta}\log\left(\frac{A_1A_2}{\varrho}\right)^2 \,.\, \frac{A_1A'_2 \,.\, A'_1A_2}{A_1A'_1 \,.\, A_2A'_2}\right].$$

Ist w der Widerstand der Scheibe, w' der des Drahtes, so ist

$$k = E \,.\, (w' + w).$$

Da nun $w' = \frac{l_1 + l}{k' \,.\, \pi\varrho^2}$ ist, so folgt

$$w = \frac{1}{2\pi k\delta}\log\left[\left(\frac{A_1A_2}{\varrho}\right)^2 \,.\, \frac{A_1A'_2 \,.\, A_2A'_1}{A_1A'_1 \,.\, A_2A'_2}\right].$$

Den Ausdruck für den Widerstand einer Ebene hat Smaasen ebenfalls hergeleitet und dafür einen Werth gegeben, der dem von Kirchhoff mitgetheilten entsprechend ausfällt. Er geht von der Betrachtung aus, dass der Widerstand eines Raumes, der zwischen zweien partiellen Strömen eingeschlossen ist, der Summe der Widerstände der partiellen Elemente gleich ist. Bezeichnet man noch mit ϑ den Winkel, den die Tangente der Curve des partiellen Stromes am Punkte, wo sie an der Electrode endet, mit der Axe der x bildet, mit a eine Funktion von ϑ, und mit k den Widerstand der Ebene, wenn der Strom die Einheit der Länge und Breite zurücklegt, während die übrigen Buchstaben ihre bekannte Bedeutung behalten, so findet Smaasen den Widerstand der Ebene

$$= \frac{k}{\pi} \log \frac{2a}{\varrho}.$$

Den Widerstand des Raumes hat Smaasen [1]) gleichfalls erörtert. Der leitende Körper sei ein Umdrehungskörper, dessen Electroden in der Umdrehungsaxe, d. h. der der x liegen, und werde durch die Ebene der xy wieder in zwei symmetrische Hälften getheilt. Sei die Gleichung der Umdrehungsfläche

$$\varphi(x, \sqrt{y^2 + z^2}) = 0,$$

seien ferner (Tab. 2 Fig. 27) AB und $A'B'$ zwei unendlich nahe Strömungscurven, ac und bd zwei Stücke unendlich naher Curven gleicher Spannung; bei der Rotation des ganzen Systems um die Axe der x werden AB und $A'B'$ die Stromflächen, ac und bd die Flächen gleicher Spannung erzeugen, und ac wird als Normale zwischen AB und $A'B'$ zu betrachten sein. Der Widerstand des durch Rotation des Rechteckes $abcd$ entstandenen Körpers ist

$$\frac{k \,.\, ab}{2\pi R \,.\, ac},$$

(der Länge gerade, dem Durchschnitt umgekehrt proportional), wo k den Widerstand der Längen- und Querschnitteinheit des Körpers bezeichnet. Sei nun die Gleichung der durch a gehenden Fläche gleicher Spannung $\psi - b = 0$, der durch a gehenden Stromfläche $\varphi - c = 0$, wo b und c die für den Uebergang von einer zur nächsten Fläche veränderlichen Parameter vorstellen; seien x, R die Coordinaten von a; $x + \delta x$, $R + \delta R$ die von b; $x + \Delta x$, $R + \Delta R$ die von c, so ist

$$ab = \sqrt{\delta x^2 + \delta R^2}, \quad ac = \sqrt{\Delta x^2 + \Delta R^2}.$$

Um von a zu b überzugehen, lässt man x, R und b variiren, während c constant bleibt, um von a auf c überzugehen, variiren x, R, c, und b bleibt constant. Dadurch hat man:

$$\frac{d\psi}{dx} \,.\, \delta x + \frac{d\psi}{dR} \delta R - db = 0; \quad \frac{d\varphi}{dx} \delta x + \frac{d\varphi}{dR} \delta R = 0,$$

---

1) Pogg. Ann. LXXII 122*.

also

$$\delta x = \frac{-\frac{d\varphi}{dR}\,db}{\frac{d\psi}{dR}\frac{d\varphi}{dx} - \frac{d\psi}{dx}\frac{d\varphi}{dR}}\,; \quad \delta R = \frac{\frac{d\varphi}{dx}\,db}{\frac{d\psi}{dR}\frac{d\varphi}{dx} - \frac{d\psi}{dx}\frac{d\varphi}{dR}}$$

und

$$ab = \sqrt{\delta x^2 + \delta R^2} = \frac{db\sqrt{\left(\frac{d\varphi}{dx}\right)^2 + \left(\frac{d\varphi}{dR}\right)^2}}{\frac{d\psi}{dR}\frac{d\varphi}{dx} - \frac{\delta\psi}{dx}\frac{d\varphi}{dR}}$$

und ebenso

$$\Delta x = \frac{\frac{d\psi}{dR}\,dc}{\frac{d\psi}{dR}\frac{d\varphi}{dx} - \frac{d\psi}{dx}\frac{d\varphi}{dR}}\,; \quad \Delta R = \frac{-\frac{d\psi}{dx}\,dc}{\frac{d\psi}{dR}\frac{d\varphi}{dx} - \frac{d\psi}{dx}\frac{d\varphi}{dR}}$$

und

$$ac = \sqrt{\Delta x^2 + \Delta R^2} = \frac{dc\sqrt{\left(\frac{d\psi}{dx}\right)^2 + \left(\frac{d\psi}{dR}\right)^2}}{\frac{d\psi}{dR}\frac{d\varphi}{dx} - \frac{d\psi}{dx}\frac{d\varphi}{dR}},$$

welche Werthe in die Gleichung (1) gesetzt, geben:

$$\frac{k}{2\pi R}\sqrt{\frac{\left(\frac{d\varphi}{dR}\right)^2 + \left(\frac{d\varphi}{dx}\right)^2}{\left(\frac{d\psi}{dR}\right)^2 + \left(\frac{d\psi}{dx}\right)^2}} \cdot \frac{db}{dc}.$$

Der ganze Ranm zwischen den aufeinander folgenden Stromflächen wird also den Widerstand leisten:

$$W = \frac{k}{2\pi dc}\int \frac{1}{R}\sqrt{\frac{\left(\frac{d\varphi}{dR}\right)^2 + \left(\frac{d\varphi}{dx}\right)^2}{\left(\frac{d\psi}{dR}\right)^2 + \left(\frac{d\psi}{dx}\right)^2}} \, . \, db.$$

Für die Grenzen vom Maximum bis zum Minimum von b wird dieser Werth verdoppelt. also

$$W = \frac{k}{\pi dc}\int_{b_0}^{b_1} \frac{1}{R}\sqrt{\frac{\left(\frac{d\varphi}{dR}\right)^2 + \left(\frac{d\varphi}{dx}\right)^2}{\left(\frac{d\psi}{dR}\right)^2 + \left(\frac{d\psi}{dR}\right)^2}} \, . \, db.$$

Bezeichnet endlich L den Widerstand des ganzen Körpers, der aus den einzelnen Schichten vom Widerstande λ, λ' .... zusammengesetzt ist, so ist

$$\frac{1}{L} = \frac{1}{\lambda} + \frac{1}{\lambda} + \ldots . = \Sigma\frac{1}{\lambda},$$

also

$$\frac{1}{L} = \frac{\pi}{k} \int \frac{dc}{\int\limits_{b_0}^{b_1} \frac{1}{R} \sqrt{\frac{\left(\frac{d\varphi}{dR}\right)^2 + \left(\frac{d\varphi}{dx}\right)^2}{\left(\frac{d\psi}{dR}\right)^2 + \left(\frac{d\psi}{dx}\right)^2}}\, db.}$$

Die Grenzen von c werden genommen von dem Werth von c, welcher $\delta = 0$ entspricht, bis zu dem, welcher dem Maximum von δ entspricht, d. h. im Fall des unbegränzten Raumes für $\delta = 0$ und $\delta = \pi$.

Für den unbegrenzten Raum hat man

$$\psi - b = \frac{1}{\sqrt{(x-a)^2+R^2}} - \frac{1}{\sqrt{(x+a)^2+R^2}} - b = 0,$$

$$\varphi - c = \frac{x+a}{\sqrt{(x+a)^2+R^2}} - \frac{x-a}{\sqrt{(x-a)^2+R^2}} - c = 0.$$

daraus durch Differentiation

$$\frac{d\varphi}{dR} = \frac{R(x-a)}{[R^2+(x-a)^2]^{\frac{3}{2}}} - \frac{R(x+a)}{[R^2+(x+a)^2]^{\frac{3}{2}}}$$

$$\frac{d\varphi}{dx} = \frac{R^2}{[R^2+(x+a)^2]^{\frac{3}{2}}} - \frac{R^2}{[R^2+(x-a)^2]^{\frac{3}{2}}}$$

$$\frac{d\psi}{dx} = \frac{R}{[R^2+(x-a)^2]^{\frac{3}{2}}} - \frac{R}{[R^2+(x+a)^2]^{\frac{3}{2}}}$$

$$\frac{d\psi}{dR} = \frac{x+a}{[R^2+(x+a)^2]^{\frac{3}{2}}} - \frac{x-a}{[R^2+(x-a)^2]^{\frac{3}{2}}}$$

woraus

$$\frac{\delta\varphi}{dR} = -R\frac{d\psi}{dx}, \quad \frac{d\varphi}{dx} = -R\frac{d\psi}{dR},$$

also

$$\left(\frac{d\varphi}{dx}\right)^2 + \left(\frac{d\varphi}{dR}\right)^2 = R^2\left[\left(\frac{d\psi}{dx}\right)^2 + \left(\frac{d\psi}{dR}\right)^2\right],$$

welcher Ausdruck in die obige Gleichung für W substituirt, giebt

$$W = \frac{k}{\pi dc}\int\limits_{b_0}^{b_1} db = \frac{k}{\pi dc}(b_1 - b_0).$$

Für den Widerstand, den die Flüssigkeit in den cylindrischen Zellen einer Kette, d. h. also im Raum, der von zwei Cylinderflächen eingeschlossen ist, leistet, hat Daniell[1]) den Satz aufgestellt, er sei proportional dem Abstande der Cylinderflächen, dividirt durch

1) Phil. Trans. 1842, 153*; Pogg. Ann. LX. 395*.

die Fäche des mittleren Querschnitts der Flüssigkeit. Dieser mittlere Querschnitt ist die Oberfläche eines Cylinders, dessen Durchmesser das arithmetische Mittel von den Durchmessern der beiden Metallcylinder ist. Dieser Satz ist offenbar unrichtig, man hat vielmehr als wahren Widerstand das Integral von dem Widerstand zu nehmen, den ein Cylinderelement leistet und zwar zwischen den Grenzen der beiden Metallcylinder. Poggendorff hat auf den obigen Irrthum in einer Anmerkung zur betreffenden Stelle aufmerksam gemacht und auf die Formel verwiesen, die er bei einer früheren Gelegenheit [1]) gegeben, aber noch nicht experimentell erwiesen hat. Sie ist

$$r = \frac{1}{2\pi} \log \frac{\varLambda}{\lambda},$$

wo r der gesuchte Widerstand, λ der Durchmesser des inneren, $\varLambda$ der des äusseren Cylinders ist, den Widerstand für den Durchmesser $1 = 1$ gesetzt. Man kann diesen Werth auf folgende Weise finden. Drückt h die Höhe des Cylinders aus, so ist der Widerstand eines jeden Cylinder-Elementes, das die Höhe h hat, und das zwischen zweien concentrischen Cylinderflächen, deren Abstand $= d\lambda$ ist, eingeschlossen wird, dieser Dicke gerade, und der Cylinderfläche umgekehrt proportional, also

$$= \frac{d\lambda}{2\lambda\pi \,.\, h},$$

folglich

$$r = \frac{1}{2\pi h} \int_{\Lambda}^{\lambda} \frac{d\lambda}{\lambda} = \frac{1}{2\pi h} \log \lambda,$$

und für die Grenzen von $\varLambda$ bis λ

$$r = \frac{1}{2\pi h} (\log \varLambda - \log \lambda) = \frac{1}{2\pi h} \log \frac{\varLambda}{\lambda}.$$

Daniell's [2]) Untersuchungen über die Electricitätsbewegung zwischen einer Hohlkugel und einer an irgend einer Stelle in derselben befindlichen kleinen Kugel, sowie zwischen einer Kugel und einer Ebene enthalten nur annähernde Messung ohne analytische Entwickelung, die auch in dieser Allgemeinheit nicht unbedeutende Schwierigkeiten darbieten dürfte; so dass jene Resultate nur den Werth vereinzelter Thatsachen haben können.

---

1) Pogg. Ann. LV. 47. Anm.*

2) Phil. Trans. 1838. 41*; Ann. of El. VII. 1*.

Lineare Stromverzweigung.

Die Gesetze der linearen Stromverzweigung, früher von Ohm, Fechner und Pouillet studirt, sind in letzter Zeit der Gegenstand der Untersuchungen des Letztgenannten, sowie derer von Poggendorff und von Lenz gewesen. Pouillet [1]) hat für Zweigströme Gesetze aufgestellt, welche als unmittelbare Folgerungen aus den von Ohm herrührenden zu betrachten sind. Sie lauten:

1. Sobald eine Ableitung von einem Strome gemacht wird, nimmt der ursprüngliche Strom an Intenstität zu, also ist der Hauptstrom immer stärker, als der ursprüngliche.
2. Die Intensität des abgeleiteten Stromes ist proportional dem Abstande der Ableitungspunkte von einander.
3. Bei gleichen Abständen verhalten sich diese Intensitäten umgekehrt wie der Querschnitt und die Leitungsfähigkeit desjenigen Theils des Bogens, wo die Ableitung gemacht ist.
4. Die Summe der Intensitäten des theilweisen und des abgeleiteten Stromes ist gleich der Intensität des Hauptstroms.

Er fasst diese Gesetze in folgende Formeln zusammen:

$$x = \frac{T(pk+1)}{pk+1-n}$$

$$y = \frac{Tpk}{pk+1-n}$$

$$z = \frac{T}{pk+1-n},$$

wo T die Intensität des ursprünglichen Stromes, n das Verhältniss der Entfernung der Ableitungspunkte zur gesammten Länge der Leitung, k das Verhältniss des Ableitungsdrahtes zur Entfernung der Ableitungspunkte, p das Verhältniss des Querschnittes des Hauptdrahtes zu dem des Ableitungsdrahtes (reducirt, wenn die Leitungsfähigkeiten verschieden sind), x die Intensität des Hauptstroms, y die des theilweisen, z die des abgeleiteten Stromes ausdrückt.

Poggendorff [2]) nimmt an, die drei Ketten 1, 2, 3 (Tab. 2 Fig. 29) seien durch den Leiter 0 gemeinsam geschlossen, und es sei

---

1) C. r. IV. 267*; Pogg. Ann. XLII. 281*; Ann. of El. II. 92* L'Inst. V. 63*.

2) Pogg. Ann. LIV. 172*; Berl. Acb. 1841. 263*; Ann. de chim. phys. 3me Sér. VII. 87*; L'Inst. X. 77*; Arch. de l'Él. II. 5*.

	In 0	1	2	3
Electromotorische Kraft		k'	k''	k'''
Widerstand	r	r'	r''	r'''
Stromstärke, wenn				
1 allein wirkt . .	i	i'	i''	i'''
2 - - . .	i_2	i'_2	i''_2	i'''_2
3 - - . .	i_3	i'_3	i''_3	i'''_3
alle wirken . . .	J	J'	J''	J'''

so ist

$$\left.\begin{aligned} J &= i + i_2 + i_3 + \dots \\ J' &= i' - i'_2 - i'_3 - \dots \\ J'' &= i'' - i''_2 - i''_3 - \dots \\ J''' &= i''' - i'''_2 - i'''_3 - \dots \end{aligned}\right\} \quad \text{(I.)}$$

Nun ist die Stärke des Stromes in jedem Querschnitt gleich gross, also wenn die Kette 1 allein wirkt:

$$i' = i + i'' + i''' \quad \dots . \text{(1.)}$$

In den Zweigen verhalten sich die Stromstärken umgekehrt wie die Widerstände; also sind die Producte aus den Stromstärken in die Widerstände, d. h. die electromotorischen Kräfte, einander gleich:

$$ir = i''r'' = i'''r''' \dots = h' \quad \dots . . \text{(2.)}$$

Die gesammte electromotorische Kraft ist gleich der Summe der, in den einzelnen Längenstücken der Kette vorhandenen, electromotorischen Kräfte:

$$i'r' + h' = k' \quad \dots . \text{(3.)}$$

Danach ergeben sich die Stärken der partiellen Ströme in den Wegen 0, 1, 2, 3; nämlich:

$$i = \frac{k' \dfrac{r''r'''}{rr'' + rr''' + r''r'''}}{r' + \dfrac{rr''r'''}{rr'' + rr''' + r''r'''}}$$

$$= \frac{k' . r''r'''}{rr'r'' + rr'r''' + r'r''r'''}$$

$$= \frac{k'}{rr'\left(\dfrac{1}{r} + \dfrac{1}{r'} + \dfrac{1}{r''} + \dfrac{1}{r'''}\right)}$$

Setzt man $\frac{1}{r} + \frac{1}{r'} + \frac{1}{r''} + \frac{1}{r'''} = s$, so ist $i = \frac{k'}{rr's}$, eben so ist $i' = \frac{k'(r's-1)}{r'r's}$; $i'' = \frac{k'}{r'r''s}$; $i''' = \frac{k'}{r'sr'''}$, und analog die Werthe i_2, i'_2, u. s. w.

Für die totale Stromstärke ist:

$$\left.\begin{aligned} J &= \frac{1}{sr}\left(\frac{k'}{r'}+\frac{k''}{r''}+\frac{k'''}{r'''}+\ldots\right) \\ J' &= \frac{1}{sr'}\left(\frac{k'(sr'-1)}{r'}-\frac{k''}{r''}-\frac{k'''}{r'''}-\ldots\right) \\ J'' &= \frac{1}{sr''}\left(\frac{k''(sr''-1)}{r''}-\frac{k'}{r'}-\frac{k'''}{r'''}-\ldots\right) \end{aligned}\right\} \text{(II.)}$$

wo man für J', J'', J''' schreiben kann:

$$\left.\begin{aligned} J' &= \frac{k'}{r'}-\frac{1}{sr'}\left(\frac{k'}{r'}+\frac{k''}{r''}+\frac{k'''}{r'''}\ldots\right) \\ J'' &= \frac{k''}{r''}-\frac{1}{sr''}\left(\frac{k'}{r'}+\frac{k''}{r''}+\frac{k'''}{r'''}\ldots\right) \\ J''' &= \frac{k'''}{r'''}-\frac{1}{sr'''}\left(\frac{k'}{r'}+\frac{k''}{r''}+\frac{k'''}{r'''}\ldots\right) \end{aligned}\right\} \text{(III.)}$$

und da $\frac{1}{sr'}+\frac{1}{sr''}+\frac{1}{sr'''}+\ldots = \frac{1}{s}\left(s-\frac{1}{r}\right) = 1-\frac{1}{rs}$ ist,

$$J = J'+J''+J'''+\ldots \quad \text{(IV.)}$$

In Bezug auf den Schliesser o, und dessen Intensität hat das System den Widerstand R, und die electromotorische Kraft K, wofür sich ergiebt:

$$R = r+\frac{1}{s-\frac{1}{r}} \quad \text{(V.)}$$

$$K = J.R$$

$$K = \frac{1}{s-\frac{1}{r}}\left(\frac{k'}{r'}+\frac{k''}{r''}+\frac{k'''}{r'''}+\ldots\right) \quad \text{(VI.)}$$

Für zwei Ketten kann man die Formeln (II) so schreiben [7]:

$$J = \frac{1}{sr}\left(\frac{k'}{r'}\mp\frac{k''}{r''}\right)$$

$$J' = \frac{1}{sr'}\left(\frac{k'(sr'-1)}{r'}\mp\frac{k''}{r''}\right)$$

$$J'' = \frac{1}{sr''}\left(\frac{k''(sr''-1)}{r''}\mp\frac{k'}{r'}\right)$$

wo das obere Zeichen für eine Zusammenstellung wie in (Tab. 2, Fig. 20), das andere wie in (Fig. 21) gilt. Lässt man $k'' = k'$ werden, so ist für den ersten Fall:

$$J = \frac{k'}{sr}\left(\frac{1}{r'}+\frac{1}{r''}\right)$$

$$J' = \frac{k'}{sr'}\cdot\frac{1}{r}$$

$$J'' = \frac{k'}{sr''}\cdot\frac{1}{r}$$

---

7) Pogg. Ann. LV. 158*.

für den zweiten:

$$J_1 = \frac{k'}{sr}\left(\frac{1}{r'} - \frac{1}{r''}\right)$$

$$J'_1 = \frac{k'}{sr'}\left(\frac{1}{r} + \frac{2}{r''}\right)$$

$$J''_1 = \frac{k'}{r''}\left(\frac{1}{r} + \frac{2}{r'}\right)$$

Durch diese Gleichungen lässt sich unter Anderm für constante Ketten durch die Intensitäten J und J' das Widerstandsverhältniss und durch die Intensität J_1, wenn sie durch die Längen a und $c = o$ gemacht ist, der Widerstandsunterschied zweier Ketten von gleicher electromotorischer Kraft bestimmen.

Die Formeln (III) hat Poggendorff [1]) später benutzt, um eine, von Daniell [2]) durch den Versuch studirte Erscheinung zu erklären. Daniell fand nämlich, dass, als er eine Säule von neun constanten Ketten durch ein Galvanometer schloss, ein zweites Galvanometer, welches noch ausserdem mit einer oder der andern Kette verbunden wurde, darin nicht immer einen Strom in der Richtung des Hauptstroms anzeigte, sondern zuweilen einen entgegengesetzten. Das geht aus den Poggendorff'schen Formeln klar hervor; sind nämlich zwei Ketten $P, Z, P_{,,} Z_{,,}$ (Tab. 2, Fig. 30) zur Säule verbunden und durch ab geschlossen, so wird die Richtung in diesen Leitern die eine oder die andere sein, je nachdem $\frac{k'}{r'}$ oder $\frac{k''}{r''}$ grösser ist, denn

$$J = \frac{1}{sr}\left(\frac{k'}{r'} - \frac{k''}{r''}\right).$$

Ohne k und k'' zu ändern, erreicht man das durch Verschiebung des Leiters ab zwischen den Linien $Z_{,,} P_{,}$ und $P_{,,} Z_{,}$. Die Anwendung auf mehre Ketten ist eben so einleuchtend.

Mit den so eben mitgetheilten Resultaten kommen die sehr nahe zusammen, welche Lenz [3]) bei seinen Untersuchungen über die Theorie der zusammengesetzten Kette erhalten hat, und die er veröffentlichte, ohne Poggendorff's etwas frühere Arbeit zu kennen. Er wurde darauf geleitet durch die Versuche, welche Crusell [4]) an Kranken anstellte, welche er nicht hinter, sondern ne-

1) Pogg. Ann. LV. 511*; Arch. de l'Él. III. 141*.
2) Phil. Trans. 1837. 148*.
3) Bull. phys. math. de St. Pét. III. 67*.
4) Ib. p. 65*.

ben einander in die Kette einschaltete. Lenz verbindet die Ketten (Tab. 2, Fig. 31) A_1K, A_2K, ... A_nK; wenn deren electromotorische Kräfte K_1, K_2 ... K_n, deren Widerstände λ_1, λ_2 ... λ_n sind, so ist die Intensität der Kette

$$1: = \frac{k\left(\frac{1}{\lambda_2}+\frac{1}{\lambda_3}+\dots\dots+\frac{1}{\lambda_n}\right)}{\lambda_1\left[\frac{1}{\lambda_n}\right]},$$

$$\text{wo } \left[\frac{1}{\lambda_n}\right] = \frac{1}{\lambda_1}+\frac{1}{\lambda_2}+\dots\dots+\frac{1}{\lambda_n} \text{ ist.}$$

$$2: = -\frac{k_2}{\lambda_1\lambda_2\left[\frac{1}{\lambda_n}\right]},\quad 3: = -\frac{k_3}{\lambda_1\lambda_3\left[\frac{1}{\lambda_n}\right]}\quad n = -\frac{k_n}{\lambda_1\lambda_n\left[\frac{1}{\lambda_n}\right]}.$$

Folglich die ganze Stromstärke in 1:

$$F_1 = \frac{k_1\left(\frac{1}{\lambda_2}+\frac{1}{\lambda_3}+\dots\dots+\frac{1}{\lambda_n}\right)\left(\frac{k_2}{\lambda_2}+\frac{k_3}{\lambda_3}+\dots\dots+\frac{k_n}{\lambda_n}\right)}{\lambda_1\left[\frac{1}{\lambda_n}\right]}$$

und in einer Kette m

$$(A)\dots F_m = k_m\left(\frac{1}{\lambda_1}+\frac{1}{\lambda_2}+\dots+\frac{1}{\lambda_{m-1}}+\frac{1}{\lambda_{m+1}}+\dots+\frac{1}{\lambda_n}\right).$$

$$\times \frac{\left(\frac{k_1}{\lambda_1}+\frac{k_2}{\lambda_2}+\dots+\frac{k_{m-1}}{\lambda_{m-1}}+\frac{k_{m+1}}{\lambda_{m+1}}+\dots+\frac{k_n}{\lambda_n}\right)}{\lambda_m\left(\frac{1}{\lambda_1}+\frac{1}{\lambda_2}+\dots+\frac{1}{\lambda_n}\right)}.$$

Dieser Ausdruck enthält den von Poggendorff gegebenen, wenn die Kette 1 nur ein Leiter ohne electromotorische Kraft ist.

In der von Crusell gemachten Anwendung ist die Polarisation an den nassen Händen die electromotorische Kraft jeder Kette, geht also dem Hauptstrom entgegen ... $L = \lambda$ sei der Widerstand der Kette, $K = k$ ihre electromotoriscde Kraft. Lenz geht nun von seiner Hypothese aus, dass die Polarisation von der Stärke des Hauptstromes unabhängig sei, so dass

$$k_2 = k_3 = k_4 = \dots = k_n = p \text{ wird, also}$$

$$F_m = \frac{p\left(\frac{1}{L}+\frac{1}{\lambda_1}\dots+\frac{1}{\lambda_{m-1}}+\frac{1}{\lambda_{m+1}}+\dots+\frac{1}{\lambda_n}\right)}{\lambda_m\left(\frac{1}{L}+\frac{1}{\lambda_n}+\dots+\frac{1}{\lambda_n}\right)}$$

$$-\frac{\left(\frac{K}{L}+p\left[\frac{1}{\lambda_2}+\frac{1}{\lambda_3}+\dots+\frac{1}{\lambda_{m-1}}+\frac{1}{\lambda_{m+1}}+\dots+\frac{1}{\lambda_n}\right]\right)}{\lambda_m\left(\frac{1}{L}+\frac{1}{\lambda_n}+\dots+\frac{1}{\lambda_n}\right)}$$

$$\text{oder } F_m = -\frac{K - p}{\lambda_m\left(1 + L\left[\frac{1}{\lambda_2} + \frac{1}{\lambda_3} \ldots + \frac{1}{\lambda_n}\right]\right)}$$

Ist der Widerstand eines jeden Körpers gross gegen den der Kette, so kann

$$L\left(\frac{1}{\lambda_2} + \frac{1}{\lambda_3} + \ldots + \frac{1}{\lambda_n}\right) = o$$

gesetzt werden, so dass man hat:

$$F_m = \frac{k - p}{\lambda_m}.$$

Wäre der Kranke m allein mit der Batterie verbunden, so wäre

$$f_m = \frac{k - p}{\lambda_m + L},$$

welcher Werth, wenn L gegen λ_m verschwindet, auch in $\frac{k - p}{\lambda_m}$ übergeht.

In allen diesen Untersuchungen sind nur solche Ströme in Betracht gezogen, bei denen die Verzweigung von zweien Punkten ausgeht. Nur Kirchhoff [1]) ist von einem allgemeineren Gesichtspunkt ausgegangen, um die Gesetze, welche er für den Widerstand einer Ebene aufgestellt hatte, experimentell zu bestätigen. Er schickt zunächst folgende leicht zu beweisende Sätze voran:

Wird ein System von Drähten, die auf eine ganz beliebige Weise mit einander verbunden sind, von galvanischen Strömen durchflossen, so ist:

1) wenn die Drähte 1, 2 ... μ in einem Punkte zusammenstossen:

$$J_1 + J_2 + \ldots + J_\mu = 0 \ldots (1)$$

wo J_1, J_2, ... J_μ die Intensitäten der Ströme bezeichnen, die jene Drähte durchfliessen, alle nach dem Berührungspunkte zu als positiv gerechnet;

2) wenn die Drähte eine geschlossene Figur bilden:

$$J_1 \cdot \omega_1 + J_2 \cdot \omega_2 + \ldots + J_\nu \cdot \omega_\nu \ldots ; \; (2)$$

= der Summe aller electromotorischen Kräfte, die sich auf dem Wege 1, 2 ... ν befinden, wo ω_1, ω_2 ... ω_ν die Widerstände der Drähte, J_1, J_2 ... J_ν die Intensitäten der Ströme bezeichnen, von denen diese durchflossen werden, alle nach einer Richtung als positiv gerechnet.

1) Pogg. Ann. LXIV. 512*.

Aus diesen Sätzen kann man immer die verlangten J entwickeln. Werden die in (Tab. 2, Fig. 28) angedeuteten Bezeichnungen angewandt, wo $J_0 = 0$ sein soll, so ist:

aus (1):

$$J_1 + J_2 = 0, \; J_3 + J_4 = 0,$$

aus (2):

$$J_1 \, . \, \omega_1 - J_3 \, . \, \omega_3 = 0, \; J_2 \, . \, \omega_2 - J_4 \, . \, \omega_4 = 0,$$

also $\frac{\omega_1}{\omega_2} = \frac{\omega_3}{\omega_4}$.

Allgemein hat nachher Kirchhoff[1]) nachgewiesen, dass, wenn n Drähte beliebig mit einander verbunden sind, von denen die Drähte k_1, k_2, k_3 ... eine geschlossene Figur bilden, und ω_k, E_k, J_k den Widerstand, die electromotorische Kraft, und die Intensität in k u. s. w. bezeichnet, so dass

$$\omega_{k_1} J_{k_1} + \omega_{k_2} J_{k_2} + \ldots = E_{k_1} + E_{k_2} + \ldots$$

wenn ferner die Drähte λ_1, λ_2 ... in einem Punkte zusammenstossen, so dass

$$J_{\lambda_1} + J_{\lambda_2} + \ldots = 0 \text{ ist;}$$

dass man dann die Auflösung der Gleichungen, welche man durch Anwendung dieser Sätze für J_1, J_2 ... J_n erhält, sich folgendermassen angeben lässt, vorausgesetzt, dass das gegebene System nicht in mehrere ganz getrennte zerfällt:

Es sei m die Anzahl der Kreuzungspunkte, d. h. der Punkte, in denen zwei oder mehre Drähte zusammenstossen, und $\mu = n - m + 1$, so ist der gemeinschaftliche Nenner aller Grössen J die Summe derjenigen Combinationen von ω_1, ω_2, ... ω_n zu je μ Elementen, ω_{k_1}, ω_{k_2} ... ω_{k_μ}, welche die Eigenschaft haben, dass nach Fortnahme der Drähte k_1, k_2 ... k_μ keine geschlossene Figur übrig bleibt; und es ist der Zähler von J_λ die Summe derjenigen Combinationen von ω_1, ω_2 ... ω_n zu je $\mu - 1$ Elementen, $\omega_{k_1} \, . \, \omega_{k_2} \, . \, \ldots \, . \, \omega_{k_{\mu-1}}$, welche die Eigenschaft haben, dass nach Fortnahme von k_1, k_2, ... $k_{\mu-1}$ eine geschlossene Figur übrig bleibt, und dass in dieser λ vorkommt; eine jede Combination multiplicirt mit der Summe der electromotorischen Kräfte, welche sich auf der zugehörigen geschlossenen Figur befinden. Die electromotorischen Kräfte sind hierbei in der Richtung als positiv zu rechnen, in der J_λ als positiv gerechnet ist.

1) Pogg. Ann. LXXII. 497*.

Zur Prüfung der vorher gegebenen Auflösung wurden die Drähte in der in der Figur angegebenen Weise zusammengestellt, in den Bogen *CD* war ein Multiplicator eingeschaltet, *AC* enthielt die Scheibe mit den beiden Drähten, *BC* einen Rheostat. Der Widerstand ω_3 wurde sehr klein gemacht, indem *AD* ein kurzer dicker Draht war, ω_n war gross, weil *BD* aus einem langen dünnen Draht bestand. Die Veränderungen von *AC* waren also den beobachteten Veränderungen von *BC* proportional, aber sehr merkbar bei geringer Veränderung von *AC*. Dieses Verfahren ist zwar noch auf manche Schwierigkeiten gestossen, die aber wohl nicht unüberwindlich sein dürften.

Später hat Poggendorff[1]) eine von Weber aufgefundene und ihm mitgetheilte Methode zur Lösung desselben Problems veröffentlicht, die er aber selbst nicht als so kurz und allgemein, als die Kirhhoffsche anerkennt.

Zur Erläuterung des von Kirchhoff gestellten Problems denke man, dass einer der Drähte in (Tab. 2, Fig. 28) gespalten sei, wie in Fig. 32; jedoch so, dass dadurch keine Veränderung im Widerderstande des ganzen Systems eintritt. Dies geschieht durch Erfüllung der folgenden acht Bedingungsgleichungen:

$$\frac{1}{r_1} = \frac{1}{\varrho_2} + \frac{1}{\varrho_0} \quad \ldots \quad (1)$$

$$i_1 = i_2 + i_0 \quad \ldots \quad (2)$$

$$i_2\varrho_2 = i_0\varrho_0 \quad \ldots \quad (3)$$

$$i_4 = i_3 + i_0 \quad \ldots \quad (4)$$

$$i_3r_3 = i_0(r_0 + \varrho_0) \quad \ldots \quad (5)$$

$$i = i_2 + i_4 \quad \ldots \quad (6)$$

$$i_2(r_2 + \varrho_2) = i_4\left(r_4 + \frac{r_3(r_0 + \varrho_0)}{r_3 + r_0 + \varrho_0}\right) \quad \ldots \quad (7)$$

$$\frac{1}{R} = \frac{1}{r_2 + \varrho_2} + \frac{1}{r_4 + \frac{r_3(r_0 + \varrho_0)}{r_3 + r_0 + \varrho_0}} \quad \ldots \quad (8)$$

wo i, i_1 ... i_0 die Intensitäten in den Drähten mit den analog bezeichneten Widerständen sind, R der aus r_1, r_2, r_3, r_4, r_0 gebildete Gesammtwiderstand, während die beiden Spaltungen von r_1 die Widerstände ϱ_0 und ϱ_2 darbieten. Aus obigen Gleichungen folgen die Werthe:

---

1) Pogg. Ann. LXVII. 273*; Berl. Acb. 1846. 3*; Ann. de chim. phys. 3me Sér. XVIII. 489; L'Inst. No. 654. 243.

$$\varrho_2 = \frac{r_3(r_2 + r_4) + r_0(r_3 + r_4)}{r_4(r_3 + r_1) + r_0(r_3 + r_4)} \cdot r_1,$$

$$\varrho_0 = \frac{r_3(r_2 + r_4) + r_0(r_3 + r_4)}{r_3 r_2 - r_4 r_1} \cdot r_1$$

$$R = \frac{r_1 r_3(r_2 + r_4) + r_2 r_4(r_1 + r_3) + r_0(r_1 + r_2)(r_3 + r_4)}{(r_2 + r_4)(r_1 + r_3) + r_0(r_1 + r_2 + r_3 + r_4)} = \frac{v}{w} \;.\;. \quad (9)$$

$$i = \frac{k}{r + R} = \frac{k}{r + \frac{v}{w}} = \frac{w}{rw + v} \cdot k \;\ldots\ldots\ldots\ldots\ldots\; (10)$$

$$i_1 = \frac{r_3(r_2 + r_4) + r_0(r_3 + r_4)}{rw + v} \cdot k \;\ldots\ldots\ldots\ldots\ldots\; (11)$$

$$i_2 = \frac{r_4(r_1 + r_3) + r_0(r_3 + r_4)}{rw + v} \cdot k \;\ldots\ldots\ldots\ldots\ldots\; (12)$$

$$i_3 = \frac{r_1(r_2 + r_4) + r_0(r_3 + r_4)}{rw + v} \cdot k \;\ldots\ldots\ldots\ldots\ldots\; (13)$$

$$i_4 = \frac{r_2(r_1 + r_3) + r_0(r_1 + r_2)}{rw + v} \cdot k \;\ldots\ldots\ldots\ldots\ldots\; (14)$$

$$i_0 = \frac{r_3 r_2 - r_4 r_1}{rw + v} \cdot k \;\ldots\ldots\ldots\ldots\ldots\ldots\ldots\; (15)$$

und aus den Gleichungen (10) bis (15):

$$i_0 = i_1 - i_2 \;\ldots\ldots\; (16)$$

$$i_0 = i_4 - i_3 \;\ldots\ldots\; (17)$$

$$i_0 r_0 = i_2 r_2 - i_4 r_4 \;\ldots\; (18)$$

$$i_0 r_0 = i_3 r_3 - i_1 r_1 \;\ldots\; (19)$$

von welchen Ausdrücken **Kirchhoff** bei seiner Methode ausgegangen ist. Endlich ist noch

$$\frac{i_0}{i} = \frac{r_3 r_2 - r_4 r_1}{w} \;\ldots\; (20)$$

Wird in (9) $r_0 = o$ gesetzt, so wird

$$R = \frac{r_1 r_3}{r_1 + r_3} + \frac{r_2 r_4}{r_2 + r_4},$$

gleich den Widerständen zweier aus den Drähten $r_1 r_3$ und $r_2 r_4$ gebildeten Oehsen. Für $r_0 = \infty$ wird

$$R = \frac{(r_1 + r_2)(r_3 + r_4)}{r_1 + r_2 + r_3 + r_4},$$

gleich dem Widerstande einer aus $(r_1 + r_2)$ und $(r_3 + r_4)$ gebildeten Oehse. Ist überdem $r_2 = nr_1$, $r_4 = nr_3$, so wird

$$R = \frac{(1 + n) r_1 r_3}{r_1 + r_3},$$

welchen Werth man auch erhält, wenn man $r_2 = nr_1$, $r_4 = nr_3$ setzt, ohne $r_0 = \infty$ werden zu lassen. Bei dieser Annahme wird aber $i_0 = o$, so gut wie für $r_0 = \infty$, weil dann $v = \infty$, $w = \infty$.

Sobald aber die Stromstärke im Querdraht $= o$ ist, hat dieser auf R keinen Einfluss.

Die Messungen, welche Weber mittelst magnetoelectrischer Ströme, Poggendorff mittelst des Stromes einer Groveschen Kette angestellt haben, bestätigen die Richtigkeit der vorstehenden Resultate vollkommen.

Auf einen wesentlichen Vorzug der Kirchhoffschen Methode macht Poggendorff aufmerksam: wenn nämlich in verschiedenen Zweigen electromotorische Kräfte vorhanden sind, so braucht man nicht alle partielle Ströme zu berechnen, da man durch Elimination sogleich die Ausdrücke für die gesammten Stromstärken erhält. Dieselben stimmen dann mit den oben S. 155 unter No. (III) gegebenen überein, und bestätigen dadurch die Brauchbarkeit der dort angewandten Methode.

Poggendorff[1]) hatte eine Beobachtung gemacht, aus der er schloss, dass die Gesetze der Zweigströme ihre Gültigkeit verlieren, wenn der eine Zweig ein fester Leiter, der andere ein Electrolyt ist. Er spannte einen dünnen Platindraht in einer Glasröhre aus, schaltete denselben in eine Stromleitung, und füllte dann das Glas mit verdünnter Schwefelsäure und mass beide Male die Intensität mittelst des Compensationsverfahrens. Der Widerstand der Flüssigkeit (r) wurde $= 86$, der des Drahtes (r') $= 10$ gefunden; der Gesammtwiderstand hätte also nur $\frac{rr_1}{r+r_1} = 77$ sein dürfen, aber die Stromintensität war bei Anwendung der Flüssigkeit ganz dieselbe, wie bei der bloss metallischen Leitung. Wurde in einem mit verdünnter Säure gefüllten Gefäss ebenso ein Platindraht ausgespannt, und demselben an beiden Enden von den Seiten her Platinplatten genähert, die durch ein Galvanometer geschlossen waren, so zeigte sich in diesem durchaus kein Strom. Poggendorff schliesst daher, dass eine Verzweigung gar nicht statt gefunden hat. Wenn man auch annimmt, dass die Ladung an dem sehr dünnen Drahte dem Strome den Austritt in die Flüssigkeit erschwert, so ist doch kaum eine so grosse Abweichung vom erwarteten Resultate dadurch zu erklären, besonders beim Compensationsverfahren, bei dem die Messung in dem Momente geschieht, in welchem der Strom erst hergestellt wird.

1) Berl. Acber. 1844. 312*; Pogg. Ann. LXIV. 54*; L'Inst. XII. 436*; Arch. de l'Él V. 133*.

Die Versuche von Jacobi[1]) haben das vorliegende Factum etwas, aber doch nicht völlig aufgeklärt. Er spannte durch einen Holzkasten einen Neusilberdraht, leitete einen Strom durch denselben, und füllte dann den Kasten mit einer gesättigten Kupfervitriollösung. Der Strom nahm etwas an Intensität zu, aber so wenig, dass man die Zunahme einer Vergrösserung der Leitungsfähigkeit des Neusilberdrahtes zuschreiben konnte, die derselbe durch das Aufgiessen einer kälteren Lösung erfahren hatte. Der Draht blieb nun in der Kupfervitriollösung eine halbe Stunde lang der Wirkung eines starken Grove'schen Elementes ausgesetzt. Nach Verlauf dieser Zeit war das, mit dem Zink verbundene Ende des Drahtes von einem Kupferniederschlage stark geröthet, das andere stark geschwärzt, zuletzt wurde es durchfressen. Es war also allerdings ein Theil des Stromes aus dem Drahte in die Flüssigkeit übergetreten. Wurde der Neusilberdraht durch einen Platindraht ersetzt, so zeigte sich keine Spur von Kupferniederschlag; nach Hinzufügung eines zweiten Elementes färbte sich der Draht nach mehrstündiger Wirkung auf eine kurze Strecke; der Niederschlag breitete sich aber nicht aus, nachdem eine Säule von sechs Daniell'schen Ketten zwanzig Stunden hindurch gewirkt hatte. Bei der Wiederholung des ersten Versuchs, wobei aber jetzt ebenfalls ein Platindraht angewandt wurde, zeigte sich keine Veränderung im Widerstande. Nun wurde ein Kupferdraht parallel mit demselben ausgespannt, und ein Strom hindurchgeleitet, um den Platindraht mit Kupfer zu umkleiden. Hierdurch sollte ein Kupferdraht von grosser Oberfläche und doch grossem Leitungswiderstande dargestellt werden. Auch bei Anwendung dieses Drahtes konnte ebensowenig eine Widerstandsveränderung, als eine veränderte Oberflächenbeschaffenheit beobachtet werden. Eine Wiederholung der Versuche mit Neusilberdraht gab zwar keine Widerstandsveränderung, aber Röthung und Schwärzung der Drahtenden bis zum Durchfressen. Die schwächere Wirkung beim Platin ist wohl zum Theil seiner besseren Leitungsfähigkeit, zum Theil der grösseren Ladung zuzuschreiben, die es annimmt. Die Resultate, die Jacobi aus seinen Versuchen zieht, sind folgende:

1) dass auch bei einem gerade ausgespannten Drahte ein Ne-

1) Bull. phys. math. de St. Petersb. V. 86*; L'Inst. XIV. 422; Pogg. Ann. LXIX. 181*; Arch. des sc. ph. III. 398.

benstrom, obwohl von sehr geringer Stärke, durch die Flüssigkeit hindurch statt findet;

2) dass die Wirkung dieses Stromes an den Extremen des Drahts am stärksten ist;

3) dass die Ausbreitung dieser Wirkung weniger von der Stärke des Stromes, als von den verhältnissmässigen Dimensionen und Widerständen des Drahts und der Flüssigkeit abhängt. Jacobi fügt hinzu, dass die Ströme sich wahrscheinlich nicht in bogenförmigen Curven neben dem Drahte ausbreiten, wie man dies gewöhnlich annimmt, weil bei einer nur $\frac{1}{10}''$ dicken Flüssigkeitsschicht die 38'' entfernten Drahtenden am stärksten afficirt werden. Dieser Grund scheint indess keineswegès entscheidend, die anderen Theile des Drahtes erscheinen weniger afficirt, weil ein jeder gleichzeitig als Anode und als Kathode eines Nebenstromes auftritt.

Verbindung der Ketten zur Säule.

Die Frage, welche Anordnung man einer Anzahl von Ketten, über welche man zu verfügen hat, geben muss, je nach der Wirkung, welche sie hervorbringen sollen, ist von verschiedenen Physikern behandelt worden, natürlich ohne wesentlich verschiedenes Resultat, da es mit grosser Einfachheit durch Folgerungen aus dem Ohm'schen Gesetze gelöst wird. Vorsselman de Heer [1]) giebt folgende Entwickelung:

Sei C die electromotorische Kraft einer galvanischen Combination, R der wesentliche Widerstand einer Kette, r der ausserwesentliche, so hat man

$$J = \frac{C}{R + r}.$$

Vereinigt man n Elemente derselben Art zu einer Säule, so wird bei gleichbleibendem ausserwesentlichen Widerstande r

$$J = \frac{nC}{nR + r}.$$

Benutzt man zu diesen Versuchen dieselbe Metallfläche, wie in der ersten Kette, indem man dieselbe in n einzelne Paare zerlegt, so erhält jedes Paar wiederum einen $n$fachen wesentlichen Widerstand, also

---

1) Pogg. Ann. XLVI. 516*.

$$J_n = \frac{nC}{n^2R + r}.$$

Ist ein bestimmter Widerstand ausserhalb der Kette (z. B. irgend eine Drahtleitung) gegeben, so erhält man mit derselben Metalloberfläche das Maximum der Intensität, wenn $nR + \frac{r}{n}$ ein Maximum wird. Aus der Differentiation

$$\frac{d\left(nR + \frac{r}{n}\right)}{dn} = 0 \text{ folgt: } n = \sqrt{\frac{r}{R}}$$

also

$$J_{(max)} = \frac{C}{2\sqrt{rR}}.$$

Aus dem Ausdruck $n^2R = r$ sieht man sogleich, dass die Wirkung der Kette im Maximum sein wird, wenn der ausserordentliche Widerstand dem wesentlichen gleich ist. Denselben Gegenstand hat Vorsselmann de Heer [1]) in etwas veränderter Weise in seinen „Recherches sur quelques points de l'Électricité voltaïque" behandelt; ebenso sind die Resultate ganz entsprechend, welche Jacobi [2]) in der oben mitgetheilten Arbeit über die Wirkung der Zinkkupfer- und Zinkplatinkette, Poggendorff [3]) bei Gelegenheit einer Abhandlung von Walker [4]) über die Gesetzmässigkeit in der chemischen Wirkung der voltaischen Batterie, und Bunsen [5]) bei der Besprechung seiner Kohlenzinkkette mitgetheilt haben. Die letztgenannte Arbeit hat Poggendorff noch zu einer Bemerkung Veranlassung gegeben; Bunsen hatte nämlich, um die Oberfläche der Electroden zu vergrössern, mehrere Voltameter hintereinander in den Strom eingeschaltet. Die obige Bestimmung des Maximums gilt aber nur für einen gleichbleibenden ausserordentlichen Widerstand; kann man die Anzahl der Zersetzungszellen willkürlich vervielfältigen, so hat die Summe des chemischen Effects gar kein Maximum mehr, sondern derselbe wächst, bei ungeänderter Batterie, mit der Anzahl der Zellen.

Die vorstehenden Entwickelungen dienen wenig zur Bestäti-

---

1) Bull. des sc. phys. et nat. de Néerl. 1839. 330.*
2) Pogg. Ann. L. 510.* etc.
3) Pogg. Ann. XLVII. 123.*
4) Ann. of El. III. 121.
5) Pogg. Ann. LV. 274.*

gung der von de la Rive hingestellten Ansicht, als müsse der Widerstand einer Säule grösser sein als der des Schliessers, um die grösstmöglichste Wirkung hervorzubringen. Henrici [1]) hat aus dieser Ansicht ein Resultat gezogen, welches sie doch nicht im vollen Umfange motivirt. Ist nämlich die Intensität einer Kette

$$Q = \frac{A}{R+r},$$

so müsste nach de la Rive die einer Säule von n solchen Ketten

$$Q_n = \frac{A}{nR+r},$$

also kleiner als die der Kette sein. Diese Deduction ist mathematisch richtig, aber die an sich unmathematische Vorstellung würde dadurch nicht unklarer werden, denn ihr zufolge würde jetzt ein grösserer Antheil der vorhandenen Electricität durch den Leiter gehen, so dass dieser doch gewönne.

Noch einige Folgerungen aus obigen Resultaten mögen hierbei angeführt werden; zunächst eine die W. Weber [2]) und Poggendorff [3]) gezogen haben: Ist der wesentliche Widerstand nr für das Maximum der Intensität $= w$, so hat man

$$i = \frac{nk}{nr+nr} = \frac{k}{2r},$$

d. h. die Stromstärke der Säule für den Fall des Maximums ist gleich der halben Stromstärke einer der einfachen Ketten, aus denen die Säule gebildet ist.

Für die Einschaltung eines Voltameters in den Strom nimmt Poggendorff statt des Widerstandes desselben den einer Drahtlänge, was natürlich, wie er selbst hinzufügt, nur annähernd richtig ist, da die Einschaltung des Voltameters zugleich die electromotorische Kraft schwächt und den Widerstand vergrössert. Ist λ der Widerstand der Flüssigkeit, σ die Grösse der Platten, und S die Fläche eines Metalles der Kette (die beide gleich gross sein mögen), so ist

$$i = \frac{nk}{nr+w}, \quad r = \frac{\lambda}{\sigma}, \quad \frac{S}{\sigma} = n,$$

also

$$r = \frac{n\lambda}{S} = \frac{S\lambda}{\sigma^2}.$$

1) Ueber die Electricität der galvan. Kette. Göttingen 1840. 225.*
2) Resultate des magnet. Vereins. 1838. 112.*
3) Pogg. Ann. LV. 43*; Berl. Acb. 1841. 6*; Arch. de l'Él. II. 196.*

also erhält man

$$i = \frac{nSk}{n^2\lambda + Sw}, \quad \text{oder } i = \frac{\sigma Sk}{S\lambda + \sigma^2 w}.$$

Sucht man aus beiden Ausdrücken das Maximum, das eine Mal nach n, das andere nach σ, so ist

$$w = \frac{n^2\lambda}{S} = \frac{S\lambda}{\sigma^2} = nr.$$

Für diesen Fall muss also, wie vorher beim Maximum $i = \frac{2r}{k}$ die Hälfte von der Stromstärke eines einfachen Plattenpaares sein.

Lenz [1]) stellt die Frage: wie muss eine Kette und eine gegebene Anzahl von Wasserzersetzungs-Apparaten angeordnet werden, um das Maximum des Effectes zu geben?

n (Tab. II. Fig. 31) sei die Kette mit der electromotorischen Kraft K und dem wesentlichen Widerstand L, die Wasserzersetzungs-Apparate haben zur electromotorischen Kraft die Ladung $k_1 = k_2 = \ldots . k_{n-1} = p$ den Widerstand

$$\lambda_1 = \lambda_2 = \ldots . \lambda_{n-1} = \lambda.$$

Nach der, bei der Verzweigung der Ströme entwickelten, und mit (A) bezeichneten Formel ist

$$F = -\frac{k-p}{\lambda + nL}$$

und wenn die n Apparate hintereinander verbunden sind

$$f = \frac{k - np}{n\lambda + L}.$$

Ist z die Zinkfläche, und bilden wir aus ihr x Paare, so ist

$$K = x, \; L = \frac{lx^2}{z},$$

wenn l den Widerstand der Flächeneinheit bezeichnet, also

$$F = z\frac{x-p}{z\lambda + nx^2 l}, \quad f = z\frac{x-np}{n\lambda z + lx^2}.$$

Für das Maximum:

$$\frac{dF}{dx} = 0 = nlx^2 - 2pnlx - z\lambda,$$

$$\frac{df}{dx} = 0 = lx^2 - 2nplx - nzl,$$

also

$$x = p + \sqrt{p^2 + \frac{z\lambda}{nl}}, \quad x = n\left(p + \sqrt{p^2 + \frac{z\lambda}{nl}}\right) \ldots . \text{(B)}$$

1) Bull phys. math. de St. Pét. IV. 73*.

woraus folgt

$$F_{(\max)} = \tfrac{1}{2}z \frac{1}{nl\left(p + \sqrt{p^2 + \frac{z\lambda}{nl}}\right)},$$

$$f_{(\max)} = \tfrac{1}{2}z \frac{1}{nl\left(p + \sqrt{p^2 + \frac{z\lambda}{nl}}\right)}.$$

Für das Maximum werden also beide Werthe dieselben, wenn nur in jedem Falle die Anzahl der Paare der galvanischen Batterie nach der Formel (B) bestimmt wird, unabhängig davon, ob die Zersetzungs-Apparate hinter- oder nebeneinander angebracht sind. Für die Anordnung nebeneinander ist nach (B) eine n mal kleinere Plattenzahl erforderlich, als für die hintereinander. Der für Leiter ohne Polarisation gültige Satz, dass beim Maximum der wesentliche Widerstand dem ausserordentlichen gleich sein müsse, findet also bei Electrolyten keine Anwendung.

Einen ähnlichen Fall führt Henrici[1]) an. Eine Säule von n Elementen, deren electromotorische Kraft $= k$, deren wesentlicher Widerstand $= r$ ist, hat bei einem ausserordentlichen Widerstande $= w$ die Intensität

$$Q = \frac{nk}{nr + w}.$$

Eine zusammengesetzte Kette von denselben Elementen hat unter sonst gleichen Umständen die Intensität

$$Q' = \frac{k}{\frac{r}{n} + w} = \frac{nk}{r + nw}.$$

Ist $r = w$, so wird

$$Q = Q' = \frac{nk}{r(n+1)}.$$

Im Ganzen wird durch beide Vorrichtungen dieselbe Wirkung hervorgebracht, aber bei der Säule ist in jedem einzelnen Element die Intensität

$$q = \frac{nk}{r(n+1)},$$

bei der zusammengesetzten Kette

$$q' = \frac{r}{r(n+1)}.$$

Man kann also hier denselben Effect mit dem $n$ten Theil des Zinkverbrauchs erreichen.

1) Pogg. Ann. LXIV. 354*; Berl. Jahresb. 1845. 383*.

IX. Leitungswiderstand.

Widerstand fester Körper.

Die Gesetze der Electricitätsleitung in Metallen sind von Ritchie, Humphry Davy, Cumming, Becquerel, Pouillet, Harris, Herschel und Babbage, Ohm und Anderen studirt worden. Der erste Band des Repertoriums enthält das Wichtigste aus den citirten Arbeiten. Die ausgedehntesten Versuche, von denen ebenfalls a. a. O. einige besprochen sind, hat Lenz [1]) geliefert, der die früheren Arbeiten zugleich einer Kritik unterworfen und die allerdings auf sehr verschiedenartige Gesichtspunkte zurückgeführten Gesetze alle durch das Ohm'sche Grundgesetz begründet hat. Eine später erschienene Bearbeitung desselben Gegenstandes von Barlow [2]) bringt keine neue Thatsachen bei, und die theoretischen Speculationen würden bei gehöriger Vertrautheit mit dem Ohm'schen Gesetz auch wohl andere Resultate geliefert haben. Barlow bemüht sich nämlich, das Verhältniss zwischen der Dicke der Drähte und ihrer galvanometrischen Wirkung zu finden, und kommt zu dem Schluss: der Widerstand eines Drahtes könne nur so lange durch die Ablenkung einer Magnetnadel gemessen werden, als der Draht zu dünn sei, um alle in der Electricitätsquelle entwickelte Electricität ableiten zu können.

Die von Lane [3]) vor Kurzem bekannt gemachten Versuche sind dazu bestimmt, die von Lenz für die Leitung in Drähten aufgestellten Gesetze zu bestätigen. Das eine, nach dem sich die durch einen Leiter gehenden Electricitätsmengen wie die Stromintensitäten verhalten, belegt er durch Versuche mit dünnen Kupferdrähten, das andere, nach dem sich unter sonst gleichen Umständen die durch zwei Leiter strömenden Electricitätsmengen wie deren Querschnitte verhalten, durch Versuche mit Glasröhren, welche mit Quecksilber gefüllt sind.

Poggendorff [4]) macht darauf aufmerksam, dass die beiden Grundgesetze der Electricitätsleitung in Drähten, nach denen sich die Widerstände gerade wie die Längen und umgekehrt wie die

---

1) Taylor's scientif. memoirs II. 311.
2) Phil. Mag. XI. 1*.
3) Sill. Amer. journ. Sec. series I. 230*.
4) Berl. Ach. 1841. 341*.; L'Inst. IX. 341*.

Querschnitte der Drähte verhalten, aus dem Satze folgen, dass die Widerstände von der Stärke des Stromes unabhängig sind. Den Zusammenhang dieses Satzes mit dem zweiten Gesetze hat er auf folgende Weise klar gemacht, während das erste Gesetz von selbst verständlich ist. Man habe zwei parallelepipedische Leiter von gleicher Länge und ungleichem Querschnitt hinter einander in denselben Strom eingeschaltet. Die Gesammtstärke des Stromes ist in beiden gleich, in den einzelnen Punkten verhält sich die Stärke (Dichtigkeit) umgekehrt wie die Querschnitte, also wenn s, s' die Querschnitte, W, W' die Gesammtwiderstände in den Drähten, w, w' die in den einzelnen Punkten bezeichnet,

$$w = Ws; \quad w' = W's'.$$

Da nun erfahrungsmässig

$$Ws = W's'$$

ist, so ist $w = w'$, d. h. die Widerstände an den einzelnen Punkten der Querschnitte beider Leiter, gleichviel welche Grösse die Querschnitte haben, sind gleich, folglich unabhängig von der Stromstärke.

Ueber die relative Leitungsfähigkeit verschiedener Metalle sind die Resultate der meisten Versuche im ersten Bande des Repertoriums p. 323 tabellarisch zusammengestellt. Die grosse Abweichung dieser Bestimmungen hat so viele Gründe, dass man dieselben wohl auf keine Weise ganz wird vermeiden können. Wenn man sich auch von der Reinheit des Materials gewiss in manchen Fällen sicherer hätte überzeugen können, und wenn auch manche Bestimmungen einer mangelhaften Methode ihre Ungenauigkeit zu danken haben, so sind doch die Schwierigkeiten, welche aus dem verschiedenen inneren Gefüge hervorgehen, kaum zu umgehen.

Zu den früheren Versuchen, welche Lenz [1]) mittheilte, hat er noch einige neue über die Leitungsfähigkeit von Antimon, Wismuth und Quecksilber gefügt. Die Methode, nach welcher die Beobachtungen angestellt wurden, ist a. a. O. und an der oben bemerkten Stelle des Repertoriums angegeben worden. Hier daher nur die Resultate. Wird die Leitungsfähigkeit von Kupfer = 100 gesetzt, so fand Lenz die von

1) Bull. scient. de St. Pét. III. 324*; Pogg. Ann. XLIV. 345*; Bibl. univ. XVII. 389*; L'Inst. VI. 390*.

Quecksilber	=	4,66
Antimon	=	8,87
Wismuth	=	2,58

Die einzelnen Bestimmungen variirten jedoch sehr stark, so dass z. B. Lenz mehre Jahre zuvor den Widerstand der Thermokette = 3,71 gefunden hatte, während er sie nach den obigen Angaben mit Rücksicht auf die gemessenen Dimensionen = 5,04 hätte finden müssen.

Edmond Becquerel [1]) hat in seiner letzten Arbeit über die electrische Leitungsfähigkeit Messungen an verschiedenen Metallen angestellt, und dabei auf die Härtung des Metalles besondere Rücksicht genommen. Die Drähte wurden ausgespannt, auch ihre Leitungsfähigkeit mittelst des Rheostaten untersucht, dann mit einer Weingeistlampe zur Rothgluth gebracht, dann wieder bis zur Temperatur der umgebenden Luft abgekühlt, und noch einmal geprüft. In der folgenden Uebersicht ist *a* die Leitungsfähigkeit des Metalles, wie es aus dem Drahtzuge kommt; *b* wenn es ausgeglüht ist. Die mittlere Beobachtungstemperatur ist = 12,75 °, die Leitungsfähigkeit des ausgeglühten Silbers ist = 100 gesetzt:

	a	b	$\frac{b}{a}$
Reines Silber (aus Chlorsilber reducirt)	93,448	100,000	1,0701
Reines Kupfer (electrochemisch niedergeschlagen)	89,084	91,439	1,0264
Reines Gold	64,385	65,458	1,0166
Cadmium	24,574		
Zink (Mittel)	24,164		
Zinn	13,656		
Palladium	13,977		
Eisen (Mittel)	12,124	12,246	1,0101
Blei (Mittel)	8,245		
Platin	8,042	8,147	1,0130
Quecksilber (bei 14 °)	1,8017		

Zum Vergleich mit diesen Beobachtungen seien auch die von Riess [2]) mit Reibungselectricität über die Verzögerungskraft verschiedener Metalle angestellten Versuche angeführt:

---

1) Ann. de chim. phys. 3me Sér. XVII. 254*.
2) Pogg. Ann. LXV. 19*.

	Verzögerungskr. für Pt = 1.	Leitungsf. für Cu = 100
Silber	0,1043	148,74
Kupfer	0,1552	100
Gold	0,1746	88,87
Cadmium	0,4047	38,35
Messing	0,5602	27,70
Palladium . . .	0,8535	18,18
Eisen	0,8789	17,66
Platin	1	15,52
Zinn	1,053	14,76
Nickel	1,180	13,15
Blei	1,503	10,32
Neusilber	1,752	8,86

Ueber die Leitungsfähigkeit einiger Metallverbindungen hat Faraday [1]) Angaben gemacht, denen aber gar keine Zahlendata beigegeben sind. Er zählt zu den gut leitenden Körpern: Bleiglanz, Schwefelkies, Arsenikkies, Kupferkies, Kupferglanz, Sulphurate von Wismuth, Eisen und Kupfer, Oxydkügelchen von verbranntem Eisen, Hammerschlag; zu den mittelmässigen: Braunstein und Bleisuperoxyd; zu den schlechten: künstliches graues Schwefelzinn, Blende, Zinnober, Rotheisenstein, Eisenglanz, Magneteisenstein, Zinnstein, Wolfram, geschmolzenes und erkaltetes Kupferoxydul, Quecksilberoxyd.

Widerstand flüssiger Körper.

Der Prozess, durch welchen flüssige Körper Leiter der Electricität sein können, ist augenscheinlich ein anderer, wie der bei festen Körpern vor sich gehende. Bei den ersteren spielt jedenfalls die chemische Zersetzung der Flüssigkeit die Hauptrolle; ob die alleinige, ist eine Frage, die von den Physikern in verschiedener Weise beantwortet ist. Faraday [2]) sagt geradezu: Der Zusammenhang zwischen der Electricitätsleitung und der Zersetzung des Wassers ist ein so enger, dass die eine nicht ohne die andere stattfinden

1) Exp. Res. 1820*.
2) Exp. Res. 854*.

kann. Wenn das Wasser nur in dem geringen Grade verändert wird, welcher in der Annahme des festen Zustandes an der Stelle des flüssigen besteht, so hört die Leitung auf und zugleich auch die Zersetzung. Mag nun die Leitung als abhängig von der Zersetzung betrachtet werden, oder nicht, so ist doch der Zusammenhang zwischen den beiden Thätigkeiten gleich innig und untrennbar; und ebenso sagt Schönbein[1]: Bei Electrolyten ist Stromleitung und Electrolysation dieselbe Sache; durch Electrolyten können auch schwache Ströme nicht gehen, ohne dieselbe zu zersetzen. Als Beweis hierfür führt er die Polarisation an, welche Electroden auch ohne sichtbare Zersetzung zeigen. Später hat Faraday[2] einige Substanzen gefunden, welche durch Schmelzung in den flüssigen Zustand versetzt waren, und ohne Zersetzung zu leiten schienen, so dass er glaubte, den Flüssigkeiten auch ausser der Leitungsfähigkeit, welche auf ihrer Zersetzbarkeit beruht, eine Leitungsfähigkeit zuschreiben zu müssen, die der der Metalle ähnlich ist. Für die zuerst angeführte Ansicht nahm Faraday seine Beweise aus der chemischen Wirkung der einfachen Kette; er fand[3], dass eine Zinkplatinkette zwar keine Wasserzersetzung hervorbrachte, dass dann aber auch keine bemerkbare Stromgrösse die Flüssigkeit durchlief. Genauere Versuche[4] zeigten, dass zwar eine kleine Electricitätsmenge durch die Flüssigkeit ging, Faraday hält dieselbe jedoch für zu gering, um die Elemente des Wassers ohne secundäre Wirkung von einander zu trennen. Sollten sie aber wirklich getrennt werden, so ist Faraday der Ansicht, dass die sehr unbedeutende Gasmenge im Wasser gelöst bleibe[5], denn nach mehrtägiger Wirkung sah er kleine Gasblasen von den Electroden aufsteigen. Für niedrige Intensitäten, glaubt er, hätte das Wasser eine ganz schwache Leitung mit den Metallen gemein, für höhere wäre aber ein Durchgang ohne Zersetzung nicht denkbar[6]. Jene geleitete Electricitätsmenge giebt er übrigens als eine sehr geringe an[7], da sie nicht im Stande ist, Abweichungen vom Gesetz der festen elec-

1) Pogg. Ann. LXVII. 116*.
2) Exp. Res. 1339*.
3) Exp. Res. 910*. Vergl. auch Rap. I. 228, II. 102.
4) Ibid. 967*.
5) Ibid. 971*.
6) Ibid. 1017*.
7) Ibid. 1032*.

trolytischen Action hervorzubringen, welche die Grenzen der Beobachtungsfehler überschreiten. Poggendorff[1]) hat durch Messung die mangelnde Gasentwickelung näher erklärt, und ist damit der von Martens[2]) vertheidigten Ansicht, das Flüssigkeiten ohne zersetzt zu werden, von Strömen durchlaufen werden können, entgegen. Martens führt als Beleg für diese Ansicht an, eine Platineisenkette in starker Salpetersäure errege zwar einen Strom, keines der Metalle werde aber angegriffen; rücke man dagegen die Metalle weiter aus einander, und schwäche dadurch den Strom, so beginne der chemische Angriff am Eisen. Poggendorff, der diese Beweisführung nicht anerkennt, sondern die chemische Zersetzung für eine ebenso nothwendige Folge des Stromes hält, wie die Wärmewirkung und die magnetische, giebt dagegen die folgende, auf Zahlen begründete Betrachtung: Ein Strom, der in seiner Sinusboussole 90° Ablenkung hervorbrachte, entwickelte in einer Minute aus der Leitungsflüssigkeit 14,50 Cubikcentimeter Knallgas. Ein Strom also, der die Nadel nur um eine Bogenminute ablenkte, würde in gleicher Zeit nur 0,004 Cubikcentimeter entwickeln. Wendete man nun zur Zersetzung nur 50 Cubikcentimeter Wasser an, so würde dies etwa 1 Cubikcentimeter des Gasgemenges absorbiren können. Zur Entwickelung von 1 Cubikcentimeter sind aber 250 Minuten oder etwas über vier Stunden erforderlich; man würde also erst nach dieser Zeit einen geringen Anfang der Gasentwickelung wahrnehmen können, wobei man noch das Anhaften des Gases an den Platten durch Capillarkraft übersieht. Martens[3]) wendet gegen diese Betrachtung ein, sie sei nur begründet, wenn man annehme, jede Gasblase sei im Momente ihrer Entwickelung der absorbirenden Kraft der ganzen Flüssigkeit ausgesetzt, und diese Flüssigkeit sei destillirtes luftfreies Wasser, was Beides nie der Fall sei; in concentrirten Salzlösungen aber seien Wasserstoff und Sauerstoff sogar gänzlich unlöslich. Er fühlt sich daher noch immer bewogen, bei Anwendung der einfachen Kette wohl einen Strom, nicht aber eine Electrolyse anzunehmen. Er kommt dabei auf den vorher erwähnten Versuch mit der Eisenplatinkette zurück, bei dem man einen

---

1) Pogg. Ann. LV. 453*.

2) Bull. de Brux. VIII. 2, 305*; Arch. de l'Él. II. 531*; L'Inst. X. 25*; Pogg. Ann. LV. 448*.

3) Bull. de Brux. IX. 192*; Pogg. Ann. LVIII. 234*.

chemischen Prozess, wenn er wirklich stattfindet, viel leichter bemerken müsse wegen der schwarzen Färbung, welche die Salpetersäure an der Oberfläche des Eisens annimmt. Ja sogar deutete ein Zusatz von Eisencyankalium auf keine Spur von Eisen, die sich, selbst nach mehrtägiger Wirkung der Kette, in der Flüssigkeit gelöst hätte. Ein anderer von Martens angeführter Versuch besteht darin, dass, wenn ein nicht zu starker Strom durch zwei Drähte in eine Flüssigkeit geführt wird, welche von Zeit zu Zeit durch Metallplatten unterbrochen ist, an den Poldrähten noch eine Zersetzung wahrgenommen wird, während man an den Zwischenplatten keine solche bemerkt. Er glaubt daher, die Dichtigkeit des Stromes an diesen Platten sei so geringe, dass er nicht mehr im Stande sei, eine chemische Zersetzung einzuleiten. Dies würde indess wieder nur ein neuer Fall der bekannten Thatsache sein, dass die Electrolyse zuweilen schwach genug sein kann, um der Wahrnehmung zu entgehen, und Poggendorff hat sich durch die angeführten Einwände nicht zur Zurücknahme seiner bisherigen Ansicht veranlasst gesehen.

Dass die scheinbare Unthätigkeit der einfachen Kette nur in der geringen Intensität des Stromes und nicht in irgend einem eigenthümlichen Zustande ihren Grund hat, geht am besten daraus hervor, dass die Zersetzung sichtbar gemacht werden kann, wenn man entweder gleich eine starke Combination anwendet, wie die von Grove oder von Bunsen vorgeschlagenen, oder wenn man die Intensität durch Fortschaffung widerstrebender Kräfte verstärkt. Grove [1]) hat das gethan, indem er die eine Platin-Electrode mit Sauerstoff, die andere mit Wasserstoff umgab. Der Strom war, als er aus den reinen Platinelectroden durch die Flüssigkeit ging, so schwach, dass er nur an einem äusserst empfindlichen Gourjon'schen Galvanometer eine Ablenkung von 8° hervorbrachte. Wurde die Röhre, welche die Flüssigkeit und die Electroden enthielt, aber plötzlich umgekehrt, so wurde die Nadel bis auf 85° abgelenkt. Statt durch diese Umkehrung der Röhre konnten auch die Gase von vornherein mit den Electroden in Berührung gebracht werden [2]), indem jede derselben in eine zur Hälfte mit verdünnter Schwefelsäure gefüllte Glasröhre tauchte, während der obere Theil der einen

1) C. r. VIII. 802*; Ann. of El. V. 252*; Pogg. Ann. XLVIII. 305*.
2) Phil. Mag. XIV. 129*; Pogg. Ann. XLVII. 132*; L'Inst. VII. 110*.

Röhre Sauerstoff, der der anderen Wasserstoff enthielt. Ganz ähnlich ist die von de la Rive [1]) angewandte Methode: er construirt einen Commutator, welcher den Strom in kurzen Pausen unterbricht, und in die entgegengesetzte Richtung umsetzt. Die Electroden umgeben sich dadurch nicht immer mit denselben Jonen, sondern abwechselnd mit den entgegengesetzten. Denselben Zweck erreicht er auch durch seinen electrochemischen Condensator. Derselbe besteht aus einer Inductionsrolle, welche vom Strome als Nebenschliessung neben der Zersetzungsflüssigkeit durchlaufen wird. Ist die Kette durch beide Leitungen geschlossen, so wird in den Draht ein Strom inducirt. Oeffnet man die Kette, so geht der Hauptstrom nicht mehr durch die Flüssigkeit, sondern nur noch der Inductionsstrom, dieser aber in entgegengesetzter Richtung. Ein abwechselndes Schliessen und Oeffnen der Kette lässt daher die Zersetzung auch sichtbar werden. De la Rive brachte diese Vorrichtungen an, nachdem er sich überzeugt hatte, dass die Ablagerung der gasförmigen Ionen in der That an dem scheinbaren Mangel an galvanischer Thätigkeit Schuld sei. Er hatte nämlich ein Voltameter unter die Glocke einer Luftpumpe gebracht und ein Galvanometer mit in den Strom geschaltet. Die Galvanometernadel wurde zuerst auf 20° abgelenkt, wurde aber bei 5 bis 6° stabil. Wenn darauf die Luft aus der Glocke gesogen wurde, so stieg die Ablenkung wieder auf 10 bis 12°.

Auch E. Becquerel's Verfahren beruht auf demselben Prinzip; er löst in dem zu zersetzenden Wasser Substanzen, welche zum freiwerdenden Sauerstoff oder Wasserstoff Verwandtschaft haben, z. B. Chlor; wobei der Sauerstoff zwar abgeschieden wird, der Wasserstoff aber sich mit dem Chlor zu Chlorwasserstoffsäure verbindet. Faraday [2]) hat ebenso der Zersetzungsflüssigkeit Salpetersäure beigemischt.

Die Anwendung oxydirbarer Electroden ist vermuthlich zuerst von Maréchaux [3]) gemacht worden, der darüber folgende Angaben macht: während die negative Electrode aus Messing bestand, wandte

---

1) Ann. de chim. phys. 3me Sér. VIII. 36, 498*; Arch. de l'Él. III. 159*; L'Inst. XI. 125, 134, 197*; Pogg. Ann. LX. 397*.

2) Exp. Res. 973*.

3) Gilb. Ann. XI. 196*.

er als positiven Pol verschiedene Metalle an, und erhielt dabei in der Gasentbindungsröhre folgende Resultate:

Gold, etwas kupferhaltig, gab	$2\frac{1}{2}$	Th.	Gas.
Holzkohle . . . . . . -	4	-	-
Wasserblei . . . . . . -	7	-	-
Messing . . . . -	9	-	-
Silber . . . . -	10	-	
Stahl . . . . -	12	-	-
Zink . . . . -	20	-	-

De la Rive [1]) hat dieses Gesetz bestimmter so ausgesprochen: Der Durchgang der Electricität von einem Metall durch eine Flüssigkeit zur anderen Metallplatte ist um so leichter, je stärker das Metall von der Flüssigkeit angegriffen wird. Martens [2]) hat diesen Satz ganz in derselben Weise aufgestellt, und noch zum Belege, dass ohne unmittelbaren Metallcontact (durch die einfache Kette) keine Zersetzung, dagegen durch die kleinste Kette mit metallischer Schliessung eine ziemlich lebhafte Gasentwickelung eintritt, den Versuch angeführt, dass eine mit einer Platin- und einer Zinkelectrode versehene Kette sich chemisch unthätig bewies. Als dagegen die als Electroden dienenden Drähte mit den aus der Flüssigkeit ragenden Enden umeinander gedreht wurden, trat sogleich der Process ein. Poggendorff [3]) fügt hierzu die Bemerkung: der hierdurch erzeugte Strom sei gerade kein schwacher, da die Stärke desselben in den einzelnen Punkten des Querschnitts seiner Bahn ebenso gross sei, als bei einer Kette von grossen Platinzinkplatten. Ferner beobachtete Martens, dass ein einfaches, in verdünnter Säure stehendes Platinzink- oder Kupferzinkpaar nicht einmal im Stande war, Kupfervitriol oder Bleizucker zwischen zweien Platindrähten zu zersetzen. Faraday [4]) beobachtete, dass eine Platinzinkkette, zwischen deren Platten eine Platinplatte eingeschaltet war, keine merkliche Wasserzersetzung hervorbrachte; als aber die Zwischenplatte aus Zink bestand, entwickelte sich an der Zwischenplatte sowohl, als am Platin Wasserstoffgas, während eine Sauerstoff-Entwickelung nicht bemerkt wurde. Pfaff [5]) zersetzte zwischen Kupfer-

1) Ann. de chim. phys. XXXVII. 286*
2) Sur la pile galvanique, 44, in den Mém. de l'Acad. de Brux. XII*.
3) Pogg. Ann. LVIII. 238. Anm.*
4) Exp. Res. 1027*.
5) Pogg. Ann. XLIX. 493*.

polen verdünnte Schwefelsäure und Salmiaklösung durch eine einfache Kupferzinkkette, und Henrici[1]) hat, ohne die früher erwähnten Beobachtungen anderer Physiker zu kennen, die Gasentwickelung untersucht, welche eine solche Kette mit verschiedenen Electroden giebt. Er fand in einer Stunde bei

Platin	0	Cub.-Cent.
Silber	0,3	- -
Kupfer	12	- -
Messing	16	- -
Stahl (geglüht)	34	- -
Zinn	36	- -
Zink	72	- -

Er wandte ausserdem Electroden von verschiedenen, aber in der Spannungsreihe einander nahestehenden Metallen an, um durch den, von ihnen hervorgerufenen, Strom die ursprüngliche Intensität möglichst wenig zu schwächen. Er erhielt in einer Stunde folgende Gasmengen:

Anode.	Kathode.	
Silber	Kupfer	0
Kupfer	Silber	12
Platin	Kupfer	0
Kupfer	Platin	13,3
Platin	Silber	0
Silber	Platin	1

Die Zersetzbarkeit der Flüssigkeit wächst also mit der Oxydirbarkeit der Anode. Mit der Sinusboussole maass Henrici die Stromstärken bei Anwendung verschiedener Electroden; so bei

Platin	0,00029
Silber	0,00175
Kupfer	0,00233
Messing	0,00524
Stahl	0,14666
Zinn	0,15959
Zink	0,47629

Zur Erklärung der in Rede stehenden Thatsache bemerkt Poggendorff[2]), dass, wenn man die beiden Electroden aus Me-

1) Pogg. Ann. LII. 491*.
2) Pogg. Ann. XLVIII. 305. Anm.*

tallen wählt, die nicht in der Kette selbst schon angebracht sind, man es nicht mehr mit einer einfachen Kette zu thun hat. Z. B. würde eine Zinkplatinkette, die durch Kupferelectroden geschlossen ist, aus einer Platinkupfer- und einer Kupferzinkkette bestehen, welche beide in demselben Sinne wirken. Dasselbe sagt er [1]) in Bezug auf den von Grove angestellten Versuch, bei welchem die Electroden mit denjenigen Wasserelementen umgeben werden, welche sich nicht daran entwickeln sollen; man hat es dann nicht mehr mit Platin und Platin zu thun, sondern einerseits mit Platin, das von Sauerstoff, andererseits mit solchem, das mit Wasserstoff bekleidet ist. Im Allgemeinen, sagt Poggendorff, muss eine Kette von gegebener Intensität eine und dieselbe chemische Wirkung ausüben, ihre Electroden mögen bestehen, woraus sie wollen. Die Intensität aber wird eben durch oxydirbare Electroden verstärkt; und den Grund hiervon sucht er ebenfalls in der Schwächung der Ladung, wie denn die späteren messenden Versuche über die Polarisation verschiedener Metalle wohl gar keine andere Erklärung jener Erscheinung mehr zulassen.

Bei der Untersuchung des Widerstandes flüssiger Leiter ist nicht immer auf alle Umstände, welche die Intensität eines Stromes verringern können, Rücksicht genommen. Pouillet [2]) maass die Intensität eines Stromes, in welchen ein Platindraht vom Widerstande ϱ eingeschaltet war, an einer Sinusboussole, schaltete dann eine Flüssigkeitssäule (Kupfervitriollösung) ein und gab derselben eine Länge, dass die Intensität der vorigen gleich wurde. Mit Berücksichtigung der Länge und Dicke der Flüssigkeitsschicht berechnete er nun den Widerstand derselben, indem er die Intensität des Stromes bei Einschaltung des Platins $I = \frac{E}{R+\varrho}$, bei Einschaltung der Flüssigkeit $= \frac{E}{R+r}$ setzte, und demnach $r = \varrho$ fand. Der so gefundene Werth r wurde als Widerstand der Flüssigkeit betrachtet, und die, an den Electroden stattfindende Ladung ganz ausser Acht gelassen. Daher kommt es auch, dass Pouillet das Gesetz, dass die Leitungsfähigkeit eines Körpers im umgekehrten Verhältniss zu seiner Länge und im geraden zu seinem Querschnitt

1) Pogg. Ann. LV. 452*.
2) C. R. V. 785*; Pogg. Ann. XLII. 297*; Ann. of El. II. 57*.

steht, für Flüssigkeiten nur dann bestätigt fand, wenn die Breite der Schicht von der Länge um das fünf- bis sechsfache übertroffen wird, denn bei kleineren Verhältnissen würden die Electroden verhältnissmässig klein sein, und durch ihre Ladung einen bedeutenden Einfluss auf die Intensität des Stromes ausüben. Das von Pouillet mitgetheilte Resultat ist daher wohl viel zu gross; er fand, bei gleichen Ausmessungen, die Leitungsfähigkeit des Platins 2546680 mal grösser als die der Kupfervitriollösung, wenn man die Leitungsfähigkeit des Kupfers durchschnittlich $6\frac{1}{2}$mal so gross als die des Platins setzt, so ergiebt sich die Leitungsfähigkeit des Kupfers fast 16 Millionen Mal grösser als die des Kupfervitriols. Gleicher Werth ist auch den vergleichenden Beobachtungen Pouillet's [1]) über einige andere Flüssigkeiten beizumessen. Er fand die Leitungsfähigkeit von

Gesättigtem Kupfervitriol	= 1,0000
Derselbe, verdünnt mit 1 Vol. Wasser .	= 0,6400
- - - 2 - - .	= 0,4400
- - - 4 - - .	= 0,3100
Gesättigte Lösung von Zinkvitriol . . .	= 0,4170
Destillirtes Wasser	= 0,0025
Dasselbe mit $\frac{1}{20000}$ Schwefelsäure . .	= 0,015

Beim Zinkvitriol waren Zinkplatten, beim Wasser Platinplatten als Electroden angewandt. Die verschiedene Ladung verbietet daher jede Vergleichung.

Bei der Messung des Leitungswiderstandes einer bei $14^0,5$ R. concentrirten Kupfervitriollösung, welche Lenz [2]) unternahm, hat derselbe den Widerstand des Ueberganges mit berücksichtigt. Wenn nämlich der letztere constant $= z$, der Leitungswiderstand für die Flüssigkeit bei der Länge $1 = y$ gesetzt, so erhält man beliebig viele Gleichungen von der Form $ny + z = a$, wo a beobachtet werden muss. Nach der Methode der kleinsten Quadrate wurden y und z berechnet, und ergaben sich, wenn der Leitungswiderstand eines Kupferdrahtes von ganz gleichen Dimensionen $= 1$ gesetzt wird:

$$y = 6857500,$$
$$z = 393000.$$

---

1) Lehrb. v. Müller 2. Aufl. II. 189**.
2) Bull. scient. de St. Pét. II. 338*; Pogg. Ann. XLIV. 349*.

In Betreff der Leitungsfähigkeit von Lösungen hat Matteucci [1]) aus seinen Versuchen das Resultat gezogen, dass die Verdünnung einer Lösung gewöhnlich deren Leitungsfähigkeit verringert, doch nicht immer; denn bei concentrirter Schwefel-, Salpeter- und Salzsäure fand er, übereinstimmend mit de la Rive, dass die concentrirten Säuren schlechter leiten, als die verdünnten. Auch Fechner [2]) fand, dass verdünnte Schwefelsäure besser leite als das Wasser oder die concentrirte Säure allein, und griff dadurch einen Beweisgrund an, den die Electrochemiker aus der starken Wirkung jener Mischung in der Kette nehmen wollten. Bei Salzlösungen sah Mateucci gewöhnlich die Leitungsfähigkeit zunehmen, wenn grössere Mengen des Salzes in die Lösung gegeben wurden; indess traf er auf eine Grenze, wo sich das Salz noch löste, ohne die Leitungsfähigkeit zu erhöhen. Mit schwachen Säulen (faible force de production et de propagation) wurde diese Grenze um so leichter erreicht, je besser die Substanz leitete. Bei allen Säulen veränderte sich die Leitungsfähigkeit mit der Menge der aufgelösten Substanz und zwar in einem um so grösseren Verhältniss, je grösser die Leitungsfähigkeit der Substanz war. Für Mischungen fand Matteucci, dass eine bestimmte Substanz in einer gegebenen Menge in Wasser gelöst, demselben eine bestimmte Leitungsfähigkeit mittheilt, sie mag allein, oder mit einer andern Substanz zugleich gelöst sein.

Edmond Becquerel [3]) hat die Veränderungen, die die Ladung durch die verschiedene Intensität des angewandten Stromes erleidet, vermieden, indem er einen Strom durch zwei ganz gleich eingerichtete Röhren, die die Flüssigkeit enthalten, und durch ein Differentialgalvanometer gehen lässt. Nachdem die Electroden so gestellt sind, dass die Nadel auf 0 stehen bleibt, schaltet er in den einen Zweigstrom einen Rheostaten ein und nähert die Electroden in der Flüssigkeit, bis der Strom seine vorige Intensität erlangt hat. Dadurch behält die Ladung ihren alten Werth, und die Messungen des Widerstandes in der Flüssigkeit und im Drahte werden vergleichbar. Wurde mit einer und derselben Salzlösung in verschiedenen Concentrationsgraden experimentirt, so fand Becquerel die

1) Ann. de chim. phys. 2me Sér. LXVI. 241*.
2) Pogg. Ann. XLII. 503*.
3) Ann. de chim. phys. 3me Sér. XVII. 267*; Pogg. Ann. LXX. 250*.

Widerstandsunterschiede im umgekehrten Verhältniss zu den Gewichten des aufgelösten Salzes, so dass er den jedesmaligen Widerstand R durch die Gleichung

$$R = A + \frac{B}{q}$$

wo A und B Constante, q das Gewicht des Salzes ist, ausdrücken will. Für Kupfervitriol z. B. fand er, wenn die Lösung enthielt:

1 Th.	Kupfervitriol, Widerstand	= 0,1845
½ -	- -	= 0,2882
¼ -	- -	= 0,4808

Berechnete er aus diesen Beobachtungen die Constanten A und B, so fand er, wenn $\frac{1}{C} = R$ gesetzt wird:

Gehalt an Vitriol.	C berechnet.	C beobachtet.
1 Th.	5,405	5,42
½ -	3,47	3,51
¼ -	2,03	2,06

Diese Proben sind ausserdem am Chlornatrium, Kupferchlorid und salpetersauren Kupferoxyd durchgeführt. Im Vergleich zur Leitungsfähigkeit des Silbers werden folgende Werthe mitgetheilt:

	Dichtigk.	Temper.	Leitungsf.
Reines Silber		0°,00	100000000
Gesättigte Kupfervitriollösung . .	1,1707	9,25	5,42
Bei 9°,5 gesättigte Chlornatriumlösung	—	13,40	31,52
Gesättigte salpetersaure Kupferoxydlösung	1,6008	13,00	8,995
Gesättigte schwefelsaure Zinkoxydlösung	1,4410	14,40	5,77
250 Gr. Wasser und 30 Gr. Jodkalium	—	12,50	11,20
220 Cub. Cent. Wasser und 20 Cub. Cent. Schwefelsäure mit 1 Atom Wasser	—	19,00	88,68
Käufliche Salpetersäure von 36° .	—	13,10	93,77
30 Gr. Antimonchlorür, 120 Cub. Cent. Wasser und 100 Cub. Cent. Salzsäure	—	15,00	112,01

Das von Becquerel angewandte Verfahren, die Widerstände der Flüssigkeiten zu messen, ist im Grunde dasselbe wie das, welches Wheatstone[1]) und Poggendorff[2]) vorgeschlagen haben. Wheatstone wendet noch eine andere Methode an. Man hat einen Strom, dessen wesentlicher Widerstand und electromotorische Kraft bekannt sind,

$$F = \frac{E}{R}.$$

Die zu untersuchende Flüssigkeit wird in einer kleinen Zelle zwischen Platinelectroden eingeschaltet, und man hat nun die Stromstärke

$$F' = \frac{E-e}{R+x},$$

wo e die Ladung der Electroden, x den gesuchten Widerstand bezeichnet. Man verringert nun den eingeschalteten Rheostatendraht um eine Länge λ, so dass man wieder die Stromstärke F erhält, und

$$F = \frac{E-e}{R+x-\lambda}$$

ist, so folgt

$$x = \lambda - \frac{e}{E} R.$$

Die Anwendung des Compensationsverfahrens zur Bestimmung der Widerstände flüssiger Leiter hält Poggendorff selbst nicht für ausführbar, weil sich ihm in der Ladung unüberwindliche Schwierigkeiten darbieten.

Horsford[3]) hat den Widerstand einiger Salzauflösungen und den der Schwefelsäure bei verschiedenen Verdünnungen bestimmt, und die folgenden Resultate erhalten, wobei der Widerstand des Neusilbers = 1 gesetzt ist:

Schwefelsäure von	1,10 sp. Gew.	75673
- -	1,15 - -	67770
- -	1,20 - -	56180
- -	1,24 - -	56180
- -	1,30 - -	56180
- -	1,40 - -	82520

1) Phil. Trans. 1843. 320*; Pogg. Ann. LXII. 530*. etc.
2) Berl. Acb. 1844. 301*.
3) Pogg. Ann. LXX. 238*.

Zinkvitriollösung, in 100 C.C. 7,287 Gr. $\dot{Zn}\ddot{S}+\dot{H}$ . .	1896000
- - - - 4,175 - - - - . .	2663400
Kupfervitriollösung, in 100 C.C. 15,093 Gr. $\dot{Cu}\ddot{S}$ . .	972320
- - - - 7,547 - - . .	1410200
Kochsalzlösung, 27,6 Gr. in 500 C.C. Wasser	577100
- 21,3 - - - - - -	769460
- zweifache Verdünnung	1488200
- vierfache Verdünnung	2750560
Chlorkaliumlösung, 27,6 Gr. in 500 C.C. Wasser . . .	578000
- zweifache Verdünnung	1103700
- vierfache Verdünnung	2006500
Chlorbariumlösung, 38,46 Gr. in 500 C.C. Wasser . .	1101300
- zweifache Verdünnung	2177442
Chlorstrontiumlösung, 29,30 Gr. in 500 C.C. Wasser .	780100
- zweifache Verdünnung	1615314
Chlorcalciumlösung, 1,04 spec. Gew.	672560
Chlormagnesiumlösung	672560
Chlorzinklösung	1092500

Faraday [1]) hat die Leitungsfähigkeit einiger Flüssigkeiten abgeschätzt, ohne sie aber genauer zu messen. Er fand, dass durch Schwefelkaliumlösung der Strom einer Wismuth-Antimon-Thermokette, die durch Platinelectroden geschlossen war, leicht hindurchging; durch salpetrige Säure (erkalten durch Destillation von trocknem salpetersaurem Bleioxyd) ging fast gar kein Strom; sie wurde aber ein vorzüglicher Leiter, wenn ihr ein gleiches Volumen Wasser beigemischt wurde, wobei sie eine grüne Färbung annahm. Reine Salpetersäure leitete fast gar nicht, eine blassgelbe Salpetersäure besser, rothe sehr gut. Concentrirte Schwefelsäure leitete schlecht, mit einem halben Volumen Wasser gemischt besser, doch nicht so gut, wie Schwefelkalium und grüne Salpetersäure. Eine Mischung aus einem Theil Vitriolöl und zwei Theilen gesättigter Kupfervitriollösung leitete recht gut, starke Kalilösung nur schwach.

---

[1]) Exp. Res. 1812*.

Widerstand des Wasserdampfes.

Vom Wasserdampf wird gewöhnlich angenommen, er leite Electricität. Die weiter unten erwähnten Versuche von Schafhäutl zeigen, dass das nur bei solchem Dampfe der Fall ist, welcher noch Flüssigkeitstheilchen enthält. Mit Contact-Electricität liegen indess über diesen Gegenstand wenig Versuche vor. Page [1]) hielt den Wasserdampf für so isolirend, dass er darauf einen Vorschlag begründete, um einen Wassermangel im Dampfkessel zu entdecken. Eine Kupfer- und eine Zinkplatte werden in den Kessel bis zu der Tiefe gesenkt, bei welcher die Oberfläche des Wassers sich befinden soll; ein Galvanometer verbindet beide Platten. Ist nun Wasser genug vorhanden, so ist die Kette geschlossen, und das Galvanometer wird abgelenkt, was bei Wassermangel nicht eintritt. Später fand indess Page [2]) sowohl den Dampf im Kessel einer Maschine, als auch feuchte Luft leitend. Das letztere zeigte er, indem er das kupferne Dach eines Hauses metallisch mit einer frei aufgestellten Zinkplatte verband. Man bemerkte einen Strom, wenn die Zinkplatte mit Wasser, besonders mit ungesäuertem, begossen wurde, und dies frei verdampfte.

Widerstand des menschlichen Körpers.

Ueber den Leitungswiderstand des menschlichen Körpers hat Ptschelnikoff Versuche angestellt, welche Lenz [3]) der Petersburger Academie mitgetheilt hat. Zu den Versuchen dienten sechs Menschen von verschiedenem Alter und Geschlecht; die Verbindung mit der Kette wurde durch Eintauchen einzelner Finger oder der ganzen Hand, zuweilen auch der Füsse, in Leitungsflüssigkeiten hergestellt. Es fand sich, dass die Grösse der eingetauchten Fläche von sehr wesentlichem Einfluss auf das Resultat war, so z. B. dass, wenn in jedes Gefäss ein Finger getaucht wurde, der Körper den Widerstand 34 bot, beim Eintauchen der ganzen Hände nur 6. Der Widerstand war um so geringer, je besser die benutzte Flüs-

1) Sill. Journ. XXXVI. 141*.

2) Sill. Journ. 3d. Ser. II. 406*; Phil. Mag. XXIX. 361*.

3) Bull. scient. de St. Pét. X. 184*; Pogg. Ann. LVI. 429*; Arch. de l'El. III. 531*.

sigkeit leitete, z. B. bei Newawasser = 16,5; bei verdünnter Schwefelsäure, welche 4 Procent concentrirte enthielt, = 4,4. Das Eintauchen in Quecksilber war nicht so vortheilhaft, wie das in verdünnte Säure, wahrscheinlich, weil es die Haut nicht benetzt; es ergab einen Widerstand 11,9; das Anfassen messingener Handhaben nur 8,6. Der Widerstaud, den die Körper der jüngeren Personen leisteten, war grösser, als der der älteren, der der rechten Hand grösser, als der der linken. Die obigen Zahlen haben zur Einheit den Gesammtwiderstand der angewandten Clarkeschen Maschine. Dieser wurde auf den Widerstand eines Kupferdrahtes von 1 Fuss Länge und 1mm Durchmesser bezogen, = 43975 gefunden, so dass man jene Widerstände so ausdrücken kann:

Beim Eintauchen der ganzen Hand in einprocentige Säure	300010
Beim Eintauchen von 4 Fingern in Quecksilber . . .	522460
Beim Anfassen der befeuchteten Messinghandhaben . .	377950

Nach Pouillet's [1]) Angabe soll der Widerstand des Körpers, wenn man die befeuchteten Hände in Quecksilber taucht, gleich dem von 11 Lieues eines Kupferdrahtes von 1mm Durchmesser sein, d. h. etwa halb so gross, als aus den Versuchen von Ptschelnikoff hervorgeht. Lenz glaubt, dass dieser Unterschied in der verschiedenen Benetzung der Hände seinen Grund habe. Wenn die Kette in gleicher Weise durch zwei Finger derselben Hand, von denen die Hälfte oder zwei Drittheile des ersten Gliedes eingetaucht waren, geschlossen wurde, so fand Pouillet den Widerstand gleich dem einer Länge des bezeichneten Drahtes von 79 Lieues.

Die bei Gelegenheit der Anlage electromagnetischer Telegraphen beobachteten Leitungserscheinungen der Erde werden bei diesen Apparaten besprochen werden.

Widerstand des Erdbodens.

Die Leitung der Electricität durch den Erdboden hat besonders für die electrische Telegraphie eine grosse Wichtigkeit erlangt, und wird in dieser Anwendung an einer späteren Stelle besprochen

1) C. r. V. 792*; Pogg. Ann. XLII. 305*.

werden. In theoretischer Beziehung mag hier das Folgende erwähnt sein.

Steinheil [1]) hat zuerst gezeigt, dass ein electrischer Strom, der durch eine lange Drahtleitung geführt wird, seine Intensität nicht verändert, wenn man einen Theil derselben fortlässt, und dafür mittelst grosser Kupfer-Electroden den Erdboden als Leiter einschaltet. Ebenso zeigte Jacobi [2]) durch Einschaltung mehrer Voltameter in eine Stromleitung von 9030 Fuss Länge, deren einer Theil aus Kupferdraht, der andere aus der, durch mehre Wasserverleitungen unterbrochenen Erde bestand, dass der Widerstand derselben beinahe als Null zu betrachten sei. Matteucci [3]) fügte diesen Beobachtungen einige neue hinzu, bei welchen er die Electroden in Brunnen versenkte, und, wahrscheinlich durch eine hierdurch erzeugte Polaritätsveränderung der Platten, zu dem widersinnigen Schluss geführt wurde, der Widerstand der Erde sei nicht nur Null, sondern sogar negativ. Breguet [4]) fand dass auch bei Anwendung kleiner Electroden der Erdwiderstand zu vernachlässigen sei. Schon Steinheil hat den Grund der grossen Leitungsfähigkeit der Erde angegeben, sie beruht darauf, dass eine Substanz von noch so schlechter relativer Leitungsfähigkeit doch einen unendlich kleinen Widerstand darbieten muss, wenn nur ihr Durchschnitt unendlich gross ist. Es fragt sich nur, wie weit diese letzte Annahme für den Versuch gemacht werden darf. Bei dem grossen Durchschnitt der leitenden Erdschicht scheint es, dass ein als Nebenschliesser neben dieser Schicht angebrachter Kupferdraht gar keinen Stromtheil leiten dürfe. Dennoch fand Matteucci [5]) dass, wenn er die Polplatten einer Säule in zwei 160 Meter von einander entfernte Brunnen tauchte, während die Silber- oder Platin-Endplatten eines Galvanometers in zwei zwischenliegende Brunnen von 30 Meter Abstand gesenkt waren, die Galvanometernadel abgelenkt wurde. Der Widerstand dieses dünnen langen Drahtes war also nicht unendlich gross gegen den der kurzen Erdschicht.

---

1) Schumacher's Jahrb. 1839. 171*; Rede über die Telegraphie. 1838.

2) Bull. phys. mat. de St. Pét. I. 30*; Pogg. Ann. LVIII. 409*; Arch. de l'Él. III. 415*.

3) Arch. de l'Él. IV. 304*; Inst. XII. 296.

4) C. r. XXI. 760.

5) C. r. XXII. 86*; Pogg. Ann. LXVIII. 146*.

Smaasen[1]) hat diesen Gegenstand einer genaueren analytischen Betrachtung unterworfen. Wendet man die obige Gleichung für den Widerstand des Raumes an:

$$W = \frac{k}{\pi dc}(b_1 - b_0),$$

und stellt man sich unter den Electroden Halbkugeln vom Radius ϱ vor, durch deren Mittelpunkte als obere Begrenzung eine Ebene, die Erdoberfläche, geht, während der Raum nach unten unendlich ist, so hat man für die eine Grenze jenes Integrals $x = a - \varrho\cos\delta$, $R = \varrho\sin\delta$, also $b_1 = \frac{1}{\varrho} - \frac{1}{2a}$ (mit der früheren Vernachlässigung von $\varrho^2 - 4a\varrho\cos\vartheta$ gegen $4a^2$), und für die andere $b_0 = 0$, weil $x = 0$, also

$$W = \frac{k}{\pi dc}\left(\frac{1}{\varrho} - \frac{1}{2a}\right)$$

und wenn man $\frac{1}{2a}$ gegen $\frac{1}{\varrho}$ vernachlässigt

$$W = \frac{k}{\pi\varrho dc}.$$

Die Grenzen von c sind für $\delta = 0$, $c = 0$ und für $\delta = \pi$, $c = 2$. folglich für den Halbraum

$$L = \frac{k}{2\pi\varrho}$$

und für den ganzen

$$L = \frac{k}{2\pi\varrho} = \frac{\frac{1}{2}\varrho k}{\pi\varrho^2},$$

d. h. der Widerstand des Raumes ist (unabhängig vom Abstande der Electroden) gleich dem Widerstand eines Cylinders von gleichem Material wie der Raum, dessen Länge gleich ist dem halben Radius der Electroden, und dessen Querschnitt ein grösster Kreis derselben ist.

Einfluss der Temperatur auf Leitung.

In Bezug auf den Einfluss der Temperatur auf die Leitungsfähigkeit der Körper hat Davy[2]) zuerst gezeigt, dass feste Körper an Leitungsfähigkeit durch Temperaturerhöhung verlieren; und

1) Pogg. Ann. LXXII. 446*.

2) Philos. Transact. 1821. 431.

Harris [1]), dass die Wärme keinen Einfluss hat auf die Leitungsfähigkeit der Luft. In Betreff flüssiger Körper glaubte man zwar seit langer Zeit zu wissen, dass sie bei erhöhter Temperatur bessere Leiter werden, indess hat eigentlich erst Ohm [2]) diesen Satz durch Versuche erwiesen, welche von der Einmischung fremder Einwirkungen freigehalten waren. Dieser, im ersten Augenblick auffallend scheinende, Unterschied lässt sich leicht erklären, wenn man, wie de la Rive [3]) erinnert, darauf Rücksicht nimmt, dass die Leitung in festen Körpern durch unmittelbare Fortpflanzung, oder, wie Faraday [4]) annimmt, durch Vertheilung der Electricität von Molecule zu Molecule stattfindet, während die flüssigen Leiter, oder vielmehr die Electrolyten, nur insofern die Electricität fortpflanzen, als sie durch dieselbe zersetzt werden, und die Ionen der Electricität fortführen. Bei den festen Körpern wird daher die Leitungsfähigkeit durch Erwärmung vermindert werden, weil der Abstand der Molecule dadurch wächst, wenn dagegen durch Erwärmung die Affinität der Ionen geschwächt wird, so muss die Leitungsfähigkeit der Electrolyten dadurch wachsen.

Die Gesetze, nach welchen die festen Körper bei verschiedenen Temperaturen ihre Leitungsfähigkeit ändern, sind für einige Metalle von Lenz [5]) studirt, und an einer früheren Stelle des Repertoriums [6]) besprochen worden. Dort findet man auch die Formel, nach welcher Lenz die Leitungsfähigkeit eines Drahtes bestimmte, entwickelt. Bezeichnet nämlich γ diese Leitungsfähigkeit, a den Ablenkungswinkel einer Magnetnadel, wenn der zu untersuchende Draht nicht in den Strom eingeschaltet ist, b diesen Winkel nach Einschaltung des Drahtes, λ seine Länge bei dem als Einheit angenommenen Querschnitt, L die Länge des Multiplicatordrahtes auf dieselbe Einheit bezogen, so ist diese Formel

$$\gamma = \frac{\lambda \,.\, \sin \frac{1}{2} b}{2L \,.\, \cos \frac{1}{2}(a+b) \sin \frac{1}{2}(a-b)}.$$

Die Drähte wurden im Oelbad erwärmt, und jede Beobachtung

1) Philos. Transact. 1834. 230.

2) Pogg. Ann. LXIII. 403*.

3) Bibl. univ. VII. 388*; Pogg. Ann. XLII. 99*.

4) Exp. Res. 1338*.

5) Mém. de St. Pét., sc. math. et phys. II. 631; Pogg. Ann. XXXIV 418*.

6) Rep. I. 324*.

wurde zweimal bei steigender, zweimal bei sinkender Temperatur gemacht. Die angeführten Versuche bezogen sich auf Silber, Kupfer, Messing, Eisen und Platin. Später hat sie Lenz [1]) auf Zinn, Blei und Gold ausgedehnt. Die beobachteten Werthe sind die folgenden:

Zinn.

Temp. Réaumur.	Leitungsfähigk.
18,2	0,30618
36,2	0,28420
52,3	0,25937
70,5	0,24407
89,8	0,22192
107,2	0,20437
126,2	0,19235
145,5	0,17776
162,5	0,16645

Blei.

Temp. Réaumur.	Leitungsfähigk.
14,8	0,14497
39,7	0,12853
47,2	0,12392
65,8	0,11572
80,3	0,10807
101,0	0,10085
116,8	0,09460
154,3	0,08324
191,2	0,07450
225,5	0,06732

Gold.

Temp. Réaumur.	Leitungsfähigk.
15,6	0,80458
46,1	0,75373
64,5	0,72750
82,1	0,71059
98,6	0,69039
117,8	0,67078
138,2	0,63918
155,7	0,62033
172,1	0,60986
191,4	0.58613
207,9	0,57123
226,5	0,65184

Zur Berechnung der gefundenen Werthe bedient sich Lenz wiederum der Formel

$$\gamma_n = x + yn + zn^2,$$

wo n die Temperatur, γ_n die Leitungsfähigkeit bei derselben, und x, y, z Constanten bezeichnet, welche nach der Methode der

1) Pogg. Ann. XLV. 105*; Revue de Quesn. V. 275*.

kleinsten Quadrate bestimmt wurden. Bei den früheren Angaben wurden alle Zahlen auf die Leitungsfähigkeit des Kupfers bei 0° bezogen, bei den jetzt besprochenen auf Kupfer bei 15°, welche Temperatur die Zuleitungsdrähte hatten. Reducirt man mit Rücksicht hierauf jene Werthe durch die Proportion

$$\gamma_0 : \gamma_n = 100 : 95{,}393,$$

so erhält man für

Silber:	$\gamma_n = 136{,}250 - 0{,}49838n + 0{,}00080378n^2$.
Kupfer:	$= 100{,}000 - 0{,}31368n + 0{,}00043679n^2$.
Gold:	$= 79{,}792 - 0{,}170284n + 0{,}00024389n^2$.
Zinn:	$= 30{,}837 - 0{,}127726n + 0{,}00023733n^2$.
Messing:	$= 29{,}332 - 0{,}051685n + 0{,}000061316n^2$.
Eisen:	$= 17{,}741 - 0{,}083736n + 0{,}00015020n^2$.
Blei:	$= 14{,}620 - 0{,}060819n + 0{,}000107578n^2$.
Platin:	$= 14{,}165 - 0{,}038899n + 0{,}00006586n^2$.

Hiernach wäre die Leitungsfähigkeit des

	bei 0°	bei 100°	bei 200°
Silbers . .	136,25	94,43	68,72
Kupfers . .	100,00	73,00	54,82
Goldes . .	79,79	65,20	54,49
Zinns . . .	30,84	20,44	14,78
Messings . .	29,33	24,78	21,45
Eisens . .	17,74	10,87	7,00
Bleies . . .	14,62	9,61	6,76
Platins . .	14,16	10,93	9,02

und das Minimum der Leitungsfähigkeit dieser Metalle ist beim

Silber . . .	59,00	bei 310°,05 R.
Kupfer . .	43,70	- 359,00 -
Gold . . .	50,06	- 349,10 -
Zinn . . .	13,64	- 269,20 -
Messing . .	18,46	- 421,50 -
Eisen . . .	6,01	- 278,80 -
Blei . . .	6,02	- 282,60 -
Platin . . .	8,41	- 295,30 -

Bei den Versuchen von E. Becquerel über denselben Gegenstand wurden die zu untersuchenden Drähte zu einer Spirale aufgewunden in ein Reagenzglas gebracht, in dem sich gleichzeitig ein Thermometer mit langem Gefäss befand. Das Glas war mit Oel gefüllt und stand in einem Wasserbade; der Widerstand des Drahtes wurde zuerst bei gewöhnlicher Temperatur, und dann bei der des Bades untersucht, und zwar mittelst eines Becquerelschen Differentialgalvanometers und eines Wheatstoneschen Rheostaten. Nachdem das Oel bis auf eine Temperatur, welche sich constant hielt, gebracht war, wurden während der Abkühlung die Rheostatenstände abgelesen, durch welche dem Strom bei den verschiedenen Temperaturen das Gleichgewicht gehalten werden konnte. Das Resultat war, dass für eine Temperaturerhöhung des Drahtes an jeder beliebigen Stelle der Scala ein und dieselbe Vergrösserung des Leitungswiderstandes stattfindet. Die Zahlen, welche Becquerel auf die angedeutete Weise gefunden hat, und bei denen unter Vermehrungscoefficient das Verhältniss der Widerstandsvermehrung, welche eine Temperaturerhöhung um einen Grad hervorbringt, zum Leitungswiderstande bei 0° bezeichnet, sind folgende:

	Widerstandsvermehrung für 1°.	Widerstand bei 0°.	Vermehrungs-Coefficient zwischen 0 u. 1°.
Reines Silber			0,004022
Blei, 1. Versuch	2,660	607,130	0,004381
2. -	2,657	607,168	0,004376
3. -	0,9222	213,411	0,004320
Mittel			0,004349
Gold	0,7246	213,3013	0,003397
Eisen, 1. Versuch	4,357	927,28	0,004698
2. -	12,126	2549,811	0,004755
Mittel			0,004726
Kupfer	1,9222	469,142	0,004097
Platin, 1. Versuch	2,7558	474,123	0,001869
2. -	3,6106	1949,358	0,001853
Mittel			0,001861
Zink, 1. Versuch	2,5626	700,675	0,003657
2. -	2,558	700,733	0,003653
3. -	0,4991	140,653	0,003548
4. -	0,5393	140,140	0,003848
Mittel			0,003675
Cadmium	2,8899	714,912	0,004040
Zinn (zieml. rein), 1. Versuch	1,157	184,176	0,006281
2. -	1,125	784,584	0,006095
Mittel			0,006188
- (bleihaltig), 1. Versuch	3,4805	684,938	0,005080
2. -	3,425	684,81	0,005003
Mittel			0,005042
Quecksilber, 1. Versuch	0,3166	305,52	0,001036
2. -	0,3164	305,52	
3. -	0,481	460,9	0,001045
Mittel			0,00104

Im Mittel, und nach der Grösse des Vermehrungs-Coefficienten geordnet, hätte man also die Reihe:

Quecksilber . .	0,001040
Platin	0,001861
Gold	0,003397
Zink	0,003675
Silber	0,004022
Cadmium . . .	0,004040
Kupfer	0,004097
Blei	0,004349
Eisen	0,004726
Zinn (käuflich) .	0,005042
Zinn (zieml. rein)	0,006188

Allgemein würde also der Leitungswiderstand bei der Temperatur *t*

$$= R(1 + c \, . \, t)$$

sein, wo *R* den Widerstand des Drahtes bei 0°, und *c* die Vermehrungs-Coefficienten bezeichnet.

Für die Leitungsfähigkeit der Metalle bei 0° und 100° hat Becquerel die folgende Zusammenstellung gegeben, wo in den beiden ersten Columnen die Leitungsfähigkeit des Silbers bei 0°, in der letzten die bei 100° = 100 gesetzt ist:

	Leitungsf. bei 0°.	Leitungsf. bei 100°.	Verhältniss der Leitungsf. bei 100°.
Reines Silber, ausgeglüht	100	71,316	100
Reines Kupfer, do.	91,517	64,919	91,030
Reines Gold, do.	64,960	48,489	67,992
Cadmium	24,579	17,506	24,547
Zink	24,063	17,596	24,673
Zinn	14,014	8,657	12,139
Eisen, ausgeglüht . . .	12,350	8,387	11,760
Blei	8,277	5,761	8,078
Platin, ausgeglüht . . .	7,932	6,688	9,378
Quecksilber, destillirt . .	1,7387	1,5749	2,2083

Die mitgetheilten Resultate dürfen wohl auf eine zu grosse Genauigkeit keinen Anspruch machen, da nach den früheren Untersuchungen bereits bekannt ist, dass die Leitungswiderstände nicht im einfachen Verhältniss zur Temperatur wachsen. Und in der That weichen, wenn man das Verhältniss der Leitungsfähigkeiten bei 0° und bei 100° nach den Angaben von Lenz und von Becquerel berechnet, beide Resultate bedeutend von einander ab; man erhält nämlich für

	nach Lenz	nach Becquerel
Silber	0,693	0,713
Kupfer . . .	0,730	0,700
Gold	0,817	0,746
Zinn	0,663	0,617
Eisen	0,613	0,679
Blei	0,657	0,696
Platin	0,772	0,843

wo die Leitungsfähigkeit jedes Metalles bei 0° = 1 gesetzt ist.

Ein Minimum kann nach Becquerel's Ansicht die Leitungsfähigkeit eines Körpers natürlich gar nicht haben.

Die Veränderungen, welche der Widerstand flüssiger Leiter (Electrolyten) durch Temperaturveränderung erleidet, hat zuerst Marianini [1]) untersucht und zwar mit dem Resultat, dass die Leitungsfähigkeit bei wachsender Temperatur zunimmt. Zu demselben Schluss ist Matteucci [2]) gekommen, der noch hinzufügt, diese Zunahme habe eine Grenze, die man um so eher erreiche, je grösser die Leitungsfähigkeit der Flüssigkeit sei. Diese Versuche können aber für die Entscheidung der Frage gar keinen Werth haben, da bei ihnen die gesammte Leitungsflüssigkeit mit den Electroden erwärmt wurde, so dass also die Veränderung in der Wirkung der Ladung ganz ausser Acht blieb. Ohm [3]) hat das zuerst umgangen. Er füllte eine horizontale Glasröhre mit Kochsalzlösung und tauchte ihre beiden, nach unten gebogenen, mit Blase überbundenen, Enden in zwei ebenfalls mit Kochsalzlösung gefüllte Gefässe. In diese Gefässe tauchten als Electroden zwei Kupferstreifen, unten rechtwinklig umgebogen, so dass sie den Mündungen der Röhre gerade gegenüber standen. Durch diese Vorrichtung wurde ein Strom geleitet, in welchen ein Galvanometer eingeschaltet war, Wenn der horizontale Theil der Röhre erwärmt wurde, so erhöhte sich der Ausschlag des Galvanometers von 55° auf 65, von 43 auf 48, von 35 auf 41. Andere Flüssigkeiten gaben analoge, oft noch

1) Pogg. Ann. LXIII. 403*.
2) C. r. V. 706, 906*; Ann. de chim. phys. 2me Sér. LXVI. 225* etc.
3) Pogg. Ann. LXIII. 403*.

bedeutendere Veränderungen in gleichem Sinne, so dass die Erhöhung der Leitungsfähigkeit der Electrolyten durch Temperatur-Erhöhung festgestellt ist. Die Strömungen, welche bei früheren Versuchen immer durch die ungleichmässige Erwärmung der Leitungsflüssigkeit entstanden, und eine Entscheidung unmöglich machten, sind durch die Wahl einer horizontalen Flüssigkeitssäule so gut wie vermieden Später hat Henrici[1]) einen Versuch bekannt gemacht, den er mit gleichem Resultat schon früher angestellt hatte. Ein horizontales Glasrohr wurde an beiden Enden rechtwinklig nach unten und dann wieder aufwärts gebogen. In dem einen dieser letzten Theile befand sich ein Markpfropfen, über demselben Kupfervitriollösung, der übrige Theil der Röhre war mit verdünnter Schwefelsäure gefüllt. In die erstere Flüssigkeit tauchte ein Kupferdraht, in die letztere ein Eisendraht, welche beide durch ein Galvanometer verbunden waren. Eine Erhitzung der Leitungsflüssigkeit erhöhte ebenfalls die Intensität dieser kleinen, sehr constant wirkenden Kette. Messende Versuche über denselben Gegenstand sind von Hankel[2]) angestellt worden. Er nahm eine U-förmig gebogene Röhre, mit der Leitungsflüssigkeit gefüllt, in welche zwei Metalle, die zur Kette verbunden waren, tauchten. Die cylindrischen Theile der Röhre waren durch Theilstriche eingetheilt, und der Widerstand der übrigen Flüssigkeitsmenge im gebogenen Theil der Röhre wurde in der Einheit des Widerstandes ausgedrückt, den ein Cylinderstück zwischen zweien solchen Theilstrichen leistete. Die Messung geschah durch ein Differentialgalvanometer, und die Widerstandsbestimmung durch Längen von Eisendraht. Die Temperaturveränderung wurde dadurch hervorgebracht, dass die Röhre abwechselnd in Eis und in warmes Wasser gestellt wurde, dessen Temperatur durch ein Thermometer bestimmt ward. Die Bestimmungen erstrecken sich auf Lösungen von Kupfervitriol in verschiedenen Concentrationsgraden, salpetersauren Kupferoxyd, Kupferchlorid und Zinkvitriol, und wenn sie auch ein genaues Resultat nicht liefern können, da sie auf die Veränderung der Ladung durch die Wärme gar keine Rücksicht nehmen, so bestätigen sie doch die von Ohm bewiesene Thatsache vollständig. Ein Beispiel mag den eingeschlagenen Weg zeigen: y ist der Widerstand der Flüssigkeit zwischen zweien auf

1) Pogg. Ann. LXVI. 174*.
2) Pogg. Ann. LXIX. 255*.

einander folgenden Theilstrichen, x der Widerstand im gekrümmten Theil der Röhre; die Widerstände sind in Decimalfussen Eisendraht ausgedrückt, die Temperatur in Graden Réaumur, und aus den Beobachtungen ist x eliminirt. Für Kupfervitriollösung fand sich:

$$x \cdot y = 197{,}39 \text{ bei } 0^{\circ}$$
$$(x+10)y = 310{,}58 \text{ - } 0^{\circ}$$
$$(x+40)y = 649{,}96 \text{ - } 0^{\circ}$$

Mittel für y bei $0^{\circ} = 11{,}26$.

$$x \cdot y = 130{,}35 \text{ bei } 11^{\circ}{,}8$$
$$(x+10)y = 203{,}02 \text{ - } 11{,}8$$
$$(x+20)y = 276{,}37 \text{ - } 11{,}9$$
$$(x+30)y = 352{,}63 \text{ - } 11{,}9$$
$$(x+40)y = 424{,}71 \text{ - } 12{,}0$$

Mittel für y bei $11^{\circ}{,}9 = 7{,}33$.

$$x \cdot y = 80{,}02 \text{ bei } 31^{\circ}{,}9$$
$$(x+20)y = 175{,}96 \text{ - } 31{,}0$$

Werth für y bei $31^{\circ} = 4{,}7$.

$$x \cdot y = 56{,}82 \text{ bei } 46^{\circ}{,}9$$
$$(x+20)y = 117{,}37 \text{ - } 66{,}1$$
$$(x+40)y = 177{,}01 \text{ - } 67{,}5$$

Mittel für y bei $66^{\circ}{,}4 = 3{,}12$.

Bei den Versuchen, welche **Edmond Becquerel**[1]) zur Bestimmung des Einflusses, den die Erwärmung auf die Leitungsfähigkeit der Flüssigkeiten ausübt, angestellt hat, ist die Einwirkung der Ladung an den Electroden ebenfalls gänzlich ausser Acht gelassen, so dass die Resultate nicht entscheidend sind. Die Messung geschah mit dem oben beschriebenen Apparat, in welchem die eine Proberöhre im Wasserbade zu verschiedenen Temperaturen erwärmt wurde. Es wurden concentirte Lösungen von Kupfervitriol, von Zinkvitriol und käufliche Salpetersäure mit Platinelectroden untersucht; und zwar ergab sich der Vermehrungs-Coefficient des Widerstandes für eine Temperatur-Erhöhung von 1° beim

Kupfervitriol	= 0,0286
Zinkvitriol	= 0,0223
Salpetersäure . . .	= 0,0263

1) Ann. de chim. phys. 3me Sér. XVII. 285*.

Untersuchungen über die Leitungsfähigkeit, welche feste Substanzen durch ihre Schmelzung erlangen, sind von Faraday und von Matteucci angestellt worden. Faraday hatte schon früher gefunden, dass viele Substanzen, welche im festen Zustande isolirten, oder doch sehr schwach leiteten, beim Erhitzen an Leitungsfähigkeit zunehmen. Die hierhergehörigen Versuche sind an einer früheren Stelle des Repertoriums [1]) erörtert worden; auch der Umstand wurde erwähnt, dass in allen Fällen, in denen Körper durch Schmelzung leitend wurden, eine Zersetzung eintrat, so dass das Gesetz, dass Flüssigkeiten nur vermöge ihrer Electrolyse leiten, eine Bestätigung fand. Nur das Jodquecksilber leitete im Zustande der Schmelzung, ohne zersetzt zu werden. Spätere Versuche [2]) haben noch mehre andere Stoffe beigebracht, welche sich dem Jodquecksilber anzuschliessen scheinen; zu diesen gehört besonders Feuerblei, das, wenn es geschmolzen war, fast so gut leitend gefunden wurde wie Platin, ohne dass eine Zersetzung hätte bemerkt werden können. Diese Angaben sprechen dafür, dass solche Flüssigkeiten auch durch einen ähnlichen Prozess leiten können, wie feste Metalle. Matteucci [3]) ist durch seine Beobachtung mit Bleizucker und Chlorcalcium zu demselben Schluss geführt. In der so eben angeführten Abhandlung hat Matteucci das Verhältniss der Leitungsfähigkeiten desselben Salzes im Zustande der Schmelzung und der Lösung untersucht. Er fand, dass ein Salz in seiner wässrigen Schmelzung denselben Leitungswiderstand darbietet, wie wenn es bei 20° in Wasser gelöst wäre, indess ist es wohl etwas gewagt, aus den wenigen mitgetheilten Beobachtungen einen so sicheren Schluss zu ziehen. Die eigenthümliche Leitungsfähigkeit, die ein Salz durch Schmelzung erlangt, fand er durch Zusatz von Lösungsmitteln im Allgemeinen verändert, und zwar gewöhnlich vermindert, doch stand die Verminderung der Leitungsfähigkeit in keinem einfachen Verhältniss zur Veränderung der Verdünnung. Wurden verschiedene geschmelzte Salze unter einander gemischt, so fand Matteucci die Leitungsfähigkeit der Mischung nicht abweichend von der des am besten leitenden Salzes.

---

1) Rep. I. 202.

2) Exp. Res. 1339*.

3) C. r. V. 706. 906*; Ann. de chim. phys. 2me Sér. LXVI. 225*; Arch. de l'Él. III. 111, 318, 348*; L'Inst. VI. 27*.

Den Einfluss, welchen Temperaturveränderungen auf die Leitungsfähigkeit des Wasserdampfes haben, hat Schafhäutl [1]) nachgewiesen. Die beiden Enden eines Glasrohres wurden ausgezogen, in das eine wurde ein Platindraht geschmelzt; etwas Wasser, das sich in der Röhre befand, wurde nun zum Sieden gebracht, bis dieselbe ganz mit Dämpfen gefüllt war; dann wurde das andere Ende ebenfalls durch Einschmelzen eines Platindrahtes geschlossen. Nun wurde das Rohr in ein Sandbad mit Thermometer gesetzt, die Drähte wurden mit den Belegungen einer geladenen Flasche in Verbindung gebracht. Der Dampf verhielt sich wie ein unvollständiger Leiter, etwa wie ein feuchter Baumwollenfaden. Wurde das Rohr bis 250° erwärmt, so sah man die Electricität in kleinen Funken übergehen; bei 450° hörte der Dampf völlig zu leiten auf, so dass man die Ausgleichung beider Electricitäten durch den gewöhnlichen Funken stattfinden sah. Trockner Dampf also, d. h. Dampf, dem keine Flüssigkeitstheilchen mehr beigemischt sind, ist als Isolator zu betrachten.

X. Stromschwächung beim Wechsel der Leiter.

Uebergangswiderstand.

Die Schwächung, welche der Strom beim Uebergang aus einem Leiter in einen Electrolyten erfährt, ist durch die Versuche von Ritter [2]), de la Rive [3]) und Marianini [4]) ausser Zweifel gesetzt, aber erst durch Fechner [5]) in den mathematischen Ausdruck für die Stromstärke eingeführt worden, der jenen Verlust als eine besondere Art von Widerstand, Uebergangswiderstand, dem Leitungswiderstande hinzufügte. Das Ohmsche Gesetz hat demnach die Form

1) Phil. Mag. XVIII. 14*.

2) Journ. de physique LVII. 345.

3) Ann. de chim. et de phys. LVII. 225.

4) Saggie di esperienze elettrometriche. Venezia 1828. p. 47; Pogg. Ann. IX. 165.

5) Lehrbuch des Galvan. 224*; Maassbestimm. 34, 80, 236*.

$$J = \frac{A}{l + d + w}$$

angenommen, worin J die Intensität, A die electromotorische Kraft, l und d den wesentlichen und ausserwesentlichen Leitungswiderstand, und w den Widerstand des Ueberganges vorstellt.

Gegen diese Vorstellungsweise hat sich zuerst Ohm[1]), später Vorsselmann de Heer[2]) erhoben, der alle bis dahin angstellte Versuche aus den Ladungserscheinungen erklärt. Wenn der Verlust an Stromstärke einer Vergrösserung des Widerstandes zuzuschreiben ist, so muss dieser Verlust bei einer Umkehrung der Stromrichtung derselbe bleiben. Rührt er aber von einer entgegengesetzt wirkenden electromotorischen Kraft her, so muss sich diese bei einer Stromumkehrung zur Hanptkraft addiren. Diesen Satz hat Vorsselmann de Heer durch Versuche hinreichend bestätigt gefunden, und daraus geschlossen, dass die Annahme eines Uebergangswiderstandes unmotivirt sei. Er zieht auch den Schluss in Zweifel, welchen de la Rive[3]) aus seinen Versuchen gezogen hat, dass nämlich die Intensität eines Stromes durch Einschalten von Platten um so weniger verringert werden soll, je mehr Platten schon eingeschaltet waren. Diesen Erfolg glaubt er der Erschütterung zuschreiben zu müssen, welche die Flüssigkeit durch das Eintauchen neuer Platten erfährt. Bei magneto-electrischen Strömen von abwechselnder Richtung hatte de la Rive jenen Uebergangswiderstand gleich 0 gefunden, was Vorsselmann de Heer ganz einfach aus der abwechselnden Sauerstoff- und Wasserstoff-Entwickelung an den beiden Platten erklärt, welche eine einseitige Ladung gar nicht zu Stande kommen lässt; er fügt hinzu, dass gleichgerichtete magneto-electrische Ströme ebenso wie alle andern beim Uebergang in einen Electrolyten geschwächt werden.

Den einfachsten Beweis aber, dass die Annahme der blossen Ladung zur Erklärung aller Erscheinungen genügt, hat er, und schon früher Ohm, darin gefunden, dass man auf dieselbe, von Fechner durch seine Versuche bestätigte Formel kommt, wenn man die Ladung der Intensität proportional annimmt; man umgeht dadurch die Hypothesen, welche Fechner für die Veränderlichkeit

1) Schweigg. Journ. LXIII. 385; LXIV. 21, 138. 257.
2) Bull. de Néerl. 1840. 122*.
3) Bibl. univ. 1838. Mars. 146.

des Uebergangswiderstandes hat machen müssen, und die man sich für einen Widerstand schwer vorstellen kann, sehr gut aber für eine entgegenwirkende electromotorische Kraft. Bezeichnet nämlich w eine von der Natur der Electroden abhängige Constante, so ist

$$J = \frac{A - wJ}{l + d},$$

also auch unter dieser Voraussetzung

$$J = \frac{A}{l + d + w}.$$

Vorsselmann de Heer eifert übrigens durchaus nicht gegen den Namen Uebergangswiderstand, sondern nur dagegen, dass er als Summandus des Nenners, d. h. als Hinderniss, und nicht als Subtrahendus des Zählers der Ohmschen Formel, d. h. als Gegenkraft, eingeführt worden ist.

Poggendorff [1]) hat die angeführten Versuche für nicht beweisend gehalten. Aus dem zuerst erwähnten Experiment, in welchem bei Umkehrung der Stromrichtung sich die Ladung zur electromotorischen Kraft summirte, folgerte er nur den längst bekannten Erfahrungssatz, dass eine solche Ladung wirklich vorhanden sei, nicht aber, dass deshalb ein Uebergangswiderstand nicht da sein könne. Dass ferner Vorsselmann de Heer mit Benutzung von de la Rive's eigenen Angaben die Abwesenheit des Uebergangswiderstandes für magneto-electrische Ströme abwechselnder Richtung beweist, schien Poggendorff deshalb unzureichend, weil er jene Angaben selbst in Zweifel zog. Er hat sogar einen direct widersprechenden Versuch geliefert. Die beiden Platten, welche als Electroden eines solchen Stromes gedient hatten, zeigten zwar in der That keine Ladung am Galvanometer, wenn aber eine Platte zwischen sie eingeschaltet wurde, so zeigte ein, nach Riess's [2]) Vorschlag in den Strom eingeschlossenes electrisches Luftthermometer eine geringere Intensität an, als ohne jene Einschaltung. Demnach wäre auch für diese Ströme eine Schwächung nachgewiesen, die nicht, wie die Ladung, von der Stromrichtung abhängig ist. Die Grösse des Uebergangswiderstandes wurde sogar für verschiedene Lösungen und Zwischenplatten bestimmt. Der Strom wurde zu dem Ende durch den Widerstandsmesser auf einer und derselben

---

1) Berl. Acb. 1841. 21, 119*; Pogg. Ann. LII. 497*; l'Inst. IX. 271, 287*; Arch. de l'Él. I. 497*.

2) Pogg. Ann. LII. 324*.

Stärke erhalten, wofür die unveränderte Stellung des Luftthermometers zeugte; die Drahtlänge, welche aus dem Widerstande ge nommen werden musste, wenn die Zwischenplatte eingeschaltet war, galt als Maassstab für jenen Uebergangswiderstand. Die unter mannigfach abgeänderten Umständen angestellten Versuche lieferten im Allgemeinen dieselben Resultate, wie Fechner's. Dieselben lassen sich in folgende Sätze zusammenfassen:

Bei ungleichem Querschnitt der Flüssigkeit, aber gleicher Gesammtstärke des Stromes in derselben steht der Uebergangswiderstand im umgekehrten, aber nicht einfachen, sondern weit kleineren, Verhältniss zur Grösse des Querschnitts. Bei gleichem Querschnitt, aber ungleicher Stromstärke steht der Uebergangswiderstand im umgekehrten Verhältniss zur Stromstärke. Beide Sätze entspringen aus dem folgenden. Der Uebergangsswiderstand an den einzelnen Punkten des Querschnitts der Flüssigkeit steht in einem umgekehrten Verhältniss zur Stromstärke in diesen Punkten.

Bei der Aufnahme der so eben besprochenen Arbeit in die Archives de l'Électricité hat de la Rive [1]) gegen die, in denselben enthaltenen geschichtlichen Bemerkungen Klage erhoben. Er nimmt die Entdeckung des Uebergangswiderstandes für Ritter, sich und Marianini in Anspruch. Diese Ansprüche hatte indess Poggendorff keinesweges übersehen, sondern Fechner nur als denjenigen Physiker genannt, welcher die Gesetze des Uebergangswiderstandes zuerst vollständig studirt hat.

Die Versuche, welche Lenz [2]) zum Beweise für das Vorhandensein des Uebergangswiderstandes angestellt hat, zeigen nur, dass der Strom beim Austritt in den Electrolyten wirklich eine Schwächung erleidet, deren Grösse von der Natur der Electroden und der Flüssigkeit abhängt; nicht aber dass deshalb die Annahme eines eigenen Widerstandes gerechtfertigt sei; denn die Anwendung eines momentanen Inductionsstromes schliesst die Wirkung einer Ladung nicht aus, da, wie Vorsselmann de Heer [3]) in einer späteren Arbeit erinnert hat, der secundäre Strom eintritt, sobald das erste Wassertheilchen zerlegt ist. Er hat diese, fast augenblickliche Ladung sehr passend durch eine Vorrichtung nachgewiesen, welche

1) Arch. de l'Él. I. 533*.
2) Bull. de St. Pét. I.; Pogg. Ann. XLVII. 586*; Bibl. un. XXX. 210*.
3) Pogg. Ann. LIII. 31*.

den primären Strom schnell nach seinem Entstehen unterbricht, und den secundären durch ein Galvanometer herstellt. Die magnetoelectrische Maschine hat zu dem Ende eine verlängerte Axe, welche ausser einer isolirenden Unterbrechung aus leitender Substanz besteht. Durch Fortsätze, welche von der Axe ausgehen, kann in einer Stellung der Maschine eine Flüssigkeitszelle mit zweien Electroden in den Strom geschaltet werden; nach einer halben Umdrehung der Maschine sind diese Fortsätze aus den Quecksilbergefässen, welche die Leitung schlossen, herausgetreten, und dafür tauchen zwei andere Fortsätze in Quecksilber, welche die Electroden mit einem Galvanometer verbinden, und so den secundären Strom schätzen lassen. Die Versuche zeigen deutlich, dass der secundäre Strom, selbst bei Strömen von kurzer Zeitdauer, um so starker ist, je schwächer der primäre Strom war, d. h. also, dass hier so gut eine Ladung, und zwar nach denselben Gesetzen, eingetreten ist, wie bei Strömen von längerer Dauer.

Gegen die Angriffe Poggendorff's auf seine Benutzung des de la Riveschen Versuches erwidert Vorsselmann de Heer, dass er diesen Versuchen um so mehr Glauben geschenkt habe, da de la Rive bei ihnen ohne allen systematischen Geist zu Werke gegangen ist, und nicht einmal eingesehen hat, dass er dadurch seiner eigenen Theorie vom Uebergangswiderstand vollkommen den Boden eingeschlagen hat. Er erklärt übrigens die vollkommen widersprechenden Angaben beider Physiker aus den verschiedenen Umständen, unter denen beide ihre Versuche angestellt haben, aus der verschiedenen Drehungsgeschwindigkeit der Maschine, aus der Verschiedenheit der Electrolyten, besonders aber daraus, dass bei Poggendorff's Versuchen die von de la Rive für das Verschwinden des Uebergangswiderstandes gestellte Bedingung nicht erfüllt ist, dass die Oberfläche der Zwischenplatte so vergrössert werden muss, dass an derselben jede Spur von chemischer Wirkung verschwindet. Dass bei Unterlassung dieser Maassregel selbst bei einem Strom, dessen Richtung in Intervallen von nur $\frac{1}{15}$ Secunde eingesetzt wird, Ladung stattfindet, hat Vorsselmann de Heer mittelst einer Groveschen Säule und eines Mutators nachgewiesen. Poggendorff[1]) hat diese Bemerkungen nicht als widerlegend für seine in den Annalen mitgetheilte Abhandlung anerkannt, da in der-

1) Pogg. Ann. LIII. 44*.

selben viele Thatsachen hinzugefügt sind, welche in der Mittheilung in den Monatsberichten, gegen welche Vorsselmann de Heer's Arbeit gerichtet war, nicht enthalten waren: er fand sich deshalb nicht veranlasst, seine Ansichten vom Uebergangswiderstand aufzugeben. —

Alle späteren Arbeiten haben zwar die Unmöglichkeit eines Uebergangswiderstandes keinesweges nachgewiesen, eben so wenig aber auch seine Nothwendigkeit oder auch nur Wahrscheinlichkeit. Da diese Arbeiten genauer auf das Wesen der Ladung eingehen, und zeigen, wie diese Erscheinung hinreicht, um die für den Uebergangswiderstand angeführten Thatsachen zu erklären, so werden sie weiter unten besprochen werden. Poggendorff[1]) selbst hat die Annahme des Uebergangswiderstandes für eine unwahrscheinliche erklärt, weil derselbe nicht constant, sondern von der Stromstärke abhängig sein müsste. Gerade hierin hat Fechner einen Beweis für das Vorhandensein des Uebergangswiderstandes gesehen, indem er den Widerstand in den constanten Leitungswiderstand und den veränderlichen Uebergangswiderstand zerlegt. Das erklärt Poggendorff für eine ungerechtfertigte Benutzung des Ohmschen Gesetzes; so dass auch er die Schwächung, welche der Strom beim Uebergang in Flüssigkeiten erleidet, nur der Ladung der Electroden zuschreibt. Nichtsdestoweniger müssten die Versuche, welche über die Ladungserscheinungen vorliegen, weit bestimmtere Resultate liefern, als dies bisher geschehen ist, wenn man nicht nur mit grosser Wahrscheinlichkeit, sondern mit mathematischer Bestimmtheit behaupten wollte, dass gar kein Uebergangswiderstand existire, und dass nicht vielleicht die Ladung zugleich mit demselben ihre Wirkung äussere.

Polarisation.

Die Erklärung der Ladungserscheinung, welche wir der Hauptsache nach noch als die richtige anerkennen, ist die von Becquerel[2]) gegebene. Er glaubte, eine Ladung könne an Electroden nur stattfinden, wenn der Electrolyt ein Salz sei, dann würden die Basis

1) Berl. Acb. 1844. 301*.

2) Traité de l'Él. et de Magn. III. 111.

und die Säure, welche abgeschieden werden, den verschiedenen electromotorischen Zustand der beiden Platten bedingen, eine Ansicht, die von Manchen verworfen, von Anderen modificirt worden ist. Matteucci [1]) zeigte unmittelbar durch den Versuch, dass in Electrolyten, welche gar kein Salz aufgelöst enthalten, z. B. in reinem Wasser, die an den Polen abgelagerten Substanzen auch gasartige Ionen wie Sauerstoff und Wasserstoff sein können. Er schloss den Strom einer 15paarigen Säule 5 bis 6 Secunden lang durch Platinelectroden in verdünnter Säure, und stellte dann über die Kathode eine kleine mit Sauerstoff gefüllte Röhre, über die Anode eine mit Wasserstoff gefüllte. Sogleich verminderte sich in beiden Röhren das Gas, indem etwas davon mit dem, an den Electroden haftenden durch die Vermittelung des Platins verbunden wurde. Er fand auch, dass reine Platinplatten, von denen die eine in Sauerstoffgas, die andere in Wasserstoff getaucht wurde, nachher einen Strom erzeugten, wenn sie in eine Leitungsflüssigkeit getaucht wurden. Die Platten, welche als Electroden gedient hatten, waren noch nach 5 bis 6 Stunden fähig, den secundären Strom zu erzeugen. Matteucci fand ferner, dass die Electroden das Maximum ihrer Ladung nach etwa 10 Minuten annahmen; am stärksten fand er dieselbe beim Platin und Gold, auch bemerkte er, dass eine gewöhnliche Platinplatte mit einer der beiden Electroden einen Strom erregen konnte.

An die Unmöglichkeit, die Ladung aus einer Abscheidung von Säure und Basis zu erklären, hat auch Golding Bird [2]) erinnert, da er die Erscheinung ebenfalls in verdünnten Säuren und reinem Wasser beobachtete. Er ging dabei von der Thatsache aus, dass, wenn man jede der beiden Platinplatten, welche als Electroden gedient haben, mit einem Zinkstreifen zu einer Kette verbindet, diejenige die reichlichere Wasserstoffentwickelung giebt, welche vorher mit dem positiven Pol der Kette verbunden war. Während z. B. diese Kette 2,15 Cubikzoll Gas entwickelte, gab die andere Platte nur 1 Cubikzoll; und als die Electroden im umgekehrten Sinn mit der primären Kette verbunden waren, gab die Anode mit Zink combinirt 2,1, die Kathode 1 Cubikzoll Gas. Obgleich er diese Er-

---

1) C. r. VI. 741*; Bibl. univ. XVII. 378*; Inst. VI. 345*; Phil. Mag. XIII. 469*.

2) Phil. Mag. XIII. 379*.

scheinung nicht vollständig zu erklären wusste, suchte er sie doch in einer grösseren Reinheit, welche die Anode durch den Sauerstoff, der sich auf ihr ablagert, annimmt; bei der Kathode fand er eine eben so reichliche Entwickelung, wenn er sie mit Sand und Salpetersäure abscheuerte. Er glaubte deshalb die Stromschwächung, welche die als Kathode benutzte Platte hervorbringt, durch irgend eine fremdartige Ablagerung auf derselben erklären zu müssen. Eine J. B. [1]) unterzeichnete Bemerkung enthält weitere Untersuchungen über diesen Gegenstand, die zum Theil den obigen Angaben widersprechende Resultate liefern, und sucht in der ganzen Erscheinung der secundären Ströme den stärksten Beweis gegen die Contact-Theorie.

Schönbein [2]) führte zwei Platindrähte in eine, mit reiner Schwefelsäure gefüllte, U-förmig gebogene Röhre. Er fand dieselben vollkommen homogen, nachdem aber ein Strom von wenigen Elementen 2″ lang durch sie und die Flüssigkeit geleitet war, wurde die Nadel im Kreise so herumgeworfen, dass sie einen, dem primären Strom entgegengesetzt gerichteten secundären anzeigte. Bei diesem und ähnlichen Versuchen hielt der polare Zustand einige Zeit an, besonders, wenn die beiden Electroden ohne metallische Verbindung durch unmittelbare Berührung mit einander oder durch Schliessung mittelst des Galvanometers stehen blieben. Durch abwechselndes Oeffnen und Schliessen schien die secundäre Kette besonders lange wirksam zu bleiben. Wurden die Electroden in verdünnter Schwefelsäure geladen, durch das Galvanometer geschlossen, bis die Nadel auf 0 zurückkam, dann getrennt und wieder verbunden, so zeigte sich wieder ein ebenso gerichteter, aber schwächerer Strom. Er schien innerhalb gewisser Grenzen um so grösser zu sein, je länger die Pause war, in welcher die Electroden unverbunden blieben. Diese Erscheinungen blieben im Allgemeinen dieselben, wenn das Platin durch Gold ersetzt wurde; Eisen und versilbertes Kupfer zeigten sie noch kräftiger. Aus den beschriebenen Versuchen schloss Schönbein, dass die Abscheidung von Säure und Basis nicht den einzigen Grund zur Ladung bieten könne; er vermuthete, dass andere Stoffe, z. B. die Elemente des Wassers,

1) Phil. Mag. XIV. 446*.

2) Pogg. Ann. XLVI. 109*; Phil. Mag. XIV. 43*; Bibl. univ. XIII. 187*; Inst. VI. 414*.

sich in gleicher Weise abscheiden, und durch ihre Wiedervereinigung den secundären Strom bilden könnten. Hiergegen sprach ihm aber der Versuch, dass der secundäre Strom auch dann noch erzeugt wurde, wenn man die eine geladene Electrode mit einem frischen Platindrahte vertauschte, auch wusste er aus einer solchen Annahme das Wiedereintreten der Ladung nach vorangehender Oeffnung der Kette nicht zu erklären. Er schlug daher eine andere Erklärungsweise vor, die mit seiner oben auseinandergesetzten Hypothese von den Tendenzströmen zusammenhängt. Die Verwandtschaft des als negativer Pol dienenden Drahtes zum Sauerstoff soll nämlich ebenso wachsen, wie die des positiven Poles abnimmt. Wenn nun auch diese Verwandtschaft nicht hinreicht, das Platin zu oxydiren, so soll sie doch die Veranlassung zu einem Tendenzstrome sein. Schönbein leitete ferner einen Strom zwischsn Platinelectroden durch ein mit chemisch reiner Salzsäure gefülltes, U-förmiges Rohr, hob dann die Drähte aus und ersetzte sie durch neue gleichartige. Als dieselben durch ein Galvanometer geschlossen wurden, so zeigte sich ein Strom, als ob man die ursprünglichen Electroden selbst mit einander verbundan hätte. Wurden die eingetauchten Drähte vertauscht, so wechselten sie ihre Rolle. Andere Flüssigkeiten verhielten sich ebenso, so dass Schönbein nicht nur die Pole, sondern ganze Flüssigkeitssäulen als polarisirt ansieht. Er überzeugte sich auch, dass die Electroden zugleich und in gleichem Sinne mit den Flüssigkeiten geladen würden, da dieselben, in frische Flüssigkeit getaucht, die gleiche Wirkung gaben, wie im Electrolyten selbst. Die ganze Ladungserscheinung einer chemischen Action zuzuschreiben, welche zwischen zweien gasförmigen Jonen stattfinden könnte, ist Schönbein nicht geneigt, denn er fand die Flüssigkeiten auch noch fähig, die eingetauchten Platten zu laden, wenn er sie bis zum Sieden erhitzt hatte, oder wenn er einen so schwachen Strom angewandt hatte, dass in reiner Salzsäure gar keine (sichtbare) Gasentwickelung stattfand.

In einer zweiten Abhandlung hat Schönbein[1]) eine Reihe von Erscheinungen, welche zur Kenntniss der Ladung wesentlich beitragen, aufgestellt; sie folgen hier: Platindrähte, welche als Electroden in Wasser, Schwefel- oder Salzsäure gedient haben, verlieren ihre electromotorische Kraft durch Glühen; ein positiv polarisirter

1) Pogg. Ann. XLVII. 101*.

Platindraht verliert die electromotorische Kraft beim Eintauchen in Chlor oder Brom sogleich, in Sauerstoff langsamer, ein negativ polarisirter in Wasserstoff; beide behalten ihre Kraft in Gasen, welche weder auf den Sauerstoff noch auf den Wasserstoff bei Gegenwart des Platins wirken. Ein Platindraht wird in einer Wasserstoff-Atmosphäre positiv polarisirt, Gold und Silber nicht; in Sauerstoff wird auch Platin nicht negativ geladen, alle aber werden negativ in Chlor- oder Bromgas. Werden reines und wasserstoffhaltiges Wasser mittelst zweier Platindrähte und eines Galvanometers verbunden, so ist der im wasserstoffhaltigen Wasser stehende positiv. Gold und Silber zeigen diese Erscheinung nicht; ebensowenig liefert sauerstoffhaltiges Wasser einen Strom mit einem der drei Metalle, während Chlor und Brom alle drei negativ polarisiren. Die polarisirende Fähigkeit des Wasserstoffs verschwindet durch einen Zusatz von Chlor oder Brom. Wird verdünnte Schwefelsäure durch einen Strom zersetzt, so zeigen in die Flüssigkeit eingetauchte Drähte nur eine Ladung, wenn sie aus Platin bestehen; war die Flüssigkeit aber Salzsäure, so zeigen Gold- und Silberdrähte dasselbe.

Diese Versuche hat Schönbein discutirt, und daraus den Schluss gezogen, dass die positive Ladung gewöhnlich ihren Grund in einer Wasserstoffschicht, die negative in einer Sauerstoffschicht habe, welche die Metalle überzieht. Die vorzugsweise Wirkung des Platins glaubt er in dessen Fähigkeit, die Verbindung von Sauerstoff und Wasserstoff zu vermitteln, zu finden, und sieht darin einen unumstösslichen Beweis für die chemische Hypothese. Die negative Ladung der positiven Electrode erklärt er aus der wahrscheinlichen Bildung einer Wasserstoffsuperoxydschicht, welche durch die Gegenwart des Platins immer wieder zersetzt wird. Aus einer solchen Annahme folgt dann, weshalb ein Metall nicht in einer Sauerstoff-Atmosphäre, wohl aber als positive Electrode in einer wässrigen Lösung polarisirt werden kann. Dass Gold- und Silberdrähte nicht in Wasserstoff, wohl aber in Electrolyten polarisirt werden, weiss Schönbein nur durch die Annahme einer Wasserstoffsuboxydbildung und durch die Zersetzung dieses Productes durch jene Drähte zu erklären. Die Resultate dieser Untersuchungen sind die folgenden:

Alle secundären Ströme haben ihren Grund in einer gewöhnlichen chemischen Action, entweder einer Vereinigung oder einer Zersetzung von Stoffen; Electrolyten können auch von sehr schwachen Strömen nicht, ohne zersetzt zu werden, durchlaufen werden;

bei Electrolyten ist Stromleitung und Electrolysation dieselbe Sache; die Polarisation der Electroden ist das sicherste Kennzeichen, dass eine Electrolysation stattgefunden hat.

Zu diesen Resultaten hat Schönbein [1]) in einer nooh späteren Arbeit einige andere gefügt, welche sich auf die electromotorische Kraft beziehen, welche Metallplatten beim Eintauchen in eine zum Theil electrolysirte Flüssigkeit annehmen. Er fand, dass Platinplatten nicht nur die einzigen seien, welche durch eine wasserstoff- und eine sauerstoffhaltige Flüssigkeit geladen würden, sondern dass diese Ladung sogar nur der wasserstoffhaltigen Lösung zuzuschreiben sei, weil die Platten wohl in dieser Lösung und in reinem Wasser einen electrischen Gegensatz zeigten, nicht aber in reinem Wasser und in sauerstoffhaltigem Wasser. Die Spannung zwischen sauerstoff- und wasserstoffhaltigem Wasser war so gross, dass in der ersteren selbst Silber- oder Kupferplatten stehen durften, ohne den Strom umzukehren, wenn im anderen Gefäss unverändert das Platin blieb. Die positive Polarisation schreibt Schönbein auch in dieser Abhandlung einer Ablagerung von Wasserstoffsuboxyd, die negative aber der Bildung einer Hülle vom sogenannten Ozon zu.

Die früher erschienene Arbeit von Munck af Rosenschöld [2]) geht von einer ganz verschiedenen Vorstellungsweise aus. Die Ladung wird nicht einer chemischen Verbindung zugeschrieben, sondern diese sogar als ein Umstand angesehen, der das eigentliche Studium der Ladung erschwert. Munck af Rosenschöld denkt den Vorgang in einer Ritter'schen Säule ähnlich dem in einem feuchten Faden, der von dem Conductor einer Electrisirmaschine, oder von dem Pole einer offenen Säule ausgeht. In derselben findet eine Vertheilung statt, vermöge welcher der ganze Apparat eine Spannung zeigt, die der ursprünglichen entgegengesetzt ist. Um diesen Vorgang ganz ohne Einwirkung chemischer Prozesse zu untersuchen, wählte er eine trockene Säule, aus Kupfer- und Zinkplatten und Papierscheiben, welche in Chlorzinklösung getränkt und getrocknet waren. Dann prüfte er die Spannungen an den einzelnen Contactstellen mittelst des Condensators und eines Electroskopes, und fand, dass die Wirkung der Säule deshalb allmählig abnahm, weil sich eine Gegenspannung erzeugt, und zwar vorzüglich zwischen dem

---

1) Pogg. Ann. LVI. 135*; Arch. de l'Él. II. 509*.

2) Pogg. Ann. XLIII. 193, 440*.

negativen Metalle und dem Zwischenleiter, welche Spannung er einer veränderten Oberflächenbeschaffenheit des Zwischenleiters zuschrieb, weil das Kupfer mit frischen Papierscheiben wieder die normale Spannung gab. Diese Resultate hat Munck af Rosenschöld auch auf nasse (d. h. nässere) Ketten übertragen, und dieselben mit verschiedenen Leitungsflüssigkeiten untersucht; sowohl mit solchen, welche das positive Metall angriffen, als mit anderen. Ferner hat er gezeigt, wie man den Prozess der Ladung mit dem Gesetze derselben in Uebereinstimmung bringen kann. Wenn l die Länge, ω der Querschnitt, k der Leitungscoefficient eines prismatischen Leiters ist, so ist sein Widerstand $\lambda = \frac{l}{k\omega}$. Wird $l = 0$, d. h. berühren sich die fraglichen Punkte unmittelbar, so ist $\lambda = 0$. Ist aber der Zwischenkörper ein Isolator, d. h. $k = 0$, so kann λ wieder ein endlicher Ausdruck (Widerstand des Ueberganges) werden. Ist $\frac{A}{L}$ die Stromstärke, so wird im Allgemeinen die Spannungsdifferenz an der gegebenen Stelle $= \frac{A}{L} \cdot \frac{l}{k\omega}$, und wenn man jenen Leitungswiderstand des Ueberganges $= \mu$ setzt, so wird die oben erwähnte Gegenspannung $= \frac{A}{L} \cdot \mu$; wenn also die ursprüngliche Spannung dieser Stelle $= a$ war, so ist sie nach eingetretener Schwächung $= a - \frac{A}{L} \cdot \mu$. Diese Betrachtungen, nach denen also die Gegenspannung der Stromstärke proportional ist, hat der Verfasser weiter ausgeführt, durch Beispiele erläutert und auf die Versuche mit Zwischenplatten und die secundären Säulen angewandt.

Henrici's [1]) Untersuchungen über die Ursache der Ladung, welche sich an seine früheren Versuche [2]) über die Ladungserscheinungen durch die Entladung der Leyden'schen Flasche anschlossen, sind noch ohne Kenntniss der vorher besprochenen Resultate Becquerel's und Schönbein's angestellt. Henrici bemüht sich, darin zu zeigen, dass die Ladung eine Folge der Ablagerung der beiden Ionen ist, wobei er aber nur auf salzartige Electrolyten und also auf saure oder basische Ionen Rücksicht genommen hat. Er zeigt, dass die Ladung immer in dem Sinne stattfindet, als ob man

1) Pogg. Ann. XLVII. 431*.
2) Pogg. Ann. XLVI. 585*.

aus den beiden Ionen und dem Electrolyten in derselben Reihenfolge eine Kette gebildet hätte; die Ladung in Salpeterlösung ist also z. B. entsprechend einer Kette aus Salpetersäure, Salpeterlösung und Kali. Er schreibt demnach die Wirkungsabnahme der Ketten einer Ablagerung der Ionen, die theilweise Wiederherstellung der Intensität beim Ausheben oder Bewegen der Electroden dem Ablösen dieser Ionen zu, und hält auch die Ladungssäule für auf demselben Principe beruhend.

An einem andern Orte hat Henrici[1]) diese Ansichten noch weitläufiger durchgeführt, und dieselben mit den Arbeiten von Munck af Rosenschöld und Schönbein verglichen. Er hat hier auch einen, schon in der vorher besprochenen Abhandlung[2]) angeführten Versuch beschrieben, der besonders deutlich für die Ladung der Platten durch Wasserstoff spricht. Eine Kupfer- und eine Zinkplatte wurden eine jede mit einem Streifen Fliesspapier belegt, und in ein Cylinderglas gestellt. Gegen die Papierstreifen wurden zwei Kupferdrähte fest angedrückt, und zwischen beide Platten ein dritter Draht gestellt. Wurde nun das Glas mit Flüssigkeit gefüllt, so zeigte der am Papier der Zinkplatte liegende Draht einen Strom, wenn er mit einem der anderen durch ein Galvanometer verbunden wurde; der freistehende verhielt sich aber neutral gegen den der Kupferplatte. Der Strom war bei saurer Leitungsflüssigkeit stärker, als bei blossem Wasser. Henrici hat diese Erscheinung durch die Wasserstoffabscheidung am Drahte der Zinkplatte erklärt, und gefunden, dass mit der Gasentwickelung auch der Strom wuchs. Dieser Versuch hat Pfaff[3]) Veranlassung gegeben zu einer Reihe von Untersuchungen, deren Resultate mit denen von Henrici nicht übereinstimmen, und die den daraus geführten Beweis eines secundären Stromes gänzlich über den Haufen werfen sollen. Bei den meisten Versuchen wurde die Hauptkette gleichzeitig mit der secundären oder vorher geschlossen, so dass sich alle Erscheinungen bequem aus den Gesetzen der Nebenschliessungen erklären; nicht so bei dem Versuch in der Gestalt, wie ihn Henrici zuerst anstellte, und den Pfaff eigentlich widerlegen wollte. Er fand dabei die Abweichung, dass auch der am Kupfer liegende Draht

1) Electricität der galvanischen Kette 71*.
2) Pogg. Ann. XLVII. 441*; El. der galvan. Kette 92*.
3) Pogg. Ann. LIII. 20, 294*.

mit dem mittleren einen Strom erzeuge, aber in einer dem vorigen entgegesetzten Richtung. Die Erklärung dieser Thatsache ist Pfaff noch nicht gelungen.

Vorsselmann de Heer [1]) hat die Grösse der Ladung durch Vergleich mit anderen Ketten annähernd zu bestimmen gesucht. Als er eine kleine Kupferzinkkette, die mit Wasser geladen war, durch Platin-Electroden in Wasser schloss, erhielt er an einem, in den Strom geschalteten Galvanometer Anfangs einen Ausschlag von 18°, der sich aber verringerte, bis die Nadel auf 0 zurückkam; ein Zusatz von Schwefelsäure zur Flüssigkeit der Kette veränderte den Versuch nicht. Wurden nun die beiden Electroden metallisch mit einander verbunden, so ging die Nadel nach Aufhebung dieser Verbindung auf 60°, kam aber doch wieder auf 0 zurück. Die Kette wurde darauf durch zwei Elemente derselben Art ersetzt; es war nun nicht mehr möglich, den Strom gänzlich aufzuheben, wohl aber wurde er bedeutend geschwächt. Dass der secundäre Strom sein Entstehen wirklich einer Ablagerung von Gasen verdankt, zeigte er, indem er die eine von zweien ganz homogenen Platinplatten, welche in eine Flüssigkeit tauchten, mit einem Zinkstückchen berührte. Sobald die Gasentwickelung anfing, zeigte sich die berührte Platte positiv, ja sogar trat die Ladung ein, wenn noch keine Spur von Gasentwickelung wahrzunehmen war. Aus diesen und anderen daran gereihten Versuchen schloss Vorsselmann de Heer, dass die electromotorische Kraft einer Sauerstoff-Wasserstoff-Kette fast doppelt so gross sei, wie die einer Zinkkupfer- oder Zinkplatinkette, die mit reinem oder angesäuertem Wasser geladen ist; dass eine Zeit nöthig sei, um die Platten auf das Maximum ihrer Ladung zu bringen, eine Zeit, welche grösser sei beim Eisen als beim Kupfer, und beim Kupfer grösser als beim Zink; dass endlich diese secundäre Spannung um so grösser, und ihre Dauer um so kürzer sei, in je kürzerer Zeit die Drähte das Maximum ihrer Polarisation erreichen.

Bei Gelegenheit des Uebergangswiderstandes ist mitgetheilt worden, dass Vorsselmann de Heer die Grösse der Polarisation der Stromstärke proportional annahm. Ganz im Gegentheil hat Wheatstone [2]) aus seinen, gemeinschaftlich mit Daniell angestellten

1) Bull. de Néerl. 1840. 106*.

2) Phil. Trans. 1842. 137*; Pogg. Ann. LX. 389*.

Untersuchungen geschlossen, die Grösse der Polarisation sei als constant zu betrachten. Unter dieser Voraussetzung hat er den Werth von e, welchen er als Grösse der Ladung in die Ohm'sche Formel einführt, indem er derselben die Form

$$A = \frac{nE-e}{nR+r}$$

giebt, aufzufinden versucht, und sich dabei keines andern Messapparates bedient, als des Voltameters. Würde z. B. durch eine Säule von n Ketten die Gasmenge N entwickelt, so würde eine Säule von $2n$ Elementen, deren jedes die doppelte Plattengrösse hat, bei Abwesenheit aller Ladung die Gasmenge $2N$ geliefert haben, denn die Intensität wäre dann

$$\frac{2nE}{2n\frac{R}{2}+r} = 2A.$$

Dies fand sich aber nicht, wenn die Polarisation wirklich stattfand. Daher wurde der Werth von e aus Proportionen, wie die folgende ist, berechnet:

$$\frac{5E-e}{5R+r} : \frac{10E-e}{10.\frac{R}{2}+r} = 6:20,$$

worin 6 und 20 die bezüglichen Gasmengen im Voltameter andeuten, und woraus $e = 2{,}857E$ folgt. Eine andere Versuchsreihe gab $e = 2{,}49E$, eine Zahl, welche weiter benutzt wurde, um mit ihrer Hülfe die Gasmengen zu berechnen, welche Säulen verschiedener Anordnung bei der Electrolyse liefern müssen. Die leidliche Uebereinstimmung der so berechneten Zahlen mit den gefundenen haben Daniell und Wheatstone als einen Beweis für die Richtigkeit der Voraussetzung angesehen, dass die Polarisation bei verschiedenen Intensitäten constant sei, ein Resultat, das Wheatstone [1]) durch eine spätere, mit Hülfe des Rheostaten angestellte Versuchsreihe bestätigt zu haben glaubte.

Lenz [2]) ist bei seinen Versuchen über die Abhängigkeit des Uebergangswiderstandes oder der Polarisation von der Voraussetzung ausgegangen, dass sowohl die eine, als die andere dieser Erscheinungen wirklich existire. Er maass am Agometer und der Tangentenboussole den Strom einer Daniellschen Batterie, in

1) Phil. Trans. 1843. 183. 215*. etc.

2) Pogg. Ann. LIX. 226*; Bull. phys. math. de St. Pét. I. 209*.

welche eine Flüssigkeitszelle eingeschaltet war. Der Stand des Agometers, wenn sich keine Flüssigkeitszelle im Strome befand, ward mit a, wenn dieselbe eingebracht war, mit a_1 bezeichnet, wenn die Nadel wieder auf dieselbe Ablenkung α gebracht war. Ist nun L der Uebergangswiderstand, p die Polarisation, k die electromotorische Kraft der Kette, während l den gesammten Leitungswiderstand der Kette, des Multiplicators, der Verbindungsdrähte und des ungemessenen Multiplicatorstückes, und $d\lambda$ den der Flüssigkeitszelle vorstellt (wo d die Entfernung der Platten von einander, λ der Widerstand der Flüssigkeit für die Entfernung 1 ist), so ist die Stromstärke

$$F = \frac{k}{l+a}, \text{ und } F = \frac{k-p}{l+a_1+d\lambda+L},$$

woraus

$$a-a_1 = d\lambda + L + \frac{p}{F} \quad \ldots \quad (A)$$

Für $p = 0$ folgt daraus:

$$a-a_1 = d\lambda + L \quad \ldots \quad (B)$$

für $L = 0$

$$a-a_1 = d\lambda + \frac{p}{F} \quad \ldots \quad (C)$$

Alle drei Formeln enthalten die Constante $d\lambda$, so dass die Veränderlichkeit in den übrigen Gliedern der rechten Seite gesucht werden muss; die Ergebnisse der Versuche wurden mit jenen Gleichungen verglichen, um zu sehen, welcher sie am besten genügen. Die Gleichung (C) erhielt die Gestalt

$$a-a_1 = c + \frac{m}{F}, \quad \ldots \quad (D)$$

und aus den Werthen der Beobachtungen wurden nach der Methode der kleinsten Quadrate c und m berechnet. Die Versuche stimmten sehr gut mit dieser Annahme und in den Differenzen zwischen den beobachteten und berechneten Werthen ist keine Gesetzmässigkeit zu bemerken; so dass man schliessen kann: es giebt entweder keine Polarisation (nach B) und der Uebergangswiderstand ist den Stromstärken umgekehrt proportional; oder es giebt keinen Uebergangswiderstand und die Polarisation ist (nach C) für jede Stromstärke eine Constante; oder es giebt beides, und die Polarisation ist nach A constant, der Uebergangswiderstand aber entweder constant (in c oder $d\lambda$ begriffen) oder der Stromstärke umgekehrt proportional und in $\frac{m}{F}$ mit begriffen.

Aus zwei Gleichungen von der Form (A) wurde ferner der Werth

$$\lambda = \frac{(a - a_1) - (a' - a'_1)}{d - d'}$$

entwickelt, und durch Messungen für drei verschiedene Werthe von d wurde λ gefunden, woraus sich dann mittelst der Gleichung

$$L + \frac{p}{F} = a - a_1 - d\lambda$$

der Werth von $L + \frac{p}{F}$ genauer ergiebt. Nach den Messungen war dieser Werth deutlich den Stromstärken umgekehrt proportional; so dass weiter geschlossen wurde: Ist $p = 0$, so ist der Uebergangswiderstand den Stromstärken umgekehrt proportional; ist $L = 0$, so ist die Polarisation eine constante. Existiren beide, so ist der Uebergangswiderstand der Stromstärke umgekehrt proportional, die Polarisation constant, weil $\frac{p}{F}$ dann auch den Strömen umgekehrt proportional sein muss. — Spätere Versuchsreihen geben nicht eine so gute Uebereinstimmung, vielmehr wurden die Werthe von $L + \frac{p}{F}$ für schwache Ströme zu klein gefunden. Durch Versuche mit Kupferelectroden wurden im Allgemeinen dieselben Gesetze bestätigt gefunden, welche die früheren, mit Platinelectroden angestellten Versuche ergeben hatten. Die Producte von $L + \frac{p}{F}$ in die zugehörigen Stromstärken waren auch für Kupfer unabhängig von der Concentration der Säure, aber weit grösser, als beim Platin.

In Bezug auf die Oberfläche der Electroden fand Lenz, dass der Ausdruck $L + \frac{p}{F}$ von derselben unabhängig ist, wenigstens bis zu einer gewissen Kleinheit hin. Es muss also sowohl der Uebergangswiderstand, wenn er allein existirt, als die Polarisation, wenn sie allein existirt, als auch beide, wenn sie zusammen vorkommen, von der Flächenveränderung der Electroden unabhängig sein. Nach allen diesen Untersuchungen schliesst Lenz, dass man alle Erscheinungen, welche durch Uebergangswiderstand und Ladung erklärt worden sind, auf die letztere allein beziehen kann, dass es daher consequent ist, für eine Wirkung nicht zwei Ursachen anzunehmen, sondern den Uebergangswiderstand ganz aus der Nomenclatur des galvanischen Stromes zu streichen und die Polarisation allein beizubehalten. Die Gesetze derselben wären dann die folgenden:

1. Die Polarisation der Electroden erfolgt augenblicklich in ihrer ganzen Stärke auf den Eintritt des Stromes.
2. Sie ist unabhängig von der Stärke des Stromes.
3. Sie ist unabhängig von der Grösse der Electroden, wenn diese eine gewisse, für stärkere Ströme bedeutendere, Grösse überschreitet.
4. Sie hängt ab von der Natur der Electroden und der mit ihr in Berührung befindlichen Flüssigkeit, nicht aber von der Concentration derselben.

Der Ohm'sche Ausdruck für die Stromstärke ist demnach mit Rücksicht auf die Ladung mit den leicht verständlichen Bezeichnungen

$$F = \frac{k-p}{L+\lambda}$$

zu schreiben.

Poggendorff[1]) hat für das Studium der Polarisations-Erscheinungen die Wippen vorgeschlagen. Um zu entscheiden, ob und wie die Stärke der Ladung von der primären Stromstärke abhängig ist, hat er dieser Vorrichtung die Gestalt (Tab. 2 Fig. 33) gegeben. In ein Brett sind zwei parallele Reihen von je sechs Vertiefungen gebohrt, die mit Quecksilber gefüllt werden. 1 und 6 sind mit den Polen einer Säule, 7 und 12 mit einem Galvanometer, ferner 2 mit 8, 3 mit 9, 4 mit 10, 5 mit 11 durch Drähte verbunden. Ein um eine Axe drehbares Brett ist an der einen Seite mit Drahtbogen versehen, deren nach innen gebogene Haken die Näpfe 1 und 2, 3 und 4, 5 und 6 verbinden, wenn das Brett nach der linken Seite (in der Zeichnung) geneigt wird, dagegen 7 mit 8, 9 mit 10, 11 mit 12, wenn es nach der rechten Seite geneigt wird. Die Näpfchen 8 und 9, 10 und 11 sind mit zweien Plattenpaaren, O,H und O',H' aus gleicher Substanz verbunden, welche in zwei mit einer Leitungsflüssigkeiten gefüllte Gefässe tauchen. Der Strom geht also durch beide Zellen und ladet beide Plattenpaare. Wird die Wippe umgelegt, so sind die beiden secundären Ströme einander entgegengesetzt gerichtet, sollten sich also eigentlich aufheben; indess überwiegt gewöhnlich der eine. Sei dies der von OH, so verbinde man die Näpfe 6 und 7 durch einen Draht und wiederhole den Versuch, so wird sich OH schwächer geladen zeigen als $O'H'$, weil

1) Pogg. Ann. LXI. 586*.

durch *OH* nur ein Zweigstrom geht. Die Grösse der Ladung ist also keinesweges für jede Stärke des primären Stromes constant, sondern wächst mit derselben.

In Bezug auf die Grösse der Electroden fand Poggendorff, dass die Ladung an grösseren Electroden unter sonst gleichen Umständen kleiner ist, und dass sie von der Stromdichtigkeit abhängig ist, was man auch erwarten kann, da von diesem Werthe die Stärke der örtlichen Gasentwickelung abhängt. Die verschiedenen Metalle fand er ebenfalls im Allgemeinen einer um so grösseren Ladung fähig, je weniger sie von der Leitungsflüssigkeit angegriffen wurden.

Die neuesten Zahlenangaben über die Ladungsfähigkeit der verschiedenen Substanzen sind von Lenz und Saweljew [1]) mitgetheilt worden. In den Strom einer Kette, deren electromotorische Kraft $= K$, deren Gesammtwiderstand $= L$ ist, wird eine Flüssigkeitszelle mit dem Widerstande λ eingeschaltet; die in dieser Zelle möglicherweise vorhandene electromotorische Kraft ist $= k$ gesetzt. Um ohne diese Einschaltung den Strom auf eine gewisse Intensität F zu bringen, muss eine Länge a_0 des Voltagometerdrahtes eingeschoben werden; wenn sich aber die Flüssigkeitszelle im Strome befindet und in derselben eine Ladung $= p$ stattfindet, so braucht man nur die Länge a, um den Strom auf dieselbe Intensität zurückzuführen. Für eine andere Intensität F' sind die entsprechenden Agometerdrahtlängen a'_0 und a', so dass man vier Gleichungen erhält:

$$F = \frac{K}{L + a_0} \qquad F = \frac{K - (k + p)}{L + \lambda + a}$$

$$F' = \frac{K}{L + a'_0} \qquad F' = \frac{K - (k + p)}{L + \lambda + a'},$$

wobei p für beide Intensitäten als gleich betrachtet ist, was auch geschehen darf, wenn dieselben nicht zu verschieden und absolut zu klein sind. Aus jenen Gleichungen ergiebt sich

$$a'_0 - a_0 = (a' - a) + (k + p)\left(\frac{1}{F'} - \frac{1}{F}\right),$$

und wenn $a'_0 - a_0$ mit Δ_0, $a' - a$ mit Δ bezeichnet wird:

$$k + p = \frac{FF'}{F - F'}(\Delta_0 - \Delta).$$

---

1) Bull. phys. math. de St. Pét. V. 1; Pogg. Ann. LXVII. 497*; Ann. de chim. phys. 3me Sér. XX. 184*; Arch. des sc. phys. et nat. I. 59*; L'Inst. XIII. 210.

Hierin ist $\frac{FF'}{F-F'}$ ein constanter Coefficient, der auch als Einheit für die Messung angesehen werden kann, und durch dessen Multiplication mit $(\varDelta_0 - \varDelta)$ der Werth von $k+p$ erhalten wird. Um p allein zu bekommen, muss entweder $k = 0$, oder besonders bestimmt werden. Beide Fälle wurden benutzt. Durch Versuche wurde nun zunächst der Satz festgestellt, dass eine Ladung der Electroden nur dann stattfinde, wenn sich an ihnen ein Gas entwickelt, da im entgegengesetzten Falle der Werth von $\varDelta_0 - \varDelta$, und also auch $k+p$ der 0 sehr nahe gleich gefunden wurde, während die Electroden möglichst gleichartig waren. Dieser Satz giebt ein Mittel an die Hand, die Ladung jeder Electrode einzeln zu untersuchen. Hätte man z. B. die Polarisation von Platin-Electroden in angesäuertem Wasser untersucht und $= p$ gefunden, prüfte dann dieselbe in Salpetersäure, so fände zwar die Sauerstoffentwicklung nach wie vor statt, die des Wasserstoffs hätte aber aufgehört. Zieht man daher den jetzt gefundenen Werth, welcher die Ladung des Platins in Sauerstoff bedeutet, von p ab, so erhält man die Ladung des Platins in Wasserstoff. Auf die Weise wurden für mehre Substanzen die Ladungen in Sauerstoff und Wasserstoff gefunden.

Sollte ferner k in Rechnung kommen, so wurden zwei Platten aus verschiedenem Metall in zwei Flüssigkeiten getaucht, welche durch eine poröse Wand von einander getrennt waren. Die Werthe $\varDelta_0 - \varDelta$ gaben die Grösse von $k+p$ an, von denen dann die oben gefundenen Werthe von p abgezogen wurden, um k allein zu finden. Sowohl jene Ladungen als diese electromotorischen Kräfte haben Lenz und Saweljew aber nur als die ersten Näherungswerthe betrachtet, die sie noch einer weiteren Correction unterworfen haben. Zu dem Ende prüften sie das electromotorische Gesetz an geschlossenen Ketten, und fanden es durch ihre Versuche völlig bestätigt, so dass also z. B., wenn die Electricitäts-Erregung zwischen Zink in Schwefelsäure und Platin in Salpetersäure $= m$, die zwischen Zink in Schwefelsäure und Kupfer in Kupfervitriollösung $= n$ war, die zwischen Platin in Salpetersäure und Kupfer in Kupfervitriol $= m - n$ sein muss. Dies wurde beispielsweise folgendermaassen benutzt. Es war gefunden: $k+p$ für Gold in Salpetersäure, Platin in Salpetersäure, und Ladung des Platins mit Sauerstoff $= 2{,}55$; für dieselbe Metallverbindung in derselben Flüssigkeit, aber in entgegengesetzter Richtung und Ladung von Gold in Sauerstoff = 2,64; also durch Addition: die Ladung von Platin in Sauerstoff + der von Gold in Sauerstoff = 5,19. Da aber die erstere allein = 2,48 war, so ist die letztere 2,71; und das Gold in Salpetersäure um 0,07 gegen Platin in Salpetersäure positiv. Nun wurde das Platin in Salpetersäure als Ausgangspunkt betrachtet, und die übrigen Combinationen wurden der Reihe nach so zusammengestellt, dass man die electromotorische Kraft einer Kette unmittelbar durch Addition der bei ihren beiden Bestandtheilen stehenden Zahlen erhält. Mittelst der so gefundenen Werthe von k wurden dann die von p ebenfalls corrigirt, und durch die so erhaltenen Zahlen endlich die Werthe von k mit Benutzung aller vorhandenen Beobachtungen noch einmal berechnet. Die folgenden beiden Tabellen geben diese letzten Werthe von p und von k:

Platin in Sauerstoff	2,49
Platin in Chlor	0,00
Graphit in Sauerstoff	1,33
Gold in Sauerstoff	2,71
Platin in Wasserstoff	3,67
Zink in Wasserstoff	0,90
Kupfer in Wasserstoff	2,30
Zinn in Wasserstoff	1,55
Eisen in Wasserstoff	0,48
Quecksilber in Wasserstoff . . .	4,37
Kupfer in Sauerstoff	0,69

Platin in Chlorwasserstoff	— 0,26
Platin in Schwefelsäure	— 0,02
Platin in Salpetersäure	0,00
Graphit in Salpetersäure	0,01
Gold in Salpetersäure	0,06
Gold in Schwefelsäure	0,25
Quecksilber in Schwefelsäure	0,70
Quecksilber in salpetersaurem Quecksilberoxydul .	0,79
Platin in Kalilösung	1,20
Reines Kupfer in Schwefelsäure	1,39
Etwas oxydirtes Kupfer in Schwefelsäure	1,75
Kupfer in Kupfervitriol	2,00

Gold in Kalilösung	2,31
Zinn in Salzsäure	2,28
Eisen in Salzsäure	2,75
Graphit in Kali	2,84
Eisen in Schwefelsäure	2,92
Zinn in Schwefelsäure	2,95
Kupfer in Kalilösung	3,10
Zink in Kalilösung	3,94
Zink in verdünnter Salpetersäure	4,05
Zink in verdünnter Salzsäure	4,07
Zink in Schwefelsäure	4,17
Eisen in Kalilösung	4,65
Zink in Kalilösung	5,48

Da die Polarisation nicht streng bei verschiedenen Stromstärken constant ist, so müssten die Grundformeln eigentlich die folgende Gestalt haben:

$$F = \frac{K}{L + a_0} \qquad F = \frac{K - [k + p + d(p)]}{L + \lambda + a}$$

$$F' = \frac{K}{L + a'} \qquad F' = \frac{K - (k + p)}{L + \lambda + a'},$$

woraus

$$\frac{FF'}{F - F'}(\Delta_0 - \Delta) = p - \frac{F}{F - F'} d(p).$$

Mit diesem Werthe müsste also p eigentlich corrigirt werden. Um aber k allein zu erhalten, müsste gerade von dem aus der Formel abgeleiteten Werthe noch $p - \frac{Fd(p)}{F - F'}$ subtrahirt werden, welche Grösse der aus $\frac{FF'}{F - F'}(\Delta_0 - \Delta)$ abgeleitete Werth der Polarisation ist, der auch wirklich subtrahirt wurde; die Werthe von k würden also unabhängig sein von dieser Correction. Mit jenen Zahlen für k waren nun die zweiten Näherungswerthe für die Polarisation berechnet, dieselben beziehen sich daher auf eine mittlere Polarisation zwischen den Intensitäten F und F'.

Der Hauptsatz, welcher der vorstehenden Arbeit zu Grunde liegt, ist auch von Poggendorff [1]) schon früher aufgefunden

---

1) Berl. Acber. 1845. 392; Pogg. Ann. LXVII. 528*; Ann de chim. phys. 3me Sér. XX. 217*; Arch. des sciences phys. et nat. I. 59; L'Inst. XIII. 226.

worden, dass nämlich die ursprüngliche electromotorische Kraft durch die Ladung nicht verändert wird, sondern sich beide algebraisch summiren. In anderen Erfahrungen jedoch trifft Poggendorff mit den von Lenz und Saveljew erlangten Resultaten nicht zusammen. Die Letzteren fanden z. B. die Ladung des Platins im Sauerstoff im Verhältniss 248 : 300 kleiner als die im Wasserstoff, während Poggendorff [1]) mittelst der Wippe beide gleich fand. Für den zuerst ausgesprochenen Satz führt dieser Physiker eine Versuchsreihe an, welche er mit einer Grove'schen Batterie, einer in verdünnter Schwefelsäure tauchenden Platinzinkkette, und einem Platinpaar angestellt hat, und welche nach Umständen übereinstimmende Resultate liefert. Er bemerkt übrigens, dass Lenz und Saveljew zur Aufstellung der Erregungsreihe verschiedener Combinationen jenes Gesetzes gar nicht bedurft hätten; dagegen legt er in Bezug auf die Streitfrage über den Ursprung des Stromes auf dasselbe ein besonderes Gewicht, weil es zeigt, dass die electromotorische Kraft einer Kette nicht verändert wird, das positive Metall mag einem electrolytischen Angriffe ausgesetzt sein oder nicht. Den Werth der Ladung fand Poggendorff von der Stromstärke abhängig, aber um so weniger, je grösser dieselbe war.

Petrina [2]) hat die Ladung nicht für die einzige Kraft gehalten, welche der electromotorischen Kraft einer Kette entgegentritt. Er glaubte noch eine besondere Kraft annehmen zu müssen, welche die chemische Verwandtschaft der Ionen überwindet, und nannte dieselbe Zersetzungskraft $= z$, so dass der Ausdruck für die Intensität sein würde

$$J = \frac{K - (p + z)}{L + l}.$$

Den Widerstand der einzuschaltenden Flüssigkeit bestimmte er zuerst, und stellte dann aus den Beobachtungen mehre solche Gleichungen auf, aus denen er p und z fand, jedoch mit Zugrundlegung des Satzes, dass sich die Ladungen wie die Stromstärken verhalten. Poggendorff bemerkt hierzu, dass die Annahme einer solchen neuen Kraft durchaus unnöthig wäre, da die Ladung allein zur Erklärung jeder eintretenden Stromschwächung ausreiche.

Einige Versuche sind noch zu erwähnen, welche sich auf die

1) Vergl. Pogg. Ann. LXX. 192*.
2) Pogg. Ann. LXIV. 356*.

Ladung einzelner Substanzen beziehen. Von der Ladung der platinirten Metalle wird bei der Gassäule die Rede sein; beim Quecksilber fand Henrici [1]) eine bedeutende Ladungsfähigkeit durch Wasserstoff, so dass der Strom einer Blei-Quecksilberkette sehr bald auf 0 reducirt wurde, was aber unterblieb, wenn die Leitungsflüssigkeit eine solche war, welche den Wasserstoff absorbirte, z. B. Salpetersäure. Das Eisen verhält sich nach meinen Versuchen [2]) sehr anomal bei der Ladung. Werden zwei frisch polirte Eisendrähte als Electroden einer Zinkplatinkette in verdünnte Schwefelsäure getaucht, und wird der Strom nur sehr kurze Zeit (etwa eine Secunde) unterhalten, so sind die Drähte normal polarisirt, d. h. der mit dem Zink verbunden gewesene verhält sich positiv, der andere negativ. Diesen Versuch kann man nur wenige Male wiederholen, denn setzt man die Schliessung der Kette noch öfter fort, so wird die Polarisation anomal, d. h. der Draht, an dem der Wasserstoff entwickelt ist, wird negativ, der andere positiv. Diesen Versuch kann man beliebig oft mit demselben Resultate wiederholen, darf jedoch die secundäre Kette nicht zu lange geschlossen lassen. Lässt man aber die primäre Kette geschlossen, so tritt die schon von Schönbein beobachtete Erscheinung ein, dass die positive Electrode passiv wird. Dieselbe wird dabei so stark negativ, dass der secundäre Strom dem primären eine hinreichende electromotorische Kraft entgegensetzt, um die Wasserstoff-Entwickelung aufhören zu lassen. Schliesst man nun den secundären Strom allein, so zeigt sich der passiv gewordene Draht negativ, der Strom behält aber seine Richtung nur kurze Zeit, und geht dann in den entgegengesetzten über, und zwar um so schneller, je kürzere Zeit der primäre Strom geschlossen blieb. Dieser anomale Zustand des Eisens scheint keineswegs einer Gas-Ablagerung auf der Oberfläche zuzuschreiben zu sein, wie die Ladung selbst, sondern er wird durch einen veränderten Zustand der Eisenfläche selbst hervorgerufen, einen Zustand, der wohl nicht einmal auf die äussersten Schichten beschränkt bleibt. Ein Ladungsstrom nimmt an Intensität ab, wenn man die Leitungsflüssigkeit erwärmt, weil die adhärirenden Gase entweichen, ein primärer nimmt dagegen aus demselben Grunde zu. Die Wirkung der veränderten Leitung der Flüs-

---

1) Pogg. Ann. LVIII. 376*.

2) Pogg. Ann. LXIII. 415*; Arch. de l'Él. IV. 600*.

sigkeit kommt dabei nicht in Betracht, weil sie bei beiden Strömen dieselbe ist. Erwärmt man nun die Leitungsflüssigkeit eines anomal geladenen Eisenpaars, so wächst der Strom; er ist also keiner Ladung zuzuschreiben. Ist die positive Electrode passiv geworden, und wird sie aus diesem Zustande durch Abwischen oder Abspülen mit Wasser gebracht, so geht sie sogleich in den positiven Zustand über. Ich habe die ganz entsprechenden Erscheinungen in allen Fällen nachgewiesen, wo ein Eisendraht mit einer Oxydhaut bekleidet gewesen war. Hatte er durch Erhitzen einen Anlauf bekommen, oder war er durch Eintauchen in Salpetersäure passiv geworden, so ist er immer gegen einen frischen Eisendraht negativ. Nimmt man aber diesen Zustand der Passivität durch chemische oder mechanische Mittel fort, so wird das Eisen sogleich positiv; hat man das Eisen erhitzt, ohne dass es dabei angelaufen ist (z. B. in ganz reinem Wasserstoff oder in geschmelzten Metallen), so ist es von Anfang an positiv. Die Ladung des Eisens ist also wohl wie die eines jeden anderen Metalles zu betrachten; der positive Zustand aber, den die Eisenfläche selbst durch die angeführten Mittel annimmt, stört die Beobachtungen, und erklärt die Erscheinungen, welche so eben mitgetheilt sind. Die Versuche, welche Martens [1]) über den anomalen Zustand des Eisens angestellt hat, führen fast zu denselben Resultaten. Er sah sowohl die oxydirten Drähte positiv werden, wenn sie mit gewöhnlichem Eisen zur Kette verbunden waren, als auch wenn man sie einfach in verdünnte Säure tauchte, oder mit Smirgelpapier abrieb. Die wenigen Abweichungen, welche unsere beiderseitigen Angaben dennoch darboten, beruhen zum grössten Theil darauf, dass Martens neue, verwickelnde Bedingungen in seine Versuche eingeführt hatte, z. B. die Ungleichzeitigkeit des Eintauchens der beiden Drähte. Ich habe in einer späteren Arbeit [2]) Gelegenheit genommen, nachzuweisen, dass die meisten Unterschiede unserer Resultate bei Berücksichtigung dieser Umstände wegfallen. —

Poggendorff [3]) hat den Ladungsstrom eines Plattenpaares benutzt, um mit demselben abermals Ladungen oder hydroelectrische Ströme höherer Ordnungen zu erzeugen. Am bequemsten erlangte

1) Mém. de Brux. XIX. 1*.
2) Pogg. Ann. LXVII. 365*.
3) Pogg. Ann. LXI. 408*; Berl. Acber. 1843.

er dies durch einen Uebertrager. Dieser (Tab. 2 Fig. 34) besteht aus einer Buchsbaumscheibe, in welche in gleichen Abständen 16 Metallschiffe in einer Peripherie eingesetzt sind. Auf einer Seite ragen dieselben hervor, auf der anderen sind sie in die Ebene der Holzscheibe abgeschliffen. Von allen hervorragenden Enden gehen Drähte aus, von denen die mit 1, 1′ bezeichneten mit einer Grove-schen Kette, 2, 2′ . . . . 7, 7′ mit Platinplatten, 8 und 8′ mit einem Galvanometer verbunden sind. Die Platinplatten tauchen paarweis in verdünnte Schwefelsäure. Die Stifte 1′, 2 sind durch einen Draht verbunden, ebenso 2′, 3; 3′, 4 . . . . 7′, 8. Ein metallener Sector dreht sich um die Axe *c*, und schleift dabei mit zweien Stiften *a* und *b* über die Peripherie, in der die oberen Flächen der Metallstifte liegen. Er verbindet hierdurch 1 mit 2′, oder wenn er fortbewegt wird, 2 mit 3′ u. s. w. Dreht man diesen Sector langsam weiter, so ladet jedes Plattenpaar das folgende, und man beobachtet endlich am Galvanometer die Ladung des letzten. Wenn man die Galvanometer-Enden nach und nach mit anderen Stiften verbindet, so sieht man, wie die Ladung mit wachsender Anzahl der Uebertragungen abnimmt, und wie die eines jeden Paares der des vorhergehenden entgegengesetzt ist.

Ladungssäule.

Eine besondere Gestalt seiner oben beschriebenen Wippe hat Poggendorff [1]) angewandt, um durch eine transversale Ladung eine eigenthümliche Art von Ladungssäulen herzustellen. Während man zur Belebung der Ritter'schen Säule eine Volta'sche Säule mit vielen Plattenpaaren anwenden musste, stellt Poggendorff eine Reihe Platinplatten, zu je zweien in dasselbe Gefäss mit Flüssigkeit tauchend, so zusammen, dass, wenn man sie nach der Reihe mit *a*, *a′*, *b*, *b′* . . . nennt, die Platten *a*, *b*, *c* . . . gleichzeitig mit einem, die *a′*, *b′*, *c′* . . . gleichzeitig mit dem anderen Pole einer Grove'schen Kette in Verbindung stehen. Sind hierdurch alle Paare einzeln geladen, so werden sie untereinander zur Form einer Säule verbunden, und durch einen Messapparat, z. B. ein

1) Pogg. Ann. LX. 568*; Arch. de l'Él. IV. 285*; Berl, Acber. 1843.

Voltameter, geschlossen. Die Gestalt, welche die Wippe zu diesem Zweck annehmen muss, ist die (Tab. 2 Fig. 35). Die Ladungssäule bekommt hier vier Paare, deren Platten mit den Näpfen 2 bis 9 verbunden sind. Die Näpfe 2 und 12, 3 und 13 .... 9 und 19 stehen wieder durch Drähte in Verbindung, ebenso 11 und 20 mit den Polen der primären Säule, und 1 und 10 mit dem Voltameter. Die Verbindungsdrähte im beweglichen Theil der Wippe verbinden einerseits 11, 13, 15, 17, 19 und 20, 18, 16, 14, 12; andrerseits 1 mit 2, 3 mit 4 .... 9 mit 10. Man sieht leicht wie durch das Umschlagen dieser Wippe die transversale Ladung vor sich geht, die aber nur eine geringe Dauer haben kann. Wenn nämlich die Ladungssäule aus n Paaren besteht, so wird in der Zeit, in welcher vom Zink der primären Kette ein Aequivalent gelöst wird, zwar in der ganzen Ladungssäule ein Aequivalent Wasser zerlegt, aber auf jedes Paar kommt davon nur $\frac{1}{n}$. Die Zeit, welche während der Schliessung der secundären Säule zur Wiedervereinigung der Gase erfordert wird, ist also nur $\frac{1}{n}$ von der, welche bei Anwendnng eines einfachen Electrodenpaares nöthig wäre. Zu Versuchen, welche eine dauernde Wirkung erheischen, muss man deshalb das Umschlagen der Wippe häufig wiederholen; die Quantität von Electricität, welche dann in der Ladungssäule circulirt, ist keinesweges grösser, als die in der primären Kette, wiewohl jetzt im Voltameter eine viel lebhaftere Zersetzung eintritt, als ohne Ladungssäule; die Electricitätsmenge aber, welche jetzt in der primären Kette wirklich erzeugt wird, ist grösser, als sie mit Weglassung dieses Apparates sein würde; es wird in derselben eine Quantität Zink electrolytisch gelöst, welche sonst nicht in derselben Zeit gelöst wäre. Das Spiel der Wippe vergrössert immer die vorhandene electromotorische Kraft, aber nicht immer den Nutzeffect. Wenn man z. B. als primären Electromotor eine Säule aus zwei Elementen gebraucht, so wird durch die angegebene Vorrichtung die Zersetzung sogar verringert, die secundäre Säule verstärkt nämlich ihre Wirkung mit der Intensität des Stromes; will man daher eine entsprechende Zunahme in der Wirkung erlangen, so muss man nicht nur die Zahl der primären Elemente, sondern auch die der Plattenpaare und die Leitungsfähigkeit der Flüssigkeit wachsen lassen. Die Ladungssäule gab auch Funken, aber merkwürdiger

Weise nur Schliessungsfunken. Nur wenn ein Electrodenpaar angewandt war, zeigten sich Oeffnungsfunken. Poggendorff hat diese Säule noch benutzt, um der oft besprochenen Frage, ob eine Flüssigkeit von einem Strom durchlaufen werden kann, ohne zersetzt zu werden, noch eine Entscheidung hinzuzufügen. Die einfache Daniell'sche Kette zersetzt nämlich zwischen Platin-Electroden das Wasser scheinbar gar nicht, mit Hülfe der Ladungssäule aber ganz kräftig. Die Platinplatten müssen also nothwendig durch die Wirkung der primären Kette zuvor mit den Elementen des Wassers bekleidet worden sein.

Wirkung der Zwischenplatten.

An die Versuche mit der Ladungssäule schliessen sich verschiedene andere an, deren Resultate zum Theil schon bei den Erörterungen über den Uebergangswiderstand benutzt worden sind, und welche ihre Erklärung theils in der Wirkung der Zweigströme, theils in der der Ladung finden. Es sind die Versuche mit Zwischenplatten, welche in der Regel in sehr verwickelter Gestalt auftreten, und die daher nur sehr mittelbar dazu dienen konnten, die schon so verwickelten Fragen über Uebergangswiderstand und Ladung zu lösen. Sie mögen daher hier nur in aller Kürze als historische Thatsachen folgen.

Die früheren Versuche von Pohl[1]) bezogen sich auf die Beobachtung, dass, wenn eine Kupferplatte *k* und eine Zinkplatte *z* (Tab. 2 Fig. 36) durch einen Draht 1 verbunden sind, und wenn man zwischen beide Platten feuchte Pappscheiben legt, welche mit den Kupferplatten *a*, *b*, *c*, γ, β, α, abwechseln, sich in den Verbindungsdrähten 2, 3, 4, wenn sie alle zugleich angelegt werden, nach der Reihe abwechselnd gerichtete Ströme zeigen; d. h. also, dass der Strom in 2 dem in 1 entgegengesetzt, der in 3 dem in 1 gleichlaufend, der in 4 ihm wieder entgegengesetzt ist. Diesen Versuch hatte Pfaff[2]) zuerst für unrichtig erklärt, nachher aber

1) Pogg. Ann. XVI. 101.

2) Gehler's phys. Wörterb. IV. 2. Abth. 816.

zum grössten Theil bestätigt [1]). Bei dieser letzten Gelegenheit fügte er vielfache Abänderungen hinzu, besonders solche Versuche, bei denen die Hauptschliessung unterbrochen wurde, und dann nur eine oder einige Nebenschliessungen bestehen blieben; eine Erklärung dieser, wie er selbst sagt, räthselhaften Erscheinungen, vermochte Pfaff nicht aus der Contacttheorie zu geben. Auf diese Abänderungen seines Versuches ist Pohl nicht weiter eingegangen, er hat vielmehr denselben in seiner ursprünglichen Form gegen Pfaff's Angriffe vertheidigt [2]) und seine Erklärungsweise aus dem Principe der entgegengesetzten Polaritäten weiter begründet. Dabei ging er zur Betrachtung eines noch zusammengesetzteren Falles über, bei dem nämlich die Zwischenplatten nicht aus Kupfer, sondern ebenfalls abwechselnd aus Zink und Kupfer bestanden, so dass also das Schema einer solchen Anordnung sein würde:

$$z\ f\ k'\ f\ z''\ f\ k'''\ f\ z'''\ f\ k''\ f\ z'\ f\ k$$

Die weiteren Versuche von Pfaff [3]) haben die fraglichen Erscheinungen in einem viel einfacheren Lichte stehen lassen. Er experimentirte mit Zwischenplatten aus verschiedenem Metall, um dadurch auf die Wirkung der Ladung geführt zu werden. Die Zwischenplatten betrachtete er als eine Ladungssäule, welche durch eine einfache Kette geladen wird, und stellte die Ergebnisse seiner Versuche in folgende Sätze zusammen: Die homogenen Platten einer Ladungssäule zeigen, wenn die correspondirenden mit einander verbunden werden, nicht eine alternirende, sondern eine gleichartige Polarität, und zwar die dem Hauptstrom entgegengesetzte. Diese Erscheinung tritt bei Metallen, die nur schwach geladen werden (Zink), ganz regelmässig, bei solchen, die stärkere Ladung annehmen (Kupfer), unregelmässiger auf. Werden die Zwischenplatten aus abwechselnd heterogenen Metallen gemacht, so lassen sich die Erscheinungen mit den vorigen gar nicht mehr vergleichen, sondern treten nach den gewöhnlichen Gesetzen des Metall-Contactes auf. Wenn einem Strome mehre Wege dargeboten werden, so vertheilt er sich in dieselben.

---

1) Revis. der Lehre vom Galvano-Voltaismus 175*.

2) Pogg. Ann. XLVI. 595*.

3) Ibid. XLIX. 461*.

Diesen Resultaten ist indess Pohl [1]) wieder entgegengetreten, indem er die Art der Versuche selbst, besonders die Anwendung des Zinks in der stark einwirkenden Flüssigkeit angegriffen und seine früheren Ansichten aufrecht zu halten gesucht hat. Von den Versuchen Buff's [2]) über die Wirkung der Zwischenplatten hat Henrici [3]) nachgewiesen, dass sie bei gehöriger Kenntniss und Benutzung des Ohm'schen Gesetzes zu anderen Schlüssen geführt haben würden. In derselben Abhandlung hat auch Henrici darauf aufmerksam gemacht, dass die von Pohl beobachtete Abwechselung in der Stromrichtung der Zwischenleiter keineswegs, wie Pfaff glaubt, eine Anomalie ist, sondern dass ein solcher Weg der Electricität erwartet werden musste, weil der Strom jedesmal zwischen dem festen und flüssigen Leiter getheilt werden soll, der letztere aber einen so überwiegenden Widerstand darbietet, dass fast der ganze Strom den Drahtleitungen folgen muss. — Seine zweite Abhandlung über Zwischenplatten erklärt Buff [4]) selbst für geeignet zur vollständigen Hebung aller Zweifel, welche noch hinsichtlich dieses Punktes herrschen könnten. Wenn er indess die Meinung ausspricht, dass das Verhalten der Zwischenplatten besondere Verwickelungen gar nicht darbiete, so liegt dies wohl darin, dass er das eigentliche Wesen der Aufgabe gar nicht begriffen hat, wiewohl er selbst eine Stelle aus der vorher erwähnten Arbeit von Henrici anführt, in welcher derselbe auf die Punkte, welche hierbei zu beachten sind, Widerstand und Ladung, hinweist. Buff's Arbeit berücksichtigt nämlich nur den Widerstand der Zellen, und zeigt, dass, bei Einschaltung von m Zellen, deren jede den Widerstand aL bietet, während der einer Kette L, deren electromotorische Kraft $= A$ ist, die Intensität für eine Säule aus n Elementen $= \frac{A}{L} \cdot \frac{n}{n+ma}$ ist, wie dies sein müsste, wenn der Strom nur durch Widerstand, und nicht durch Ladung geschwächt würde. Die Gesetze der Ladung haben also durch diese Versuche keinen Fortschritt gewonnen. —

1) Pogg. Ann. L. 497*.
2) Ann. d. Chem. u. Pharm. XXXII. 1*; Arch. de l'Él. I. 271*.
3) Pogg. Ann. LIII. 277*.
4) Pogg. Ann. LIV. 503*; Arch. de l'Él. III. 552*.

De la Rive[1]) hat die Wirkung der Zwischenplatten bei hydro-electrischen und magneto-electrischen Strömen untersucht. Zur Messung der Stromstärken diente ihm das Breguet'sche Metallthermometer, nach der von ihm angegedenen Einrichtung[2]), von dessen Anwendung oben die Rede gewesen ist. Die Resultate seiner Untersuchungen sind der Hauptsache nach die folgenden:

Wenn ein hydro-electrischer Strom durch eine Flüssigkeit hindurchgeleitet wird, so verliert er in der Flüssigkeit selbst (d. h. bei einer Verlängerung der zu durchlaufenden Schicht) fast Nichts an Intensität, sondern nur bei dem Uebergange aus dem festen Leiter in die Flüssigkeit. Ein magneto-electrischer Strom dagegen (d. h. ein abwechselnd gerichteter) wird bei einem solchen Uebergange fast gar nicht, und zwar in der That gar nicht geschwächt, wenn die Electroden mit der Flüssigkeit gleichen Querschnitt haben, wohl aber während der Leitung in der Flüssigkeit selbst. In Bezug auf die Grösse der Platten fand de la Rive, dass eine Vergrösserung derselben die Gasentwickelung bis zum Verschwinden schwäche, während bei hydro-electrischen Strömen derselbe Umstand ein Wachsen des chemischen Processes hervorgebracht haben würde, und auch bei den magneto-electrischen Strömen das Thermometer eine Intensitätszunahme anzeigte. Diese Zunahme hatte eine Gränz,e wenn die Gasentwickelung eben aufgehört hatte. Wurde nur die eine Electrode vergrössert, so nahm die Gasentwickelung an der unveränderten mit der Würmeentwickelung zu, und erreichte zugleich mit ihr ihre Gränze. Den Grund dieser Abweichung von den, bei volta'schen Strömen bekannten Erscheinungen sucht de la Rive darin, dass von denselben ein weit geringerer Antheil durch die Flüssigkeiten geleitet werde, als von den magneto-electrischen. Käme man nun auf den Punkt, bei welchem alle entwickelte Electricität sogleich abgeleitet wird, so müsse die Intensitätsvergrösserung ihre Gränze erreicht haben, und zwar geschehe dies früher bei den magneto-electrischen, als bei den hydro-electrischen Strömen, bei denen dieselbe noch jenseits der bis jetzt angestellten Versuche liegen müsse.

---

1) C. r. I. 845*; Pogg. Ann. XLI. 152*; Mém. de la soc. de phys. de Génève VIII.; Pogg. Ann. XLV. 163*; Bibl. univ. IX. 408; Ann. of El. II. 24*.

2) Mém de la soc. de phys. de Génève VII. 486; Bibl. univ. IV. 152; Ann. de chim. phys. LXI. 38; Pogg. Ann. XL. 380*.

Zum Schlusse dieser Untersuchungen, welche eines Commentars nicht bedürfen, da ihre Resultate durch die Berücksichtigung der abwechselnden Stromesrichtung unmittelbar verständlich werden, theilt de la Rive noch eine Beobachtung mit, aus der er auf eine Interferenz der Ströme schliessen will. Eine magneto-electrische Kette war durch eine Leitung geschlossen, deren einer Theil durch eine grosse Platinschaale, die mit verdünnter Schwefelsäure gefüllt war, und in welche als zweite Electrode eine Platinplatte tauchte, gebildet war. Der Strom, welcher am Thermometer 82° zeigte, wurde nicht verstärkt, als neben jener flüssigen Leitung noch eine ganz metallische angebracht wurde. Als diese letztere, ein Silberdraht, noch verlängert wurde, sank sogar die Intensität auf 67°, und stieg bei weiterer Verlängerung, bis sie wieder auf 76° kam. Aehnliche Resultate gab ein Platindraht. De la Rive glaubt nun auch für die Electricitätsbewegung die Undulationstheorie zu Grunde legen, und einen Gangunterschied in den Wellen der beiden Leitungen annehmen zu müssen. Er stellt als Grundsätze dieser Erscheinung die folgenden auf: Ein Strom von gleicher Richtung mit einem andern kann denselben bald verstärken, bald schwächen, je nach dem Verhältnisse ihrer Wege; zur Hervorbringung gleicher Wirkungen müssen die von den Strömen durchlaufenen Wege desto länger sein, je leitender sie sind. —

Gegen diese Bestrebungen, den electrischen Strömen verschiedenen Ursprungs verschiedene, ja entgegengesetzte Eigenschaften zuzuschreiben, ist Lenz [1]) aufgetreten In dem hierher gehörigen Theil dieser Arbeit, der sich mit dem Durchgange der Ströme durch flüssige Leiter beschäftigt, wird zuerst nachgewiesen, wie aus den bekannten Intensitätsgesetzen der vermisste Einfluss der Längenveränderung des flüssigen Leiters auf die Intensität des Stromes zu erklären sei; dann wird experimentell dargethan, dass die magneto-electrischen Ströme, wenn sie nur in ein und derselben Richtung wirken, beim Uebergange in die Flüssigkeit so gut eine Schwächung erfahren, wie die volta'schen. Den Beweis dafür hatte Lenz zwar schon in der besprochenen Arbeit über die Leitungsfähigkeit der Kupfervitriollösung für Kupferplatten gegeben; in der vorliegenden wiederholt er ihn für Platinplatten. Er geht darauf zum Ein-

1) Bull. scient. de St. Pét. VI. 98*; Pogg. Ann. XLVIII. 385*; Inst. VIII. 186*.

fluss der Plattengrösse über. Einerseits hat Matteucci [1]) für hydro-electrische Ströme ganz ähnliche Erscheinungen beobachtet, welche Lenz dadurch erklärt, dass bei einer zu bedeutenden Vergrösserung der Electroden die Stromdichtigkeit so gering wird, dass an jedem Punkte der Platte nur eine sehr unbedeutende Gasmenge entwickelt und deshalb gar nicht freigemacht wird, andererseits werden die Gasbläschen, welche bei der abwechselnden Richtung des Stromes aus Sauerstoff und Wasserstoff bestehen, um so mehr Gelegenheit haben, sich beim langsamen Aufsteigen an der Electrode durch die katalytische Wirkung des Platins wieder zu Wasser zu vereinigen, je grösser die Electrode ist. Dass trotz der scheinbaren Abnahme des chemischen Processes die Stromstärke doch mit der Plattengrösse wächst, zeigt übrigens Lenz mittelst der Tangentenboussole. Die von de la Rive beobachtete Interferenzerscheinung schreibt er irgend einer durch die Stromabwechselung oder durch den Gebrauch des Breguet'schen Thermometers herbeigeführten störenden Wirkung zu, und führt zum Belege für seine Ansicht einen ausführlichen Beweis, dass die magneto-electrischen Ströme ganz denselben Leitungs- und Verzweigungsgesetzen folgen, wie die volta'schen. Poggendorff [2]) bemerkt übrigens ebenfalls, dass er bei Anwendung des Luftthermometers Nichts von einer Interferenz der Ströme bemerkt hat; dieselben verhielten sich vielmehr ganz, wie es dem Ohm'schen Gesetze gemäss zu erwarten war. So fand er auch [3]), dass die Einschaltung des festen Leiters neben dem flüssigen immer die Strom-Intensität erhöhte, dass dieselbe aber mit der Verlängerung des festen Leiters sank, ohne ein Minimum zu bekommen. Ueberhaupt sind in der zuletzt angezogenen Abhandlung de la Rive's Versuche auf experimentellem Wege einer Kritik unterworfen.

Die neuesten Arbeiten de la Rive's [4]) über diesen streitigen Gegenstand versuchen zuerst eine Rechtfertigung gegen die von Lenz gemachten Einwürfe; dann enthalten sie neue Beobachtungen über den Durchgang alternirender Ströme durch Flüssigkeiten, deren

---

1) Ann de chim. phys LXVI. 225* etc.

2) Pogg. Ann. XLVIII. 423. Anm*.

3) Pogg. Ann. LII. 506. Anm*.

4) Arch. de l'Él. I. 175*; Pogg. Ann. LIV. 231, 378, 477*; Ann. of El. IX. 41, 91, 173*; Inst. IX. 170*.

Ergebnisse die folgenden sind: 1. Die Wirkung metallener Scheidewände auf den Durchgang electrischer Ströme wird Null, oder fast Null, wenn die electrischen Ströme, statt continuirlich zu sein, abwechseln, und einander rasch folgen, und die Berührungsfläche zwischen dem starren und flüssigen Leiter eine grosse Ausdehnung hat; 2. diese Wirkungslosigkeit kommt daher, dass sich wegen der abwechselnden Stromrichtung auf den Platten kein Niederschlag irgend einer Art bilden kann. Heben sich jedoch die beiden entgegengesetzten Wirkungen nicht auf, wie beim Blei, so wird der schwächende Einfluss der Scheidewände sehr bedeutend. 3. Der Widerstand, den continuirliche Ströme durch Zwischenplatten erleiden, ist durch Bildung eines Niederschlages oder einer neuen Verbindung aus der Flüssigkeit zu erklären. 4. Die Idee von einer ähnlichen Verschiedenheit der Electricitäten verschiedener Quellen (ähnlich der der Wärmestrahlen verschiedener Quellen) ist aufzugeben. Die Scheidewände wirken nicht wie die Schirme bei Melloni's Versuchen, sondern nur, indem sie eine Veränderung in der Leitung hervorbringen. — In Bezug auf die angebliche Interferenzerscheinung hat de la Rive auch in der eben besprochenen Abhandlung seine früheren Versuche für richtig erklärt, und gegen Lenz's Einwürfe entgegnet, derselbe habe nicht, wie er, mit abwechselnden Strömen experimentirt (eine Entgegnung, die übrigens nicht auf Poggendorff's Resultate anwendbar ist). Ueberdies sei seine leitende Flüssigkeitsschicht sehr klein, und ihr Widerstand geringer gewesen, als der des festen Leiters. Zum Gelingen des Versuches hält er zwei Bedingungen für wesentlich: die Platten sollen beide so gross sein, dass an ihnen gar kein Gas entwickelt wird, und sollen, wenn auch von demselben Metalle, doch nicht identisch sein, d. h. sie sollen von verschiedener Grösse oder auch die eine länger gebraucht sein als die andere. Die mit Beobachtung dieser Bedingungen angestellten Versuche gaben die den früheren Angaben entsprechenden Resultate, wiewohl sie nicht mit Hülfe des Metallthermometers, sondern mit einem Luftthermometer angestellt waren. Die Erklärung dieser scheinbaren Interferenz sucht de la Rive jetzt nicht mehr in der Undulationstheorie. Er meint vielmehr, der Nebenschliesser würde den Strom im Allgemeinen verstärken; dies wäre aber nur dann merklich, wenn er kurz und dick sei, weil das gemischte Leitungssystem nur einen sehr geringen Widerstand darböte. Ausserdem aber diene der Nebenschliesser den

Ladungsströmen zur Leitung, welche, in abwechselnder Richtung, von den Electroden ausgehen. Seien nun dieselben nicht ganz homogen, so werde den magneto-electrischen Strömen der Durchgang durch die Flüssigkeit erschwert werden. —

Gasbatterie.

Nach den Versuchen von Schönbein, Matteucci u. A. war schon lange bekannt, dass Platinplatten, welche mit einem Ueberzuge eines Gases bedeckt sind, in Verbindung mit reinen Platinplatten oder auch mit solchen Platten, welche von einem andern Gase umgeben sind, einen electrischen Strom erregen können. Besonders war der Wasserstoff als derjenige bezeichnet, welcher das Metall vorzugsweise positiv, der Sauerstoff als der, welcher es vorzugsweise negativ macht. In Bezug auf den Wasserstoff hat später Buff [1]) diesen Beweis wiederholt, indem er sowohl durch das Galvanometer, als durch den Condensator zeigte, dass eine mit Wasserstoff bekleidete Zinkplatte gegen reines Zink positiv ist, dass also der Wasserstoff in der Spannungsreihe dem positiven Ende noch näher stehe, als das Zink. Am vollständigsten sind aber die Gase in Bezug auf ihr electromotorisches Verhalten von Grove untersucht worden. In seiner ersten Arbeit [2]) über diesen Gegenstand machte derselbe folgenden Versuch bekannt: zwei Platinplatten wurden, um vollkommen gereinigt zu werden, als positive Electroden einer Kette gebraucht; dann wurde über die eine eine mit Sauerstoff, über die andere eine mit Wasserstoff gefüllte Röhre gestürzt und beide Platten wurden mit dem Galvanometer verbunden. Die Nadel wurde in dem Sinne abgelenkt, dass das vom Sauerstoff umgebene Platin das positive war. Dabei stieg das Wasser in beiden Röhren ziemlich proportional, nur wurde verhältnissmässig etwas mehr Sauerstoff absorbirt. Als Gegenversuch wurden die Platinplatten aus einem ähnlichen Apparat fortgelassen, ohne dass man jetzt ein Steigen des Wassers beobachtet hätte.

1) Ann. d. Chem. u. Pharm. XLI. 136; Arch. de l'Él. II. 222*.
2) Phil. Mag. XIV. 139*.

Ein bald darauf veröffentlichter Versuch Schönbein's [1]) gehört ebenfalls hierher. Eine Platinplatte war in den Boden eines Rohres eingesetzt, dessen untere Oeffnung mit einer Blase gesperrt ist. Das Rohr enthält Chlorwasser, und wird in ein Gefäss mit Wasser gesetzt, in welches eine zweite Platinplatte taucht, die mit der ersten durch ein Galvanometer in Verbindung steht. Hierbei wurde das Galvanometer so abgelenkt, dass die vom Chlor umgebene Platte negativ war. Schönbein schliesst daraus, dass nicht die chemische Einwirkung des Chlors auf das Platin den Strom erzeugen könne, weil seine Richtung dann gerade die entgegengesetzte sein müsste. Vielmehr zersetze das Chlor das Wasser, wenn dies auch unter gewöhnlichen Umständen nur in geringem Maasse geschehe, und errege dadurch einen Strom, durch dessen Schliessung die Wirkung des Chlors auf das Wasser erst recht belebt werde.

In seiner zweiten Arbeit hat Grove [2]) sich bemüht, dem Metalle eine möglichst grosse Berührungsfläche für die Gase zu geben. Zuerst wollte er zu diesem Zwecke statt des Platinbleches Platinschwamm nehmen, dann aber wandte er das von Smee beim Silber zuerst vorgeschlagene Verfahren auch hier an; er platinirte die Platinplatten auf galvanischem Wege. Fünfzig Paare solcher abwechselnd mit Wasserstoff und Sauerstoff gefüllten und durch verdünnte Schwefelsäure von sp. Gew. 1,2 gesperrten Röhren, in welche platinirte Platinstreifen tauchten, verband er zu einer Säule, welche den Namen Gasbatterie erhalten hat. Als Wirkungen dieser Batterie gab er die folgenden an: Die physiologische Wirkung konnten fünf hintereinander in den Strom geschaltete Personen fühlen; für eine einzelne war sie sogar schmerzhaft; die Galvanometernadel wurde im Kreise herumgeworfen und stand bei 60° still; bei Einschaltung einer Person blieb sie auf 40° stehen, auch bei zweien wurde sie noch schwach abgelenkt; zwischen Kohlenspitzen zeigten sich beim hellen Tageslichte glänzende Funken; Wasser wurde zwischen Platinelectroden zersetzt und die Säule

---

1) Phil. Mag. XV. 136*; Bibl. univ. XXIII. 189; Ann. of El. VII. 285*.

2) Phil. Mag. XXI. 417*; Pogg. Ann. LVIII. 202*; Ann. de chim. phys 3me Sér. VIII. 246*; Arch. de l'Él. II. 638*; Rev. de Quesn, XIII. 116; Inst. XI 138.

durfte, um diese Wirkung zu geben, bis auf sechsundzwanzig Paare verkleinert werden. Die Goldbättchen eines Electrometers wurden abgelenkt. Wurde die Säule mit destillirtem Wasser geladen, so wurden ebenfalls die Goldblättchtn abgelenkt, und Jodkaliumlösung zersetzt. Als die Gase in den Röhren vertauscht wurden, nahm der Strom die entgegengesetzte Richtung an; alle Röhren mit atmosphärischer Luft gefüllt gaben keine Wirkung; ebenso fehlte der Strom, wenn die abwechselnden Röhren mit Kohlensäure und Stickstoff geladen waren, während Wasserstoff und Stickstoff einen schwachen Strom gaben, wie Grove glaubt, weil die Flüssigkeit immer etwas Sauerstoff aus der Luft absorbirte, so dass die Anwesenheit des Stickstoffes dabei gleichgültig wäre. Die Gase brauchten dabei nicht durch Electrolyse entwickelt zu sein, und gaben doch dieselbe Wirkung. Grove schloss diese Arbeit, indem er auf folgende vier Punkte aufmerksam machte: 1. Wie vermag die Contacttheorie die Wirkung der Gasbatterie zu erklären? 2. Die Wirkung dieser Batterie hat dasselbe Verhältniss zur Katalyse, wie die gewöhnlichen volta'schen Säulen zum Chemismus. 3. Der Strom in der Gasbatterie hat seinen Grund in einer Synthese, die an beiden Electroden stattfindet. Sie ist daher vollkommener als die übrigen Säulen, bei denen nur die Verwandtschaft an der einen Electrode wirkt, und die der andern überwunden werden muss. 4. Die Gase in der Batterie, indem sie sich verbinden und flüssige Gestalt annehmen, erzeugen eine hinreichende Kraft, um eine ähnliche Flüssigkeit zu zersetzen und in Gasform zu verwandeln.

Den ersten dieser Punkte hat Poggendorff[1]) aufgenommen, indem er zeigt, dass gerade die chemische Hypothese Mühe haben würde, den Vorgang der Gasbatterie zu erklären. Sollte das Platin durch eine Oxydation den Strom erzeugen, so müsste er die entgegengesetzte Richtung haben; sollte die Verbindung der Gase die Quelle der Electricität sein, so könnte erst längere Zeit nach dem Schliessen der Kette ein Strom entstehen, wenn man nicht etwa eine Verbindung eines Sauerstoffatoms mit dem anstossenden Wasserstoffatom, und eine Weiterwirkung der Art annehmen wollte (eine Ansicht, die Grove in der That nachher ausgesprochen hat). Nach der Contacttheorie erklärt sich dagegen die Wirkung der Gasbatterie ganz ohne Schwierigkeit, oder wenigstens mit der-

1) Pogg. Ann. LVIII. 207*.

selben, welche die Thätigkeit der Becquerel'schen Kette darbietet.

Schönbein [1]) hat in einer ausführlichen Arbeit über die Gasbatterie Grove's Ansicht, dass der Strom der Verbindung beider Gase seinen Ursprung verdanke, ebenfalls angegriffen und dagegen die folgenden Erfahrungen angeführt: Wenn die eine Röhre mit Sauerstoff, die andere mit Wasser gefüllt wird, so ist die Kette unwirksam; man erhält einen Strom, wenn die eine Platinlamelle in Wasserstoff, die andere in reines sauerstofffreies Wasser taucht; eine solche Vorrichtung zeigt keine Wirkungsverstärkung, wenn man reinen Sauerstoff oder atmosphärische Luft in die Wasserstofflösung einführt; die Wirkung tritt im ersten Augenblick der Schliessung ein, wo beide Gase noch nicht mit einander communiciren können; fände diese Mischung aber auch sehr schnell statt, so müsste gerade dadurch der Strom schnell aufhören, weil die Verbindung der Gase von einer Röhre aus nach den zu beiden Seiten hin benachbarten geschehen müsste. Schönbein hat deshalb eine andere Erklärung der Wirkung in der Gasbatterie gegeben, und zwar dieselbe, welche er für die volta'sche Polarisation aufgestellt hatte, dass nämlich der Strom durch die Bildung eines Wasserstoffsuboxydes entstehe, welche dem katalytischen Einfluss auf Wasser und Wasserstoff zuzuschreiben sei. Dass die Batterie eine stärkere Wirkung gäbe, wenn die eine Röhre Sauerstoff enthält, als wenn sie ganz mit Wasser gefüllt ist, hat er dadurch erklärt, dass der Sauerstoff eine Ladung, welche die in dasselbe tauchende Platte durch die electrolysirende Wirkung der Kette annehmen würde, verhütet wird. Grove erhielt daher nur einen schwachen Strom, wenn er den Sauerstoff durch Stickstoff ersetzte, weil die primäre electromotorische Kraft nicht bedeutend genug ist, um die Ladung mit Leichtigkeit zu überwinden. Schönbein hat ferner seine vorher beschriebene Vorrichtung, in welcher Chlor und reines Wasser durch Platin verbunden, einen Strom erzeugten, bedeutend wirksamer gemacht, indem er die zweite Platinlamelle mit Wasserstoff umgab. Die Kette kommt hierdurch ganz in die Gestalt der Gasbatterie, und ihre starke Wirkung erklärt sich dadurch, dass beide Gase die Ladungen an den betreffenden Platten aufheben, während

1) Pogg. Ann. LVIII. 361*; Phil. Mag. XXII. 165*; Arch. de l'Él. III. 69*; Dingl. p. J LXXXIX. 462.

beide auch wirklich electromotorisch wirken. Schönbein vergleicht mit diesen Ketten solche aus Wasserstofflösung und Superoxyden, in denen die Superoxyde ebenfalls gleichzeitig electromotorisch und depolarisirend wirken, und benutzt ebenfalls diese Gelegenheit, um die Thätigkeit der Gasbatterie als einen neuen Beweis für die chemische Hypothese vorzuführen. Dass gerade das Platin mit Wasserstoff und Wasser einen Strom zu erzeugen vermag, dasselbe Metall, welches sonst durch seine katalytische Wirkung auf Wasserstoff bekannt ist, scheint ihm auf einen klaren Zusammenhang zwischen electrischer, katalytischer, und also chemischer Thätigkeit hinzuweisen. — Schade nur, dass Schönbein dabei nicht bedacht hat, dass wir durch den blossen Namen „katalytische Wirkung" nicht im Geringsten dem wahren Wesen chemischer Thätigkeit näher rücken, als durch das Wort „Contact". Matteucci's [1]) Versuche haben sich auch auf die Anwendung von Gasmischungen erstreckt. Er fand, dass Gemische aus Sauerstoff und Wasserstoff den Strom immer noch in demselben Sinne erregten, wie reiner Wasserstoff, wenn auch schwächer, selbst wenn 10 Theile der Mischung nur einen Theil Wasserstoff enthielten. Die Ketten erreichten das Maximum ihrer Wirkung erst nach längerer Zeit, so dass z. B. ein Strom, der in gleichen Intervallen durch ein Galvanometer geschlossen wurde, nach und nach Ausschläge gab, die von 23 bis 68° wuchsen. Durch Abkühlung der Gasröhren fand Matteucci eine Verminderung der Stromstärke; die kurze Zeit nach Aufhebung der Abkühlung wieder verschwand. Er fand nach diesen Untersuchungen seine frühere Ansicht, dass der Strom durch die Verbindung der beiden, die Platinplatten umgebenden Gase entstehe, nicht haltbar, weil auch ein Gas allein einen Strom zu erzeugen vermag, und nahm daher an, dass irgend eine Einwirkung der Gase auf das Platin die Ursache des Stromes sei. Peltier [2]) hat die Wirkung der Gase auf seine früher gegebenen Definitionen von Lösung und Auflösung bezogen. Eine Lösung ist eine Vertheilung eines Körpers in Wasser, welche von Temperaturveränderung begleitet ist, bei der Auflösung findet ausserdem noch eine Electricitätsentwickelung statt. Durch Versuche überzeugte er sich nun, dass Sauerstoff, Wasserstoff und Chlor wahre Auflösungen geben, da sie bei

1) C. r. XVI. 846*.
2) C. r. XVI. 1006*; Inst. XII. 151*.

ihrer Verdünnung einen Strom erzeugen. Bei Gasauflösungen, die auf gewöhnlichem Wege dargestellt sind, sind die chemischen Processe überall vollendet, man muss daher die Flüssigkeit nach und nach verdünnen, um den Strom zu erhalten. Bei electrolytischer Ladung der Flüssigkeit nimmt die Gasmenge nach den Electroden hin zu, deshalb genügt hier das Eintauchen der Galvanometerenden in eine Seite der Flüssigkeit, um den Strom sichtbar zu machen.

Bei seiner dritten Arbeit über die Gasbatterie hat sich Grove [1]) genau graduirter Röhren bedient, die er, je nach der verschiedenen Bestimmung der Vorrichtung, in verschiedene Gestalten zusammenstellte. Zehn Paare einer Sauerstoff-Wasserstoffkette wurden mit einem Voltameter verbunden, und entwickelten nahezu dieselben Gasmengen, welche in den Röhren verschluckt wurden; jedoch war immer etwas mehr als doppelt so viel Wasserstoff, als Sauerstoff entwickelt, während andererseits die Menge des entwickelten Wasserstoffs gewöhnlich etwas kleiner war, als die des absorbirten. Grove wandte sich darauf zur Entscheidung der Frage, an welcher Stelle der Sitz der electromotorischen Kraft in der Gasbatterie sei? Er gab zu dem Ende den Platinlamellen nur die halbe Länge, und füllte die Röhren nur so weit mit Gas, dass die ganzen Metallstreifen von der Flüssigkeit bedeckt blieben. Fünf Paare gaben eine sehr schwache Wirkung, welche aber sogleich kräftig wurde, als die Röhren mit einer weiteren Gasmenge gefüllt wurden. War durch die Wirkung der Batterie die Flüssigkeit wieder gestiegen, so schwächte sich der Strom sogleich bedeutend, wenn die Platinplatten ganz bedeckt waren. Der eigentliche Sitz der Wirkung wäre demnach die Berührungsstelle von Metall, Flüssigkeit und Gas.

In einem folgenden Versuch wurde die Wasserstoff-Schwefelsäurekette mit einer Sauerstoff-Wasserstoffkette so verbunden, dass an der von Schwefelsäure umgebenen Platte der Wasserstoff, an der zugehörigen, in Wasserstoff stehenden, der Sauerstoff entwickelt werden musste. Die Kette war jetzt im Stande, zwischen Platinelectroden das Wasser zu zersetzen, als ob die Electroden aus oxydirbarem Metall beständen. Um die Wirkung des Sauerstoffs in der Batterie zu prüfen, füllte Grove eine Röhre mit Wasserstoff, die andere war mit der Leitungsflüssigkeit, verdünnter Salpeter-

1) Phil. Trans. 1843. 91*; Phil. Mag. XXIV. 268, 346, 422*; Ann. de chim. phys. 3me Sér. IX. 228; Arch. de l'Él. III. 489*; Inst. XI. 451.

säure, gefüllt. Drei Paare dieser Kette vermochten schon Wasser zu zersetzen; die Salpetersäure wirkte also ebenfalls sehr günstig auf die Thätigkeit der Kette, und zwar weil sie, wie Sauerstoff, depolarisirt. Um den entgegengesetzten Fall hervorzubringen, wurde die eine Röhre mit Sauerstoff, die andere mit Eisenvitriollösung gefüllt. Zehn Zellen zersetzten Jodkaliumlösung schwach, Wasser gar nicht, und es hatte sich das Eisen höher oxydirt, wie jedoch ein Gegenversuch lehrte, auf Kosten der atmosphärischen Luft. Der Wasserstoff hatte also allerdings vorzugsweise eine electromotorische Wirkung, dennoch aber nicht, wie Schönbein annimmt, die alleinige. Grove glaubt dies dadurch bewiesen zu haben, dass er eine Wasserstoff-Schwefelsäurezelle unter eine Glocke setzte, die unten mit Wasser und einer darüber stehenden Oelschicht gesperrt war. Der Sauerstoff der abgesperrten Luft wurde durch Abbrennen von Phosphor verzehrt und dann die Kette sich selbst überlassen. Die Wirkung nahm merklich ab und war am zweiten Tage gleich Null, während eine ganz ähnliche, in freier Luft stehende Kette noch immer thätig war. Wurde unter die Glocke wieder Luft gelassen, so begann die Wirkung von Neuem. Durch diesen Versuch ist indess nicht die Ansicht widerlegt, dass die Wirkungs-Abnahme einer starken Ladung zuzuschreiben sei, welche durch die Anwesenheit des Sauerstoffs vermieden wird. — Weiter wurde eine Reihe anderer Gase untersucht. Sauerstoff und Stickstoff gaben keine Wirkung auf Jodkalium, Sauerstoff und Stickoxyd eine sehr schwache, Sauerstoff und ölbildendes Gas ebenfalls eine ziemlich schwache; Sauerstoff und Kohlenoxydgas wirkten merklich und zersetzten sogar Wasser; Sauerstoff und Chlor gaben eine sehr beträchtliche, aber nicht constante Wirkung, die schon nach 24 Stunden fast aufgehört hatte, das Wasser war dabei in den mit Chlor gefüllten Röhren fast bis zum Gipfel gestiegen, während es in den anderen wenig verändert war. Dabei war Chlor negativ gegen Sauerstoff. Chlor und verdünnte Schwefelsäure verhielten sich ähnlich. Lösungen von Brom und Jod waren gegen gasförmiges Chlor positiv. Chlor und Wasserstoff zersetzten schon bei zwei Elementen Wasser zwischen Platinelectroden. Gegen Kohlenoxydgas war Wasserstoff positiv. Chlor und ölbildendes Gas erzeugten einen sehr schwachen Strom, wobei das erste Gas sehr stark, das letztere fast gar nicht absorbirt wurde. Chlor und Kohlenoxydgas zersetzten bei zehn Zellen schon Wasser. Sauerstoff und Stickoxyd durch

Salpetersäure, und Sauerstoff und Stickstoff durch schwefelsaures Ammoniak gesperrt, erzeugten nur einen schwachen Strom, der bald aufhörte, woraus Grove den Schluss gezogen hat, dass sich Sauerstoff und Stickstoff nicht durch eine Electrosynthese verbinden lassen. Ebenso gaben Kohlenoxyd und Kohlensäure, welche durch Electrolyse aus Oxalsäure entstehen, einen schwachen Strom, wenn sie durch diese Flüssigkeit gesperrt wurden. Bei der Wirkung von Stickstoff, Wasserstoff und schwefelsaurer Ammoniaklösung war das erstgenannte Gas gleichgültig, und veränderte sein Volumen nicht.

Da manche Gase in der Gasbatterie unafficirt bleiben, so hat Grove diesem Apparat eine Anwendung zur Endiometrie gegeben Zwei Röhren waren jede in 100 Theile getheilt, beide wurden mit atmosphärischer Luft gefüllt, dann wurde die eine (*a*) sich ruhig überlassen, während die andere (*b*) mit einer, mit Wasserstoff gefüllten Röhre durch Platinlamellen verbunden wurde. Nach zweiundzwanzig Stunden waren von *b* 22 Theile, von *a* 1 Theil absorbirt, von 100 Theilen waren also 21 Procent Sauerstoff ausgeschieden. In eine andere Röhre wurden 0,5 Theile Wasserstoff und eine beliebige Menge Stickstoff gegeben, und dieselbe mit einer Sauerstoffröhre verbunden; aus der ersteren wurden gerade 0,5 Theile Gas verzehrt, die Anwendbarkeit des Apparates zu diesem Zwecke scheint also bewiesen zu sein.

Die sogenannte katalytische Wirkung des Platins auf die Gase hat Grove ebenso, wie Schönbein, in einen Zusammenhang mit der Thätigkeit der Gassäule zu bringen gesucht, wie auch schon Döbereiner [1]) auf eine solche Analogie hingewiesen hat. Grove hat bemerkt, dass die in der Gasbatterie thätigen Gase gerade dieselben sind, auf welche nach Henry's [2]) Angabe der Platinschwamm katalytisch einwirkt. Er wurde hierdurch noch zu einigen anderen Versuchen geführt, zu welchen er solche Substanzen wählte, welche ebenfalls durch Platinschwamm auf einander wirken, und durch welche er in der That entsprechende Erfolge erhielt. Ammoniak und Sauerstoff, durch schwefelsaures Ammoniak gesperrt, gaben zwar einen schwachen, aber gleichmässigen Strom, und es wurde, wie erwartet, Stickstoff entwickelt. Bei Anwendung von Kali statt des Ammoniaks zeigte sich kein Erfolg.

---

1) Phil. Mag. 1823. Oct.
2) Phil. Trans. 1824.

In einer Nachschrift theilt Grove noch einige Versuche mit, bei denen die Gasröhren in eine dreihalsige Flasche gesetzt sind, und so luftdicht abgesperrt werden konnten. Er sah auch hier die Wirkung einer Kette aus Wasserstoff und Schwefelsäure mit dem Luftverbrauch gänzlich aufhören. Als derselbe Apparat, noch nicht luftdicht verschlossen, zu eudiometrischen Versuchen mit atmosphärischer Luft gebraucht wurde, stieg die Flüssigkeit um ein Fünftheil. Nachdem aber der Verschluss hergestellt war, sank sie wieder, und es zeigte sich, dass eine Wasserstoff-Entwickelung der Grund davon war. In Ketten aus Wasserstoff und Stickstoff oder Wasserstoff und Kohlensäure wuchs ebenso die Menge der letztgenannten Gase.

Die vorher mitgetheilte Ansicht Schönbein's über die Thätigkeit des Sauerstoffs in der Gasbatterie hat derselbe in einer späteren Arbeit [1]) noch einmal vertheidigt. Er hat auf die Unzulänglichkeit der von Grove beigebrachten Gegenbeweise hingewiesen und einige Versuche vorgeschlagen, deren Resultate seine Ansicht gewiss unterstützen würden, deren Ausführung er aber aus Mangel des Apparates unterlassen musste. Zu diesen gehören die Fragen, ob nicht ein empfindliches Galvanometer auch noch bei Sauerstoffabschluss einen Strom anzeigen würde, ob nicht die vom reinen Wasser umgebene Platinplatte sehr stark positiv geladen sein würde, ob nicht eine solche Kette ebenfalls eine dauernde Wirkung geben würde, wenn man dem sauerstofffreien Wasser zur Verhütung der Ladung Chlorplatinlösung zusetzte. Ausserdem hat Schönbein einige analoge Versuche angestellt: Platinplatten, deren eine in chlorfreie, die andere in chlorhaltige Salzsäure taucht, welche beide durch eine poröse Scheidewand sich berühren, erzeugen einen Strom. Da aber durch schwache Ströme nicht das Wasser, sondern nur die Salzsäure zersetzt wird, und die Luft keinen freien Wasserstoff enthält, so ist dies eine Kette mit einseitiger electromotorischer Wirkung eines Gases, Schönbein hat übrigens nicht nur auf die Aehnlichkeit dieser Chlorkette mit der Wasserstoffkette aufmerksam gemacht, sondern auch auf die Unterschiede beider. Ebenso hat er auch hier daran erinnert, dass Hyperoxyde in einer Kette electromotorisch wirken, wenn sie das eine Ende einer Platinlamelle um-

1) Pogg. Ann. LXII. 220*; Arch. de l'Él. IV. 56*.

geben, deren anderes Ende ohne neuen Electromotor in die Leitungsflüssigkeit taucht.

Grove's [1]) vierte Arbeit beschäftigt sich mit der Wirkung von Phosphor, Schwefel und Kohlenwasserstoffen in der Gasbatterie. Die eine Röhre wurde mit Sauerstoff gefüllt, in die andere wurde ein Stückchen Phosphor gegeben. Ausserdem wurden in diese letzte Röhre verschiedene Gase gebracht, welche ohne die Gegenwart des Phosphors keine Wirkung hervorgebracht haben würden, wie Stickstoff, Stickoxydul, Kohlensäure, Sauerstoff und Stickoxyd, und jedesmal zeigte sich ein Ausschlag der Galvanometernadel; wurde nun der Phosphor herausgenommen und gewogen, so hatte er jedesmal einen Gewichtsverlust erlitten, so dass man jetzt die Phosphordämpfe als das erregende Gas betrachten muss. Phosphor und Jod in die beiden mit Stickstoff gefüllten Röhren in fester Gestalt eingeführt, gaben ebenfalls einen Strom; gegen Wasserstoff war der phosphorhaltige Stickstoff negativ. Schwefel wirkt wie Phosphor, aber nur, wenn er im Gase bis zum Schmelzen erhitzt wird; im Momente des Schmelzens beginnt die Ablenkung der Nadel. Wurde Kampher in gleicher Weise angewandt, so verlor er ebenfalls an Gewicht, und lieferte dabei ein Gas, das nach Versuchen, die in grösseren Mengen angestellt wurden, aus Kohlenwasserstoff und Kohlenoxydgas bestand. Terpenthin- und Cassiaöl gaben, ebenso angewandt, einen Strom, bei dem der ölhaltige Stickstoff positiv war; ähnlich wirkten Alkohol und Aether.

Die Reihe der bis jetzt in der Gasbatterie geprüften Stoffe giebt Grove von den negativen zu den positiven so an: Chlor; Brom; Jod; Oxyde; Sauerstoff; Stickoxyd; Kohlensäure; Stickstoff; Metalle, welche unter gewöhnlichen Umständen Wasser nicht zersetzen; Kampher; flüchtige Oele; ölbildendes Gas; Aether; Alkohol; Schwefel; Phosphor; Kohlenoxyd; Wasserstoff; Metalle, welche Wasser zersetzen.

Als eine zwar schwache, aber höchst constante Säule schlägt Grove eine Gasbatterie vor, welche aus platinirten Platinplatten besteht, von denen die eine die verdünnte Schwefelsäure nur berührt, und übrigens in der Luft steht, die andere, von einem Glasrohr umgeben, tief in Wasser taucht. Die Glasröhren hangen alle oben durch ein horizontales Rohr zusammen. Man entwickelt unter

1) Phil. Trans. 1845. 351*.

einer Glocke, welche in dieses Rohr mündet, durch Unterlegen von Zink Wasserstoff, der die Luft aus dem Rohre verdrängt. Das Ende desselben wird darauf verstopft, und das Gas drückt in allen Röhren die Flüssigkeit herab. Um eine solche Säule wieder aufzufrischen, braucht man nur wieder ein Stück Zink unter die Glocke zu legen. Grove glaubt, dass die Säule vielleicht electrische Telegraphen wird bewegen können. —

Wiewohl die Gasbatterie augenscheinlich zu den Ladungssäulen gehört, so beruht, nach Poggendorff's [1]) Untersuchungen, die vorzugsweise Brauchbarkeit der platinirten Platinplatten in derselben doch nicht darauf, dass dieselben eine stärkere Ladung annehmen, als blanke; vielmehr ist das Entgegengesetzte der Fall. Poggendorff hat aber darauf hingewiesen, dass zur Erzeugung einer starken Ladungssäule es vorzugsweise nöthig ist, die Gegenladung, welche bei Schliessung der secundären Säule wiederum eintreten würde, möglichst zu verhindern; d. h. also, den Wasserstoff, welcher an der Platte entwickelt werden sollte, welche zuvor mit dem Platin der primären Platin-Zinkkette verbunden gewesen war, nicht zum Entstehen kommen zu lassen. Dies geschieht aber am besten an platinirten Platten vermöge der bekannten Eigenschaft des fein vertheilten Platinbezuges, und demnächst, aber nicht so vollkommen, an blanken Platinplatten, welche mit Salpetersäure abgekocht, und mit Wasser abgespült sind. Daher ist es auch nur nothwendig, die Platte zu platiniren, an welcher der Wasserstoff vermöge des secundären Stromes abgeschieden werden sollte. Zum Beweise hiefür construirte Poggendorff vier verschiedene Säulen zu je zwei Paaren, No. 1 mit blanken Platten, bei No. 2 waren nur diejenigen blank, an denen der secundäre Strom Wasserstoff abscheiden musste, bei No. 3 die, an denen er Sauerstoff abscheiden musste, an No. 4 waren alle platinirt. Durch die früher beschriebene Wippe geladen, gab in fünf Minuten No. 1 etwas über 1 Cubikcentimeter Knallgas, No. 2 ungefähr $1\frac{1}{2}$ C.C., No. 3 dagegen 13 bis 14, No. 4 ebensoviel.

Der Niederschlag auf den Platinplatten hat eine schwarze Farbe, ist also wohl identisch mit Platinmohr; beim Erhitzen wird er grau, ähnlich dem Platinschwamm; im letzteren Zustande ist die Oberfläche zwar wirksamer als im blanken, aber nicht so wirksam wie

---

1) Pogg. Ann. LXI. 593*.

die schwarz platinirten Platten. Als **Poggendorff** statt der mit Wasserstoff umgebenen Platinplatten amalgamirte Zinkplatten in der Ladungssäule anwandte, erhielt er eine schwächere Wirkung; es schien demnach, als sei das Zink ein weniger positives Element, als eine mit Wasserstoff geladene Platinplatte. Dem war indess nicht so, wie sich durch Anwendung der oben beschriebenen Wippe zeigte. Die Erscheinung rührte wahrscheinlich daher, dass gerade vermöge der grösseren Positivität des Zinks an der anderen Platte mehr Wasserstoff entwickelt wurde, als dass dessen polarisirende Wirkung durch den umgebenden Sauerstoff aufgehoben werden konnte.

Die **Grove**'sche Gasbatterie unterscheidet sich von diesen Ladungssäulen nur durch die Art, wie die Gase in die Umgebung der Platten gebracht werden; **Poggendorff** hat bewiesen, dass diese Bekleidungsweise bei den Ladungssäulen viel vollkommener ist, d. h. dass sie unter sonst gleichen Umständen viel kräftiger wirken, als die Gasbatterie, obgleich auch in der Ladungssäule bei weitem nicht der Effekt erreicht wird, welchen man aus der Grösse der Polarisation erwarten sollte; er schreibt diesen Kraftverlust der noch immer nicht vollständig unterdrückten Gegenladung der Platten zu, für welche Ansicht darin ein Beweis liegt, dass die Gassäulen bei geringer Stromstärke constant sind, bei grösserer aber bedeutend an Wirkung abnehmen.

In der neuesten Zeit hat **Poggendorff** [1]) die Erfahrung gemacht, dass der erwähnte Ladungszustand platinirter Platinplatten von besonderem Einfluss ist auf die Lebhaftigkeit der Gasentwickelung zwischen solchen Electroden. Werden nämlich in einem Voltameter platinirte Electroden angewandt, so zersetzte sich das Wasser unverhältnismässig schneller, als zwischen blanken. Eine **Grove**'sche Kette, die in 30 Minuten zwischen blanken Platinplatten 0,892 *C. C.* Knallgas geliefert hatte, gab zwischen platinirten in derselben Zeit 77,68 *C. C.* Um den Grund dieser Erscheinung kennen zu lernen, unternahm **Poggendorff** eine quantitative Bestimmung der Ladung an beiden Plattenpaaren, deren Resultate folgende waren: 1) Das Polarisationsmaximum bei plattinirten Platten ist etwa um ein Viertel seines Werthes geringer, als das der

1) Berl. Acad. ber. 1846. 330*; Pogg. Ann. LXX. 177*; Fror. Not. N. 21. 330.

blanken Platten. Es übertrifft die electromotorische Kraft einer einfachen Groves'chen Kette nur wenig, während das der blanken Platinplatten, übereinstimmend mit Wheatstone's Angaben, im Verhältniss 42 : 32 grösser gefunden wurde, als jene electromotorische Kraft. 2) Die Polarisation an platinirten Electroden varürt weniger mit der Stromstärke, als bei blanken. 3) Die erstern gelangen schneller zu ihrem Polarisationsmaximum, als die lezteren, wenigstens, wenn diese nicht einen hohen Grad von Reinheit besitzen. Diese Angaben reichen jedoch noch nicht zur Erklärung der lebhaften Wasserzersetzung aus, da dieselbe durch eine einfache Kette nach den obigen Angaben noch vollständig hätte unterdrückt werden müssen. Poggendorff vermuthete daher, dass die gemessenen Ladungen nicht richtig seien, sondern dass bei schnell aufeinanderfolgenden Veränderungen der Stromstärke die Ladung einige Zeit gebraucht, um sich der neuen Stromstärke anzupassen, was besonders von Einfluss sein muss, wenn die spätere Stromstärke nur gering wird. Er schaltete daher gleich einen grossen Widerstand in die Kette ein, und fand durch Messungen bei der so erhaltenen schwachen Stromstärke die Ladung = 30, d. h. kleiner als die electromotorische Kraft einer Groves'chen Kette, die in derselben Einheit durch 32 ausgedrückt wird.

Die Gasentwickelung beim Schliessen der Kette tritt nicht ganz gleichzeitig an beiden platinirten Electroden ein, beginnt vielmehr zuerst mit dem Sauerstoff; besonders auffallend fand dies Poggendorff, wenn ein grosser Widerstand in die Kette geschaltet war; ebenso ging die Entwickelung noch kurze Zeit nach dem Oeffnen der Kette fort, und zwar hörte sie an der Wasserstoffelectrode zuerst auf. Er erklärt die Absorption der Gase durch das fein vertheilte Pulver für den Grund der Erscheinung, eine Absorption, die währerd der Dauer des Strommes stärker sein muss, und zwar stärker gegen Wasserstoff als gegen Sauerstoff. Für blanke Platinplatten war das Gesetz mit Hülfe der Wippe bewiesen worden, dass die eine Electrode durch den Sauerstoff gerade ebenso negativ, wie die andere durch den Wasserstoff positiv polarisirt wurde; es handelte sich jetzt darum, ob dasselbe auch noch für platinirte Platten gelte. Zur Beantwortung dieser Frage wurden erst zwei platinirte Electroden, dann eine platinirte Anode und eine blanke Kathode, eine blanke Anode und eine platinirte Kathode, und zwei blanke Electroden angewandt, und dabei immer Reochord und Sinusbous sole in den Strom geschaltet. Bezeichnet man die Ladungen durch Sauerstoff mit p_o, p'_o, durch Wasserstoff mit p_h, p'_h, wobei die accentuirten Zeichen für platinirte Electroden gelten, so erhält man für die electromotorischen Kräfte der vier Systeme die Werthe

$$k - (p'_h - p'_o) = a$$
$$k - (p_h - p'_o) = b$$
$$k - (p'_h - p_o) = c$$
$$k - (p_h - p_o) = d$$

woraus die Werthe für p'_h und p'_o folgen. Die Resultate der Messungen zeigten die relative Schwäche der Ladung bei platinirter Electrode, gaben aber heine scharfe Entscheidung obiger Frage, offenbar weil man die nöthige Gleichmässigheit der Bedingungen noch nicht genug in der Hand hat.

An einem Voltameter mit platinirten Electroden hat Jacobi [1]) beobachtet, dass die gemischt entwickelten Gase fast gänzlich wieder verschwanden, wenn auch die Electroden noch ganz von Flüssigkeit bedeckt blieben. Poggendorff bestätigte diese Angabe; in Zeit von einigen Stunden wurden 56 *C. C.* Knallgas bis auf 1 *C. C.* resorbirt. Er hat sich übrigens durch direkte Versuche überzeugt, dass diese Erscheinung, welche offenbar einer katalytischen Wirkung des Platins zuzuschreiben ist, auf die Voltameter mit blanken Electroden ganz ohne merklichen Einfluss ist, da dessen Angaben mit der Metallfällung aus einer Silberlösung und mit denen der Sinusboussole völlig übereinstimmten. Ebenso überzeugte er sich durch Versuche, dass selbst die Angaben des platinirten Voltameters zuverlässig waren, so dass die Resorption wohl nicht während der Dauer des Stromes eintritt. Wohl aber begann sie schon, während die positive Electrode noch fortfuhr, nach der Schliessung des Stromes Sauerstoff zu entwickeln.

Wirkung des Erwärmens der Leitungsflüssigkeit.

Das Erwärmen der Leitungsflüssigkeit verändert die Stromstärke aus zweien Gründen in gleichem Sinne, durch Verringerung des Widerstandes, (wovon oben die Rede war) und durch Vergrösserung der electromotorischen Kraft, in sofern die Ladung bei erhöh-

---

1) Pogg. Ann. LXX. 201*.

ter Temperatur abnimmt. Daniell[1]) hat durch Versuche, die freilich noch nicht den Werth von Messungen haben, zu ermitteln gesucht, welche von beiden Wirkungen die überwiegende sei. Aus einem Dampfkessel leitete er Wasserdämpfe in die Leitungsflüssigkeit einer Kupferzinkkette; die Wirkung stieg schnell. Darauf wurde ein Voltameter in den Strom geschaltet und in Wasser gesetzt, das durch eine Lampe erwärmt wurde. Die Gasentwickelung betrug in 8 Minuten, wenn das Voltameter 58° *F.* hatte, 6'', 5 Cub.; bei 130° 6'',5 Cub., bei 212° 7'',5 Cub., wenn aber die Batterie selbst bis 135° erwärmt war, 13'' Cub. Daniell schloss hieraus, dass ein kleiner Antheil der Stromverstärkung auf die Leitungsfähigkeit, der grössere auf die Aufhebung der secundären Wirkung zu schieben sei.

De la Rive[2]) führte einen electrischen Strom zwischen Platinelectroden durch verdünnte Schwefelsäure und erhitzte die oberen horizontalen Theile der Electroden durch untergesetzte Lampen. Der Strom nahm zu. Wurde darauf die positive Electrode allein abgekühlt, so behielt er seine Stärke, nahm aber wieder ab, sobald auch die negative abgekühlt wurde. Ebenso wuchs er nicht wieder beim alleinigen Erwärmen der positiven Electrode. Faraday[3]), der diesen Versuch wiederholte, erhielt abweichende Resultate. Er sah den Strom wachsen durch Erhitzung einer der beiden Electroden, noch mehr aber durch Erhitzung beider. Das Verhältniss der Stromerhöhung, welche die Erwärmung einer oder der andern Electrode hervorbrachte, war dasselbe. Im Allgemeinen jedoch schien die Erwärmung der negativen Electrode günstiger zu wirken. Während de la Rive die Verstärkung des Stromes nur aus einer Verringerung des Leitungswiderstandes hervorgehend glaubte, hat Vorsselmann de Heer[4]) dieselbe aus einer Abnahme der Ladung erklärt, und die Analogie dieses Versuchs mit der Wirkung des Erschütterns der Electroden, von welcher sogleich die Rede sein soll, hervorgehoben. Auf die Richtigkeit dieser Erklärung deutet auch die Bemerkung de la Rive's, dass man den Versuch mit schwachen Strömen besser anstellen könne, als mit starken. Der

---

1) Phil. Trans. 1837. 148*.
2) Bibl. univ. VII. 388*; Pogg. Ann. XLII. 100*.
3) Exp. Res. 1637*.
4) Pogg. Ann. XLIX. 109*.

Grund davon ist gewiss kein anderer, als dass die Polarisation sich mit zunehmender Stromstärke asymptotisch einer Gränze nähert, so dass ihr Verschwinden um so weniger merklich wird, je grösser die Stromstärke ist.

Die Versuche Faraday's [1]) über die Wirkung der Erwärmung der Leitungsflüssigkeit auf die Stromerregung sind wieder in der Absicht angestellt, die Unzulässigkeit der Contacttheorie zu erweisen, lassen sich aber zum Theil auf die Veränderung der Polarisation zurückführen. Wurden z. B. ein Silber- und ein Platindraht in verdünnte Säure gestellt, und die Flüssigkeit in der Umgebung der letzteren erwärmt, so nahm er an Negativität zu, umgekehrt wurde der Silberdraht beim Erwärmen positiver. Dasselbe geschah an einem Silberkupferpaar. Andere Versuche, bei denen nur ein Metall in beiden Flüssigkeiten angewandt wurde, haben Faraday auf die Annahme von Thermoströmen zwischen Metallen und Flüssigkeiten geführt, während noch andere ihm nur aus der Veränderung der chemischen Einwirkung der Flüssigkeit auf die Metalle erklärlich scheinen. Einige seiner Angaben mögen hier folgen: Eisen in verdünnter Schwefelkaliumlösung ist an der erhitzten Seite positiv, Kupfer ebenso, die Wirkung nimmt aber bald ab; heisses Zinn in Kalilösung ist positiv gegen kaltes, heisses Eisen in verdünnter Schwefel- oder Salpetersäure ist positiv gegen kaltes; ebenso Eisen, Silber und Kupfer in verdünnter Lösung von gelbem Schwefelkalium, und Eisen, Kupfer, Zinn, Zink und Cadmium in verdünnter Kalilösung. Heisses Blei schien in derselben im ersten Moment negativ, dann gleich positiv. Heisses Zinn, Blei und Zink in verdünnter Schwefelsäure waren positiv, dieselben Metalle zeigten aber in verdünnter Salpetersäure nur geringe Gegensätze zu den kalten Metallen. In starker Salpetersäure ist das heisse Eisen positiv, in verdünnter Salzsäure zeigten sich heisses Eisen, Kupfer, Zinn, Blei, Zink und Cadmium ebenso. In Schwefelkaliumlösung entstand der Strom beim Zink und Cadmium erst nach einiger Zeit, und zwar war dann das heisse Metall negativ. Ebenso werden in verdünnter Schwefelsäure das heisse Kupfer, Zink, und besonders Cadmium später negativ. In verdünnter Salpetersäure zeigte Blei anfangs keinen Strom, später war das heisse Metall negativ. Beim Cadmium war anfangs das heisse Metall sehr wenig negativ, wurde

1) Exp. Res. 1922*.

dann positiv, dann aber nahm der Strom wieder ab. Auch in Ketten aus zwei Metallen fand Faraday zuweilen die Ordnung der Spannungsreihe durch Erwärmung verändert. So war heisses Zinn in Schwefelkalium stark positiv gegen kaltes Silber, kaltes Zinn wenig positiv gegen heisses Silber. Aehnlich Zinn und Blei, und Cadmium und Blei in Kalilösung. In verdünnter Schwefelsäure ist heisses Eisen positiv gegen kaltes Zinn oder Blei, aber kaltes Eisen negativ gegen heisses Zinn oder Blei. Aehnlich verhalten sich dieselben Metalle in verdünnter Salpetersäure.

Ein hierhergehöriger Versuch Poggendorff's [1]) giebt dagegen einen kräftigen Beweis gegen die electrochemische Hypothese. Verbindet man zwei einfache Ketten von ganz gleicher Beschaffenheit in entgegengesetzter Richtung mit einander durch ein Galvanometer, so darf nach keiner der beiden Theorien ein Strom entstehen. Erhitzt man die eine Flüssigkeitszelle, so kann die Veränderung des Widerstandes keinen Einfluss haben, sondern nur die der electromotorischen Kraft. Da aber hier gar kein Strom stattgefunden hat, alo auch keine Polarisation, welche durch die Erwärmung zu vertreiben wäre, so kann nach der Contacttheorie noch immer keine Wirkung stattfinden, während die chemische Hypothese mit wachsender chemischen Wirkung auch eine Stromvergrösserung erwarten liess. Poggendorff konnte aber die Flüssigkeit bis zum Sieden erhitzen, ohne eine Veränderung zu bemerken. Für Fälle, in denen man zweifelhaft sein kann, ob ein Strom, der beim Eintauchen zweier Metallstücke in eine Flüssigkeit entsteht, einer primären Wirkung, oder einer vorangegangenen Ladung zuzuschreiben sei, habe ich [2]) vorgeschlagen, die Leitungsflüssigkeit zu erwärmen. Steigt die Stärke des Stromes, so war er primär, sinkt dieselbe, secundär. Eine eigenthümliche Erscheinung hat Poggendorff [3]) bei der Zersetzung von heissem Wasser beobachtet. Zwei reine Platinplatten tauchten in verdünnte Schwefelsäure, welche bis zum anfangenden Sieden erwärmt wurde. War die Kette eine einfache Daniell'sche, so wurde auch hier das Wasser nicht sichtbar zersetzt. An den Electroden einer einfachen Grove'schen Kette begannen plötzlich Dampfblasen aufzusteigen, lange ehe diese Erscheinung

1) Pogg. Ann. L. 264*.

2) Pogg. Ann. LXIII. 417*; Arch. de l'El. IV. 602.*

3) Pogg. Ann. LXX. 199*. Berl. Acad. 1846. 331; Arch. des sc. ph. et nat. V. 163.

vom Boden des Gefässes ausging. Beim Oeffnen hörte die Entwickelung auf. Wurde das Oeffnen und Schliessen oft wiederholt, so erschienen die Blasen nur an einer Electrode, gewöhnlich der negativen, und gingen beim Umsetzen der Stromrichtung zur anderen über. Eine Erklärung dieser Erscheinung hat Poggendorff noch nicht gegeben.

Einfluss der Plattengrösse.

In Bezug auf den Einfluss, welchen die Grösse der Platten einer Kette auf die Stromstärke ausübt, bemerkt Daniell [1]), man könne das Zink auf den kleinsten Raum reduciren, ohne die Strom stärke zu verringern; er hält deshalb eine kupferne Hohlkugel, in der sich eine kleine Kugel von Zink befindet, für die vollständigste Gestalt einer Kette. Nach Marianini soll für die Maximumwirkung das Kupfer wenigstens achtmal die Grösse einer Zinkfläche haben. Mullins [2]) konnte die Kupfer- oder die Zinkfläche bis auf ein Viertel ihrer Grösse ohne Nachtheil verkleinern, bei noch kleinerer Fläche des Zinks trat aber eine Schwächung des Stromes ein. Binks [3]) fand die stärkste Wirkung einer Kette, wenn das Kupfer 16mal grösser als das Zink, oder das Zink 7mal grösser als das Kupfer war. Casari [4]) fand, dass, wenn an die Enden eines Galvanometerdrahtes eine Zink- und eine Kupferplatte befestigt, dann die erstere, und zuletzt die letztere in eine Flüssigkeit getaucht wurde, der Strom bei zunehmendem Einsenken des Kupfers bald ein Maximum erreichte. Bei diesem blieb es, selbst wenn das Kupfer durch ein negatives Metall ersetzt wurde. Bei gegebener Grösse der Zinkplatte fand er, dass die negative Platte für die Erreichung des Maximums um so grösser sein musste, je geringer der chemische Angriff war, den sie erfuhr. Bei gegebener Kupferplatte reichte eine halb so grosse Zinkplatte gewöhnlich hin; bei sehr starkem Angriff der Leitungsflüssigkeit musste das Zink grösser als das Kupfer sein. Alle solche Angaben können indess keinen allgemeinen Werth haben, da das Maximum der Stromstärke auch noch von

1) Phil. Trans. 1826. 125*.
2) Phil. Mag. X. 181*.
3) Phil. Mag. XI 68; XIII. 54, 135, 171, 276*,
4) Baumgärtner Zeitschr. IV. 185. 273*.

den sonstigen Widerständen abhängt. Wenn aber die Verkleinerung gerade der negativen Platte auf die electromotorische Kraft der Kette einen schädlichen Einfluss ausübt (wie auch schon aus frühern Versuchen von de la Rive und Bigeon hervorgeht) so kann der Grund davon nur in der Abhängigkeit der Ladung von der Grösse dieser Platte liegen.

Für cylindrisch geformte constante Ketten hat Daniell [1]) in der That nachgewiesen, dass das Verhältniss der Plattengrösse ein ganz gleichgültiges ist, und es muss so sein, weil bei einer Vergrösserung des äusseren Cylinders sich die Wirkung des verlängerten Leiters und der vergrösserten Oberfläche aufheben. Poggendorff [2]) fügt dieser Beobachtung hinzu, dass er sich ebenfalls überzeugt habe, dass die Vergrösserung der negativen Platte in constanten Ketten gleichgültig sei.

Wirkung des Druckes.

Die Wirkung des Druckes auf die Electrolyse, welche früher von Simon, Voigt, Collodon und Sturm untersucht worden war, hat in neuerer Zeit Jacobi [3]) wieder zum Gegenstande von Beobachtungen gemacht. In dem Boden einer mit verdünnter Schwefelsäure gefüllten Röhre waren zwei Platinplatten eingeschmelzt. Die Röhre wurde mit einem Barometer, die Platten mit einer zweipaarigen Säule verbunden. Der Druck stieg auf 1,07 Atm. Darauf wurde eine vierpaarige Säule angewandt; das Barometer zeigte 9,1 Atm. Druck, und eine in den Strom geschaltete Tangentenboussole zeigte merkwürdigerweise, dass während 26 Minuten der Strom von 16° 26′ auf 17° 58′ gestiegen war. Als nun wieder die zweipaarige Säule angewandt wurde, erfolgte noch eine schwache Gasentwickelung, eine Veränderung des Barometerstandes war aber nicht merkbar. Endlich trieb die vierpaarige Säule das Barometer auf 11,14 Atm.-Druck, worauf der Versuch unterbrochen wurde.

Bei ähnlichen Versuchen von Daniell [4]) wurde zuerst eine Röhre angewandt, in deren Boden eine Electrode eingelassen war,

1) Phil. Trans. 1842. 153*; Pogg. Ann. LX. 396*.
2) Pogg. Ann. LX. 396. Anm.*
3) Bull. sc. de St. Pét. V; Pogg. Ann. XLVIII. 51*.
4) Phil. Trans. 1839. 94*; Pogg. Ann. LX. 383*.

während auf das andere Ende eine Platinklappe durch Gewichte aufgedrückt wurde, von welcher die zweite Electrode in die Flüssigkeit ragte. Der Apparat war mit 98 Pfund Druck auf eine Kreis fläche von $\frac{3}{4}$ Zoll Durchmesser geschlossen; der Verschluss hielt lange dicht, wurde aber endlich von der Flüssigkeit am Rande durchdrungen. Darauf wurden die Electroden an einer Seite in die Röhre geschmelzt, und deren andres Ende zugeblasen. Der Apparat sprang mit lautem Knall, nachdem in einem eingeschalteten Voltameter 19 Cub.-Zoll Gas entwickelt waren. Das von Flüssigkeit leere Volumen der Röhre betrug etwa 0,3 Cub.-Zoll. Nimmt man nun noch an, dass 2 Cub.-Zoll Gas von der Flüssigkeit absorbirt waren, so war eine Compression im Verhältniss 56 : 1 erfolgt. Der Druck betrug dabei 840 Pfund auf den Quadratzoll.

Dass durch eine Verminderung des Druckes die Polarisation abnimmt, schliesst Poggendorff[1]) aus einigen vorläufigen Versuchen mit der Wippe, wobei die eine Kette unter der Luftpumpe stand. De la Rive[2]) sah beim Evacuiren einer Glocke, unter welcher sich die Electroden einer einfachen Kette befanden, kleine Gasblasen von derselben aufsteigen und den Strom an Stärke zunehmen. Die Zunahme war aber nur vorübergehend, und es bedurfte wegen der starken Adhärenz der Gase, besonders des Wasserstoffs, eines erneuten Pumpens, um den Strom auf die frühere Stärke zu bringen.

Wirkung der Erschütterung.

Die früheren Versuche Faraday's über die Wirkung, welche die Erschütterung einer Kette auf deren Intensität hat, hat Marianini[3]) einer Kritik unterworfen, besonders um zu zeigen, in wie weit dieselben der electrochemischen Hypothese zur Stütze dienen können. Faraday nahm an, wenn man die Leitungsflüssigkeit einer Kette erschüttere, so würde die Stromstärke deshalb vergrössert, weil die adhärirende gesättigte Säureschicht fortgespült und durch eine frische ersetzt werde. Marianini giebt diese Erklärung zu, so lange die Leitungsflüssigkeit eine Säure und der Strom nur kurze Zeit ge-

1) Pogg. Ann. LXI. 620*.

2) C. v .XVI. 772*; Pogg. Ann. LIX. 420*.

3) Mem. di Fisica sperim. scritt dop. 1836, Modena 1838; Phil. Mag. XVIII. 193*.

schlossen gewesen ist. Wenn dagegen der Strom längere Zeit geschlossen war, und besonders, wenn die Leitungsflüssigkeit eine Salzlösung ist, so müsse durch die Wirkung des Stromes schneller eine Neubildung der Säure erfolgen, als die alte Schicht durch die Erschütterung entfernt werde. Wurde dagegen der Strom unterbrochen, die Flüssigkeit erschüttert, und dann die Kette wieder geschlossen, so bemerkte auch Marianini jedesmal eine Stromverstärkung und zwar eine grössere, als das Oeffnen der Kette allein hervorzubringen im Stande war.

Munck af Rosenschöld 1) sah die Wirkung einer geschlossenen Kupferzinkkette in verdünnter Säure durch Bewegen der Leitungsflüssigkeit in der Nähe des Kupfers, oder noch besser, durch Berühren desselben mittelst einer Federfahne bedeutend zunehmen, während eine Berührung der positiven Platte fast gar keine, und eine Bewegung der Flüssigkeit zwischen beiden Platten gar keine Veränderung in der Stromstärke hervorbrachte. Er schreibt diese Erscheinung einer stattgehabten Ladung zu, und fügt hinzu, wenn die Ladung sehr rasch in einer Kette vorschreite, so sei eine Berührung auch der negativen Platte erfolglos.

Poggendorff 2) beobachtete, dass ein blosses Stossen einer von zweien Zinkplatten, welche durch ihr ungleichzeitiges Eintauchen in eine Leitungsflüssigkeit heterogen geworden war, dieselbe negativer mache, selbst wenn die Hebung nur etwa eine halbe Linie betrug.

Faraday 3) fand, dass von zweien homogenen in verdünnte Salpetersäure getauchten Zinkplatten diejenige, welche er erschütterte, positiv wurde; in verdünnter Schwefelsäure dagegen war die erschütterte negativ. Cadmium und Zink in verdünnter Schwelsäure gaben einen Strom von 80°, wobei Cadmium positiv war; der Strom sank bis 35°. Eine Erschütterung des Cadmiums hatte nur unbedeutenden Einfluss; die des Zinks brachte ihn aber wieder auf 80° zurück.

Sturgeon 4) führt unter anderen Versuchen, die er schon im Jahre 1830 in einer Schrift: „Recent experimental researches in Electromagnetism and Galvanism.“ veröffentlicht hat, auch den an,

1) Pogg. Ann. XLIII. 461*.
2) Pogg. Ann. XLIX. 42 Anm.*
3) Exp. Res. 1919*.
4) Ann. of El. VI. 407*.

dass von zwei in verdünnte Salzsäure getauchten Eisendrähten nach Belieben der eine oder der andere negativ gemacht werden könne, wenn man ihn erschüttere. In anderen Flüssigkeiten gelang ihm dieser Versuch nicht so deutlich.

Vorsselman de Heer[1]) stellte seine Versuche am entscheidendsten an. Zwei Platinelectroden wurden in destillirtes Wasser getaucht und mit einem Galvanometer und einer Säule verbunden Die Stromstärke nahm durch die Polarisation immer mehr ab, und konnte durch Erschüttern der positiven Electrode nicht wieder gehoben werden, wohl aber durch Erschütterung der negativen. Hier ein Beispiel: Erste Ablenkung = 45 °

nach	Ablenk.	Ablenk. nach Erschütt. des neg. Drahtes
15 Min.	34 °	40 °
30 „	16 °	38 °
60 „	4 °	32 °

Aehnlich verhielt es sich wie beim Kupfer, uur nicht in so hohem Grade. Vorsselman de Heer fügt hinzu, die Erschütterung werde erfolglos bleiben, wenn in der Flüssigkeit keine Ueberführung der Bestandtheile und folglich keine Polarisation stattfinde, z. B. bei Kupferelectroden in Kupfervitriol. An einer einfachen Zinkkupferkette gab die Erschütterung des Kupfers wieder eine Stromverstärkung, die des Zinks nicht; das Entgegengesetzte fand aber statt, wenn die Kette zur Leitungsflüssigkeit statt der verdünnten Säure eine concentrirte Lösung von Schwefelkalium bekam.

Wirkung des ungleichzeitigen Eintauchens.

Das Entstehen electrischer Ströme durch ungleichzeitiges Eintauchen zweier Metallplatten in eine Leitungsflüssigkeit ist schon früher vielfältig, aber zum Theil mit widersprechenden Resultaten, untersucht worden. Vereinzelte neuere Angaben hierüber findet man bei Marianini[2]), dem eine Kupfereisenkette in Schwefelkaliumlösung einen Galvanometerausschlag von 6 Grad gab, wobei das Kupfer negativ war; durch wiederholtes Herausnehmen und Wiedereintauchen wurde aber das Kupfer immer positiver, so dass zuletzt der

1) Pogg. Ann. XLIX. 109*.

2) Mem. della Soc. Ital. res. i. Modena. XXI. 223*.

Strom 9° im entgegengesetzten Sinne betrug. Entsprechend ist ein Versuch von Henrici[1], bei welchem ein Eisendraht, der einige Zeit von einem Platindraht in Schwefelkaliumlösung getaucht wurde, zuerst positiv war; der Strom ging indess bald in den entgegengesetzen über. Bei gleichzeitigem Eintauchen würde das Eisen sogleich, wenn auch nur schwach, negativ gewesen sein. In Salpetersaurer Silberoxydlösung findet nach Fechner[2]) das Entgegengesetzte statt. Das zuletzt eingetauchte Kupfer ist immer negativ gegen das erst eingetauchte, und ebenso ist Kupfer, wenn man es zu Eisen, welches sich schon eine Zeit lang in dieser Flüssigkeit befunden hat, taucht, gegen dasselbe negativ. Auch Platin verhält sich in der Silberlösung positiv gegen später eingetauchtes. Nach Faraday[3]) ist von zweien in verdünnte Salpetersäure getauchten Zinkplatten die zuletzt eingetauchte positiv, in verdünnter Schwefelsäure aber ist die letzte negativ. Wenn man in Schwefelkaliumlösung zwei Platinplatten taucht, die eine heraushebt und wieder eintaucht, so ist sie negativ gegen die andere[4]) Ebenso verhielt es sich in grüner salpetriger Säure[5]) Sturgeon[6]) führt aus seinen oben erwähnten Versuchen an, dass von zweien Eisenplatten, die in verdünnte Schwefelsäure getaucht wurden, die zuerst einge tauchte negativ war; der Strom hörte aber bald auf, und ging in den entgegengesetzten über. In verdünnter salpetriger Säure war die zuletzt eingetauchte Eisenplatte negativ, und ebenso in verdünnter Salzsäure. Poggendorff[7]) giebt es als eine bekannte Erfahrung an, dass von zweien Platten eines und desselben Metalles bei Eintauchung in eine gleiche Flüssigkeit die zuletzt eingetauchte immer negativ sei gegen die früher eingetauchte; eine Erfahrung, die er vollkommen bestätigt gefunden habe. Die ausführlichsten Versuche über die Wirkung des ungleichzeitigen Eintauchens sind von Schröder[8]) angestellt. In destillirtem Wasser fand er von zweien Platindrähten den zuletzt eingetauchten positiv; die Stärke des Stro-

1) Pogg. Ann. LV. 260*.
2) Pogg. Ann. XLVII. 17*.
3) Exp. Res. 1919 Anm*.
4) ibid. 1827*.
5) ibid. 1848*.
6) Ann. of El. VI. 407*.
7) Pogg. Ann. XLIX. 41*.
8) Pogg. Ann. LIV. 57*.

mes hing von der Behendigkeit des Eintauchens ab; die Richtung war aber für jede Geschwindigkeit und jede Temperatur dieselbe, bei höheren Temperaturen waren die Ströme stärker. Die Stromstärke wuchs vorzugsweise mit der Tiefe des zuerst eingetauchten Drahtes, während das tiefere Eintauchen des zweiten nur wenig Erfolg hatte. Schröder sah in diesem letzteren Umstande einen direkten Beweis für das Vorhandensein eines Uebergangswiderstandes (die Versuche schliessen sich offenbar an die oben erwähnten über den Einfluss der Plattengrösse unmittelbar an), und da er sich nach der von Fechner angegebenen Methode durch Verbindung des fraglichen Drahtes mit einem Eisendraht überzeugt hatte, dass das Platin durch seine Benetzung wirklich negativ verändert war, so schloss er, dass das Platin im destillirten Wasser einen Ueberzug erhält, der wie ein schlecht leitender Firniss wirkt, und zugleich in der galvanischen Spannungsruhe beträchtlich negativer ist, als das Platin selbst. Dieser Ueberzug dringt nur auf unbestimmt kleine Tiefe (Moleculartiefe) ein, und schützt das Metall vor der weiteren Einwirkung der Flüssigkeit. Die Erzeugung desselben ist eine unmittelbare Folge der Benetzung. Diesen Satz dehnte Schröder auf alle diejenigen Fälle aus, in welchen das angewandte Metall von der Flüssigkeit nicht chemisch angegriffen wurde. Durch Wiederholung der Versuche in verschiedenen Gasarten überzeugte er sich, dass nicht die vorhergehende Berührung mit der atmosphärischen Luft, sondern die Benetzung selbst die Oberflächenveränderung hervorbrachte, da die Abänderung der Atmosphäre ganz erfolglos war. Die ganze Erscheinung war beim Platin weit auffallender, als beim Kupfer; überhaupt wird der Schluss gezogen, die Wirkung bei den verschiedenen Metallen (Leitungswiderstand des Uebergangs) sei um so grösser, je beträchtlicher ihre Electronegativität die der unveränderten Metalle übertreffe. Fand aber in der Flüssigkeit ein chemischer Angriff auf das Metall statt, so war die Wirkung des ungleichzeitigen Eintauchens mit der Bildung des Ueberzuges nicht beendet. Der Ueberzug verschwand wieder und bildete sich nun nach Maassgabe der fortschreitenden chemischen Einwirkung. War daher ein solches Metall negativ verändert, so war es im ersten Moment nach dem Eintauchen negativer, als in den folgenden. Bei den Versuchen mit anderen Flüssigkeiten ergaben sich meist analoge Resultate. Kupfer zeigte gegen Schwefelsäure von 1,843 spec. Gew. ein eigenthümliches Verhalten: Gewöhnlich war der zuletzt eingetauchte Draht negativ, wenn er aber sehr rasch und nur mit der äussersten Spitze eingetaucht wurde, so war er auch hier positiv. Das später eingetauchte Kupfer wird also im ersten Moment positiv, nämlich so lange der schlechtleitende Ueberzug noch nicht völlig hergestellt ist, durch die indess eingetretene chemische Wirkung ist dann aber der vorher eingetauchte weit positiver geworden. Im Allgemeinen stellte Schröder für verschiedene Flüssigkeiten den Satz auf: wenn in einer Flüssigkeit das elecronegativste Metall negativ verändert wird, so werden alle Metalle in dieser Flüssigkeit primär negativ verändert. Wird in einer Flüssigkeit das positivste Metall positiv verändert, so werden alle Metalle in dieser Flüssigkeit primär positiv verändert.

XI. Passivität des Eisens.

Die neueren Untersuchungen über den anomalen Zustand des Eisens, welchen Schönbein mit dem Namen Passivität bezeichnet hat, schliessen sich grösstentheils an dessen im Jahre 1836 veröffentlichte Versuche [1]) an. Die wichtigsten Ergebnisse derselben sind folgende: Ausser durch Eintauchen in starke Salpetersäure von 1,5 spec. Gew. erlangt das Eisen die Eigenschaft, von schwächerer Säure nicht angegriffen zu werden, auch durch Erhitzen bis zum blauen Anlauf. Wird das erhitzte Eisen in einer Wasserstoffatmosphäre geglüht, so ist es wieder activ, so dass die Passivität in der durch das Erhitzen hervorgebrachten Oxydschicht ihren Grund hat, die aber auch tiefer in die Substanz hinein das Eisen zu schützen vermag. Erhitzt man daher das eine Ende eines Eisendrahtes bis zum Anlaufen, taucht dies in schwache Salpetersäure, biegt den Draht um, so sind beide Drahtenden passiv. Ein gewöhnlicher Eisendraht wird passiv, wenn er, während er einen passiven berührt, in schwache Salpetersäure getaucht wird, und bleibt es auch nach der Trennung. Man kann diese Veränderung immer weiter von jedem Draht auf einen anderen übertragen. Ebenso wird Eisen

1) Pogg. Ann. XXXVII. 390. 590*. XXXVIII, 444*. Phil. Mag. IX. 53. 259*. Faraday. Exp. Res. II. 234*. Schönbein, Das Verhalten des Eisens zum Sauerstoff. Basel 1837; Bibl. univ. N. S. V. 177. 397*.

passiv durch Berührung mit Platin oder Gold. Aufgehoben wird die Passivität durch starkes Erschüttern des Drahtes ausserhalb der Flüssigkeit, durch Reiben zweier secundär passiven Drähte aneinander in der Flüssigkeit, durch Berühren des noch eintauchenden oder ausgehobenen Drahtes mit einem positiven Metall (Eisen, Zink, Kupfer etc.), durch Berühren des aus der Flüssigkeit ragenden Drahtendes mit einem ebenfalls in dieselben tauchenden activen Metalle.

Ein weiteres Mittel, Eisen passiv zu machen, besteht darin, dass man es in Salpetersäure von 1,36 als positive Electrode fungiren lässt; doch muss der Draht erst mit der Säule verbunden und dann eingetaucht werden. Ein zur Gabel gebogener Eisendraht wird durch wiederholtes Eintauchen, Herausnehmen und Wiedereintachen in Salpetersäure von 1,35 sp. G. passiv. Durch Berühren eines der Gabelenden mit einem Kupfer- oder Messingdraht werden beide Enden langsam activ, aber nicht plötzlich, sondern indem sie in immer kürzer werdenden Zwischenräumen zwischen activem und passivem Zustande wechseln. In Bezug auf das Verhalten der Pole in verschiedenen wässerigen Lösungen stellte sich heraus: In jeder wässrigen Lösung einer Sauerstoffverbindung, die für sich schon merklich chemisch auf Eisen wirkt, entwickelt sich der Sauerstoff an diesem Metalle nur dann, wenn mit ihm die Säule geschlossen wird; wirkt die Lösung nicht chemisch auf Eisen, so entwickelt sich der Sauerstoff auch sonst; in Electrolyten, deren negativer Bestandtheil nicht Sauerstoff ist, aber viel Verwandtschaft zum Eisen hat (Salzsäure etc.), entwickelt sich gar kein Sauerstoff.

Faraday [1]) hat diesen Beobachtungen gleich bei der Veröffentlichung eines Theils derselben noch einige hinzugefügt. Gewöhnliches Eisen und Platin, mit den beiden Enden eines Galvanometerdrahts verbunden und in schwache Salpetersäure getaucht, erzeugen einen starken Strom, in welchem das Eisen, welches heftig angegriffen wird, positiv ist. Bald hört aber der Angriff, und damit auch der Strom auf. Werden ein aktiver und ein passiver Draht in die Säure getaucht, und dann durch ein Galvanometer verbunden, so fand Faraday, dass der passive Draht den andern nicht auch passiv machte, sondern dass er selbst activ wurde. Kohle vermag

---

1) Exp. Res. II. 239*; Phil. Mag. IX. 57*.

das Eisen durch Berührung in der Säure ebenfalls passiv zu machen. Eisen und Silber in Salpetersäure von 1,35 spec. G. getaucht, gaben einen Strom, in welchem Eisen negativ war, so wie auch Faraday [1]) schon früher in geschmelztem salpetersaurem Silber oder Chlorsilber Eisen negativ gegen Platin fand. Die angegebenen Versuche haben Faraday zu dem Schluss geführt, dass bei allen Operationen, welche das Eisen passiv machen, dasselbe mit einer dünnen Oxydschicht überzogen werde, die, wenn auch oft zu dünn, um sichtbar zu werden, doch wegen ihrer Unlöslichkeit das Eisen vor weiterem Angriffe schützt. Gegen diese Hypothese hat Schönbein [2]) eingewandt, das passive Eisen zeige so wenig etwas von einer Oxydhaut, dass es noch blänker sei als actives; in starker Salpetersäure passiv gemachtes Eisen sei in einer Säure von gewisser Verdünnung activ, während ein als positiver Pol fungirender Eisendraht gegen Salpetersäure von jeder Verdünnung indifferent sei, hier müsse also doch das Oxyd, so wie es gebildet werde, aufgelöst werden, da es in solcher Verdünnung löslich sei. Der als positiver Pol passiv gewordene Draht werde ferner activ, sobald er nicht mehr als Electrode fungire.

Eine andere, ursprünglich von de la Rive ausgehende Erklärung der Passivitätserscheinungen gab Mousson [3]). Sie stützt sich auf drei Grundlagen; die salpetrichte Säure und salpetrichte Salpetersäure greifen Eisen nicht an; bei Oxydation des Eisens in concentrirter Salpetersäure werde bei schwacher Wirkung salpetrichte Säure, bei starker Stickoxyd gebildet; jede Oxydation sei eine Electricitätsquelle, bei welcher die positive Electricität zur Säure, die negative zum Metalle gehe. Es soll nun die in den verschiedenen Fällen gebildete salpetrichte Säure sich als eine dünne Hülle an das Metall legen, und so vor weiterem Angriff schützen. Mousson fügte seiner Hypothese zahlreiche Versuche bei, welche sich auch auf die Pulsationserscheinung, das Verhalten des Eisens zu den Metallösungen, und das entsprechende Verhalten anderer Metalle erstreckten. Schönbein [4]) sprach sogleich gegen die Zulänglichkeit dieser Hypothese. Er fragte, warum die salpetrichte Säure, wenn

---

1) Exp. Res. 476*.
2) Pogg. Ann. XXXIX. 137*; Phil. Mag. X. 172*.
3) Bibl. univ. N. S. V. 165*; Pogg. Ann. XXXIX. 330*.
4) Pogg. Ann. XXXIX. 342*.

sie auch durch die Wirkung des Stromes an den positiven Poldraht gegangen wäre, nach Aufhören des Stromes daran haften bliebe, warum bei dem raschen Angriff, den Eisen ohne volta'sche Combination in der schwachen Salpetersäure erführe, nicht Stickoxyd, sondern salpetrichte Säure gebildet würde; er erklärte ferner, dass die salpetrichte Säure nur dann an den positiven Pol gehen würde, wenn sie ein Jon wäre; die Hypothese reichte auch nicht hin, um zu zeigen, weshalb die positive Eisenelectrode nur dann passiv würde, wenn man mit ihr den Strom schlösse; bei Gegenwart von so vielem Wasser, wie zur Erhaltung der Passivität noch zulässlich wäre, könnte sich gar keine salpetrichte Säure bilden, auch liesse sich die Hypothese gar nicht zur Erklärung der Passivitätsübertragung von einem Draht zum andern brauchen. Faraday [1]) erklärte darauf, dass er nicht gerade behauptet habe, das Eisen erführe eine wirkliche Oxydation, sondern die Oberflächentheilchen derselben hätten ein Verhalten zum Sauerstoff, welches einer Oxydation aequivalent sei, ähnlich dem Verhalten des amalgamirten Zinks zum Sauerstoff des Wassers vor der Herstellung eines Stromes. Er stimmte übrigens Schönbein darin bei, dass seine Hypothese nicht genügend die Passivitätserscheinungen erkäre, ebensowenig fand er aber auch die Ansichten Anderer über diesen Gegenstand ausreichend, besonders nicht die von Mousson. Ueber einige frühere Arbeiten sprach er sich an einer andern Stelle [2]) aus. Die wichtigsten Ergebnisse der weiteren Forschungen Schönbeins [3]) sind folgende: Taucht man in zwei Salpetersäure haltende Gefässe die beiden Enden *c* und *d* eines Kupferdrahtes, oder eines anderen angreifbaren Metalles, taucht dann das geglühte Ende *a* eines Eisendrahtes in das eine und endlich das ungeglühte *p* in das andere Gefäss, so wird *p* passiv. Sind beide Drähte Eisendrähte, *a* und *c* activ, *p* und *d* passiv, und taucht zuerst *ap* dann *d*, dann *c* ein, so wird dies letztere Ende passiv. Dasselbe geschieht, wenn man dieselbe Ordnung befolgt, auch wenn *d* activ war; taucht man dagegen in diesem Fall erst *c*, dann *d* ein, so wird *p* activ. Tauchen die vier Electroden zweier Säulen in zwei Gefässe, welche Salpetersäure enthalten, so dass je der negative Pol der einen und der positive

1) Phil. Mag. X. 175*.
2) Phil. Mag. IX. 122*. Exp. Res. II. 248*.
3) Pogg. Ann. XL. 193*; Phil. Mag. X. 133*.

der anderen in ein Gefäss reichen, und bringt man nun in das eine Gefäss das geglühte Ende eines Eisendrahtes, dann in das andere das ungeglühte Ende desselben, so wird dies passiv. Dabei muss aber das letzte Ende des Drahtes in die Höhe gebogen sein, so dass die Bügung vor dem eigentlichen Ende eintaucht. Waren die beiden Gefässe durch einen mit Salpetersäure gefüllten Heber oder Asbeststreifen, oder durch einen Platindraht mit einander verbunden, und wurde dann der an einer Seite geglühte Eisendraht in beliebiger Ordnung mit den beiden Enden in die beiden Gefässe getaucht, so wurde das aktive Ende niemals passiv. Schönbein hat sich im Verlauf seiner Abhandlung mit der Erklärung dieser Erscheinungen bemüht, und sie aus der verschiedenen Stärke der entstehenden Ströme und diese aus dem verschiedenen Widerstande zu erklären gesucht, welchen der Strom beim Uebertritt in die verschiedenen Metalle erfährt. Die folgende Abhandlung [1]) enthält Beobachtungen über das Verhalten passiver Drähte zu Metalllösungen. Drähte, die durch Eintauchen in Salpetersäure passiv gemacht waren, vermochten das Kupfer aus seiner Lösung nicht zu fällen, ebensowenig ein als positiver Pol einer Säule fungirender Eisendraht, wenn mit ihm der Strom geschlossen wurde. Ein Eisendraht dagegen, der an einem Ende geglüht, vergoldet oder platinirt war, fällte das Kupfer, während er in Salpetersäure passiv geworden wäre. Wurde auf galvanischem Wege ein Eisendraht mit Bleisuperoxyd überzogen, so war er dadurch passiv in Salpetersäure und blieb es bis die letzte Spur der sich beständig vermindernden Superoxydschicht verschwunden war. Wurde erst das mit dem Superoxyd überzogene Drahtende; dann auch das andere Ende desselben Eisendrahtes in Kupfervitriollösung getaucht, so schlug sich so lange kein Kupfer nieder, bis der überzogene Theil aus der Lösung genommen wurde. Ein eingeschaltetes Galvanometer gab einen Strom an, in welchem das Superoxyd negativ war [2]). Mit Silbersuperoxyd [3]) erhielt er dieselbe Wirkung, wie mit Bleisuperoxyd. Durch Eintauchen in salpetersaure Quecksilberlösnngen [4]) wurde ein Eisendraht, selbst wenn die Lösung mit 1000 Theilen Wasser verdünnt war, passiv

1) Pogg. Ann. XLI. 41*; Phil. Mag. X. 425*.
2) Pogg. Ann. XLI. 55*.
3) Pogg. Ann. XLIII. 103*.
4) Phil. Mag. X. 267*.

und unfähig, Quecksilber zu fällen. Wurde aber der Draht zuvor in angesäuertes Wasser, z. B. in Wasser, das so wenig Salpetersäure enthielt, dass Lacmus kaum davon geröthet wurde, getaucht, so fällte es jedesmal das Quecksilber aus der Lösung. Die Beobachtungen von Noad [1]) fallen meist mit schon angeführten von Schönbein zusammen. Sie beziehen sich vorzüglich auf das Passivwerden von Eisendrähten, welche mit anderen Drähten in verschiedene Gefässe mit schwacher Salpetersäure getaucht werden, nachdem die Berührung entweder direct oder durch das Galvanometer hergestellt ist. Andrews [2]) entwickelte die entsprechenden Erscheinungen bei anderen Metallen. Nächst dem Eisen fand er das Wismuth am fähigsten, die Passivität anzunehmen. Zu dem Zwecke berührte er es in starker Salpetersäure mit Platin; in schwacher Säure (von 1,4 sp. G.) gelang zwar der Versuch auch, aber nach Aufhebung der Berührung wurde das Wismuth leicht wieder activ, unter Auftreten der schon beim Eisen erwähnten Pulsationen. Auch als positiver Pol in Salpetersäure angewandt, wurde das Wismuth schwerlöslich, was aber bei Anwendung einer starken Säule nicht eintrat. Wurde eine Glasröhre mit geschmelztem Wismuth gefüllt, nach dem Erkalten durchgefeilt, und die Durchschnittsfläche nicht vollkommen geebnet, so war dieselbe sogleich in Salpetersäure passiv. Zinn verhielt sich dem Eisen sehr ähnlich; Kupfer in geringerem Grade, doch wurde es durch Berührung mit Platin ebenfalls vor dem Angriff der Salpetersäure geschützt, und behielt, so lange die Berührung dauerte, seine blanke Oberfläche. Die Versuche von Noad [3]) über den passiven Zustand des Wismuths lieferten ähnliche Ergebnisse. Schönbein [4]) untersuchte in Folge der ersten Abhandlung von Andrews ebenfalls das Verhalten dieses Metalls und war geneigt, dessen Passivität andern Gründen zuzuschreiben, als die des Eisens, weil er bei der Berührung des Wismuths mit Platin weder die Einwirkung der Salpetersäure, noch den galvanischen Strom völlig aufhören sah, und weil das Wismuth als positiver Pol in Salpetersäure angewandt, unter keinen Umständen passiv wurde.

---

1) Phil. Mag. X. 276*.
2) Phil. Mag. XI. 554*. XII 305*; Pogg. Ann. XLV. 121*.
3) Phil. Mag. XII. 48*.
4) Pogg. Ann. XLIII. 1*; Phil. Mag. XI. 544*.

In Bezug auf die Passivität, welche Eisen in Schwefelleberlösung annimmt, hat Fechner [1]) auf seine früheren Untersuchungen über Polaritätsumkehrungen [2]) zurückgewiesen und bemerkt, wie in allen solchen Fällen eine wirkliche Oberflächenveränderung vorhanden sein müsse. Henrici [3]), der ebenfalls das Verhalten des Eisens in Schwefelkaliumlösung untersuchte, wollte die lebhafte Negativität, welche dieses Metall in der genannten Flüssigkeit annimmt, der starken Zersetzbarkeit der Lösung zuschreiben. Es soll durch diese Zersetzung aus dem Wasser Wasserstoff abgeschieden werden, der durch eine innige Berührung mit dem Metalle eine kräftig negative Erregung darauf ausübt.

Faraday's [4]) ausgedehnte Versuche über unthätige Ketten aus verschiedenen Metallen und Schwefelkaliumlösung, Salpetersäure oder Kali, welche zur Bekämpfung der Contacttheorie angestellt sind, kommen fast alle auf dasselbe Ziel hinaus. Nur einige derselben seien erwähnt. Schwefelkaliumlösung ist ein so guter Leiter, dass selbst schwache Thermoströme hindurchgingen, tauchte man aber in dieselbe einen Eisen- und einen Platindraht, welche mit den Enden eines Galvanometers verbunden waren, so wurde die Nadel desselben durchaus nicht abgelenkt. Die Anordnung: Platin, Schwefelkalium, Platin, Eisen, Schwefelkalium, Platin, Eisen, Platin, war ohne Strom, der aber sogleich eintrat, wenn man eine Contactstelle von Eisen und Platin erwärmte, oder zwischen beide Metalle eine verdünnte Säure schaltete; eine Einschaltung eines anderen Metalles z. B. Zink, statt dieser Flüssigkeit blieb dagegen erfolglos. In verdünnter Schwefelkaliumlösung gab zuerst Eisen und Platin einen Strom, der aber in Zeit von zehn Minuten verschwunden war. In noch schwächerer Lösung blieb Eisen dauernd positiv. In grüner Salpetersäure war Eisen ebenfalls zuerst positiv gegen Platin, der Strom verschwand aber auch hier schnell. Angelaufenes Eisen und Platin brachten in derselben Säure einen sehr schwachen Strom hervor, in dem das Eisen positiv war, der aber unmittelbar darauf verschwand. In rother Salpetersäure wurde zwischen beiden Metallen ein sehr schwacher Strom erzeugt, ebenso, wenn man das Eisen

1) Pogg. Ann. XLII. 499*.
2) Schweigg. Journ. LIII. 61. 129; Fechner Lehrbuch 93*.
3) Pogg. Ann. LV. 253. 455*.
4) Exp. Res. 1823*.

in der Flamme anliess; das angelaufene Eisen war dabei positiv zu Platin. Die Einführung einer chemisch wirkenden Flüssigkeit an der Contactstelle brachte sogleich einen Strom hervor. In caustischem Kali war Eisen positiv gegen Platin; der Strom wurde aber immer schwächer und war nach einer Stunde nur noch sehr gering.

Man übersieht leicht, wie alle angeführten Erscheinungen vollkommen erklärlich sind, wenn man auf das Gesetz der electromotorischen Spannungsreihe, auf die verschiedene Gestalt dieser Reihe in verschiedenen Flüssigkeiten, und auf die bekannten Ladungserscheinungen Rücksicht nimmt. Nur das Eine ist nicht klar: weshalb nämlich passives Eisen und Platin gar keinen Strom zu erzeugen vermögen. Diese Frage ist jedoch durch spätere Versuche von Schönbein [1]), der früher Faraday's Meinung über diese Erscheinung theilte, und in derselben ebenfalls einen Beweisgrund für die chemische Hypothese suchte [2]), dahin aufgeklärt worden, dass empfindliche Galvanometer allerdings einen Strom zwischen Platin und passivem Eisen anzeigen, in welchem das letztere negativ ist. Die Beweiskraft, welche die anomalen Erscheinungen, die das Eisen darbietet, gegen die Contactheorie darbieten sollen, sind übrigens schon von Fechner [3]) bestritten und von Schönbein [4]) theilweis zurückgenommen worden. In derselben Abhandlung gab auch Schönbein eine Hypothese für das Wesen der Passivität. Er nahm an, dass durch die verschiedenen Mittel, welche das Eisen passiv machen, der Molecularzustand desselben so geändert wird, dass, vielleicht durch eine verschiedene Stellung der Pole der einzelnen Molecule, diese den Sauerstoff bald anziehen, bald abstossen.

Berzelius [5]), der sich mit keiner der für die Passivität des Eisens aufgestellten Hypothesen einverstanden erklären konnte, hat selbst eine neue zu geben versucht. Er betrachtet die ganze Erscheinung von der Seite des elektrischen Verhaltens. Das Eisen wird durch alle Umstände, die es passiv machen, zu einem negativen Metalle; als positiver Pol einer Kette ist es auch passiv, und gerade hier wird sein electrisches Verhalten am deutlichsten dargelegt. Das positive Polende der elektrischen Säule kann als ein po-

1) Pogg. Ann. XXXIX. 351*.
2) ib. XLIII. 94*.
3) ib. XLII. 501*.
4) ib. XLIV. 69*.
5) Jahresber. XVII. 122*.

sitives Metall par Excellence betrachtet werden; mit diesem muss das Eisen, wie jedes andere Metall, electronegativ werden. Das Eisen besitzt nun die Fähigkeit, diesen Zustand zu behalten in höherem Grade, als andere Metalle.

Schönbein [1]) hat die Unzulässlichkeit dieser Hypothese nachgewiesen. Wenn man auch zugeben wollte, dass das Eisen durch seine Verbindung mit dem positiven Pol negativ würde, so wäre nicht einzusehen, warum dies nur beim Eisen stattfände, und warum nicht ein am positiven Pol befestigter, frei in die Flüssigkeit ragender Draht auch passiv würde. Auch wäre aus dieser Hypothese die Wirkung der verschiedenen Reihenfolge, in welcher die Drähte bei den oben erwähnten Versuchen eingetaucht worden, gar nicht herzuleiten.

Die Versuche von Maass [2]) enthalten durchaus nichts Neues, sondern bestätigen das gleich anfangs von Schönbein angegebene electrische Verhalten passiver, besonders durch Anlaufen passiv gemachter Eisendrähte gegen andere Metalle und gegen gewöhnliches Eisen. Eine Reihe sehr weitläufiger Abhandlungen von Martens ergeht sich auch zum Theil in schon bekannten Thatsachen. Die erste Abhandlung dieses Physikers [3]) recapitulirte die verschiedenen Methoden, durch welche man Eisen in den passiven Zustand versetzen konnte, sein galvanisches Verhalten gegen Kupfer, Silber etc. und seine Thätigkeit beim Niederschlagen von Metallen aus ihren Lösungen. Die zweite ausführliche Abhandlung [4]) benutzt den besprochenen Gegenstand als Beweismittel gegen die electrochemische Hypothese, besonders gegen die jüngst vorhergegangenen Angriffe Faraday's. An neuen Angaben über die Passivität enthält sie die, dass das Eisen auch durch Eintauchen in ganz concentrirte Essigsäure oder in höchst absoluten Alcohol passiv, d. h. electronegativ wird, ein Zeichen, dass diese ganze Erscheinung electrischer Natur sei. Martens erklärt dieselbe lediglich aus den verschiedenartigen Abänderungen, welche der Contact verschiedener Flüssigkeiten in der electromotorischen Kraft der starren Leiter hervor-

---

1) Pogg. Ann. XLVI. 331*; Bibl. un. XVIII. 365*.
2) Bull. de Brux. VI. 2. 438*.
3) ib. VII. 1. 393*.
4) ib. VIII. 2. 305*; L'Inst. X. 25*; Arch. de l'Él. II. 531*; Pogg. Ann. LV. 437. 612*.

bringt. Diese Veränderung fand er [1]) so dauernd, dass er einen durch Erhitzen oder durch Eintauchen in Alcohol oder starke Salpetersäure passiv gemachten Draht stark mit Sandpapier reiben, ja sogar befeilen konnte, ohne seine Passivität zu zerstören.

Schönbein [2]) hat in zwei ferneren Abhandlungen sich besonders mit der Erregung der Passivität an Drähten, welche als Anoden einer Kette dienen, beschäftigt, sowohl wenn die Drähte aus reinem Eisen bestanden, als wenn sie mit einer Bleisuperoxydhülle bekleidet waren. Er suchte, seiner Hypothese von den Tendenzströmen entsprechend, den Grund der Passivität nicht sowohl in dem Vorhandensein eines Stromes zwischen den Electroden, vielmehr in dem eigenthümlichen Spannungszustand, welcher durch den Strom nur zum Theil aufgehoben würde. In Bezug auf die Arbeiten von Martens beschwert sich Schönbein [3]) über die geringe Rücksicht, welche in denselben auf seine eigenen Untersuchungen genommen sei, und erinnert, dass von allen Erscheinungen, welche dieser Physiker anführt, nur die Passivitätserregung in Alcohol und Essigsäure neu sei. Die Erörterungen über die Theorie der Säule, welche Martens an die Erscheinung der Passivität geknüpft hat, bestreitet er durch Versuche, welche von ihm selbst und anderen Experimentatoren angestellt worden sind. Gegen diese Anschuldigungen Schönbeins hat sich Martens [4]) durch die Angabe verwahrt, dass ihm dessen Arbeiten nicht in den Originalien zu Gesicht gekommen seien, dass er übrigens nicht alle angeführten Versuche für die seinigen ausgegeben habe. Endlich versuchte er zu zeigen, wie durch seine Hypothese sich allerdings viele der bekannten Passivitätsphänomene erklären lassen. Er bestritt aber Schönbeins Ansicht, dass die blosse Rothglühhitze einen Eisendraht nicht passiv mache, sondern dass nur das Oxydhäutchen das Eisen schütze, nach dessen Fortnahme, durch Reiben oder Reduction in Wasserstoff, der Draht passiv würde. Martens wiederholte diese Versuche in Gemeinschaft mit Ryke, und fand, dass nicht nur angelaufenes Eisen nach der Erhitzung in einem Wasserstoffstrom passiv blieb, sondern sogar, dass in einem solchen Strom gewöhnliches

---

1) Bull. de Brux. IX. 2. 527*; Arch. de l'Él. III. 574*; L'Inst XI. 113*.
2) Pogg. Ann. LVII. 63*; LIX. 421*. Arch. de l'Él. II. 267*.
3) Pogg. Ann. LIX. 149*; Arch. de l'Él. III. 88*.
4) Bull. de Brux. X. 2. 406*; Pogg. Ann. LXI. 121*.

Eisen durch Erhitzen die bekannte blaue Farbe annahm und passiv wurde. Ja sogar konnte das erhitzte Eisen befeilt werden, ohne activ zu werden. Nach den Versuchen, welche ich [1]) über diesen Gegenstand angestellt habe, mues ich dem durchaus widersprechen. Zuerst erhielt ich zwar auch in Wasserstoff den blauen Anlauf, selbst in electrolytisch dargestellten; wenn derselbe aber absolut trocken und sauerstofffrei war, so war weder der Anlauf vorhanden, noch das Eisen passiv. Unter denselben Bedingungen konnte ich angelaufenes Eisen durch Reduction activ machen. Das Befeilen, wenn es nicht jede Spur von Oxyd fortnimmt, lässt aber immer noch eine galvanische Wirkung zwischen Eisen und Eisenoxyd zu, welche das erstere wieder passiv macht. Wenn das Eisen in einem geschmelzten Metall erhitzt wurde, lief es weder an, noch wurde es passiv. Martens [2]) hat gegen diese Bemerkungen seine frühere Ansicht aufrecht erhalten, und besonders gegen das Verhalten des Eisens in geschmelzten Metallen eingewandt, der Contact mit anderen Metallen könne wohl die Wirkung der Erwärmung aufheben. In einer späteren Abhandlung [3]) habe ich gezeigt, dass das Eisen durch Erhitzen positiv wird gegen gewöhnliches Eisen, wenn man es dabei vor jedem oxydirenden Einfluss schützt, oder wenn man eine schon vorhandene Oxydhaut durch Abreiben entfernt. Das wichtigste Kennzeichen der Passivität, das electronegative Verhalten, ist also bei angelaufenem Eisen nur dem Anlauf zuzuschreiben, während das Erhitzen ohne Oxydation gerade das Gegentheil bewirkt. Ueberhaupt fand ich jeden auf irgend eine Weise passiv gemachten Eisendraht nach Aufhebung der Passivität positiv gegen gewöhnliches Eisen.

Dasselbe Heft der Annalen, in welchem meine vorstehende Untersuchungen mitgetheilt wurden, brachte eine Abhandlung von Ohm [4]), in welcher ganz dieselbe Beobachtung an Eisen mitgetheilt wurde, welches in Schwefelkaliumlösung gestanden hatte. Wurde mit einer Glaskante an demselben gekratzt, so hörte es nicht nur auf, sich gegen gewöhnliches Eisen negativ zu zeigen, sondern wurde sogar positiv dagegen. Ohm schliesst hieraus auf das Vor-

---

1) Pogg. Ann. LXII. 234*; Arch. de l'Él. IV. 509*.
2) Bull. de Brux. XI. 2. 183*; Pogg. Ann. LXIII. 412*.
3) Pogg. Ann. LXIII. 415*.
4) Pogg. Ann. LXIII. 389*.

handensein einer Schwefeleisenschicht, welche er in der That so abkratzen konnte, dass die Theilchen unter der Loupe wahrnehmbar waren und dem Magnetkies entsprechende Reactionen gaben. Bei den gleichzeitig mitgetheilten Versuchen von Leykauf bemerkte man sogar an einem eingetauchten Draht nach dem Abwaschen und Trocknen in der Wärme einen Schwefelgeruch, den reines Eisen nicht zeigte; auch mehrfache chemische Reactionen wiesen das Vorhandensein des Schwefels nach. Eisen, welches in Salpetersäure getaucht worden war, konnte Ohm ebenfalls durch Beschaben positiv machen; der in dieser Flüssigkeit gebildete Ueberzug liess sich nicht so genau bestimmen, schien aber nach den Versuchen von Leykauf ein basisch salpetersaures Eisenoxydul zu sein. Als derselbe in reinem luftfreien Wasser zwei Eisenelectroden mit einer Kette verband, entwickelte die eine Wasserstoff, an der anderen sah man zuerst gar keine Wirkung, nach einiger Zeit bildete sich Oxydulhydrat, das später in Oxydhydrat überging. Jetzt erst fing der Sauerstoff an, sich an dieser Electrode frei zu entwickeln. Es muss also dieser anomalen Erscheinung immer eine Oxydation des Eisens vorangegangen sein.

L. Gmelin [1]) hat ebenfalls einige Versuche mit passivem Eisen mitgetheilt. Wurde passives Eisen mit der Säure, in der es sich befand, bis zum Kochen erhitzt, so fing es an, pulsirend Gas zu entwickeln. Die Pulsationen wurden immer stärker, bis die Säure zum Aufbrausen kam. Der pulsirende Draht war gegen einen nicht pulsirenden positiv bei 100°. Die Ablenkung steigerte sich bis zur Pulsation, bei welcher die Nadel plötzlich zurückging. Wurde aus Eisenoxyd durch Wasserstoff reducirtes Eisenpulver allmählig in kleinen Antheilen in starke Salpetersäure getragen, so erfolgte jedesmal nur ein sehr geringes Aufbrausen. Wurde die Säure abgegossen und durch Wasser ersetzt, so erfolgte lebhafte Gasentwickelung; wurde aber nach dem Abgiessen der Säure das Pulver auf einer Gypsplatte getrocknet und dann in luftfreies Wasser gegeben und gewaschen, so ertheilte das Pulver einem Gemisch von Salzsäure und schwefelblausaurem Kali eine dunkelrothe Farbe. War das Pulver nicht mit Salpetersäure behandelt, so röthete es die Lösung kaum. Gmelin schloss aus diesem Versuch auf die Bildung eines Eisenoxyds in der Salpetersäure und zeigte, wie die verschie-

1) Handbuch der Chemie. 4. Aufl. I. 317*.

denen Bedingungen, denen man das Eisen in dieser Flüssigkeit aussetzt, theils durch rein chemische, theils durch galvanische Thätigkeit dahin wirken können, dem Eisen Sauerstoff zuzuführen, oder ihm denselben durch Zuführung von Stickoxyd zu entziehen, d. h. das Eisen passiv oder activ zu machen.

Den beiden letztgenannten Arbeiten gesellten sich meine Untersuchungen [1]) über die Passivität des Eisens bei, durch welche ich nachzuweisen mich bemühte, dass allerdings eine Oxydschicht der Grund dieser Erscheinung sei, falls sich nicht das Eisen noch anderweitig chemisch verändert hat, wie beim Eintauchen in Schwefelkalium. Ich verstehe dies indess nicht in dem Sinne, wie es Faraday auffasste, als werde das Eisen durch die Oxydhaut mechanisch geschützt; diese wirkt vielmehr nur, insofern sie ein sehr electronegativer Körper ist. Zu dem Ende wurden die wichtigsten älteren Versuche von diesem Gesichtspunkte aus betrachtet und nachgewiesen, dass es keine Passivität erregende Wirkung gäbe, welche nicht gleichzeitig oxydirend, keine Passivität aufhebende, welche nicht gleichzeitig reducirend ist. In Bezug auf den ersten Satz fügte ich Versuche mit leicht zersetzbaren Sauerstoffsäuren bei, welche sich der Salpetersäure ganz analog verhalten, nämlich mit Chlorsäure, Bromsäure und Jodsäure. Als Kennzeichen der Passivität bediente ich mich, um nicht noch andere Flüssigkeiten in den Versuch zu bringen, der Verbindung des fraglichen Eisens mit Kupfer zu einer Kette, in der das Eisen negativ sein musste, wenn es passiv war. Ein poröser Thoncylinder wurde mit concentrirter Schwefelsäure gefüllt, mit verdünnter umgeben. In jene tauchte ein Eisendraht, in diese ein Kupferstreifen; das Eisen war positiv, wurde aber sogleich stark negativ, sobald man Krystalle von chlorsaurem Kali in die Schwefelsäure warf. Durch dieselbe Methode gelang es mir durchaus nicht, Eisen in Essigsäure oder Alcohol passiv werden zu sehen, wie es Martens gefunden hatte. Bei meinen Versuchen über das Passivwerden der positiven Electrode in verschiedenen Flüssigkeiten, welche den von Schönbein erhaltenen ganz entsprechende Resultate gaben, wandte ich ebenfalls diese Probe an, und verband zu dem Ende die fraglichen Eisendrähte *e* und *e'* (Tab. 2 Fig. 37) bald mit den Polen einer Kette bald den einen mit einem Kupferdraht, welcher mit seiner Leitungs-

1) Pogg. Ann. LXVII. 186*.

flüssigkeit sich in einer besonderen Zelle befand. Die Verbindungen geschahen durch eine Wippe.

In einer weitläufigen Abhandlung hat Martens [1]) nochmals den fraglichen Gegenstand erörtert und wiederum auf die Spannung zurückzuführen gesucht, welche das Eisen und die verschiedenen Flüssigkeiten bei ihrem Contact annehmen. Er hat sich dabei besonders gegen meine früheren Versuche gewandt, in denen ich mich mit dem Anlaufen und mit der Erscheinung beschäftigte, dass passiv gewesene Eisenstäbe nachträglich positiv gegen gewöhnliches Eisen werden. Den Anlauf, den ich noch in feuchtem, aber sonst reinem, Wasserstoff entstehen sah, glaubt er einer Verunreinigung, etwa durch Kohlenwasserstoff, zuschreiben zu müssen. Diese Vermuthung wird aber durch meine Versuche mit galvanisch dargestelltem Wasserstoff widerlegt. Die Polaritätsumkehrungen fand er im Allgemeinen bestätigt, erschwerte sich aber die Versuche durch ungleichzeitiges Eintauchen der Drähte. Dass ich einen angelaufenen Draht, nachdem er mit gewöhnlichem Eisen in verdünnter Säure verbunden worden war, positiv werden sah, hielt er für eine Wirkung des Säurecontactes. Dies ist aber wieder unmöglich, da man den Draht von vorn herein positiv erhalten kann, wenn man die Oxydhaut vor dem Eintauchen abschabt. Die Beantwortung dieser von Martens erhobenen Einwürfe bilden den Inhalt meiner letzten Abhandlung über den electromotorischen Zustand des Eisens [2]).

Vom Kupfer hat Grove [3]) nachgewiesen, dass es, als positive Electrode in einer Mischung aus Schwefelsäure und Salpetersäure angewandt, sich ebenfalls unthätig zeigt. Später [4]) fand er dasselbe sogar in blosser Schwefelsäure, wenn der Strom hinreichend verstärkt wurde. Bei zu starkem Strom löst sich das Kupfer unter einer dem Sieden ähnlichen Erscheinung zu einem rothbraunem Pulver, das sich als Kupferoxyd erwies.

Schützung der Metalle gegen Oxydation etc.

In Bezug auf die zuerst von Sir Humphrey Davy von der Unthätigkeit der negativen Platte einer Kette gemachten Anwendung

1) Mém. de litr. de Brux. XIX. 1*.
2) Pogg. Ann. LXVII. 365*.
3) Phil. Mag. XV. 292*; Pogg. Ann. XLIX. 600*.
4) Arch. de l'Él. IV. 167; Pogg. Ann. LXIII. 424*.

zur Beschützung der Metalle, sind noch einige Arbeiten zu erwähnen. Van Beek [1]) zeigte, dass Eisen nicht dauernd durch Zinn zu schützen sei, da das letztere Metall bei der Verbindung mit Eisen nur kurze Zeit positiv bleibe; Davy müsse nur diesen Anfangsstrom beobachtet und nicht bemerkt haben, dass nachher die Rolle der beiden Metalle die umgekehrte sei. Hartley [2]) wollte das Eisen an den Schiffsbeschlägen durch Messing schützen, wozu jedoch Schönbein [3]) bemerkte, dies sei den gewöhnlichen Erfahrungen über die Unangreifbarkeit des Eisens zuwider, da das Messing hierbei das negative Metall sei. Er glaubte daher, diese Beschützung sei nicht die Folge einer galvanischen Thätigkeit, sondern habe irgend einen ähnlichen Grund, wie die Passivität. Mallet und E. Davy [4]) zeigten, dass das Messing gar nicht, und das Zink nicht auf die Dauer, fähig wären, das Eisen zu schützen. Im letztern Fall setzte sich an das Eisen Zinkoxyd an, und dann begann der Angriff von neuem. Sorel [5]) schlug mehrere neue Verfahren zum Schutz des Eisens vor: Für feine polirte Eisensachen ein galvanisches Pulver, in welches man die Gegenstände einpackt, und in dem sie feucht werden können, ohne zu rosten; für Schiffe einen galvanischen Anstrich über der gewöhnlichen Farbe; für Gegenstände, welche der Reibung ausgesetzt sind eine galvanische Verzinnung. Man findet über diese Methoden, welche vielfach practisch angewandt wurden, zahlreiche Berichte. [6]) Um eiserne Salzsiedepfannen zn schützen, liess v. Althaus [7]) dieselben aussen mit Zink beschlagen, ohne dass eine Flüssigkeit beide Metalle verband. Er konnte dann kalte Soole wochenlang in den Pfannen stehen lassen, ohne dieselben anzugreifen. Mallet [8]) hat zum Schutz des Eisens mehre Methoden angegeben, bei welchen das Eisen durch die electrische Wirkung sehr gut erhalten werden soll, die aber auf ganz verschiedenen Principien beruhen. 1) Er verzinkt das Eisen sehr vollständig mit einer Legirung von Zink, Quecksilber und Kalium oder

1) Ann. de chim. phys. 2me S. LXIV. 225*.

2) Brit. Assoss. 1836. 56*.

3) Pogg. Ann. XLIII. 13*.

4) Bibl. univ. XVII. 393*: L'Inst VII. 8*.

5) C. r. IV. 133*; Rec. industr. Déc. 1836. 161; Dingl. pol. J. LXVII. 376*.

6) C. r. IV. 379*. La Paix. 17. Jul. 37. Journ. de Comm. 10 Jul. 37*; Mech. mag. XXIX. 122*. XXX. 240. 266*.

7) Pogg. Ann. XLVII. 213*.

8) Mech. mag. XXXXVI. 39*; Dingl. pol. J. LXXXIV. 46*.

Natrium; 2) er überzieht es galvanisch mit Palladium; 3) er giebt ihm einen schützenden (wie er ihn nennt: zoophagen) Anstrich, der aus Leinöl, Mennige, Schwerspath oder Bleiweiss, Terpentin und basischem Kupferchlorid besteht. Poggendorff[1]) hält die fast allgemeine Annahme, als werde Kupfer durch seine Verbindung mit Eisen, Zink oder Zinn im Meerwasser deshalb geschützt, weil es durch diese Berührung negativer werde, für unzulässig, ja sogar verliere es dadurch an Negativität. Er findet den wahren Grund der Erscheinung in der Reaction des galvanisch-chemischen Prozesses in der Kette gegen den rein chemischen. Eine solche Reaction findet ebensowohl an der negativen als an der positiven Platte statt, so dass z. B. die chemische Wasserstoffentwickelung am Zink in verdünnter Säure aufhören kann, wenn man es zum positiven Glied einer Kette macht. Dies fand schon Wollaston, während Pfaff die Verminderung der Gasentwickelung nicht wahrnahm. Poggendorff zeigte aber, dass man dieselbe bis zum gänzlichen Aufhören treiben kann, wenn man die Oberfläche des Zinks im Verhältniss zu der des negativen Metalles gehörig verkleinert, weil nämlich die locale chemische Gasentwickelung von der Oberflächengrösse unabhängig ist, die galvanisch-chemische aber mit der Stromdichtigkeit, d. h. mit abnehmender Flächengrösse wächst. Bei gehöriger Stromdichtigkeit wird deshalb der Sauerstoff nicht nur dem Zink, sondern auch dem Wasserstoff zugeführt, oder, wie man es auch betrachten kann, wird das Zink verhindert, sich direct mit dem Sauerstoff zu verbinden.

XII. Electrochemie.

Das electrochemische Aequivalent des Wassers, d. h. die Electricitätsmenge, welche zur Zersetzung eines Theils Wasser nöthig ist, hat Pouillet[2]) bestimmt. Er nahm dabei als Spannungseinheit die Spannung einer thermoelectrisehen Wismuth-Kupferkette bei einem Temperaturunterschied von 100°, und als Einheit der erhaltenen Electricitätsmenge diejenige, welche durch einen 20 Meter langen Kupferdraht von der Querschnittseinheit (1 Millimeter Dicke)

---

1) Berl. Acber. 1842. 275*.

2) C. r. V. 785*; Pogg. Ann. XLII. 300*; Ann. of El. II. 58*.

in einer Minute geht; dann ist, wenn T die electromotorische Kraft einer Quelle, Q die Electricitätsmenge, welche dadurch in einer Minute bewegt wird, D die Ablenkung an einer Sinusboussole, D' dieselbe bei dem zu messenden Strom, L den Leitungswiderstand in Metern Kupferdraht von der Querschnittseinheit, endlich $\frac{1}{b}$ das Verhältniss der Empfindlichkeit der Boussolen, an denen D' und D gemessen sind, bezeichnet:

$$T = \frac{20}{L} \cdot \frac{1}{b} \cdot \frac{\sin D'}{\sin D} \text{ und } Q = \frac{1}{b} \frac{\sin D'}{\sin D}$$

Nachdem Pouillet gezeigt, dass unter sehr verschiedenen Umständen und bei sehr verschiedenen Intensitäten die Produkte der Intensitäten in die Zeit der Entwickelung von 2 C. C. Wasserstoffgas nahezu gleich bleiben, setzte er die beobachteten Werthe in die obigen Gleichungen. Er fand

$\frac{1}{b} = 17,3$; $\sin D' = 0{,}1001$; $\sin D$ 0,6510. Der Versuch währte 8′ 20″, demnach $Q = 22{,}208$.

Er findet daraus die Electricitätsmenge, welche in einer Minute 1 Gran Wasser zersetzt = 13787 in der obigen Einheit.

Weber[1]) hat das Aequivalent des Wassers nach absolutem Maasse ausgedrückt. Er wandte zur Messung der Stromintensität das Dynamometer an. Bezeichnet bei diesem S die von den Drähten umwundene Fläche der bifilar-aufgehängten Rolle D deren Directionskraft, T den horizontalen Theil des Erdmagnetismus, G die Intensität, φ den Ablenkungswinkel, so ist

$$S\ T\ G = D \text{ tang. } \varphi.$$

Ist ferner t die Zeit der gemessenen Wasserzersetzung, E die Quantität der durch die Rolle gegangenen und zur Zersetzung gebrauchten Electricität, so ist

$$E = \int G \cdot dt$$

und wenn W die zersetzte Wassermenge, in Millegrammen ausgedrückt, bezeichnet, $\frac{W}{E}$ das electrochemische Aequivalent des Wassers. Die Directionskraft wurde aus dem Trägheitsmoment k und der Schwingungsdauer t nach der Formel $\frac{\pi^2 k}{t^2}$ bestimmt, $T = 1{,}7026$

1) Pogg. Ann. LV. 181*; Arch. de l'Él. II. 661*.

für die eisenhaltige Beobachtungsstelle gemessen. Aus fünf Beobachtungen fand sich das Aequivalent im Mittel = 0,009376.

Bunsen [1]) benutzte zu demselben Zweck die Weber'sche Tangentenboussole. Wenn der Radius des Ringes an derselben mit R bezeichnet wird, so hat man

$$J = \frac{R\,T}{2\,\pi} \operatorname{tang} \varphi$$

wobei $F = 1{,}88$ gesetzt wurde.

Die zersetzte Wassermenge wurde aus dem Gewichtsverlust des Zersetzungsapparates bestimmt. Es fand sich in vier Versuchen das Aequivalent des Wassers

0,0092765
0,0092115
0,0093236
0,0092706

und daraus berechnet das des Zinks: 0,033256
0,033023
0,033424
0,033234

Während dies letztere durch directe Beobachtungen des Gewichtsverlustes eines Zinkstreifens, der als positive Electrode eines Stromes diente = 0,03265 und 0,03335 gefunden wurde. In der Angabe von Bunsen's Versuchen, welche Müller [2]) mittheilt, ist $F = 1{,}827$, das Aequivalent des Zinks 0,0334 gefunden.

Durch ganz dieselben Methoden fand Casselmann [3]) mit Zugrundlegung von $T = 1{,}8274$ und Anwendung verschiedener Säure- und Salzlösungen als Zersetzungsflüssigkeit als Mittel aus neun Beobachtungen das Aequivalent des Wassers = 0,009371, daraus berechnet das des Zinks = 0,33662 und gefunden im Mittel aus zwei Beobachtungen = 0,033445.

Faraday [4]) erklärt die Electrolyse als eine Erscheinung der Vertheilung. Wenn destillirtes Wasser, ein schlechter Leiter und schlechter Isolator, zwischen die Electroden gebracht wird, so nehmen dieselben eine Spannung an, vermöge der Polarisation jedes

1) Ann. de chim. phys. III. Sér. VIII. 34*; Arch. de l'Él. III. 331*.
2) Pouillet-Müller Lehrbuch. 2te Aufl. II. 194*.
3) Kohlenzinkkette 63*.
4) Exp. Res. 1164*; 1343*.

Wassertheilchens. Diese Polarisation ist eine Vorbereitung zur Zersetzung. Die Summe der Vertheilung und Spannung in jedem Theilchen giebt, wenn sie eine gewisse Grösse erreicht hat, die electrolytische Entladung. Die Theilchen, welche nach der Grotthussschen Theorie wandern, können mit metallischen Leitern verglichen werden, in denen eine Vertheilung stattgefunden hat, und die aus zweien beweglichen Hälften bestehen. Dieses Wandern scheint Faraday [1]) mit der fortführenden Entladung identisch zu sein. Wenn auch die fortführende Kraft in beiden Fällen in verschiedener Grösse und mit verschiedener Aeusserung auftrete, so sei sie doch im Grunde dieselbe.

E. Bequerel's [2]) Versuche über die Electrolyse des Wassers berücksichtigen vorzüglich verschiedene Einmischungen in dasselbe. Es wurden vier Gefässe mit Wasser in den Strom geschaltet, in drei derselben hatte das Wasser Chlor, Brom und Jod ungefähr zu gleichen Theilen aufgelöst; im vierten war das Wasser angesäuert. Die Gasquantitäten, welche in den drei ersten Gefässen weniger entwickelt wurden, als im vierten, waren bezüglich vom Chlor, Brom oder Jod absorbirt worden, und dienten als Maass für die Verwandtschaft von Sauerstoff und Wasserstoff zu diesen Körpern. Beispielsweise wurden absorbirt: von

Chlor . .	1	Vol.	Sauerst.	12,5	Vol.	Wasserst.
Brom . .	2,75	—	—	10,5	—	—
Jod . . .	3,25	—	—	3,5	—	—

So dass sich die Grösse der Verwandtschaft durch folgende Zahlen ausdrücken liesse:

Wasserstoff	zu	Chlor . .	922
-	-	Brom . .	712
-	-	Jod . . .	212
Sauerstoff	zu	Chlor . .	169
-	-	Brom . .	380
-	-	Jod . . .	469

Wurden ausgeglühte Platinschwämme als Electroden angewandt, so absorbirten sie Wasserstoff und Sauerstoff im Verhältniss 16 zu 6, 4; und als darauf die frühere Anode zur Kathode, und umgekehrt, gemacht wurde, verhielt sich die Absorption des Wasserstoffs zu der des Sauerstoffs wie 2 : 1.

---

1) Exp. Res. 1620*.
2) Arch. de l'Él. I. 381*.

Die voluminösen Abhandlungen von **Matteucci**[1]) bezwecken eine weitere Bestätigung des **Faraday**schen Gesetzes der festen electrolytischen Action, enthalten aber wenig neue Thatsachen. Um die Electrolyse von angesäuertem Wasser zu untersuchen, schaltete er neben einander zwei Voltameter in den Strom, in deren einem das Wasser mit Schwefelsäure, im anderen mit Phosphorsäure so angesäuert war, dass es beidemal dieselbe Dichtigkeit hatte. Der Strom theilte sich nicht gleich zwischen beiden, sondern im ersten Voltameter war das Fünfzehnfache der Gasmenge im zweiten entwickelt. Um eine gleiche Gasentwickelung in beiden Apparaten zu bekommen, glaubt **Matteucci** die beiden Säuren im Verhältniss ihrer Atomgewichte beimischen zu müssen. In Bezug auf Electrolyte im Allgemeinen sprach er den Satz aus: wenn man eine (inconstante) Säule durch einen Electrolyt schliesst, und in diesem dieselbe Wasserstoffmenge entwickelt wird, wie am negativen Pol der Säule, so ist der negative Jon entweder Sauerstoff oder ein secundäres Product. Um die Zersetzung der Salze und der Rolle, welche das Auflösungswasser dabei spielt, zu untersuchen, wandte er, wie schon früher **Faraday**, geschmelzte Salze an, und zwar essigsaures Bleioxyd, salpetersaures Silberoxyd, und borsaures Bleioxyd. Er fand die stattgehabte chemische Zersetzung der in einem gleichzeitig in den Strom geschalteten Voltameter stattfindenden Wasserzetzung aequivalent, also ebenso, wie wenn die Salze im Wasser gelöst gewesen wären. Wurden Chlor- Brom- oder Jodsalze oder die entsprechenden Wasserstoffsäuren, mit wenig Wasser gemischt, dem Strome ausgesetzt, so wurde am positiven Pol nur der Salzbilder, am negativen die aequivalente Wasserstoffmenge entwickelt. Wurde der Lösung Wasser oder noch besser verdünnte Schwefelsäure zugesetzt, so entwickelte sich auch Sauerstoff; die erhaltene Wasserstoffmenge war kleiner als die in einem mit verdünnter Säure gefülltem Voltameter entwickelte, wenn die Lösungen concentrirt waren, im entgegengesetzten Falle sogar grösser. Bei der Zersetzung der Electrolyte, welche aus gleichen Substanzen in verschiedenen Atomverhältnissen bestanden (Chloride des Antimons, Kupfers) fand **Matteucci** den Satz ausgesprochen: Wenn ein Strom drei Verbindungen durchläuft, welche bezüglich 1, 2 und 3 Atome auf 1 Atom des anderen Elements enthalten, so

1) Ann. de Chim. phys. N. S. LXXI. 90*; C. r. VIII. 840*; L'Inst. VII. 178*; Bibl. univ. XX. 159*; XXI. 153*; XXVI. 380*, Arch. de l'Él. I. 324*.

verhalten sich die chemischen Wirkungen in denselben, gemessen durch die Quantität der Verbindungen wie 1 : $\frac{1}{2}$: $\frac{1}{6}$. Die Resultate einer späteren Abhandlung fasste er in folgende Sätze zusammen: Die Producte der Zersetzung von Salzauflösungen sind directe Producte des Stroms, unabhängig von der chemischen Wirkung der Elemente des Wassers, wie man gewöhnlich annimmt. Wenn eine Salzauflösung zersetzt wird, so hat man für jedes Aequivalent Wasser, das im Voltameter zersetzt wird, ein Aequivalent Metall am negativen, und ein Aequivalent Säure plus einem Aequivalent Sauerstoff am positiven Pol. Das Metall ist bald metallisch, bald oxydirt, und im letzteren Falle entbindet sich ein Aequivalent Wasserstoff zu gleicher Zeit in Folge der chemischen Zersetzung des Wassers. Wenn in einer Salzlösung das Salz und Wasser gleichzeitig direct zerlegt werden (wie es bei den organischen Basen der Fall zu sein scheint), so ist die Summe der Producte aus dem Salz und Wasser aequivalent der Wasserzersetzung im Voltameter.

Wurde salpetersaures Silberoxyd in Wasser und Spiritus von 34° B. aufgelöst, so dass beide Flüssigkeiten gleiche Dichtigkeit hatten, so gaben sie, nebeneinander in den Strom geschaltet, in derselben Zeit gleiche Silberablagerungen, deren Summe der Wasserzersetzung im Voltameter aequivalent war. Von Salzen mit gleicher Basis und ungleicher Säure fand Matteucci, dass eine Mischung von 100 Theilen Wasser mit einem Atom salpetersaurem Silberoxyd dieselbe Zersetzung gab, wie wenn sie drei Atome schwefelsaures Silber enthielt. Ebenso entsprachen 10 At. essigsaures Blei einem At. salpetersauren Bleis, und 1 At. salpetersaures Silber 4 At. salpetersauren Bleis.

Die Zersetzung von Salzmischungen hat der ältere Becquerel[1]) einer Untersuchung unterworfen. Aus einer Mischung von salpetersaurem Silber- und Kupferoxyd, salpetersaurem Silber- und Bleioxyd und salpetersaurem Kupfer- und Bleioxyd, wobei die beiden Salze immer im Verhältniss ihrer Atomgewichte gemischt waren, wurde nur das negative von den jedesmal angewandten Metallen niedergeschlagen. Vermehrte er in der Mischung des Silber- und des Kupfersalzes die Menge des letzteren, so schlugen sich beide Metalle nieder, in aequivalenter Menge aber erst, als er 67 At.: Kupfersalz auf 1 Atom Silbersalz nahm. Becquerel betrachtet

---

1) C. r. X. 671; L'Inst. VIII. 157*; Ann. of El. VI. 411*.

daher diese Zahlen als die relativen Maasse der Verwandtschaft der bezüglichen Metalle zum Sauerstoff und der Salpetersäure.

L. Gmelin[1]) hat seine schon oben (S. 86) besprochenen Grundsätze der Electricitätsentwicklung auf die Electrolyse ausgedehnt und eine Reihe von Versuchen zu ihrer Bestätigung angestellt. Bei der Electrolyse des Wassers z. B. nimmt er an, das Wasser sei wenigstens für schwache Ströme ein Isolator. Es verbindet sich nun die positive Electricität mit dem ersten Sauerstoffatom des Wassers, die negative mit dem ersten Wasserstoffatom, und dadurch wird ein Uebereinanderschieben der beiden Atome zu Wege gebracht, das sich von Atom zu Atom fortsetzt. Amalgame können auf diese Weise nicht zersetzt werden, weil sie nicht nur die scheinbare, durch das Uebereinanderschieben hervorgebrachte Leitungsfähigkeit, sondern die wirkliche der Metalle besitzen. Durch Zusatz einer Säure zum Wasser scheint das Uebereinanderschieben der Atome erleichtert zu werden. Als die bedeutendsten Versuche mögen hier die folgenden erwähnt werden: In ein Uförmig gebogenes Rohr wurden die Electroden einer Säule geführt; der die positive Electrode enthaltene Schenkel sei mit *a*. der andere mit *c*, der horizontale Theil mit *b* bezeichnet. *a* und *b* enthielten concentrirte salpetersaure Kalklösung, *c* Wasser, das entweder durch feuchte Baumwolle von der Lösung getrennt, oder auch nur vorsichtig darauf gegossen war. Am negativen Draht setzte sich Kalkerde ab, das Wasser enthielt Kalkerde und bedeckte sich mit kohlensaurem Kalk; an der Gränze beider Flüssigkeiten bildeten sich lange Nadeln von Kalkerdehydrat. Bittersalz in *a* und *b*, Wasser in *c*: der negative Draht blieb blank, an der Gränze der Flüssigkeiten schied sich Magnesia aus (wie schon Faraday beobachtet hat). Salmiak in *a*, schwefelsaures Natron in *b* und *c*, durch Baumwolle vom Salmiak getrennt: in *a* fand sich Schwefelsäure vor, in *c* kein Ammoniak. Kochsalz in *a*, Chlorcalium in *b*, salpetersaures Ammoniak in *c*: in *a* findet sich keine Salpetersäure, aber Chlorsäure. Salmiak in *a*, Schwefelsäure in *b*, phosphorsaures Natron in *c*: in *a* ist keine Phosphorsäure, in *c* kein Ammoniak. Salpetersaure Kalkerde in *a*, salpetersaures Natron in *b*, Salmiak in *c*: in *a* entsteht durch salpetersaures Silber und in *c* durch Kleesäure kein Nieder-

1) Pogg. Ann. XLIV. 28[illegible].

schlag. Phosphorsaures Blei in *a* und *b*, in Salpetersäure getränkte Baumwolle in *c*, darüber Salpeterlösung: am positiven Draht scheidet sich Bleioxyd aus, am negativen kein Blei. Salpetersaure Kalkerde in *a* und *b*, Salmiak in *c*: in *a* findet sich kein Chlor, in *c* keine Kalkerde.

Sehr interessante Untersuchungen über die Electrolyse secundärer Verbindungen sind von Daniell [1]) angestellt. Er bezweckte dabei, das Verhältniss zwischen der Electrolyse eines Salzes und der gleichzeitig stattfindenden des Wassers aufzufinden. Die zu untersuchenden Substanzen werden in einen Zersetzungsapparat gegeben, der durch eine poröse Scheidewand in zwei Abtheilungen getheilt war, aus deren jeder das etwa entwickelte Gas durch ein Rohr abgeleitet werden konnte. Zuerst wurde eine Lösung von schwefelsaurem Natron dem Strome unterworfen. Nach Beendigung des Versuchs, während dessen die Flüssigkeit in der Platinodezelle beträchtlich stieg, war in dieser freies Alkali in der anderen, Zelle freie Säure vorhanden, deren Menge durch Sättigung bestimmt und der entwickelten Gasmenge aequivalent gefunden wurde. Wurde darauf bei Wiederholung des Versuchs ein Voltameter mit in den Strom geschaltet, so entwickelte sich in diesem nahezu dieselbe Gasmenge, wie im ersten Apparat. Derselbe Strom also zersetzte einmal ein Aequivalent Wasser, und einmal ein Aequivalent Wasser plus einem Aequivalent Salz; ausserdem zeigte sich die grössere Flüssigkeitsmenge im Zersetzungsapparat auf 130° *F.*, die kleinere im Voltameter nur auf 67° *F.* erwärmt. Schwefelsaures Kali, salpetersaures Kali und phosphorsaures Natron wurden ebenso in aequivalenten Verhältnissen zersetzt.

Um die mechanische Mischung der Flüssigkeiten an der Scheidewand zu umgehen, construirte Daniell einen Apparat mit doppelten Scheidewänden. Er besteht aus einer U förmigen Glasröhre, die auf einem Brette befestigt ist. Sie wird mit Flüssigkeit gefüllt und ihre nach oben gerichteten Enden werden mit Blase verbunden. Darauf wird auf jedes Ende ein aufgeschliffener Glascylinder vertical aufgesetzt, welcher eine Electrode enthält, ebenfalls mit Flüssigkeit gefüllt und durch ein eingeschliffenes Gasleitungsrohr geschlossen. Mit diesem Apparat werden die früheren Versuche bestätigt.

---

1) Phil. Trans. 1839; 97. 209*; Bibl. univ. XXIV. 386*; Arch. de l'El. I. 594*; Pogg. Ann. I. Erg. 565. 580*.

Bei der Electrolyse von verdünnter Schwefelsäure fand sich ebenfalls eine Ueberführung der Substanzen, und zwar gingen während der Zersetzung eines Aequivalents Wasser $\frac{1}{4}$ Aeq. Schwefelsäure zur Zinkodezelle, und $\frac{1}{4}$ Aeq. Wasser zur Platinodezelle. Dasselbe geschah auch in einer activen Zelle, in welcher die Zinkode durch amalgamirtes Zink ersetzt war. Als Daniell hintereinander in demselben Strome eine Glasröhre mit geschmelztem Chlorblei und die Doppelzelle mit schwefelsaurer Natronlösung einschaltete, wurde wiederum einerseits ein Aeq. Chlorblei, andererseits ein Aeq. Wasser + einem Aeq. Salz zersetzt, so dass man also nicht die Meinuug aufstellen kann, in den früheren Versuchen habe das Wasser des Voltameters den Theil des Stroms geleitet, der in der Doppelzelle Wasser zersetzt, und die Säure des Voltameters den Theil, welcher das Salz zersetzt.

Zur Erklärung dieser eigenthümlichen Electrolyse secundärer Verbindungen giebt Daniell eine neue Hypothese für die Zusammensetzung der Salze. Danach besteht ein Salz aus einem Metall und einer Verbindung aus dem Radical der Säure mit dem gesammten Sauerstoff des Salzes z. B. $\dot{Na}\dddot{S} = Na\overset{....}{S}$, $\dot{K}\overset{.....}{N} = K\overset{......}{N}$ u. s. w. Auf diese Ansicht gestützt, unterwarf er Kupfervitriol, der sich in der Zinkodezelle befand, während die Platinodezelle verdünnte Schwefelsäure enthielt, der Electrolyse, während zugleich ein Voltameter in den Strom geschaltet war. Die Jonen waren in aequivalenten Mengen abgeschieden; ebenso wenn das Platin in der Zinkodezelle durch Zink ersetzt wurde; auch im letzteren Fall wurde Schwefelsäure übergeführt, was Daniell daraus erklärt, dass die übergeführte Verbindung $\overset{....}{S}$ mit dem ihr begegnenden Wasserstoff Schwefelsäure und Wasser bildete. Salmiak erwies sich als ein Electrolyt, dessen Anion Chlor und dessen Kathion NH_4 ist; bei diesem Versuch bestand die Zinkode aus Zinn. Wurde dieselbe aus Platin genommen und schwefelsaures Ammoniak angewandt, so entwickelte sich Sauerstoff, Wasserstoff, freies Ammoniak und freie Schwefelsäure, wonach auch dies Salz $= NH_4\overset{....}{S}$ wäre. Nur die Electrolyse der verdünnten Schwefelsäure ist nach dieser Hypothese schwer zu erklären, da man nicht einsieht, warum sie nicht in H und $\overset{....}{S}$, sondern in H, O und $\frac{1}{4}$ $\dddot{S}$ zerlegt wird.

In seiner zweiten Abhandlung verfolgt Daniell seine Hypothese weiter und belegt sie durch neue Versuche. Eine Glasröhre wurde unten durch eine Blase geschlossen, mit Kalilösung gefüllt und in Kupfervitriollösung getaucht; die Platinode stand im Kali, beide Electroden bestanden aus Platin. An der Platinode wurde Wasserstoff, an der Zinkode Sauerstoff entwickelt, an der Blase schlug sich Kupfer, gemischt mit Kupferoxyd, nieder, dessen Menge bei einem schwachen Strom vorherrschte. Dies wird so erklärt: Der Vitriol zerfällt in *Cu*, und in $\overset{\cdots\cdot}{S}$, welches sich zersetzt und frei wird. Das Kupfer wird von der Blase aufgehalten, giebt dem Wasserstoff seine Ladung ab und verbindet sich mit dem begegnenden Sauerstoff. Entsprechende Versuche wurden mit salpetersaurem Silberoxyd, salpetersaurem Bleioxyd, schwefelsaurem Eisenoxydul, schwefelsaurem Palladiumoxyd, salpetersaurem Quecksilberoxydul angestellt. Für die hypothetischen Sauerstoffverbindungen schlägt Daniell Namen mit dem Anfang *Oxy* und der Endung *ion* vor, z. B. $\overset{\cdots\cdot}{S}$ = Oxysulphion, $\overset{\vdots\vdots\vdots}{\not{N}}$ = Oxynitrion etc.

Die früheren Versuche über die Fortführung der Säure aus gesäuertem Wasser wurden mit gleichem Resultat auch auf Phosphorsäure ausgedehnt. Aus Aetzkalilauge oder Barytwasser ging $\frac{1}{5}$ .Aeq. Alkali in die Platinodezelle über, aus Strontianwasser $\frac{1}{3}$. Für saure Salze ergab sich ein ganz anderes Gesetz der Electrolyse; aus saurem schwefelsaurem Kali wurde nur $\frac{1}{5}$ Aeq. des Salzes zersetzt für ein ganzes Aeq. Wasser, dabei wurde $\frac{1}{2}$ Aeq. Säure fortgeführt. Diese Erscheinung glaubt Daniell dadurch zu erklären, dass der Strom zum grösseren Theil durch das saure Wasser, zum kleineren durch das neutrale Salz gehe, entsprechend dem gewöhnlichen Gesetz der Stromerzeugung. Endlich wurden noch Zersetzungen von kohlensauren Alkalien, oxalsaurem Ammoniak (das an der Zinkode nur Kohlensäure gab) weinschwefelsaurem Kali angestellt, welche ganz den früheren entsprechend ausfielen.

Hare [1]) hat gegen die Daniell'sche Ansicht von der Electrolyse secundärer Verbindungen eine Reihe von Einwürfen erhoben. Er hält die gleichzeitige Electrolyse des Wassers für eine nothwendige Folge der Zersetzung des Salzes. Durch diese erhält die Verwandtschaftskraft der Wasserelemente einen Anstoss, welcher das erste Wasserstoffatom bewegt, sich mit dem nächsten Sauer-

---

1) Phil. Mag. XXII. 461*.

stoffatom zu verbinden, so dass sich zuletzt die Gase so entwickeln, wie es nach der von Grotthuss aufgestellten Ansicht geschehen muss. Daniell [1]) widerlegt diese Einwürfe durch seine früheren Versuche; es kann z. B. aus einer Natronlösung nie Natrium und Sauerstoff allein als wandernd auftreten, sondern der Sauerstoff ist von Wasser oder der Säure begleitet, an welche das Natron gebunden war; demnach ist die Annahme, welche Hare macht, als finde der Angriff in einer Natronsalzlösung zuerst auf das Natron statt, unzulässig. Hare [2]) hat dagegen gerade die Daniell'schen Versuche für seine Ansicht günstig erklärt. Für jedes Atom Natrium, welches abgeschieden wird, werde nämlich ein Atom Wasserstoff frei, und für jedes wiedergebildete Atom Natron ein Atom Sauerstoff. Pouillet [3]) hat die Erscheinung der bald stattfindenden, bald unterbleibenden Ueberführung sehr verkehrt aufgefasst. Er fand aus einer Goldlösung in der Gegend der Nathode fast alles Gold ausgeschieden, während sie an der Anode noch die frühere Goldmenge enthielt, und schloss daraus, die ganze zersetzende Wirkung liege im negativen Pol. Poggendorff [4]) hat bemerklich gemacht, wie wenig diese Ansicht mit allen bekannten Thatsachen übereinstimmt. Fast gleichzeitig mit Daniell's Arbeiten sind Versuche von Connell [5]) über die Electrolyse wässriger und alkoholischer Lösungen veröffentlicht. Schon früher hatte derselbe [6]) gezeigt, dass man durch Zersetzung von Alkohol Wasserstoff erhalte und dies für den ersten direkten Beweis gehalten, dass im Alkohol Wasser als solches enthalten sei. Ein Zusatz von Kali vermehrte die Zersetzung bedeutend. In der erst genannten Arbeit sucht Connell zu zeigen, dass in secundären Verbindungen nur das Wasser direkt zersetzt werde, während die weiteren Processe secundär seien. Es werden ein Gefäss mit Wasser, ein anderes mit Stärkmehllösung, der Bromjod zugesetzt war, gefüllt, beide wurden mit einander durch Asbestfäden und durch Platinplatten mit den Polen einer starken Säule

1) Phil. Mag. XXII. 464*.
2) ib. XXIII. 202*.
3) C. r. XX. 1544*; Arch. de l'Él. V. 168*; L'Inst. 596. 189.
4) Pogg. Ann. LXV. 474*.
5) Phil. Mag. XVIII. 241. 353*; Arch. de l'Él. I. 401*; Pogg. Ann. I. Erg. 590*.
6) Brit. Assoss. 1840. 81*; Phil. Mag. XVIII. 47*; Ann. of El. V. 308.

verbunden. Stand der negative Pol in der Bromjodlösung, so schied sich Jod ab; stand aber der positive Pol darin, so fand an beiden Seiten Gasentwickelung, aber nirgends Jodausscheidung statt. Wurde die Bromjodlösung durch verdünnte Jodwasserstoffsäure zersetzt, und stand in dieser der negative Pol, so entwickelten sich nur Wasserstoff und Sauerstoff; erst nach 10 Minuten trat eine schwach gelbe Farbe ein; bei Umkehrung der Pole wurde sogleich Jod ausgeschieden. Analog verhielt sich Chlorwasserstoffsäure und mit Jodwasserstoffgas gesättigter Alcohol. Brachte Connell eine Metallsalzlösung in das eine Gefäss, und verband sie mit dem Wasser im anderen, so fand wiederum ein Metallniederschlag nur statt, wenn der negative Pol in der Lösung stand. Von den Haloidsalzen glaubte er zeigen zu können, dass sie als wasserstoffsaure Salze in Alcohol gelöst würden, denn verband er durch Asbestfäden ein Gefäss mit einer alcoholischen Haloidsalzlösung mit zweien Gefässen mit Wasser, welche die Polplatten enthielten, so fand er nachher in dem einen das Alkali, im anderen die Säure.

Bei Gelegenheit des Auszuges, den Poggendorff von der vorstehenden Arbeit mittheilte, hat derselbe [1]) gezeigt, wie wenig haltbar Connell's Beweisgründe für dessen Ansicht seien. In einer späteren Abhandlung hat Connell [2]) einige Versuche von Daniell einer Kritik unterworfen und sie aus seiner Ansicht zu erklären gesucht. Auch Smee [3]) hat sich der älteren Ansicht angeschlossen, nach welcher die Reduction der Metalle eine secundäre Wirkung wäre. Als Beweis dafür führt er an, dass ein Stück Kohle, welches als Kathode fungirt und sich dadurch mit Wasserstoff bekleidet hat, beim Eintauchen in eine Gold-, Silber- oder Kupferlösung das Metall daraus reducirt.

Versuche über die Electrolyse von Alcohol und Aether hat schon früher Schönbein [4]) angestellt, der aber noch eine andere Wirkung gleichzeitig anbrachte, indem er Platinschwamm als Electrode einführte. Dem Alcohol wurde, um ihn leitender zu machen, etwas Phosphorsäure beigegeben. Wurde Platinschwamm als posi-

1) A. a. O.

2) Phil. Mag. XXIV. 161*; Arch. de l'Él. IV. 265*.

3) Phil. Mag. XXVI. 434*; Arch. de l'Él. IV. 643*; Pogg. Ann. LXV. 470*.

4) Pogg. Ann. XLVII. 563*.

tive Electrode angewandt, so entwickelte sich gar kein Sauerstoff, wohl aber, wenn compactes Platin die Electrode bildete. Im ersteren Falle zeigte sich ein Geruch nach Acetal. Eine Mischung von gleichen Theilen Alcohol und Salpetersäure gab bei Anwendung von Platinschwammelectroden weder Sauerstoff noch Wasserstoff. In einer weingeistigen Lösung von Kalihydrat konnte die Sauerstoffentwickelung nicht unterdrückt werden. In Aether, der bis zur Sättigung mit Salpetersäure geschüttelt ist, entbindet sich weder an einer Electrode von compactem Platin, noch von Schwamm Sauerstoff; die Wasserstoffentwickelung unterbleibt nur an Schwamm.

E. Becquerel [1]) hat sehr ausgedehnte Abhandlungen über die Electrolyse der Körper bekannt gemacht; die Untersuchungen von Daniell scheinen ihm dabei (nach vier Jahren) noch nicht bekannt gewesen zu sein. Er versucht, zu zeigen, dass das electrolytische Gesetz in der Einfachheit, wie es Faraday hingestellt hat, nur eine beschräukte Anwendung finde, und hat seine Experimente auf die Metallchlorüre, die Oxyde, Wasserstoffsuperoxyd und die essigsauren und salpetrichtsauren Bleisalze ausgedehnt. Seine Er-Ergebnisse fasst er im Folgenden zusammen: Wenn eine binäre oder ternäre Verbindung der zersetzenden Wirkung der Electricität ausgesetzt wird, so geht für jedes Aequivalent Electricität ein Aequivalent des electronegativen Ions zum positiven Pol; und die entsprechende Quantität des positiven Ions zum negativen Pol. Aequivalent der Electricität ist die zur Zersetzung eines Aequivalents Wasser erforderliche Electricitätsmenge. Dieses Gesetz gilt nur für directe Zersetzung. Manche Salze werden nur durch die reducirende Wirkung des Wasserstoffes zersetzt und es scheidet sich ein Aequivalent Metall ab. (Essigsaures Bleioxyd.) Wenn zu einer Zersetzung ein Aequivalent Electricität erforderlich ist, so kann man annehmen, dass, wenn die beiden Elemente, welche die Verbindung bilden, getrennt waren, und sich verbanden, ein Aequivalent frei wird. Hieraus und aus dem vorher ausgesprochenen Satze werden die folgenden Schlüsse hergeleitet: Wenn ein Aequivalent eines einfachen oder zusammengesetzten Körpers sich mit einem oder mehreren Aequivalenten eines anderen verbindet, so wird, wenn der erstere Körper die Rolle der Säure spielt, jedesmal ein Aequivalent

1) Ann. de chim. phys. III. Sér. XI. 162. 257*; Arch. de l'Él. IV. 156. 224*; Phil. Mag. XXV. 73*; L'Inst. XII. 81; C. r. 4. Mars. 44.

Electricität frei. Wenn ein Aequivalent eines Körpers, wie Sauerstoff, sich schon mit einem anderen, welcher die Rolle der Base spielt, verbunden hat und die Verbindung vereinigt sich wieder mit einem Aequivalent des ersten Körpers, (z. B. mit Sauerstoff, um ein Oxydsalz zu bilden) so entbindet sich, ausser dieser zweiten Wirkung, noch ein Aequivalent Electricität. Die entbundene Electricitätsmenge hängt also nur von dem Körper ab, welcher die Rolle der Säure in der Verbindung spielt.

Noch einige Auseinandersetzungen über denselben Gegenstand hat Becquerel [1]) in Folge eines Briefes von Matteucci [2]) gemacht, welcher die obige Abhandlung betrifft.

Daniell [3]) hat seine Untersuchungen über die Electrolyse secundärer Verbindungen im Verein mit Miller noch einmal aufgenommen.

Dieselben führten die Verfasser zur Eintheilung der Electrolyten in folgende Gruppen an: Ein Electrolyt kann aus einfachen Ionen bestehen, dann muss es ein einfaches Aequivalent von Metall (oder Wasserstoff) zum Kathion, und ein einfaches Aequivalent eines nichtmetallischen Elementes zum Anion haben. (z. B. Ḣ, KJ, AgCl) 2) Das Kathion ist zusammengesetzt, so dass ein Aequivalent desselben ein Aequivalent Metall vertritt; das Anion ist einfach nicht metallisch (organische Basen), NH^4 Cl. Diese und die folgenden Gruppen werden complexe Electrolyte genannt. 3) Das Anion ist zusammengesetzt, das Kathion einfach, Metall oder Wasserstoff. (H. NC, K. SO^4, Na. NO_6) 4) Sowohl Anion als Kathion sind zusammengesetzt (NH^4. SO^4.). Von allen diesen Verbindungen wird ein einzelnes Aequivalent durch ein Kraftaequivalent zersetzt; Daniell und Miller nennen sie deshalb monobasische Electrolyte. Ein Electrolyt kann aber 5) aus zwei oder mehren Aequivalenten eines metallischen Kathions (oder Wasserstoff) oder aus einzelnen Aequivalenten von zwei oder mehren Kathionen bestehen, wo dann das Anion aus einem einzelnen Aequivalent eines zusammengesetzten Jons bestehen muss. (K^2Fe Cy^3). Bei Oxydsalzen enthält der zusammengesetzte Jon die wasserfreie Säure, verbunden mit so vielen Aequi-

1) Ann. de chim. phys. III. Sér. XIII. 216*; Arch. de l'Él. IV. 653*.

2) Ann. de chim. phys. III. Sér. XII. 122*.

3) Phil. Trans. 1844 1*; Phil. Mag. XXV. 175. 246*; Arch. de l'Él. IV. 259*; L'Inst. XII. 246*; Pogg. Ann. LXIV. 18*.

valenten Sauerstoff, als von metallischen Kathionen (oder Wasserstoff) vorhanden sind (Na, PO_5 O_3). Solche Verbindungen erhalten den Namen polybasische, weil zur Electrolyse eines Elementes so viel Kraftaequivalente gebraucht werden, als Aequivalente vom Metall oder Wasserstoff vorhanden sind. Die vorzüglichsten Versuche, welche diesen Schlüssen zu Grunde liegen, sind angestellt mit phosphorsauren Salzen, (wobei sich das Wasser ganz so, wie es Graham angenommen hat, als Base in das Salz eintretend zeigte), mit arsenik- und arsenichtsauren-, schwefel-, schweflicht- und unterschweflichtsauren Salzen mit Cyaneisensalzen, und aus alkalischen Doppelsalzen (Alaun u. s. w.)

Napier [1]) beobachtete, dass wenn ein Strom in einer Cyankaliumlösung zwischen Silberelectroden geschlossen wurde, die von der positiven Electrode aufgelöste Silbermenge mehr als ein Aequivalent zu der an der negativen entwickelten Wasserstoffmenge betrug. Ebenso verhielt es sich, wenn in einem Apparat mit poröser Scheidewand die negative Electrode aus Kupfer bestand und von Kupfervitriol umgeben war. Hier wurden fast zwei Aequivalente Silber auf ein niedergeschlagenes Kupferaequivalent gelöst. Napier [2]) untersuchte auch den Grund, wegen dessen sich das Silber aus einer Cyankaliumlösung besser niederschlägt, wenn dies letztere Salz im Ueberschuss vorhanden ist. Nur starke Ströme vermochten das Cyankalium zu zersetzen, es wirkte aber dadurch fördernd, dass es einen grauen Niedersch'ag, der sich bei seiner Abwesenheit auf der negativen Electrode bildete (Cyansilber) aufgelöst hielt. Als eine Bestätigung für die Richtigkeit der Grotthuss'schen Hypothese der Electrolyse führt Napier einen Versuch an: Ein Zellenapparat enthielt an der negativen Platte Cyansilber, an der positiven Chlorkalium; nach der Zersetzung fand sich in der letzteren Zelle Cyankalium vor, an der positiven Electrode schied sich Chlorsilber ab.

Aus Bleioxydlösungen, sowohl alkalischen, als Salzlösungen, schlug Becquerel [3]) am negativen Pole einer Säule Bleikupferoxyd nieder, welches die Electrode gleichmässig überzog. Der Nie-

---

1) Phil. Mag. XXVI. 211*; Pogg. Ann. LXV. 480*.

2) ib. XXV 379*.

3) C. r. 3. Juill. 1843. Mars 44; Ann. de chim. phys. N. S. LXXII. 199*. 3me Sér. VIII. 402*; Arch. de l'Él. III. 345. IV. 74. 252*; Dingl. pol. J. LXXXIX. 422*; XCII. 184*.

derschlag war bald brauner, bald gelber gefärbt, je nach der Stärke des Stromes; den gelben Niederschlag hielt er nach einer oberflächlichen Analyse für Bleisuperoxydhydrat; nach meinen [1]) Versuchen ist es ein Gemisch aus Oxydhydrat und Superoxyd. Becquerel begründete auf diese Zersetzung ein Verfahren, Metallflächen zu färben. Besonders wandte er zu diesem Zweck sehr dünne Schichten an, wodurch die Gegenstände mit brillanten Interferenzfarben erschienen. Zur Hervorbringung von Farbenringen wurde als positive Electrode eine feine Platinspitze, zur Erzeugung einfarbiger Flächen ein Platindrathbündel angewandt, das über die zu färbenden Kathode herumgeführt wurde. Die Farben der Ringe verglich er mit der von Newton angegebenen Reihe, und fand sie derselben entsprechend, aber umgekehrt, da am Mittelpunkt die Dicke der Schicht ein Maximum ist. Ebenso wurden Ringe dargestellt aus schwefelsaurem Kupferoxyd, Zinkoxyd und Manganoxydul, aus essigsaurem Bleioxyd, Kupferoxyd und Kali, und aus Mohrrübensaft, Runkelrübensaft und Rettigsaft. Die aus Bleilösungen gebildeten Ringe waren, ihrer chemischen Beschaffenheit nach, schon von Mehren, besonders von Faraday [2]) und Warington [3]) als Bleisuperoxyd erkannt, nachdem sie Nobili durch Abscheidungen von Essigsäure und Sauerstoff erklärt hatte. Schönbein [4]) und Poggendorff [5]) haben auch auf diese Superoxydbildung beim Eisen Rücksicht genommen, das sich auch hier wie ein edles Metall verhält. Einfarbige Ueberzüge erhielt Böttger [6]) sehr schön aus Manganoxydulsalzen; aus essigsaurem, bernsteinsaurem oder hippursaurem Manganoxydul bekam er niemals Farbenringe, sondern immer einfarbige Flächen, selbst wenn die Kathode durch einen Platindrath gebildet wurde. Besser nahm man abnr statt derselben eine horizontale Platinplatte von der Grösse eines Pfennigs. Das besondere Verhalten dieser Salze beruht offenbar auf ihrer geringen Leitungsfähigkeit; Die Abstandsunterschiede der einzelnen Punkte der Anode von der Kathode bringen Widerstandsunterschiede hervor, welche gegen den Gesammtwiderstand verschwinden.

---

1) Pogg. Ann. LXI. 209*; Arch. de l'Él. IV. 27*.
2) Phil. Mag. XVI. 52*.
3) ib. X. 175*.
4) Pogg. Ann. XL. 621*.
5) ib. LIX. 257*.
6) ib. L. 45*.

Eine theoretische Bestimmung der Farbenringe hat E. Becquerel 1) versucht. Seine Betrachtung ist folgende: Ist der senkrechte Abstand der Kathodenspitze (als Kathode wurde ein nach Wollastons Angabe fein ausgezogener, in eine Glasröhre geschmelzter Draht gebraucht) $= m$, der Radius irgend eines Ringes $= x$, so dass der Abstand eines Punktes desselben von der Spitze $= \sqrt{m^2+x^2}$ ist, und nimmt man an, dass sich die Stromintensitäten umgekehrt wie die Widerstände, diese aber wie die Längen der Leiter verhalten, so ist die Gleichung der Curve, welche den oberen Rand der Bleisuperoxydschicht bildet:

$$y = \frac{A}{\sqrt{m^2+x^2}}$$

wo A eine von der Kette abhängige Constante ist. Wird die Spitze sehr nahe an die Platte gebracht, so kann m^2 gegen x^2 vernachlässigt werden, und man hat

$$y = \frac{A}{x}$$

d. h., die Dicken der Oxydschichten sind den Radien der Ringe umgekehrt proportional. Die von E. Becquerel an solchen auf Neusilber dargestellten Ringen vorgenommunen Messungen bestätigen das obige Gesetz vollkommen.

Dieser Darstellung zuwider hat E. du Bois-Reymond 2) darauf aufmerksam gemacht, dass der Strom von der Spitze zur Platte sich nicht in geraden Linien verbreiten wird, weil dann die isoelectrischen Flächen Kugelschaalen sein müssten. Wäre dies der Fall so müsste die letzte dieser Flächen die Platte im Centrum berühren; da diese aber wegen ihrer unendlich grossen Leitungsfähigkeit selbst als erste isoelectrische Fläche ihrerseits zu betrachten ist, so könnte zwischen diesen beiden sich berührenden Flächen kein Strom stattfinden, da beide in allen Punkten dieselbe Spannung haben. Einen klareren Begriff von der Gestalt der Strömungscurven giebt du Bois-Reymond im Folgenden. Die Kathode mag halbkugelförmig in die Flüssigkeit ragen, so werden die Strömungscurven nach irgend welchen Theilen der Platte fast geradelinig hinlaufen, dann ziemlich rasch umbiegen, um senkrecht in die Platte einlaufen zu können.

---

1) Ann. de chim. phys. 3me S. XIII. 342*. Dingl. p. J. XCVI. 124.
2) Pogg. Ann. LXXI. 71*; Phil. Mag. XXXIII. 7*.

Der Widerstand einer Schicht also, welche den Strom von der Kathode zu einem Ringe führt, wird durch den Raum zwischen den beiden vom Mittelpunkt der Kugel nach den Peripherien des Ringes führenden Kegelmänteln bestimmt werden, während der untere, zwischen den gekrümmten Theilen der Curve liegende Theil der Flüssigkeit, als ein weit kürzerer und breiterer zu vernachlässigen sein wird. Sind die sehr stumpfen Winkel an der Spitze der beiden Kegel um einen Winkel 2φ von einander unterschieden, ist ξ die Entfernung eines Punktes der Kegelmäntel vom Mittelpunkt der Spitze, ist γ der Winkel an der Grundlinie, und ω der umgekehrte Werth des Wiederstandes für die Längen- und Querschnittseinheit, so hat man:

$$dw = \frac{1}{2\pi.\omega.\cos.\gamma.\mathrm{tng}\varphi} \frac{d\xi}{\xi^2}$$

was zu integriren ist zwischen $\xi = \Xi$ (der gesammte Länge des Leitstrahls) und $\xi = \varrho$ (dem Halbmesser der Kathode); also

$$w = \frac{1}{2\pi\omega\varrho} \cdot \frac{\Xi - \varrho}{\Xi \cos\gamma . \mathrm{tng}\,\varphi}.$$

Stellt k den Spannnungsunterschied der Electroden vor, so wird die partielle Stromstärke:

$$dJ = 2\pi k \omega \varrho . \frac{\Xi \cos\gamma . \mathrm{tng}\,\varphi}{\Xi - \varrho}.$$

Es ist aber

$$\Xi = \sqrt{x^2+m^2}, \cos\gamma = \frac{x}{\sqrt{x^2+m^2}},$$

$$\Xi\,\mathrm{tng}\,\varphi = dx \sin\gamma, \sin\gamma = \frac{m}{\sqrt{x^2+m^2}}$$

daher die partielle Stromstärke

$$dJ = 2\pi\omega\varrho k m . \frac{x.dx}{(x^2+m^2)(\sqrt{x^2+m^2}-\varrho)}.$$

Multiplicirt man diesen Ausdruck mit α, einer vom Atomgewicht der niedergeschlagenen Substanz abhängigen Constanten, und dividirt durch die Oberfläche des fraglichen Ringes $2\pi.x.dx$, so hat mann die Dicke desselben

$$y = \omega.\varrho.k.m.\alpha \frac{1}{(x^2+m^2)(\sqrt{x^2+m^2}-\varrho)}$$

mit Vernachlässigung von ϱ gegen Ξ ist

$$y = \omega.\varrho.k.m.\alpha \frac{1}{(x^2+m^2)^{\frac{3}{2}}} \text{ und}$$

mit Vernachlässigung von m^2 gegen x^2

$$y = \omega.\varrho.k.m.\alpha.\frac{1}{x^3} = \frac{A}{x^3}$$

d. h. Die Dicken der Ringe sind den Cuben ihrer Radien umgekehrt proportional.

Zur Bestätigung dieses Gesetzes habe ich [1]) nach dem von Becquerel angewandten Verfahren Farbenringe auf verschiedenen Platten, besonders auf Neusilber und vergoldeten Silberplatten, dargestellt. Zuerst wurden die verschiedenen Farben desselben Ringsystems gemessen, indem die Platte der Beleuchtung des Spectrums an den Linien *B*, *D*, *E* und *F* ausgesetzt wurde. Berechnete ich, mit Zugrundelegung der von Schwerd gegebenen Länge der Welle bei *B* (688 Milliontheile eines Millimeters) die Längen der übrigen Wellen; wobei ich sowohl das Gesetz der ersten, als der dritten Potenzen gelten liess, so erhielt ich:

	n. Schwerd	n. den dritten Potenzen	n. der ersten Potenz
B	688	688	688
D	589	590	655
E	526	523	629
F	486	485	613,

welche Zahlen entschieden für das Gesetz der dritten Potenzen sprechen.

Nachdem ich mich darauf durch Messung des Polarisationswinkels am Bleisuperoxyd davon überzeugt hatte, dass dessen Brechungsfähigkeit in der That zwischen der des Goldes und der Luft steht (wie Becquerel annimmt) beleuchtete ich die Platten mit der Flamme einer, mit Kochsalz behandelten Weingeistlampe und berechnete die Werthe yx^3, wobei y nach der Reihe für die dunklen Ringe die ungraden, für die hellen die geraden Zahlen bezeichnete.

Auch diese Zahlen kamen nahezu einer Constanten gleich, indess sind die Abweichungen hierbei grösser, als bei der Benutzung eines und desselben Ringsystems, weil bei grösseren Entfernungen die Ladungsunterschiede bedeutender werden.

Die Fehler sind jedoch nur bei dem äussersten oder den beiden äussersten Ringen im Vorzeichen constant. Als Beispiel die folgende Beobachtungsreihe:

Ringe	x	n	x^3n	xn
1 dunkle	17,4	1	5268,02	17,4
2 -	14,4	3	8949,30	43,2
3 -	12,5	5	9665,60	62,5

1) Pogg. Ann. LXXI. 79*; Phil. Mag. XXXIII. 15*.

Ringe	x	n	x^2n	xn
4 dunkle	11,2	7	9841,51	78,4
5 -	10,3	9	9834,57	92,7
6 -	9,65	11	9884,93	106,15
7 -	9,1	13	9796,41	118,3
8 -	8,65	15	9708,15	129,75
1 helle	15,4	2	7304,52	30,8
2 -	13,4	4	9624,40	53,6
3 -	11,7	6	9730,86	70,2
4 -	10.7	8	9800,32	85,6
5 -	9,9	10	9702,99	99,0
6 -	9,35	12	9808,80	112,2
7 -	8,85	14	9704,15	123,9.

Nach Becquerel müssten die Zahlen der Spalte xn einer Constanten gleich sein. —

Die Anwendung der Electrolyse in der Chemie bezieht sich theils auf die Darstellung einzelner Substanzen, z. B. der Eisensäure, durch Zersetzung von Kalilauge zwischen Gusseisenelectroden, nach Poggendorff [1]); von wasserfreiem Kupferchlorür, durch Zersetzung einer Mischung aus gleichen Theilen Kupfervitriol und Kupferchloridlösung zwischen Kupferelectroden, nach Jonas [2]); von Stickstoffmetallverbindungen, durch Zersetzen von Salmiaklösung mit einer Anode aus positivem Metall (Zink, Cadmium, Kupfer), nach Grove [3]); von Knallgas zur Benutzung im Hydrooxygengasgebläse nach Jacobi [4]), Fry [5]) u. A., theils zur qualitativen und quantitativen Analyse. Von der letzten Anwendung ist besonders der von Becquerel [6]) vorgeschlagene Process zu erwähnen, durch welchen Gold aus Lösungen abgeschieden wird: ein Trichter wird unten mit angefeuchtetem Thon verstopft, mit der Lösung gefüllt und in ein Gefäss mit Salzwasser gesetzt, in welches eine Zinkplatte taucht An diese wird ein, in eine Glasröhre geschmelzter Platindraht befestigt, dessen anderes Ende in die Goldlösung taucht; an dieses setzt sich das Gold ab. Aus kupferhaltigen Lösungen scheidet Bec-

1) Pogg. Ann. LIV. 371*; Ann. of El. IX. 143*.
2) Pogg. Ann. LVIII. 210*.
3) ib. LIII. 362*; Phil. Mag. XVIII. 548.
4) Phil. Mag. XV. 161*.
5) Mech. Mag. XVII. 11*.
6) C. r. XIV. 121*; Arch. de l'Él. II. 152*; Dingl. pol. J. LXXXIV. 17*.

querel das Gold ab, indem er dieselben möglichst neutralisirt, in eine poröse Zelle giebt, welche von Kupferchloridlösung von ungefähr derselben Concentration umgeben ist. In diese taucht eine Kupferplatte, in die Goldlösung eine Platinplatte, welche beide mit einander verbunden sind. Nur das Goldchlorid wird zersetzt, nicht das Kupferchlorid. Powell [1]) prüfte Lösungen auf Arsenik, indem er Kali hinzusetzte und einen Strom durch dieselben leitete. Das Arsenik, wenn es vorhanden ist, scheidet aus. Oechsle [2]) schlug den Strom zum Reduciren des Silbers aus Chlorsilber, Byers [3]) und Robertson [4]) zum Probiren der Kupfererze vor.

Durch langsame galvanische Zersetzung ist man im Stande, manche Substanzen in derselben Krystallform zu erhalten, in welcher sie natürlich vorkommen. So erhielten Goldnig Bird [5]) und Fox [6]) schöne Krystalle von metallischem Kupfer: Ein Gefäss wurde durch eine Schicht von feuchtem Thon in zwei Zellen getheilt, die eine mit Kupfervitriol, die andere mit schwach gesäuertem Wasser gefüllt, und in die erstere Lösung ein Stück Kupferkies, in die letztere Zink getaucht, welche beide mit einander verbunden wurden, Der Kupferkies bedeckte sich mit einer grauen Schwefelkupferschicht und Kupferkrystallen.

Becquerel [7]) füllte *U*förmig gebogene Röhren im Grunde mit feuchtem Thon, im einen Schenkel mit Schwefelkaliumlösung, im anderen mit salpetersaurem Kupfervitriol, tauchte in die erstere Lösung eine Silberplatte, in die letztere eine Kupferplatte und verband mehre solche Röhren zur Säule. Es bildeten sich Krystalle von Schwefelsilber und metallischem Kupfer. Fox [8]) stellte Krystalle von kohlensaurem Zinkoxyd dar, indem er aus fein pulvrisirtem Thonschiefer mit Salzwasser eine Platte knetete, diese auf eine horizontale Zinkplatte legte, sie mit einer Kupferplatte bedeckte und mit Salzwasser übergossen stehen liess. In einer Kette aus Schwefelkupfer

1) Mech. Mag. XXXVI. 517*.
2) Dingl. pol. J. LXXXVI. 62*.
3) Mech. Mag. XXXIV. 65*; Dingl. pol. J. LXXX. 275*.
4) Mech. Mag. XXXIV. 69*; Phil. Mag. XXII. 232.
5) Phil. Trans. 1837. 37*; Mech. Mag. XXVII. 254*; Ann. of El. III. 327*; L'Inst. V. 203*; Bibl. univ. XVII. 181*.
6) Mech. Mag. XXXI. 446*.
7) C. r. VIII. 783*; L'Inst. V. 175*; Ann. of El. V. 249*.
8) Brit. Ass. 1838. 90*; Ann. of El. III. 329*.

und Zink, umgeben von gesäuertem Wasser und Zinkvitriol, fand er [1]) den Thon, welcher beide Flüssigkeiten trennte, nach drei bis vier Monaten schiefrig geschichtet.

Die grossartigen Anwendungen, welche die Electrolyse zur Abscheidung der Metalle aus ihren Erzen, zur Galvanoplastik, zur Vergoldung etc. gefunden hat, Anwendungen, über deren Theorie es keiner weiteren Erörterungen bedarf, haben das Gebiet der wissenschaftlichen Physik so sehr verlassen, dass ein näheres Eingehen in diese rein technichen Arbeiten hier nicht am Orte wäre. Es mag daher nur die Litteratur dieses Abschnittes folgen.

Litteratur der Electrometallurgie.

1838. Becquerel, Reflexions sur le traitement des minérais d'argent, de cuivre, et de plomb. Bibl. univ. XVI. 143; Pogg. Ann. XLV. 285; Dingl. pol. J. LXIX. 265; France industr. 1838. No. 11.

1839. Capitaine. Sur un procédé qui permet d'obtenir le fer par la voie humide en état métallique. C. r. IX. 737; Inst. VII. 427.

1841. Byers. On essaying copper by galvanism. Mech. Mag. XXXIV. 68; Dingt. pol. J. LXXX. 275.

Robertson. On essaying ores by galvanism. Mech. Mag. XXXIV. 69.

Berthier. Fabrication des galvanischen Eisens; Pogg. Ann. LII. 340; Ann. des Mines. 3. S. XVII. 652.

1842. Jacobi. Employ of galvanism for extracting copper and silver from their ores. Phil. Mag. XXI. 484.

Oechsle. Verfahren Chlorsilber auf galvanischem Wege zu reduciren. Dingl. pol. J. LXXXVI. 62.

1843. Robertson. On essaying by galvanism. Phil. Mag. XXII. 232.

---

1) Brit. Ass. 1837. 133*; Ann. of El. III. 159.

Wall. Application of Electricity to the manufacture of iron Mech Mag. XLI. 105.

1844. Electricity applied to the manufacture of iron. Mech. Mag. XLI. 105.

1845. Gaultier de Claubry et Dechaud. Traitement électrochimique des minérais de cuivre. C. r. XX. 1659. 1712. XXI. 278. Dingl. pol. J. XCVII. 68. XCVIII. 31. Mech. Mag. XLIII. 155.

Napier. Application of electricity in the extraction of metals Mech. Mag. XLII. 432.

Ritchie. Improvements in obtaining copper from ores.

Mech. Mag. XLII. 440; Lond. J. of arts Mai 1845. 252; Dingl. pol. J. XCVII. 67.

Becquerel. Sur les applications de l'électrochimie à l'étude des phénomènes de décompisition et récomposition terrestres. C. r. XX. 1509; L'Inst. N. 596. 189; Arch. de l'Él. V. 233; Dingl. pol. J. XCVII, 208.

Wall. Improvements in the manufacture of steel, copper and other metals. Dingl. pol. J. XCVIII. 385. Technol. Oct. 45. 1; Mech. Mag. XLII. 443.

1846. Becquerel. Nouvelles applications de l'électricité à la décomposition de substances minérales. C. r. XXII. 781; L'Inst. N. 646. 169; Arch. des sc. ph. et nat. II. 32; Dingl. pol. J. CI. 297; Erdm. u. March. XL. 449.

Becquerel. Décomposition électrochimique des sels neutres à base de potasse et de soude; C. r. XXII. 1065; L'Inst. N. 652. 221; Erdm. u. March. XXXVIII. 309; Arch. des sc. ph. et nat. II. 294; Dingl. pol. J. CI. 264.

Poumarède. Mémoire sur un moyen de précipiter de leurs dissolutions le fer, le manganèse et le nickel à l'état métallique. C. r. XXII. 948.

Böttger. Ueber die Gewinnung reinen Eisens in cohärenter Gestalt mittelst Galvanismus. Polit. Notizbl. I. 49; Pogg. Ann. LXVII. 117; Dingl. pol. J. XCIX. 296; Arch. des sc. ph. et nat. I. 432; Berl. Gewerbebl. XVIII. 178; Enc. Zeitschr. d. Gew. wes. 1847. 75.

Boch-Buschmann, über die Darstellung reinen Eisens auf galvanoplastischem Wege. Dingl. pol. J. C. 75; Bull. de la Soc. d'enc. 1846. 96.

Litteratur der Galvanoplastik und Galvanographie.

1839. Jacobi. Method of producing copies of engravings. Phil. Mag. XV. 161; Bibl. univ. XXXIII. 416; L'Inst. VII. 383; Bull. de St. P. IX. 246.

Spencer. Reproduction of medals. L. J. of arts Dec. 1839; Bull. de la Soc. d'enc. 1840. 113; Dingl. pol. J. LXXIV. 309.

Sturgeon. On the use of voltaic electricity. Ann. of El. IV. 279.

Démidoff. Sur les procédés par lesquels Mr. Jacobi obtient des moulages au moyen de petites forces électriques. C. r. X. 375; Rev. d. Quesn. II. 78; Ann. de chim. phys. N. S. LXXV. 25.

1840. Jacobi, die Galvanoplastik, oder das Verfahren, cohärentes Kupfer in Platten oder nach sonst gegebenen Formen unmittelbar aus Kupferauflösungen auf galvanischem Wege zu produciren. Petersburg 1840 in 8. Auszüge: Ann. of El. VII. 323. 337. 491.

Spencer. Instruments for the multiplication of works of arts in metals by voltaic electricity. London a. Glasgow 1840. 8.

Spencer. Experiments upon forming copper plates for printing, medals etc. by galvanism. Mech. Mag. XXXII. 54.

Spencer. Method of copying medals. Mech. Mag. XXXII. 203.

Spencer. Further improvements in the voltaic process of multiplying works of art. Mech. Mag. XXXIII. 128.

Sturgeon. On the cultivation and growth of electrotypes. Ann. of El. V. 484.

Cartwright. On electratypes from engraved copperplates Ann. of El. V. 236.

Audinet. Procédé de galvanoplastique. Bull. de St. P. VII. 210; L'Inst. VIII. 326.

Netto. Anweisung zur Galvanoplastik. Quedlinburg 8.

Boettger. Construction eines einfachen Apparates der zum Vergolden, Versilbern etc. sowohl, als zur Hervorbringung von Kupferplatten angewandt werden kann. Ann. d. Chem. und Pharm. Aug. 1840; Arch. de l'Él. II. 145; pol. Arch. IV. 409.

Francoeur. Rapport sur les procédés galvanoplastiques de M. Boquillon. Bull. de la Soc. d'enc. 1840. 305. 339.

v. Kobell. Electrotypie. Gel. Anz. d. bayr. Ac. 1840. N. 38. 39.

Erdm. u. March. 1840. N. 11. 151; Bibl. univ. XXX. 212; L'Inst. VIII. 381; Ann. of El. V. 197.

1841. Poggendorff. Die Leistungen der Galvanoplastik. Pogg. Ann. LIV. 300.

Schubert. Practische Beiträge zur Galvanoplastik. Dingl. pol. J. LXXXI. 66; Erdm. u. March. 1841. N. 11.

Boquillon. Sur les procédés d'électrotypie de M. de Kobell. Bull. d. l. Soc. d'enc. 1841. 10.

Gerlach. Beiträge zur Galvanoplastik. Dingl. pol. Journ. LXXXII. 128.

Locket. Improvements in preparing and ingraving cylinders for printing. Mech. Mag. XXXIV. 221; Lond. Journ. of arts. 1841. 89; Dingl. pol. J. LXXXII. 188.

Cheverton. Electrotpye buste. Mech. Mag. XXXIV. 388.

Spencer and Wilson. Improvement in ingraving by electricity. Mech. Mag. XXXIV. 333.

Froser. Electrotype copies of seals. Mech. Mag. XXXV. 25.

Boettger. Galvanoplastische Nachbildung von Kupferplatten. Pogg. Ann. LIV. 340; Augsb. Allg. Z. 1841. 373; Dingl. pol. J. LXXXII. 311.

Grove. Valtaic process for etching Daguerreotype plates. Phil. Mag. XIX. 247. XX. 18; Arch. de l'Él. II. 457. Mech. Mag. XXXV. 223.

Spencer. Aetzung durch Galvanismus. Dingl. pol. Journ. LXXX. 140.

Boquillon. Galvanische Apparate zur Erzeugung von Reliefkupferplatten. Journ. de pharm. Apr. 1841. 112; Dingl. pol. J. LXXX. 429.

Moyle. On the formation of electrotype plates. Ann. of El. V. 112; Dingl. pol. J. LXXX. 431.

Mabley. Verfertigung von Druckformen durch Galvanismus. Mech. Mag. XXXIV. 476; Dingl. pol. J. LXXXI. 353.

Boettger. Anwendung von Phosphor in der Galvanoplastik. Ann. d. Chem. u. Pharm. Aug. 41; Dingl. pol. J. LXXXI. 486.

Crahay. Note sur une expérience de galvanopl. L'Inst. X. 333.

Herz v. Leuchtenberg. Nouvelles expériences de galvanoplastique. Bull. de St. Pét. VIII. 140; L'Inst. X. 333.

Davies. Multiplication of finely devided metalic scales. Ann. of El. VI. 79.

Cirelli. Sur un procédé de gravure au moyen des seules forces électriques. C. r. XII. 219.

Fizeau. Contreépreuve sur cuivre d'un image photographique, obtenue au moyen des procédés galvanoplastiques. C. r. XII. 401. 509. 951.

Soyer. Basrelief en argent exécuté au moyen de la galvanoplastique. C. r. XIII. 787.

Walther. Observations pratiques sur la galvanoplastique. Proc. Lond. El. Soc.; Arch. de l'Él. II. 466.

Jordan. Remarks on Electrometallurgy: Phil. Mag. XIX. 452; Mech. Mag. XXXV. 481; Ann. of El. VIII. 239.

1842. Fardely. Galvanoplastische Maschinen. London.

Bridgeman. Improved electrometallurgic apparatus. Mech. Mag. XXXVII. 89; Dingl. pol. J. LXXXVI. 181.

Peyré. Emploi de la méthode galvanoplastique à obtenir à peu de frais les limbes gradués. C. r. XIV. 73; L'Inst. X. 10; Dingl. pol. J. LXXXIII. 488; Mech. Mag. XXXVI. 203; Pogg. Ann. LV. 532; Verh. d. Gew. ver. i. Pr. 1842. 55.

Heinecken. Application of the electrotype to the multiplication of graduated instruments. Mech. Mag. XXXVI. 248.

Talbot. On the multiplication of specula by the electrotype. Mech. Mag. XXXVII. 26.

Boquillon. Note sur l'électrotypie ou galvanoplastique et quelques phénomènes qui s'y rattachent. C. r. XV. 507; Dingl. pol. J. LXXXVI. 79.

Shaw. A manual on electrical metallurgie. London.

Smee. Elements of metallurgie or the art of working in metals by the galvanic fluid. London.

Shaw and Smee. On electrometallurgie. Mech. Mag. XXXVI. 458.

C. W. On Smee's electrometallurgie. Mech. Mag. XXXVII. 87.

Barrat. Improvements in the precipitation of metals. Mech. Mag. XXXVI. 476.

Walker. On electrotype manipulations. Phil. Mag. XXI. 61.

Lettsom. Electrotints. Phil. Mag. XXI. 62.

Hoffmann. Vervielfältigung einer Schrift etc. durch galvanische Kupferausscheidung. Kopenhagen.

v. Kobell. Galvanoplastische Kupferstiche und Galvanographien; Kunst und Gewerbebl. d. p. V. f. Baiern. 1842. H. 8 u. 9. Dingl. pol. J. LXXXV. 342.

Jacobi. Bericht über die Galvanographie. Bull. de St. Pet. X. 91; Dingl. pol. J. LXXXVI. 360; Arch. de l'Él. II. 452.

Meillet. Anwendung der Galvanoplastik auf Gips, Glas, Holz. Ech. d. m. s. 1842. No. 34; Dingl. pol. J. LXXXVI. 397; Rev. de Quesn. X. 429.

Boquillon. Lettre sur l'électrotypie. Rev. de Quesn. XI. 161.

Belfield-Lefèvre. Des procédés galvanoplastiques. Rev. de Quesn. XI. 417. XII. 5.

Belfield-Lefèvre. Fabricat. galvan. du plaqué. L'Inst. X. 333.

Becquerel. Note sur le procédé de Mr. Belfield-Lefèvre. Arch. de l'Èl. II. 465. C. r. 4. Juill. 1842.

Steinheil. Copies de miroirs de télescopes astronomiques etc. L'Inst. X. 431.

v. Kobell. Die Galvanographie oder Methode, gemalte Tuschbilder durch galvanische Kupferplatten im Drucke zu vervielfältigen. München. 4.

Osann. Die Anwendung des hydroelectrischen Stromes als Aetzmittel. Würzburg. 8.

Cornay. Application de la galvanoplastique à l'observation des cadavres. Inst. X. 350.

Gannal. Observation à ce sujet. Inst. X. 350.

1843. L. Traité de Galvanoplastique. Paris.

Jacobi. Bericht über die Entwickelung der Galvanoplastik. Bull. de St. Pét. I. 65; Rev. de Quesn. XIX. 419; Dingl. pol. J. LXXXVII. 361.

Wynn. Improved electrotype apparatus. Mech. Mag. XXXVIII. 54; Dingl. pol. J. LXXXIII. 29.

Pring. On etching steel plates. Phil. Mag. XXIII.

v. Kobell. Galvanographie. Gel. Anz. d. bair. Acad. 1843. 2. März; Dingl. pol. J. LXXXVIII. 221.

Napier. Electrotype cloth. Civ. Eng. a. A. J. 1843. 437; Dingl. pol. J. XCI. 81.

Boquillon. Lettres de réclamation. Rev. de Quesn. XII. 185. XV. 149. 368.

Murray. Verfahren galvanoplastische Abdrücke von Wachs, Gyps, Holz etc. zu nehmen. Rec. de la Soc. pol. No. 4. 61; Dingl. pol. J. LXXXIX. 36.

Mallet. Application of the electrotype process in conducting the organic analysis. Phil. Mag. XXII. 239; Dingl. pol. Journ. LXXXIX. 40.

1844. Werner. Die Galvanoplastik in ihrer technischen Anwendung. Petersburg. Auszug: Dingl. pol. J. XCIII. 50. 54

History of the discovery of galvanic deposition. Mech. Mag. XL. 61.

Dirks. Contribution to the discovery of metallurgy. Mech. Mag. XL. 73. 115. 171. XLI. 366.

Spencer. The investigation of electrography in reply to Mr. Dirks. Mech. Mag. XL. 107. 142. 186.

Dirks. The discovery of electrography and Mr. Spencer. Mech. Mag. XL. 230.

Grimelli. Storia scientifica ed artistica dell elettrometallurgia originale italiana. Modena.

Jacobi. Galvanische Messingreduction. Pogg. Ann. LXII. 360.

v. Kobell, über die Fortschritte und den gegenwärtigen Zustand der Galvanographie. Gel. Anz. d. Baiersch. Acad. Sept. 44; Dingl. pol. J. XCV. 186; Mech. Mag. XLIII. 311; Sill. am. J. 1845. Kunstbl. 1844 22. Oct.; Arch. de l'Él. IV. 584.

Strehlke. Eigenschaften der von Daguerreschen Lichtbildern erhaltenen galvanischen Kupferplatten. Pogg. Ann. LX. 144.

v. Kobell. Ueber die galvanische Anfertigung erhabener Typen. Dingl. pol. J. XCV. 191; Gel. Anz. d. Baiersch. Acad. 1844.

Siedhof. Ueber die Anfertigung galvanoplastischer Copieen von Maassstäben. Hann. Gewerbebl. Oct. 44; Dingl. pol. Journ. XCVI. 82.

1845. Jordan. Methode metallene Abgüsse für galv. Copieen zu machen. Mech. Mag. XLIII. 84; Dingl. pol. J. XCVIII. 216.

Marschall. Verfahren grosse Gipsformen zum Copiren durch Galvanoplastik zu bereiten. Dingl. pol. J. XCVI. 251. Chem. gaz. April 45. No. 49.

Schöler. Platten aus einer Composition für die Galvanoplastik. Dingl. pol. J. XCVI. 334; Technologie 1845. 360.

Parkes. Phosphorauflösung und Wachscomposition für galvanoplastische Copien. Dingl. pol. J. XCVIII. 411. Rep. of Pat. inv. 1845. 165.

Elkington, über galvanoplastisches Abformen von Gold- und Silbergegenständen. Techn. Jan. 45. 165; Dingl. pol. J. XCV. 134.

Napier. Verfahren Medaillen und andere Gegenstände aus Silber auf galvanischem Wege zu erzeugen. Dingl. pol. J. XCVII. 314. Chem. Gaz. 45. No. 63.

Gschwindt. Verfahren die Wachsabgüsse von Gipsformen zu trennen. Dingl. pol. J. XCVI. 252.

Soyer. Copie d'une plaque photographique. Bull. de la Soc. d'enc. 1845. 88.

Philippe. Reproduction des planches de cuivre gravées. Bull. de la Soc. d'enc. 1845. 218.

Steinheil. Beschreibung einer Fabricationsmethode genauer und nicht oxydirbarer Metallspiegel. Baiersch. Kunst u. Gewerbebl. 45. 757; Pol. Notbl. I. No. 5. 65; Dingl. pol. J. XCIX. 397.

1846. Herzog v. Leuchtenberg. Untersuchungen der Kupfervitriollösungen, welche zu galvanoplastischen Arbeiten gebraucht werden. Bull. de l'Acad. de St. Pét. V. 199; Erdm. u. March. XXXVIII. 312. Dingl. pol. J. CII. 49.

Bianconi. Memoria sulla galvanoplastica. Racc. fis. chim. ital. I. 377.

Warren de la Rue. Bemerkungen über die practische Anwendung der Galvanoplastik. Technol. Febr. 46. 212; Dingl. pol. J. XCIX. 371.

Theier's Galvanographie. Enc. Zeitschr. d. Gewerbewes. 46. 275.

Ueber das glyphographische Verfahren zur Nachahmung von Holzschnitten. Dingl. pol. J. XCIX. 237.

v. Corvin-Wiersbitzki. Anweisung zur Glyphographie. Dingl. pol. J. CI. 324.

Piil. Die Chemitypie. Enc. Zeitschr. d. Gewwes. 46. 770; Hannov. Gew. 46. 26; Dingl. pol. J. C. 118.

Woillez. Mémoire sur l'électroglyphie typographique, ou moyen d'obtenir à l'aide du galvanisme et sur un simple tracé direct des types d'imprimerie remplaçant ceux du graveur en bois. C. r. XXII. 924.

Jacobi. Vorläufige Notiz über galvanoplastische Reduction mittelst einer magnetelectrischen Maschine. Bull. de l'Acad. de St. Pét. V. 318.

Nouailher. Production des objets en plomb. Bull. de la Soc. d'enc. 46. 298.

1847. Millwards. Verfahren, um auf galvanischem Wege

Metalle mit vertieften und Reliefverzierungen zu versehen. Mech. Mag. XLVI. 403; Dingl. pol. J. CV. 338.

Coblentz. Emploi de la galvanoplastique pour conserver les caractères d'impression. C. r. XXV. 28.

Galvanische Löthung. Rec. de la Soc. pol. Jan. 47: Dingl. pol. J. CV. 237.

Broekelsby. Irisirendes Silber. Sill. Journ. II. Ser. I. 112; Pogg. Ann. LXX. 204.

H. Karsten. Irisirendes Kupfer. Pogg. Ann. LXXI. 246.

Litteratur der Vergoldung, Versilberung etc.

1837. Elkington. Methode Kupfer etc. auf nassem Wege zu vergolden. Lond. J. of arts. Mai. 599; Dingl. pol. J. LXV. 42. Verh. d. Gewerbev. f. Preussen. 1837. 152; Bull. de la Soc. d'enc. 1837. 33.

Schubarth. Vergoldung auf nassem Wege. Verh. d. Gewv. f. Preussen. 37. 153, Dingl. pol. J. LXVI. 126.

Elkington. Vergolden, Verplatiniren etc. der Metalle. Rep. of Pat. Inv. 37. Dec. 354; Dingl. pol. J. LXVII. 240; Ann. of El. VII. 377.

1839. Elkington Patent mode of Gilding by immersion. Mech. Mag. XXXI. 464.

1840. de la Rive. Procédé électrochimique ayant pour objet de dorer l'argent et le laiton. C. r. X. 578. Pogg. Ann. L. 94; Ann. of El. VIII. 333; Bibl. un. XXV. 407; Inst. VIII. 125; Bull. de la Soc. d'enc. 40. 190; Pol. Arch. IV. 314.

Elsner. Versuche über Vergoldung auf galvanischem Wege. Verh. d. Gewv. 1840; Dingl. pol. J. LXXX. 144.

1841. Becquerel. Des propriétés électrochimiques des corps simples et de leur application aux arts. C. r. XIV. 121; Arch. de l'Él. II. 152.

Walcker. Electrogilding and Plating. Phil. Mag. XIX. 328; Mech. Mag. XXXV. 429.

Dent. Application of a coating by the electrometallurgical process to steel balance springs of chronometers. Brit. Ass. 1841. 41; C. r. XII. 779; Dingl. pol. J. LXXX. 399; France ind. 41. N. 19.

Elkington. Methode zur Vergoldung des Messings und Kupfers. Rep. of Pat. Inv. Oct. 41. 239; Lond J. of arts. 41. 83; Dingl. pol. J. LXXXII. 122. 124. 375. Ech. d. m. sav. 41. 666; C. r. XIII. 636; Pol. Arch. V. 400; Rev. de Quesn. VI. 345. 461.

Christie. Preservation of magnetic needles and bars from oxydation by the electrotype process. Brit. Ass. 1841. 41.

Péligot. Rapport sur les procédés de Mr. Elkington. C. r. 30. Juni 41; Bull. de la Soc. d'enc. 41. 382; Dingl. pol. Journ. LXXXII. 371.

Dumas. Rapport sur les procédés de Mrs. Elkington et de Ruolz. C. r. XIII. 998. 1103; Ann. of El. VIII. 125; Bull. de la Soc. d'enc. 41. 486; Pogg. Ann. LV. 160; Dingl. pol. Journ. LXXXVIII. 125; Arch. de l'Él. II. 113; Inst. IX. 409.

de la Rive. Sur les progrès qu'a fait le procédé de dorage par la voie électrique. Arch. de l'Él. I. 275; Ann. of El. VIII. 216.

de la Rive. Nouveaux perfectionnements dans les procédés de dorage par la voie galvanique. Arch. de l'Él. I. 671.

v. Schuhmacher. Ueberzüge von Platin, Iridium, Rhodium, Palladium, Pol. Arch. V. 112.

1842. Parkes. Production of works of art in gold and silver by electricity. Mech. Mag. XXXV. 315.

Elsner. Untersuchungen über galvanische Vergoldung und Versilberung. Verh. d. Gewerbev. 1842. 208; Dingl. pol. Journ. LXXXVIII. 30; Rev. de Quesn. XV. 256.

Petzoldt. Die galvanische Vergoldung, Versilberung etc. Dresden und Leipzig.

Rössler, practische Anleitung zur galvanischen Vergoldung Versilberung etc. Frankfurt.

Frankenstein. Einfache hydroelectrische Contactvergoldung und Versilberung. Grätz.

Fehling, über galvanische Vergoldung und Versilberung. Dingl. pol. J. LXXXVI. 350.

Louijet. Note sur un procédé de dorage. Bull. de Brux. VIII. 2. 448. IX. 1. 4; Inst. X. 61.

Perrot. Nouveau procédé de dorage. Inst. X. 84.

Boettger. Vergoldung und Verplatinirung von Kupferplatten. Ann. de Chem. u. Pharm. XXXV. 250; Ann. of El. VIII. 218; Arch. de l'Él. II. 145.

Reinecker. Remarks on electrogilding. Ann. of El. VIII. 217.

de Ruolz. Précipitation du bronce. Bull. de la Soc. d'enc. 42. 424. C. r. XV. 280; Dingl. pol. J. LXXXVI. 64; Rev. de Quesn. X. 224.

Kaiser und Alexander über Elkington und v. Ruolz Vergoldungsmethode. Baier. Kunst und Gewerbebl.; Pol. Arch. VI. 226. 223.

Sorel. Note sur le zincage du fer au moyen des courants électriques. C. r. XIV. 228. 239.

de Ruolz. Remarque à l'occasion de cette note. C. r. XIV. 232.

Elsner. Technische Benutzung der nobilischen Figuren. Dingl. pol. J. LXXXV. 54.

1843. Elsner. Die galv. Vergoldung und Versilberung. Berlin.

Talbot. Improvements in gilding and silvering metals. Rep. of Pat. Inv. Jan. 43. 47; Dingl. pol. J. LXXXVII. 208.

Jacobi über galvanische Vergoldung. Bull. de St. Pét. I. 72; Dingl. pol. J. LXXXVII. 283.

Fehling, über Frankensteins einfache Contactvergoldung Dingl. pol. J. LXXXVII. 290.

Elsner. Verkupferung von Zink und Eisen und galvanische Bronzirung, Verbleiung etc. Verh. d. Gewerbev. 43. 78; Dingl. pol. J. LXXXIX. 26; Rev. d. Quesn. XV. 509.

Rockline. New mode of broncing electrotype medals. Mech. Mag. XXXIX. 242.

Elsner über galvanische Vergoldung und Versilberung. Dingl. pol. J. XC. 311.

Mourrey. Procédé pour conserver l'éclat de l'argenture. C. r. 6. Sept. 43; Bull. de la Soc. d'enc. 43. 339; Dingl. pol. Journ. LXXXVIII. 205.

Rockline. Silbersalz zu galvanischer Versilberung. Mech. Mag. März 43; Dingl. pol. J. LXXXVIII. 320.

Levol. Vergoldung und Versilberung durch blosses Eintauchen. Journ. d. Phys. März 43. 203: Dingl. pol. J. LXXXVIII. 364.

Frankenstein. Hydroelectrische Vergoldung und Versilberung. Verh. d. Gew. Ver. 43. 133; Dingl. pol. J. XC. 446.

Hossauer über galvanische Vergoldung und Versilberung. Verh. d. Gewerbev. 43. 133: Dingl. J. XC. 437.

Gräger über galvanische Vergoldung. Erdm. u. March. 43. März 22. 443; Rev. de Quesn. XVI. 360; Dingl. pol. Journ. XC. 446.

Elsner. Auflöslichkeit des Goldes in Cyankalium und Anwendung dieser Lösuug zum Vergolden. Berl. Gewbl. 43. X. 67; Dingl. pol. J. XCI. 307.

Elsner. Ueber das Hervorbringen einer matten Vergoldung nebst einem Nachtrag über Versilberung. Verh. d. Gewerbev. 43. 75; Dingl. pol. J. LXXXIX. 22; Rev. de Quesn. XV. 520.

Jévreinoff. Argenture du fer de fonte. Bull. de St. Pét. I. 159; Rev. de Quesn. XV. 524.

Christofle. Sur la dorure par immersion. Rev. de Quesn. XV. 526.

C. W. Magnetoplating. Mech. Mag. XXXIX. 118.

Woolrich. Electromagnetoplating. Mech. Mag. XXXIX. 15.

Bretthauer. Vorschlag zu einer chemischen Vergoldung seidner Gewebe. Gewerbebl. f. Sachsen. 43. 154; Dingl. pol. J. LXXXIX. 41.

Becquerel. Sur l'application electrochimique des oxides et des métaux sur d. métaux. C. r. 3. Juill. 43; Ann. de chim. phys. 3me Sér. LXXII. 199; Arch. de l'Él. III. 345; Dingl. pol. J. LXXXIX. 422.

1844. Becquerel. Sur la coloration des métaux, 2me mém. C. r. Mars 44; Ann. de chim. phys. 3me Sér. VIII. 402; Arch. de l'Él. IV. 74. 252; Dingl. pol. J. XCII. 184.

Philipp. Erfahrungen bei der practischen Ausführung der Vergoldung. Berl. Gewerbebl. 44. N. 10; Dingl. pol. J. XCI. 379.

Elsner. Anwendung von Cyankalium, braungewordene vergoldete Gegenstände wieder gelb zu machen. Deckgrund für Vergoldung und Versilberung. Verh. d. Gewerbever. 44. 235; Berl. Gewerbebl. 44. N. 15: Dingl. pol. J. XCI. 380.

Barratt. Verfahren zur galvanischen Vergoldung, Versilberung, Verplatinirung. Lond. Journ. of arts. Febr. 44. 28; Dingl. pol. J. XCI. 484.

Elsner. Darstellung eines trocken bleibenden Goldsalzes zur Vergoldung. Berliner Gewerbebl. 44. X. 190; Dingl. pol. Journ. XCII. 43.

Philipp. Galvanische Versilberung. Berl. Gewerbebl. 44. N. 2; Dingl. pol. J. XCII. 240.

Becquerel electrische Versilberung. C. r. 44. 1. S. 14; Dingl. pol. J. XCII. 279.

zur Nedden nobilische Figuren und galvanische Metallfällung. Dingl. pol. J. XCIV. 369.

Elsner über Mourreys Verfahren, den Glanz versilberter Gegenstände zu erhalten. Verh. d. Gewerbev. 44. 111; Dingl. pol. J. XCIII. 157.

Figuier. Theoretische Erscheinung der Vergoldung durch Eintauchen. Techn. Juil. 445; Dingl. pol. J. XCIII. 223.

Napier. Zersetzung des Cyansilbers bei der Versilberung. Chem. Gaz. N. 44; Dingl. pol. J. XCIV. 166.

Dorure sur bois, plâtre, étain, fer, papier et verre. Rev. de Quesn. XIX. 401.

Grimelli. Metodo originale italiano di elettrodoratura. Modena.

Elkington. Application de l'électrométallurgie aux arts. Extrait. Arch. de l'Él. IV. 515.

Elsner und Philipp. Verkupferung von Eisen ohne Cyankalium. Verh. d. Gewerbev. 44. 226; Dingl. pol. J. XCV. 447. Mech. Mag. XLV. 11.

Elsner. Darstellung eines Deckgrundes zur galvanischen Vergoldung. Verh. d. Gewerbev. 44. 235; Dingl. pol. J. XCV. 445. XCVI. 490.

1845. Elsner. Verkupferung. Versilberung, Vergoldung auf nassem Wege ohne Anwendung von Cyankalium. Verh. d. Gewerbev. 45. 110; Dingl. pol. J. XCVII. 429.

Selmi. Goldauflösung zur galvanischen Vergoldung. Dingl. pol. J. XCVIII. 27; Techn. Août. 45. 526.

Philipp, über galvanische Vergoldung mittelst Cyankalium. Dingl. pol. J. XCVI. 334; Berl. Gewerbebl. XV. No. 4.

Brandeley. Verfahren Cyankalium zur galvanischen Versilberung zu bereiten. Dingl. pol. J. XCVIII. 383; Technol. Oct. 45. 20.

Stöhrer über galvanische Versilberung und Vergoldung. Dingl. pol. J. XCV. 414.

Mourrey über Erhaltung des Glanzes galvanisch versilberter Gegenstände. Dingl. pol. J. XCVII. 206.

Anweisung zur Vergoldung und Versilberung der Gegenstände durch einfache Berührung derselben mit Zink. Dingl. pol. J. XCVIII. 383. Bair. Gewerbebl. Juli 45; Pol. Notbl. I. 65.

Desbordeaux. Mémoire sur l'argenture galvanoplastique de l'acier. C. r. XIX. 1450; Dingl. pol. J. XCV. 193.

Desbordeaux. Note sur l'argenture galvanoplastique. C. r.

XX. 103. 248. 353; Dingl. Pol. J. XCV. 380. XCVII. 199. 314; Technol. Juin. 45. 393; Encycl. Zeitsch. d. Gewerb. 46. 822.

Louijet. Note sur certaines conditions indispensables pour le zincage par les procédés voltaïques. C. r. XIX. 1180; Dingl. pol. J. XCV. 320.

Louijet über das Verzinken des Eisens auf galvanischem Wege. Dingl. pol. J. XCV. 454; Technol. Févr. 45. 193; Bull. du Mus. de l'Ind. de Brux.

Blackwell and Norris über galvanisches Verkupfern eiserner Nägel. Dingl. pol. J. XCV. 413; Mech. Mag. XLII. 108.

Böttger. Einfache Bereitungsweise des Kaliumkupfercyanürs behufs der Verkupferung des Stahls und Eisens. Pol. Notbl. I. 3.

Marianini Lettera al prof. Grimelli intorno all' elettrometallurgia originale italiana e specialmente alla metallochromia elettrica. Racc. fis. chim. I. 125; Ind. econ. d. Mod. 45; Ann. d. Bologn. 45.

Marianini. Lettera al prof. Grimelli intorno alla metallochromia elettrica. Racc. fis. chim. I. 131; Ind. econ. d. Mod. 45; Ann. d. Bol. 45.

Böttger. Wiedergewinnung des Goldes aus dem Rückstande der zur galvanischen Vergoldung gedienten Cyankaliumlosung. Pol. Notbl. I. N. 2. 28; Dingl. pol. J. XCIX. 78; Erdm. u. March. 45. N. 21.

1846. Giorgini. Liquido atto ad inargentare anche senza l'applicazione dell' elettrico. Racc. fis. chim. I. 315.

Böttger. Erzeugung einer schönen, gleichmässigen matten Oberfläche beim Versilbern und Vergolden auf galvanischem Wege. Pol. Notbl. I. N. 11. 173; Not. d. Han. Gew. 46. 36.

Elsner. Herstellung einer weissen Farbe der auf galvanischem Wege versilberten Gegenstände. Verh. d. Gewerbev. 46; Pol. Notbl. I. N. 6. 95.

Cavani. Relazione intorna a un metodo opportuno per conferire alle elettrodorature la maggiore consistenza ed eleganza. Racc. fis. chim. I. 369.

Elsner über die sogenannten Contact-Silber-Gold- und Platinasalze. Pol. Notbl. I. N. 5. 75; Berl. Gewbl. XVIII. 6; Dingl. pol. J. C. 124.

Elsner. Wiedergewinnung des Silbers und Goldes aus Cyankaliumlösungen, welche zum Versilbern und Vergolden angewandt worden sind. Berl. Gewbl. XVIII. 21. 68. 118. 142; Dingl. pol. J. XCIX. 302.

— N — über Böttger's Methode der Wiedergewinnung des Goldes. J. f. pr. Pharm. XII. 183.

Hessenberg über die Böttgersche Methode zur Wiedergewinnung des Goldes aus unbrauchbar gewordener Goldcyankaliumlösung. Erdm. u. March. XXXVIII. 255; pol. Notbl. I. N. 13. 193.

Restel über das von Böttger angegebene Verfahren zur Wiedergewinnung des Goldes aus Goldcyankaliumlösung. Erdm. u. March. XXXVIII. 169; pol. Notbl. I. N. 14. 209; Dingl. pol. J. CI. 246; Berl. Gewbl. XX. 249.

Herzog von Leuchtenberg. Verfahren bei Vergoldungen und Versilberungen auf galvanischem Wege, die Quantität Gold oder Silber kennen zu lernen, welche man angewendet. Bull. de l'Ac. de St. Pét. V. 28; Pol. Notbl. I. N. 2. 23; Dingl. pol. J. XCIX. 140. C. 491; Just. N. 650. 212; Berl. Gewbl. XIX. 101.

Barral. Mémoire sur la précipitation de l'or à l'état métallique. C. r. XXIII. 35; Just. N. 653. 230. Ann. d. chim. phys. 3me Sér. XVIII. 5; Rev. de Quesn. XXVII. 145; Bull. de la Soc. d'enc. 46. 508; Dingl. pol. J. CII. 30.

1847. Elsner. Verkupferung gläserner und porzellanener Gefässe. Verh. d. Gewerbev. 47. 174.

Kemp. Bereitung des Cyangoldkaliums zur Vergoldung. Chem. Gaz. 47. 106; Dingl. pol. J. CIV. 315.

Stein. Einfache Versilberung auf nassem Wege. Pol. Centralblatt 47. Dingl. pol. J. CV. 27.

Roselen und Sanaux. Vergoldung und Versilberung. Technol. 47. 341; Dingl. pol. J. CV. 29.

Barral. Différences qui existent entre la dorure au mercure et la dorure galvanique. C. r. XXIV. 820; Dingl. pol. J. CV. 32. Ann. de chem. phys. 3me Sér. XX. 345.

Herzog von Leuchtenberg. Beiträge zur galvanischen Vergoldung. Bull. d. St. Pét. N. 130; Dingl. pol. J. CV. 341.

Christofle. Galvanische Vergoldung. Dingl. pol. J. CVI. 389; Pol. Notbl. N. 19.

Rochas Versilberung gebrauchter Daguerreotypplatten. C. r. XXV. 312.

Perrot. Réclamation de prioritè sur Mrs. Elkington et de Ruolz. C. r. XXV. 347.

de Ruolz. Note sur la dorure galvanique. C. r. XXV. 555. 602.

Barral. Remarques à cette occasion. C. r. XXV. 556. 602. 760.

Kroening. Echantillons de soie dorés par le galvanisme. C. r. XXV. 818.

Saintepreuve. Influence de l'électricité dans la dorure et le zincage. C. r. XXIV. 1158.

XIII. Wärmeerregung.

Die Gesetze, nach welchen die Wärmeerregung eines Stromes von dessen Intensität und der Beschaffenheit des Leiters abhängt, haben wohl durch Vorsselmann de Heer[1]) einen mathematischen Ausdruck bekommen. Die Grösse der Wärmeerregung ist nach ihm gerade proportional der Intensität des Stromes, und umgekehrt dem Querschnitt und der Leitungsfähigkeit des erwärmten Drahtes. Demnach ist die in einem Drahte von der Länge l, dem Querschnitt s und der Leitungsfähigkeit c freiwerdende Wärmemenge $= J\frac{l}{cs}$. Um die Erwärmung dieses Drahtes zu finden, musste man obige Formel noch mit einem, von dessen specifischer Wärme abhängigem Factor multipliciren. Poggendorff[2]) erinnert, dass der gegebene Ausdruck ein specieller Fall desjenigen sei, welchen Riess[3]) für die Erwärmung des Leitungsdrahtes einer electrischen Batterie aufgefunden hat. Dieser ist nämlich:

$$w = \frac{ax^1 l}{r^2}\left(\frac{1}{1+\frac{bx\lambda}{\varrho^2}}\right)\frac{q^2}{s} \quad .$$

wo s die Oberfläche der Batterie, q die Electricitätsmenge auf ihrer inneren Belegung, l, r, x^1 die Länge, den Halbmesser und die specifiche Verzögerungskraft des untersuchten Drahtes; λ, ϱ, x die

1) Pogg. Ann. XLVI. 510.*
2) ib. XLVI. 674.*
3) ib. XLIII. 62. XLV. 23;* Rep. VI. 200.*

entsprechenden Werthe für einen zum Schliessungsbogen hinzugesetzten Draht bezeichnen. Hierin sind x und r^2 den Werthen $\frac{1}{c}$ und s bei Vorsselmann de Heer proportional. Der zugesetzte Draht und die Beschaffenheit der Batterie sind constant genommen. Der Zusammenhang beider Formeln bezieht sich indess nur auf die Abhängigkeit der Erwärmung von der Beschaffenheit des Drahtes, nicht von der angewandten Electricitätsmenge; da sich diese Grösse in beiden Formeln nicht mit einander vergleichen lässt.

Ausserdem sieht man den Zusammenhang des obigen Ausdrucks mit dem von Ohm[1]) mitgetheilten. Nach diesem ist die Erwärmung eines Drahtes von der Länge l, dem Querschnitt w und der Leitungsfähigkeit k durch eine Kette von der electromotorischen Kraft A und dem Widerstand L.

$$\frac{A}{\left(Lw+\frac{l}{k}\right)\chi},$$

wo X jenen von der specifischen Wärme des Drahtes abhängigen Factor bedeutet. Mit Beibehaltung der obigen Bezeichnungen kann man hiernach die Formel für die Wärmeerregung schreiben

$$\frac{A}{\left(L+\frac{l}{ks}\right)s}=J.\frac{1}{s}.$$

Die Ergebnisse der Untersuchungen, welche Joule über die galvanische Wärmeerregung angestellt hat, bestätigen diese Ausdrücke nicht. Die Versuche bestanden darin, dass ein Strom, der an einer Tangentenboussole gemessen wurde, durch einen Draht ging, der spiralförmig um das Gefäss eines empfindlichen Thermometers gewunden und mit demselben in ein Glas mit Wasser gesetzt war. Die Einheit des Stromes war die, welche in einer Stunde 100 Gran Wasser zersetzte; am Thermometer wurde die Erwärmung des Wassers, welche der Strom im Drahte während einer Stunde erzeugte, abgelesen.

Joule überzeugte sich zuerst, dass, wenn eine gegebene Electricitätsmenge eine gegebene Zeit hindurch durch verschiedene Leiter geht, die hervorgebrachte Wärmemenge immer seinem Widerstande

1) Kastn. Arch. XVI. 1.*
2) Phil. Mag. XIX. 260;* Arch. de l'Él. II. 54.*

proportional ist, unabhängig von der Länge, Dicke, Gestalt und Beschaffenheit, welche er übrigens hat. Darauf kam er auf den Gedanken, wenn die Intensität des angewandten Stromes sich verändre, so würden sich die vorgebrachten Wärmemengen wie die Quadrate der Intensität verhalten, weil in diesem Falle der Widerstand in einem doppelten Verhältniss wachse, einmal durch die grössere Electricitätsmenge, welche in einer gegebenen Zeit durchgehe, dann durch die Vergrösserung der Electricitätsgeschwindigkeit. Die Versuche bestätigten diese Voraussetzung so vollständig, wie man es bei der Unsicherheit der Beobachtungen irgend erwarten konnte. Joule fügt die Bemerkung hinzu, dass man durch Feststellung dieses Gesetzes im Stande sei, die Wirkungen der Reibungselectricität mit denen der voltaischen zu vergleichen.

Ganz entsprechend hat später Joule[1]) für inducirte Ströme nachgewiesen, dass die durch dieselben hervorgebrachte Wärmemenge unter sonst gleichen Umständen dem Quadrate der inducirenden Kraft proportional ist. Bei diesen Versuchen war ein kleiner Electromagnet, bestehend aus sechs gegeneinander isolirten Lamellen, bewickelt mit 21 Yards $\frac{1}{18}$ Zoll dicken Kupferdrahts in eine mit Wasser gefüllte und gegen Strahlung und Leitung möglichst gesicherte Glasröhre gebracht. Dieses Eisenbündel rotirte eine gegebene Zeit zwischen den Polen eines starken Magneten. Die hervorgebrachten Temperaturveränderungen sind meist nur unbedeutend, geben indess doch leidlich zuverlässliche Resultate, da $\frac{1}{50}$ °F. abgelesen werden konnte. Die Versuche wurden mannigfach abgeändert; auch die durch die Rotation eines einfachen Eisenstabes zwischen den Polen eines Magneten hervorgebrachte Wärme wurde untersucht und es ergab sich, dass dieselbe proportional war dem Quadrate der magnetischen Wirkung, welcher der Stab ausgesetzt war.

Lenz[2]) bediente sich zu seinen Untersuchungen über die Wärmeerregung durch den galvanischen Strom eines umgekehrten Stöpselglases; der Stöpsel war in einem Fussbrett befestigt, der nach oben gerichtete Boden des Glases war durchbohrt und in die Durchbohrung ein Kork mit einem Thermometer eingesetzt, an welchem $\frac{1}{25}$ °C abgeschätzt werden konnte. Durch den Stöpsel waren von unten her zwei dicke Platindrähte eingelassen, auf welche

1) Phil. Mag. XXIII. 263. 347;* Arch. de l'Él. IV. 483; L'Inst. XII. 35.
2) Bull. ph. m. de St. Pét. II. 161; Pogg. Ann. LXI. 18.*

im Innern des Glases kegelförmige Platinklötze aufgesteckt werden konnten, um dadurch einen beliebigen Draht an die Platindrahtenden anzuklemmen. Die Drähte, welche durch den Strom erhitzt werden sollten, wurden um einen Stift zur Spirale gewickelt, und mit beiden Enden so an die Platindrähte geklemmt, dass sie durch ihre Elasticität aufrecht im Glase standen. Das Glas wurde mit Alkohol von 85 bis 86 Proc. gefüllt, weil im Wasser, selbst im destillirten, sich der Draht mit Gasblasen bedeckte, als Zeichen einer stattfindenden Electrolyse. Nun wurde durch kurze dicke Kupferdrähte ein Strom in die beiden Platindrähte geleitet, der durch das Agometer am Galvanometer auf constanter Stärke gehalten wurde. Der beschriebene Apparat wurde in einem kleinen Kreise bewegt, um die Temperaturdifferenzen in seinem Innern auszugleichen. Das Steigen des Thermometers wurde mit einem Chronometer beobachtet. Nach Beendigung des Versuchs wurde das Agometer abgelesen, der Strom ohne und mit Erwärmungsapparat mehrmals hintereinander geschlossen, und die Differenz aus den Mitteln beider Reihen von Agometerablesungen als der Widerstand des erwärmten Drahtes angesehen; der Widerstand der kurzen Zuleitungsdrähte und der Platinkegel war zu vernachlässigen. Auch das Gewicht der angewandten Flüssigkeit wurde durch Wägung des leeren und des gefüllten Apparates bestimmt. Um den Einfluss der Temperatur der umgebenden Luft zu eliminiren, wurde die Erwärmung der Flüssigkeit immer so weit über die Temperatur der Luft getrieben, als diese beim Anfange des Versuchs über der Flüssigkeit war. Durch folgende Betrachtung zeigt Lenz die Richtigkeit dieses Verfahrens.

Befindet sich in einer Flüssigkeitsmasse Q von der specifischen Wärme s eine constantwirkende Wärmequelle, welche in der Zeiteinheit der Quantitäteinheit von der specifischen Wärme 1 eine Erwärmung w mittheilt, so wird Q dadurch erwärmt um $\frac{w}{Qs}=k$. Befindet sich ferner Q in einem Mittel von der Temperatur U, welche, wenn der Temperaturunterschied $= 1^0$ bliebe, das Quantum Q in der Zeiteinheit um m^0 erwärmte; ist endlich die Anfangstemperatur von $Q=u_0$, so ist die Temperatur u nach der Zeit t zu finden. Die Temperaturzunahme du für die Zeit dt ist durch die Erwärmung von der Wärmequelle her $= k\,dt$ vom umgebenden Mittel $= m(U-u)\,dt$, also

$$du=(k+m(U-u))dt$$

$$dt=\frac{du}{k+m(U-u)}$$

$$t=C-\frac{1}{m}\log(k+m(U-u))$$

und da man für $t=o$ hat $U=u_0$:

$$t=\frac{1}{m}\log\frac{k+m(U-u_0)}{k+m(U-u)}$$

Wäre nun der Einfluss der umgebenden Luft wirklich eliminirt, so wäre in der Zeit t die Erwärmung $= kt$, also

$$u-u_0=kt,\ t=\frac{u-u_0}{k},$$

$$\frac{u-u_0}{k}=\frac{1}{m}\log\frac{k+m(U-u_0)}{k+m(U-u)}$$

oder

$$e^{\mu(u-u_0)}=\frac{1+\mu(U-u_0)}{1+\mu(U-u)},$$

wo $\frac{m}{k}=\mu$ gesetzt ist.

Entwickelt man diese Ausdrücke auf beiden Seiten in Reihen, so ist:

$$1+\mu(u-u_0)+\frac{\mu^2}{2}(u=u_0)^2+\frac{\mu^3}{2.3}(u-u_0)^3+\ldots$$

$$=1+\mu(u-u_0)-\mu^2(u-u_0)(U-u)+\mu^3(u-u_0)(U-u)^2.+\ldots$$

Ist μ eine kleine Grösse, d. h. geschieht die Erwärmung viel rascher durch die constante Wärmequelle, als durch die Luft, so können die dritten Potenzen von μ vernachlässigt werden, also ist dann

$$\frac{u-u_0}{2}=U-u$$

oder

$$u-U=U-u_0,$$

wodurch der obige Satz bestätigt ist. Das folgende Beispiel erläutert die Art des Versuchs. Der Alkohol wurde durch Eiswasser auf 7° gebracht, dann in den Apparat gegeben und der Strom am Galvanometer auf 35° gehalten. Die Lufttemperatur war = 16°; es wurde das Chronometer abgelesen bei den Thermometerständen 10, 11, 12, 13, 14, 15, dann 17, 18, 19, 20, 21, 22. Dadurch erhielt man folgende Erwärmungen:

12°	in	6,53	Minuten.
10°	„	5,42	„
8°	„	4,30	„
6°	„	3,25	„

4° in 2,22 Minuten.
2° „ 1,05 „

Wird also die Erwärmung um 1° in der Zeit *t* hervorgebracht, so hat man sechs Gleichungen von der Form $12\tau = 6{,}53$ u. s. w. aus denen nach der Methode der kleinsten Quadrate τ berechnet wurde. Es ergab sich = 6,5419 und sind hiernach die einzelnen Zeiten

berechnet	beobachtet
6,50	6,53
5,42	5,42
4,33	4,30
3,25	3,25
2,17	2,22
1,08	1,05

Q war = 90,174 Gran, λ (Widerstand des Drahts) = 5,406, *Sp* (der Alkoholgehalt) = 85,1.

Von den übrigen Versuchsreihen mögen hier die Mittel folgen, welche zur Berechnung benutzt sind; die Zahlen bei den Drähten bezeichnen verschiedene Dicken derselben. Die Werthe von *Q* sind so nahe einander gleich, dass auf ihre Unterschiede keine Rücksicht genommen ist:

Strom.	Draht.	τ	λ	$\tau\lambda$
15,35	Neusilber I.	0,5711	35,20	20,10
-	- II.	0,9189	22,09	19,84
20,85	- I.	0,3002	35,32	10,60
-	- II.	0,4813	22,05	10,61
-	Platin	0,5546	18,97	10,52
26,71	Neusilber II.	0,2883	22,18	6,394
-	- III.	0,3836	16,76	6,429
-	Platin	0,3248	19,24	6,249
-	Kupfer	0,3010.	5,22	6,791
33,08	Eisen	0,4353	9,37	4,079
-	Kupfer	0,8354	5,22	4,361

Die Erwärmungen sind hiernach merklich dem Leitungswiderstande proportional.

Zur Auffindung des Verhältnisses zwischen Stromstärke und Wärmeentwickelung werden die folgenden Daten benutzt:

Draht.	*F* (Strom.)	τ	$F^2\tau$
Neusilber I.	10,10	1,3495	137,7

Draht.	F (Strom.)	τ	$F^2\tau$
Neusilber I.	15,35	0,5711	134,5
-	20,85	0,3002	130,5
Neusilber II.	15,35	0,9189	216,5
-	20,85	0,4813	209,1
-	28,71	0,2883	205,7
Platin	20,85	0,5546	241,1
-	26,71	0,3248	231,7
Kupfer	26,71	1,3010	928,2
-	33,68	0,8354	914,2
-	40,12	0,5750	925,5
-	48,07	0,3810	880,4
Neusilber (in Wasser)	20,85	4,8901	2126
-	33,08	1,8800	2057
-	40,12	1,2730	2049
-	48,07	0,8640	2038
-	57,29	0,6314	2072

Hiernach ist die Wärmeentwickelung den Quadraten der Stromstärke proportional.

Wurde die Erwärmung des Glases mit in Rücksicht gezogen, so fand sich, dass die zur Erwärmung von 1 Gran Wasser auf 1° R. bei dem Strom 1 und dem Widerstand 1 erforderliche Zeit $= 5\frac{3}{4}$ Secunden sein würde.

Edmond Becquerel[1]) hat fast gleichzeitig mit Lenz seine Untersuchungen über die Wärmeentwickelung durch den Strom veröffentlicht. Die Intensitäten der angewandten Ströme bestimmte er durch die Gasentwickelung, welche sie in einem eingeschalteten Voltameter hervorbrachten, weil er diese Methode für die einzig genaue zur Vergleichung der Stromstärken hielt. Die Widerstände der Drähte wurden dadurch gemessen, dass der Strom in zwei Zweige gespalten wurde, deren einer den zu messenden Draht, der andere nur bekannte Widerstände enthielt; dann wurde der unbekannte Widerstand in den letzteren Zweig mit eingeschaltet, und so zwei Gleichungen von der Form

1) Ann. d. chim. phys. IX. 21;* Inst. XI. 117; Arch. de l'Él. III. 181;* C. r. 10. April 43.

$$\frac{P}{p}=\frac{l+x}{L}, \frac{Q}{q}=\frac{l}{L+x}$$

erhalten, wo P und p, Q und q bezüglich die entwickelten Gasmengen in den Voltametern bezeichnen, welche in die beiden Zweige eingeschaltet waren, und L und l die reducirten Längen der beiden Zweige. Aus diesen Gleichungen wurden die der Leitungsfähigkeit der Drähte proportionalen Werthe $\frac{x}{L}$ gefunden.

Die obigen Gleichungen werden jedoch dadurch noch complicirt, dass Becquerel annimmt, die Leitungsfähigkeit der Voltameter ändre sich mit der Stromstärke. Er drückt deshalb die reducirten Längen der beiden Zweige durch $A+L_1$ und $A+l_1$ aus, wo A eine nur von den Drähten abhängige Constante, L_1 und l_1 die nach der Stromstärke veränderlichen Voltameterwiderstände bezeichnen. Hiernach wäre

$$\frac{P}{p}=\frac{A+l_1+x}{A+L_1}, \frac{Q}{q}=\frac{A+l_1}{A+L_1+x}$$

Aus seinen Verzuchen glaubt nun Becquerel den Schluss ziehen zu dürfen, dass die Leitungsfähigkeit des angesäuerten Wassers im Verhältniss der Quadratwurzeln der durchgehenden Electricitätsmenge steht; indem dies in Rechnung gebracht wird, ergiebt sich für den, die Leitungsfähigkeit der Drähte proportionalen Ausdruck

$$\frac{x}{A}=\frac{1}{2}\left(\frac{P-p}{p}+\frac{q-Q}{Q}\right)$$

Das Nähere dieser Berechnung darf wohl hier fehlen, da die ganze Betrachtungsweise auf einer irrigen Ansicht von der Polarisation beruht.

Zur Bestimmung der Wärmeentwickelung wurde die von de la Roche und Bérard angewandte calorimetrische Methode benutzt. Ein kleiner Würfel von Kupferblech, von $2\frac{1}{2}$ Centimeter Seite hat im Deckel ein Loch, um ein empfindliches Thermometer einzulassen; durch zwei Seitenwände sind die in Glasröhren eingeschlossenen Drähte eingelassen, welche im Innern um einen spiralförmig gebogenen, das Thermometer umgebenden Glasstab gewickelt sind. Sei M die, auf Wasser reducirte, Masse des Calorimeters, des Thermometers, der Glasspirale, des Drahtes und des das Calorimeter füllenden Wassers, und sei nach einer gewissen Zeit die Temperatur a von M stationär geworden, dadurch, dass

M von der Wärmequelle ebensoviel Wärme empfängt, als es durch Abkühlung ausgiebt, so beobachte man nach Unterbrechung des Stromes die Temperatur b, welche es nach einer gewissen Zeit, (10—15 Minuten) von hier an gerechnet, durch weitere Abkühlung erreicht haben wird. Ist c die Temperatur der umgebenden Luft, so hat man nach dem Newtonschen Gesetz

$$b - c = (a - c)\mu^{-t}$$

und wenn man $m = \log.\ \mathrm{nat.}\ \mu$ setzt

$$m = \frac{1}{t} \log.\ \mathrm{nat.}\ \frac{a-c}{b-c}$$

Die Abkühlungsgeschwindigkeit im Anfange der Operation $\frac{d(a-b)}{dt}$ für $t = o$ ist $V = m(a-c)$, also

$$V = (a-c)\frac{1}{t} \log.\ \mathrm{nat.}\ \frac{a-c}{b-c}$$

oder auf gemeine Logarithmen bezogen, wobei A für $a-c$, T für $b-c$ gesetzt ist,

$$V = A\frac{1}{t}\,\frac{\log A - \log T}{\log e}$$

Ist die Temperatur von M stationär, so wird in einer Minute die Wärmemenge

$$MV = MA\frac{1}{t}\,\frac{\log A - \log T}{\log e}$$

verloren, welche Wärmemenge dieselbe ist, welche der Strom in einer Minute erzeugt hat.

Zu einer Controle schlägt Becquerel noch ein Verfahren vor. Wenn das Thermometer in der Zeit t' von a' bis a'' steigt, wo a' nur wenig von a'', und mehre Grade von c verschieden ist, so wird in der Zeiteinheit die Wärmemenge $\frac{M(a''-a')}{t'}$ + der durch die Abkühlung verlorenen entwickelt. Es wird nun angenommen, die Temperatur wäre bei $\frac{a'+a''}{2}$ stationär gewesen. Dann ist die in einer Minute entwickelte Wärmemenge

$$M\left(\frac{(a''-a')}{t'}\right) + \left(\frac{(a'-a'')}{2} - c\right)\frac{1}{t}\,\frac{\log A - \log T}{\log e}$$

Die mitgetheilten Versuche sind mit einer Kupferspirale und zweien Platinspiralen von verschiedener Dicke angestellt und führen zu den Gesetzen:

Die Wärmeerregungen verhalten sich wie die Quadrate der Stromstärken.

Bei gleichbleibendem Durchmesser des Drehtes findet ohne Rücksicht auf seine Länge an jeder Stelle dieselbe Erwärmung statt. (Von Peltier mittelst der Thermokette schon bewiesen.)

Die Temperaturerhöhung ist unter sonst gleichen Umständen umgekehrt proportional den vierten Potenzen der Durchmesser.

Botto hat die beiden Gesetze für die Abhängigkeit der Wärmeentwicklung von der Stromstärke und dem Widerstande ebenfalls experimentell bewiesen. Er bediente sich dazu der Methode der Schmelzung. Ein dünner Platindraht verbindet zwei Messingstäbe, ein dritter spannt den Draht so, dass er ihn in der Mitte berührt. Wird der Strom entweder durch den Mittelstab und von da gleichzeitig in beide Seitenstäbe, oder vom Mitteldraht in einen Seitenstab, oder von einem Seitendraht in den andern geleitet, so verhalten sich die Widerstände der Platindrähte wie 1 : 2 : 4. Die geschmelzte Eismenge gab das Maass für die Wärmeentwickelnng. Botto betrachtete ferner den Fall des Maximums der Wärmeentwickelung. Das Gesetz der Stromintensität schreibt er in der Sprache der electrochemischen Hypothese:

$$i = \frac{\lambda \varepsilon \sigma z}{\lambda z + \varepsilon \sigma r},$$

wo λ eine Constante, die vom angewandten Apparat abhängt, ε die electrolytishe Kraft eines Elements von der Oberflächeneinheit und dem ausserwesentlichen Widerstande = 0, δ die wirksame Oberfläche, z die Anzahl der Elemente, r den Widerstand des metallischen Leiters vorstellt. Die gegebene Formel lässt sich leicht aus der Ohmschen ableiten [2]). Die Wärmeentwickelnng ist nun

$$w = \left(\frac{\lambda \varepsilon \sigma z}{\lambda z + r \varepsilon \sigma}\right)^2 r,$$

und für das Maximum

$$(\lambda z - r \varepsilon \sigma) = 0,$$

$$\text{also } \lambda z = r \varepsilon \sigma, \text{ und } r = \frac{\lambda z}{\varepsilon \sigma},$$

d. h. gleich dem wesentlichen Widerstand der z Elemente.

Die Gesammtwärme ist dann mit Hülfe desselben Gesetzes

$$w^1 = \left(\frac{\lambda \varepsilon \sigma z}{\lambda z + \varepsilon \sigma z}\right)^2 \left(\frac{\lambda z}{\sigma \varepsilon} + r\right) = i \lambda z$$

Die Wärmeentwickelungen in beiden Leitern müssen den Wi-

1) Rocc. fis. chim. 1847; Arch. de l'Él. V. 353.*

2) Berl. Jahresb. 1845. 464.*

derständen proportional, also für das Maximum gleich sein. Die Totalerwärmung ist dann $\frac{i\lambda\sigma z}{2}$.

De la Rive[1]) hat einige allgemeine Angaben über die Wärmeerregung in flüssigen Leitern gemacht. Die Wärmemengen, welche in gleichen Mengen flüssiger Leiter entwickelt werden, durch welche nacheinander der ganze Strom geht, sind um so grösser, je kleiner die Electroden sind. Wenn unter sonst gleichen Umständen zwei Flüssigkeiten in dieselbe Kette geschaltet werden, die eine zwischen Platinplatten, die andere von einem schliessenden Platindrahte durchlaufen, so ist ihre Erwärmung für eine gleiche hindurchgegangene Electricitätsmenge gleich; bei Anwendung abwechselnd entgegengesetzter Ströme erwärmt sich die Flüssigkeit schwächer. Der Unterschied beider Wärmemengen ist um so geringer, je kleiner der Uebergangswiderstand an den Electroden war. Die gesammte Gasentwickelung scheint in keinem Zusammenhang mit der gesammten Wärmeentwickelung zu stehen.

Dass die Vergrösserung des Widerstandes der Leitungsflüssigkeit die Wärmeerregung vermehrt, wies de la Rive[2]) durch Einschalten poröser Diaphragmen nach. Die Wärme war in jeder Zelle in der Nähe der Scheidewände am grössten.

Joule[3]) hat die Wärmeerregung in flüssigen Leitern genauer untersucht. Zuerst prüfte er die Erwärmung in der Leitungsflüssigkeit der angewandten Kette selbst, deren positives Metall immer aus Zink bestand. Es wurde die Wärmemenge bestimmt, welche Zinkoxyd durch seine Auflösung in der Leitungsflüssigkeit ausserhalb des Stromes hervorbringt, um dieselbe von der gesammten, während des Stromdurchgangs erzeugten Wärme, welche zum Theil dem rein chemischen, zum Theil dem electrolytischen Process zuzuschreiben ist, abziehen zn können. Wegen der specifischen Wärme der Leitungsflüssigkeit und des Gefässes und wegen des Einflusses der umgebenden Luft, welche nach dem Versuch durch die Geschwindigkeit der Abkühlung bestimmt wurde, wurden Correctionen angebracht. Die Versuche bestätigten auch hier hinläng

---

1) Arch. de l'Él. III. 175.*

2) Arch. de l'Él. II. 501.* Vergl. auch Ann. de chim. phys. 2me Ser. LXII. 193;* Pogg. Ann. XV. 257.*

3) Phil. Mag. XIX. 260; Arch. de l'Él. II. 60.*

lich das Gesetz, dass sich die Wärmeentwickelungen gerade wie die Widerstände verhalten. Sie wurden angestellt an Smee'schen, Wollaston'schen, Grove'schen Ketten. Die Daniell'sche Kette brachte eine bedeutende Kälteerregung hervor, durch die Trennung des Kupferoxydes von seiner Säure; die Grösse derselben wurde nicht genau genug bestimmt, um damit weitere Versuche anstellen zu können. Endlich wurde die Wärmeentwickelung in Electrolyten, welche sich zwischen zweien gleichartigen Electroden befanden, untersucht. Wenn die Electroden von Platin, und der Electrolyt angesäuertes Wasser waren, so wurde von dem Widerstande der Zersetzungszelle derjenige Theil, welcher nur gegen die Electrolysation geleistet wurde, abgerechnet, um den Leitungswiderstand allein zu erhalten. Joule fand, dass durch diesen Electrolysationswiderstand etwa $\frac{1}{6}$ der Stromintensität verbraucht wurde. Dagegen wurde der Gesammtwiderstand als Leitungswiderstand gerechnet, wenn Kupfervitriol zwischen Kupferelectroden zersetzt wurde, weil dann kein anderweitiger Widerstand (Polarisation) stattfand.

Aus den so allgemein bestätigten Gesetzen für die Wärmeentwickelung durch den Strom zieht Joule die folgenden Schlüsse:

1) Wenn die Electroden eines Volta'schen Stromes von gegebener Intensität durch einen einfach leitenden Körper mit einander verbunden werden, so ist die Gesammtmenge der entwickelten Wärme, unabhängig von der Leitungsfähigkeit, proportional der Zahl der zur Hervorbringung des Stromes erforderlichen Zink- oder Wasseratome.

2) Die Gesammtmenge der Wärme, welche durch eine gegebene Kette entwickelt wird, steht im geraden Verhältniss zu deren Intensität und der Zahl der electrolysirten Atome.

3) Wenn ein Strom durch irgend eine Substanz hindurchgeht, so ist die in einer gegebenen Zeit entwickelte Gesammtwärme proportional der in jeder Zelle electrolysirten Zahl von Atomen, multiplicirt mit der virtuellen Intensität des Stromes.

E. Becquerel's [1]) Versuche über die Wärmeerregung in Flüssigkeiten während der Electrolyse sind ganz ähnlich angestellt, wie die an festen Leitern. Statt des Calorimeters wurde ein kleiner Platintiegel angewandt, in dessen Deckel ein Thermometer und zwei

1) Ann. de chim. phys. 3me Sér. IX. 54*.

isolirte Electroden eingesetzt waren. Als Electrolyten werden zuerst Salzlösungen gebraucht, deren Metall mit dem der Anode identisch war, z. B. Kupfervitriol mit Kupferanode, während die Kathode häufig durch den Platintiegel selbst gebildet wurde. Dies war besonders dann vortheilhaft, wenn sich an derselben ein Gas entwickelte, welches dann durch die ganze Flüssigkeit entwich und seine Wärme so sicherer abgab. Es bestätigten sich hier dieselben Gesetze, welche die Abhängigkeit der Wärmeerregung von der Stromstärke und dem Widerstande bei Leitern erster Klasse angaben.

Für die Electrolyse mit Gasentwickelung musste von der gesammten Wärmemenge noch derjenige abgerechnet werden, welcher durch den Uebergang in den Gaszustand verbraucht wird. Ist M eine von der Leitungsfähigkeit des Electrolyten abhängige Zahl, N die Wärmemenge, welche zur Bildung eines Cubiccentimeters Knallgas verbraucht wird, Q die gesammte Wärmemenge, q die entwickelte Gasmenge, so ist

$$Q = Mq^2 - Nq.$$

N wurde nach den Versuchen von Dulong und Petit = 2,071 genommen und dann M aus der vorhergehenden Formel, sowie aus der Leitungsfähigkeit berechnet. Auch auf diese Weise wurden merklich übereinstimmende Zahlen erhalten (in drei Versuchen 4,34; 4,36. 3,72; 3,11. 4,37; 4,27.), so dass die obigen Gesetze auch für die Electrolyse mit Gasentwickelung gelten, wenn man die zur Gasentwickelung nöthige Wärme in Rechnung bringt. Beimischungen von Salzen änderten die Gesetze nicht. In manchen Fällen waren sie jedoch scheinbar durch die Stromstärke geändert. Wenn z. B. eine verdünnte Natronlösung zwischen dem Platintiegel und einer Zinkanode zersetzt wurde, so wurde bei schwachen Strömen an dieser aller Sauerstoff absorbirt, bei stärkeren wurde er zum Theil frei; dann musste auf die Quantität des nicht absorbirten Sauerstoffes Rücksicht genommen werden. Die Absorption war in diesem Falle ganz zu vermeiden, wenn man den Platintiegel zur Anode machte.

Helmholtz [1]) hat die Gesetze der galvanischen Wärmeentwickelung mit dem allgemeinen Gesetze der Erhaltung der Kraft in Verbindung gebracht. Für eine Säule bei der keine Polarisation stattfindet, die aus n Elementen von der electromotorischen Kraft A

1) Erhaltung der Kraft 45*.

besteht, und deren Gesammtwiderstand $= W$, also $d = \frac{nA}{w}$ ist, wird die Wärmeentwickelung in einem Stück der metallischen Leitung vom Widerstande w in der Zeit t

$$\vartheta = J^2 w t.$$

Für verzweigte Schliessungsdrähte, deren einzelne Zweige die Widerstände w_a haben, ist der Gesammtwiderstand w gegeben durch die Gleichung

$$\frac{1}{w} = \Sigma\left[\frac{1}{w_a}\right]$$

also die Intensität im Zweige w_n

$$J_n = \frac{Jw}{w_n}$$

die Wärme in diesem Zweige

$$\vartheta_n = J^2 w^2 \frac{1}{w_n} t$$

und die Wärme in der ganzen verzweigten Leitung:

$$\vartheta = \Sigma[\vartheta_a] = J^2 w^2 \Sigma\left[\frac{1}{w_a}\right] t = J^2 w t.$$

Folglich ist die an einer mit beliebigen Verzweigungen der Leitung versehenen Kette entwickelte Wärmemenge:

$$\Theta = J^2 W t = nAJt.$$

In den nach Art der Daniell'schen Kette eingerichteten constanten Ketten werden in der Zeit t vom positiven Metall gelöst nJt Aequivalente, und ebensoviele vom negativen niedergeschlagen. Entwickelt ein Aequivalent des positiven Metalles bei seiner Oxydation und Auflösung der Wärme a_z, während das negative Metall beim entgegengesetzten Process a_c abgiebt, so ist die chemisch entwickelte Wärme

$$nJt(a_z - a_c),$$

die chemische würde aber der electrischen gleich sein, wenn

$$A = a_z - a_c$$

wäre.

In den nach der Form der Grove'schen gebauten Ketten wird der Wasserstoff zur Reduction der das negative Element umgebenden Substanzen gebraucht; die chemischen Processe in den mit gleichen Leitungsflüssigkeiten gebauten Ketten (Platin oder Kohle in Salpetersäure, Platin oder Kupfer in Chromflüssigkeit) sind einander gleich; folglich müssen auch die entsprechenden electromotorischen Kräfte einander gleich sein, was die Versuche von Poggendorff [1]) in der That bestätigen. Solche Ketten können betrachtet werden als zusammengesetzt aus Zink und den dem negativen Metall zunächst liegenden Theilchen von salpetrichter Säure oder Chromoxyd, so dass dieses Metall selbst nur als Leiter wirkt.

Von den inconstanten Ketten geben einige nur Polarisation und keine (merkliche) chemische Zersetzung; so die von Faraday [2]) besprochenen unthätigen Ketten. Ueber diese fehlt es noch an scharfen Messungen. Bei Ketten endlich, welche Polarisation und chemische Processe enthalten, kann die Intensität nicht durch die einfache Ohm'sche Formel ausgedrückt werden, sondern es muss deren Zähler oder Nenner oder beide eine Function der Intensität der Kette enthalten. Solche Ströme können in den Polarisationsstrom und in einen constanten Strom ohne Gasentwickelung zerlegt werden; die durch den Strom erregte Wärme muss der durch den chemischen Process zu erregenden gleich sein.

Ist die Wärmeerregung eines Atoms Zink bei seiner Auflösung in verdünnter Schwefelsäure und Austreibung des Wasserstoffs $= a_z - a_h$, so ist die in der Zeit dt zu erzeugende Wärme

$$J\,(a_z - a_h)\,dt.$$

Wäre nun die Wärmeentwickelung in allen Theilen der Kette proportional dem Quadrate der Intensität, also $J^2 W dt$, so hätte man, wie oben, die einfache Ohm'sche Formel

$$J = \frac{a_z - a_h}{W}$$

Da diese hier aber nicht anwendbar ist, so muss es in der Kette Querschnitte geben, deren Widerstand nicht als constant zu setzen ist (Uebergangswiderstand).

Knochenhauer [3]) hat den Zusammenhang der für die Erwärmung durch den galvanischen Strom und durch Reibungselectricität geltenden Gesetze nachgewiesen. Ist die Intensität eines Stromes $J = \frac{k}{W}$, und befinden sich in demselben n Zweigbahnen, so ist die gesammte Intensität

$$J = \frac{k}{W + \frac{1}{v' + v'' + \ldots + v^n}}$$

1) Pogg. Ann. LIV. 429. LVII. 104*.
2) Exp. Res. 1823*.
3) Pogg. Ann. LXII. 207*.

und eine partielle

$$J^r = \frac{k \dfrac{v^r}{v'+v''+\ldots+v^n}}{W + \dfrac{1}{v'+v''+\ldots+v^n}}$$

wo $v', v'', \ldots v^n$ die umgekehrten Werthe der Widerstände in den einzelnen Zweigen darstellen. Setzt man die Wärmeentwickelung durch einen Strom von der electromotorischen Kraft 1, dem Widerstande 1 in der Zeit $1 = \alpha$, so ist die gesammte Wärme in t Zeiteinheiten $\Theta = \alpha J^2 t$ und im Zweigstrom $\Theta = \alpha (J^r)^2 t$.

Ladet man ferner eine electrische Batterie von 5 Flaschen, deren Ladung durch q Entladungsschläge einer Lane'schen Flasche gemessen wird, so ist die Spannung der Electricität in der Batterie proportional $\frac{q}{s}$. Setzt man bei der Entladung die Stromstärke für $q = 1$, $s = 1$ und den Widerstand $= 1$ ebenfalls $= 1$, so ist

$$J = \frac{\frac{q}{s}}{W}.$$

Sind n Zweige in den Strom geschalten, deren compensirte Längen die umgekehrten Werthe $l', l'' \ldots l^n$ haben, so ist

$$J = \frac{\frac{q}{s}}{W + \left(\frac{l'}{l'+l''+\ldots+l^n}\right)^2 w' + \left(\frac{l''}{l'+l''+\ldots+l^n}\right) w'' + \ldots}$$

und in der $r$ten Zweigbahn

$$J^r = \frac{\frac{q}{s}\left(\frac{l^r}{l'+l''+\ldots+l^n}\right)}{W + \left(\frac{l'}{l'+l''+\ldots+l^n}\right)^2 w' + \ldots}$$

nach den von Knochenhauer [1]) mitgetheilten Entwickelungen. Ist die im Thermometerdraht durch eine Entladung, bei welcher $q = 1$, $s = 1$, Widerstand und Zeit $= 1$ gesetzt wird, $= \alpha$, so würde, wenn sich die Entladung nach Belieben auf t Zeiteinheiten beschränken oder ausdehnen liesse,

$$\Theta = \alpha J^2 t$$
$$\Theta^r = \alpha (J^r)^2 t$$

sein. Da man aber die ganze Entladungszeit τ anrechnen muss, so hat man

$$\Theta = \alpha J^2 \tau$$
$$\Theta^r = \alpha (J^r)^2 \tau.$$

1) Pogg. Ann. LXI. 55*.

τ ist abhängig von der geladenen Fläche, und zwar proportional s, und auch proportional dem Widerstande der Schliessung. Setzt man die Zeit der Entladung für $s = 1$ und den Widerstand $= 1$ auch $= 1$, so ist

$$\tau = s\left(W + \left(\frac{l'}{l' + l'' + \ldots + l^n}\right)^2 w' + \ldots\right)$$

und

$$\Theta = \frac{\alpha \frac{q^2}{s}}{\left(W + \left(\frac{l'}{l' + l'' + \ldots + l^n}\right)^2 w' + \ldots\right)}$$

$$\Theta^n = \frac{\alpha \frac{q^2}{s}\left(\frac{l^n}{l' + l'' + \ldots + l^n}\right)^2}{W + \left(\frac{l'}{l' + l'' + \ldots + l^n}\right)^2 w' + \ldots}$$

Wird hierin $\alpha \frac{q^2}{s} = C$ gesetzt, so erhält man die von Knochenhauer mitgetheilten Formeln für die Erwärmung im verzweigten Schliessungsdraht der electrischen Batterie.

Auf den Widerspruch, in welchen Knochenhauer bei der Vergleichung dieser Formeln gefallen ist, indem er die Entladungszeit als unabhängig von der Dichtigkeit der Electricität betrachtet, während er sie andererseits für eine Function derselben erklärt, braucht hier nicht weiter eingegangen zu werden. Riess [1]) hat dies Factum hinreichend betrachtet.

Riess [2]) hat übrigens im Allgemeinen darauf aufmerksam gemacht, dass wir noch gar kein Mittel besitzen, um die Stärke eines galvanischen Stromes mit der einer electrischen Entladung zu vergleichen. Als Beispiel solcher willkürlichen Vergleiche führt er den Versuch von Faraday [3]) an, in welchem eine Volta'sche Kette construirt wurde, welche in $3\frac{1}{8}$ Secunden am Galvanometer dieselbe Ablenkung gab, wie ein electrischer Entladungsstrom in einer ganz unbekannten Zeit; ferner die Vergleiche der chemischen Wirkungen; der Jodflecken, welche auf Jodkalium-Stärkepapier durch die Wirkung beider Ströme erzeugt werden; der Polarisationswirkung an Electroden, welche für die Reibungselectricität zuerst von

1) Pogg. Ann. LXIX. 153*. Vergl. Knochenhauer ib. 421* und Riess ib. 558*.

2) Pogg. Ann. LXVII. 539. LXIX. 151*.

3) Exp. Res. 371*.

Henrici [1]) beobachtet, dann von Becquerel [2]) benutzt ist, um aus der Grösse des Polarisationsstromes auf die der chemischen Wirkung und aus dieser auf die Electricitätsmenge zu schliessen; endlich die Vergleichung beider Ströme durch die von ihnen hervorgebrachte Wärme, wie sie de la Rive [3]) in einer Bemerkung zu einer der angeführten Abhandlungen von Riess auch jetzt noch versucht, obgleich ihm die von diesem Physiker aufgestellten Gesetze über die Wärmeentwickelung bei der electrischen Entladung bekannt sind. Hiernach muss man gewiss die von Riess ausgesprochene Meinung theilen, dass bis jetzt noch kein sicherer Anhaltspunkt für den Vergleich beider Electricitäten existirt, wenn sich auch die Ansicht Ampère's [4]) nicht bestätigt hat, als sei die von einer Maschine in einer gegebenen Zeit erzeugte Electricitätsmenge unabhängig von deren Leitungsvermögen der Schliessung, in welcher Beziehung sich vielmehr beide Ströme entsprechend verhalten.

Die schon früher von Buntzen [5]), Oerstedt [6]) und Murrey [7]) beobachtete Erscheinung, dass die Wärmeerregung in der Nähe des positiven Pols stärker ist, als die am negativen, ist von Mehren bestätigt worden. De la Rive [8]) machte den Gegenversuch, dass bei abwechselnd entgegengesetzten Strömen die Temperaturverschiedenheit verschwindet. Gassiot [9]) hielt die kupfernen Poldrähte einer starken Säule über Kreuz, so dass sie zwei Zoll von ihren Enden, ein achtel Zoll von einander entfernt waren. Die eintretende Flammenerscheinung konnte bis zu einem viertel Zoll verlängert werden. Nach einer halben Minute war der positive Draht rothglühend, bald darauf weissglühend, dann wurde er weich und bog sich durch sein eigenes Gewicht. Die Ergebnisse wiederholter Versuche blieben immer dieselben, auch wenn die Drähte

1) Pogg. Ann. XLVI 585. XLVII. 431*.

2) C. r. XXII. 381*; Arch. des sc. ph. et nat. I. 291; L'Inst. N. 706. 228.

3) Arch. des sc. ph. et nat. II. 62.

4) Ann. de chim. XV. (1820); Ampère recueil d'observ. électrodynamiques, Paris 1822. 13.

5) Sill. Am. J. XXV. 149.

6) Schweigg. J. V. 407.

7) Ed. phil. J. XIV. 57; Bull. univ. de sc. math. VI. 283.

8) Arch. de l'Él. III. 179*.

9) Phil. Mag. XIII. 436*; Pogg. Ann. XLVI. 330*; Bibl. un XVIII. 369*.

aus Platin, Eisen, Stahl oder Messing bestanden. Daniell [1]) bestätigte diesen Versuch, und schmelzte in einem ausgehöhlten, als Anode dienenden Kohlenstück Iridium, Osmiridium, Rhodium, Titan und natürliches Platinerz; ebenso Walker [2]), der zugleich zeigte, dass auch in der Nähe der positiven Electrode in einer Flüssigkeit eine höhere Temperatur stattfinde. Hare [3]) tauchte einen dicken Platindraht als Anode einer 400paarigen Säule in concentrirte Chlorcaliumlösung und bereitete mit einem dünnen Platindraht als Nathode die Oberfläche der Lösung. Die Spitze des letzteren Drahtes schmolz zu einer Kugel. Wurde die Stromrichtung umgekehrt, so trat nur ein schwaches Glühen ein. Die Meinung, welche E. Becquerel [4]) über die letztere Erscheinung ausspricht, dass sie der verschiedenen Wärmemenge zuzuschreiben sein möchte, welche die beiden Gase bei ihrer Entbindung aufnehmen, findet dadurch keine Bestätigung, dass der Versuch auch ohne Leitungsflüssigkeit gelingt. Grove [5]) fand, dass der Wärmeunterschied der beiden Pole nur in oxydirenden Gasen existire, und hier besonders bei oxydirbaren Metallen bedeutend sei. In Wasserstoff, Stickstoff und im Vacuum einer Luftpumpe fand er keinen Unterschied der Erhitzung, in Luft war die Anode immer wärmer, auch wenn sie aus Platin bestand, was er als Beweis für eine geringe Oxydirbarkeit des Platins ansieht. Wenn zwei Platinspitzen als Pole zur Hervorbringung der Feuererscheinung benutzt wurden, so wurde so viel Sauerstoff absorbirt, als in derselben Zeit durch denselben Strom durch Electrolyse entwickelt worden wäre. Faraday [6]) ist der Meinung, die verschiedene Erwärmung sei nicht eine Folge der verschiedenen Polarität, sondern anderer Umstände. Wenn er an einer Säule und deren Schliessung Alles ungeändert liess, und den Strom umsetzte, so blieb die Erwärmung unverändert; wahrscheinlich war seine Säule nicht kräftig genug. Mackrell [7]) hat sogar entgegengesetzte Resultate erlangt. Er schloss eine starke Säule durch Eisen-

1) Phil. Trans. 1839. 93*.
2) Trans. Lond. El. Soc. 1841. 65. 71.; Pogg. Ann. LV. 62*. Sill. Am. J. XXXIX. 32; Bibl. un. XVIII. 371.
3) Sill. Am. J. 1841 Jan.; Arch. de l'Él. III. 665.
4) Ann. de chim. phys. 3me S. IX. 55*.
5) Phil. Mag. XVI. 478*.
6) Exp. Res. 1630*.
7) Proc. Lond. El. S. 41; Ann. of El. VII. 392*; Arch. de l'Él. I. 575*

drahtelectroden in verdünnter Schwefelsäure. Tauchte er den positiven Draht vor dem negativen ein, so brannte der letztere in der Flüssigkeit mit rother Flamme; kehrte er aber die Ordnung des Eintauchens um, so glühte der positive Draht nur schwach. Bestand die Kathode aus Platinblech, die Anode aus Eisendraht, so glühte dieser nur, bei umgekehrter Anordnung brannte er mit Flamme. Kupfer- und Zinkdrähte gaben an Stelle des Eisendrahts denselben Erfolg. Schwefelantimon (kermes minerale) als negative Electrode angewandt, schmolz, entzündete sich, und bildete einen gelben Beschlag auf dem Gefässe; als positive Electrode entwickelte es einen weissen Rauch, ohne sich zu entzünden. Die Anode von Eisendraht und die Kathode von Holzkohle werden nach einander in die Flüssigkeit getaucht, und dann mit einander berührt. War der Eisendraht zuerst eingetaucht, so glühte die Kohle, umgekehrt nicht. Wurde von zwei Platindrahtelectroden die positive zuletzt eingetaucht, so umgab sie sich mit bläulichem Lichtglanz. Wurde der Strom durch die Kathode geschlossen, so sah man kein Licht, es entstanden aber mehrere Explosionen. An der zuerst eingetauchten Electrode entwickelte sich kein Gas. Die Leitungsflüssigkeit wurde nun in eine U-förmige Röhre gegeben und der Strom durch Drähte in den beiden Schenkeln derselben geschlossen. Unabhängig von der Reihenfolge des Eintauchens war die Flüssigkeit an der Kathode wärmer. Z. B. Temperatur vor Durchleitung des Stromes an der Kathode 58°, an der Anode 59°. Nach der Durchleitung an der Kathode 68°, an der Anode 65° F. Die Schlüsse, welche Mackrell aus seinen Versuchen gezogen hat, sind: Die Temperatur ist höher an der Kathode; das Metall ist nicht die wahre Electrode, sondern die Flüssigkeit in dessen Umgebung, weil die Gase nur dann an der Oberfläche der Lösung entbunden werden, wenn sie an dem zuletzt eingeführten Drahte gebildet sind. Diese Ergebnisse widersprechen theils dem Früheren geradezu, theils hängen sie mit den Versuchen von Neef [1]) zusammen. Diese Versuche werden mit dem selbstunterbrechenden Electromotor [2]) angestellt, auf dessen Amboss der genannte Physiker zum vorliegenden Zweck eine feine Platinspitze befestigt hatte. Durch eine Loupe oder ein 25 bis 50

---

1) Pogg. Ann. LXVI 414*; Arch. des sc. ph. et nat. III. 391; Inst. N. 636. 83.

2) Pogg. Ann. XLVI. 104*.

fach vergrösserndes Mikroskop sah er, dass die Lichterscheinung immer am negativen Pol auftrat; nicht in Gestalt von Funken von einem Pole zum andern übersprang. Er unterschied in der Lichterscheinung kleine weisse Punkte, welche nur an den äussersten Spitzen (bei einer polirten Spitze also nur an einem Punkte) haften, und eine bläuliche Flamme, welche den negativen Pol, wenn er durch die Spitze gebildet ist, umgiebt, oder, wenn er durch eine Platte gebildet ist, als Kreisscheibe deckt. Sie wird bei Schwächung des Stroms kleiner, bei Verstärkung wird sie violett oder röthlich, und bleibt nicht mehr ruhig, sondern sprüht über die ursprüngliche Gestalt hinaus. Auch springen dann Funken bis ausserhalb der Flamme. Neef hält das Phänomen der weissen Lichtpunkte für ein primäres, dem festen Polmetalle zukommendes, die Flamme für eine Verbrennungserscheinung eines Gases, von der er jedes Metall in dünner Schicht umgeben denkt, und das sich von ihm in seiner Natur nicht unterscheidet. Er schliesst hierauf aus der Färbung, welche die Flamme bei Anwendung verschiedener Metalle annimmt, und daraus, dass sie in einer Kohlensäureatmosphäre kleiner und matter wird. In verdünnter Luft vergrössert sie sich. Moigno [1]) hat diese Versuche, mit eigenen Bemerkungen begleitet, der Pariser Academie mitgetheilt.

Aehnliche Beobachtungen hat Tyrtov [2]) angestellt. Wenn er zwei mit Quecksilber gefüllte Gefässe mit den Polen einer Säule verband, in das, als Anode dienende, einen Draht tauchte, und mit demselben das Quecksilber der Kathode berührte, so wurde das letzte Ende glühend, und schmolz zu einer Kugel zusammen. Wurde aber der Draht in das Quecksilber der Kathode getaucht, und das der Anode berührt, so erschien ein bläulicher Funke; der Draht glühte nicht, aber das Quecksilber verdunstete stärker. Der Versuch wurde mit demselben Resultat wiederholt, wenn das Quecksilber und der Leitungsdraht durch verschiedene Substanzen ersetzt wurden.

Fizeau und Foucault [3]) beobachteten, dass dünne Platindrähte, als Electroden einer starken Säule angewandt, nicht glühten,

1) C. r. XXII. 452*.

2) Bull. de St. Pét. V. 94*; Just. N. 671. 376; Arch. des sc. ph. et nat. III. 399; Pogg. Ann. LXX. 85*.

3) Ann. de chim. phys. 3me S. XI. 383*.

dass aber die, an ihnen ausgeschiedenen Gase leuchteten, besonders am negativen Pol. Im Maasse, als das Leuchten zunahm, nahm der Strom ab.

Zantedeschi [1]) konnte in jeden der kupfernen Poldrähte einer vierzigpaarigen Daniell'schen Säule ein Breguet'sches Thermometer einschalten. Wurde die Kohlenspitze des negativen Poles der Kohlenplatte des positiven genähert, so zeigte sich an der Spitze ein lebhaftes Licht. Die Platte blieb dunkel; war dabei das Thermometer in den negativen Poldraht eingeschaltet, so bewegte sich der Zeiger erst, nachdem das Licht eine Minute gedauert hatte. Stand das Thermoter im positiven Poldraht, so wich es schon nach 3″ um $1\frac{1}{2}$ Grad ab, nach 20″ um 4°. Berührte man die Platte mit der Spitze, so ging der Zeiger über 12° hinaus. Entsprechend gelangen die Versuche mit einem, dem Riess'schen ähnlichen, Luftthermometer. Zantedeschi sieht die polaren Unterschiede von Licht und Wärme als einen entscheidenden Beweis gegen die Melloni'sche Identitätstheorie beider Erscheinungen an.

De la Rive [2]) hat die Bedingungen näher geprüft, unter denen sich zwischen den Polen einer Säule ein Lichtbogen bilden kann. Er fand, dass derselbe nicht nur zwischen Kohlenspitzen entstand, sondern auch wenn beide, oder auch nur das positive Polende aus einer lockeren Substanz, Platinschwamm oder in eine Glasröhre gestampften reducirten Kupfer bestand, während der negative Pol von einem beliebigen Metall gebildet sein konnte; nur müssen beide Pole sich zuerst berührt und erhitzt haben. Holzkohle muss erst geglüht und in Wasser gelöscht werden; Coke giebt ein besseres Licht. Der Lichtbogen besteht aus einer, sogar sichtbaren, Fortführung glühender Theilchen. Die Wirkung des Magneten auf den Lichtbogen, welche Davy zuerst beobachtet, fand de la Rive bestätigt. Das Licht fand er unpolarisirt. Ebenso fand Poggendorff [3]) das eines in der Kette glühenden Platindrahtes.

Grove [4]) giebt drei Bedingungen für die Beschaffenheit der Electroden zur Bildung eines grossen Lichtbogens an: Leichte Oxydirbarkeit, Flüchtigkeit und Losreissbarkeit der Theilchen. Wenn

---

1) Racc. fis. chim. Ital. I. 325*.
2) Arch. de l'Él. I. 262*; Pogg. Ann. LIV. 56*. LX. 383*.
3) Pogg. Ann. LX. 386*.
4) Phil. mag. XVI. 478*.

er beide Polenden aus gleichen Substanzen machte, so konnte er die verschiedenen Metalle nach der Länge des Lichtbogens, welchen sie gaben, so ordnen: Kalium, Natrium, Zink, Quecksilber, Eisen, Zinn, Blei, Antimon, Wismuth, Kupfer, Silber, Gold, Platin. Wenn der Bogen zwischen Zinkspitzen, die sich in einer mit Stickstoff gefüllten und mit Wasser gesperrten Glocke befanden, gebildet wurde, so entwickelte sich Wasserstoff, auch nachdem die Zinkspitzen nicht mehr mit Wasser benetzt waren. Es musste also der Wasserdampf zersetzt werden. [1])

Walker [2]) stellte mit seiner grossen 160paarigen Säule einen Lichtbogen her. Drückte er den negativen Poldraht fest auf das Nordende eines sehr starken Hufeisenmagneten, und näherte demselben den positiven Draht bis auf Schlagweite, so erschien eine glänzende circulare Flamme, die im Sinne eines Uhrzeigers rotirte. Eine Umkehrung der Pole brachte eine Umkehrung der Drehung hervor.

Daniell [3]) stellte mit seiner zwanzigpaarigen Säule seiner Construction zwischen Spitzen von Gaskohle einen Lichtbogen von $\frac{3}{4}$ Zoll Länge her und beobachtete dabei ebenfalls die Ueberführung von Kohlentheilchen von der Zinkode zur Platinode. Wurde die Letztere durch Platin ersetzt, so blieb die Erscheinung ungeändert, vertauschte er aber jetzt die Pole, so wurden Platintheilchen zur Kohle übergeführt, welche nun von kleinen geschmelzten Platinkügelchen bedeckt erschien. Waren die Pole durch Messingkugeln gebildet und so weit auseinandergezogen, dass der Lichtbogen sich nicht mehr bildete, so konnte derselbe dadurch erhalten werden, dass man zwischen den beiden Kugeln die Entladungsfunken einer Leyden'schen Flasche überspringen liess. Sturgeon [4]) hat diesen Versuch ebenfalls angestellt, und glaubt, dass er von Sir John Herschel herrührt. Wurde der Pol eines starken Magneten selbst als der eine Pol der Batterie benutzt, so bemerkte Daniell die, wie er glaubt, zuerst von Sturgeon, dann von Gassiot beobachtete Rotationserscheinung, welche oben im Versuch von Walker erwähnt wurden. Die Wirkung eines Magneten auf den ruhenden Bogen konnte so stark sein, dass dieser dadurch erlosch.

---

1) Arch. de l'Él. III. 169; Pogg. Ann. LXIII. 414*.
2) Trans. Lond. El. Soc. 1837—40; Pogg. Ann. LIV. 514*.
3) Phil. Trans. 1839. 89*; Pogg. Ann. LX. 379*.
4) Ann. of El. VIII. 507; Pogg. Ann. XLIX. 122*.

Bunsen[1]) hat die Lichtstärke eines Flammenbogens, den er mit einer 48paarigen Kohlenzinksäule darstellte, zu bestimmen versucht. Er bediente sich hierzu eines eigenthümlichen Photometers. Eine durchscheinende Platte, z. B. Papier, a, ist in der Mitte durch ein zweites Blatt der Art, b, verdoppelt. Dieser Schirm wird von der Rückseite durch ein constantes Licht α, von vorn durch das zu messende, α', erleuchtet. Man sieht also den einfachen Rand erleuchtet durch das ganze Licht α und den nicht hindurch gegangenen Theil von α', β, d. h. von $\alpha + \beta$. Dagegen ist die Vorderseite des Mittelfeldes erleuchtet von α — den Strahlen x, welche das doppelte Papier zurückhält. Das Mittelfeld empfängt von α' die Lichtmenge β und ausserdem den Theil γ des Lichtes, welche von der zweiten Papierfläche reflectirt worden ist. Die Helligkeit dieses Feldes ist also $= \alpha + \beta - x + \gamma$, die des Randes $= \alpha + \beta$. Soll der ganze Schirm gleich beleuchtet erscheinen, so muss $x = \gamma$ werden. Ist $x > \gamma$, so ist der Rand heller, ist $x < \gamma$, die Mitte. Durch Hin- und Herrücken der untersuchten Lichtquelle kann die Bedingung $x = \gamma$ erreicht werden. Das Quadrat der Entfernung vom Schirm dient als Maass der Lichtstärke. Das Instrument bestand aus einem dunklen Kasten, in welchem sich zwei auf einander gelegte Blätter Briefpapier zwischen zweien mattgeschliffenen Glasplatten befanden. Die Lichtstärke des Bogens fand sich gleich der von 576 Stearinkerzen, während die Stromstärke nach absolutem Maass = 52,32 war. Durch wiederholtes Eintauchen der Kohlenspitzen in eine Lösung von Schwefelsaurem Natron fand Bunsen die Lichterscheinung sehr verstärkt. In erweitertem Maasse sind dieselben Versuche wiederholt worden von Casselmann[2]) der auch viele andere Lösungen in derselben Absicht untersuchte, und den bedeutenden Vorzug des von Bunsen angewandten Photometers (mit dem auch er experimentirte) vor dem von Rumford experimentell nachwies. Die Resultate der Messungen sind folgende:

---

1) Reiset, in Ann. chim. phys. 3me S. VIII. 31*; Pogg. Ann. LX. 403*.
2) Kohlenzinkkette. 43*; Pogg. Ann. LXIII. 576*.

Kohle.		Entfernung der Kohlenspitzen in Millimetern.	Stromstärke.	Lichtintensität.
Roh.	Max.	unmessbar	90,504	923
	Min.	4,5	65,275	139,4
getränkt in salpetersaurer Strontianerde	Max.	0,75	94,037	334,7
		0,75	101,54	336,6
		0,50	113,90	353,0
	Min.	6,75	83,938	274,0
in Aezkali	Max.	2,5	95,91	150,0
	Min.	8,0	78,80	75,1
in salpetersaurem Kupferoxyd	Max.	1,0	71,300	376,8
	Min.	6,0	70,045	163,5
in Zinkchlorid	Max.	1,0	76,596	623,8
		1,0	76,596	623,8
	Min.	5,0	64,141	159,1
in Borax und Schwefelsäure	Max.	1,5	67,611	1171,3
		1,5	67,611	1171,3
	Min.	5,0	60,887	165,4

Nach diesen Versuchen fällt das Maximum der Lichtintensität mit dem Minimum der Länge des Bogens zusammen, und machen es wahrscheinlich, dass Lichtintensität und Stromstärke in ähnlichem Verhältnisse stehen. Nur die Kupferkohle macht hiervon eine Ausnahme, wahrscheinlich wegen der grossen Beweglichkeit des Bogens. Dieser wurde deshalb durch einen Magneten fixirt, und dann wurden die folgenden Zahlen erhalten:

Kohle mit		Lichtintensität.	Stromstärke.
Borsäure		197,8	39,644
		253,8	49,317
		298,1	54,808
Borax		205,4	45,976
		241,3	47,593
schwefelsaurem Natron	I.	236,6	36,726
		321,2	42,702
		400,0	44,289
	II.	177,7	26,725
		177,7	36,725
		203,5	39,644
		234,5	45,976
		346,0	29,317
		421,0	52,921
		427,0	54,808
		460,8	56,761
	III.	211,0	35,314
		221,4	36,725
		275,1	38,169
		332,5	51,060

Der Lichtbogen scheint sich demnach in Bezug auf seinen Widerstand wie jeder andere Leiter zu verhalten.

Die grösste Leuchtkraft zeigten die kreisförmigen glühenden Anfangspunkte des Bogens, welche ungefähr 1,5 bis 2,0 Quadratmillimeter gross sein mochten. Schätzt man die Länge einer Stearinkerzenflamme auf 30^{mm}, ihren grössten Durchmesser auf 5^{mm} und betrachtet man sie als einen vollkommenen Cylinder, so ist ihre Oberfläche =470 Quadratmillimeter. Nimmt man die Grösse eines leuchtenden Kohlenpunktes, um runde Zahlen zu haben, zu 2 Quadratmillimeter, die des leuchtenden Theils der Kerzenflamme zu 200 Quadratmillimeter, so würde die Intensität des galvanischen Lichtes noch hundertmal grösser zu nehmen sein, als sie berechnet wurde. Das Maximum der enthaltenen Leuchtkraft wäre dann = der von 117130 Kerzenflammen.

Der Bogen zeigte stets eine Wölbung nach oben: der höchste Punkt dieser Wölbung lag aber nie in der durch seine beiden Endpunkte gelegten Verticalebene, sondern wich stets seitlich davon ab, und zwar so, wie es nach dem Faraday'schen Gesetz über die Einwirkung verschiedener nebeneinanderhinlaufenden Ströme aufeinander zu erwarten war, wenn man die, die Erde umkreisenden Ströme als die einen, die Ströme im Lichtbogen als die anderen betrachtet. Die Spitzen wurden beide in einer Horizontalebene gehalten, und der ganze Tisch, welcher den Apparat trug, gedreht. Dann war die Wirkung folgende:

Richtung des Stroms in Bezug auf den magnetischen Meridian.	Abweichung des Bogenscheitels.
von *N* nach *S*	nach *O*
- *NW* - *SO*	- *NO*
- *W* - *O*	- *N*
- *SW* - *NO*	- *NW*
- *S* - *N*	- *W*
- *SO* - *NW*	- *SW*
- O - *W*	- *S*
- *NO* - *SW*	- *SO*

Ganz entsprechend war die Einwirkung künstlicher Magnete. Der Lichtbogen wurde von dem Magneten angezogen, wenn letzterer in einer Stellung sich befand, in welche eine bewegliche Magnetnadel gebracht worden wäre; abgestossen, wenn in der entgegengesetzten Richtung. Die Rotation wurde ebenfalls beobachtet, wenn ein Magnetstab statt des einen Poles angewandt wurde. Die Richtung der Rotation war immer die, welche ein entsprechender Leitungsdraht gehabt haben würde.

Fizeau und Foucault [1]) gaben eine relative Intensitätsbestimmung für die chemische Wirkung des Lichtes im Bogen. Fällt irgend ein Licht von der Intensität I durch eine Linse vom Oeffnungsradius r, ist d die Brennweite der Linse, und 2α der Winkel, unter dem man die Linsenöffnung vom Brennpunkt aus sieht, so ist die Wirkung, welche im Brennpunkte der Linse auf eine empfindliche Schicht ausgeübt wird,

$$i = \frac{Jr^2}{d^2} = J \operatorname{tng}^2 \alpha$$

Haben zwei Lichtquellen in derselben Zeit eine gleiche Wirkung auf die Schicht, so ist

$$J \operatorname{tng}^2 \alpha = J^1 \operatorname{tng}^2 \alpha^1$$

mit Uebertragung der entsprechenden Bezeichnungen, oder

$$\frac{J}{J^1} = \frac{\operatorname{tng}^2 \alpha^1}{\operatorname{tng}^2 \alpha}$$

Für verschiedene Zeiten der Wirkung wurde experimentell nachgewiesen, dass sich die Zeiten, in welchen gleiche chemische Wirkungen erhalten wurden, umgekehrt wie die Brennweiten verhielten, wenigstens innerhalb der Grenzen 1 : 10. Die Zeiten stehen also im umgekehrten Verhältniss der Intensitäten, wenn in ihnen gleiche Wirkung hervorgebracht wird, es ist also

$$\frac{J}{J^1} = \frac{t^1 . \operatorname{tng}^2 \alpha^1}{t . \operatorname{tng}^2 \alpha}$$

Der Lichtbogen wurde in freier Luft dargestellt, weil in einem Gefässe das Licht bald durch die auf die Wände abgelagerten Kohlentheilchen verdunkelt wurde. Die Glüherscheinung war grösser und glänzender am positiven Pole. Das Licht des Bogens war schwächer, als das der Pole. Das Licht des positiven Poles wurde gemessen bei einer Säule aus

46 Bunsen'schen Ketten	235,
80 Ketten derselben Art	238,
46 Ketten von dreifacher Oberfläche	385.

Das Licht verstärkte sich also mehr mit der Fläche, als

1) Ann. de chim. phys. 3me S. XI. 370*; Pogg. Ann. LXIII. 460*.

mit der Zahl der Ketten. Das Mittel aus den beiden ersten Beobachtungen verhielt sich zum Sonnenlicht wie 1 : 4,23. Das Maximum (bei 46 dreifachen Ketten) zum Sonnenlicht wie 1 : 2,59. Für das Maximum der Lichtwirkung eines im Knallgasgebläse glühenden Kalkcylinders wurde folgendes Verhältniss gefunden:

zum Sonnenlicht	1 : 146
zum Licht von 46 Ketten	1 : 56
von 46 dreifachen Ketten	1 : 34,3

Noch ein anderer photometrischer Versuch wurde angestellt; die zu vergleichenden Lichtbündel wurden durch Blendungen auf einen Schirm geworfen, deren eine so lange verändert werden konnte, bis die beiden erleuchteten Stellen gleiche Intensität hatten. Das umgekehrte Verhältniss der Flächenräume der Blendungen gab das der Lichtintensitäten. Das Verhältniss des Kalklichts zum Kohlenlicht bei 46 einfachen Bechern wurde gefunden = 1 : 26,5; 1 : 33,6; 1 : 37,7.

Die Ueberführungen bei Anwendung verschiedener Metalle beobachteten Fizeau und Foucault ebenfalls. Schlossen sie die Säule zwischen Kohlenspitzen, von 40 Paaren durch eine Kerzenflamme, so trat ein schwacher Strom ein, aber der Bogen bildete sich nicht, und der negative Pol bedeckte sich mit Kohlendendriten. Bei einer Säule von 80 Paaren geschah dies auch am positiven Pol, aber schwächer.

Neuerdings hat de la Rive [1]) seine Untersuchungen über den Lichtbogen wieder aufgenommen. Die Pole wurden bald durch Spitzen, bald durch Platten aus verschiedenen Metallen gebildet und konnten durch eine Mikrometerschraube einander genähert und von einander entfernt werden. Diese Bewegung war bis zu $\frac{1}{10}$ und selbst $\frac{1}{100}$ Millimeter zu beobachten. Die Pole wurden erst mit einander berührt und dann auseinander gerückt, so lange sich noch der Lichtbogen zeigte. Vor derselben war er nie vorhanden, weil die Spannung nicht so bedeutend war, wie bei der Gassiot'schen Wasserbatterie, mit der der Bogen auch ohne unmittelbare Berührung erhalten wurde. Die Säule war aus 70 Grove'schen Elementen zusammengesetzt, und zeigte einen Lichtbogen, welcher

---

1) C. r. XXII. 690*; Inst. N. 643. 144; Sill. Am. J. 1847; III. 110.

nach der Natur der Metalle von 2 bis 6 Millimeter Länge wechselte. Wenn beide Pole aus demselben Metall bestanden, so war der Bogen wenigstens zweimal grösser, wenn der negative Pol eine Platte und der positive eine Spitze war, als bei der umgekehrten Anordnung. Am grössten war er, wenn die Pole aus Silber, Eisen oder Kohle bestanden, am kleinsten, wenn aus Platin. Bei Anwendung verschiedener Metalle bestimmte besonders die Natur der Spitze, welche immer am positiven Pol gehalten wurde, die Grösse des Bogens, doch war die Platte auch nicht ganz ohne Einfluss. Wurde ein Galvanometer in den Strom eingeschaltet, so stand die Nadel in dem Momente, wo der Bogen beim Auseinanderrücken der Pole verschwand, immer auf demselben Punkte; der Bogen kann demnach nur bei einer gewissen Stromstärke bestehen, seine Grösse aber ist von der Beschaffenheit der Pole abhängig. Die Structur der abgelagerten Stoffe war von der Temperatur, bei welcher sie übergeführt waren, statt. Wurde der positive Pol durch eine Platte und der negative durch eine Spitze gebildet, so zeigte die erstere eine Höhlung statt der Ablagerung. Die höhere Temperatur des positiven Poldrahtes wurde ebenfalls beobachtet, während derselbe bei einer Dicke von 2 bis 3 Millimeter auf eine Länge von 3 Centimeter weissglühend wurde, erhitzte sich der gleiche negative Draht noch nicht bis zur Rothgluth. Ebenso erhitzten sich Platten von Eisen oder Platin wenig am negativen Pol, während sie am positiven bald durchlöchert waren. Bestanden beide Pole aus Spitzen von weichem Eisen von 1 Centimeter Durchmesser, so konnten dieselben bis auf 6 Millimeter von einander entfernt werden, ehe der Bogen verschwand. Wurden die Spitzen durch eine umliegende Spirale oder durch Annäherung eines Magneten magnetisirt, so hörte der Bogen sogleich auf, erschien aber nach Aufhebung der Magnetisirung wieder, wenn die Spitzen nicht zu lange abgekühlt waren. Blieb der magnetische Zustand bestehen, so konnte durch grössere Annäherung der Spitzen ebenfalls ein Lichtbogen erzeugt werden, während aber der erstere den Anblick darbot, als ginge ein Strom geschmelzter Eisentheilchen geräuschlos von einem Pole zum anderen über, umgeben von einem hellen Lichtglanze, hatte der zwischen magnetischen Spitzen entstehende nur etwa ein Drittheil von der Länge desselben und schien von einer Reihe von Funken gebildet zu sein, welche geräuschlos aus der Spitze hervorsprangen. Stahl verhielt sich ähnlich, wie magnetisches Eisen. Wurde die negative Spitze durch Coke oder Holzkohle ersetzt, so hörte man einen Ton, wenn die positive Spitze aus magnetischem Eisen bestand; mit der Magnetirung hörte der Ton auf.

Van Breda [1]) stellte Versuche über den Lichtbogen mit einer 60paarigen Grove'schen Säule von je 45 Quadratzoll Oberfläche an. Er erhielt den Bogen nicht ohne vorhergehende Berührung der Spitzen. Bei zehn Paaren der grossen Säule erhielt er im Momente der Berührung einen Strom, der aber, wenn die Spitzen sehr scharf waren, sogleich aufhörte, weil die Enden abgeschmelzt und längs den Electroden abgestossen wurden. Bei zehn kleineren Paaren erhielt sich der Strom, und wenn die Spitzen von einander entfernt wurden, sah man unter dem Mikroskop eine flüssige Metallmasse der Bewegung des Entfernens folgen. Um diese Erscheinung aus der Beobachtung zu eliminiren, wurde der Bogen nicht durch vorgängigen Contact, sondern durch Entladung einer Leydenschen Flasche hervorgerufen, und zwar, um die Verbrennung der Theilchen dabei zu vermeiden, im Vacuo. Der Bogen entstand, wenn auch zwischen den beiden Polen noch eine Kugel oder Platte eingeschaltet wurde. und zwar wurden von beiden Polen leuchtende Funken weggeschleudert, welche offenbar aus geschmelzten Metallkügelchen bestanden. Man konnte dieselben gegen die Platte springen, und von derselben abprallen sehen. Van Breda ist der Meinung, die Polarität der Electroden trage gar nichts zur Erscheinung des Lichtbogens bei, beide Pole schleuderten die Theilchen in den Raum, und einige derselben kämen zufällig zum andern Pol, während die meisten herabfielen. Er fand sogar, dass der Gewichtsverlust des negativen Poles den des positiven übertraf. Metalldrähte, welche in den Strom eingeschaltet wurden, glühten anfangs, dann zerrissen sie an einer unbestimmten Stelle und die dadurch gebildeten Enden wurden längs des Drahtes ziemlich weit fortgeschleudert. Der Draht endet also nach dem Versuch in zweien Kügelchen, und hat Nichts an Gewicht verloren oder gewonnen. Dabei findet keine andere Lichterscheiuung statt, als der gewöhnliche Funke im Moment, in welchem der Draht zerreisst.

) C. r. XXIII. 462; Phil. Mag. XXX. 125; Arch. des sc. ph. et nat. III. 32; Pogg. Ann. LXX. 326*.

In einer ausgedehnteren Abhandlung wiederholt de la Rive*) einen grossen Theil seiner früheren Angaben; dann geht er zu einem Vergleich der Lichtbogen in verschiedenen Medien über. Zwischen einer Platinplatte und Platinspitze gab eine 50paarige Grovesche Säule im luftverdünnten Raum eine sehr schwache Wirkung, besonders wenn die Platte positiv war. Der Bogen hörte auf, wenn die Pole um ein Millimeter voneinander entfernt waren. In der Luft war der Erfolg fast derselbe, doch verschwand der Bogen früher, wenn die Stärke der Säule vergrössert wurde; wie de la Rive glaubt, weil dann die Cohaesion des Theiles der Platte, welche als positive Electrode wirkt, durch die Temperaturerhöhung vermehrt (?) wurde. War die Batterie nicht zu stark, so war der Bogen in der Luft deutlicher und länger, als im Vacuum. War der positive Pol eine Platinplatte, der negative eine Platinspitze, so bildete sich auf der Platte ein blauer Fleck, ähnlich einem Nobilischen Farbenringe. Wurde der Versuch in der Luft wiederholt, so zeigte sich der Fleck auch, aber etwa von halb so grossem Durchmesser und weniger lebhaften Farben, in Wasserstoff erschien er garnicht, und de la Rive ist deshalb geneigt, seine Entstehung einer Oxydation zuzuschreiben, welche dasselbe erleiden soll, wenn es bei hoher Temperatur als Anode fungirt. Der negative Pol wurde nun mit einer Cokespitze versehen, während der positive die Platinplatte behielt. Der Bogen wuchs bis über die doppelte Grösse hinaus und bestand aus einem Büschel einzelner Strahlen, die von verschiedenen Punkten der Platte aus divergirten und nach verschiedenen Punkten der Cokespitze hingingen. War der negative Pol eine Platinspitze, so hatte die Lichterscheinung die Gestalt eines Kegels, dessen Spitze im äussersten Punkt der Platinspitze lag. War der negative Pol aus Platin, der positive aus Coke, so war der Bogen kleiner, besonders in atmosphaerischer Luft. Wurde die negative Spitze aus Zink gemacht, so zeigte sich auf der positiven Platte ein weisser Beschlag (Zinkoxyd) bei umgekehrter Anordnung ein schwarzer Zinkbeschlag. Eisen gab unter gleichen Umständen einen braunen Eisenoxyd- oder einen schwarzen Eisenbeschlag. Ebenso wurden entsprechende Resultate mit Silber, Kupfer und Quecksilber erhalten.

) Phil. Trans. 1847. 31; Phil Mag. XXX. 125; Ann. de chim. phys. 3me Sér. XIX. 377; Arch. des sc. ph. et nat. 312; Pogg. Ann. LXXVI. 270*.

Von den Wirkungen des Magnetismus auf den Bogen sind folgende zu erwähnen. Ein Hufeisen von weichem Eisen wurde so aufgestellt, dass man an einem Pol desselben oder zwischen beide Pole das Metall anbringen konnte, welches mit dem einen Pole der Säule verbunden werden sollte. Als eine Platinplatte, welche mit dem positiven Pol in Verbindung stand, auf den positiven Pol gelegt und eine negative Platinspitze ihr gegenüber gestellt ward, so dass ein Bogen entstand, und nun das Hufeisen in einen starken Electromagneten verwandelt wurde, liess sich ein scharfer zischender Ton hören, und die Spitze musste näher an die Platte gebracht werden, um den Bogen zu erhalten. Wurde nun die Platte negativ gemacht, so richtete sich der Bogen schief, wurde häufig unterbrochen und gab dabei ein starkes knallendes Geräusch, ähnlich dem bei der Entladung einer Leydenschen Flasche. Bei anderen Metallen zeigte sich dasselbe. Silber- und Kupferplatten behalten die Eindrücke der stattgehabten Wirkung. Wenn die Platte positiv ist, so zeigt der um die negative Spitze liegende Theil derselben einen Fleck in der Gestalt einer Schnecke, als hätte das schmelzende Metall eine drehende Bewegung um den Mittelpunkt gemacht. Dieser Fleck ist von feinen Verästelungen durchzogen, ähnlich den positiven electrischen Staubfiguren. Ist die Platte negativ, so zeigt sie einen kleinen kreisrunden Fleck, von dem eine mehr oder weniger gebogene Linie wie ein Cometenschweif ausgeht. Trugen beide Pole Spitzen, so waren die hörbaren Erscheinungen dieselben, die sichtbaren konnten natürlich nicht beobachtet werden. Das Zischen hält de la Rive für eine Aufeinanderfolge von Erschütterungen beim Uebergehen der Theilchen, welche sich bereits fast im Zustande der Schmelzung befinden. Um das Knallen hervorzubringen, muss der Strom öfter unterbrochen werden, damit sich die Electrode nicht zu sehr erhitzt.

Von der practischen Anwendung des electrischen Lichtes mag hier die neuere Litteratur folgen:

Corpusculum. Machine for producing electric light. Mech. Mag. XXVIII. 219.

Sir John Herschel. Photographic picture by light of the galvanic battery. Mech. Mag. XXX. 432.

Donné. Bilder mit Drummondschem Lichte. Inst. N. 321. p. 66.

Silliman. Expériences daguerréotypes au moyen de la batterie galvanique. Sill. Am. J. July 1842; Arch. de l'Él. III. 664.

de Moleyns. Electrical illumination. Mech. Mag. XXXVI. 236.

Selligue. Anwendung des Galvanismus zur Beleuchtung. Dingl. pol. J. XCI. 325; Mon. ind. N. 766. 1843.

Ascherson. Electric light. Mech. Mag. XXXIX. 352.

Lighting by electricity. Mech. Mag. XLI. 469; Cincinnati-Advert. 4. Sept. 44.

de la Rive. Sur l'éclairage des mines. C. r. XXI. 634; L'Inst. N. 611. 327; Dingl. pol. J. XCVIII. 158.

Boussingault. Sur l'éclairage des mines. C. r. XXI. 515; Dingl. pol. J. XCVIII. 229.

Louijet. Sur l'éclairage des mines. C. r. XXII. 225.

Boussingault. Sur l'éclairage de mines. C. r. XXII. 225.

Grove. Éclairage des mines. Arch. de sc. ph. et nat. III. 540; L'Inst. 627. 8, 629. 23; Dingl. pol. J. XCIX. 201; Enc. Zeitsch. d. Gewerbew. 1846. 982.

King. Electric light. Mech. Mag. XLIV. 312; Lond. J. of arts. XXVIII. 348; Dingl. pol. J. CI. 12.

Williams Electric light. Mech. Mag. XLIV. 348.

Weekes Electrische Beleuchtung. Dingl. pol. J. XCVII. 192; Techn. Journ. 1845. 402.

Greener und Staite. Verfahren zur galvanischen Beleuchtung. Dingl. pol. J. CII. 221; Lond. Journ. of art. 1846. Oct. 157.

Staite. Progress of lighting by electricity. Mech. Mag. XLVI. 621.

Wright. Apparat zur Erzeugung von Licht mittelst electrischer Ströme. Dingl. pol. J. CVI. 267; Lond. J. of arts. Oct. 47. XXXI. 194.

Zusatz zu Seite 105.

Joule[1]) hat in einer Reihe von Beobachtungen ebenfalls Belege für die Gültigkeit des electromotorischen Gesetzes geliefert.

1) Phil. Mag. XXIV. 106*; L'Inst. XII. 173; Arch. de l'El. IV. 269*.

Er zieht zwar aus denselben nur den Schluss, dass die Spannungsdifferenz zweier positiven Metalle immer dieselbe sei, ohne Rücksicht auf das angewandte negative Metall, man sieht aber leicht, dass sich das Umgekehrte auch von der Spannungsdifferenz zweier negativen Metalle sagen lässt. Die Beobachtungen betreffen nur den Ausschlag eines Galvanometers, wobei die Wirkung der Daniellschen Kette = 100 gesetzt ist. Das Instrument bot einen so grossen Widerstand, dass der der Flüssigkeit vernachlässigt werden konnte, also die Intensitäten den electromotorischen Kräften nahezu proportional waren. Leider kann man nicht erkennen, bis zu welchen Ablenkungen experimentirt wurde, um zu erfahren, mit welcher Näherung die Ablenkungen den Stromstärken proportional sind.

1)	Platin,	Salpetersäure,	Kalilösung,	Kalium amalg.	302.
2)	Eisen	-	-	amalg. Zink	220.
3)	Coke	-	-	-	225.
4)	Gold	-	-	-	234.
5)	Platin	-	-	-	234.
6)	-	-	-	Eisen	169.
7)	-	-	-	Kupfer	120.
8)	-	-	-	Silber	66.
9)	-	-	-	Platin	31.
10)	-	-	Kochsalzlös.	amalg. Zink	198.
11)	-	-	-	Eisen	146.
12)	-	-	-	Kupfer	116.
13)	-	-	-	Silber	95.
14)	-	-	-	Platin	55.
15)	-	-	Glaubersalzl.	amalg. Zink	187.
16)	-	-	-	Eisen	147.
17)	-	-	-	Kupfer	92.
18)	-	-	-	Silber	53.
19)	-	-	-	Platin	17.
20)	-	-	verd. Schwefels.	amalg. Zink	187.
21)	-	-	-	Eisen	140.
22)	-	-	-	Kupfer	91.
23)	-	-	-	Silber	53.
24)	-	-	-	Platin	37.
25)	-	Bleisuperoxyd mit Schwefels.	Kalilösung	amalg. Zink	277.

26)	Platin,	Bleisuperoxyd mit Schwefels.	Kalilösung.	Eisen	177.
27)	-	Mangansuperox. mit Schwefels.	-	amalg. Zink	237.
28)	-	Mangansuperox. mit Salzsäure	-	-	237.
29)	Platin	Dopp. chroms. Kali	Kalilösung	amalg. Zink.	161.
30)	-	-	verd. Schwefels.	-	102.
31)	-	Dopp. chroms. Kali mit Schwefels.	Kalilösung	-	207.
32)	-	-	verd. Schwefels.	-	161.
33)	Kupfer	-	-	-	116.
34)	-	Dopp. chroms. Kali	-	-	79.
35)	-	Kupfervitriol	Kalilösung	-	138.
36)	-	-	-	Eisen	66.
37)	-	-	-	Kupfer	53.
38)	-	-	Kochsalzlös.	amalg. Zink	106.
39)	-	-	-	Eisen	55.
40)	-	-	-	Kupfer	28.
41)	-	-	Glaubersalzlös.	amalg. Zink	104.
42)	-	-	-	Eisen	59.
43)	-	-	-	Kupfer	8.
44)	-	-	verd. Schwefels.	amalg. Zink	100.
45)	-	-	-	Eisen	49.
46)	-	-	-	Kupfer	4.
47)	Plat. Silber	verd. Schwefels.	verd. Schwefels.	amalg. Zink.	65.
48)	-	-	-	Eisen	17.
49)	-	-	Kochsalzlös.	amalg. Zink	68.
50)	-	-	Kalilösung	-	98.

Zur Ergänzung der S. 104 gemachten Angaben über Poggendorff's hierhergehörigen Versuche folgen die von ihm erhaltenen Resultate hier vollständig:

I. In verdünnter Schwefelsäure.

(Säure von 1,838 sp. Gew. mit 49fachem Gew. Wasser.)

1) Zink Zinn	7,70	2) Zink Kupfer	15,76
Zinn Kupfer	7,79	Kupfer Silber	4,04
Zink Kupfer	15,52	Zink Silber	19,83

3) Zink (amalg.) Kadmium	6,39	6) Eisen Kupfer	7,86
Kadmium Eisen	3,60	Kupfer Silber	4,02
Zink (am.) Eisen	10,12	Eisen Silber	11,87
4) Zink (am.) Zinn	10,04	7) Eisen Antimon	8,23
Zinn Antimon	6,61	Antimon Quecksilber	6,45
Zink (am.) Antimon	16,89	Eisen Quecksilber	14,65
5) Kadmium Wismuth	10,71	8) Kupfer Quecksilber	6,70
Wismuth Quecksilber	6,81	Quecksilber Platin	4,36
Kadmium Quecksilber	17,52	Kupfer Platin	11,37

II. Verdünnte Salpetersäure.

(Säure von 1,222 sp. Gew. mit 9fachem Gew. Wasser.)

9) Zink (amalg.) Kupfer	16,61
Kupfer Platin	11,60
Zink (amalg.) Platin	28,18

III. Verdünnte Salzsäure.

(Säure von 1,113 sp. Gew. mit 9fachem Gew. Wasser.)

10) Zink (am.) Kupfer	14,84	11) Kupfer Silber	2,87
Kupfer Platin	14,01	Silber Platin	11,67
Zink (am.) Platin	28,96	Kupfer Platin	14,53

IV. Aetzkali, gelöst im 6fachen Gew. Wasser.

12) Zink Eisen	18,88	13) Zink Antimon	10,20
Eisen Silber	3,78	Antimon Platin	13,36
Zink Silber	22,57	Zink Platin	23,67

14) Kadmium Wismuth	6,73
Wismuth Palladium	8,18
Kadmium Palladium	14,85

V. Kohlensaures Natron; gesättigte Lösung.

15) Zink Eisen	15,68	16) Zink Zinn	4,42
Eisen Kupfer	1,36	Zinn Platin	15,86
Zink Kupfer	17,12	Zink Platin	20,31

VI. Chlornatrium, gesättigte Lösung.

17) Zink (am.) Eisen	8,97	18) Zink Eisen	9,05
Eisen Kupfer	4,89	Eisen Silber	6,38
Zink (am.) Kupfer	14,00	Zink Silber	15,53

		19)	Zink Kupfer	12,67	
			Kupfer Platin	12,69	
			Zink Platin	25,34	

VII. Bromkalium, gelöst im 6fachen Gew. Wasser.

20)	Zink Kupfer	12,25	21)	Zink Eisen	5,28
	Kupfer Platin	8,51		Eisen Silber	8,26
	Zink Platin	20,76		Zink Silber	13,68

VIII. Jodkalium, gelöst im 4fachen Gew. Wasser.

22)	Zink Eisen	8,42	23)	Zink Zinn	8,27
	Eisen Platin	8,04		Zinn Kupfer	0,97
	Zink Platin	16,27		Zink Kupfer	9,39
		24)	Zink Silber	9,95	
			Silber Wismuth	2,14	
			Zink Wismuth	12,10	

IX. Cyankalium, gelöst im 6fachen Gew. Wasser.

25)	Zink Silber	10,27	26)	Zink Kupfer	0,98
	Silber Eisen	7,91		Kupfer Wismuth	15,41
	Zink Eisen	18,21		Zink Wismuth	16,46
		27)	Antimon Wismuth	4,165	
			Wismuth Platin	5,347	
			Antimon Platin	9,267	

X. Eisen in Schwefelsäure mit 49fachem Gew. Wasser.
Kupfer in gesättigter Kupfervitriollösung.
Platin in Salpetersäure von 1,34 sp. Gew.

28)	Eisen Kupfer	8,685
	Kupfer Platin	13,39
	Eisen Platin	22,17.

Zusatz zu Seite 220.

Marié Davy [1]) hat in seine Untersuchungen über Volta'sche Electricität auch die Stromschwächung beim Wechsel der Leiter

1) C. r. XXIII. 599*; Inst. N. O. 664. 317; Arch. des sc. ph. et nat. III. 39; Ann. de Chim. phys. 3me Sér. XIX. 401*.

gezogen. Er stellt diese Schwächung als einen Widerstand r in der Form $c + \frac{a}{i} + \frac{b}{i^2}$ dar, wo i die Intensität bezeichnet. Von der electromotarischen Kraft findet er r unabhängig. In der Ohm-schen Formel enthält dann der Nenner den Uebergangswiderstand und den Leitungswiderstand, so dass dieselbe

$$i = \frac{E}{l + R + \frac{a}{i} + \frac{b}{i^2}}$$

zu schreiben ist, wobei R den wesentlichen Widerstand $+ c$ enthält. Die gewöhnliche Gestalt der Ohm'schen Formel, $i = \frac{E - e}{l + r}$, in welche man die Wirkung der Polarisation $= e$ eingeführt hat, hält Davy für unzulässig, denn wenn er den gesammten Uebergangswiderstand $= \lambda$ setzt, so hat er nach seiner Betrachtungsweise

$$\frac{E - e}{l + r} = \frac{E}{l + r + \lambda},$$

woraus

$$\lambda = \frac{e}{i},$$

d. h. es müsste der Uebergangswiderstand der Intensität umgekehrt proportional sein, was der Erfahrung widerspricht. Davy vergisst, dass e ebensowohl als λ eine Variable ist.

In ähnlicher Weise wird die Volta'sche Electricität in den übrigen Theilen der langen Abhandlung behandelt.

In einer zweiten Abhandlung bekämpft Davy [1]) weiter die Ohm'schen Grundsätze. Das Gesetz, dass die Widerstände von Drähten, bei gleichem Querschnitt und gleicher Substanz, im geraden Verhältniss der Längen stehen, erklärt er für nirgends bewiesen und vollkommen falsch, da es direct dem von ihm bewiesenen Gesetze widerspreche, dass der Widerstand eines Leiters im umgekehrten Verhältniss zu seinem Querschnitt steht, aus welchem er ein anderes abgeleitet hat: der wirkliche Widerstand eines Leiters wachse proportional dem Quadrat der Intensität. Durch derartige Betrachtungen wird er dahin geführt, die Stromstärke durch eine Gleichung von der Form

$$i = \frac{A + \frac{B}{i}}{c + L}$$

darzustellen. Diese Formel liegt den Messungen zu Grunde, welche

1) Ann. de chim. phys. 3me Sér. XXII. 257*.

im übrigen Theil der Abhandlung in Bezug auf die electromotorische Kraft verschiedener Ketten mitgetheilt werden.

Svanberg [1]) hat die Grösse der galvanischen Polarisation gemessen; die Stromstärken wurden nach Wheatstone's Methode mit dem Rheostaten bestimmt. Wurde die electromotorische Kraft einer Daniell'schen Kette = 1 gesetzt, so wurde die Polarisation von Platinelectroden (Sauerstoff + Wasserstoff) in Werthen ausgedrückt, welche zwischen 2,42 und 2,14 schwankten. Um die Polarisation jeder Platte allein zu finden, wurde die eine durch eine Platte ersetzt, welche keine Polarisation gab (Kupfer in Kupfervitriol u. dgl.). Die Resultate waren: die Polarisation von Platin mit Sauerstoff (p') = 17,08, mit Wasserstoff (p) = 17,51, wobei die Daniell'sche Kette zwischen 14,7 und 16,7 stark war. Zur Erlangung dieser, mit Poggendorff's Versuchen übereinstimmenden Resultate musste die durch die verschiedenartigen Electroden erregte Gegenkraft abgerechnet werden, was nach Wheatstone's Messungen geschah. Wäre man dagegen von Poggendorff's Messungen ausgegangen, so würde man finden $p = 23,75$ und $p' = 11,34$.

An blanken Kupferplatten fand Svanberg die Polarisation stärker, als an matten, nämlich als Polarisationsmaximum des blanken : 12,47; der matten 8,24.

Um die Stärke der Polarisation durch Wasserstoff an verschiedenen Metallen zu finden, wurde die Anode immer aus Zink, die Kathode aus dem fraglichen Metalle genommen, so dass dann die Kraft in der Zersetzungszelle k (Zink-x) — p (x) = a von der primären Kraft der Kette abzuziehen war. Hierbei bedeutet k (Zink—x) die electromotorische Kraft der Electroden ohne Polarisation; p (x) die Polarisation an der Kathode. Es fand sich

k (Zink-Platin) — p (Platin) = 3,09
k (Zink-Kupfer) — p (Kupfer) = 2,98
k (Zink-Eisen) — p (Eisen) = 3,08
k (Zink-Silber) — p (Silber) = 2,71

also war a nahezu bei allen vier Ketten gleich, so dass der auf allen Metallen verdichtete Wasserstoff dem electromotorischen Gesetze zu folgen scheint.

1) Pogg. Ann. LXXII. 298*.

Namenregister zum Galvanismus.

Verbesserungen.

Seite 65, Zeile 5 von unten, nach „aber die" einzuschalten: „Erwärmung der".
- 67, - 2 - - nach „LII." einzuschalten: „511".
- 89, - 14 - oben, fortzulassen: „VII".
- 100, - 14 - - statt „VI." lies „VII."
- 105, - 1 - unten - „Rocc." lies „Racc."
- 108, - 1 - oben fortzulassen: „VII."
- — - 9 - unten und weiter lies: „Becquerel" statt „Becquérel".
- 126, - 9 - oben lies: „Schliessungsfunken" statt „Messungsfunken".
- 128, - 15 - - lies: „ihre" statt „die obere".
- 129, - 9 - - lies: „Gramm" statt „Gramen".
- 254, - 3 - - lies: „vor" statt „von".

Einundzwanzigster Abschnitt.

Akustik

bearbeitet von

August Seebeck.

A. Ueber das Wesen der Töne.

I. Ueber die Frage, ob es nur eine Form der Schwingungen eines Tones gebe.

Ohm, Poggend. Ann. Bd. 59. S. 513. Bd. 62. S. 1. Seebeck, ebendas. Bd. 60. S. 449. Bd. 63. S. 353 u. 368.

In der Geschichte der Wissenschaften kommt es ebensowohl vor, dass ein Begriff, welcher zuerst in zu grosser Unbestimmtheit aufgefasst worden, später seine schärfere Begrenzung findet, als dass eine Vorstellung, welche anfangs in zu grosser Beschränkung genommen worden ist, sich nachher zu grösserer Allgemeinheit erweitert. Wie es sich in dieser Beziehung mit der Ansicht vom Wesen des Tones verhalte, soll im Nachfolgenden untersucht werden.

Der Gebrauch musikalischer Instrumente musste frühzeitig auf die Wahrnehmung führen, dass ein Ton durch schnelle Schwingungen erzeugt werde. Als Newton und Taylor durch ihre auf die Schallfortpflanzung und die Saiten sich beziehenden Untersuchungen die ersten Schritte in der mechanischen Theorie tönender Schwingungen thaten, entgingen sie der Schwierigkeit, Gleichungen zwischen drei Veränderlichen zu behandeln, durch die Annahme, es seien diese Bewegungen stets von der Form der unendlich kleinen Pendelschwingungen, indem die Geschwindigkeit v des schwingenden Theilchen zur Zeit t dargestellt werde durch

$$v = a \cos(nt + \tau),$$

wo n die Anzahl der Schwingungen in der Zeit 2π, a eine constante Längengrösse und τ eine constante Zeitgrösse bedeutet. Dadurch war von der Natur der Schwingungen, welche einen Ton ausmachen, eine bestimmtere Vorstellung gegeben. Als aber durch die späteren Untersuchungen, besonders von D'Alembert, Euler und Lagrange gezeigt wurde, dass jene Annahme keineswegs nothwendig sei, vielmehr das Gesetz der Beschleunigung bei der Bewegung eines schwingenden Luft- oder Saitentheilchen unendlich mannigfaltig sein kann, schien man von jener beschränkteren Vorstellung über das Wesen tönender Schwingungen auf die allgemeinere zurückgeführt zu sein, dass ein Ton überhaupt durch jede hinreichend schnelle periodische Bewegung erzeugt werde. Allein es zeigte sich ein Weg, die einmal gefasste beschränktere Vorstellung auch jetzt noch festzuhalten, durch die Darstellung, vermöge deren Daniel Bernoulli die unendlich mannigfaltige Bewegung der Saite aus einer Summe von Bewegungen von der Form $a \cos(nt + \tau)$ zusammenzusetzen versuchte. Was dieser Darstellung an Strenge und Allgemeinheit mangelte, das ist seitdem ergänzt worden durch die von Fourier herrührende allgemeine Beweisführung für die Entwickelung willkührlicher Functionen in Sinus- und Cosinusreihen, und es unterliegt keinem Zweifel, dass jede tönende Bewegung durch solche Reihen dargestellt werden kann. Soweit ist dieser Gegenstand von der mathematisch-mechanischen Seite, welche bei den Untersuchungen der genannten Mathematiker allein in Betracht kam, als erledigt anzusehen.

Anders aber verhält es sich mit der physikalisch-physiologischen Frage: Vernimmt unser Ohr einen einfachen Ton nur dann, wenn eine Bewegung von der Form $a \cos(nt + \tau)$ allein vorhanden ist, und giebt jede andere periodische Bewegung ein Gemisch mehrerer Töne? oder kann auch bei einem andern Gesetz der Beschleunigung ein einfacher Ton vernommen werden?

Es ist einleuchtend, dass diese Frage nur auf dem Wege der Erfahrung entschieden werden kann und dass dem Gehör selbst diese Entscheidung zusteht.

Die erstere Annahme ist bei manchen akustischen Erörterungen stillschweigend zum Grunde gelegt worden, während von andrer Seite die letztere geltend gemacht worden ist (Vgl. u. A. Repert. III. 30 u. VI. 5). G. S. Ohm hat in einer scharfsinnigen Abhandlung die erstere Annahme vertheidigt und an meinen Sirenenversuchen (Repert. VI. 6) durchzuführen gesucht. Dies hat auch von meiner Seite eine genauere Erörterung dieser Grundfrage veranlasst. In dem nachfolgenden Bericht werde ich, wie billig, nicht den besonderen Verlauf dieser Controverse, sondern den Stand, auf welchen dieselbe dadurch gekommen ist, durch eine Darlegung der Hauptargumente zu bezeichnen suchen. Es reicht dabei hin, nur den Fall geradliniger Schwingungen zu berücksichtigen, da das Durchlaufen einer krummen Bahn stets in zwei oder drei geradlinige Schwingungen zerlegt werden kann.

Die beiden Annahmen, um welche es sich bei jener Streitfrage handelte, sollen als engere und weitere bezeichnet werden. Das Gesetz der Beschleunigung, wofür ich der Kürze wegen die Benennung Form der Schwingungen oder der Wellen gebrauchen will, kann graphisch dargestellt werden, durch eine Curve, bei welcher die Zeit t als Abscissenaxe und die Geschwindigkeit v (oder auch die Ablenkung) als Ordinate genommen wird. Ein Ton von n Schwingungen in der Zeit 2π soll der Ton n genannt werden und die Töne $2n$, $3n \ldots in \ldots$ seine Obertöne (Töne der harmonischen Oberreihe) heissen.

Nach der engeren Annahme setzt man voraus, der Ton n entstehe durch eine schwingende Bewegung von der Form $a \cos (nt + \tau)$. Diese Form ist in

Fig. 1.

dargestellt. n bestimmt die Länge der gezeichneten Wellen oder die Höhe des Tons, a die Wellenstärke oder die Intensität des Tones; der constante Zeitwerth τ aber bezieht sich nur auf den Anfangspunkt, von wo t gerechnet wird und kann auf die Beschaffenheit des Tones keinen Einfluss haben. Es muss sogleich zugegeben werden, dass a, anstatt constant zu sein, auch einer langsamen Veränderung unterworfen sein kann, welche die dem Ohr erkennbare Zu- oder Abnahme der Tonstärke ausmacht.

Nach der weiteren Annahme lässt sich zunächst nur sagen: ein Ton entsteht durch hinreichend schnelle periodische Wiederkehr eines gleichen oder ähnlichen Bewegungszustandes und zwar der Ton n, wenn die Dauer dieser Periode $\frac{2\pi}{n}$ ist. Obgleich die Möglichkeit, dass nur ein ähnlicher Zustand wiederkehre, schon wegen der veränderlichen Stärke zugegeben werden muss — andrer weiter unten zu berührender Gründe nicht zu gedenken —, so soll doch zunächst die Annahme einer genau periodischen immer *gleichen* Wiederkehr festgehalten werden. Eine solche Bewegung kann bekanntlich dargestellt werden durch die Gleichung $v = f(\cos nt)$ oder

$$v = a_1 \cos(nt + \tau_1) + a_2 \cos(2nt + \tau_2) + \ldots a_i \cos(int + \tau_i) + \ldots$$
$$\ldots + a_0 \quad \text{(A.)}$$

Hiernach kann die Frage, um welche es sich handelt, folgendermaassen gefasst werden:

Hat an der Erzeugung des Tones n nur das erste Glied der Reihe (A) einen Antheil, oder können auch die folgenden Glieder zur Bildung dieses Tones beitragen?

Nach der engeren Annahme würde das Erstere stattfinden und daher die Reihe (A) soviel Töne darstellen, als Glieder (ausser a_0) vorhanden sind. Nach der weiteren bleibt die Möglichkeit vorbehalten, dass diese Reihe, bei geeigneten Werthen der a und τ auch einen einfachen Ton darstellen könne. So würden z. B. folgende Wellenformen

Fig. 2.

Fig. 3.

Fig. 4.

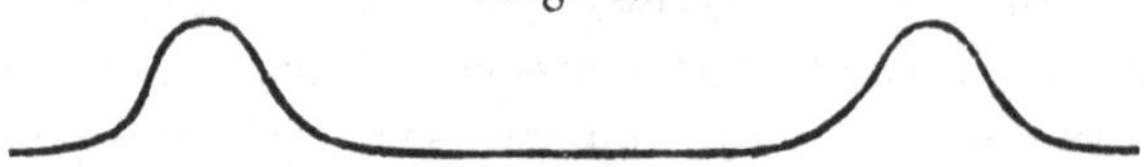

Fig. 5.

Fig. 6.

nach der weiteren Annahme vielleicht einfachen Tönen entsprechen, dagegen sie nach der engeren stets neben dem Tone *n* zugleich die Töne seiner harmonischen Oberreihe, 2*n*, 3*n*..*in*.. hören lassen würden.

Zunächst muss erinnert werden, dass die weitere Annahme auf jeden Fall zu weit ist, da sie nicht nur auf den einfachen Ton, sondern auch auf den von deutlich hörbaren Obertönen (2*n*, 3*n*...) begleiteten Grundton passt. So würde z. B. Fig. 7 und 8.

Fig. 7.

Fig. 8.

der weiteren Annahme Genüge thun; dennoch zweifle ich nicht, dass eine ähnliche Form Grundton und Octave gleichzeitig hören lässt. Es bedarf daher die weitere Annahme einer Beschränkung und es fragt sich nur, wie weit diese Beschränkung auszudehnen sei.

Nach dieser Darlegung der Frage selbst wende ich mich zu den Mitteln ihrer Beantwortung und werde die beiden Annahmen prüfen, 1. an den Tönen, welche durch eigentliche Schwingungen elastischer Körper erzeugt werden, 2. an den Tönen der einfachen Sirene und andrer getrennter, gleichabstehender Eindrücke, 3. an einer Verbindung von zwei oder drei Systemen gleichabstehender Eindrücke, 4. an der Wahrnehmung der Klangverschiedenheiten.

---

1. Prüfung an den Schwingungen elastischer Körper.

Aus der Theorie der unendlich kleinen Schwingungen gerader Stäbe weiss man, dass jeder Ton dieser Körper durch eine Bewegung von der Form $a \cos. (nt + \tau)$ hervorgebracht wird. Dasselbe muss für alle die Körper gelten, bei welchen die Schwingungsmenge der höheren Töne nicht ein Vielfaches von der eines tieferen Tones ist, also im Allgemeinen für Platten, Glocken, auch krumme Stäbe und viele Fälle von Membranen. Allerdings gilt dies streng nur für unendlich kleine Schwingungen, und wenn man die Bewegung der Luft beachtet, welche sich in den bekannten Staubwölkchen über den schwingenden Theilen einer Platte kundgiebt, so kann man nicht verkennen, dass wenigstens die Fortpflanzungswellen von jener Form merklich abweichen müssen. Dennoch wird zugegeben werden können, dass die Schwingungen in diesen Fällen jener Form nahe genug kommen und daher der engeren Annahme in hinreichender Annäherung genügen. Es versteht sich übrigens, dass das der weiteren Annahme nicht widerspricht, da diese die engere Form nicht ausschliesst, sondern als einen besonderen Fall in sich begreift.

Anders verhält es sich mit den Tönen der Saiten der Blaseinstrumente und allen Längenschwingungen.

Die Bewegung einer Saite innerhalb der Dauer einer Schwingung kann unendlich mannigfaltig sein und in den von ihr ausgehenden Wellen können die a und τ der Reihe (A) jeden beliebigen Werth annehmen [1]). Nun hört man zwar bei einiger Aufmerksamkeit an der Saite meist höhere Töne mitklingen, aber doch in der Regel so schwach im Vergleich zu dem Haupttone, dass sie bei minderer Aufmerksamkeit leicht ganz überhört werden. Dies würde nach der engeren Annahme nur möglich sein, wenn a_1 sehr viel grösser als a_2, $a_3 \ldots$ wäre. Es scheint aber nicht, dass das Letztere der Fall sei, denn erstens enthalten die gewöhnlichen Erregungsarten des Saitentones nicht die Bedingung zu einem solchen Ueberwiegen des ersten a, und zweitens beweisen die verschlungenen Figuren, welche ein Saitenpunkt beschreibt und welche mit dem Mikroscop wahrgenommen werden können, dass ein solches Ueberwiegen in der Regel nicht vorhanden ist [2]). Nun bemerkt man bei verschiedener Art des Anschlagens oder Reissens wohl mehr oder minder verschlungene Figuren, ein Beweis, dass die höheren Glieder der Reihe (A) mehr oder weniger hinzutreten, man vernimmt aber dabei mehr eine Aenderung des Klanges, als ein stärkeres Hinzutreten der Beitöne. Dies führt auf die Ansicht, dass nicht nur das erste, sondern auch die folgenden Glieder der Reihe (A) zur Bildung des Tones n beitragen, und bestätigt also die weitere Annahme.

---

1) Dasselbe gilt von den Tönen parallelogrammförmiger Membranen.

2) Ueber die Möglichkeit, aus diesen Figuren auf die Werthe der a zu schliessen, vgl. das, was unter B. I. über die Theorie der Saiten vorkommen wird.

Die Schwingungen der **Luft** verhalten sich bei einer an beiden Enden offenen Röhre in der fraglichen Beziehung den Saiten ganz ähnlich, und sind, wenn die Röhre am einen Ende geschlossen ist, nur darin verschieden, dass die geraden Glieder ausfallen. Man würde daher nach der engeren Annahme erwarten müssen, dass die Töne der **Labialpfeifen**, der **Flöte** und anderer ähnlicher Blaseinstrumente auffallender von ihren Beitönen begleitet sein müssten, als dies in der That der Fall zu sein pflegt.

Auch bei den **Zungenpfeifen** müssen die Wellen merklich von der engeren Form abweichen, wie sich sowohl aus dem Antheil, welchen die sirenenartigen Luftstösse und das Aufschlagen der Zunge an der Tonbildung haben, als aus ihrem Verhalten in Beziehung auf das Mittönen (S. unten C. III.) entnehmen lässt. Ist aber dies der Fall, so kann dasselbe um so mehr von den Blaseinstrumenten vorausgesetzt werden, welche wie die Clarinette, Oboe etc. mit starren Zungen, oder wie Trompete, Hörner etc. mit den Lippen geblasen werden. Dennoch hört man auf allen diesen Instrumenten wenig oder nichts von den Beitönen. Auch mit der menschlichen Stimme beim Gesange verhält es sich ähnlich.

Diese Betrachtungen scheinen mir geeignet, die engere Annahme, wenn auch nicht völlig zu widerlegen, doch wenig wahrscheinlich zu machen. Ich will allerdings nicht in Abrede stellen, dass sie durch die Erfahrung, wie sehr häufig, auch beim Anschlagen einer Glocke und dergleichen, die (unharmonischen) höheren Töne zurücktreten gegen den tiefsten Ton, etwas an ihrem Gewichte verlieren. Doch finde ich auch in den Beobachtungen über das Mittönen, von welchen weiter unten Einiges mitgetheilt werden soll, eine Bestätigung für die Ansicht, dass die höheren Glieder der Reihe (A) oft recht merklich vorhanden sein können, ohne sich als harmonische Beitöne auffallend geltend zu machen. Auch die bekannte Wirkung der Mixturen der Orgel liefern hierzu einen auffallenden Beleg.

---

2. Prüfung an den Tönen eines einfachen Systems gleichabstehender getrennter Eindrücke.

Einfache Sirene: Wenn eine rotirende Scheibe mit einer Reihe gleichabstehender Löcher mittelst eines Röhrchens angeblasen wird, so erhält man eine regelmässige Folge von Luftstössen, welche bekanntlich einen Ton giebt, und zwar den Ton n, wenn n solche

Luftstösse auf die Zeit 2π kommen. Nun kann diese Bewegung der Luft, da sie periodisch ist, dargestellt werden durch die Reihe (A), entspricht also der weiteren Annahme. Nach der engeren Annahme würden diese Eindrücke im Allgemeinen die Töne n, $2n$, $3n$... vernehmen lassen und deren relative Stärke durch die Werthe a_1^2, a_2^2, a_3^2... ausgedrückt werden, sofern man annehmen darf, dass die Stärke eines Tones durch die lebendige Kraft gemessen wird. Man wird also einen Prüfstein für die engere Definition haben, wenn man die relativen Werthe der a bei einer Sirene bestimmt und das Resultat mit der Wahrnehmung des Gehörs vergleicht.

Die relativen Werthe der a bei der Sirene hängen theils von der Beschaffenheit, theils von den Zwischenräumen der einzelnen Eindrücke ab, und man sieht, dass sie bei den Abänderungen, welche der Versuch von dieser Seite zulässt, ziemlich verschieden müssen gemacht werden können. Wenn die Löcher der Sirene nahe beisammenstehen, so dass die Eindrücke nicht durch Zwischenräume der Ruhe getrennt sein können, so lässt sich wenig über die relativen Werthe der a sagen. Wenn aber die Eindrücke hinlänglich getrennt auftreten, wie dies durch sehr weit auseinanderstehende Löcher beim Anblasen mit einen schmalen Luftstrom zu erzielen ist, so lässt sich, wie weiter unten (A. III.) gezeigt werden soll, Folgendes nachweisen. Sind die Eindrücke durch verhältnissmässig grosse Zwischenräume der Ruhe getrennt, so muss entweder 1) a_1 nahe gleich a_2, a_3, vielleicht auch a_4, a_5... werden, — dieser Fall muss z. B. bei einer Wellenform, ungefähr wie Fig. 9.

Fig. 9.

eintreten, wenn die Löcher bei der einfachen Sirene sehr weit auseinanderstehen oder 2) a_1 wird kleiner als a_2, a_3..., oder 3) a_1, wie auch a_2, a_3, könnten nur einen äusserst geringen Werth haben, so dass nur die noch höheren a einen merklichen Werth erlangen könnten. Sind aber die Eindrücke nur mässig getrennt, so wird es wahrscheinlich, dass bei den Abänderungen, welche an der Beschaffenheit der Eindrücke gemacht werden können, a_1 in der Mehrzahl der Fälle $=$ oder $< a_2$, und a_3, und nur in der Minderzahl $> a_2$ und a_3 ausfällt. Im Sinne der engeren Annahme würde aus diesen Sätzen folgen:

Bei sehr getrennten Eindrücken muss die Sirene entweder neben dem Grundtone zugleich dessen Octave, Duodecime etc. in gleicher oder grösserer Stärke hören lassen, oder es sind auch wohl diese tieferen Töne fast gar nicht, sondern nur die sehr viel höheren Obertöne zu bemerken; auch bei weniger getrennten Eindrücken ist zu erwarten, dass der Grundton n von seinen nächsten Obertönen $2n$, $3n$ etc. bei den meisten Abänderungen des Versuchs auffallend begleitet sei.

Ganz anders die Erfahrung. Die Sirene lässt jederzeit den Grundton sehr deutlich hören, und wenn man auch, wie ich gefunden habe, zuweilen einen oder den andern von den Obertönen mitklingen hört, so sind diese doch stets so schwach, dass sie nur bei sehr geschärfter Aufmerksamkeit wahrgenommen werden und daher auch von den Beobachtern, welche sich mit diesem Instrumente beschäftigt haben, nicht einmal bemerkt worden sind. Nun aber habe ich die Sirenenversuche vielfach abgeändert, theils durch verschiedene Form der Löcher und der den Wind zuführenden Röhrenmündung, theils besonders bei runden Löchern durch verschiedene Abstände derselben. Ich habe diese Abstände vom 1 und $1\frac{1}{2}$fachen bis zum mehr als 60fachen des Löcherdurchmessers variirt und im letzteren Falle sie noch mit erhöhten Rändern versehen, damit die Luftstösse beim Anblasen mit einem dünnen Röhrchen desto vollständiger durch längere Zwischenräume der Ruhe getrennt seien. Allein bei allen diesen Abänderungen zeigte sich wohl eine Verschiedenheit des Klanges, indem namentlich bei nahe zusammenstehenden Löchern der Ton mehr pfeifenartig ist, dagegen bei grösseren Zwischenräumen mehr schnarrend wird, keineswegs aber konnte bemerkt werden, dass die Beitöne in einem dieser Fälle anders als immer nur sehr schwach hervortreten. Da ferner bei einer Form der Eindrücke wie Fig. 10.

Fig. 10.

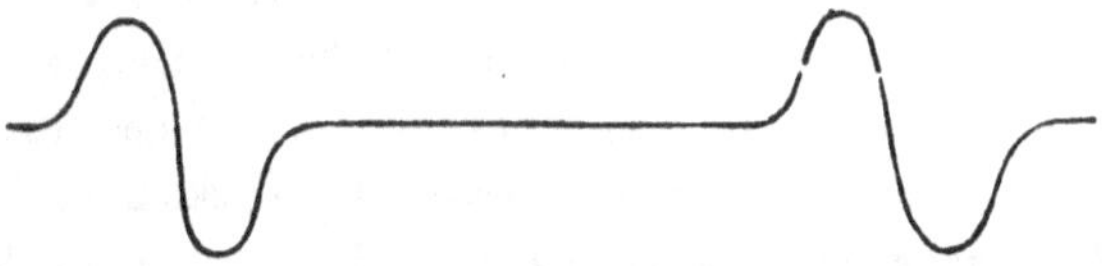

$a_1 < a_2 < a_3 \ldots$ zu erwarten ist, so habe ich auch die Sirene mit zwei entgegengesetzten, einander fast gerade gegenüberstehenden, Röhrchen angeblasen, aber auch hier keine stärkere Beimischung der Beitöne beobachten können. Ich habe ferner, anstatt die Sirene anzublasen, eine Kartenblattspitze in die Löcher schlagen lassen, wo dann diese Schläge die Stelle der Luftstösse vertreten; auch in diesem Falle habe ich kein stärkeres Mitklingen der Obertöne, sondern nur einen noch mehr schnarrenden Klang wahrgenommen, indem wahrscheinlich die Erschütterungen noch mehr getrennt sind.

Ganz ähnlich verhält es sich mit den bekannten Versuchen F. Savart's an Zahnrädern, welche gegen ein Kartenblatt schlagen, mit den Tönen des Trevelyan-Instruments und mit den Klirrtönen einer Stimmgabel. Alle diese Töne verdanken ihren etwas schnarrenden Klang dem Auftreten einer Reihe ziemlich getrennter Eindrücke, ohne dass von den Beobachtern ein Mitklingen der harmonischen Obertöne bemerkt worden wäre, wie das doch nach der engeren Annahme erwartet werden musste.

Man könnte zu Gunsten dieser Annahme wohl noch geltend machen, dass die Eindrücke, welche sich zwar bei langsamer Drehung der Sirene als sehr getrennt erweisen, es vielleicht bei schneller Drehung nicht mehr sind, indem die einmal in Bewegung gesetzte Luft nicht sogleich wieder zur Ruhe komme, aber man wird zugeben müssen, dass man sich dann doch der vollständigen Trennung mehr oder weniger nähert, während sich dies zwar in einer Verschiedenheit des Klanges, aber nicht in einem auffallenderen Mitklingen der harmonischen Beitöne kundgiebt.

Die angeführten Erfahrungen widersprechen also der engeren Annahme, dagegen sie der weiteren ganz gemäss sind.

Was das schwache Mitklingen eines oder des andern Obertones bei der Sirene anlangt, so steht dies der weiteren Annahme im Sinne der oben gemachten Bemerkungen nicht entgegen. Es ist übrigens zu erinnern, dass von diesen höheren Tönen ($2n$, $3n$, $4n$, $5n$...) bald der eine, bald der andre merklich wird, wenn man die Stelle des Ohrs verändert, und dass sie daher vielleicht nur der Zurückwerfung der Wellen vom Boden und von den Wänden ihren Ursprung verdanken, indem es dadurch entstehen kann, dass zwischen die direkten Eindrücke andre schwächere eingeschaltet werden, oder, was auf dasselbe hinauskommt, dass in der Reihe (A), sowohl die a als die τ durch Interferenz der direkten Wellen mit den zurückgeworfenen verändert werden. So muss z. B. der Ton $2n$ hinzutreten, wenn eine Welle wie Fig. 11.

Fig. 11.

durch Einschaltung der zurückgeworfenen Wellen die Form Fig. 12.

Fig. 12.

annimmt.

Um aber aus diesen Versuchen nicht mehr zu folgern, als sie unmittelbar ergeben, muss es in Berücksichtigung dieses noch eben bemerkbaren Mitklingens von Obertönen dahin gestellt bleiben, ob die höhern Glieder der Reihe (A) ganz oder nur zum grossen Theile in den Ton n aufgehn, und ob also diese Reihe einen einfachen Ton darstellen kann, oder stets ein wenigstens schwaches Mitklingen der Töne $2n$, $3n$... einschliesst. Es versteht sich übrigens, dass wenn ein Glied $a_i \cos (int + \tau_i)$ mehr oder weniger den Ton in erzeugt, es hierzu nur mit dem Antheil seiner lebendigen Kraft wirken kann, welcher nicht auf die Verstärkung des Tones n verwendet wird.

---

3. Prüfung an einer Verbindung von zwei oder drei Systemen gleichabstehender Eindrücke.

Man erhält zwei oder drei Systeme gleichabstehender Eindrücke, wenn man entweder eine Löcherreihe der Sirene mit zwei oder drei Röhrchen anbläst, oder wenn man zwei oder drei concentrische Reihen von gleicher Löcherzahl anwendet und jede mit einem Röhrchen anbläst. Man kann dann diese Systeme zusammenfallen lassen oder nach Belieben die Eindrücke des einen Systems zwischen die des andern einschalten. Von der letzteren Art sind die im Repertor. Bd. VI. S. 11—14. von mir beschriebenen Versuche.

Ich werde weiter unten (A. III.) zeigen, wie die Werthe der a für eine solche zwei- oder dreifache Sirene aus denen der einfachen zu berechnen sind, hier aber von dieser Berechnung für die Prüfung der in Rede stehenden Frage Gebrauch machen.

1) Wenn zwei Löcherreihen, deren jede den Ton n giebt, gleichzeitig von einer Seite her so angeblasen werden, dass die Eindrücke des einen Systems genau in die Mitte des andern fallen, so hört man sehr deutlich und fast allein den Ton $2n$. Wenn die Eindrücke des einfachen Systems durch die Reihe (A) ausgedrückt werden, so werden die dieses doppelten Systems dargestellt durch

$$2a_2 \cos(2nt + \tau_2) + 2a_4 \cos(4nt + \tau_4) + 2a_6 \cos(6nt + \tau_6) + \ldots$$

Das starke Auftreten des Tones $2n$ bestätigt die schon unter 2. gegen die engere Annahme geltend gemachte Behauptung, dass a_1 keineswegs sehr viel grösser sein kann, als a_2 und alle folgenden a. Bläst man aber die beiden Löcherreihen so an, dass ihre Eindrücke zusammenfallen, so erhält man

$$2a_1 \cos(nt + \tau_1) + 2a_2 \cos(2nt + \tau_2) + 2a_3 \cos(3nt + \tau_3) + \ldots$$

Nach der engeren Annahme musste also hier der Ton $2n$ ebenso stark vorhanden sein, als bei dem vorigen Versuche, nur von seiner Unteroctave begleitet. Allein man hört jetzt den Ton $2n$ entweder gar nicht oder nur sehr schwach. Dies beweist, dass das zweite Glied der letzten Reihe nicht wesentlich und ausschliessend den Ton $2n$ giebt, sondern in Verbindung mit dem ersten und den folgenden zur Erzeugung des Tones n beiträgt, gemäss der weiteren Annahme.

2) Eine gleiche Folgerung kann in Betreff des dritten Gliedes gezogen werden. Denn es werden drei gleiche Systeme, welche auf folgende Weise

geordnet sind, dargestellt durch

$$3a_3 \cos(3nt + \tau_3) + 3a_6 \cos(6nt + \tau_6) + 3a_9 \cos(9nt + \tau_9) + \ldots$$

Dagegen bei folgender Anordnung

durch

$$3a_1 \cos(nt + \tau_1) + 3a_2 \cos(2nt + \tau_2) + 3a_3 \cos(3nt + \tau_3) + \ldots$$

Dennoch hört man im ersteren Falle sehr gut den Ton $3n$, dagegen im letzteren nur oder fast nur den Ton n.

3) Ich habe zur Prüfung der streitigen Frage folgenden Versuch angestellt. Ich richtete gegen eine Scheibe mit gleichabstehenden und durch grosse Zwischenräume getrennten Löchern drei Röhren, nämlich zwei von der einen Seite her, so dass sie um den Löcherabstand von einander entfernt waren, also ihre Eindrücke zusammenfielen, die dritte von der entgegengesetzten Seite her so, dass ihre Eindrücke mitten zwischen die der ersten oder die der zweiten

fielen. Ich verglich nun den Ton, wenn ich 1) eine der Röhren allein anblies, oder 2) die beiden ersten zusammen, oder 3) die dritte mit einer der beiden ersten. Dies giebt im ersten Falle

$$a_1 \cos(nt + \tau_1) + a_2 \cos(2nt + \tau_2) + a_3 \cos(3nt + \tau_3) + \ldots$$

im zweiten

$$2a_1 \cos(nt + \tau_1) + 2a_2 \cos(2nt + \tau_2) + 2a_3 \cos(3nt + \tau_3) + \ldots$$

im dritten

$$2a_1 \cos(nt + \tau_1) + 2a_3 \cos(3nt + \tau_3) + 2a_5 \cos(5nt + \tau_5) + \ldots$$

Wäre nun der Ton n, der engeren Annahme gemäss, allein durch das erste Glied dieser Reihen gebildet, so müsste er im zweiten und dritten Falle in gleicher Stärke erscheinen, dagegen im ersten bei halber Schwingungsweite, viermal schwächer. Dies findet aber keineswegs statt, vielmehr hörte ich ihn im dritten Falle nur unbedeutend stärker als im ersten und auffallend schwächer als im zweiten. Dies kann nur dem Wegfallen der geraden Glieder zugeschrieben werden, und folgt daraus, dass auch diese zur Erzeugung des Tones n beitragen.

Es entscheiden also auch diese Beobachtungen zu Gunsten der weiteren Annahme.

Werden zwei Systeme gleichabstehender Eindrücke so verbunden, dass die Zwischenräume abwechselnd grösser und kleiner sind, so tritt zwar ein oder der andere Oberton deutlicher hervor, jedoch ist auch hier der erste Ton stets in viel grösserer Stärke vorhanden, als dies nach der engeren Annahme der Fall sein sollte.

4. Auslegung der vorhergehenden Ergebnisse.

Aus dem Vorhergehenden ergiebt sich, dass der Ton n seine Stärke nicht ausschliesslich der Bewegung $a \cos(nt + \tau)$ verdankt, sondern dass dazu die Glieder $a_i \cos(int + \tau_i)$ wesentlich mitwirken, während dann die Töne in entweder gar nicht oder doch nicht in einer dem Werthe von a_i entsprechenden Stärke vernommen werden. Dies ist auch von Ohm in seiner letzten Abhandlung zugegeben worden. Es glaubt aber dieser Gelehrte die engere Annahme durch die Hypothese zu retten, dass dies auf einer Gehörstäuschung beruhe. Er nimmt nämlich an, „dass unser Ohr unwillkührlich den Hauptton (n) für stärker ansieht, als er wirklich ist, und die Beitöne (in) für schwächer, als sie wirklich sind, es unentschieden lassend, ob diese Täuschung daher rühre, dass es die

Beitöne in den meisten Fällen gar nicht von dem Hauptione trennt, und dann nothwendig, und sich selber unbewusst, die in jenem liegende Kraft bei diesem mit in Anschlag bringt und ob selbst da, wo eine solche Trennung durch unser Ohr bewirkt worden ist, diese doch immer nur theilweise erfolgt, so dass noch immer der andere Theil zur scheinbaren Verstärkung des Hauptones seinen Beitrag liefert, oder ob dabei noch andere Momente zu Rathe gezogen werden müssen."

Dagegen ist Folgendes zu bemerken:

1) Wenn man das Wesen des Tones nicht in eine gewisse Bewegungsform an sich, sondern — warum es sich wenigstens hier handelt — in die Wahrnehmung dieser Bewegung mit dem Gehöre setzt, so muss man auch zugeben, dass Alles das und nur das zu einem Tone gerechnet werden muss, was vom Ohr zu demselben gezogen wird, und dass jeder Ton — Hauptton oder Beiton — stark oder schwach ist, jenachdem er stark oder schwach gehört wird. Die Annahme einer Täuschung aber würde darauf hinauskommen, dass für die Entscheidung der Frage, was Ton sei, eine andere Instanz, als das Ohr, angenommen wird.

2) Im Uebrigen kommt jene Erklärung vollständig auf die weitere Annahme hinaus; nur habe ich geglaubt, die letztere einer Beschränkung unterwerfen zu müssen, vermöge welcher es vorbehalten bleibt, den Antheil, welchen die höheren Glieder der Reihe (A) an der Erzeugnng des Tones n haben, in die Gesammtheit dieser Glieder zu setzen und an gewisse — wenn auch nicht näher bekannte — Bedingungen zu knüpfen, dagegen Ohm's Erklärung sie von dieser Beschränkung entbinden würde, indem jedes Glied einzeln und unbedingt zum Hauptone ganz oder theilweise gezogen wird. Diese Erklärung kommt also, anstatt die engere Annahme zu retten, vielmehr darauf hinaus, die weitere in noch grösserem Umfange zuzulassen, als ich dieselbe für jetzt zu behaupten mich berechtigt gehalten habe.

5. Prüfung an Verschiedenheiten des Klanges.

Unser Ohr unterscheidet bekanntlich nicht blos die Höhe und Stärke der Töne, sondern auch jene unendliche Mannigfaltigkeit des Klanges, welche sowohl die verschiedenen Instrumente und auf ihnen die Eigenthümlichkeiten der Spieler, als auch die verschiedenen

Sprachlaute und dabei zugleich die verschiedenen Stimmorgane characterisirt. Wäre nun jeder Ton von der Form $a \cos (nt + \tau)$, so würden diese Verschiedenheiten nicht möglich sein, indem a die Stärke und n die Höhe des Tones bestimmt, τ aber auf die Beschaffenheit desselben keinen Einfluss haben kann, da es nur den Punkt, von wo an die Zeit gerechnet wird, ausdrückt. Offenbar muss noch ein veränderlicher Factor oder ein veränderliches Glied hinzugefügt werden, um jene Verschiedenheit auszudrücken, so dass der Ton durch $a \cos (nt + \tau) \cdot f(t)$ oder $a \cos (nt + \tau) + \varphi(t)$ ausgedrückt wird. Die Function $f(t)$ oder $\varphi(t)$ kann nun entweder periodisch oder mehr unregelmässiger Art sein. Im letzteren Falle kann die Eigenthümlichkeit des Klanges der Beimischung eines durch $\varphi(t)$ dargestellten Geräusches zugeschrieben werden. Allein dies scheint nicht für alle Fälle ausreichend zu sein und man wird z. B. die Verschiedenheit der Vocale schwerlich der Beimischung eines Geräusches zuschreiben können. Ist aber jene Function $f(t)$ oder $\varphi(t)$ periodisch, so sind zwei Fälle zu unterscheiden. Ist nämlich diese Periode der von $\cos nt$ gleich oder ein aliquoter Theil davon also 2π oder $\frac{2\pi}{i}$, so geht der obige Ausdruck $a \cos (nt + \tau) \cdot ft$ oder $a \cos (nt + \tau) + \varphi(t)$ in die Reihe (A), also in die weitere Annahme über und die Eigenthümlichkeit des Klanges ist in der Wellenform begründet. Hiermit stimmt sowohl das überein, was oben über den mehr schnarrenden Ton bei getrennten Eindrücken gesagt ist, als die Bemerkung **Cagniard-Latour's**, welcher den Ton der Sirene mehr dem der Trompete, der Oboe, des Fagott oder der menschlichen Stimme ähnlich fand, jenachdem die Entfernung der Löcher zu ihrem Durchmesser in verschiedenem Verhältniss stand. (Ann. de Chim. et Phys. T. LVI.) Sollte aber in anderen Fällen die Periode von $f(t)$ nicht von der angegebenen Art sein, sondern etwa $k\, 2\pi$ oder $\frac{k}{i} . 2\pi$ oder auch incommensurabel zu π, so würde dies als eine veränderliche Stärke oder Länge der Wellen aufgefasst werden können. Dieser Fall ist in der im Eingange aufgestellten weiteren Annahme dadurch vorbehalten, dass das Wesen des Tones in die wiederholte Wiederkehr einer gleichen oder auch nur **ähnlichen** Bewegung gesetzt ist. Auf jeden Fall scheint also die engere Annahme einer Erweiterung zu bedürfen.

Als Ergebniss der angestellten Erörterungen kann Folgendes ausgesprochen werden:

Wenn eine Bewegung von der Form

$$v = a_1 \cos(nt + \tau_1) + a_2 \cos(2nt + \tau_2) + a_3 \cos(3nt + \tau_3) + \ldots.$$

vorhanden ist, so wird

1) der Ton n nicht ausschliesslich durch das erste Glied dieser Reihe gebildet, sondern es können auch die folgenden Glieder zu der Stärke dieses Tones wesentlich beitragen.

2) Welcher Bedingung aber diese Reihe in Betreff der a und τ genügen muss, um den Ton n allein hören zu lassen, und ob überhaupt die höheren Glieder ganz oder nur zum grossen Theil in diesem Ton aufgehen können, ist nicht ermittelt.

3) Diese folgenden Glieder verstärken nicht blos den Ton n, sondern haben auch auf den Charakter seines Klanges einen merklichen Einfluss.

4) Welche fernere Verschiedenheiten tönender Bewegungen wegen der Klangunterschiede angenommen werden müssen, ist nicht bekannt.

II. Erzeugung von Tönen durch Spiralbewegungen.

Fermond, Comptes rendus T. XVII. 800. XVIII. 171. 1125. Poggend. LXII. 576. 580.

Fermond hat, indem er die Bewegung der Luft in Pfeifen mittels eingebrachten Tabakrauchs untersuchte, bemerkt, dass dieser eine Spirale beschreibt, wie das auch schon F. Savart durch Einbringen von leichtem Staub beobachtet hat. (Ann. de Chim. et Phys. XXIV. 59.) Dies zeigte sich nicht nur in einer gläsernen Querpfeife, Orgel- und Flageoletpfeife, sondern auch in einer Zungenpfeife oder wenn das Zungenmundstück durch eine Lockpfeife oder durch die Stimme ersetzt wurde, und unregelmässig, wenn eine am einen Ende geschlossene Röhre nach Art der Pansflöte angeblasen wurde. Eine quadratische Orgelpfeife zeigte die Spiralbewegung ebenso, wie eine cylindrische.

Indem Fermond in der Bewegung des Lycopodiumstaubes auf einer schwingenden runden Platte ebenfalls eine Spiralbewegung erkennt und eine solche in der Bewegung des Wassers, welches beim Ausfliessen einen Ton giebt, beim Drehen des Bindfadens auf der Seilerbahn, welches ebenfalls von einem charakteristischen Tone begleitet ist, und in der aus Cagniard-Latour's Sirene strömenden Luft wiederfindet, gelangt er zu der Ansicht, dass die Spiralbewegungen wesentlich sei zur Tonbildung, und sucht dies durch die Construction eines kleinen Instruments, Helikophon genannt, zu bestätigen. Eine Glasröhre, deren Länge wenigstens drei bis viermal so viel als ihr Durchmesser beträgt, wird am einen Ende mit einem Stöpsel verschlossen, auf dessen Umfang mehrere Schraubengänge geschnitten sind; bläst man durch diese Röhre, so entsteht ein Ton, der desto höher wird, je stärker man bläst und der mit dem der Latour'schen Sirene Aehnlichkeit hat. Wird der Pfropfen nur mit longitudinalen und transversalen Einschnitten versehen, so entsteht kein Ton. Auch wird der des Helikophons geschwächt, wenn man longitudinale Ströme den schraubenförmigen hinzufügt.

Thatsachen, wie die hier angegebenen, verdienen allerdings berücksichtigt und weiter verfolgt zu werden, da die grossen Beschränkungen, unter welchen die Theorie der Schwingungen allein ausgeführt werden kann, durch Beobachtungen vielfach ergänzt werden müssen. Aber die angeführten Erfahrungen sind keineswegs geeignet, die Annahme zu begründen, dass eine solche Spiralbewegung wesentlich sei für die Erzeugung eines Tones. Zwar sieht man leicht ein, dass tönende Bewegungen in eine Spiralbewegung übergehen können. Denn wenn die Theile eines Körpers isochrone Schwingungen nach zwei oder drei Dimensionen machen können, so resultirt daraus eine in sich zurücklaufende krumme Bahn, welche, wenn die Schwingungen von der Form $a \cos (nt + \tau)$ sind, eine Ellipse wird; nun brauchte nur noch eine fortschreitende Bewegung hinzuzutreten, so wird die Bahn im Allgemeinen eine spirale. Ebenso ist einleuchtend, dass jede hinreichend schnelle Spiralbewegung einen Ton erzeugen kann, indem sie in eine fortschreitende und zwei oder drei schwingende Componenten zerlegt werden kann: aber nur die letzteren sind wesentlich für die Erzeugung des Tones und es ist nicht zu zweifeln, dass dieser auch dann vorhanden ist, wenn sie in geradlinige Schwingungen übergehen.

Uebrigens scheint es, dass die von Fermond beobachteten Spiralen, wenigstens in einigen Fällen, dem Wesen des Tones noch weniger nahe stehen, als in der so eben angegebenen Erläuterung, indem bei jenem ein Schraubengang nicht während einer, sondern vieler Schwingungen durchlaufen wird. So ist leicht einzusehen, dass die aus der Sirene strömende Luft eine Spiralbewegung erhalten muss, indem sie zu ihrer fortschreitenden Bewegung eine drehende von der rotirenden Scheibe erhält, aber es ist Thatsache, dass nicht diese Drehung, sondern die wiederholte Unterbrechung des Luftstromes den Sirenenton erzeugt und seine Höhe bestimmt, Auch die Spiralen in Pfeifen scheinen langsamer zu gehen, als der Höhe des Tons entspricht.

Wenn Fermond am Schlusse seines ersten Aufsatzes behauptet, dass die Höhe eines Tones von drei Ursachen abhänge, nämlich von der Länge der Spirale, von der Spiralbewegung und von der Grösse des Querschnitts der Spiralzone *), so kann zwar, bis seine Ansichten vollständiger vorliegen, auf den Sinn dieser Behauptung nicht näher eingegangen werden, auf keinen Fall aber ist zu erwarten, dass die einfache und längst begründete Ansicht, welche die Höhe des Tons von der Schnelligkeit der Schwingungen abhängig macht, dadurch einen Abbruch erleiden sollte.

In der zweiten Abhandlung modificirt Fermond seine Ansicht dahin, dass der Ton in Pfeifen nicht durch eine einfache Spiralbewegung, sondern durch eine schraubenförmige und eine rotirende zugleich erzeugt werde. Auch können zwei Schraubenbewegungen, eine rechts- und eine linksgehende, vorhanden sein.

Wenn durch das offene Ende des Helikophons eine engere Röhre eingeschoben wird, so wird die Luft dieser Röhre vermöge der Schraubenströme des Instruments gegen den Pfropfen hin aufgesogen. Dasselbe kann an einer gläsernen Flöte beobachtet werden, wenn man die innere Röhre bis zum Mundstück schiebt.

Einige andere Beobachtungen sollen weiterhin an den Pfeifen (B. II.) erwähnt werden.

*) In der dritten Abhandlung stellt er die Formel auf $h = \frac{v}{ls}$, worin h die Höhe des Tones, l die Länge der Spiralen, s den Querschnitt (section helicique) und v die Geschwindigkeit (der Spiralbewegung?) bezeichnet.

III. Erzeugung von Tönen durch getrennte Eindrücke.

1) Darstellung eines Systemes gleichabstehender Eindrücke durch Sinusreihen.

Ohm, Poggend. Ann. Bd. 59, S. 513. Seebeck, ebend. Bd. 63, S. 368.

Eine Reihe gleichabstehender Eindrücke, wie man sie an der Sirene, an Savart's Zahnrädern, bei den Klirrtönen u. s. w. erhält, kann, wie jede geradlinige periodische Bewegung, bekanntlich dargestellt werden durch die Gleichung

$$\left.\begin{aligned} v = \alpha_1 \cos nt + \alpha_2 \cos 2nt + \dots \quad \alpha_i \cos int + \dots + \frac{\alpha_0}{2} \\ + \beta_1 \sin nt + \beta_2 \sin 2nt + \dots - \beta_i \sin int + \dots - \end{aligned}\right\} \quad (1.)$$

wo n die Anzahl der Eindrücke in der Zeit 2π bedeutet und

$$\alpha_i = \frac{n}{\pi} \int_{-\frac{\pi}{n}}^{+\frac{\pi}{n}} v \cos int.\, dt \quad (2.)$$

$$\beta_i = \frac{n}{\pi} \int_{-\frac{\pi}{n}}^{+\frac{\pi}{n}} v \sin int.\, dt \quad (3.)$$

Setzt man $a_i^2 = \alpha_i^2 + \beta_i^2$ und $\frac{\alpha_i}{\beta_i} = tg\, \tau_i$

so kann man die obige Gleichung auch schreiben

$$v = a_1 \cos(nt + \tau_1) + a_2 \cos(2nt + \tau_2) + \dots a_i \cos(int + \tau_i) + \dots + \tfrac{1}{2} a_0$$

Offenbar hängt der Werth von α_i und β_i, also auch der von a_i von zwei Umständen ab, nämlich 1) von der Beschaffenheit der Eindrücke und 2) von der Grösse der Zwischenräume, durch welche sie getrennt sind. G. S. Ohm hat den Werth dieser Constanten unter der Annahme einer ganz besonderen Beschaffenheit der Eindrücke berechnet. Da aber nicht zu erwarten ist, dass dieser Annahme die Wirklichkeit in irgend einem Falle entsprechend werde, und da man überhaupt die Beschaffenheit der Eindrücke nicht zu ermitteln vermag, so habe ich untersucht, wie viel sich aus der blossen Annahme hinlänglicher Trennung der Eindrücke durch grössere Zwischenräume für die Werthe jener Constanten folgern lasse. Der Gang und das Ergebniss dieser Untersuchung soll hier angezeigt werden.

Es sei $\frac{2\pi}{m}$ die Dauer eines Eindrucks, so dass bei getrennten Eindrücken $m > n$ wird; es bezeichne ferner $\varphi(t)$ die Geschwindigkeit der in Bewegung gesetzten Lufttheilchen während dieser Dauer, so kann man, wie auch die Eindrücke beschaffen sein mögen,

$$\varphi(t) = c_0 + c_1 \cos mt + c_2 \cos 2mt + c_3 \cos 3mt + \ldots$$
$$+ d_1 \sin mt + d_2 \sin 2mt + d_3 \sin 3mt + \ldots$$

setzen, wenn man die Zeit von der Mitte eines Eindrucks au rechnet, und es kann nun in den Gleichungen (2.) und (3.) $\varphi(t)$ anstatt v gesetzt werden, wenn man zwischen den Grenzen $\pm\frac{\pi}{m}$ anstatt $\pm\frac{\pi}{n}$ integrirt. Die hieraus sich ergebenden Werthe von α_i und β_i können unter folgende Form gebracht werden:

$$\alpha_i = \frac{2}{i\pi} \sin \frac{in\pi}{m} \left\{ c_0 + \left(\frac{in}{m}\right)^2 \Sigma_i \right\} \quad (4)$$

$$\beta_i = \frac{2n}{m} \sin \frac{in\pi}{m} \cdot S_i \quad (5.)$$

wo

$$\begin{aligned} \Sigma_i = {} & c_1 - \tfrac{1}{4} c_2 + \tfrac{1}{9} c_3 - \ldots\ldots \\ & + \left(\frac{ni}{m}\right)^2 (c_1 - \tfrac{1}{16} c_2 + \tfrac{1}{81} c_3 - \ldots\ldots) \\ & + \left(\frac{ni}{m}\right)^4 (c_1 - \tfrac{1}{64} c_2 + \tfrac{1}{729} c_3 - \ldots) \\ & + \left(\frac{ni}{m}\right)^6 (c_1 - \tfrac{1}{256} c_2 + \tfrac{1}{6561} c_3 - \ldots) \\ & + \text{etc. etc.} \end{aligned}$$

und

$$\begin{aligned} S_i = {} & d_1 - \tfrac{1}{2} d_2 + \tfrac{1}{3} d_3 - \ldots\ldots \\ & + \left(\frac{in}{m}\right)^2 (d_1 - \tfrac{1}{8} d_2 + \tfrac{1}{27} d_3 - \ldots) \\ & + \left(\frac{in}{m}\right)^4 (d_1 - \tfrac{1}{32} d_2 + \tfrac{1}{243} d_3 - \ldots) \\ & + \left(\frac{in}{m}\right)^6 (d_1 - \tfrac{1}{128} d_2 + \tfrac{1}{2187} d_3 - \ldots\ldots) \\ & + \text{etc. etc.} \end{aligned}$$

Diese Ausdrücke würden α_i und β_i geben, wenn die Beschaffenheit der einzelnen Eindrücke, nämlich die c und d bekannt wären. Aber auch ohne diese genauer zu kennen, lässt sich Folgendes bemerken.

Sind die Eindrücke sehr getrennt, so dass nicht nur $\frac{n}{m}$ einen sehr kleinen Werth erhält, sondern auch $\frac{in}{m}$ für mässige Werthe von i ein echter Bruch bleibt, so muss, wenn man für i nach einander die Werthe 1, 2, 3 ... einsetzt, $\sin \frac{in\pi}{m}$ anfangs mit i wachsen, und zwar für die niedrigen Werthe von i nahe proportional i, so dass in (4.) der Factor ausser der Klammer $\}\{$ nur wenig von i abhängt.

Ferner wird Σ_i in der Regel — mit Ausnahme einer besonders ungünstigen Wahl der c — so convergent, dass man sieht, es müsse Σ_i in den meisten Fällen entweder nur wenig von i abhängen, oder — wenn die erste Zeile seines Werthes sehr klein sein sollte — mit wachsenden i wachsen. Daraus lässt sich erkennen, dass von den beiden Gliedern, aus welchen α_i besteht, das erste bei wachsendem i nahe constant bleibt, das zweite aber in der Regel wachsen muss, so lange i beträchtlich kleiner als $\frac{m}{n}$ bleibt. Ist daher c_0 nicht sehr klein gegen die folgenden c, so wird, für mässige Werthe von i, α_i nahe unabhängig von i; ist aber c_0 sehr klein, so wird α_i selbst sehr klein, weil Σ_i den Factor $\left(\frac{in}{m}\right)^2$ trägt; zugleich wird dann α_i geneigter mit i zu wachsen. Eben so sieht man, dass S_i in den meisten Fällen wenig von i abhängen wird und daher β_i in der Regel mit i wachsen muss, so lange i den Werth $\frac{m}{2n}$ nicht übersteigt. Dies würde nur dann eine Ausnahme erleiden, wenn die erste Zeile von S_i sehr klein sein sollte, wo dann β_i selbst äusserst klein ausfallen müsste.

Daher ergiebt sich: Bei Eindrücken, welche durch verhältnissmässig grosse Zwischenräume getrennt sind, wird, so lange i eine gewisse Grenze nicht überschreitet, α_i entweder nahe gleich für $i=1$, $i=2$, $i=3\ldots$, oder es wird α_i überhaupt nur sehr klein; ferner wird β_i in der Regel mit i wachsen, und kann, wenn dies nicht der Fall ist, nur einen höchst unbedeutenden Werth annehmen. Da nun $a_i = \sqrt{\alpha_i^2 + \beta_i^2}$, so muss — immer unter denselben Voraussetzungen — in der Regel entweder 1) a_1 nahe $= a_2 = a_3 \ldots$ oder 2) $a_1 < a_2 < a_3 \ldots$ sein, oder auch 3) $a_1, a_2, a_3 \ldots$ so klein, dass a_i nur für sehr viel höhere Werthe von i merklich werden könnt.

Ich werde dies allgemeine Resultat noch auf zwei besondere

Fälle anwenden, welche in den vorhergehenden Erörterungen (A. I. 2.) in Betracht gezogen worden sind.

Bestehen die Eindrücke aus zwei symmetrisch gleichen Hälften, etwa wie in

Fig. 13.

so sind alle d und also alle β oder $\tau = o$. Ist nun, wie in derselben Figur, $\varphi(t)$ immer positiv, so muss $c_0 = \frac{1}{2\lambda}\int_{-\frac{\pi}{n}}^{+\frac{\pi}{n}} \varphi(t)\, dt$ einen gewissen positiven Werth annehmen, welcher in der Regel beträchtlich grösser als $\left(\frac{in}{m}\right)^2 \Sigma_i$ ausfallen wird, wenn $\frac{in}{m}$ ein ziemlich kleiner Bruch ist, und es wird daher, so weit dies der Fall ist, α_i oder a_i wenig von i abhängig, d. h. es wird bei hinlänglich getrennten Eindrücken dieser Art a_1 nahe $= a_2, a_3 \ldots$ Diese Form der Eindrücke ist besonders deshalb hervorzuheben, weil die Luftstösse der Sirene ungefähr von dieser Art sein müssen, wenn man die drehende Bewegung abrechnet, welche die Luft von der Scheibe empfängt, welche aber, als eine constante Geschwindigkeit für den Ton nicht in Betracht kommt.

Besteht hingegen die Scala der Geschwindigkeiten aus zwei symmetrisch entgegengesetzten Hälften, wie

Fig. 14.

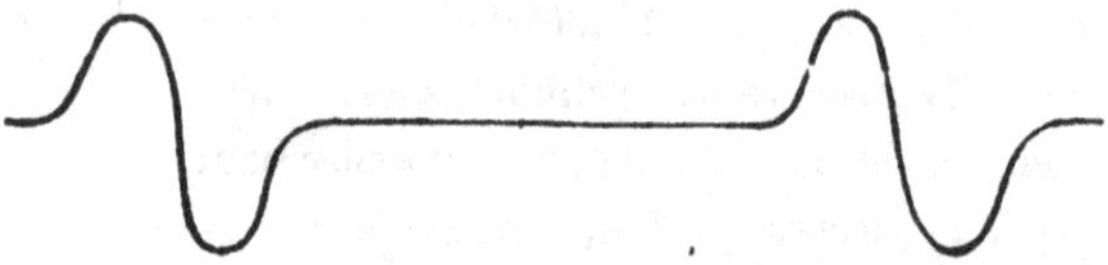

so sind alle c und $a = o$, und es wird $a_i = \beta_i = \frac{2n}{m} \sin \frac{in\pi}{m} \cdot S_i$, und da S_i bei sehr getrennten Eindrücken in der Regel wenig von i abhängt, so lange i nicht zu gross genommen wird, so wird bis dahin a_i nahe proportional $\sin \frac{in\pi}{m}$ oder anfangs proportional i, also angenähert $a_1 = \frac{1}{2} a_2 = \frac{1}{3} a_3 \ldots$ Auch dieser Fall kann auf der Sirene dargestellt werden, wenn man sie von den beiden entgegengesetzten Seiten her durch zwei Röhrchen anbläst, die einander beinahe gerade gegenüber stehen.

2) Darstellung einer Verbindung von zwei oder mehren Systemen gleichabstehender Eindrücke.

Ich habe in Bd. VI. dieses Repertoriums, S. 6—14, verschiedene Versuche beschrieben, welche als das gleichzeitige Anblasen zweier oder dreier gleicher Sirenen aufgefasst werden können. Es wurden nämlich zwei oder drei concentrische Löcherreihen von gleicher Löcherzahl jede mit einem Röhrchen so angeblasen, dass die Eindrücke des einen Systems beliebig zwischen die des andern eingeschaltet werden konnten; oder es wurde **eine** Löcherreihe mit zwei oder drei Röhrchen angeblasen; auch der Fall, wo eine Löcherreihe mit abwechselnd grösseren und kleineren Zwischenräumen durch **ein** Röhrchen angeblasen wurde, kann dahin gerechnet werden, wenn die Löcher einander nicht so nahe stehen, dass die Beschaffenheit der einzelnen Eindrücke durch die benachbarten geändert wird.

Die Bewegung nun, welche der Luft durch solche zusammengesetzte Systeme mitgetheilt wird, kann auf folgende Weise dargestellt werden. (S. Poggend. Ann. Bd. 60, S. 461.)

Es werde die Bewegung eines Systems ausgedrückt durch

$$F(t) = a_0 + a_1 \cos(nt + \tau_1) + a_2 \cos(2nt + \tau_2) + a_3 \cos(3nt + r_3) \ldots$$

wo $\frac{2\pi}{n}$ die Schwingungsdauer ist. Erzeugt man nun ein zweites ganz gleiches System, nur dass die Eindrücke desselben um $\frac{1}{2r}$ der Schwingungsdauer später erfolgen, als die des ersten, so wird dasselbe dargestellt durch

$$F\left(t + \frac{\pi}{nr}\right) =$$

$$a_0 + a_1 \cos\left(nt + \tau_1 + \frac{\pi}{r}\right) + a_2 \cos\left(2nt + \tau_2 + \frac{2\pi}{r}\right) + \ldots$$

Die Wirkung beider vereinigter Systeme wird ausgedrückt durch die Summe dieser beiden Werthe, wenn das Anblasen von derselben Seite her geschieht und durch ihre Differenz, wenn das Anblasen von entgegengesetzten Seiten erfolgt. So erhält man für den Fall, dass die Eindrücke des einen Systems genau mitten zwischen die des andern fallen, bei gleicher Richtung

$$F(t) + F\left(t + \frac{\pi}{n}\right) =$$

$$2a_0 + 2a_2 \cos(2nt + \tau_2) + 2a_4 \cos(4nt + \tau_4) + \ldots$$

was, wie auch sonst leicht einzusehen ist, die Octave giebt; bei entgegengesetzter Richtung

$$F(t) - F\left(t + \frac{\pi}{n}\right) = 2a_1 \cos(nt + \tau_1) + 2a_3 \cos(3nt + \tau_3) + \ldots$$

so dass sich im letzteren Falle der Ton von dem der einfachen Sirene auf eine ähnliche Weise unterscheidet, wie der einer gedeckten Pfeife von dem einer offenen.

Werden die beiden gleichgerichteten Systeme so verbunden, dass die Zwischenräume der Eindrücke abwechselnd grösser und kleiner sind, so kann die Bewegung bequemer dargestellt werden durch

$$F\left(t - \frac{\pi}{rn}\right) + F\left(t + \frac{\pi}{rn}\right) = 2a_0 + 2a_1 \cos\frac{\pi}{r}\cos(nt + \tau_1)$$

$$+ 2a_2 \cos\frac{2\pi}{r}\cos(2nt + \tau_2) + 2a_3 \cos\frac{3\pi}{n}\cos(3nt + \tau_3) + \ldots.$$

wo dann die Zwischenräume abwechselnd $\frac{\pi}{rn}$ und $\frac{(r-1)\pi}{rn}$ sind. So wird z. B. der Fall, wo die abwechselnden Zwischenräume sich wie $1:2$ verhalten, dargestellt durch $F\left(t - \frac{2\pi}{3n}\right) + F\left(t + \frac{2\pi}{3n}\right)$ und es werden die Factoren a; $\cos\frac{\pi}{r}$ bezüglich

$$-a_1 \quad -a_2 \quad 2a_3 \quad -a_4 \quad -a_5 \quad 2a_6 \ldots$$

In der That hört man denn auch in diesem Falle neben dem Hauptttone n, dessen Duodecime $3n$ recht merklich mitklingen, z. B. wenn die Abstände abwechselnd 10° und 20° betragen, nächst dem Tone, welcher dem Abstande von 30° entspricht (n) jenen, welcher dem von 10° entspricht ($3n$). Aehnlich verhält es sich in den übrigen Fällen, wo der eine Zwischenraum nur ein aliquoter Theil des andern ist. — Verhalten sich die Zwischenräume wie 2:3, so hat man in der letzten Gleichung $\frac{1}{r} = \frac{2}{5}$ zu setzen, und es werden die Factoren

$$0{,}62.a_1 \quad -1{,}62.a_2 \quad -1{,}62.a_3 \quad 0{,}62.a_4 \quad 2a_5. \quad 0{,}62.a_6 \quad -1{,}62a_7$$
$$-1{,}62a_8 \quad 0{,}62a_9 \quad 2a_{10}\ldots$$

Demgemäss habe ich an einer Sirene, wo die Abstände der Löcher abwechselnd 12° und 18° betrugen, nächst dem Hauptttone n, welcher dem Abstand von 30° entspricht, hauptsächlich den fünften, $5n$, welcher dem Abstand 6° entspricht, gehört, begreiflich, da a_5, a_{10}, $a_{15}\ldots$ am meisten verstärkt sind. Aehnlich verhält es sich in den übrigen Fällen, wo, wie ich früher schon angegeben habe, der dem gemeinsamen Maasse beider Abstände entsprechende Oberton gehört wird.

Die früher angegebenen Versuche, wo die Abstände abwechselnd $9\frac{1}{2}$ und $10\frac{1}{2}$ oder 9 und 11 Grad betrugen, und wo zum Grundton die Octave hinzutrat, geben, wenn man $\frac{1}{r} = \frac{19}{20}$ oder $\frac{9}{20}$ setzt, im ersteren Falle $2a_1 \cos 81^0$, $2a_2 \cos 18^0 \ldots.$, im letzteren $2a_1 \cos 85^0,5$; $2a_2 \cos 9^0 \ldots$

Die Darstellung einer Verbindung von drei oder mehreren Systemen gleichabstehender Eindrücke kann auf demselben Wege behandelt werden.

3) Beschreibung einer Sirene.

Ich gebe hier die Beschreibung einer Sirene, deren ich mich seit vielen Jahren bediene. Sie hat nicht nur zu den im Vorhergehenden mehrerwähnten Versuche gedient, sondern ist auch bei Vorlesungen vorzüglich geeignet, die Hauptverschiedenheiten des Schalles auf die elementarste und directeste Weise zu demonstriren, daher auch bereits einige Copien dieses Instruments in physikalische Lehrapparate übergegangen sind. Ein ähnliches Instrument ist übrigens, ebenfalls schon vor langer Zeit, von Opelt in einer auch sonst interessanten Schrift (Ueber die Natur der Musik, Plauen 1834) beschrieben worden. Die nachstehende Figur stellt meine Sirene in $\frac{1}{8}$ der natürlichen Grösse dar.

Fig. 15.

Auf einem Brett *aaa* steht das hölzerne Gestelle *bbb*, in welches die stählernen Lager der in Spitzen laufenden Axe *ccc* geschraubt sind. Auf dieser Axe ist eine starke hölzerne Scheibe *ddd* befestigt, welche an meinem Instrument noch mit einem in der Figur angedeuteten Bleiringe zur Vermehrung des Trägheitsmoments versehen ist, und an welche die aus dünner glatter Pappe (Pressspahn) verfertigte Löcherscheibe geschraubt ist. Ein Paar Windflügel an der Axe *cc* dienen, in Verbindung mit der Reibung, die Bewegung zu reguliren. Die Bewegung wird hervorgebracht durch den Schnurlauf, welcher von dem Wellrad *eee* nach der Axe *cc* geht, während die Welle *ff* durch das Gewicht *g* gedreht wird. Wenn das Instrument längere Zeit im Gange bleiben soll, wird die Schnur der Welle von *ff* aus zuerst über eine in der Höhe befestigte Rolle und von da über die das Gewicht tragende lose Rolle geführt. Das Holzgestelle *hhhh* ist unten mit einer eisernen Axe und oben mit einem um *i* drehbaren und bei *i'* festgeklemmten Eisenstäbchen versehen; dies dient nur, den Schnurlauf zu spannen, was eben so gut mit einer Schraube auf bekannte Weise bewerkstelligt werden kann.

Die Axe cc kann herausgenommen werden, um die Löcherscheibe abzunehmen und eine andere dafür aufzuschieben, welche man mit drei Schrauben an der Scheibe ddd von der in der Figur nicht sichtbaren Seite her befestigt. Es ist gut, zwischen die Schraubenköpfe und die Löcherscheibe noch eine dünne steife Platte, etwa von recht steifer Pappe, zu legen. Die Löcher haben an meinen Scheiben meist ungefähr 1 Linie im Durchmesser. Das Anblasen geschieht mit einem Glasröhrchen von demselben Durchmesser.

Bei Lehrvorträgen, zur Erläuterung der ersten Sätze über die Verschiedenheiten des Schalls kann der Apparat in folgender Weise gebraucht werden. Mit einer Löcherreihe erhält man einen Ton, der bei zunehmender Geschwindigkeit immer höher wird. Wenn man, statt zu blasen, eine Federspitze in die Löcher schlagen lässt, so überzeugt man sich, dass die Verschiedenheit der Erschütterungen wohl den Klang, aber nicht die Höhe des Tons ändert. Um die Zahlenverhältnisse der Töne auf die einfachste Weise herzuleiten, wendet man am besten eine Scheibe mit vier Löcherreihen, von 40, 50, 60, 80 Löchern, an. Man erhält dadurch die Töne des Durdreiklangs und hat dann direct aus dem Versuch die Zahlen der wichtigsten Intervalle, aus welchen alle übrigen hergeleitet werden können.

Ueber die mancherlei Anwendungen, welche sonst von diesme Instrument gemacht werden können, verweise ich besonders auf den 6. Band des Repertoriums, S. 3 bis 14.

B. Saiten und Stäbe.

1. Theorie der absolut biegsamen Saiten.

Abhandlungen bei Begründung der K. S. Gesellschaft der Wissenschaften, herausgegeben von der Fürstlich Jablonowski'schen Gesellschaft.

Die Theorie der Saiten hat während eines grossen Theiles des vorigen Jahrhunderts die Mathematiker vielfach beschäftigt. Besonders war die Frage wegen der Gestalt der schwingenden Saite der Gegenstand eines Streites, welcher um die Mitte jenes Jahrhunderts mit Lebhaftigkeit geführt wurde, und dessen Ergebniss bekanntlich dies war, dass die Saite jede beliebige Gestalt annehmen kann. An dieses Resultat lassen sich einige weitere Fragen knüpfen. Ist ausser der einen ganz willkührlichen Gestalt noch eine zweite, davon unabhängige und eben so willkührliche für einen andern Zeitpunkt möglich? Ist, wenn die Schwingungen nach einer Richtung geschehen, die Bewegung irgend eines Punktes der Saite innerhalb der Dauer einer Schwingung ganz willkührlich? Gilt dies für jeden Punkt der Saite? Gilt es für mehrere Punkte zugleich? Ist, wenn die Saite doppelt gebogen wird, die Gestalt der Bahn irgend eines Punktes ganz willkührlich? Ist die Geschwindigkeit desselben ganz willkührlich? Können Bahn und Geschwindigkeit zugleich ganz willkührlich sein?

Ich habe diese Fragen dadurch beantwortet, dass ich die Bewegung der Saite durch Sinus- und Cosinusreihen ausgedrückt und untersucht habe, in wie weit die darin vorkommenden Constanten durch willkührliche Annahme jener Gestalt oder Geschwindigkeit in Anspruch genommen werden. Den Gang dieser Betrachtung will ich hier nur für den einfachsten Fall kurz andeuten.

Wird zuerst blos einfache Biegung der Saite vorausgesetzt, so kann die Bewegung dargestellt werden durch

$$y = \Theta_1 \sin \pi \frac{x}{L} + \Theta_2 \sin 2\pi \frac{x}{L} + \Theta_3 \sin 3\pi \frac{x}{L} + \ldots.$$

wo

$$\Theta_i = 2b_i \cos i\pi \frac{ct}{L} - 2a_i \sin i\pi \frac{ct}{L}$$

und $\frac{c}{2L}$ die Dauer einer Schwingung ist. Setzt man $t = o$, so sieht man, dass die Werthe der b von der anfänglichen Ablenkung der Theile, die der a von ihrer anfänglichen Geschwindigkeit abhängen. Hat man nun durch die Wahl der b die erste willkührliche Gestalt der Saite bestimmt, so kann noch Θ_i jeden beliebigen Werth vermöge a_i annehmen, wofern nur $\sin i\pi \frac{ct}{L}$ nicht $= o$ ist, also t nicht commensurabel zu $\frac{c}{L}$ ist; dies heisst, es kann die Saite vrmöge der ihr anfänglich ertheilten Geschwindigkeit noch eine zweite ganz willkührliche Gestalt annehmen, wenn nur die Zeit, welche sie gebraucht, um von der einen in die andere überzugehen, incommensurabel zur Schwingungsdauer ist.

Um zu sehen, wie weit die Bewegung eines Saitenpunktes, dessen Abscisse x' ist, willkührlich sei, setze man die Gleichung dieses Punktes unter folgende Form:

$$y = c_1 \cos \pi \frac{ct}{L} + c_2 \cos 2\pi \frac{ct}{L} + c_3 \cos 3\pi \frac{ct}{L} + \dots$$
$$+ d_1 \sin \pi \frac{ct}{L} + d_2 \sin 2\pi \frac{ct}{L} + d_3 \sin 3\pi \frac{ct}{L} + \dots$$

wo

$$c_i = 2 b_i \sin i\pi \frac{x'}{L}$$
$$d_i = 2 a_i \sin i\pi \frac{x'}{L}$$

Dies stellt eine ganz willkührliche Bewegung dar, wenn den sämmtlichen c und d vermöge der b und a jeder beliebige Werth gegeben werden kann. Dies ist aber jederzeit dann möglich, wenn $\sin i\pi \frac{x'}{L}$ für keinen Werth von i in Null übergeht, d. h. wenn $\frac{x'}{L}$ irrational ist. Es ist also die Bewegung eines Punktes, welcher die Saite in einem irrationalen Verhältniss theilt, ganz willkührlich. Nur muss, da der obigen Sinusreihe ein von t unabhängiges Glied fehlt, und daher $\int_{t'}^{t' + \frac{2L}{c}} y\, dt = o$ ist, die Summe der Ablenkungen während der Dauer einer Schwingung $= o$ sein. Zeichnet man also die Welle der y, indem man t als Abscisse, y als Ordinate nimmt, von o bis $\frac{2L}{c}$, so kann die Gestalt dieser Welle ganz willkührlich genommen werden, nur ist dann die Linie der t so zu legen, dass die Summe der positiven Areale der der negativen gleich wird.

Ist hingegen $x' = \frac{m}{r} L$, wo m und r ganze Zahlen sind, so ist die Bewegung für $\frac{r-1}{r}$ einer Schwingungsdauer willkührlich, aber für das übrige $\frac{1}{r}$ dadurch bestimmt. Bildet man nämlich die Summe der Werthe, welche y annimmt, wenn man für $\pi \frac{ct}{L}$ die Werthe $\tau + \frac{2\pi}{r}, \tau + \frac{4\pi}{r}, \tau + \frac{6\pi}{r} \dots \tau + \frac{2r\pi}{r}$ einsetzt, so lässt sich zeigen, dass diese Summe für jenen Punkt $= o$ ist. Liegt also z. B. der Punkt auf $\frac{1}{3}$ der Saite, so kann man $\frac{2}{3}$ der Welle der y willkührlich machen, dadurch aber ist das letzte Drittel so bestimmt, dass jede seiner Ordinaten mit den entsprechend liegenden des ersten und zweiten Drittels die Summe Null geben muss.

Durch eine weitere Verfolgung dieser Betrachtungen für die Schwingungen nach zwei Querrichtungen (Transversalschwingungen mit doppelter Biegung der Saite), oder nach drei Richtungen im Raume (transversale und longitudinale Schwingungen), sind folgende Resultate erlangt:

Für transversale Schwingungen:

Die Saite kann zwei von einander unabhängige ganz willkührliche Gestalten einfacher oder doppelter Krümmung annehmen, wofern nur die Zeit, welche sie gebraucht, um von der einen zur andern Gestalt überzugehen, incommensurabel ist zur Dauer einer Schwingung. Durch beide Gestalten, verbunden mit der Zwischenzeit, ist die ganze Bewegung der Saite bestimmt.

Ein Punkt der Saite, welcher dieselbe in einem irrationalen Verhältniss theilt, kann jede ganz willkührliche Bewegung, sowohl in Beziehung auf Geschwindigkeit, als Gestalt der Bahn, annehmen; durch diese ist dann die Bewegung aller übrigen Punkte bestimmt.

Für einen Punkt, der auf $\frac{m}{r}$ der Saite liegt, ist die Bewegung während $\frac{r-1}{r}$ einer Schwingungsdauer in Beziehung auf Bahn und Geschwindigkeit willkührlich, durch sie aber für das noch übrige $\frac{1}{r}$ bestimmt.

Die Bahn eines solchen Punktes, mit Ausnahme des mittelsten, kann für die Dauer einer ganzen Schwingung willkührlich genommen werden; seine Geschwindigkeit ist dann zwar nicht mehr ganz willkührlich, aber doch unendlich mannigfaltig. Auch umgekehrt kann die Geschwindigkeit willkührlich und die Bahn unendlich mannigfaltig genommen werden.

Die Mitte der Saite beschreibt eine Bahn, welche einen Mittelpunkt hat, d. h. einen Punkt, welcher jede durch ihn gezogene Sehne halbirt; die Geschwindigkeit in je zwei sich diametral gegenüber liegenden Punkten ist gleich und entgegengesetzt.

Für longitudinale Schwingungen gelten ähnliche Bestimmungen, wenn man, was vorhin von der Gestalt der Saite galt, jetzt von ihrer Ausdehnung und Zusammendrückung versteht, und was von der Bewegung der einzelnen Punkte gesagt ist, blos auf ihre Geschwindigkeit bezieht.

Finden transversale und longitudinale Schwingungen zugleich statt, so gelten im Allgemeinen nicht dieselben Bestimmungen für die Bewegung eines Saitenpunktes im Raume, weil die Perioden beider Schwingungsarten von einander unabhängig sind; doch ist, wenn diese beiden Perioden in einem rationalen Verhältniss stehen, für die Bewegung eines Saitenpunktes im Raume eine ihrem gemeinsamen Maass entsprechende Periode möglich, bei welcher die Geschwindigkeit und die Gestalt der Bahn im Raume ganz willkührlich ist.

Diese Resultate können, soweit sie die Transversalschwingungen betreffen, auf einige Erfahrungen bezogen werden. 1) Die unendlich mannigfaltigen Figuren der Bahn eines Saitenpunktes stellen sich in jenen mannigfaltig verschlungnen kaleidophonischen Linien dar, auf welche Th. Young (Philos. Trans. for 1800. Gilb. Ann. Bd. 22. S. 367) aufmerksam gemacht hat. Man beobachtet sie am leichtesten, wenn man einen Punkt einer Metallsaite durch einen leichten Feilstrich markirt und diesen dann im Sonnenschein oder bei Flammenlicht mit einem Mikroscop betrachtet, dessen Axe unter einem sehr spitzen Winkel gegen die Saite geneigt ist. Beobachtet man auf diese Weise die Mitte der Saite, so fällt sogleich jene Symmetrie der Bahn auf, durch welche sich diese Stelle vor allen übrigen Punkten der Saite auszeichnet. In der ziemlich schnellen Veränderung, welche man dabei nicht nur an der Grösse, sondern auch an der Gestalt der Bahn wahrnimmt, zeigt sich der Einfluss der in der Rechnung vernachlässigten Umstände, nämlich Steifheit, endliche Grösse der Schwingungen, Schwere der Saitentheile, Luftwiderstand, mangelhafte Befestigung der Enden und Resonanz.

2) Die mindere Freiheit der Bewegung, welche einem die Saite rational theilenden Punkte zusteht, zeigt sich in Folgendem. Es ist eine bekannte Erfahrung, dass eine Saite nicht anspricht, wenn man sie mit dem Violinbogen gerade in der Mitte streicht. Fast dasselbe findet auf $\frac{1}{3}$ und in abnehmendem Maasse auf $\frac{1}{4}$, $\frac{1}{5}$ oder $\frac{2}{5}$, $\frac{1}{6}$ u. s. w. statt, indem auf diesen Punkten der Ton durch Streichen nicht oder nur unvollkommen zu erlangen ist, obgleich er sehr leicht anspricht, wenn man nahe neben diesen Stellen streicht. Dies hat offenbar seinen Grund darin, dass die Bewegung der genannten Punkte nur zur Hälfte, zu $\frac{2}{3}$, $\frac{3}{4}$, $\frac{4}{5}$, $\frac{5}{6}$ u. s. w. frei ist, und daher der unregelmässigen Einwirkung des Bogens um so mehr widerstrebt, je mehr die Freiheit dieser Bewegung beschränkt ist.

3) Es ist einleuchtend, dass die Form der Tonwellen, welche die Saite theils unmittelbar, theils und hauptsächlich mittels des

Resonanzbodens der Luft mittheilt, je nach der Verschiedenheit ihrer eigenen Bewegung verschieden sein muss, und man begreift hiernach jene Mannigfaltigkeit des Klanges, über welche ein geschickter Spieler auf den Saiteninstrumenten zu gebieten versteht, während allerdings gewisse Klangverschiedenheiten auch wohl durch einige Unregelmässigkeit der Bewegung erzeugt werden. Die Möglichkeit, jene erstere Verschiedenheit zu erzeugen, leuchtet ein, nicht nur bei den Streichinstrumenten, sondern auch beim Fortepiano und ähnlichen Instrumenten, indem die Zeit, während welcher z. B. der Klavierhammer gegen die Saite drückt, zwar sehr kurz, aber doch nicht so klein ist im Vergleich zu der Dauer einer Schwingung, dass er ihr nicht je nach der Art des Anschlags eine Verschiedenheit der Bewegung einzuprägen vermöchte.

Wenn in dieser Verschiedenheit des Klanges von physikalischer Seite vorzüglich das Interesse liegt, welches jene unendliche Mannigfaltigkeit der Bewegung der Saite gewährt, so würde es dabei allerdings mehr auf die Bewegung der den Schall fortpflanzenden Luft und endlich der Gehörsnerven ankommen. Obgleich es nun nicht möglich ist, aus der Bewegung der Saite die der Lufttheilchen vollständig abzuleiten, weil sich die Veränderungen nicht in Rechnung bringen lassen, welche die Schwingungen beim Uebergange von der Saite durch den Resonanzboden an die Luft erleiden, so sieht man doch im Allgemeinen, dass für die den Ton fortpflanzenden Lufttheilchen eine entsprechende Willkührlichkeit der Bewegung möglich ist, wie für einen irrational theilenden Punkt der Saite selbst, indem sich annehmen lässt, dass der Resonanzboden die Fähigkeit besitzt, alle die einzelnen Sinus- und Cosinus-Glieder, wenn auch in ungleichem Maasse, fortzupflanzen, aus welchen man sich die Bewegung des letztern zusammengesetzt denken kann.

II. Schwingungen einer mit Läufern beschwerten Saite.

Duhamel, Comptes rendus T. XI. 15 u. 810. Poggend. Ann. Bd. 57. S. 392. 397.

Als Johann Bernoulli, der Erste nach Taylor, die Theorie der Saiten behandelte, führte er in die Betrachtung die Vorstellung eines nicht schweren Fadens ein, der mit getrennten Gewichten belastet sei, eine Vorstellung, deren sich später auch Lagrange bei diesem Gegenstande bedient hat. Indem die Zahl der gleichen und gleichabstehenden Gewichte unendlich gross genommen wird, geht dieser Fall in den der gewöhnlichen Saiten über.

Hiervon unterscheidet sich die in der Ueberschrift angezeigte Aufgabe, welche Duhamel behandelt hat, darin, dass die Saite, welche in einzelnen Punkten Gewichte trägt, zugleich selbst als schwer vorausgesetzt wird.

Duhamel hat zuerst den Fall betrachtet, wo eine Saite, bekannt an Länge und Gewicht, bei constanter Spannung an einem ihrer Punkte eine Masse trägt, welche zu ihr in irgend einem Verhältniss steht, und die Gesetze ermittelt, nach welchem der Grundton und die höheren Töne dieser Saite, sowie die Lage der Knoten, von diesen Datis abhängen.

Die Schwingungsdauer der einzelnen Töne wird durch die Wurzeln einer sehr einfachen transcendenten Gleichung bestimmt *). Dieselben Wurzeln lehren auch die Lage der Knoten kennen. Die Abtheilungen, in welche die Saite durch die Knoten zerfällt, sind gleich, mit Ausnahme derjenigen, welche den Läufer enthält und welche kleiner ist **). Wenn die Saite durch den Anhängepunkt in zwei commensurable Stücke getheilt wird, so sind natürlich alle die harmonischen Töne, wo dieser Punkt ein Knoten ist, von der Masse des Läufers unabhängig und ebenso wie an der nicht beschwerten Saite.

Wenn die hinzugefügte Masse und die Länge der Saite pro-

---

*) In dem Auszuge, aus welchem ich das Obenstehende entnehme, ist weder diese Gleichung angegeben, noch ihre Herleitung angedeutet. Man kann jedoch folgenden Ausdruck durch eine sehr einfache Betrachtung erlangen, indem man die Gestalt der Saite aus zwei Cycloidenbogen zusammensetzt, die sich in dem beschwerten Punkte schneiden. Ist M' die Masse des Läufers, M die der Saite, l und l' die Länge der beiden Theile, in welche die Saite durch den Anhängepunkt getheilt wird, und $\frac{\alpha}{i\pi}$ das Verhältniss, nach welchem die Schwingungsdauer der nicht belasteten Saite kürzer ist, als die der beschwerten, so muss der Gleichung

$$\operatorname{cotg} \frac{\alpha l}{l+l'} + \operatorname{cotg} \frac{\alpha l'}{l+l'} = \frac{M\alpha}{M'}$$

genügt werden. S.

**) Nach dem Verhältniss $\alpha - (i-1)\pi : \pi$. S.

portional verändert wird, während das Verhältniss der Stücke und die Spannung ungeändert bleibt, so ändert sich die Schwingungsdauer, sowohl für den Grundton, als für die höheren Töne, in demselben Verhältniss.

Duhamel hat sowohl dieses letztere Gesetz, als den berechneten Einfluss des Läufers auf die Schwingungsdauer mit der Erfahrung verglichen und sehr nahe übereinstimmend gefunden. Die Schwingungsdauer ist nach einem von ihm schon früher angewendeten Verfahren (S. Repert. VI. 16.) dadurch geprüft worden, dass an dem Punkt, dessen Bewegung untersucht werden soll, eine Spitze befestigt wird, welche auf einer beweglichen Ebene eine Spur hinterlässt, ohne eine merkliche Reibung hervorzubringen. Da es sich aber nur um das Verhältniss handelt, nach welchem die Schwingungsdauer abgeändert wird, so war es nicht nöthig, die Geschwindigkeit der Ebene zu kennen, wenn eine zweite Saite, welche immer unter denselben Verhältnissen blieb, ebenfalls eine Spur auf dieselbe Ebene neben die der Probesaite zeichnete.

An einer Saite von 1210, 3 Millim. Länge und 15, 4 Gramm Gewicht, wurde die Mitte nach einander mit

6,537 10,000 13,074 16,537 23,074 Gramm

belastet und respective folgende Verhältnisse der Schwingungszahlen zu der der unbelasteten Saite beobachtet:

0,71 0,634 0,5783 0,5327 0,468.

Die nach der Theorie berechneten Werthe sind:

0,71 0,6334 0,5768 0,5328 0,4679.

Nicht ganz so vollkommen, doch auch hinlänglich, war die Uebereinstimmung mit der Theorie bei einem andern Versuche, wo die Länge der Saite und das Gewicht des Läufers verdoppelt und verdreifacht wurde, und das Verhältniss der Schwingungsdauer proportional

0,516 : 0,781 : 1,573

anstatt 0,524 : 0,786 : 1,573

gefunden wurde. Auch die Lage der Knoten wurde mit der Theorie übereinstimmend beobachtet.

In einer zweiten Abhandlung hat Duhamel eine beliebige Zahl von Läufern von ungleicher Masse und willkührlicher Vertheilung längs der Saite betrachtet und für den Fall, dass diese Zahl sich auf zwei reducirt, die Rechnungen ausgeführt. Die Reihe der Töne, deren die Saite dann fähig ist, wird bestimmt durch die Wurzeln einer transcendenten Gleichung, welche wenig complicirt ist, und für den Fall, dass die beiden Massen gleich sind und die Saite in gleiche Stücke theilen, sehr einfach wird *). Zu den durch diese Gleichung bestimmten Tönen kommen noch, wenn die Saite in commensurable Stücke getheilt ist, diejenigen hinzu, bei welchen die Läufer auf Knoten liegen und welche daher von dem Vorhandensein der Läufer unabhängig sind. Ausserdem hat Duhamel noch constante Kräfte an der Saite angenommen, indem er die Wirkung des Violinbogens als eine constante Kraft betrachtet (Vergl. Repert. VI. 58).

Auch die auf zwei Läufer sich beziehende Theorie ist von ihm mit der Erfahrung verglichen und sowohl die Lage der Knoten, als die Erhöhung des Tones mit Vermehrung der Abtheilungen, und die Veränderung desselben mit Veränderung der Massen der Läufer mit der Theorie übereinstimmend beobachtet worden.

Duhamel erwähnt, dass bei gewissen musikalischen Instrumenten ein Läufer an der Saite angewendet werde. Mir ist nur ein Fall bekannt, der dahin zu rechnen ist. Bei Kaufmann's Harmonichord nämlich wird der Ton dadurch erregt, dass eine Streichwalze ein an der Saite befestigtes Stäbchen reibt. Dies Stäbchen ist als eine an der Saite angebrachte Belastung zu betrachten, und dies bewirkt, dass der eine Schwingungsknoten, welcher an allen Saiten dieses Instruments erzeugt wird, nicht in der Mitte der Saite liegt, sondern näher der durch jenen Körper beschwerten Stelle.

III. Einfluss der Steifheit auf die Töne der Saiten.

N. Savart, Ann. de Chem. et Phys. S. III. T. VI. p. 5. Poggend. Ann. Bd. 58. S. 252. Duhamel, Compt. rend. T. XIV. p. 953. Poggend. Ann. Bd. 57. S. 405. Seebeck, Berichte der K. Sächs. Gesellschaft der Wissenschaften $18\frac{46}{47}$, 8. 161. 365.

Bei der Theorie der Querschwingungen der Saiten pflegt man bekanntlich diese Körper als absolut biegsam ausdrücklich vorauszu-

---

*) Nämlich $cotg\,\frac{1}{3}\alpha - tg\,\frac{1}{6}\alpha = \alpha\frac{M'}{M}$ S.

setzen. Dies stimmt mit der Wirklichkeit nur angenähert überein, indem die Saite stets mehr oder weniger Steifheit besitzt und daher strenggenommen als ein sehr dünner gespannter Stab zu betrachten ist. Von diesem Verhalten, namentlich von dem Einflusse, den dasselbe auf die Reinheit des Tones ausüben kann, ist bereits im vorigen Berichte (Bd. VI. S. 98) die Rede gewesen. Die vorliegenden Untersuchungen betreffen zunächst die Frage, nach welchem Gesetze die Höhe des Saitentones durch den Einfluss der Steifheit abgeändert werde.

N. Savart hat, um dies Gesetz zu ermitteln, den Weg des Versuchs eingeschlagen.

Zwei eiserne Klemmen waren an einem starken und wohl befestigten Eisenstück so angebracht, dass ein kurzes Stück einer vertikal hangenden Saite zwischen denselben enthalten war und an seinen beiden Enden festgeklemmt werden konnte, nachdem sie zuvor durch ein angehängtes Gewicht gespannt war. Diese Spannung wurde stufenweise von Null bis zum Reissen der Saite erhöht und die dem jedesmaligen Ton entsprechende Note aufgezeichnet. Der Ton, welcher schon ohne Spannung, wegen der Steifheit vorhanden war, ging bei zunehmender Spannung in solcher Weise in die Höhe, dass er, wie leicht einzusehen, stets höher blieb, als ihn die gewöhnliche Bewegung für absolut biegsame Saiten nach Taylor's Formel giebt, wobei er sich jedoch dem durch diese Formel angezeigten Werthe mehr und mehr näherte. Wenn man die Quadratwurzeln der Spannung als Abscissen aufträgt, so bilden die nach Taylors Formel berechneten Schwingungsmengen die Ordinaten einer geraden Linie, da sie jener Quadratwurzel proportional sind; die wirklich beobachteten Schwingungsmengen aber bildeten die Ordinaten einer Curve, welche sich jener geraden asymptotisch nähert. Die Betrachtung, dass diese, die Versuche darstellende Curve mit einer Hyperbel Aehnlichkeit habe, führte Savart auf folgendes Gesetz, mit welchem seine Versuche nahe genug übereinstimmen:

Bezeichnet man mit n_0 die Schwingungsmenge, welche der eingeklemmte Draht bei der Spannung Null vermöge seiner Steifheit hat, mit n_1 die Schwingungsmenge, welche er im Zustande der Spannung, aber ohne Steifheit, nach Taylor's Formel haben würde, und mit n die Schwingungsmenge, welche unter der vereinigten Wirkung der Steifheit und Spannung beobachtet wird, so ist nach Savart

$$n^2 = n_0^2 + n_1^2.$$

Die folgenden Tabellen enthalten eine Vergleichung der beobachteten Werthe mit den nach dieser Regel berechneten. Die Länge der Saite betrug bei allen Versuchen $80{,}5^{mm}$; das Gewicht derselben ist mit p, die Spannung mit P bezeichnet, und die letztere so gewählt, dass $\sqrt{\frac{P}{p}}$ von 25 zu 25 oder von 50 zu 50 vermehrt wurde.

Kupferdraht, $p = 0{,}5178^{gr}$.

$\sqrt{\frac{P}{p}}$	P	n_1	Töne	n beob.	n berechn.
0	0^{gr}	0	*ais,,*	900	900
25	324	276	*h,,*—	950	941
50	1295	552	*cis,,,*	1067	1055
75	2913	828	*es,,,*	1229	1223
100	5178	1104	*fis,,,*—	1422	1424
125	8091	1380	*as,,,*+	1659	1648
150	11650	1656	*h,,,*—	1900	1885
175	15858	1942	*cis,,,,*	2133	2131
200	20712	2208	*dis,,,,*—	2350	2384
225	26214	2484	*fes,,,,*	2621	2642
244,05	30840	2694		Reissen	2840

Ein Messingdraht, $0^{gr}{,}392$ schwer, welcher ohne Spannung ebenfalls 900 Schw. hatte, gab fast dieselben Resultate

Eisendraht, $p = 0{,}3287^{gr}$

$\sqrt{\frac{P}{p}}$	P	n_1	Töne	n beob.	n berechn.
0	0^{gr}	0	*dis,,,*	1200	1200
50	822	552	*fes,,,*	1311	1321
100	3287	1104	*gis,,,*+	1620	1631
150	7395	1656	*c,,,,*—	2030	2045
200	13148	2208	*es,,,,*+	2500	2513
250	20544	2760	*fis,,,,*	3000	3009
300	29583	3312	*ais,,,,*—	3530	3523
345,18	39166	3810		Reissen	

Ein angelassner Eisendraht, $\overset{gr}{0},314$ schwer, welcher ohne Spannung ebenfalls 1200 Schwingungen machte, gab fast die nämlichen Resultate.

Stahldraht, $p = \overset{gr}{0},18053$

$\sqrt{\frac{P}{p}}$	P	n_1	Töne	n beob.	n berechn.
0	0gr	0	$h_{,,}+$	970	970
100	1805	1104	$ges_{,,,}$	1475	1470
200	7221	2208	$dis_{,,,,}$	2400	2412
300	16248	3312	$a_{,,,,}+$	3456	3451
400	28885	4416	$d_{v}-$	4551	4521
421	32000			Reissen	

Auch ein paar Versuche an Bleidraht stimmten mit der angegebenen Regel überein.

Was die Genauigkeit dieser Versuche betrifft, so bemerkt Savart zwei Fehlerquellen. Die eine liegt in dem Aufzeichnen der Note, indem der Ort, welchen diese in der Tonleiter einnimmt, sich nicht genau angeben lässt. In der That kann man, da diese Tonleiter nach halben Tönen fortschreitet, bei diesem Verfahren wohl nicht viel mehr Genauigkeit, als bis auf Vierteltöne erwarten, ungerechnet die Ungenauigkeit der Stimmung des Instruments, nach welchem man beobachtet. Die zweite Fehlerquelle, welche Savart anführt, liegt darin, dass der Draht, besonders bei den stärkeren Spannungen, durch das Ansetzen des Geigenbogens etwas gedehnt wird und nun wegen verminderter Spannung merklich zu tief tönt. Savart hat dies dadurch zu vermeiden gesucht, dass er den Bogen möglichst sanft ansetzte und den Draht vorher mehrmals entklemmt und der Wirkung der Gewichte ausgesetzt hatte. Doch ist einleuchtend, dass ein Ueberrest dieses Fehlers auch hier möglich ist, und dann stets den Ton etwas zu tief geben muss. Besser wäre dies wohl durch vorausgegangenes Recken bei sehr starker Spannung zu vermeiden gewesen, indem bekanntlich ein Draht, nachdem er einmal ein Gewicht getragen hat, nachher bei kleineren Belastungen nicht ferner eine bleibende Dehnung erleidet.

Eine dritte und, soviel ich bemerkt habe, nicht unbedeutende Fehlerquelle liegt darin, dass die Klemmen, wenn man sie scharf anzieht, leicht sehr merklich auf die Spannung wirken, eine vierte vielleicht auch noch darin, dass der Draht durch die Klemmen etwas gequetscht wird, besonders bei öfterem Schliessen und Oeffnen, wodurch dann das elastische Moment an den Enden des Drahts vermindert und der Ton ebenfalls zu tief wird.

In Berücksichtigung dieser Umstände wird es nicht auffallen können, dass Savart's Beobachtungen mit der weiter unten angegebenen Theorie nur ziemlich angenähert übereinstimmen.

Ueberdies ist einleuchtend, dass die Versuche auch bei der äussersten Schärfe nicht geeignet sein würden, zu entscheiden, ob die aufgestellte Regel streng oder nur angenähert gültig sei, und besonders, ob sie geeignet sei, bei gewöhnlichen Saiten die Correction, welche durch die geringe Steifheit bei der Berechnung der Schwingungsmenge nothwendig gemacht wird, in hinlänglicher Annäherung zu geben. Denn es könnte sein, dass diese Correction aus zwei oder mehreren Gliedern zusammengesetzt wäre, unter welchen das eine, von Savart hinzugefügte, bei beträchtlicher Steifheit sehr überwiegend wäre, aber bei geringer Steifheit mehr zurückträte. Hierüber genügenden Aufschluss zu geben ist nur die Theorie im Stande.

Duhamel hat das von Savart gefundene Resultat durch eine sehr einfache Betrachtung theoretisch herzuleiten versucht.

Bezeichnet man nämlich mit n und P die Schwingungsmenge und die Spannung einer absolut biegsamen Saite, so ist bekanntlich $n^2 = kP$, wo k eine Constante ist, welche von der Länge und Masse der Saite abhängt. Nähme man nun bei der wirklichen Saite an, sie wäre vollkommen biegsam und einer zweckmässigen Spannung P_0 unterworfen, so könnte man ihr — meint Duhamel — dieselbe Bewegung geben, welche blos aus ihrer Steifheit entspringt, und bei welcher sie n_0 Schwingungen in der Zeiteinheit vollbringt. Sie befindet sich alsdann in demselben Falle, für welchen obige Formel gilt, und man hat $n_0^2 = kP_0$. Nun hat man noch die wirkliche Spannung P_1 hinzuzufügen, um sie in denselben Fall zu bringen, wie die steife Saite, weil die aus der Steifheit entspringenden Kräfte durch die von der Spannung P_0 herrührenden ersetzt sind. Man kann also dann die Schwingungsmenge nach der obigen Formel berechnen, wenn man $P_0 + P_1$ für P setzt; dies giebt

$$n^2 = k(P_0 + P_1) \text{ oder } n^2 = n_0^2 + n_1^2$$

übereinstimmend mit Savart's Regel.

Diese Herleitung Duhamel's ist jedoch weder streng, noch für den Fall, auf welchen sie angewendet ist, richtig. Denn man kann zwar durch die Spannung P_0 der vollkommen biegsamen Saite dieselbe Schwingungsmenge, aber im Allgemeinen nicht dieselbe Bewegung aller ihrer Theile geben, wie dem steifen ungespannten Drahte. Die Kraft, welche ein Theilchen dx bei eintretender Biegung vermöge der Spannung erleidet, wird, wie bekannt, durch $P_0 \frac{d^2y}{dx^2}$ ausgedrückt, die Kraft aber, welche von der Steifheit herrührt, durch $-a\frac{d^4y}{dx^4}$, wo a constant ist. Wenn man also annimmt, diese Kraft könne durch jene ersetzt gedacht werden, so setzt man voraus, es sei

$$P_0 \frac{d^2y}{dx^2} = -a\frac{d^4y}{dx^4}.$$

Dies führt, wie man sieht, auf eine bestimmte Gestalt des schwingenden Drahtes, und Duhamel's Betrachtung ist nur unter der Voraussetzung dieser Gestalt zulässig. Nun aber tritt diese Gestalt, welche durch $y = \alpha \sin x$ ausgedrückt wird, zwar bei einem an beiden Enden angestemmten Stabe ein, ist aber bei einem an beiden Enden eingeklemmten Stabe oder Drahte unmöglich. Daher ist Duhamel's Theorie für den von Savart beobachteten Fall nicht zulässig.

Ich bin bei der Behandlung desselben Gegenstandes von der Bewegungsgleichung eines gespannten Stabes ausgegangen.

Bezeichnet man mit p das Gewicht einer Längeneinheit des Stabes, mit P die Spannung und mit $a\frac{d^2y}{dx^2}$ das elastische Moment, so dass bei einem cylindrischen Stabe, dessen Halbmesser r und dessen Elasticitätsmodulus m ist, $a = \frac{mr^4\pi}{4}$ ist, so hat man

$$\frac{d^2y}{dt^2} = \frac{Pg}{p}\frac{d^2y}{dx^2} - \frac{ag}{p}\frac{d^4y}{dx^4}.$$

Die besonderen Integrale dieser Gleichung, welche den einzelnen Tönen entsprechen, geben für die Gestalt des schwingenden Stabes die Gleichung

$$y = Ae^{\alpha x} + Be^{-\alpha x} + C\sin\beta x + D\cos\beta x$$

wo

$$\alpha^2 = \frac{P}{2a} + \sqrt{\frac{P^2}{4a^2} + \frac{n^2p}{ag}}$$

$$\beta^2 = \frac{P}{2a} + \sqrt{\frac{P^2}{4a^2} + \frac{n^2 p}{ag}}$$

wenn n die Schwingungsmengsmenge in der Zeit 2π bezeichnet. Die Constanten A, B, C, D sind durch Einführung der Bedingungen, unter welchen die Enden des Stabes stehen, näher zu bestimmen.

Ist nun der Stab an jedem Ende mit einer Queraxe versehen (oder angestemmt), so wird $y = C \sin \beta x$ und man erhält für die Schwingungsmenge denselben Ausdruck, welchen Savart auf dem Wege des Versuchs gefunden. Auch ist aus dem Vorhergehenden zu ersehen, dass und warum auf diesen Fall Duhamel's Theorie anwendbar ist. Allein gerade dies ist nicht der Fall der Savartschen Versuche, da hier beide Enden eingeklemmt waren.

Ist der Stab oder Draht an den Enden eingeklemmt, so erhält man durch Elimination der vier Constanten A, B, C, D eine Gleichung, welche in diese Form gebracht werden kann:

$$\operatorname{tang} \beta l = \frac{2\alpha\beta}{\alpha^2 - \beta^2} \left\{ 1 + 2 \left(e^{-2\alpha l} + e^{-4\alpha l} + \ldots \right) - \frac{2}{\cos \beta l} \left(e^{\alpha l} + e^{-3\alpha l} + \ldots \right) \right\} \quad (1.)$$

wo l die Länge des Drahtes bezeichnet.

Diese Gleichung würde sich nicht auflösen lassen. Man kann jedoch zuerst in grosser Annäherung setzen

$$\operatorname{tang} \beta l = \frac{2\alpha\beta}{\alpha^2 - \beta^2} = \frac{2n}{P} \sqrt{\frac{ap}{g}} \quad (2.)$$

und hieraus, wenn man — etwa aus einer der nachfolgenden Gleichungen (4) oder (5) — einen vorläufigen Näherungswerth von n entnimmt, βl schon ziemlich gut berechnen. Dies giebt in

$$n^2 = \frac{ag}{p} \beta^4 + \frac{Pg}{p} \beta^2 \quad (3.)$$

eingesetzt, n genauer, und man kann nun mit den Gleichungen (2) und (3) die Näherung beliebig fortsetzen. Dies giebt schon einen so genäherten Werth von n, dass man nun, wenn es nöthig sein sollte, auf die Gleichung (1) zurückgehen und mit dieser die Näherung auf jeden beliebigen Grad fortsetzen kann. Das Letztere könnte jedoch nur bei höchst geringen Spannungen nothwendig werden. Bei irgend beträchtlicher Spannung genügen schon die Gleichungen (2) und (3).

Ich habe mit dieser Theorie die Versuche Savart's verglichen. Sie stimmen nicht ganz überein, sondern geben, wenn man den Ton ohne Spannung als richtig annimmt, die folgenden Töne stets etwas zu tief mit Differenzen, welche sich bis auf einen halben Ton belaufen. Jedoch ist dies durch die bereits erwähnten Fehlerquellen wohl erklärlich, zumal da unter diesen sich zwei befinden, welche im Sinne der stattfindenden Differenzen wirken müssen, und eine dritte, von der es leicht möglich ist, dass sie immer in demselben Sinne gewirkt habe.

Ich habe jedoch nicht unterlassen, selbst eine Versuchsreihe anzustellen, bei welcher ich diese Fehlerquellen möglichst zu vermeiden suchte.

Ich wählte eine Stahlsaite, von welcher 36 Zoll 3gr,045 wogen, und von welcher 3,01 Par. Zoll zwischen die Klemmen in vertikaler Stellung gefasst war. Um die Saite nicht durch die Klemmen, welche sehr fest angezogen werden müssen, zu quetschen, wurde ein von Webers Monochord entnommenes Verfahren angewendet; dieselbe wurde nämlich an jedem Ende zwischen zwei Kupferstücken gefasst, in welche eine Vertiefung für die Saite eingeschliffen war, und welche durch die Klemme zusammengepresst wurden, so dass das Kupfer sich um den grössten Theil des Umfangs der Saite legte. Damit aber die Spannung sich weder durch das Anziehen der Schrauben noch durch das Anschlagen änderte, war nur die obere Klemme fest gegen ein starkes Widerlager geschraubt, die untere dagegen, bestehend in einer eisernen Zwinge, welche die Saite zwischen das Kupfer presst, war beweglich und wurde erst nach dem Anhängen der spannenden Gewichte, mit sehr mässiger Kraft gegen das Widerlager gedrückt. Diese geringere Befestigung der unteren Zweige scheint so wenig Einfluss auf den Ton zu haben, dass man sie auch wohl ganz frei herabhangen lassen kann. Dabei verdient bemerkt zu werden, dass dieser Umstand den Ton wohl allenfalls etwas zu tief, in keinem Falle aber zu hoch geben und daher das theoretische Resultat dem Savart'schen eher etwas nähern, als davon entfernen kann.

Es versteht sich, dass der Draht ganz gerade sein und schon ohne Spannung vertikal stehen muss.

Der Werth von a wurde bei diesem Drahte $= 314,7$ gefunden für Par. Zoll und Gramm. Er ist nicht an dem beiderseits eingeklemmten Drahte bestimmt, weil dies bei so mässiger Steifheit keine Genauigkeit zulässt, sondern dadurch, dass das gebrauchte Stück nach Beendigung der Versuche mitten durchgeschnitten und verschiedene Längen beider Theilen so eingeklemmt wurden, dass das andere Ende frei blieb; die so beobachteten Töne gaben im Mittel aus 18 Versuchen den obigen Werth von a.

In der nachher folgenden Tabelle ist in der ersten Spalte die Spannung des Drahtes, in der letzten die aus den Gleichungen (2) und (3) berechnete Schwingungsmenge angegeben. Ueber die beobachtete Schwingungsmenge ist Folgendes zu bemerken. Zur Bestimmung derselben diente eine freie Stahlsaite, von welcher 36 Zoll $0^{gr},3715$ wiegen, und welche mit $4211^{gr},8$ gespannt am Monochord hieng und durch Verschieben des beweglichen Stegs mit dem zu untersuchenden Ton in Einklang gebracht und dann gemessen wurde. Da a für diese Saite nur 5,113 beträgt, so erhält man, bei Vernachlässigung ihrer Steifheit nach der Taylor'schen Formel, eine Zahl, welche ein wenig zu klein ist, eine untere Gränze. Berechnet man dagegen unter der Annahme, dass die Saite an beiden Enden vollkommen befestigt sei, so erhält man eine Zahl, welche wegen der minder vollständigen Befestigung etwas zu gross ist, eine obere Gränze. Diese beiden Gränzen sind in der nachfolgenden Versuchstabelle neben der Monochordlänge angeführt. Die dritte, corrigirte Schwingungsmenge ist auf folgende Weise gefunden. Da die Monochordsaite auf dem einen Steg fest auflag, den andern aber nur leise berührte, so wurde eine starke Saite unter gleichen Bedingungen auf ihre Höhe bei verschiedenen Längen untersucht, und es fand sich, dass die beobachteten Höhen sehr nahe so waren, als sei sie am einen Ende vollkommen befestigt, am anderen mit einer Axe versehen, ein Verhalten, mit welchem die wirkliche Art der Befestigung ziemlich übereinstimmt. In der Voraussetzung, dass diese Regel auf die dünne Saite des Monochords übertragen werden dürfe, sind die corrigirten Schwingungsmengen berechnet. Ist diese Form der Correction auch nicht ganz streng, so kann sie doch, da die ganze Correction nur klein ist, auf jeden Fall nur einen höchst geringen Fehler geben.

Die folgende Tabelle bezieht sich auf Draht, welcher auf oben angegebene Weise an beiden Enden eingeklemmt war. Ein Hin- und Hergang ist für eine Schwingung gerechnet

Spannung	Saitenlänge am Monochord	Nach dem Versuch Schwingungsmenge untere Gränze	obere Gränze	corrigirt	N. d. Theorie Schwingungsmenge
0					456
5kil,05	6″,385	952	963	958	956
10,05	4,865	1250	1268	1259	1256
15,05	4,105	1483	1504	1494	1492
20,05	3,63	1675	1707	1691	1694
25,05	3,29	1848	1888	1869	1872
30,05	3,045	1997	2044	2021	2033

Die Uebereinstimmung zwischen der Theorie und Erfahrung ist vollständig, indem die Differenzen zwischen den corrigirten Beobachtungswerthen und den theoretischen Zahlen in keinem Falle die Grösse von einem halben Komma erreichen. Berechnet man dagegen die Schwingungsmengen nach Savart's Regel, so erhält man Werthe, welche $\frac{1}{4}$ bis $\frac{1}{2}$ Ton zu tief sind.

Auch die folgenden Beobachtungen für den zweiten Ton (mit einem Knoten), obgleich bei der grossen Höhe dieser Töne etwas weniger zuverlässig, geben eine genügende Uebereinstimmung mit der Theorie:

Spannung	Saitenlänge am Monochord	Nach dem Versuch Schwingungsmenge untere Gränze	obere Gränze	corrigirt	N. d. Theorie Schwingungsmenge
5kil,05	2″,98	2040	2090	2066	2075
10,05	2,37	2566	2646	2607	2631
15,05	2,03	2995	3107	3055	3082

Man sieht hieraus, dass bei Vermeidung störender Einflüsse die Erfahrung sehr gut mit der Theorie übereinstimmt.

Für gewöhnliche Saiten, wo die Steifheit nur gering, also $\frac{a}{Pl^2}$ sehr klein ist, kann die Berechnug der Schwingungsmenge viel einfacher gemacht werden. Vernachlässigt man nämlich die Potenzen von $\sqrt{\frac{a}{Pl^2}}$ von der zweiten an, so giebt die Gleichung (2)

$$n = n_1 \left(1 + 2\sqrt{\frac{a}{Pl^2}}\right) \qquad (4.)$$

wo n_1 die Schwingungsmenge für die vollkommen biegsame Saite bedeutet, oder auch

$$n = n_1 \left(1 + \frac{r^2}{l} \sqrt{\frac{m\pi}{P}}\right)$$

wo r den Halbmesser der Saite und m den Elasticitätsmodulus nach Gewicht bedeutet. Ist die Saite bis zum Reissen gespannt, so kann man auch, wenn c der Festigkeitscoefficient ist, setzen

$$n = n_1 \left(1 + \frac{r}{l} \sqrt{\frac{m}{c}}\right)$$

Dies giebt für die Schwingungsmenge selbst bei feinen Metallsaiten eine Correction, welche bei genauen Tonbestimmungen mit dem Monochord keineswegs vernachlässigt werden darf, wie man schon aus der Vergleichung der corrigirten und nicht corrigirten Werthe der obigen Tabelle ersehen kann. Für eine Saite, welche auf die oben angegebene Weise über zwei Stege läuft, reducirt sich diese Correction ungefähr auf die Hälfte.

Aus diesen Gleichungen sieht man ferner, dass eine mässige Steifheit die Reinheit des Saitentones nicht merklich beeinträchtigt, wenn nur die Saite genau genug cylindrisch oder überhaupt prismatisch ist. Denn nach diesen Näherungsformeln würden die Schwingungsmengen der Beitöne genaue Vielfache von der des tiefsten Tones sein.

Will man den Einfluss der Steifheit auf die Reinheit der Beitöne beurtheilen, so muss man die Näherung bis zur zweiten Potenz von $\sqrt{\frac{a}{Pl^2}}$ fortsetzen. Man erhält dann für die Schwingungsmenge des i^{ten} Tones in der Zeit 2π

$$n = in' \, (1 + i^2 \delta) \qquad (5.)$$

wenn

$$n' = \frac{\pi}{l} \sqrt{\frac{Pg}{p} \left(1 + 4\sqrt{\frac{a}{Pl^2}} + 12 \frac{a}{Pl^2}\right)}$$

und

$$\delta = \tfrac{1}{2} \pi \frac{a}{Pl^2}$$

gesetzt wird. Man sieht hieraus, dass die kleine Stufe, um welche der i^{te} Ton von der harmonischen Reinheit gegen den ersten abweicht, durch $\frac{1 + i^2\delta}{1 + \delta}$ ausgedrückt wird. Bei mässiger Steifheit und starker Spannung ist δ sehr klein; es beträgt z. B. bei meinem

Monochord für die gewöhnlichen Vorlesungsversuche nur $\frac{1}{60000}$, und die Abweichung von der vollkommenen Reinheit der Intervalle wird dann ganz unmerklich. Wird aber δ so gross, dass die Beitöne merklich von den harmonischen Obertönen abweichen, so wird auch der Grundton unrein erscheinen, weil das Ohr die mitklingenden Töne zu ihm hinzuzieht oder mit ihm vergleicht. Bei den ganz unharmonischen Beitönen eines nicht gespannten Stabes ist dies weniger fühlbar, weil diese, wenn sie auch mitklingen, doch vom Ohre gar nicht zum ersten Tone gezogen werden.

Wenn die Saite nicht hinreichend gerade und cylindrisch ist, so kann die Steifheit noch in anderer Weise die Reinheit des Tones vermindern, wie ich in Bd. VI. S. 99 angegeben habe. Wahrscheinlich sind die dort angeführten Versuche Webers aus diesem Gesichtspunkte zu erklären.

IV. Zur Theorie der Transversalschwingungen nicht gespannter Stäbe.

Berichte der K. Sächs. Gesellsch. der Wissenschaften $18\frac{46}{47}$. S. 159.

Daniel Bernoulli war der Erste, welcher die Aufgabe von den Schwingungen der Stäbe aufgestellt und für den Fall, dass der Stab entweder an beiden Enden frei oder am einen Ende eingeklemmt und am andern frei sei, behandelt hat. Euler fügte zu diesen beiden Fällen noch vier andere hinzu, nämlich den, wo beide Enden eingeklemmt sind, sowie die, wo das eine Ende blos gegen ein festes Widerlager gestützt und dann das andere entweder frei oder eingeklemmt oder ebenfalls gestützt ist. Man kennt durch diese Untersuchungen die einzelnen Töne, welche der Stab erzeugen kann. Auch ist durch Poisson gezeigt worden, dass in der Zusammensetzung der den einzelnen Tönen zukommenden Schwingungsarten die vollständige Lösung des Problems dieser Bewegungen liegt.

Die Schwingungsknoten siud für den Fall, dass beide Enden frei sind, von D. Bernoulli durch eine Näherung bestimmt worden, welche noch einen kleinen Fehler lässt. Riccati, sowie Strehlke, haben sie für denselben Fall durch ein Verfahren berechnet, welches jeden Grad von Annäherung zulässt.

Für die übrigen Fälle fehlte diese Bestimmung noch. Ich habe daher ein Verfahren gesucht, welches auf alle Fälle in gleicher Weise angewendet werden kann und eine schnelle und beliebig grosse Annäherung gewährt, ohne doch umständlichere Umwandlungen der ohnehin vorkommenden Gleichuugen zu verlangen. Dasselbe Verfahren kann auch auf die Berechnung der Wendepunkte, sowie auf die der Stellen der stärksten Schwingung und die der stärksten Biegung angewendet werden und es ergeben sich zwischen der Lage dieser Punkte gewisse sehr einfache Beziehungen.

Ich behalte dieselben Bezeichnungen bei, wie S. 40. Wenn man $P = o$ setzt, so geht die dort angegebene Gleichung des gespannten schwingenden Stabes in die bekannte des nicht gespannten über, nämlich:

$$y = Ae^{\alpha x} + Be^{-\alpha x} + C \sin \alpha x + D \cos \alpha x.$$

Wenn man aus den vier Gleichungen, welche sich aus den über die Enden angenommenenen Bedingungen ergeben, die Constanten A, B, C, D eliminirt, so erhält man eine Gleichung für α, deren Wurzeln den verschiedenen Tönen des Stabes entsprechen nnd kann daraus die jedesmalige Schwingungsmenge n berechnen. Setzt man aber $y = o$, so erhält man eine Gleichung für die Abscissen der Schwingungsknoten, und hat diese in eine solche Form zu bringen, dass sich die Rechnung ausführen lässt. Ebenso erhält man die Wendepunkte, wenn man $\frac{d^2y}{dx^2} = o$ setzt, und die Stellen der stärksten Schwingung und der stärksten Biegung, wenn man $\frac{dy}{dx}$ und $\frac{d^3y}{dx^3} = o$ setzt.

1) Ist der Stab am einen Ende eingeklemmt, am andern frei, so kann die Gleichung der Knoten in folgende Form gebracht werden:

$$\sin\left(\alpha x - \frac{\pi}{4}\right) = \delta \sqrt{\tfrac{1}{2}}$$

wo x die Entfernung der Knoten vom freien Ende ist, und

$$\delta = e^{-\alpha x} \pm e^{-\alpha(l-x)} \pm e^{-\alpha l} (\sin \alpha x + \cos \alpha x).$$

Das obere Zeichen gilt für den 1sten, 3ten etc. Ton, das untere für den 2ten, 4ten etc. Ton. Da δ stets, mit Ausnahme des ersten Tones, eine sehr kleine Grösse ist, so erhält man zuerst, wenn man

$\delta = o$ annimmt, aus der ersten dieser beiden Gleichungen einen Näherungswerth für αx; mit diesem kann δ und daher αx genauer berechnet und so die Näherung beliebig fortgesetzt werden. Für den ersten Knoten erhält man durch Anwendung von Reihen den ersten Näherungswerth $\alpha x = 1{,}04$, womit die Näherung beliebig fortgesetzt werden kann.

Für die Wendepunkte erhält man ganz dieselbe Gleichung, wenn man die Entfernungen nicht vom freien, sondern vom festen Ende her rechnet. Es haben also die Wendepunkte vom festen Ende genau dieselbe Entfernung, wie die Knoten vom freien Ende Eine gleiche Beziehung findet zwischen den Stellen der stärksten Schwingung und denen der stärksten Biegung statt, welche Stellen auf eine ganz ähnliche Weise berechnet werden können.

2) Ist der Stab an beiden Enden frei, so erhält man für die Knoten ganz dieselbe Gleichung; sie giebt aber wegen des verschiedenen Werthes von α nicht dieselbe Lage der Knoten. Für die Bestimmung der Wendepunkte hat man in diesem Falle nur

$$\delta = -e^{-\alpha x} \mp e^{-\alpha(l-x)} \pm (\sin \alpha x + \cos \alpha x)$$

zu setzen, übrigens aber, wie vorhin, zu rechnen.

3) Ist der Stab an beiden Enden eingeklemmt, so erhält man für die Knoten und Wendepunkte dieselben Gleichungen, wie im vorhergehenden Falle, nur mit vertauschter Bedeutung, und da auch α in beiden Fällen dieselben Werthe hat, so liegen jetzt die Knoten genau da, wo im vorigen Falle die Wendepunkte lagen, und umgekehrt, die Wendepunkte da, wo vorhin die Knoten lagen. In gleicher Weise liegen jetzt die Stellen der stärksten Biegung da, wo im vorigen Falle die der stärksten Schwingung lagen, und umgekehrt.

Der 4te und 5te Fall, wo nämlich ein Ende angestemmt und das andere Ende frei oder eingeklemmt ist, können auf die beiden vorhergehenden zurückgeführt werden, indem das angestemmte Ende sich vollkommen ebenso verhält, wie bei den geraden Tönen jener Fälle die Mitte des Stabes sich verhält. — Der 6te Fall, wo beide Enden angestemmt sind, ist ganz einfach, indem hier die Knoten mit den Wendepnnkten zusammenfallen und den Stab in gleiche Theile theilen, während Stellen der stärksten Schwingung und Biegung in die Mitte zwischen je zwei Knoten fallen.

Die folgende Tabelle enthält eine Zusammenstellung der Lage sämmtlicher Knoten und Wendepunkte zugleich mit der Schwingungsmenge für alle sechs Fälle. Statt α ist $\varepsilon\pi$ gesetzt.

Tabelle

über die Schwingungsmenge nicht gespannter Stäbe

nach der Formel $N = \frac{\varepsilon^2 \pi}{2l^2}\sqrt{\frac{ag}{p}}$ p. Sec.

sowie über die Lage der Knoten und Wendepunkte, die Länge des Stabes = 1 gesetzt.

Erster Fall.

Ein Ende fest, das andre frei.

	ε	Entfernung der {Knoten vom freien Ende / Wendepunkte v. festen Ende.} erster	zweit.	dritter	$k$ter	vorletzter	letzter
erster Ton	0,59686						
zweiter -	1,49418	0,2261					
dritter -	2,50025	0,1321	0,4990				
vierter -	3,49999	0,0944	0,3558	0,6439			
i ter -	$\frac{2i-1}{2}$	$\frac{1,3222}{4i-2}$	$\frac{4,9820}{4i-2}$	$\frac{9,0007}{4i-2}$	$\frac{4k-3}{4i-2}$	$\frac{4k-10,9993}{4i-2}$	$\frac{4k-7,0175}{4i-2}$

Zweiter und dritter Fall.

Beide Enden {frei / fest}.

	ε	Entf. der {Knoten / Wende-punkte} vom nächsten {freien / festen} Ende. erster	zweiter	dritter	$k$ter	Entf. der {Wen-dep. / Knot.} vom nächsten {fr. / fst} Ende. erster	zweiter	$k$ter
erster Ton	1,50562	0,2242						
zweiter -	2,49975	0,1321	0,5000			0,5000		
dritter -	3,50001	0,0944	0,3558			0,3593		
i ter -	$\frac{2i+1}{2}$	$\frac{1,3222}{4i+2}$	$\frac{4,9820}{4i+2}$	$\frac{9,0007}{4i+2}$	$\frac{4k+3}{4i+2}$	$\frac{5,0175}{4i+2}$	$\frac{8,9993}{4i+2}$	$\frac{4k+1}{4i+2}$

Vierter und fünfter Fall.

Ein Ende angestemmt, das andre $\left\{\begin{matrix}\text{frei}\\ \text{fest}\end{matrix}\right\}$.

	ε	Entf. der {Knoten vom freien Ende / Wendepunkte v. festen Ende} erster	zweiter	dritter	$k$ter	Entf. der {Wendep. v. fr. Ende / Knot. v. fest. Ende} erster	zweiter	$k$ter
erster Ton	1,24987	0,2642						
$i$ter -	$\frac{4i+1}{4}$	$\frac{1,3222}{4i-1}$	$\frac{4,9820}{4i+1}$	$\frac{9,0007}{4i+1}$	$\frac{4k-3}{4i+1}$	$\frac{5,0175}{4i+1}$	$\frac{8,9993}{4i+1}$	$\frac{4k+1}{4i+1}$

Sechster Fall.

Beide Enden angestemmt.

$i$ter Ton: $\varepsilon = i$; Entfernung des $k$ten Knoten und Wendepunkts vom Ende $= \frac{k}{i}$.

Man weiss seit langer Zeit, dass die Erfahrung in genügender Uebereinstimmung mit der Theorie steht, sowohl was die Höhe der Töne für alle sechs Fälle, als auch was die Lage der Knoten für den an beiden Enden freien Stab anlangt. Besonders geben in der letzteren Beziehung die zahlreichen und genauen Versuche Strehlke's (Pogg. Ann. XXVII. 505, auch Repert. III. 111.) volle Gewähr, dass die Voraussetzungen der Theorie nichts enthalten, was mit der Erfahrung in merklichem Widerspruche stände.

Hier ist zu erwähnen, dass Strehlke's Berechnung der theoretischen Zahlen für die geraden Knoten einer kleinen Berichtigung bedarf, welche von einem Versehen im Vorzeichen herrührt, deren Einfluss jedoch sich nur beim zweiten Tone bis in die dritte Decimale erstreckt. Bezeichnend aber ist es für die Zuverlässigkeit seiner Messungen, dass mit dieser Berichtigung die grössten Differenzen zwischen Theorie und Erfahrung ganz und die über $\frac{1}{4}$ Linie sich belaufenden, fast ganz aus den Tabellen seiner zahlreichen Versuche verschwinden.

V. Nebentöne der Stimmgabel.

Henrici, Poggend. Ann. Bd. 58. S. 265.

Chladni (Akustik S. 113) giebt an, dass der 2te, 3te, 4te... Ton eines stimmgabelförmig gebogenen Stabes nach den Quadraten der Zahlen 3, 4, 5... fortschreiten, während die Schwingungsmenge des ersten zum zweiten sich wie 4:25 verhalte, so dass, wenn der erste Ton *c* ist, die höheren gis_2, fis_3, d_4... werden.

Es liegt in der Natur der Sache, dass diese Verhältnisse nicht ganz constant sein können, da die gabelförmig gebogenen Stäbe nicht ganz gleiche Gestalt haben, und die Biegung enger oder weiter und verschieden gekrümmt sein kann, während sie bei den gewöhnlichen Stimmgabeln zugleich mehr oder weniger ausgefeilt und mit einem schwereren oder leichteren Stiel versehen sein kann.

Henrici theilt eine Tabelle der an verschiedenen Stimmgabeln beobachteten Töne mit. Die Nebentöne zweiter Art sind auffallend schwach und können nicht bei jeder Stellung der Gabel gegen das Ohr wahrgenommen werden. Sie waren gar nicht hörbar, wenn die Gabel so gegen das Ohr gehalten wurde, dass die eine Zinke die andere dem Ohre vollständig verdeckte, wurden aber bei jeder andern hiervon hinlänglich abweichenden Lage bemerklich, daher Henrici ihre Entstehung für eine secundäre Erscheinung hält.

Haupttöne.	Nebentöne erster Art		Nebentöne zweiter Art.	
a_1	d_3	f_4	h_2	
as_1	es_3	as_4	c_3	
d_1	a_2	c_4	f_2	c_3
cis_1	gis_2 (nur momentan)	cis_3		
h	fis_2	h_3	a_2—	
b	f_2	b_3	as_2	
b—	f_2—	b_3—	as_2—	
a	e_2	a_3	cis_2	g_2

Die beiden Nebentöne erster Art scheinen durchgehend mit Chladni's zweitem und viertem Tone (mit 4 und 6 Knoten) übereinzukommmen, von denen sie allerdings in der Höhe mehr oder weniger abweichen, wie aus den vorhin genannten Umständen leicht erklärlich ist. Die Nebentöne zweiter Art stimmen nicht mit

Chladni's Angaben überein. Ihre Entstehungsweise ist zweifelhaft. Vielleicht sind es Combinationstöne von noch höheren Nebentönen.

VI. Ueber die Sandanhäufungen auf longitudinalschwingenden Körpern.

F. Savart's zahlreiche Versuche über die Ansammlungen des Sandes, welcher auf die horizontale Fläche eines longitudinalschwingenden Körpers gestreut ist (s. Repert. VI. S. 59—68) lassen keinen Zweifel darüber, dass diese Erscheinung durch das gleichzeitige Auftreten eines Transversaltones von nahe gleicher Höhe bedingt wird. So erschöpfend indess Savart's Versuche in vieler Beziehung sind, so enthält doch dieser Gegenstand noch ein paar nicht völlig aufgeklärte Punkte. Dies gilt besonders von der etwas künstlichen und nicht einwurffreien Vorstellung, welche Savart von der Art giebt, wie jene Transversalbewegung den Sand in Bewegung setze. Ich habe schon in meinem früheren Bericht darauf hingewiesen, dass sich darüber eine einfachere Ansicht aufstellen lasse, und kommen hier auf diesen Gegenstand zurück, da ich seitdem ein paar Versuche über den fraglichen Punkt angestellt habe.

Savart nimmt nämlich an, die longitudinale Zusammendrückung bewirke eine transversale Biegung des Stabes und erzeuge dadurch die eine Hälfte einer Querschwingung, dagegen die andere Hälfte derselben durch die nachfolgende Dehnung unterdrückt werde; es trete aber jene Biegung plötzlich stossweise auf, da ihr schon ein gewisser Grad von Zusammendrückung vorausgegangen sein müsse; nun aber erleide der Stab durch diese Biegung auf seinen Gipfeln eine longitudinale Dehnung und in seinen Thälern eine longitudinale Zusammendrückung, und diese secundäre Longitudinalbewegung sei es, welche den Sand gegen die Gipfel (?) treibe.

Man wird zuvörderst fragen: warum wirkt diese secundäre Longitudinalbewegung auf den Sand, während ihn die ursprüngliche in Ruhe lässt? und warum wird er beim Auswärtsbiegen vorwärtsgeschoben, aber beim Zurückgehen der Biegung nicht wieder mit zurückgenommen? Dies scheint Savart durch das plötzliche, stossweise Auftreten der Querschwingung zu erklären. Aber wie verträgt sich diese momentane Dauer der Querbewegung mit dem Isochronismus des Transversal- und Longitudinaltones? Und warum wirft diese heftige Transversalbewegung den Sand nicht lebhaft in die Höhe, sondern schiebt ihn nur nach der Länge fort? Wie passt ferner die Erklärung auf einen Papierstreif, dessen Transversalschwingung in den Thälern keine Zusammendrückung, sondern eben so wie auf den Gipfeln nur Dehnung bewirkt?

Ich denke mir die Sache ganz einfach, indem ich weiter nichts annehme, als die Coexistenz longitudinaler und transversaler Schwingungen von gleicher Dauer, so dass die Theile des Körpers die Resultante aus diesen beiden Bewegungen beschreiben. Ist diese Resultante gegen die Sandkörner gerichtet, so stösst sie dieselben in ihrer Richtung (d. h. unter einem spitzen Winkel gegen den Horizont) fort; ist sie aber, während der nächsten Halbschwingung von den Sandkörnern weg gerichtet, so lässt sie dieselben liegen. Daraus ergiebt sich ganz einfach, dass der Sand auf die abwechselnden Knoten getrieben werden müsse.

Fig. 16.

Es sei z. B. *AF* ein Stück des Stabes oder Papierstreifens, welches in longitudinaler Schwingung nach rechts gedacht werde, während die Ordinaten der gezeichneten Wellenlinie die transversalen Geschwindigkeiten darstellen mögen; alsdann haben die aus beiden Bewegungen resultirenden Geschwindigkeiten ungefähr die Richtung der in der Figur angezeigten Pfeile und man sieht leicht, dass der über *BC* oder *DE* gestreute Sand gegen *C* oder *E* getrieben wird, während der zwischen *C* und *D* liegende jetzt nicht fortgeschoben wird. Sobald aber die Geschwindigkeit (sowohl long. als transversal) in die entgegengesetzte übergeht, treibt *CD* den Sand nach *C* zu, während jetzt *BC* und *DE* ihn liegen lassen. Daher wird sich der Sand in *C* und *E* ansammeln, dagegen *B* und *D* leer bleiben. Kehrt man aber den Stab oder Streifen um, so dass die untere Seite nach oben kommt, so sammelt sich der Sand in *B* und *D*, während *C* und *E* leer bleiben.

Diese Ansicht lässt sich, gegenüber der künstlicheren Erklärung Savart's, auf eine entscheidende Probe stellen. Denn nach Savart müssen die Stellen der Sandansammlung den Bäuchen, nach meiner Ansicht, den Knoten der Transversalschwingung entsprechen.

Der Versuch bestätigt das Letztere. An einem 35 rhein. Zoll langen Spiegelglasstreifen war die Höhe des (ersten) Longitudinaltones zwischen der des 13ten und 14ten Transversaltones (mit 14 und 15 Knoten), etwas näher dem letzteren. Nachdem ich die Sandanhäufungen auf beiden Seiten des longitudinalgeriebenen Stabes bezeichnet hatte, erzeugte ich den 14ten Transversalton durch Streichen mit dem Bogen und fand so, dass die Sandanhäufungen der longitudinalen Schwingung auf der einen Seite dem 1, 3, 5, 7, 8 (nicht genau), 10, 12, 14ten, auf der andern Seite dem 2, 4, 6, 9 (nicht genau), 11, 13, 15ten Knoten der transversalen Schwingung entsprachen. (Die dem 8ten und 9ten entsprechenden waren etwas gegen den 9ten und 10ten Knoten hingerückt.)

Aehnliches fand ich an einem 40 Zoll langen Spiegelglasstreifen, sowie an einem 27½ Zoll langen Stahlstab. Besonders die Betrachtung der äussersten Sandanhäufungen lässt es stets unzweifelhaft, dass dieselben die Stelle von Knoten, nicht von Bäuchen einnehmen. Auch Savart's Abbildungen lassen dasselbe erkennen.

Die weniger hüpfende als gleitende Bewegung des Sandes zeigt an, dass die transversale Bewegung schwächer ist, als die gleichzeitige longitudinale, womit auch die geringere Energie der Bewegung in der Nähe der Mitte übereinstimmt.

C. Pfeifen.

I. Pfeifen mit membranösen Wänden.

Liscovius, Poggend. Ann. Bd. 57. S. 497.

Bekanntlich hat F. Savart gezeigt, dass Pfeifen mit Pergamentwänden tiefer tönen, als mit starren Wänden, und dass der Ton derselben immer tiefer wird, je mehr man das Pergament durch Feuchtigkeit erschlafft.

Liscovius hat die Versuche über den Einfluss dieser membranösen Wände mehrfach abgeändert. Da diese Versuche wenig bieten, was nicht der Hauptsache nach vorauszusehen war, und für eine quantitative Bestimmung der Höhe des resultirenden Tones ein allgemeineres Resultat zu geben nicht geeignet sind, so wird ein kurzer Auszug genügen.

Der Ton einer Labialpfeife wird tiefer, wenn ein Theil der starren Wand durch Pergament ersetzt ist; diese Vertiefung nimmt zu, wenn das Pergament einen grösseren Theil der Wand einnimmt oder mehre Wände mit Pergament versehen werden. Die Vertiefung wird geringer, wenn man das Pergament in der Mitte mit dem Finger drückt (gleich viel, ob der Druck stärker oder schwächer ist); sie steigt allmählig auf den vorigen Werth, wenn der Finger von der Mitte nach dem Rande des Pergaments geführt wird. Wird das ganze Pergament gedrückt, so dass es nicht schwingen kann, so steigt der Ton auf die Höhe, welche er bei starren Wänden hat. Wird das Pergament durch Feuchtigkeit erschlafft, so wird der Ton zugleich tiefer und schwächer, bis er endlich ganz erlischt, wenn der untere Theil der Pfeife aus Pergament ist, oder auch in einen höheren Ton übergeht, wenn der obere Theil von Pergament ist.

Durch Anschlagen des Pergaments erhält man denselben Ton, wie durch Anblasen, und zwar auf allen Pergamentwänden, auch wenn sie ungleich gespannt sind. Durch Schlagen kann der Ton noch erhalten werden, wenn er beim Blasen nicht mehr anspricht.

Eine hölzerne vierseitige Labialpfeife, 6 Zoll $4\frac{1}{4}$ Par. Linie lang, 2 Zoll 10 Linien nach einer Richtung und 3 Zoll nach der andern Richtung breit, gab offen zweigestrichen *c*. Die beiden Seitenwände konnten herausgenommen und durch Pergamentmembranen ersetzt werden, welche in rechteckige Rahmen gespannt waren. Die eine Membran, ohne die Pfeife, gab beim Anschlagen *e*, die andere *e*+. Durch hölzerne Röhrenaufsätze konnte der Ton der ganz hölzernen Pfeife auf c_1 und *c* gebracht werden. Hiermit sind folgende Resultate erhalten:

Holzpfeife	c_2	c_1	c,	
mit der ersten Membran, offen	d_1	a	c	sehr matt,
„ „ „ „ gedackt	*as*	e		spricht nicht an,
mit beiden Membranen, offen	c_1	$g+$	c	sehr matt,
„ „ „ gedackt	g	$d+$		matt, spricht nicht an.

Den Ton von Zungenpfeifen fand Liscovius umgeändert, wenn die starre Wand durch eine membranöse ersetzt wurde.

II. Einfluss der Weite auf bie Höhe des Pfeifentones.

Liscovius, Poggend. Ann. Bd. 58. S. 95 *). Fermond, Compt. rend. T. XVIII. p. 1125.

Bernoulli's Theorie der Luftschwingungen, wonach die Schwingungsmenge einer Luftsäule ihrer Länge umgekehrt proportional ist, gilt bekanntlich nur unter der Voraussetzung, dass der ganze Querschnitt gleichmässig erschüttert werde. Bei der gewöhnlichen Art des Anblasens, besonders an unsern Labialpfeifen, ist diese Bedingung nicht erfüllt, und man weiss aus F. Savart's Versuchen (Ann. de Chim. et Phys. T. XXIX. p. 404), dass die Weite, wenn sie nicht sehr viel kleiner als die Länge ist, einen beträchtlichen Einfluss auf die Tonhöhe ausübt. Auch ist Savart's cubische Pfeife, an welcher dies durch Einschieben einer winddicht schliessenden Wand beobachtet werden kann, bereits ein ziemlich verbreiteter Bestandtheil des akustischen Apparates physikalischer Cabinette geworden.

Aus Liscovius Versuchen über diesen Gegenstand wird es daher genügen, folgende Tabelle aufzunehmen.

Eine rechtwinklig vierseitige hölzerne Pfeife, deren Canal 6 Zoll 4½ Linien Par. M. lang, an der Labialseite 2 Zoll 10 Lin. breit, und nach der andern Querdimension 3 Lin. breit war, gab offen zweigestrichne *c*. Durch Röhrenaufsätze konnte der Ton tiefer gemacht werden. Die folgende Tabelle giebt die Längen an, welche der Canal haben musste, um die Töne der Durscala durch zwei Octaven zu erzeugen.

Klein	*c*	Kammerton	3	Fuss	7	Zoll	5	Lin.	Par.
„	*d*	„	3	„	1	„	1	„	
„	*e*	„	2	„	8	„	9	„	

*) Aus Liscovius Versuchen über den Einfluss der Flaschenform auf die Tonhöhe der darin enthaltenen Luft (ebendas. S. 100), möge nur erwähnt werden, dass eine Flasche von grösserer Weite, als die Mundhöhle, selbst bei enger Oeffnung höher tönt, als die mittleren Töne einer männlichen Stimme. In der That, nicht beim Gesange, sondern beim Pfeifen ist es wesentlich die Mensur der Mundhöhle, welche die Höhe der Töne bestimmt.

Klein *f*	Kammerton	2	Fuss	6	Zoll	4	Lin. Par.
„ *g*	„	2	„	2	„	2½	„
„ *a*	„	1	„	10	„	6¾	„
„ *h*	„	1	„	7	„	8	„
eingestr. *c*	„	1	„	5	„	10½	„
„ *d*	„	1	„	3	„	3½	„
„ *e*	„	1	„	1	„	2½	„
„ *f*	„			11	„	6¾	„
„ *g*	„			10	„	1¼	„
„ *a*	„			8	„	9½	„
„ *h*	„			7	„	3¼	„
zweigestr. *c*	„			6	„	4¼	„

Von Fermond's Angaben über eine schraubenförmige Bewegung der tönenden Luft ist bereits oben unter A. II. die Rede gewesen. Einige weitere Versuche desselben beziehen sich ebenfalls auf den Einfluss, welchen die Weite der Pfeifen auf die Höhe ihres Tones ausübt.

Das Anblasen der Röhren geschah entweder vom einen Ende aus durch einen dünnen Pfropfen mit runder Oeffnung, welcher das Ende bedeckt und gegen welchen mit einem Röhrchen geblasen wird, nach Art der Pansflöte, oder von der Mitte der Röhre aus durch eine Oeffnung, ähnlich dem Mundloch einer Flöte. Im letztern Falle konnten beide Enden entweder offen oder geschlossen sein. Es scheint, dass bei dieser Art des Anblasens der Einfluss der Weite auf die Tonhöhe etwas stärker ist, als bei den gewöhnlichen Pfeifen, wahrscheinlich weil die Oeffnung kleiner ist, im Verhältniss zur Weite. Doch ist über dies Verhältniss nichts angegeben und überhaupt das Mitgetheilte nicht hinreichend, etwas Allgemeineres daraus zu entnehmen.

Eine Röhre von 24 Millim. Durchmesser, in der Mitte angeblasen und an beiden Enden geschlossen, ging, als sie von 62 Centim. Länge auf $\frac{1}{2}$, $\frac{1}{4}$, $\frac{1}{8}$ und $\frac{1}{16}$ dieser Länge verkürzt wurde, nicht octavenweise, sondern jedesmal nur um eine halbe Octave in die Höhe. Wenn die Röhre an einem oder an beiden Enden offen war, ging bei derselben Art des Anblasens der Ton bei Verkürzung auf die Hälfte jedesmal um ungefähr eine Sexte in die Höhe; ebenso, wenn sie am einen Ende angeblasen wurde und am andern offen war. Wurde im letztern Falle das Ende geschlossen, so waren die Resultate ziemlich unregelmässig. — An beiden Enden offen, gaben die Röhren denselben Ton, wie wenn sie bei halber Länge am einen Ende geschlossen waren.

Der Einfluss der Weite zeigt sich, wenn man den mittleren Raum einer Pfeife in der ganzen Länge ihrer Axe durch Einschieben eines massiven Cylinders beschränkt, darin, dass dann die tieferen Töne nicht mehr ansprechen.

Drei Röhren in einen zum Anblasen mit einer runden Oeffnung versehenen Raum mündend, zwei davon horizontal in einer Linie liegend, die dritte senkrecht dagegen, und alle drei mit Stempeln versehen, zeigten darin gleichen Einfluss auf den Ton, dass derselbe eben so viel vertieft wurde, man möchte den vertikalen Stempel oder die horizontalen um gleich viel ausziehen.

D. Verminderung der Schwingungen durch Luftwiderstand und Bewegung eines schwingenden Körpers unter dem Einflusse der Schwingungen eines zweiten.

I. Einfluss des Luftwiderstandes.

Der Einfacheit wegen ist eine Masse, etwa in Form einer Platte, angenommen, deren Theile sich nicht in einer relativen Bewegung befinden, sondern welche im Ganzen sich vor- und zurückbewegt und zwar parallel mit sich und rechtwinklig gegen die Ebene der Platte, indem sie, vermöge einer ausser ihr liegenden, der jedesmaligen Ablenkung proportionalen Kraft in Schwingung erhalten wird. Man kann sich Elasticität als die Ursache dieser Kraft denken.

Ist x die Ablenkung, $-Ex$ diese Kraft und P das Gewicht der Platte, so hat man bekanntlich, wenn ausserdem keine andern Kräfte einwirken, und $n = \sqrt{\frac{Eg}{P}}$ gesetzt wird.

$$\frac{d^2x}{dt^2} = -n^2 x$$

und daraus

$$x = \alpha \sin (nt + \tau)$$

so dass n die Anzahl der Schwingungen in der Zeit 2π bezeichnet.

Wenn nun der Körper in der Luft schwingt, so erzeugt er vor sich Verdichtung und hinter sich Verdünnung und ist daher einem ungleichen Drucke von beiden Seiten ausgesetzt. In diesem Druckunterschiede besteht die seiner Bewegung stets entgegengesetzte Kraft, welche seine Schwingungen allmählich vermindert. Ausserdem kommt noch das Gewicht der Luft in Betracht, welche der Körper mit sich hin- und herführt und wodurch die schwingende Masse vergrössert wird. Diese Vergrösserung, welche nach Bessels Pendeluntersuchungen (Abhandl. d. Akad. zu Berlin 1826, S. 36) für grössere und kleinere Schwingungen sehr nahe einerlei Werth hat, bewirkt natürlich, dass die Schwingungen etwas langsamer werden, kann aber auf die allmähliche Verminderung der Schwingungen keinen Einfluss haben. Das Gewicht dieser Luft soll im Folgenden mit unter P begriffen werden. Der erwähnte Druck aber, welcher die Abnahme der Schwingungen bewirkt, muss für sehr kleine Schwingungen der Geschwindigkeit proportional sein. Denn denkt man sich zuerst, die in der Luft erzeugten Wellen pflanzten sich nur in der Richtung des Stosses fort, so ergiebt sich jener Druck auf folgende Weise. Die Verdichtung in einer Schallwelle ist, wie man weiss, $= \frac{v}{c}$, wenn v die Geschwindigkeit des schwingenden Lufttheilchens und c die Fortpflanzungsgeschwindigkeit des Schalles in der Luft bezeichnet. Denkt man sich jetzt, eine Platte f erleide von der Luft im Zustande der Ruhe auf beiden Seiten den Druck Bf, und setzt man dieselbe in Schwingungen senkrecht gegen ihre Ebene, so wird vor ihr die Luft um $\frac{v}{c}$ verdichtet und hinter ihr um ebensoviel verdünnt, wenn v die Geschwindigkeit der Platte, also auch die der angrenzenden Lufttheilchen ist. Sie erleidet daher von vorn den Druck $Bf\left(1 + \frac{v}{c}\right)$ und von hinten den Druck $Bf \left(1 - \frac{v}{c}\right)$, oder noch genauer, wenn man die bei der Verdichtung und Verdünnung der Luft entstehende Erwärmung und Abkühlung berücksichtigt: $Bf\left(1 + k\,\frac{v}{c}\right)$ und $Bf\left(1 - \frac{kv}{c}\right)$, wo k die specifische Wärme der Luft bei constantem Druck, dividirt durch die bei constantem Volumen bezeichnet. Der Unterschied jener beiden

Druckkräfte giebt die der Bewegung entgegengesetzte Kraft $= -2Bfk\frac{v}{c}$. Hat der Körper eine andere als plattenförmige Gestalt, so hat f einen andern, aber ebenfalls constanten Werth. Nimmt man nun aber an, dass die erzeugten Wellen sich nicht nur in der Richtung des erzeugten Stosses fortpflanzen, sondern nach allen Seiten ausbreiten, so wird die von dem Körper erzeugte Verdichtungswelle sich auch in den hinter ihm bleibenden verdünnten Raum verbreiten und dadurch die Verdünnung schwächen, so wie umgekehrt die vorn erzeugte Verdichtung durch die eindringende Verdünnungswelle geschwächt wird. Man hat daher den vorigen Ausdruck noch mit einem Faktor ε zu multipliciren, der sich zwar nicht genau bestimmen lässt, der jedoch constant sein muss, wenn die Schwingungen sehr klein sind, und kleiner als 1, wenn der schwingende Körper ziemlich klein ist gegen die Länge der von ihm erzeugten Wellen. Fügt man diese Kraft zu der vorigen hinzu und setzt die Constante $\frac{\varepsilon Bfkg}{P} = b$, so wird die Bewegungsgleichung

$$\frac{d^2x}{dt^2} = -n^2x - 2b\frac{dx}{dt}$$

und diese giebt, wenn $\sqrt{n^2-b^2}$ reell ist und $=r$ gesetzt wird,

$$x = e^{-bt}\alpha\sin(rt+\tau)$$

Die Schwingungen sind also noch isochronisch; aber auch — abgesehen von der schon erwähnten Vermehrung der Masse — etwas langsamer, als im leeren Raume. Der Faktor e^{-bt} drückt aus, dass die Amplitude sich in geometrischer Progression vermindert. Beide Einflüsse sind um so beträchtlicher, je grösser und leichter die Platte ist, bei einerlei n. Auch Druck und Temperatur der Luft, ersterer wegen B, letzterer wegen c, kommen für die Grösse jener Einflüsse in Betracht.

II. Schwingungen unter Einwirkung einer periodischen Kraft. Theorie des Mittönens.

Die vorigen Bezeichnungen sollen beibehalten werden. Ausser den bisherigen Kräften, Elasticität und Luftwiderstand, wirke eine von der Bewegung unabhängige Kraft auf den Körper, welche irgend eine Funktion der Zeit sei. Bezeichnet man diese Kraft mit V, so wird die Bewegungsgleichung

$$\frac{d^2x}{dt^2} = -n^2x - 2b\frac{dx}{dt} + \frac{Vg}{P}$$

Die Integration dieser Gleichung giebt

$$x = \frac{g}{2Pr\sqrt{-1}}\left\{e^{-(b-r\sqrt{-1})t}\int e^{(b-r\sqrt{-1})t}\,Vdt - e^{-(b+r\sqrt{-1})t}\int e^{(b+r\sqrt{-1})t}\,Vdt\right\}$$

Ist nun V periodisch oder aus mehren periodischen Theilen zusammengesetzt, so kann es durch Sinusreihen ausgedrückt und die Integration vollzogen werden. Ist nämlich

$$V = A_0 + A_1\cos(m_1t+\tau_1) + A_2\cos(m_2t+\tau_2) + \ldots$$
$$= \Sigma A\cos(mt+\tau),$$

so erhält man, wofern die Zeit von dem Moment an gerechnet wird, wo die Kraft V zuerst den Körper trifft und dieser vorher ruhend war, die entstehende Bewegung ausgedrückt durch die Gleichung

$$x = \Sigma\alpha\sin(mt+\Theta) + e^{-bt}\Sigma\alpha'\sin(rt+\Theta')\ldots\odot$$

wo α und Θ bestimmt sind durch die Gleichungen

$$\alpha = \frac{Ag}{P\sqrt{(n^2-m^2)^2+4b^2m^2}}$$

$$\operatorname{tang}(\Theta-\tau) = \frac{n^2-m^2}{2bm}$$

ferner α' und Θ' bestimmt durch die Gleichungen

$$\alpha'\cos\Theta' = \frac{b\alpha\sin\Theta + \alpha m\cos\Theta}{r}$$

$$\alpha'\sin\Theta' = \alpha\sin\Theta$$

Das erste Glied der Gleichung $\odot$ drückt eine Bewegung aus, welche die nämliche Periode hat oder aus denselben Perioden zusammengesetzt ist, wie die Kraft V; das zweite Glied drückt die eigenthümlichen, von der Elasticität herrührenden Schwingungen der Platte aus, welche aber wegen des Faktors e^{-bt} immer schwächer werden und asymptotisch verschwinden.

Setzt man $A_1 = A_2 \ldots = 0$, so erhält man die Wirkung einer constanten Kraft. Setzt man $A_0 = 0$ und alle andern A, mit Ausnahme eines einzigen $= 0$, so erhält man die Wirkung einer Kraft von der Form $A\cos(mt+\tau)$. Setzt man $m_2 = 2m_1$, $m_3 = 3m_1\ldots$, so erhält man die Wirkung irgend einer periodischen Kraft. Setzt man $b = 0$, so erhält man die im leeren Raume entstehende Bewegung. Die so erhaltenen Gleichungen geben für die Bewegung eines Körpers von oben angegebener Beschaffenheit folgende Sätze:

1) Wirkt auf den Körper eine constante Kraft, so unterscheiden sich die Schwingungen von denen, welche durch einmaligen Anstoss hervorgerufen werden, weder in ihrer Dauer, noch in ihrer Form, noch in der Verminderung der Bewegung durch den Luftwiderstand, sondern nur darin, dass die Gleichgewichtslage oder die Mitte der Schwingungsbahn verändert ist.

2) Wirkt auf den Körper eine periodische Kraft, so ist seine Bewegung im leeren Raume aus zwei Perioden zusammengesetzt, deren eine = der der Kraft, die andre = der, welche der eigenen Schwingungsbewegung des Körpers zukommt.

3) Bei gleichzeitiger Einwirkung des Luftwiderstandes findet anfangs dasselbe angenähert statt, zuletzt aber bleibt nur eine Bewegung übrig, deren Periode = der Kraft ist.

4) Sind jene beiden Perioden wenig verschieden, und die Kraft von der Form $A \cos (mt + \tau)$, so entsteht eine abwechselnd zu- und abnehmende Schwingungsbewegung. Dies gilt für den leeren Raum und anfangs auch bei Luftwiderstand, wenn dieser nicht zu stark ist.

Anwendung auf das Mittönen.

Das Vorhergehende leidet Anwendung auf das Mittönen, besonders für den Fall, wo die Schwingungen eines Körpers sich durch die Luft einem andern mittheilen.

Wenn nämlich von einem tönenden Körper, dessen Schwingungen unabhängig von denen der Platte sind, ein Wellenzug ausgeht und die Platte trifft, so übt er auf sie einen Druck aus, welcher die veränderliche Kraft V giebt.

Ist u die Geschwindigkeit der Lufttheilchen dieses Wellenzugs an der Stelle, an welche man die Platte bringt, so ergiebt sich durch analoge Betrachtungen, wie die, welche beim Luftwiderstande angewendet wurden, $V = \frac{2Bf}{c} u$, wenn der Wellenzug die Platte normal und nur von einer Seite trifft. Trifft er sie schief und von beiden Seiten (natürlich mit ungleicher Stärke), so ändert dies nicht die Form des entstehenden Ausdruckes der Bewegung, sondern nur den Werth der darin vorkommenden Constanten, besonders der

Constante b', welche der Abkürzung wegen für $\frac{Bfkg}{P}$ gesetzt werden möge.

Wird zuvörderst $u = am \cos(mt + \tau)$ angenommen, so dass m die Schwingungsmenge des Wellenzugs in der Zeit 2π und a die Amplitude desselben ist, so wird

$$x = \alpha \sin(mt + \Theta) + e^{-bt} \alpha' \sin(rt + \Theta').$$

Nachdem das zweite Glied wegen des Factors e^{-bt} erloschen ist, bleibt nur die Bewegung $\alpha \sin(mt + \Theta)$ übrig, eine Schwingungsbewegung von derselben Schwingungsmenge und hier auch von derselben Form, wie die des erregenden Tones, wobei die Amplitude

$$\alpha = \frac{2b'am}{\sqrt{(n^2 - m^2)^2 + 4b^2 m^2}}$$

Hat hingegen der erregende Ton irgend eine andere Wellenform (vgl. S. 4), so kann $u = \Sigma am \cos(mt + \tau)$ gesetzt werden, und man erhält für die Bewegung der Platte einen entsprechenden Summenausdruck, wobei jedoch die einzelnen Werthe der α nicht den entsprechenden a proportional werden, sondern $\frac{\alpha}{a}$ desto grösser wird, je kleiner der Unterschied zwischen m und n ist.

Es ergeben sich hieraus folgende Sätze für das Mittönen:

1) Die Bewegung des mittönenden Körpers ist anfangs aus der seiner eigenen Schwingungsmenge (in Luft) zukommenden Periode und der des ursprünglich tönenden Körpers zusammengesetzt.

2) Sie geht aber nach einiger Zeit in letztere Periode allein über.

3) Diese Uebereinstimmung erstreckt sich im Allgemeinen nur auf die Dauer der Periode, nicht auf die Schwingungs*form*, d. h. auf das Gesetz der Zu- und Abnahme der Geschwindigkeit.

4) Nur wenn der erregende Wellenzug von der Form $am \cos(mt + \tau)$ ist, so erstreckt sich die Uebereinstimmung auch auf die Schwingungsform.

5) Im letzteren Falle findet ein um so stärkeres Mittönen statt, je weniger die Periode dieses Werthes von der des mittönenden Körpers, wie er im leeren Raume schwingen würde, verschieden ist.

6) Sind beide Perioden gleich, unter Voraussetzung derselben Form, so nimmt der mittönende Körper zuletzt ganz die Bewegung der Lufttheilchen an, an deren Stelle er gesetzt ist.

7) Sind beide Perioden wenig verschieden, so kann bei kräftiger Elasticität anfangs eine zu- und abnehmende Schwingungsbewegung hervorgerufen werden, doch verlangt sie eine starke Erregung und geht mit der Zeit in die unter 2) bezeichnete Bewegung über.

8) Sind beide Perioden beträchtlich verschieden, so findet ein merkliches Mitschwingen nur bei Flächen statt, welche im Verhältniss zu ihrem Areal wenig Masse haben.

9) Ist der erregende Wellenzug aus mehren Gliedern von der Form $am(\cos mt + \tau)$ zusammengesetzt, so gelten gleiche Folgerungen für die einzelnen Glieder dieses Werthes; namentlich macht der Körper nur die Bewegungen merklich mit, welche von seiner eigenen Periode nicht zu sehr verschieden sind.

Aus 3) ergiebt sich noch Folgendes:

10) Wird eine Fläche, welche eigener Schwingungen fähig ist, auf eine Seite von einem Wellenzuge getroffen, so sind die Wellen, welche sie auf der andern Seite fortpflanzt, zwar von gleicher Länge, aber nicht von gleicher Form. Wenn daher die Wellenform auf den Klang einen Einfluss hat (vgl. S. 15), so ändert der ursprüngliche Ton beim Durchgang durch die Fläche nicht seine Höhe, wohl aber seinen Klang.

11) Dasselbe gilt für den von der Fläche zurückgeworfenen Wellenzug, so jedoch, dass dieser eine andere Form, als der durchgegangene erhält.

In Beziehung auf 4) kann noch folgender Satz gefolgert werden:

12) Wenn der erregende Ton um irgend ein Intervall **höher** ist, als der eigenthümliche Ton des mittönenden Körpers, so ist das Mitschwingen gerade so stark, als wenn jener (bei gleicher Stärke) um dasselbe Intervall **tiefer** ist, als dieser. Es wird nämlich die Stärke des erregenden Tones durch $\alpha^2 m^2$ gemessen. Es ist aber

$$\frac{\alpha^2 m^2}{a^2 m^2} = \frac{b'^2}{\left(\frac{n^2 - m^2}{m}\right)^2 + 4b^2}$$

und dieser Ausdruck nimmt für $m = in$ und $m = \frac{n}{i}$ einerlei Werth an.

In dem von **Herschel** verfassten Artikel: Sound der Encyclopaedia Metropolitana, ist in §. 323—330 ebenfalls eine Theorie des Mittönens gegeben, jedoch auf einem ganz verschiedenen Wege, indem nur der Endzustand betrachtet wird, welcher bei einer Reihe unendlich schnell aufeinanderfolgender Stösse zuletzt eintritt. Das Resultat dieser Behandlung steht mit der vorstehenden Theorie nicht im Einklange. Ich halte jedoch diese Herleitung nicht für richtig, indem statt der Elasticität, welche eine Function der Ablenkung ist, eine Function der Zeit substituirt ist, welche keineswegs die Stelle der ersteren zu vertreten im Stande ist.

Eine Anwendung meiner Theorie auf den Bau des Gehörorgans wird weiter unten im Artikel Gehör vorkommen.

Da die vorstehende Theorie des Mittönens auf die Annahme von Verdichtungs- und Verdünnungswellen gegründet ist, so würde es nicht streng sein, sie auch auf andere Wellenbewegungen zu übertragen. Dennoch wird man geneigt sein, von dem, was sich beim Schalle gültig zeigt, auch manches Analoge bei andern Schwingungen, besonders bei denen des Lichtes und der Wärme zu vermuthen und insofern dürften die für jenen Fall erlangten Lehrsätze wohl geeignet sein, auch für andere physikalische Fragen einige Gesichtspunkte an die Hand zu geben.

Eine Anwendung auf die sogenannte Resonanz der Netzhaut, welche ich in Pogg. Ann. LXII. 571. versucht habe, hat gezeigt, dass diese Resonanz nicht, oder wenigstens nicht auf so einfache Weise, als Melloni zu vermuthen schien, genügend sei, die ungleiche Helligkeit der Theile des prismatischen Farbenbildes zu erklären. In der That ist bald nachher durch Brücke's Versuche gezeigt worden, dass diese ungleiche Helligkeit auf eine andere Ursache, nämlich auf die ungleiche Durchstrahlbarkeit der optischen Medien des Auges zurückgeführt werden kann.

Diese ungleiche Durchstrahlbarkeit selbst, sowohl bei farbigen als diathermanen Körpern lässt ebenfalls eine auf Analogie mit den vorhergehenden Sätzen gegründete Hypothese zu. Denkt man sich eine Wand mit Oeffnungen, jede Oeffnung gesperrt durch einen schwingungsfähigen Körper der oben angegebenen Art und alle diese Körper von einerlei Schwingungsperiode (Tonhöhe,) so würde eine solche Wand verschiedene Töne mit ungleicher Stärke durchlassen, nämlich um so stärker, je näher der Ton dem der angenommenen Körper käme. Sie würde also eine ähnliche (nicht gleiche) Wirkung haben, wie die, welche Herschel durch eine Interferenzröhre erläutert hat. (S. Repert. III. 91.) Dächte man sich eine Anzahl solcher Wände hintereinander, so würden sie aus einem durch sie hindurchziehenden Gemenge vieler Töne mehr und mehr die über oder unter einer gewissen Höhe liegenden abscheiden. (Vgl. besonders die vorstehenden Sätze 10 und 12, auch 3.) Man sieht leicht, welche Anwendung hiervon auf die Absorption von Licht und Wärmestrahlen gemacht werden könnte, eine Erscheinung, welcher der vorliegende Fall wohl noch etwas näher stehen würde, als der von Herschel angeführte.

Ich will übrigens auf diese Hypothese keinen grösseren Werth legen, als sie wahrscheinlich verdient. Auch ist hier nicht der Ort, bei dieser und ähnlichen Fragen zu verweilen. Wohl aber darf hier die Ansicht eine Stelle finden, dass in mancherlei optischen, thermischen und andern Erscheinungen Grund genug vorliegt, die Frage anzuregen, wie sich die Gesetze der Mittheilung schwingender Bewegungen, analog dem hier für den Schall ausgeführten Falle, für diese Klassen von Erscheinungen gestalten mögen.

Erfahrungen über das Mittönen.

Es ist bekannt, dass eine Saite, ein Weinglas u. s. w. in hörbare und häufig in sichtbare Schwingungen gerathen, wenn sie von einem hinlänglich starken Tone getroffen werden, welcher dieselbe oder doch ungefähr dieselbe Höhe hat, wie der, welchen jene Körper beim Anschlagen geben. Die Glockengiesser bestimmen die Nebentöne einer Glocke dadurch, dass sie mit einer Stimmpfeife die Töne aufsuchen, bei welchem die Glocke mitklingt. Es klingen aber diese Körper mit ihrem eignen Tone häufig auch dann mit, wenn sie von einem Tone aus der harmonischen Unterreihe *) desselben getroffen werden. Bei getrennten Eindrücken, wie am Sireneton, ist dies leicht erklärlich und kann auf dieselbe Weise vorgestellt werden, wie wir eine Schaukel auch dann in immer stärkere Bewegung bringen, wenn wir sie nicht bei jeder Schwingung einmal anstossen, sondern nur bei jeder 2ten, 3ten u. s. w. Um aber die Bedingungen dieses Verhaltens, welches auf die Wellenform des er-

*) Unter der harmonischen Unterreihe eines Tones sind die Töne von 2, 3, 4... mal langsamerer Schwingung verstanden, und unter Oberreihe die gewöhnlich so genannte harmonische Reihe von 2. 3, 4... mal schnelleren Schwingungen.

regenden Tones einigermaassen schliessen lässt, genauer zu verstehen, habe ich die vorstehende Theorie des Mittönens versucht, und in der That, wenn man erwägt, dass ein Ton, der n Schwingungen in der Zeit 2π vollendet, allgemein durch $\Sigma a_i \cos(int + \tau_i)$ vorgestellt wird, wo i jede ganze Zahl bedeuten kann, so erkennt man leicht, dass ein solches Mitklingen eines Tones durch seine Untertöne mehr oder weniger eintreten muss, je nachdem diese mehr oder weniger von der einfachsten Form $a \cos(nt + \tau)$ abweichen.

Die Erfahrungen, welche ich hier über diesen Gegenstand anführen werde, sind bereits vor mehreren Jahren von mir aufgezeichnet worden. (S. Programm der technischen Bildungsanstalt zu Dresden 1843.) Sie betreffen

1) Die Mittheilung von Schwingungen durch die Luft. Am empfindlichsten für diese Art der Mittheilung sind dünne Membranen. Grössere und nicht zu stark gespannte Membranen schwingen bei allen nicht zu tiefen Tönen deutlich mit und zeigen dann die von F. Savart beschriebenen Sandanhäufungen (Ann. de Chim. t. 26, p. 5. t. 32. p. 384.). Dies ist so zu denken: Die höheren Töne einer Membran, mit mehren Knotenlinien, liegen einander so nahe, dass unter ihnen stets einer oder der andere sich finden wird, welcher dem erregenden Ton nahe genug liegt, um merklich mitzuschwingen. Kleine Membranen würden ein gleiches Verhalten nur bei sehr hohen Tönen zeigen können.

Ich habe mich häufig eines sehr dünnen, in einen Ring gespannten Kautschukhäutchens von Thalergrösse bedient. Mit einem Pendelchen, das aus einem einfachen Coconfaden mit einem Siegellacktropfen von der Grösse eines Stecknadelknopfs besteht und vom obern Rande bis zur Mitte der vertikal gestellten Membran herabreicht, ist dieser kleine Apparat für seinen Einklang so empfindlich, dass der schwache Ton einer gedeckten hölzernen Pfeife auf eine Entfernung von 20 und mehr Fuss das Pendelchen in sichtbare Bewegung setzt. Aendert man aber den Ton nur wenig ab, so wird diese Bewegung sogleich viel schwächer und verschwindet bei stärkerer Aenderung des Tones ganz.

Als diese Membran so gestimmt war, dass sie beim Anschlagen eingestrichen f hören liess, gerieth sie jedesmal in lebhafte Schwingung, wenn ich auf dem Fortepiano die Töne f_1, f, B, Des, B_1 G_1, F_1, Es_1 anschlug, d. h. die Töne, deren Schwingungsmenge 1, $\frac{1}{2}$, $\frac{1}{3}$, $\frac{1}{4}$, $\frac{1}{5}$, $\frac{1}{6}$, $\frac{1}{7}$, $\frac{1}{8}$ ist, wenn die der Membran als Einheit genommen wird. Dagegen bleibt sie bei den dazwischen liegenden, wie bei allen höheren Tönen des Fortepiano ganz oder fast ganz in Ruhe. Man kann dies hier bei den Saiten darauf zurückführen, dass dieselben wirklich jenen höheren Ton unter ihren mitklingenden Beitönen enthalten. Allein es zeigt sich dasselbe auch in Fällen anderer Art.

Die menschliche Stimme beim Gesang ruft sehr deutlich das Mitschwingen solcher Körper hervor, welche in einem der harmonischen Obertöne gestimmt sind. Ich besitze einen zu diesem Versuche sehr geeigneten Pokal von äusserst dünnem venetianischen Glase. Die ersten Töne desselben sind d_1—, fis_2, f_3. Ich bringe sehr leicht jeden dieser Töne und zuweilen noch andre höhere zum Erklingen, wenn ich einen Ton ihrer harmonischen Unterreihe gegen das Glas singe, z. B. *fis*,, durch fis_1, *h*, *fis*, *d*, *H*, *Gis*, *Fis*, während die dazwischen liegenden Töne, z. B. h_1 diese Wirkung nicht hervorbringen.

Beachtenswerth ist hierbei, dass die Vocale in dieser Beziehung einen Unterschied zeigen, so dass z. B. bei *E* und *I* ein hoher Oberton deutlich mitklingt, welcher bei *O* und *U* nicht bemerkbar ist.

Eine Zungenpfeife mit aufschlagender Zunge (Trompet) in fis_1 stehend, bringt ebenfalls das fis_2 des Pokals zum Mittönen, auch ein Mundharmonicaton *fis* ruft, obgleich sehr schwach, das fis_2 hervor. Dass die Töne dieser Instrumente nicht von der Form $a \cos (nt + \tau)$ sind, geht schon aus dem Antheil hervor, welchen die Luftstösse und die getrennten Schläge der Zunge an der Erzeugung derselben haben.

Auffallender noch ist, dass auch eine gedeckte Labialpfeife nicht blos ihre ungeraden Obertöne, sondern auch ihre Octav und allenfalls die Doppeloctav mittönen macht, wenngleich sehr schwach und nur wenn sie dem Pokal sehr nahe gebracht wird. Man sieht daraus, dass ihre Schwingungen eine etwas andre Form haben, als die, welche die Theorie für die unendlich kleinen Schwingungen einer am einen Ende geschlossenen, am andern Ende offenen Röhre giebt.

Aehnlich verhält es sich mit dem Tone einer Glocke. Die unendlich kleinen Schwingungen einer solchen müssen von der Form $a \cos (nt + \tau)$ angenommen werden und würden also keinen Oberton zum Mitschwingen bringen. In der That konnte ich mit einer Glasglocke *h* ein Weinglas h_1 nicht zum Mittönen bringen. Dagegen rief der Ton d_1 des erwähnten Pokals an einer in g gestimmten Saite des Monochords den Ton d_2 (den dritten) hervor, wenn er dem Resonanzboden sehr genähert wurde, ohne ihn zu berühren. Stärkere Schwingungen der Glocke ertheilen offenbar der zunächst angrenzenden Luft eine andere Bewegung, als die der obigen Form, wie auch bei Platten die bekannten Staubwirbelungen zeigen, dass die Bewegung der angrenzenden Luft von dieser Form abweicht.

So ruft auch die Zunge der Maultrommel alle ihre Obertöne in der Luft der Mundhöhle hervor, wobei wohl schon eine merkliche Rückwirkung der Luftwellen auf die Schwingungen der Zunge stattfinden mag.

Ich führe diese einzelnen Thatsachen an, weil sie auch auf die unter I. behandelte Frage einiges Licht werfen. Ein ähnliches Verhalten zeigt

2) die Mittheilung von Schwingungen durch den Resonanzboden. Wenn zwei Saiten auf einem Instrument aufgezogen sind, so theilen die Schwingungen der einen sich sehr leicht der andern mit, wenn der auf der erstern angestrichene Ton sich unter den Tönen der letztern befindet. Wenn z. B. das Monochord mit zwei Saiten bezogen wird, deren Schwingungsmengen sich wie 3 : 5 verhalten und man streicht an der höhern den dritten Ton (mit zwei Knoten) an, so theilt sich die tiefere durch vier Knoten so ab, dass sie in demselben Tone mitklingt, was durch Auflegen von Papierchen sehr sichtbar wird.

Auch hier setzt eine Saite ihre Obertöne mit in Bewegung. E. Fischer (Ueber das akustische Verhältniss der Accorde. Progr. des Berlin. Gymn. 1835) hat dies Verhalten am Fortepiano sehr sorgfältig untersucht. Wenn man z. B. bei aufgehobenen Dämpfern C anschlägt, so werden die Saiten der Töne c_1, e_1, g_1, b_1 u. s. w. mit in Schwingung versetzt, auch wenn diese Töne nicht ganz rein gestimmt sind. Wenn in derselben Schrift gesagt wird, dass auch umgekehrt eine tiefere Saite durch das Anschlagen eines Tones aus ihrer Oberreihe in Bewegung gesetzt werde, z. B. F oder C durch c_1, so ist dies so zu verstehen, dass dieser Ton auf jenen nur seinen Einklang hervorruft, indem sich z. B. die F-Saite in 3, die C-Saite in 4 Theile durch Knoten abtheilt, wovon ich mich durch Anhängen von Papierchen überzeugt habe. Auch hier setzt ein Ton ausser dem Einklange wohl seine Obertöne, aber nicht seine Untertöne in Bewegung.

Das d_1 des mehrerwähnten Pokals brachte auf der g-Saite des Monochords den dritten Ton d_2 wie vorhin durch die Luft, so auch dann zum Mitklingen, wenn der Fuss desselben auf den Rosonanzkasten aufgesetzt war und den Steg berührte. Eine Stimmgabel in a_1 brachte auf einer f-Saite des Monochords den fünften Ton a_2 zum deutlichen Mitschwingen, wenn sie mit ihrem Stiel den Resonanzboden oder Steg berührte, auch dann, wenn sie fest aufgesetzt war und nicht klirren konnte.

Aus den angeführten theoretischen und zum Theil auch empirischen Resultaten wird man ersehen, dass diese Art mitgetheilter Schwingungen mit den freien Schwingungen eines Körpers nicht identificirt werden darf. F. Savart scheint diesen Unterschied öfters nicht hinlänglich gewürdigt zu haben. Auch bei Hopkins gilt der Satz, dass in einer Luftsäule von gegebener Länge Schwingungen von fast jeder Periode erzeugt werden können (Repert. III. 70.) nicht für freie Schwingungen, sondern für solche, welche durch eine periodische Ursache hervorgerufen werden.

III. Ueber die Mittheilung schwingender Bewegungen zwischen festen Körpern.

Duhamel. Compt. rend. XV. 1.

Wenn ein Stäbchen senkrecht gegen einen andern Stab in einem der Bäuche des letzteren angekittet ist und longitudinal gerieben wird, so entstehen die transversalen Schwingungen des letztern. F. Savart, der dies Verhalten beobachtet hat, spricht sich nicht ganz bestimmt über die Ursache desselben aus. Da die longitudinalen Schwingungen des Stäbchen viel schneller sind, als die transversalen des Stabes, so ist Savart geneigt anzunehmen, dass nur die erste dieser longitudinalen Schwingungen als Anstoss auf den grösseren Stab wirke und ihn in die seinen Dimensionen entsprechenden Transversalschwingungen versetze, und dass sodann das Stäbchen unter dem Einflusse dieser Transversalschwingungen, und mit ihnen isochronisch, longitudinale Schwingungen mache.

Nach Duhamel's Ansicht kommen die longitudinalen Schwingungen des Stäbchen gar nicht in Betracht, dasselbe würde vielmehr ebenso wirken, wenn es auch absolut fest und daher unfähig wäre, zu schwingen, indem es nur dazu dient, die Reibung auf den Punkt zu übertragen, an welchen es gekittet ist; der Stab schwinge daher ebenso, als wenn er an dieser Stelle selbst gerieben würde und zugleich hier mit dem Gewichte des Stäbchen belastet wäre. Indem er den Stab durch eine Saite ersetzt denkt, führt dies auf die Aufgabe einer mit Läufern beschwerten Saite (s. oben S. 32). Die eigenen Longitudinalschwingungen des Stäbchen würden nur dazu dienen, die Erscheinung innerhalb gewisser Grenzen zu stören.

Die Analyse hat Duhamel auf folgenden Satz geführt: Wenn eine Saite, von irgend einem Anfangszustand ausgehend, am einen Ende fest ist, und am andern fortwährend in einer periodischen Bewegung erhalten wird, so ist ihre Bewegung die Uebereinanderlagerung zweier andern, von welchen die eine vom Anfangszustand abhängt, die andere davon unabhängig ist; die letztere ist periodisch und ihre Periode von derselben Dauer, wie die des Endes.

Dieser Satz ist mit der Erfahrung dadurch verglichen worden, dass eine Saite am einen Ende befestigt, mit dem andern an eine schwingende Ecke einer Metallplatte geknüpft war und dadurch in schwingender Bewegung erhalten wurde, so lange die Platte mit dem Bogen gestrichen wurde. Die Schwingungen der Platte und die der Saite wurden durch das von Duhamel schon sonst angewendete Verfahren beobachtet, dass sie sich auf einer mit Russ bezogenen Tafel abzeichneten. (S. Repert. VI. 16.) Dieser Versuch ergab Folgendes:

Wenn die Saite in ihrem Anfangszustand merklich aus ihrer Gleichgewichtslage gebracht war, so zeigt die Bewegung ihrer verschiedenen Punkte deutlich die Uebeinanderlagerung zweier partiellen Bewegungen; die erste ist diejenige, welche sie vermöge ihres Anfangszustandes annehmen würde, wenn beide Enden fest wären, die zweite ist von der Periode der Platte oder des beweglichen Endes. Die erste verschwindet allmählich, während die andere mit der grössten Regelmässigkeit fortdauert, so lange die Platte schwingt. In diesem Endzustande bilden sich Knoten, wenn die Saite eine solche Spannung hat, dass sie, wenn ihre Enden fest wären, langsamer schwingen würde, als die Platte. Im umgekehrten Falle bilden sich keine Knoten, und wie schnell auch die Saite, sich selbst überlassen, schwingen müsste, immer haben die wirklich stattfindenden Schwingungen dieselbe Periode, wie die Platte, und das Verhalten ist, als ob die Saite verlängert wäre und der erste Knoten jenseits des beweglichen Endes läge. Duhamel schliesst hieraus, dass auch ein aufgekittetes Stäbchen, wenn es nach Savart's Annahme durch seine Longitudinalschwingungen wirkte, der Saite Schwingungen von seiner eigenen Dauer mittheilen würde, sehr verschieden von der Erfahrung. In der That hat Duhamel einen Stab, der in der Mitte befestigt und in longitudinale Schwingungen versetzt war, auf die Saite wirken lassen, wo dann in der Bewegung der letzteren auch die Schwingungen des Stabes, obwohl von kleiner Amplitude, deutlich wahrgenommen werden konnten.

Allerdings ist das Vorhergehende mehr gegen die von Savart verworfene Ansicht, als könne das Stäbchen mit seinen gewöhnlichen Längsschwingungen wirken, als gegen dessen Annahme einer von den Querschwingungen auf das Stäbchen ausgeübten Reaction gerichtet. Diese berührt Duhamel am Schlusse seiner Abhandlung, indem er unter der Annahme, dass die Schwingungen der Saite bekannt sind, die Bewegung untersucht, welche sie dem daran befestigten Stabe mittheilt, wobei vorausgesetzt werden kann, dass die Amplitude dieser Schwingungen sehr viel grösser ist, als die der Längsschwingungen, welche am Stabe stattfinden können. Duhamel findet, dass dann am Stabe zwei Arten longitudinaler Schwingung stattfinden, die eine von der Periode der Saite, die andere von der Periode, welche derselbe Stab annehmen würde, wenn er am einen Ende fest, am andern frei in Schwingung versetzt würde. Die erstere hat Savart beobachtet, die andere ist ihm entgangen, da sie eine noch genauere Versuchsweise verlangen würde.

IV. Klirrtöne durch Resonanz.

Programm d. Dresd. techn. Bildungsanst. 1843.

Wenn man den Stiel einer angeschlagenen Stimmgabel lose gegen einen Tisch hält, so kann man eine Reihe tieferer Töne beobachten, welche unter dem Namen Klirrtöne von mir beschrieben und erklärt worden sind. (Vgl. Repert. III. 53.)

Eine gleiche Erscheinung kann auch bei der Resonanz oder dem Mittönen beobachtet werden. Ein Sandkorn auf einer horizontalen

Membran liegend, oder da dieses leicht wegspringt, besser ein sehr leichtes Hämmerchen in horizontaler Lage über der Membran angebracht, erzeugt durch seine hüpfende Bewegung ebenfalls Klirrtöne. Hält man z. B. eine Stimmgabel in a_1 in die Nähe der Membran, so dass diese mitschwingt, so erzeugt das Anschlagen des Hammers gegen die Membran den Ton *a*, wenn diese bei sehr mässiger Schwingung ihn so weit von sich wirft, dass sie nicht bei jeder (ganzen) Schwingung ihm begegnet. Trifft sie ihn in Folge stärkeren Schwingens nur bei jeder dritten Schwingung, so entsteht der Klirrton *d*, begegnet sie ihm bei jeder vierten, so hört man *A* u. s. w. Sind die Schwingungen der Membran sehr stark, so dass sie den Hammer sehr hoch werfen, so hört man die einzelnen Schläge des letzteren.

Wie hier die Membran, so kann auch der Resonanzboden eines Instruments eine gleiche Wirkung hervorbringen. Besonders habe ich den um eine Octave tieferen Klirrton beim Anschlagen auf dem Monochord oft von Gegenständen gehört, welche zufällig auf dem Resonanzkasten lagen. Auch das Klappern der Eisentheile eines Schraubstocks erzeugt ihn öfters, wenn eine in denselben eingespannte Glocke mit dem Bogen gestrichen wird. Ein Stimmhammer, auf dem Tische liegend, gab mir zufällig deutlich die Töne *F*, *A*, *d*, *a* als eine Stimmgabel in a_1 auf diesen Tisch fest aufgesetzt wurde. Es entstand dies durch sehr schnelle leichte Schläge der einen Hälfte seines Griffes gegen den Tisch.

E. Zurückwerfung und Beugung des Schalles.

1. Zurückwerfung und Umbiegung der Schallstrahlen.

Seebeck, Pogg. Ann. LIX. 177. Bd. LXVII. S. 145. Bd. LXVIII. S. 465.
N. Savart, Ann. de Chim. et Phys. S. III. T. XIV. 385. Pogg. Ann. Bd. 66. S. 374.

Im letzten Berichte (Repert. VI. 18.) sind die Versuche mitgetheilt, durch welche N. Savart theils aus einem Geräusche mittels Zurückwerfung Töne ausgeschieden, theils auf der Reflexionsaxe eines senkrecht zurückgeworfenen tönenden Wellenzuges, Knoten und Bäuche beobachtet hat. Diese Erfahrungen schienen durch eine Interferenz der zurückgeworfenen Wellen mit den directen erklärt werden zu müssen, womit der Umstand, dass je zwei auf einander folgende Knoten um eine halbe Wellenlänge von einander entfernt sind, vollkommen übereinstimmt. Allein die Entfernung des ersten Knoten von der Wand war viel kleiner, als eine Halbwelle gefunden worden, und damit war auch für alle übrigen Knoten eine Lage in Beziehung auf die Wand gegeben, welche einer weiteren Aufklärung bedurfte.

Ueber die Ursache dieses Verhaltens habe ich in jenem Bericht nur eine Vermuthung aussprechen können (S. 24), indem sich dasselbe zu erklären schien, wenn man annahm, dass die directen Wellen, welche um den Kopf des Beobachters herumgehen müssen, um zu dem der Wand zugekehrten Ohre zu gelangen, mit dieser Umbiegung ihrer Fortpflanzungsrichtung zugleich eine entsprechende Veränderung ihrer Schwingungsrichtung erleiden. Um hierüber zur Gewissheit zu gelangen, habe ich folgende Versuche angestellt.

1) Betreffend die Lage der Knoten und Bäuche, wenn die Interferenz ohne Umbiegung der Schallstrahlen erfolgt:

Eine Membran von Goldschlägerhäutchen oder sehr dünnem Kautschuk, $1\frac{1}{2}$ Zoll im Durchmesser, in einem Ringe ausgespannt, wurde parallel der zurückwerfenden Wand gestellt, so dass sie auf der einen Seite von den directen Wellen, auf der andern von den zurückgeworfenen getroffen wurde. Die Membran, auf einem schmalen Ständer befestigt, konnte der Wand genähert und von ihr entfernt werden, und ein an ihr hängendes sehr leichtes Pendelchen (vgl. S. 67) zeigte durch seine Ruhe die Knoten, durch seine stärkere Bewegung die Bäuche an. Einige Versuche sind in einem grossen Saale unter Bedingungen angestellt, welche einen merklich störenden Einfluss der von der Decke und den Wänden zurückgeworfenen Wellen nicht befürchten liess. Als zurückwerfende Wand diente in diesem Falle eine sehr grosse und starke, vertikal aufgestellte Tischplatte.

Bei einem ersten Versuche wurde der Ton einer Glocke angewandt und durch ein dicht dahinter aufgestelltes Resonanzgefäss verstärkt. Die Tonhöhe, mit dem Monochord bestimmt, gab die Länge einer Halbwelle, auf die Temperatur der Luft reducirt,

= 10,14 rhein. Zoll. Für die Entfernung der ersten 6 Knoten von der Wand wurden folgende Längen gemessen:

1ster	Knoten:	10,3	rhein.	Zoll	= 1 × 10,3
2ter	„	20,6	„	„	= 2 × 10,3
3ter	„	31,5	„	„	= 3 × 10,5
4ter	„	42	„	„	= 4 × 10,5
5ter	„	51	„	„	= 5 × 10,2
6ter	„	61	„	„	= 6 × 10,2

also sehr nahe die Vielfachen der halben Wellenlänge.

Dieser Versuch wurde mit gleichem Erfolg im Freien, auf einer Plattform wiederholt, wobei nur natürlich die Luft ganz windstill sein muss, wegen der Beobachtung des Pendelchen an der Membran. Ein paar Versuche mit den Schallwellen einer Stimmpfeife, welche in einem geräumigen Zimmer von der Mauer zurückgeworfen wurden, gaben für den ersten und zweiten Ton ein entsprechendes Resultat.

Der folgende Versuch ist im vorigen Saale mit einer Stimmpfeife angestellt, deren Ton die Länge einer Viertelwelle = 12,0 rhein. Zoll gab.

1ster Bauch	12,4	rhein.	Zoll	= 1 × 12,4
1ster Knoten	24,6	„	„	= 2 × 12,3
2ter Bauch	37,75	„	„	= 3 × 12,6
2ter Knoten	50,4	„	„	= 4 × 12,6

also die Entfernung der Bäuche eine ungerade, die der Knoten eine gerade Anzahl von Viertelwellen *).

2) Betreffend den Einfluss der Umbiegung der Schallstrahlen:

Die Knoten und Bäuche wurden mit einem Apparat aufgesucht, welche in Fig. 17 in halber Grösse im Längendurchnitt dargestellt ist.

*) Alle Versuche haben mir die Wellenlänge etwas grösser gegeben, als sie aus der am Monochord beobachteten Tonhöhe folgen würde. Ob dies vielleicht blos in der unvermeidlichen Mitwirkung des vom Fussboden zurückgeworfenen Schalles liegt, oder noch eine andere Ursache hat, muss dahin gestellt bleiben.

Fig. 17.

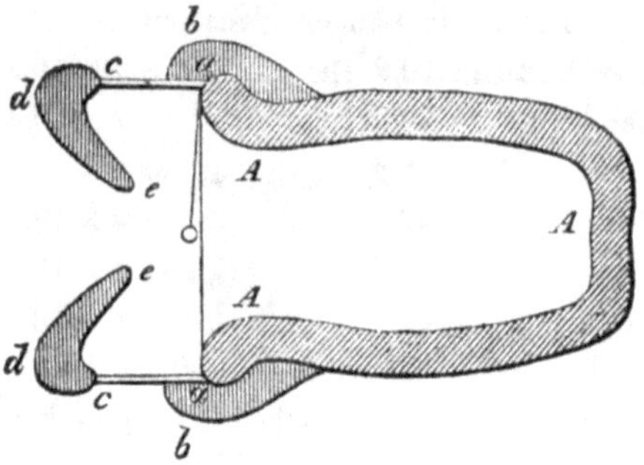

Ueber die Oeffnung eines starken Porcellangefässes *AAA* ist eine dünne Membran *aa* gespannt, an welcher ein paar leichte Pendelchen hängen, wie bei den vorhergehenden Versuchen. Auf den Umfang dieser Membran ist ein hohler Glascylinder *caac* aufgesetzt, und bei *bb* an dem Porcellangefäss mit Wachs so befestigt, dass alle Fugen dicht zugedeckt sind. Auf den anderen Rand *cc* dieses Cylinders ist eine Art Trichter *ddee* aufgesetzt, welcher ebenfalls aus Wachs gebildet ist. Der Schall kann zu der Membran nur durch diesen Trichter gelangen, da die Fortpflanzung durch die festen Theile des Apparates äusserst unvollkommen ist. Erzeugt man nun einen Ton in hinreichender Entfernung von der Wand, und stellt zwischen der Tonquelle und der Wand den beschriebenen Apparat so auf, dass der Trichter gegen die Wand gekehrt ist, so muss der directe Schall, welcher z. B. in der Figur von rechts herkommt, erst an dem Gefässe vorbeigehen, und dann bei *dd* umgebogen werden, um durch den Trichter gegen die Membran in einer seiner ursprünglichen Richtung entgegengesetzten Bahn geführt zu werden; dagegen tritt der zurückgeworfene Schall, welcher von links herkommt, geradezu in den Trichter, ohne ein solches Umbiegen erlitten zu haben. Beide Wellenzüge müssen auch hier interferiren, und die Pendelchen an der Membran, die durch den Glascylinder beobachtet werden können, werden anzeigen, wo die Knoten, und wo die Bäuche liegen. Bleibt die Richtung der Schwingungen bei der Fortpflanzung sich parallel, auch dann, wenn der Schallstrahl umgebogen wird, so müssen die Knoten und Bäuche hier ebenso liegen, wie bei den vorhergehenden Versuchen. Wird hingegen mit dem Umbiegen des Schallstrahls zugleich auch die Richtung der Schwingungen stetig abgelenkt, so dass mit dem ersteren auch die letzteren in die entgegengesetzte Richtung übergehen, so ist dies einer Umkehrung des Vorzeichens der Schwingungen gleichzusetzen, und die Knoten müssen jetzt da liegen, wo vorhin die Bäuche lagen, und umgekehrt. Der Versuch, welcher auf der freien Plattform angestellt wurde, gab das Letztere. Es fanden sich nämlich bei dem Tone einer gedackten Labialpfeife, deren Höhe nach dem Monochord bestimmt, die Viertelwellenlänge = 6,9 rhein. Zoll gab, für die Entfernungen der Knoten und Bäuche von der Wand folgende Zahlen:

1ster Knoten	gemessen:	7,4	rhein. Zoll	= 1 × 7,4,	corrigirt: 1 × 7,2
2ter "	"	21,5	" "	= 3 × 7,2,	" 3 × 7,1
3ter "	"	36,4	" "	= 5 × 7,3,	" 5 × 7,2
4ter "	"	50,4	" "	= 7 × 7,2,	" 7 × 7,2
1ster Bauch	"	14,0	" "	= 2 × 7,0,	" 2 × 6,9
2ter "	"	29,6	" "	= 4 × 7,4,	" 4 × 7,3

Die gemessene Zahlen beziehen sich auf die Entfernung der Trichteröffnung von der Wand, weil von hier aus die beiden Wellenzüge mit einander gehen. Aus ihnen sind die corrigirten dadurch gebildet, dass der kleine Umweg in Rechnung gebracht ist, welchen sowohl die directen, als die zurückgeworfenen Wellen machen müssen, um in den Trichter zu gelangen.

Aus diesen Versuchen ergiebt sich Folgendes:

1) Wenn die directen Wellen eines Tones den senkrecht zurückgeworfenen desselben Tones geradezu begegnen, so sind die Bäuche da, wo der Gangunterschied eine ungerade Anzahl von halben Wellenlängen ist, und die Knoten da, wo der Gangunterschied eine gerade Anzahl von Halbwellen beträgt.

2) Wenn hingegen die directen Wellen umgebogen und dadurch mit den zurückgeworfenen in eine und dieselbe Richtung gelenkt werden, so liegen die Bäuche da, wo der Gangunterschied eine gerade, und die Knoten, wo er eine ungerade Anzahl von halben Wellenlängen beträgt.

Aus dem letzteren folgt, dass bei der Beugung des Schalles zugleich mit der Richtung der Fortpflanzung auch die der Schwingung umgebogen wird.

Mit Hülfe dieses Satzes erklären sich nun die früheren Versuche Savart's sehr gut. Da die directen Schallstrahlen um den

Kopf des Beobachters gehen mussten, um zum Ohre zu gelangen, so mussten die Knoten da liegen, wo der Gangunterschied eine ungerade und die Bäuche, wo er eine gerade Anzahl von Halbwellen beträgt. Um aber den Gangunterschied zu erhalten, muss man nicht bloss den doppelten Abstand des Ohrs von der Wand nehmen, sondern den Umweg in Rechnung bringen, welcher für die directen und auch die zurückgeworfenen Schallstrahlen dadurch entsteht, dass sie durch den Kopf von der geraden Linie abgelenkt werden. Dies kann mit einer für den vorliegenden Zweck hinreichenden Genauigkeit geschehen, wenn man den halben Gangunterschied $= - u + \sqrt{D^2 + 1\frac{1}{4} r^2}$ rechnet, wo D den Abstand des Ohrs von der Wand, r den mittleren Halbmesser des Kopfprofils (ungefähr $0^m,15$) und $2u$ den halben Unterschied zwischen dem geraden Abstand beider Ohren und dem über die Wölbungen des Kopfs gemessenen (ungefähr $0^m,09$) bedeutet. Um aber D zu erhalten, muss man von Savart's Zahlen den einen Zoll $= 0^m,027$ wieder abziehen, welchen derselbe zu den gemessenen Entfernungen addirt hat, um die Abstände auf das Labyrinth zu beziehen. Dadurch gehen die ersten Zahlen der in VI. 22. mitgetheilten Tabelle in folgende sehr wohl mit der Theorie stimmende Werthe des halben Gangunterschiedes über.

1ster Knoten	0,309	Meter	$= 1 \times 0,309$
1ter Bauch	0,648	„	$= 2 \times 0,324$
2ter Knoten	0,931	„	$= 3 \times 0,310$
2ter Bauch	1,289	„	$= 4 \times 0,322$
3ter Knoten	1,545	„	$= 5 \times 0,315$
3ter Bauch	1,926	„	$= 6 \times 0,321$
4ter Knoten	2,204	„	$= 7 \times 0,315$
⋮	⋮	⋮	⋮
16ter Knoten	9,580	„	$= 31 \times 0,309$

Savart hat noch einen Bauch zwischen dem ersten Knoten und der Wand beobachtet, bei 0,148 Meter Abstand des Labyrinths, also nur etwa 4 Zoll Abstand des Ohrs von der Wand. Dies ist offenbar der Bauch, welcher dem Gangunterschiede Null entspricht und nur deshalb eine kleine Entfernung des Kopfs von der Wand erlangt, weil sonst gar kein zurückgeworfener Schall zum Ohr gelangen würde.

Auch die Beobachtungen über die aus einem Geräusche ausgeschiedenen Töne stimmen nahe genug mit der Theorie überein Savart hörte *c* bei 55 Zoll Abstand von der Wand, dies giebt den halben Gangunterschied = 52⅓ Zoll oder = der halben Wellenlänge von *H* bei etwa 10° R. (S. hat die Temperatur nicht angegeben). Das Ohr befand sich also in der That sehr nahe dem Bauche von *c*, indem der Unterschied von einem halben Tone bei den mancherlei Fehlerquellen nicht erheblich ist. Sehr gut stimmen auch die Zahlen der in N. 20 mitgetheilten Tabelle über die aus einem Geräusch erhaltenen Töne, wenn diese ungefähr von der Höhe waren, durch welche Savart sie bezeichnet hat, und danach die Zahlen mit der Correction versehen werden, welche durch die Umwege der Schallstrahlen nothwendig wird.

Nun aber hat Savart diese ganze Auffassung, welche die in Rede stehende Erscheinungen auf eine Interferenz der directen und reflectirten Wellen zurückführt, bestritten oder vielmehr durch eine andere Ansicht zu ersetzen versucht.

Er hebt nämlich folgende drei Thatsachen hervor:

1) Die Lage der Knoten und Bäuche ändert sich nicht, wenn die Tonquelle ihre Entfernung von der Wand ändert, wenn nur das Ohr zwischen beiden bleibt, wie schon früher gefunden war.

2) Die Knoten und Bäuche zeigen sich nicht blos auf der Reflexionsaxe, sondern auch seitwärts davon, und zwar so, dass die Knotenflächen eben und der Wand in ihrer ganzen Erstreckung parallel sind.

3) Wenn die Wand aus einer dünnen Fläche gebildet ist, z. B. einer Fensterscheibe oder einer Membran, so ändert das nicht die Lage der Knoten und Bäuche, wohl aber den Klang des reflectirten Tones, so dass z. B. die Eigenthümlichkeit des Glasklanges bemerkt wird.

Diese drei Umstände zusammengefasst, lassen Savart glauben, dass die stehenden Wellen ihre unmittelbare Ursache in den Schwingungen der Wand haben, und dass die von der ursprünglichen Schallquelle herkommenden Wellen nur insofern zu der Erscheinung mitwirken, als sie der Wand die Schwingungsbewegung ertheilen.

Erwägt man aber, dass von diesen drei Umständen der erste ganz der Interferenztheorie gemäss ist, weil es bei dieser nur auf den Gangunterschied ankommt, ebenso der zweite, indem sich leicht ergiebt, dass die aus der Interferenz des directen und reflectirten Wellensystemes resultirenden Knotenflächen zwar streng genommen hyperbolisch gekrümmt aber in der Nähe der Wand fast eben und ihr parallel sein müssen, während der dritte Umstand nur beweist, dass die zur Interferenz kommenden reflectirten Wellen sich in Beziehung auf Länge und Form so verhalten, wie es die obige Theorie des Mittönens (S. 64, Satz 12) ergeben hat, so sieht man, dass diese Umstände vielmehr eine Bestätigung der Interferenztheorie als eine Veranlassung, sie durch eine andere Erklärung zu ersetzen, darbieten.

Wie aber kann die von Savart angenommene Schwingung der Wand stehende Wellen oder Knoten und Bäuche erzeugen?

Savart findet, dass es nicht nöthig ist, ein Ohr zu verstopfen, und dass die Knoten und Bäuche beobachtet werden können, nicht nur wenn die Mittelebene des Kopfs der Wand parallel ist, sondern auch wenn sie rechtwinklig gegen dieselbe steht; im ersteren Falle nfidet er Knoten und Bäuche, je nachdem der Abstand der Mittelebene von der Wand eine gerade oder ungerade Anzahl von Viertelwellen beträgt, im letztern Falle gerade umgekehrt. Er schliesst hieraus in Verbindung mit meinen Beobachtungen an der Membran im Ringe, dass diese Bäuche und Knoten nicht sowohl in einer Abwechselung stärkerer und schwächerer Schwingung, als vielmehr longitudinaler und transversaler Schwingung bestehe.

Wie dieser Wechsel entstehe, wird von Savart nicht angegeben. Nach der Interferenztheorie würde sich derselbe wohl erklären lassen, wenn man es nicht mit rein longitudinalen Schwingungen zu thun hat, sondern mit solchen, welche in eine longitudinale und in eine transversale Componente zerlegt werden können, denn die erstere wechselt bei der Zurückwerfung das Zeichen, die letztere wahrscheinlich nicht, und ist dies der Fall, dann müssen die Maxima der longitudinalen Schwingungen mit den Minimis der transversalen zusammenfallen, was eben jenen Wechsel geben würde. Allein derselbe folgt keineswegs aus den angeführten Thatsachen, vielmehr stimmen diese mit der Interferenztheorie auch dann überein, wenn man rein longitudinale Schwingungen, also Verdichtungs- und Verdünnungswellen annimmt.

Steht nämlich die Mittelebene des Kopfes parallel der Wand,

so lässt sich durch eine kleine Rechnung zeigen, dass die Summe des rechten und linken Gehöreindrucks für einen gewissen Umfang von Tönen am kleinsten ist, wenn die Mittelebene eine gerade Anzahl von Viertelwellen von der Wand entfernt ist, und am grössten bei einer ungeraden Anzahl. Dies gilt von einer sehr grossen Höhe der Töne bis zu einer ziemlichen und wahrscheinlich sehr beträchtlichen Tiefe, so dass die von Savart angewandten Töne ohne Zweifel zwischen diese Grenzen fielen. Steht dagegen die Mittelebene rechtwinklig zur Wand, so werden die directen und zurückgeworfenen Wellen gleichviel umgebogen, und es ist einleuchtend, dass die Schwingungen am stärksten oder schwächsten sein müssen, jenachdem der Gangunterschied eine gerade oder ungerade Anzahl von Halbwellen beträgt, ganz übereinstimmend mit der Lage der Bäuche und Knoten, welche Savart für diesen Fall gefunden hat.

Bis dahin geben also alle beobachteten Erscheinungen nur eine Bestätigung der von mir vertheidigten Erklärung.

Allerdings sagt Savart, dass man, wenn die Mittelebene des Kopfes der Wand parallel ist, für die Knoten und Bäuche dieselbe Entfernung der Mittelebene von der Wand finde, man möge das der Wand zugewendete oder das andere Ohr verstopfen, oder beide offen lassen. Wäre dies allgemein richtig, so würde der physiologische Theil meiner Erklärung einer Modification bedürfen, während mir über den physikalischen Theil derselben meine Versuche mit Membranen keinen Zweifel lassen. Allein ich vermuthe, dass jener Satz nur für gewisse Wellenlängen gültig ist. Savart hat leider keine Zahlen dafür angegeben. Wenn aber derselbe zu den früher angegebenen Abständen des Labyrinths von der Wand noch 50 Millim. zulegt, um den Abstand der Mittelebene zu erhalten, so ist nicht einzusehen, welche Bedeutung diese Zahl für die Wellenlängen haben soll, da diese übrigens auf Luft bezogen sind, also auf den Weg der Schallwellen im Hörnerv nicht passen.

In der That führt auch diese vermeintliche Berichtigung noch nicht zu der gewünschten Uebereinstimmung der Resultate. Denn bei der Glocke, auf welche sich die oben besprochene Tabelle bezieht, würde nun nach Savart die erste Halbwelle $0^{m},423$, anstatt $0^{m},618$ werden. Indem er nun mehre Glocken vergleicht, findet er, dass zwar bei allen die erste Halbwelle zu klein ist, dass aber diese Differenz bei den kleineren Glocken geringer ausfällt und sehr nahe dem Halbmesser der Glocken gleich ist, wie folgende Tabelle zeigt:

Nummer d. Glocken	Durchmesser der Glocken	Länge der ersten Halbwelle	Länge der zweiten Halbwelle	Unterschied
	m	m	m	m
1	0,40	0,423	0,627	0,204
2	0,19	0,42	0,50	0,09
3	0,18	0,308	0,395	0,087
4	0,14	0,30	0,38	0,08
5	0,13	0,30	0,37	0,07

Diese für Savart unerklärliche Ungleichheit verschwand aber, als er den Rand der Glocken nicht, wie bisher, rechtwinklig zur Wand, sondern ihr parallel stellte, und er fand, dass nun nicht nur alle Wellen, nach seiner Art der Berechnung, gleich lang waren, sondern auch die Bäuche in die Mitte zwischen zwei Knoten fielen. Mir scheint gerade diese Art des Versuchs nicht geeignet, die Erscheinung auf ihre einfachste Form zurückzuführen. Denn erstens würde sich, wenn diese Aufstellung genau erfüllt und alle störenden Einflüsse vermieden werden könnten, das Ohr in der Reflexionsaxe gerade an der Stelle befinden, wo die Wirkung zweier Quadranten der Glocke durch die der beiden andern aufgehoben wird, wo also eigentlich gar kein Ton gehört werden sollte *), und es ist gewiss misslich, die Zu- uud Abnahme des Tons unter Bedingungen zu untersuchen, wo nur die unvermeidlichen Ungenauigkeiten der Ausführung das Auftreten des Tons überhaupt möglich machen. Zweitens sind auch in diesem Falle die Schwingungen an ihrem Ursprunge rechtwinklig zur Fortpflanzungsrichtung, müssen aber nicht nur bei ihrem Fortgange nach Poisson's Theorie allmählig in die longitudinale Richtung übergehen, sondern auch bei ihrem Umbiegen um den Kopf eine nicht näher bekannte Veränderung erleiden, welche überdies für die in verschiedenen Ebenen umgebogenen Strahlen verschieden ausfallen muss, so dass die Erscheinnng durch verschiedene, der theoretischen Betrachtung nicht zugängliche

*) Dies ist, wenn die Glocke dem Ohre nahe ist, sehr bemerklich. (Vgl. Dove in Pogg. XLIV. 272.)

Umstände verwickelt wird. Alle diese Verwickelungen treten zurück, wenn der Rand der Glocke rechtwinklig zur Wand steht und eine der schwingenden Abtheilungen dieser zugewendet ist, während zugleich das hinter der Glocke stehende Resonanzgefäss nur günstig wirken kann.

In der That aber stimmen gerade die bei dieser Stellung beobachteten Zahlen, welche Savart an den vorhin genannten Glocken gefunden, aufs Beste mit der Interferenztheorie überein und der für ihn unerklärliche Einfluss der Durchmesser auf den Unterschied der ersten und zweiten Halbwelle klärt sich dahin auf, dass die kleineren Glocken einen höheren Ton hatten. Berechnet man nämlich die Gangunterschiede nach der obigen Formel $u+\sqrt{D^2+\frac{1}{4}r^2}$, so geben die vorhin angegebenen Zahlen folgende Werthe:

Nro.	Durchmesser der Glocke	Halber Gangunterschied für den ersten Knoten	zweiten Knoten
	m	m	m
1	0,40	0,309	0,931 = 3 × 0,310
2	0,19	0,306	0,802 = 3 × 0,267
3	0,18	0,198	0,585 = 3 × 0,195
4	0,14	0,190	0,562 = 3 × 0,187
5	0,13	0,190	0,552 = 3 × 0,184

Die Uebereinstimmung ist bei Nro. 1, 3, 4 und 5 vollständig, und auch bei Nro. 2 geht der Unterschied noch nicht über die Grenzen der Beobachtungsfehler.

Savart fand die Lage der Knoten ungeändert, als er bei paralleler Stellung der Mittelebene. das Kopfprofil durch Wülste vergrösserte, begreiflich, da diese Wülste sehr gross sein und sehr dicht anliegen müssten, um einen erheblichen Unterschied zu machen.

Endlich sagt Savart, dass er auch hinter der Wand Knoten und Bäuche in parallelen Ebenen und in gleicher Lage wie vor derselben angetroffen habe. Ob und wie dies durch Interferenz zu erklären sei, lässt sich nicht beurtheilen, weil über die Bedingungen des Versuchs und die erhaltenen Zahlen nichts Näheres angegeben ist. Ich vermuthe, dass Savart diesen Satz aus einigen Versuchen gefolgert hat, welche auch eine andere Auslegung zulassen, ähnlich wie in dem so eben erwähnten Falle mit den Glocken. Dieser Zweifel ist nicht gegen Savart's Beobachtungen gerichtet, sondern gegen die Auslegung derselben, und wird um so mehr gerechtfertigt erscheinen, da alle specielleren Angaben dieses geschickten Beobachters mit der aus der Interferenz geschöpften Erklärung dieser Erscheinungen sehr gut übereinstimmen.

Dagegen führt die von ihm aufgestellte Ansicht, abgesehen davon, dass sie den Hauptpunkt, nämlich die Ursache der Knoten und Bäuche, unerklärt lässt, auf Widersprüche mit seinen früheren Erfahrungen.

Wäre seine Ansicht richtig, so müssten die Knoten und Bäuche nicht nur zwischen der Wand und dem tönenden Körper, sondern auch jenseits desselben angetroffen werden. Nun aber tritt hier, wie früher erwähnt (Repert. VI. S. 18 und 26), ein ganz andres Verhalten ein und zwar ganz dasjenige, welches wegen der Interferenz der beiden Wellenzüge erwartet werden muss.

Ebenso würde nach dieser Ansicht weder zu begreifen sein, wie das Ausscheiden von Tönen aus einem Geräusche stattfinde, noch stimmen die von Savart gefundenen Zahlen mit seiner Annahme überein, dass die Mittelebene des Kopfes sich im zweiten Bauche $\frac{3}{4}$ Wellenlänge von der Wand befunden habe. Denn dieser Annahme zufolge hätte bei 55 Zoll Abstand des Labyrinths oder 56,9 der Mittelebene nicht c_1', sondern ein um fast eine Quarte höherer Ton gehört werden müssen, während die Erklärung nach der Interferenz nur um $\frac{1}{2}$ Ton differirt.

Erwägt man ausserdem, dass nach Savart's Ansicht eine Mauer und selbst der Fussboden ebenso in eigne Schwingungen gerathen musste, wie eine Membran, und dass das Ohr die Fähigkeit besitzen musste, bei der Beobachtung der reflectirten Wellen ganz von den directen zu abstrahiren, so erhellt, auf welche Schwierigkeiten dieselbe in so vielfacher Beziehung stösst.

II. Diffraction der Schallwellen.

Cauchy, Compt. rend. T. 15. p. 759.

Cauchy bemerkt, dass die von ihm gegebene Analyse der Gesetze, welche stattfinden, wenn Lichtwellen aus einem Mittel in ein anderes durch eine begrenzte ebene Oberfläche übergehen, auch für die Fortpflanzung jeder andern Art unendlich kleiner Bewegungen gültig bleiben. Es ergiebt sich hieraus, dass die Schallwellen ganz eben so, wie die Lichtwellen, nicht nur zurückgeworfen, sondern auch gebrochen werden müssen. Besonders muss auch eine Diffraction, d. h. eine Abwechselung von Maximis und Minimis der Schallstärke an verschiedenen Punkten dann stattfinden, wenn die Wellen durch eine Oeffnung in dünner Scheidewand aus einem Raume in einen zweiten mit demselben Mittel erfüllten Raum treten. Ist die Tonquelle sehr entfernt und besteht die Oeffnung in einer vertikalen Spalte, so liegen in jeder Horizontalebene die Punkte der grössten und kleinsten Schallstärke sehr nahe auf verschiedenen Parabeln, welche die Oberfläche der Scheidewand berühren und deren Parameter eine arithmetische Reihe bilden und der Wellenlänge proportional sind.

Hiermit hängt zusammen, dass der aus einer Oeffnung tretende Schall sich so sehr viel stärker seitwärts ausbreitet, als das Licht. Denn bei diesem haben die Parabeln, wegen der geringen Wellenlänge, so kleine Parameter, dass sie sich nur sehr wenig von der Axe entfernen, dagegen bei den Schallwellen die Parameter bis zur Grösse von einigen Metern steigen können, so dass der Ton sich hinter der Wand, selbst nahe bei derselben auf grosse Entfernungen von der Spalte ausbreiten kann *).

Dabei ist zu bemerken, dass diese seitliche Ausbreitung bei den höheren Tönen, eben wegen ihrer geringeren Wellenlänge, schwächer ist, als bei den tieferen, so dass, wenn verschiedene Töne von gleicher Stärke, aber ungleicher Höhe, durch eine Oeffnung treten, die höheren schneller verschwinden werden, wenn man sich parallel der Ebene der Wand von der Oeffnung entfernt. Wenn die Schallstärke dem Quadrat der Amplitude proportional gerechnet wird, so wird die Schallstärke der gebeugten Wellen, wenn man in einer der Wand parallelen Ebene sehr weit von der Oeffnung weggeht, nahe proportional der Wellenlänge.

---

*) Ein ähnliches Resultat hat Poisson, indem er findet, dass die seitliche Ausbreitung einer Wellenbewegnng um so schneller abnimmt, je grösser die Fortpflanzungsgeschwindigkeit ist. Ann. de Chim. et Phys. T. XXII. p. 255.

Wie Arago bemerkt, finden diese Folgerungen der Theorie Bestätigung in einer nicht veröffentlichten Erfahrung, welche Young ihm mitgetheilt hat. Dagegen scheinen die bei dieser Gelegenheit genannten Versuche Savart's im Amphitheater des College de France, wohl Erscheinungen der Interferenz, aber nicht der Diffraction zu betreffen.

In Beziehung auf den Satz, dass höhere Töne bei der Beugung seitwärts, schneller an Stärke abnehmen, als tiefere, kann ich folgende gelegentlich gemachte, wenn auch nicht genauer geprüfte Wahrnehmung anführen. Wenn man ein Ohr schliesst, so hört man natürlich stärker, wenn das offene Ohr der Schallquelle zugewendet ist, als wenn es davon abgewendet ist. Es ist mir vorgekommen, als werde das Zirpen der Grille auffallend schwach gehört, wenn das Ohr sich in der letzteren Stellung befindet, so dass also dieser sehr hohe Ton an Stärke besonders auffallend abnimmt, wenn die Wellen um den Kopf des Beobachters umgebogen werden müssen, um in das offene Ohr zu gelangen.

F. Einfluss der Bewegung des tönenden Körpers, des Ohrs oder des Fortpflanzungsmittels auf die Höhe, Stärke und Richtung des Tones.

1. Einfluss der Bewegung auf die Tonhöhe.

Doppler, über farb. Licht der Doppelsterne. Prag 1842. Buys Ballot, Pogg. Bd. 66. S. 321.

Wenn ein Körper während des Tönens dem Beobachter genähert wird, oder dieser der Tonquelle sich nähert, so muss der Ton, wie Doppler bemerkt, höher erscheinen, weil dann die Eindrücke, welche das Ohr empfängt, schneller auf einander folgen, als im Zustande der Ruhe. Ebenso muss der Ton tiefer werden, wenn Tonquelle und Beobachter sich von einander entfernen. Es ist nicht einerlei, ob der Beobachter sich bewegt und die Tonquelle ruhend ist, oder umgekehrt. Ist c die Schallgeschwindigkeit und b die Geschwindigkeit, mit welcher der tönende Körper nach einer Richtung hin bewegt wird, so wird die Wellenlänge nach dieser Richtung hin um $\frac{b}{c}$ ihrer Länge vermehrt und auf der entgegengesetzten Seite um ebensoviel vermindert. Ist daher n die wirkliche Schwingungsmenge des tönenden Körpers, so erhält die Wellenlänge statt $\frac{c}{n}$ den Werth $\frac{c}{n}\left(1 \mp \frac{c}{b}\right)$, und die in einer Zeiteinheit zum ruhenden Ohre dringende Schwingungsmenge wird $n\,\frac{c}{c \mp b}$. Bewegt sich aber der Beobachter mit der Geschwindigkeit $+a$ gegen die Tonquelle oder mit $-a$ von derselben, so wird der Wellenzug nicht mehr mit der Geschwindigkeit c, sondern $c \pm a$ gegen das Ohr bewegt und dieses nimmt daher $\frac{c \pm a}{c}$ mal so viel Wellen in derselben Zeit auf. Daher wird

$$n\,\frac{c \pm a}{c \mp b}$$

die durch beide Bewegungen veränderte Schwingungsmenge des Ohres, wo das obere Zeichen für Näherung, das untere für Entfernen gilt.

Es kann nicht bezweifelt werden, dass die Erfahrung dies bestätigen müsse. Ich erinnere mich, in den Excerpten meines Vaters eine dahin gehörige Thatsache gelesen zu haben. Ein Schlitten, wie man sie im Gebirge zum jähen Herabrutschen an Bergabhängen gebraucht, gab dem Beobachter Gelegenheit zu bemerken, dass der Ton einer Pfeife, die auf dem Schlitten geblasen wurde, beim Vorüberfahren plötzlich tiefer wurde.

Buys Ballot hat über diesen Gegenstand Versuche auf der Eisenbahn zwischen Utrecht und Maarsen angestellt, indem mehre Musiker die Bestimmung der Tonveränderung übernahmen. Bei diesen Versuchen war entweder die Tonquelle oder der Beobachter in Bewegung. Es waren nämlich 1) an drei Punkten der Bahn nnd ihr möglichst nahe die Beobachter aufgestellt, welche den Ton eines mit der Locomotive vorüberfahrenden Signalhorns beim Kommen und Gehen mit dem Tone eines auf derselben Station geblasenen Hornes verglichen. 2) Ein anderer Beobachter fuhr mit der Locomotive und verglich den Ton der auf den Stationen geblasenen Hörner beim Gehen und Kommen mit dem des mitfahrenden Hornes.

Die Geschwindigkeit wurde dadurch gemessen, dass im Wagen nach zwei Chronometern die Zeit aufgezeichnet wurde, welche zum Durchlaufen von 100 Meter gebraucht wurde.

Bei den Versuchen vom 5. Juni 1845, welche in der folgenden Tabelle zusammengestellt sind, wurden auf jeder der drei Stationen von zwei Beobachtern die Tonänderungen aufgezeichnet; mit der Locomotive fuhr ein Beobachter, welcher den Mittelwerth der an den drei Stationen gemachten Wahrnehmungen aufzeichnete. Diese Schätzungen der Musiker wurden meist in Achtel, selten in Sechzehnteltönen, zuweilen auch nach einer noch grösseren Einheit angegeben. In der folgenden Tabelle ist ein Sechzehntelton als Einheit genommen, so dass z. B. die Zahl 8 ein Höher- oder Tiefer werden um $\frac{8}{16}$ oder $\frac{1}{2}$ Ton bedeutet. Der bequemeren Vergleichung wegen habe ich die nach der Theorie berechneten Veränderungen in derselben Einheit ausgedrückt *). Die Schallgeschwindigkeit ist bei 18°,4 C. Temperatur, $755{,}6^{\text{mm}}$ Barom. und $10{,}83^{\text{mm}}$ Dampfdruck zu 344,7 Meter berechnet.

*) Diese Berechnung bezieht sich auf gleichschwebende Temperatur, so dass der halbe Ton durch $\sqrt[12]{2}$ ausgedrückt ist. Ballot hat auch das Verhältniss $\frac{2}{2}\frac{5}{4}$ angewendet, weil es ihm zweifelhaft blieb, welchen halben Ton die Musiker bei ihren Schätzungen im Sinne hatten. Dann wäre eben so gut $\frac{1}{1}\frac{6}{5}$ hinzuzufügen gewesen. Der gleichschwebende Werth hält ziemlich die Mitte zwischen diesen beiden Grenzen.

	Geschwindigkeit	Erhöhung beim Kommen in Sechzehnteltönen			Geschwindigkeit	Tieferwerden beim Gehen in Sechzehnteltönen			Geschwindigkeit	Unterschied beim Kommen u. Gehen in Sechzehnteltönen		
		beobachtet		berechnet		beobachtet		berechnet		beobachtet		berechnet
		1.	2.			1.	2.			1.	2.	
						Station *C*.						
	m				m				m			
I.	8,3	6	4	3,3	10,6	8	8	4,3	9,4	14	12	7,6
II.	12,5	6	4	4,9	14,3	8	8	6,0	13,4	14	12	10,9
III.	9,1	8	8	3,6	10,1	6	4	4,1	9,6	14	12	7,7
IV.	9,6	8	8	3,8	11,8	8	8	4,8	10,7	16	16	8,6
V.	12,5	2	8	4,9	12,6	2	8	5,2	12,5	4	16	10,1
VI.	9,5	—	—	3,7	11,1	—	—	4,5	10,3	9	12	8,2
						Station *B*.						
I.	9,5	7	8	3,7	10,6	1	0	4,4	10,1	8	8	8,1
II.	14,3	7	7	5,8	13,3	4	2	5,5	13,8	11	9	11,3
III.	11,1	7	7	4,3	10,5	4	4	4,4	10,8	11	11	8,7
IV.	11,1	7	7	4,3	13,3	5	0	5,5	12,2	12	7	9,8
V.	14,3	0	0	5,7	14,3	14	12	6,0	14,3	14	12	11,7
VI.	11,1	8	8	4,3	11,1	6	2	4,6	11,1	14	10	8,9
						Station *A*.						
I.	9,5	2	8	3,7	8,0	8	6	3,1	8,8	10	14	6,8
II.	14,3	2	8	5,8	16,0	8	8	6,6	15,1	10	16	12,4
III.	11,1	0	0	4,3	12,5	9	12	5,2	11,8	9	12	9,5
IV.	12,5	8	8	4,9	15,4	5	0	6,4	14,0	16	16	11,4
V.	16,7	4	2	6,9	14,3	8	9	6,0	15,5	12	11	12,9
VI.	11,1	8	1	4,3	12,5	1	8	5,2	11,8	9	9	9,5
						Locomotive.						
I.	14,4	6		5,8	14,2	6		6,0	14,3	12		11,8
II.	15,0	5		6,0	15,8	8		6,5	15,4	13		12,5
III.	5,5	4		2,3	5,5	4		2,2	5.5	8		4,5
IV.	5,1	4		2,2	4,9	4		2,0	5,0	8		4,2
V.	14,3	8		5,7	14,1	8		5,8	14,2	16		11,5
VI.	18,3	8		7,2	18,4	8		7,5	18,3	16		14,7

Diese Beobachtungen bestätigen im Allgemeinen die Theorie, indem fast immer Veränderungen des Tons in dem zu erwartenden Sinne, nie im entgegengesetzten, wahrgenommen wurden. Eine vollständigere quantitative Uebereinstimmung ist bei dieser Art des Versuchs nicht zu erwarten.

II. Einfluss der Bewegung auf die Stärke des Tones.

Doppler, drei Abhdl. aus d. Gebiete d. Wellenlehre. Prag 1846.

In einer Abhandlung: „Methode, die Geschwindigkeit, mit der die Luftmolekel beim Schalle schwingen, zu bestimmen", hat Doppler über den Einfluss, welchen die Bewegung des tönenden Körpers auf die Stärke seines Tones haben müsse, folgende Ansicht aufgestellt.

Ist V die grösste Geschwindigkeit, welche ein Theilchen des tönenden Körpers in dem Momente erlangt, wo es durch die Lage seines Gleichgewichts geht, so wird die Stärke des Tones für den Fall der Ruhe proportional V^2, oder, wenn L die Entfernung des Ohrs bezeichnet, proportional $\frac{V^2}{L^2}$ sein. Wird aber der ganze tönende Körper mit der Geschwindigkeit b vom Ohre entfernt, so wird, wenn V gegen den Beobachter gerichtet war, diese Geschwindigkeit in $V-b$ verwandelt, dagegen bei Näherung in $V+b$. Doppler glaubt, voraussetzen zu müssen, die Tonstärke werde dadurch aus $\frac{V^2}{L^2}$ in $\frac{(V\mp b)^2}{L^2}$ verwandelt.

Diese Annahme ist jedoch nicht nur ganz willkürlich, sondern auch entschieden unrichtig. Die Willkürlichkeit erhellt, wenn man überlegt, dass die Geschwindigkeit des Schwingens alle Werthe von $+V$ bis $-V$ durchläuft, und dass daher die Geschwindigkeit $\mp b$ nicht nur dem einen Werthe $+V$, sondern ebenso gut allen diesen andern Werthen zuzulegen sein würde. Die Unrichtigkeit leuchtet schon durch ein Beispiel ein; denn wenn die Schwingungen verschwindend klein werden, also der Ton ganz aufhört, so giebt Doppler's Ausdruck die Tonstärke noch immer $= \frac{b^2}{L^2}$.

Um die aus der Bewegung entspringende Veränderung der Tonstärke zu erhalten, müsste man zuerst fragen: welchen Einfluss hat die Geschwindigkeit $\mp b$ auf die der Luft vom tönenden Körper mitgetheilte Bewegung? Findet sich, dass es genügt, jene Geschwindigkeit zu der Schwingungsbewegung zu addiren, so besteht die Bewegung der Luft aus zwei Gliedern, einem constanten $\mp b$ und einem periodischen. Da nur das letztere den Ton ausmacht, so würde die lebendige Kraft einer Tonwelle keine Veränderung erlitten haben, und daher die Stärke des Tones nur insofern geändert sein, als die

Wellen auf der einen Seite kürzer, auf der andern länger werden, so dass das Ohr beim Nähern mehr, beim Entfernen weniger Wellen oder lebendige Kraft in einerlei Zeit aufnimmt. Die so entstehende Aenderung der Tonstärke würde durch $\left(\frac{c}{c \mp b}\right)^2$ ausgedrückt sein.

Nähert oder entfernt sich der Beobachter mit der Geschwindigkeit $\pm a$, so berechnet Doppler die Tonstärke proportional $\left(\frac{V}{L} \pm a\right)^2$, wo unter V die grösste positive Geschwindigkeit der schwingenden Lufttheilchen in der Enfernung 1 von der Tonquelle zu verstehen ist. Man sieht leicht, dass dieser Ausdruck, welcher bei Abwesenheit aller Schwingung noch die Stärke a^2 geben würde, eben so wenig richtig ist. Dürfte man auch hier die Geschwindigkeit $\pm a$ der Schwingungsgeschwindigkeit blos zuaddiren, so würde die Verstärkung des Tons durch $\left(\frac{c \pm a}{c}\right)^2$ auszudrücken sein. Allein es wird auch hier eine genauere Behandlung der Mittheilung schwingender Bewegungen zwischen relativ bewegten Körpern vorangehen müssen.

Ich halte es nicht für nöthig, das Verfahren, welches Doppler vorgeschlagen hat, um die Geschwindigkeit der schwingenden Lufttheilchen zu messen und die weiteren Anwendungen, welche er darauf gegründet hat, anzugeben, da die Ausführbarkeit dieses Verfahrens an jene Annahme geknüpft ist, welche die Aenderung der Tonstärke bei mässigen Werthen von V viel zu gross giebt.

Derselbe Einwurf gilt natürlich auch der Anwendung, welche Doppler von jenem Maasse der Intensität auf das Licht gemacht hat (Pogg. Ann. Bd. 68. S. 24.)

Ich glaube aber, diesen Widerspruch um so mehr hervorheben zu müssen, da die Anerkennung, welche einige sinnreiche Ideen desselben thätigen Gelehrten mit Recht gefunden haben, geeignet sein dürfte, auch seiner hier bestrittenen Ansicht ein günstiges Vorurtheil bei Denen zu erwecken, welche den Gegenstand einer genaueren Prüfung nicht unterwerfen.

III. Einfluss der Bewegung des Fortpflanzungsmittels auf die Richtung der Schallstrahlen.

Doppler. Ueber Licht- und Schallstrahlen. Prag 1844. Derselbe, drei Abhandl. u. s. w.

Doppler bemerkt, dass ein Wellenstrahl, wenn das Mittel, worin er fortschreitet, rotirt, durch diese Bewegung mitgedreht werden, und dass derselbe daher beim Durchgange durch ein solches Mittel eine Ablenkung aus seiner ursprünglichen Richtung erleiden müsse, welche = dem Winkel sei, um welchen sich das Mittel während der Dauer dieses Durchgangs gedreht habe.

Soweit dies die Bewegung innerhalb des rotirenden Mittels betrifft, kann über die Richtigkeit dieser Ansicht kein Zweifel sein. Es bleibt aber die Frage, welchen Einfluss die relative Bewegung der beiden Mittel beim Ein- und Austritt habe. Diese Frage, welche zugleich die Aberration und dasjenige betrifft, was Doppler (Drei Abhandlungen etc. S. 24, 25.) eine motorische Brechung und Spiegelung nennt, würde zu einer Discussion der betreffenden Ansichten auffordern. Doch ist hier nicht der Ort, auf diesen Gegenstand einzugehen, da derselbe mehr die Optik, als die Akustik, berührt, insofern die Richtung der Strahlen beim Schalle auch nicht entfernt mit jener Schärfe bestimmt werden kann, welche das Licht zulässt.

Mehr wird die Akustik durch die bereits vorhin angedeutete Frage nach den Gesetzen der Mittheilung von Schwingungen zwischen bewegten Mitteln von einer andern Seite berührt, nämlich in Beziehung auf die Stärke des Schalles, wohin besonders der noch nicht genügend erklärte Einfluss des Windes auf die Vollkommenheit der Schallfortpflanzung gehört.

Bei dieser Gelegenheit sei erwähnt, dass es mir wohl vorgekommen ist, es werde unser Urtheil über die Richtung des Schalles durch den Wind getäuscht, doch schien mir dies mehr darauf hinauszukommen, dass das dem Winde zugekehrte Ohr den Schall stärker aufnimmt, als das abgewendete, da wir bekanntlich die Richtung des Schalls ganz oder hauptsächlich nach der ungleichen Stärke der beiden Gehörseindrücke beurtheilen.

G. Fortpflanzungsgeschwindigkeit des Schalles.

I. In der Luft.

Bravais u. Martins, Ann. de Ch. S. III. t. 13. p. 5. Pogg. Ann. Bd. 66. S. 351.

Unter den zahlreichen Versuchen über die Geschwindigkeit des Schalles in der Luft beziehen sich die meisten auf Fortpflanzung in horizontaler Richtung. Die bekannten Versuche von van Beck und Moll (Pogg. Ann. Bd. 5. S. 469) gaben, auf trokene Luft und 0° reducirt, 332^{m},05, welche Zahl sich in 332^{m},26 verwandelt, wenn man den Magnus'schen Ausdehnungscoefficienten 0,3665 anwendet.

Nach der Theorie erleidet diese Geschwindigkeit keine Aenderung, wenn der Schall sich aufwärts an dünnere Luft oder abwärts an dichtere fortpflanzt. Dies bestätigen auch die Versuche von Stampfer und Myrbach bei einem Höhenunterschied der beiden Stationen von 4198 Par. Fuss, soweit wenigstens, als sich dies aus Versuchen, welchen die Wechselseitigkeit der Schüsse mangelt, ersehen lässt. (Pogg. Ann. Bd. 5. S. 496.)

Die Versuche von Bravais und Martins sind bei einem sehr bedeutenden Höhenunterschiede, mit Anwendung wechselseitiger (nicht gleichzeitiger) Schüsse zur Elimination des Einflusses des Windes, und mit Berücksichtigung der am Psychrometer gemessenen Feuchtigkeit der Luft angestellt. Die eine Station war auf dem Faulhorn, die andre am Brienzer See; ihre schiefe Entfernung betrug 9650,7 Meter, ihr Höhenunterschied 2079 Meter, so dass die Neigung der vom Schall durchlaufenen Linie 12°26′ betrug. Die Zeit wurde mit zwei punktirenden Zählern von Breguet, einer Sperruhr von Jacob, welche 320 Schläge in der Minute macht, und einem halbe Secunden schlagenden Chronometer von Winnerl gemessen. Der aufsteigende Schall wurde zugleich von A. Bravais und Martins, der absteigende von C. Bravais beobachtet. Die beiden erstern haben 18 und 19, der letztere 14 Schüsse im Ganzen beobachtet. Die Mittelwerthe dieser an drei Tagen angestellten Versuchsreihen sind in folgender Tabelle enthalten:

Sept.	Mittlere Temperatur	Dampfspannung divid. durch Luftdruck	Dauer der Fortpflanzung aufsteigend	niedersteigend	Mittel	reduc. auf trockene Luft bei 0°
24	+7°,25 C.	0,0108	28″,545	28″,55	28″,547	28″,982
25	+ 6,77	0,0117	28, 71	28, 61	28, 66	29, 074
27	+10,42	0,0126	28, 42	28, 47	28, 445	29, 053
Mittel	+ 8,551	0,0117	28, 558	28, 543	28, 551	29, 036

Daraus ergiebt sich die Schallgeschwindigkeit aufsteigend 337^{m},92, absteigend 338^{m},10, Mittel 338^{m},01, auf 0° und trockene Luft reducirt 332^{m},37. Die letztere Zahl stimmt sehr nahe mit der von van Beck und Moll überein. Die Geschwindigkeit war beim Auf- und Niedersteigen beinahe gleich; der kleine Unterschied ist wohl hauptsächlich dem, wenn auch geringen, Einflusse des Windes zuzuschreiben.

Zwischen den gleichzeitigen Versuchen von A. Bravais und Martins zeigt sich ein kleiner Unterschied, indem der Letztere die Dauer der Fortpflanzung im Mittel um 0,10 Secunden länger fand. Dies macht in der Schallgeschwindigkeit einen Unterschied von 1^{m},16 und lässt auf einen Unterschied des Sinnesfehlers zwischen diesen beiden Beobachtern schliessen.

Man wird annehmen dürfen, dass dieser Sinnesfehler bei allen Beobachtungen über die Fortpflanzungsgeschwindigkeit des Schalles nicht ohne merklichen Einfluss geblieben sei.

II. Schallgeschwindigkeit in festen Körpern,

a) in Metallen.

(Nach Masson und Werthheim.)

Zu den Tabellen der Schallgeschwindigkeiten, welche ich im 6ten Bande des Repertoriums, S. 106, zusammengestellt habe *),

*) Für tropfbarflüssige Körper geben Versuche von Aimé (Ann. de Ch. et Ph. S. III. T. VIII. p. 271) etwas kleinere Elasticitätsmodul, und daher etwas kleinere Schallgeschwindigkeiten, als die nach Colladon und Sturm berechneten.

sind aus den Versuchen Masson's folgende durch Längsschwingungen erhaltene Zahlen hinzuzufügen, bei welchen die Geschwindigkeit in Luft als Einheit genommen ist:

Blei	4,3	Kupfer	12,2
Zinn	7,9	Eisen	15,2
Messing	10,6	Stahl	15,2
Zink	11,85		

Vorzüglich aber ist hier auf die zahlreichen Versuche über die Elasticität fester Körper zu verweisen, welche Wertheim nach verschiedenen Methoden angestellt hat. Da die von ihm gefundenen Werthe der Schallgeschwindigkeit bereits im 7ten Bande des Repert. S. 123 und 125 mitgetheilt sind, so werde ich hier nur einige bereits an einem andern Orte *) ausgesprochene Bemerkungen über die Verschiedenheit der statischen und dynamischen Bestimmung des Elasticitätsmodulus aufnehmen, da dieser Gegenstand die Akustik in mehr als einer Hinsicht nahe berührt.

Bekanntlich ist bei der Berechnung der Luftschwingungen die Erwärmung und Abkühlung mit in Betracht zu ziehen, welche mit der Zusammendrückung und Ausdehnung jederzeit eintritt. Ein ähnlicher Einfluss kann auch bei den festen Körpern nicht fehlen, denn durch die Zusammendrückung wird Wärme entwickelt, welche die Abstossung der Theile, oder ihr Bestreben, sich wieder auszudehnen, vermehrt, und durch die Ausdehnung entsteht wahrscheinlich eine Abkühlung, welche ihr Bestreben, sich wieder zusammenzuziehen, ebenfalls vermehrt. Es ist einleuchtend, dass dies einer Vermehrung der Elasticität gleichkommt und dass daher der aus den Schwingungen berechnete Modulus grösser werden muss, als jener, den man auf dem statischen Wege durch Biegung oder Dehnung erhält; denn bei der statischen Bestimmung hat jener Umstand keinen Einfluss, weil die anfangs eintretende Temperaturänderung während der Dauer des Versuchs sehr bald wieder verschwindet.

Wirklich hat nun Wertheim bei einer grossen Anzahl von Versuchen bei Weitem in den meisten Fällen durch Längs- und Querschwingungen einen grösseren Modulus erhalten, als durch

*) Ueber Schwingungen, mit besonderer Anwendung auf die Untersuchung der Elasticität fester Körper. Programm der technischen Bildungsanstalt zu Dresden, 1846.

Dehnungsversuche *) und hat aus diesem Unterschiede nach einer von Duhamel aus Poisson's Theorie abgeleiteten Formel das Verhältniss der specifischen Wärme bei constantem Druck zu jener bei constantem Volumen berechnet. Allein es ist gegen diese Berechnung ein Bedenken zu erheben, indem die genannte Wärmewirkung wohl nicht die einzige Ursache des Unterschiedes zwischen den beiderlei Bestimmungen ist.

Wenn nämlich die elastische Nachwirkung, welche Weber an Seidenfäden beobachtet hat (Pogg. Ann. Bd. 34. S. 247 und Bd. 54. S. 1), auch bei andern Körpern stattfindet, wie zu vermuthen ist, so muss dies ebenfalls dazu beitragen, den Modulus bei der statischen Bestimmung kleiner zu geben, als bei den Schwingungsversuchen. Denn während der kurzen Dauer einer Schwingung kann nur der kleinste Theil der Nachwirkung in Thätigkeit treten, dagegen sie bei der längeren Dauer des statischen Versuchs die gemessene Dehnung merklich vergrössern und daher einen kleineren Modulus geben muss. Ist aber dies der Fall, dann muss Wertheim's Berechnung den Unterschied der specifischen Wärme bei constantem Druck und bei constantem Volumen zu gross geben. Wenn Wertheim jenen Unterschied beim Blei besonders auffallend fand, und bei den angelassenen Metallen stärker, als bei den nicht angelassenen, so hat dies seinen Grund wohl weniger in der von ihm vermutheten Aenderung der Wärmeeigenschaften, als in einer stärkeren Nachwirkung. Hiermit stimmt der unvollkommenere Ton dieser Körper überein. Denn würden die Schwingungen nur durch den Luftwiderstand allmählich geschwächt, so würden dieselben, wie man aus der obigen Theorie dieses Gegenstandes (S. 58) er-

*) Dies tritt bei den Längsschwingungen noch etwas mehr hervor, als bei den Querschwingungen. Der Grund davon dürfte nicht ganz zufällig sein, und auch wohl nicht blos in einer mangelhaften Befestigung des Endes zu suchen sein, denn auch bei Savart's Versuchen, wo beide Enden frei waren, sind die Transversalschwingungen im Allgemeinen ein wenig zu langsam gegen die longitudinalen. Es kann dies theils in der endlichen Grösse der Schwingungen liegen, wodurch die Longitudinalschwingungen wahrscheinlich etwas schneller, die transversalen etwas langsamer werden, theils auch wohl darin, dass bei den letzteren die zusammengedrückten Theile den ausgedehnten sehr nahe liegen und ihnen daher während der Dauer einer Halbschwingung merklich Wärme abgeben können.

sieht, z. B. beim Blei sich langsamer vermindern, als bei den meisten andern Körpern. Zu dem Erlöschen der Schwingungen trägt aber die elastische Nachwirkung wesentlich bei, indem sie die Kraft vermindert, wenn die Theile nach der Gleichgewichtslage gehen, und vermehrt, wenn sie sich aus dieser entfernen. Wo daher der Ton eines festen Körpers sehr schnell erlischt, da wird man, wo nicht auf den Mangel vollkommener Elasticität überhaupt, auf eine stärkere Nachwirkung schliessen dürfen *).

Bei der Vergleichung der Schwingungen mit den Dehnungsversuchen vermischt sich der Einfluss der Wärmeentwickelung mit dem der Nachwirkung. Es würde wohl möglich sein, beide durch geeignete Beobachtungsmethoden getrennt zu erhalten; bis jetzt aber liegen, soviel mir bekannt ist, keine Erfahrungen vor, durch welche dies geleistet werden könnte. Zwar hat W. Weber schon vor längerer Zeit Versuche über die bei einer plötzlichen Dehnung oder Zusammenziehung entstehende Abkühlung oder Erwärmung an einigen Metallen angestellt, und zwar ebenfalls durch ein akustisches Verfahren **). Wenn man nämlich die Spannung einer Saite plötzlich vermehrt, so muss wegen der dabei entstehenden Abkühlung in den ersten Secunden die Spannung etwas grösser sein, als später, wo die Temperatur sich gegen die der Umgebung wieder ausgeglichen hat; aus dem entsprechenden Grunde muss die Spannung nach einer plötzlichen Verminderung sich anfangs schwächer zeigen als später, und diese Aenderungen können an dem Ton der Saite wahrgenommen werden. Das sinnreiche Verfahren, welches Weber bei der Beobachtung dieser Wirkung angewendet, und die scharfe Analyse, welcher er seine Versuche unterworfen hat, waren ganz geeignet, jedem Einwurfe gegen die Auslegung der Thatsachen und die darauf gegründete Berechnung des Verhältnisses der specifischen Wärme bei constantem Volumen und bei constantem Druck zu begegnen. Dennoch erscheint diese Berechnung gegenwärtig nicht mehr einwurfsfrei, nachdem derselbe Gelehrte die Nachwirkung entdeckt hat, denn auch diese bewirkt, dass die Spannnng nach einer

*) Die Verminderung der Schwingungen wurde auch an der Drehwage von Coulomb bei verschiedenen Metallen sehr ungleich gefunden unter Umständen, wo dies dem Luftwiderstand nicht zugeschrieben werden konnte.

**) Poggend. Ann. Bd. 20. S. 177.

plötzlichen Vermehrung anfangs etwas grösser ist, als später, sowie nach einer plötzlichen Verminderung anfangs etwas geringer, als später, sie wirkt also in demselben Sinne, wie die Temperaturänderung, daher denn Webers Berechnung den Unterschied der beiden specifischen Wärmemaasse ebenfalls zu gross geben muss. Da übrigens der Quotient dieser beiden Werthe sowohl nach Webers als nach Wertheim's Berechnung (Blei ausgenommen) nicht über 1,2 geht, und in den meisten Fällen kleiner ist, die gefundenen Zahlen aber wahrscheinlich zu gross sind, so ist derselbe bei den untersuchten festen Körpern in jedem Falle kleiner, als bei den Gasen.

b) In Hölzern.

Wertheim et Chevandier, Compt. rend. t. 23. 663.

Von Hagen's Versuchen über die verschiedene Elasticität, welche Hölzer in Richtung der Fasern und in den dagegen geneigten Richtungen zeigen, ist ebenfalls schon im 7ten Bande des Repert. S. 128 Nachricht gegeben.

Aus den zahlreichen Versuchen, welche Chevandier und Wertheim über die Eigenschaften der Hölzer angestellt haben, sind hier die Zahlen, welche die Schallgeschwindigkeit betreffen, auszuheben. Sie beziehen sich auf Hölzer bei 20 $\frac{0}{0}$ Feuchtigkeit, und sind für die Schallgeschwindigkeit in Richtung der Fasern durch Längsschwingungen, für die dagegen rechtwinkligen Richtungen durch Querschwingungen gefunden:

---

*) Eine andere Reihe von Versuchen, welche dieselben Beobachter an Glasstäben angestellt haben (Ann. de Ch. et Ph. S. III. T. XIX. p. 129.), zeigt besonders, wie nothwendig es ist, bei der Bestimmung der Schallgeschwindigkeit durch Längsschwingungen genau prismatische Stäbe anzuwenden. Von 10 gezogenen Scheiben aus Fensterglas schwankten die Zahlen zwischen 14,75 und 17,19 und bei 6 gezogenen Stäben aus Spiegelglas zwischen 14,04 und 17,41. Als darauf ein Theil dieser Stäbe durch eine Maschine in vollkommen quadratische verwandelt wurde, schwankten die Zahlen für Fensterglas nur noch zwischen 16,58 und 16,76 und für Spiegelglas zwischen 15,70 und 16,02. Bleihaltiges Glas hat eine geringere Fortpflanzungsgeschwindigkeit. Verschiedene gefärbte und ungefärbte Crystallgläser gaben 11,89 bis 12,22.

Hölzer	Schallgeschwindigkeit in Richtung der Fasern	des Radius	d. Tangente
Fichte	10,00	8,53	4,78
Rothbuche	10,06	11,06	8,53
Eiche	11,58	9,24	7,76
Weissbuche	11,80	10,28	7,20
Ahorn	12,36	9,26	6,23
Ulme	12,40	8,56	6,11
Pappel	12,89	8,44	6,32
Birke	13,32	6,46	9,14
Feigenbaum	13,43	9,02	6,85
Erle	13,95	8,25	6,28
Tanne	13,96	8,05	4,72
Esche	14,05	8,39	7,60
Acacie	14,19		
Espe	15,30	9,72	5,48

III. Ueber Fortpflanzung in der Ebene und im Raume.

Wertheim. Compt. rend. t. 26. 206.; Pogg. Ann. Bd. 74. 150.

Nach der Hypothese über die Molekularkräfte, welche Poisson in seiner bekannten Theorie des Gleichgewichts und der Schwingung elastischer Körper (Mém. de l'acad. T. VIII.) zum Grunde gelegt hat, wird ein Prisma, welches man um $\frac{1}{\mu}$ seiner Länge dehnt, in jeder Querrichtung um $\frac{1}{4\mu}$ zusammengezogen; daher beträgt die Volumänderung $= \frac{1}{2\mu}$. Unter dieser Annahme ergiebt sich für die Querrichtung eine Zusammenziehung, welche viermal kleiner als jene Dehnung ist. so dass die Volumänderung halb so gross als die Aenderung der Länge ist. Ferner ergiebt sich, dass die Schallgeschwindigkeit bei Fortpflanzung in einer Ebene (Platte) $\sqrt{\frac{16}{15}}$ und im Raume (Kugel) $\sqrt{\frac{6}{5}}$ mal grösser ist, als bei der linearen Fortpflanzung (in Stäben).

Ein Versuch von Cagniard-Latour hat zwar im Allgemeinen

jene seitliche Zusammenziehung eines gedehnten Körpers bestätigt, ohne jedoch ein genaueres Maass zu geben.

Wertheim hat diesen Gegenstand einer Untersuchung unterworfen. Nach seinen Versuchen ist die seitliche Zusammenziehung nicht ein-, sondern dreimal kleiner, als die Dehnung in der Länge, und daher die Volumänderung nicht $\frac{1}{2}$, sondern nur $\frac{1}{3}$ der Längenänderung. Hiernach wird die Schallgeschwindigkeit bei Fortpflanzung in der Ebene $\sqrt{\frac{9}{8}}$ und im Raume $\sqrt{\frac{4}{3}}$ von jener werden, welche man für die innere Fortpflanzung kennt.

Allgemein findet man leicht: Wenn die seitliche Zusammenziehung $\frac{1}{p}$ von der Längendehnung betrüge, so würde die Schallgeschwindigkeit in der Ebene $\sqrt{\frac{p^2-1}{p^2}}$ und im Raume $\sqrt{\frac{p^2-p-2}{p^2-p}}$ mal grösser als die im Stabe sein.

H Gehör.

I. Tiefste und höchste Töne.

Despretz, Compt. rend. T. XX. p. 1214. Pogg. Ann. Bd. 65. S. 440.

1) Tiefste Töne. Man hat allgemein das 32füssige *C* von 15 bis 16 ganzen Schwingungen für den tiefsten noch eben erkennbaren Ton gehalten, bis F. Savart (Ann. de Ch. et Ph. t. 47. p. 69) angab, dass er mit der bekannten Vorrichtung eines durch eine Spalte geschwungenen Stabes noch Töne bei 7 bis 8 Schlägen in der Secunde erhalten habe, und die Vermuthung aussprach, dass man mit noch grösseren Apparaten eine noch bedeutendere Tiefe werde erreichen können.

Dies Resultat wird von Despretz in Zweifel gezogen, indem derselbe vermuthet, dass Savart sich über den Ton getäuscht habe. Bei des Letzteren Versuchen war der Stab = 0^m,83 lang und von Eisen. Despretz hat den Versuch mit dem Apparat der Faculté des sciences wiederholt, an welchem der Stab 0^m,86 lang, von Holz und nur an den Enden der gegen die Luft schlagenden Kanten mit Kupfer beschlagen ist. Der Ton ging niemals tiefer, als bis zum *G* der 16füssigen Octave, also bis 48 (ganze) Schwingungen in der Secunde. Es scheint aber nach Despretz's Angaben, als ob dieser Ton nicht bei der gleichen Anzahl von Schlägen, sondern bei einer geringeren Zahl gehört wurde, obgleich dies nicht ganz deutlich gesagt ist. Jener Ton war der tiefste vernehmbare, sowohl bei Anwendung einer Spalte (wie bei Savart), als mit einer von Marloye hinzugefügten Büchse, sowie auch dann, als durch die Anwendung von vier Spalten je zwei Schläge bei einer Umdrehung erzeugt wurden *). Wenn im letztern Falle die Zahl der Schläge 15 bis 16 betrug (also nahe 8 Umdrehungen), so wurde der von ihnen erzeugte Ton nicht gehört. Wurde der Apparat wieder auf eine Spalte reducirt, so wurde dadurch der tiefste vernehmbare Ton nicht merklich geändert. „Er entsprach immer 48 (ganzen) Schwingungen, und doch war die Zahl der Schläge auf die Hälfte zurückgeführt, nämlich ungefähr 8 in der Secunde; diese Schläge waren sehr deutlich.“

Despretz fügt hinzu, dass bei den eignen Versuchen Savart's weder Marloye noch Cagniard-Latour den aus den Schlägen des Stabes entspringenden Ton wahrnehmen konnten. Es entsteht, sagt er, in diesem Apparat eine Vielheit von Tönen; die Luftmasse des Apparates, die Breter der Spalten, der Riemen u. s. w. können schwingen und verschiedene Töne erzeugen.

Diese Angaben bestätigen einen Zweifel, der wohl von mehren Seiten gegen Savart's Ausspruch gehegt worden ist. In der That würde es sehr auffallend sein, wenn Schläge, die wir einzeln zu unterscheiden und zu zählen vermögen, sich zugleich zu dem Gesammteindruck eines Tones verschmelzen sollten. Dagegen ist es leicht möglich, dass der tiefe Ton, welchen Savart bei 7 bis 8 Schlägen hörte, einer 2, 3, 4...mal grösseren Schwingungsmenge entspricht. Denn erstens können diese Schläge durch eine Sinusreihe dargestellt werden (vgl. S. 19) und es kann begegnen, dass durch das Zusammentreffen der von Boden und Wänden zurückgeworfenen Eindrücke mit den directen, das 2te, 3te, 4te... Glied dieser Reihe verstärkt wird und als Ton hervortritt.

Zweitens können nach dem, was oben über das Mittönen gesagt ist (vgl. besonders S. 66), die Bretter der Spalte oder andere

*) Vgl. über diese Art der Verdopplung Repert. Bd. VI. S. 10 und 14

in der Nähe befindliche Körper durch die periodische Kraft der Schläge in Schwingungen versetzt werden, deren Menge das 2, 3, 4...fache von der der Schläge ist, in solcher Weise, dass dieser Ton bei Beschleunigung der Bewegung stetig mit in die Höhe geht. Es ist daher denkbar, dass Savart einen der Obertöne der nicht mehr selbst als Ton vernehmbaren 7 bis 8 Schläge vernommen habe.

2) Höchste Töne. Die Empfindlichkeit für sehr hohe Töne ist bei verschiedenen Personen ungleich, wie man besonders aus Wollaston's Untersuchungen weiss (Phil. Trans. 1820). Es kommt sogar in dieser Beziehung ein Unterschied zwischen dem rechten und linken Ohr vor. Brewster erwähnt, dass er das Heimchenzirpen nur mit einem Ohre hört, obgleich für gewöhnliche Töne beide gleich empfindlich sind. (Lond. Edinb. and Dublin Philos. Mag. and Journ. of Science, vol. XXV. p. 136.)

Aus Savart's Versuchen über diesen Gegenstand sieht man, dass die sehr hohen Töne, wenn sie nur stark genug sind, von allen Personen vernommen werden, und dass man noch grössere Höhen erreichen kann, als vor ihm beobachtet waren. Er giebt an, durch eine sehr schnelle Drehung seines Zahnrades Töne bis zu 24000 Erschütterungen in der Secunde erhalten zu haben (Ann. de Ch. et Ph. T. 44. p. 337.)

Despretz hat nicht nur noch höhere Töne beobachtet, sondern auch die Fähigkeit angetroffen, in so grossen Höhen die Intervalle zu vergleichen. Er hatte nämlich kleine Stimmgabeln von Marloye, welche das 5, 6, 7 und 8 gestrichene *c* gaben. Eine Gabel der letzten Art konnte durch Abfeilen bis d_8, d. h. bis zu 36850 (ganzen) Schwingungen getrieben werden. In einer diatonischen Tonleiter vom 6 bis 7 gestrichnen *c* konnten noch alle Intervalle unterschieden werden, wenn auch weniger genau, als bei einer Reihe aus der Mitte der musikalischen Scala und nur mit beträchtlicher Anstrengung, da schon das fortgesetzte Hören dieser hohen Töne Kopfschmerzen verursacht.

Die Töne dieser Gabeln sind so stark, dass c_7 durch die Thür und noch einige Meter weit gehört wurde, und c_8 von der Mitte des grossen Amphitheaters der Sorbonne bis zu dessen Ende von den meisten Personen vernommen wurde.

II. Fähigkeit des Trommelfelles, bei sehr verschiedenen Tonhöhen mitzuschwingen.

Die Leichtigkeit, mit welcher Membranen durch die Wellen eines Tones mit in Schwingung versetzt werden, hat auf die Ansicht geführt, dass das Trommelfell die Bestimmung habe, die Schallwellen vermöge dieser Eigenschaft in sich aufzunehmen und an die inneren Gehörstheile zu übertragen. (Vgl. Savart, Ann. de Chim. et Phys. T. 26. p. 24.)

Dabei zeigt sich jedoch eine Schwierigkeit. Eine kleine, nicht zu schwach gespannte Membran, welche beim Anschlagen einen ziemlich klaren Ton giebt, wird durch den Einklang dieses Tones in äusserst lebhaftes Mitschwingen versetzt, aber dies wird sogleich sehr merklich schwächer, wenn man den erregenden Ton nur wenig, z. B. um $\frac{1}{2}$ oder $\frac{1}{4}$ Ton ändert, und verschwindet bei stärkerer Abänderung ganz. Nur bei den Tönen der harmonischen Unterreihe pflegt die Bewegung der Membran wieder hervorzutreten, jedoch tönt sie dann nicht diesen tieferen, sondern ihren eigenen Ton (vgl. S. 67).

Wendet man dies auf das Trommelfell an, so müsste man erwarten, dass unser Ohr einen bestimmten Ton sehr stark, und die Töne von da auf- oder abwärts in sehr schnell abnehmender Stärke hören müsste. Zwar zeigen sich grosse und schwach gespannte Membranen für viele verschiedene Töne, ja von einer mässigen Tiefe aufwärts für alle Abstufungen der Höhe mehr oder weniger empfindlich, weil unter den höheren Tönen, welche die Membran selbst je nach der Zahl und Lage der Knotenlinien geben kann, sich immer einer oder der andere findet, welcher dem erregenden nahe kommt, aber eben deshalb ist dieses Mitschwingen, welches den aufgestreuten Sand zu Resonanzfiguren ordnet, nicht bei allen Tonabstufungen von gleicher Lebhaftigkeit und kann zur Erklärung der in Rede stehenden Erscheinung beim Gehör schon deshalb nicht benutzt werden, weil es bei der geringen Grösse und ziemlich beträchtlichen Spannung des Trommelfells nur allenfalls bei ungemein hohen Tönen Anwendung finden und auch hier eine sehr ungleichmässige Stärke der Wahrnehmung bedingen würde.

Savart hat diese Schwierigkeit nicht ganz unbeachtet gelassen. Er vermuthet, dass das Trommelfell in einen so hohen Ton gestimmt sei, dass alle vorkommenden Töne tiefer liegen und daher überhaupt nur ein mässiges Mitschwingen bewirken. Allein dies würde nicht eine Gleichmässigkeit des Hörens für die verschiedenen Höhen, sondern eine mit der Höhe beständig zunehmende Empfindlichkeit des Organs erzeugen.

In Betreff der gedachten Schwierigkeit ist nun zunächst zu bemerken, dass man das Trommelfell nicht isolirt für sich, sondern mit der Trommelhöhle, der Gehörknöchelchen u. s. w. zu einem zusammengesetzten Instrument verbunden zu denken hat. Nimmt doch schon eine in einem Ring ausgespannte Membran nicht nur einen dumpferen Klang, sondern auch eine ganz andre Tonhöhe an, sobald man sie über die Mündung eines Gefässes oder einer Röhre hält, weil sie nun mit der Luft dieses Gefässes ein einziges tonfähiges System ausmacht. (Progr. der techn. Bildungsanst. 1843.)

Insbesondere aber scheint die Verbindung, in welcher das Trommelfell durch die Gehörknöchelchen mit dem Labyrinthwasser steht, ganz geeignet zu sein, das Mitschwingen des Trommelfells zwar schwächer, aber zugleich für die verschiedenen Höhen viel gleichmässiger zu machen, wie ich in Pogg. Ann. Bd. 68. S. 458 gezeigt habe.

Wendet man nämlich die obige Theorie des Mittönens (S. 69.) auf Membranen an, was für den vorliegenden Zweck in hinreichender Annäherung zulässig erscheint, und setzt die Stärke oder lebendige Kraft des erregenden Tones, welche durch a^2m^2 gemessen wird, $= 1$, und die des Mitschwingens $\alpha^2m^2 = i$, so ist

$$i = \frac{4b'^2 m^2}{(n^2-m^2)^2 + 4b^2 m^2}$$

wo n die eigene Schwingungsmenge der Membran, m die des erregenden Tones ist, b und b' aber vom Widerstande des umgebenden Mittels abhängen und mit diesem wachsen. In Luft, wo b sehr klein ist, ist von den beiden Gliedern des Nenners in der Regel $(n^2-m^2)^2$ überwiegend, ausser wenn m sehr wenig von n verschieden ist; daher wird i sehr gross, wenn der erregende Ton dem der Membran nahe kommt, nimmt aber bei einiger Aenderung des erregenden sehr rasch ab. Wird hingegen die Membran auf der Rückseite nicht mit Luft, sondern mit Wasser in Berührung gedacht, so wird b sehr viel grösser, so dass $(n^2-m^2)^2$, so lange es nicht zu gross ist, gegen $4b^2m^2$ vernachlässigt werden, folglich i angenähert constant, nämlich $= \frac{b'^2}{b^2}$ gerechnet werden kann, und nur für sehr viel höhere oder tiefere Töne merklich kleiner wird. Es kann also in diesem Falle das Mitschwingen zwar schwächer sein, als blos in Luft, aber es erlangt durch den stärkeren Widerstand eine sehr viel grössere Gleichmässigkeit für verschiedene Höhen.

Denkt man sich jetzt statt der Membran das Trommelfell, und erwägt, dass dasselbe sich mittels der Gehörknöchelchen auf das ovale Fenster stützt und durch diese Verbindung in ein ähnliches Verhältniss gesetzt wird, als ob es nach innen unmittelbar an Wasser grenzte, so ergiebt sich, dass es durch diese Verbindung eine viel grössere Gleichmässigkeit in der Aufnahme verschiedener Tonhöhen erlangen muss, als dies ohne dieselbe der Fall sein würde. Ich halte daher diese Einrichtung für das Hauptmittel, wodurch unserem Ohre die Fähigkeit ertheilt wird, einen so grossen Umfang von Tönen zu hören. Uebrigens muss Alles, was sonst zur Fortpflanzung vom Trommelfell an die anderen Theile beiträgt, ebenfalls als Widerstand auftreten und daher in demselben Sinne wirken.

Zugleich dient jene Einrichtung, das Eintreten des Beharrungszustandes, welches in dem Erlöschen eines mit dem Faktor e^{-bt} behafteten Gliedes besteht (vgl. S. 61 Gleichung ⊙), sehr zu beschleunigen, und ist daher geeignet, die Auffassung sehr schnell wechselnder Eindrücke bedeutend zu erhöhen. Auch kann sie wohl dem Trommelfell zum Schutze dienen, da dieses sonst bei einer gewissen Höhe viel stärker mitschwingen würde.

Wenn man die objective Intensität der Töne durch die lebendige Kraft der Schwingungen oder durch a^2m^2 misst, wo m die Schwingungsmenge und a die Amplitude bezeichnet, so ist die subjective Intensität, sofern sie durch $\alpha^2 m^2$ ausgedrückt wird, jener nicht proportional, nähert sich aber dieser Proportionalität um so mehr, je grösser b oder der dem Trommelfell geleistete Widerstand ist, und je näher die Töne dem eigenen Tone des Trommelfells oder vielmehr des Gehörorgans überhaupt kommen. Bei solchen Personen, bei denen dieser letztere Ton tiefer steht (n kleiner ist), wird die Empfindlichkeit des Organs bei zunehmender Höhe rascher abnehmen. Auf diese Weise kann der Ursprung der von Wollaston beobachteten Schwerhörigkeit für sehr hohe Töne gedacht werden, sowie umgekehrt durch verstärkte Spannung des Trommelfells Taubheit für die tiefen Töne nach Wollaston und J. Müller willkührlich herbeigeführt werden kann. (S. Repert. VI. 102.)

III. Unterscheidungsvermögen für sehr kleine Tonunterschiede.

Wie weit die Schärfe meines Gehörs in dieser Beziehung reiche, konnte ich bemerken, als ich die Töne einiger Stimmgabeln am Monochord bestimmte. Ich brachte nämlich die mit Gewichten gespannte Saite durch Verschieben des Stegs mit der Gabel in Einklang, und wiederholte diesen Versuch 10 bis 20mal, um aus den gemessenen Längen den Mittelwerth zu nehmen. Von diesem Mittelwerth wichen die einzelnen Messungen nie mehr als 0,015 Zoll ab, bei $12\frac{3}{4}$ Zoll Länge, so dass die grössten Differenzen nicht mehr als 1 Schwingung auf 850 betragen. Da die Differenzen meist diese Grösse noch nicht erreichten, so glaube ich meinem Gehöre die Fähigkeit zuschreiben zu dürfen, eine Differenz von 1 Schwingung auf 1000 noch zu bemerken. Selbst bei zwei Stimmgabeln, welche, nach den Stössen zu urtheilen, um 1 Schwingung auf 1200 differirten, d. i. $\frac{1}{15}$ Komma, konnte ich noch eben erkennen, dass ein Unterschied da sei, und welche die höhere sei. Zwei vorzügliche Violinspieler waren bei eben denselben Gabeln nicht im mindesten zweifelhaft, welche die höhere sei.

W. Weber schätzt die Fähigkeit, Unterschiede der Höhe wahrzunehmen, nur 1 auf 200 (Pogg. Ann. Bd. 14. S. 398.) und Delezenne giebt für das Ohr eines Künstlers beim Einklang $\frac{1}{4}$ Komma (1 auf 320), bei der Quinte $\frac{15}{100}$ Komma nnd bei der Octave $\frac{1}{3}$ Komma an.

Wenn auch diese letzeren Zahlen beträchtlich unter der Grenze liegen mögen, welche ein sehr feines Gehör zu erreichen vermag, so sieht man doch, wie gering die praktische Bedeutung der Streitigkeiten über die verschiedenen Systeme des Temperirens sind, da eine gleichschwebende Quinte von einer reinen nur um ungefähr $\frac{1}{11}$ Komma differirt, und daher ein Stimmer, wenigstens ohne Anwendung der Stösse, nicht im Stande sein wird, eine jener Temperaturen in ziemlicher Annäherung darzustellen.

IV. Combination des rechten und linken Gehöreindrucks.

Im dritten Bande des Repert. S. 404 bespricht Dove die Erscheinung, dass die Stösse zweier Stimmgabeln auch dann gehört werden, wenn man die eine dicht vor das rechte, die andre dicht vor das linke Ohr hält, und lässt die Wahl zwischen zwei Erklärungen. Nach der einen würden jedem Ohre nur die Schwingungen der ihm genäherten Gabel mitgetheilt und die Stösse aus der Combination der beiden Nerveneindrücke entspringen. Nach der andern würden die Schwingungen jeder Gabel sich durch die festen Kopftheile auch dem abgewendeten Ohre mittheilen und dort mit denen der andern Gabel interferiren.

Die erstere Annahme würde vielleicht auf eine Interferenz der beiderlei Wellen an dem gemeinsamen Ursprungsorte der beiden Gehörnerven zurückzuführen sein, in jedem Falle aber auf eine bestimmte Sympathie dieser Nerven schliessen lassen, in solcher Weise, dass ein Eindruck auf das rechte Ohr die Stelle eines Eindrucks auf das linke verträte. Es würde aber dann weiter die Frage entstehen: Vertreten sich die entgegengesetzten Schwingungen der beiden Trommelfelle, wo beide zugleich nach innen und zugleich nach aussen gehen, oder die gleichgerichteten, wo beide zugleich nach rechts oder zugleich nach links gehen? In einem Falle mussten die Schwingungen dann stark gehört werden, wenn beide zugleich gegen das Ohr und vor demselben schwingen, und schwach, wenn sie zugleich nach rechts und zugleich nach links schwingen, im andern musste dies gerade umgekehrt sein.

Es können also drei Annahmen unterschieden werden, zwischen welchen die Wahl bleibt, nämlich 1) die beiden Gehörsnerven sympathisiren so, dass die entgegengesetzten Schwingungen beider Trommelfelle einander vertreten können, oder 2) so, dass die gleichgerichteten Schwingungen einander vertreten, oder 3) es findet eine solche Sympathie nicht statt, wohl aber eine merkliche Mittheilung der Schwingungen von einem Ohre zum andern.

Ich habe zur Entscheidung über diesen Gegenstand eine Doppelsirene angewendet. Um eine gemeinsame Axe drehen sich zwei ganz gleiche Löcherscheiben, so gross und so weit auseinanderstehend, dass der Kopf zwischen beide gebracht und die Luftstösse der einen gegen das rechte, die der andern gegen das linke Ohr gerichtet werden können. Es ist die Einrichtung getroffen, dass diese beiden Eindrücke *a*) gleichzeitig, *b*) alternirend auftreten können.

Nach der ersten Annahme müsste der Ton bei *a* verstärkt werden, bei *b* in die Octave übergehen. Nach der zweiten Annahme müsste der Ton bei *a* schwächer, dagegen bei *b* nicht nur stärker werden, sondern auch eine gewisse Veränderung des Klanges erleiden. Bei der dritten Annahme muss sich zwischen *a* und *b* fast gar kein Unterschied finden.

Der Versuch entscheidet für die dritte Annahme, womit auch einige andere Erfahrungen, die wir am Gehörorgan machen, übereinstimmen. Die Schwebungen entstehen daher durch die Interferenz der beiderlei Wellenzüge in jedem Ohre, und zwar, wie sich zeigen lässt, fast gleichzeitig in beiden. Sie sind übrigens wegen der ungleichen Stärke der beiden interferirenden Wellenzüge schwächer, als wenn beide Gabeln vor ein Ohr gehalten werden.

Der Gesichtssinn verhält sich in dieser Beziehung ganz anders, und wenn Dove (a. a. O.) diesem Sinne die Fähigkeit, die Eindrücke beider Augen zu combiniren, abspricht, dagegen dem Gehörssinn die analoge Fähigkeit zuzuschreiben geneigt ist, so bin ich hierüber gerade zu der umgekehrten Ansicht gelangt. (Pogg. Ann. Bd. 68. S. 449.)

Angewandte Akustik.

1) Isoard's Saiteninstrument.

2) Faber's Sprechmaschine.

(So weit hatte der um die Optik und Akustik wohlverdiente Verfasser geschrieben, als ihn der Tod abrief. Ludwig Friedrich Wilhelm August Seebeck wurde am 27. December 1805 in Jena geboren. Director der technischen Bildungsanstalt in Dresden und im Begriff, einem Rufe als ordentlicher Professor der Physik an der Universität zu Leipzig zu folgen, erlag er den natürlichen Blattern am 19. März 1849.)

Namenregister zur Akustik.

Berichtigung.

Seite 75, 77, 79 ist im Columnentitel statt „reflectirender“ zu setzen: „reflectirter“

Gedruckt bei Julius Sittenfeld in Berlin.

Fig. 1.

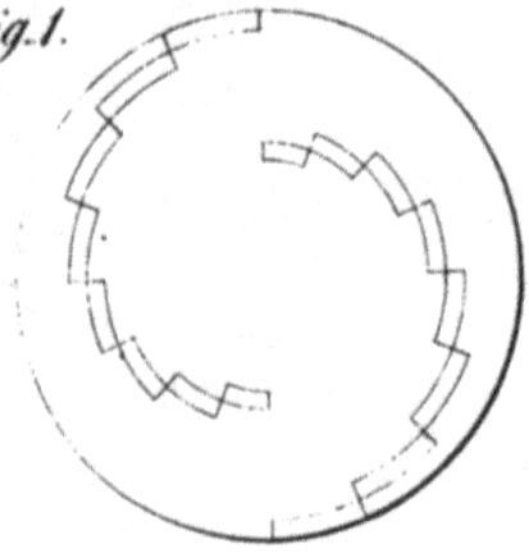

Fig. 2.

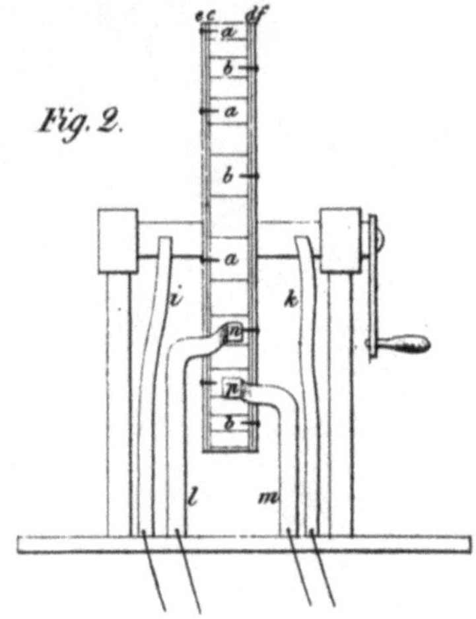

Fig. 3.

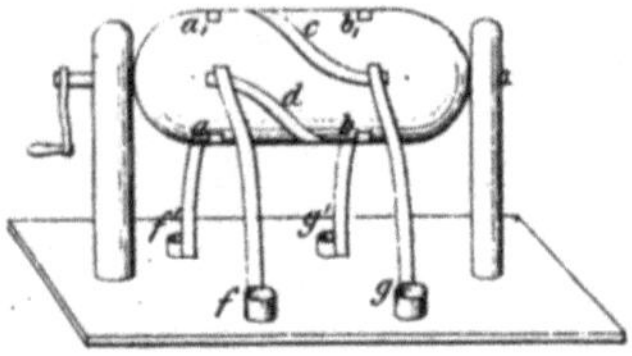

Fig. 4.

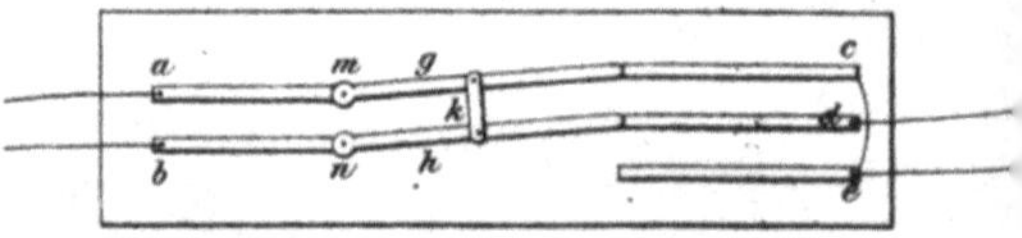

Fig. 5.

Fig. 6.

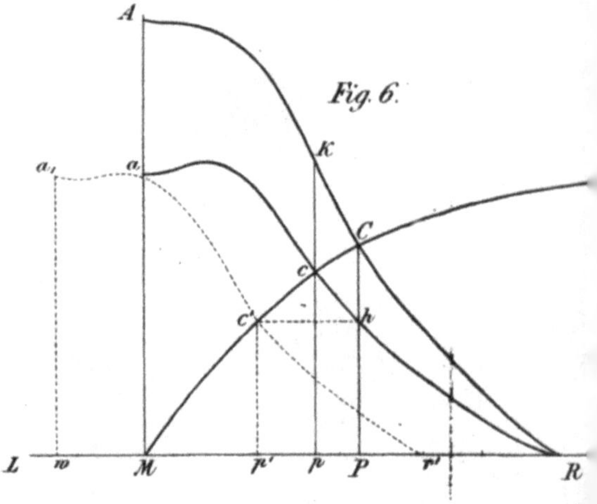

Fig. 7.

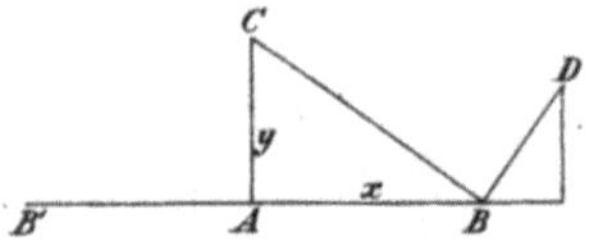

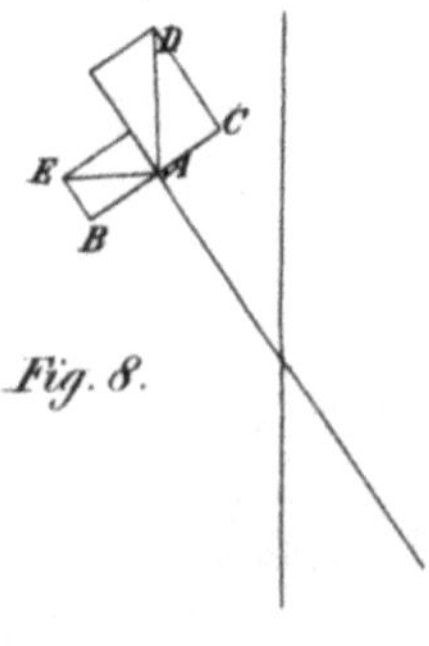

Fig. 8.

Fig. 10.

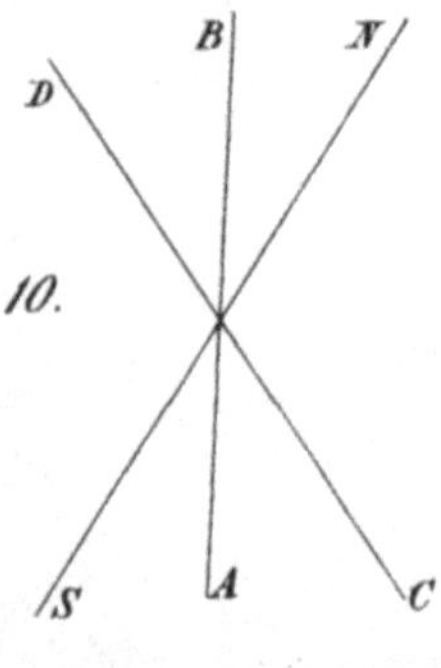

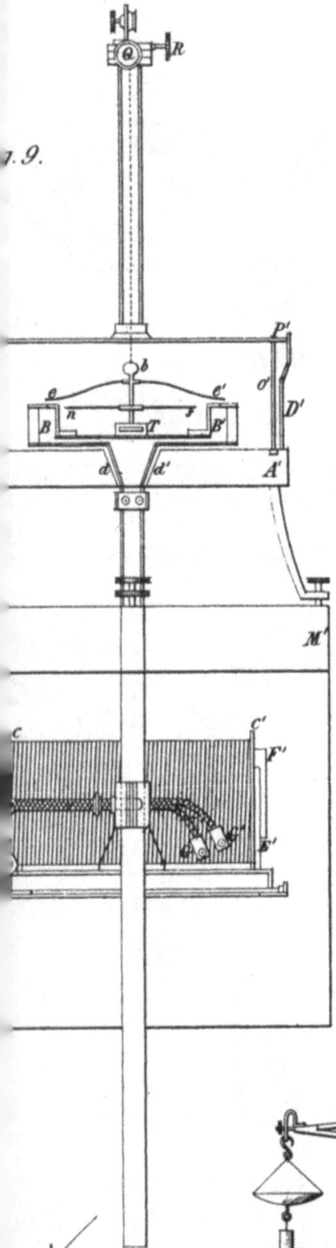

...g. 9.

Fig. 12.

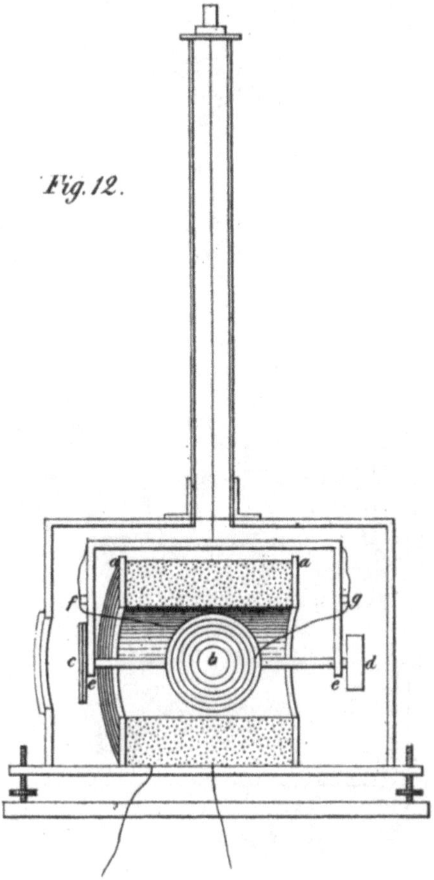

Fig. 13.

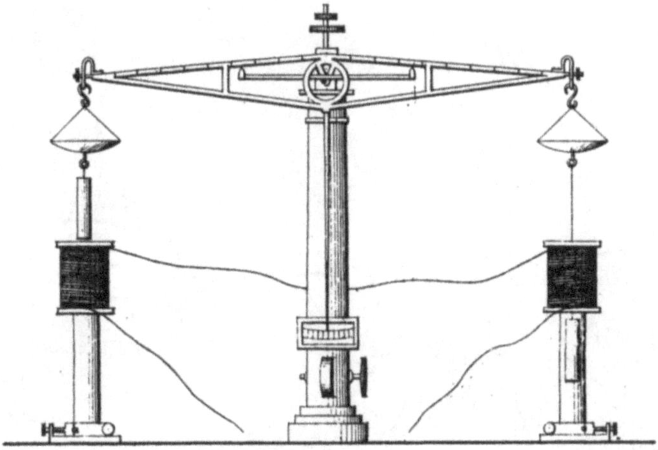

Fig. 14.

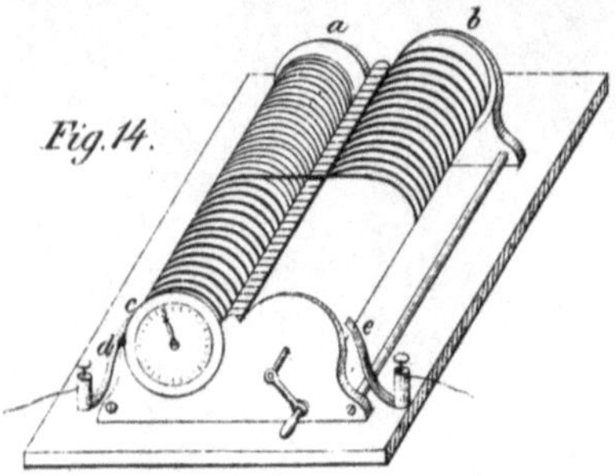

Fig. 15.

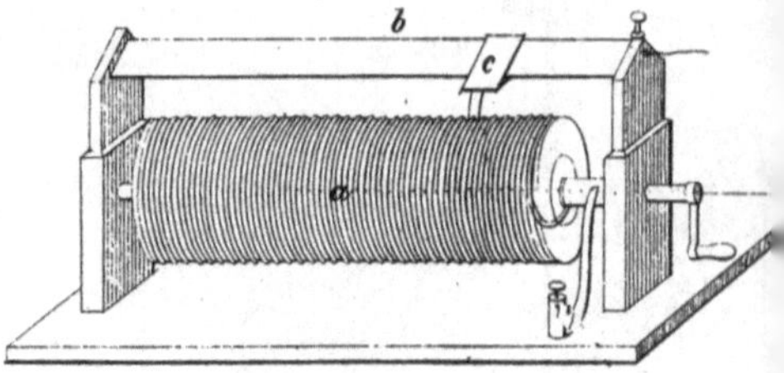

Fig. 16.

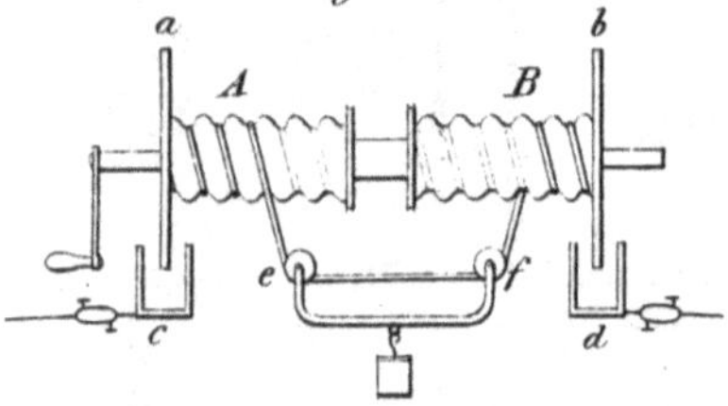

Fig. 17.

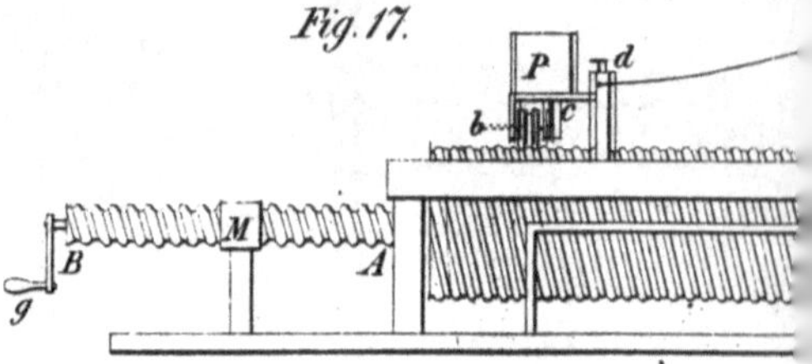

Fig. 18.

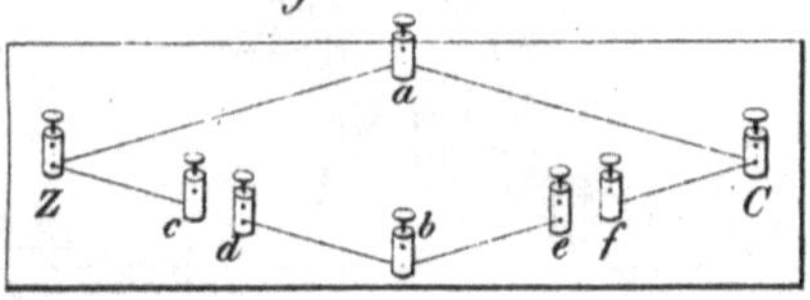

Fig. 19.

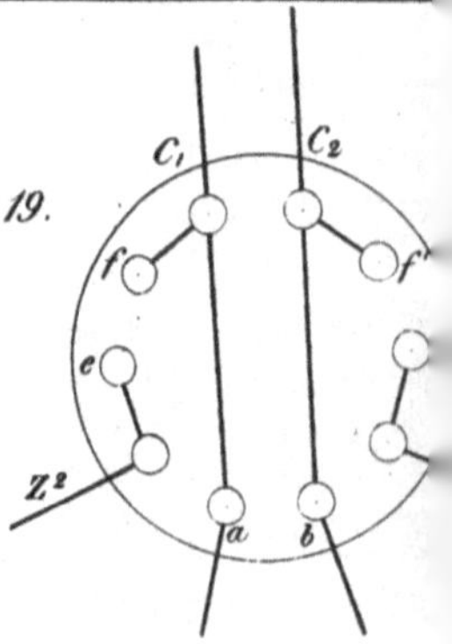

Fig. 28.

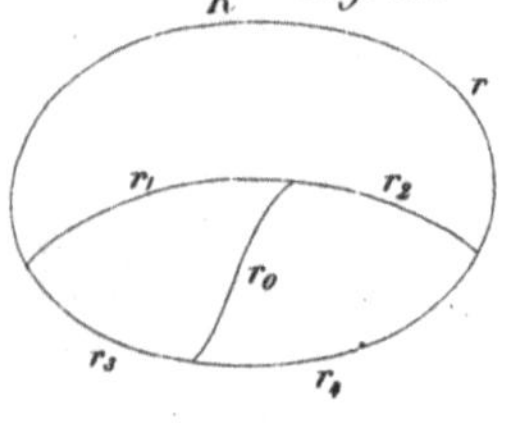

Fig. 29.

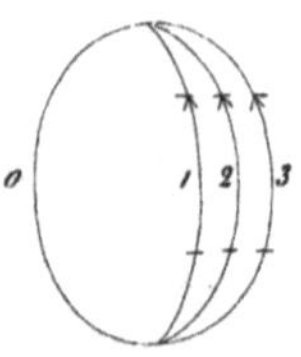

Fig. 30.

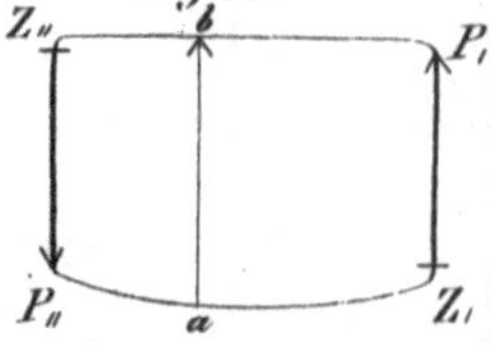

Fig. 34.

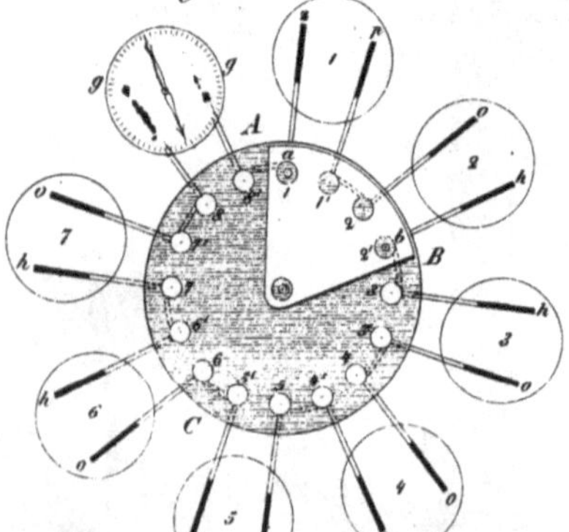

Fig. 35.

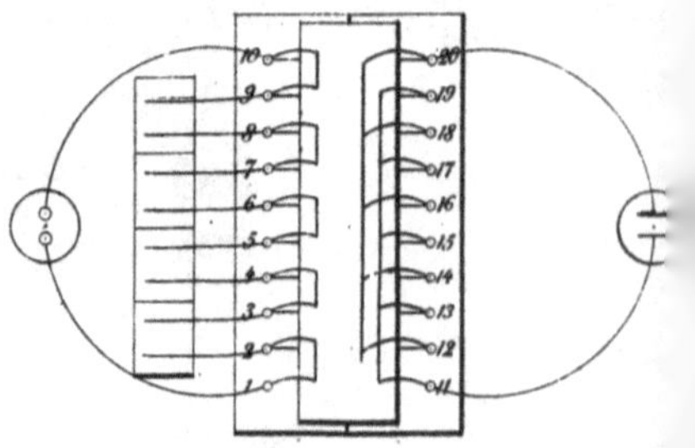

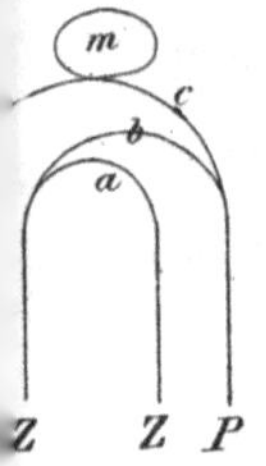

Fig. 20.

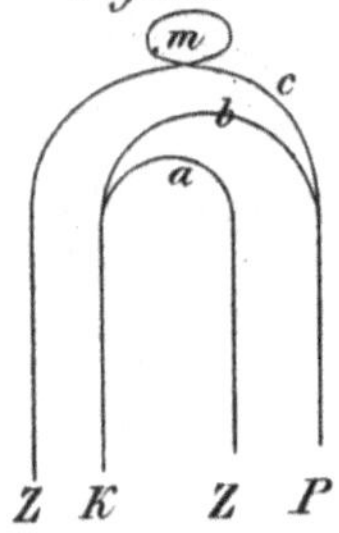

Fig. 21.

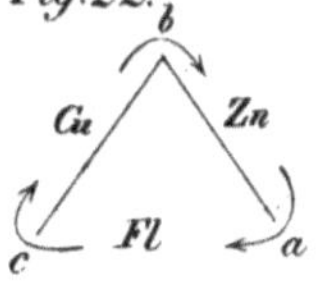

Fig. 22.

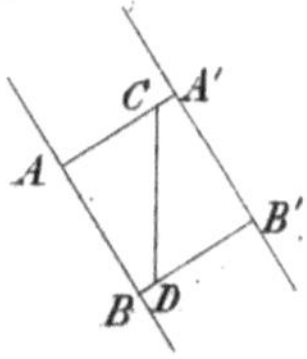

Fig. 23.

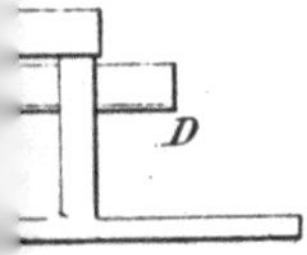

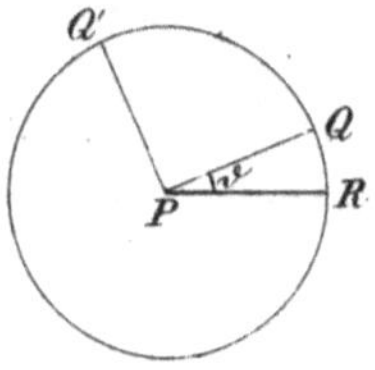

Fig. 24.

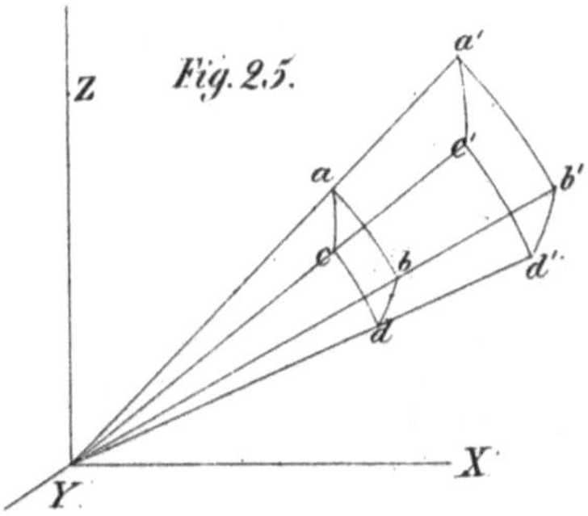

Fig. 25.

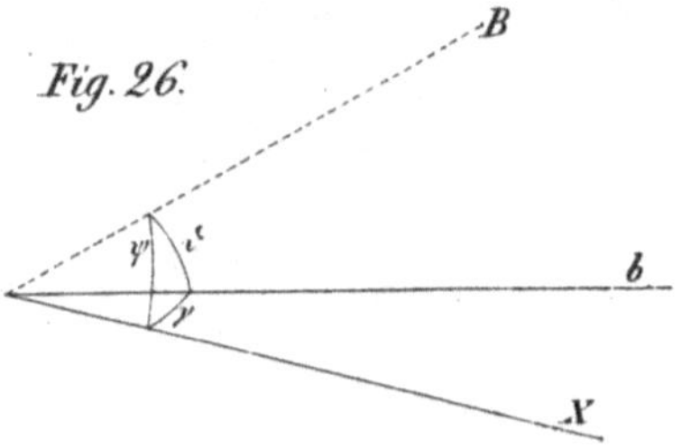

Fig. 26.

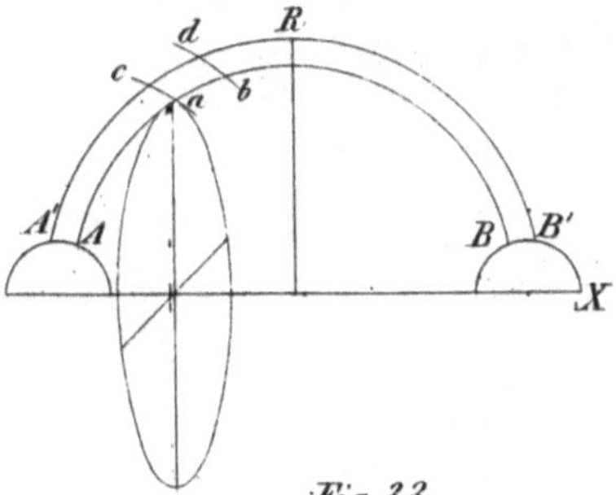

Fig. 27.

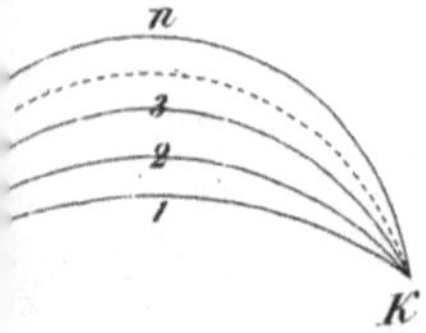

Fig. 31.

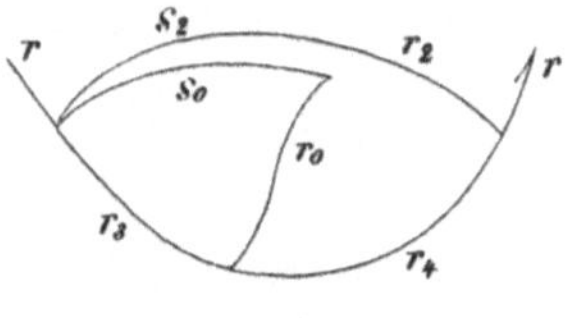

Fig. 32.

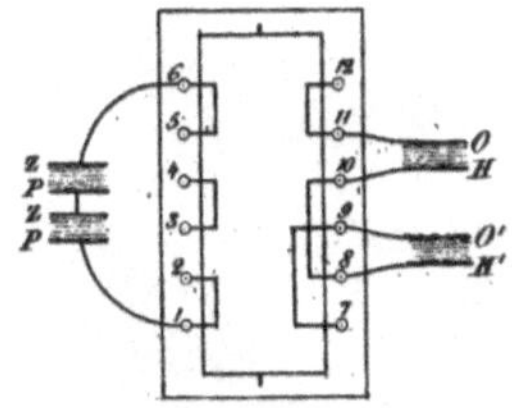

Fig. 33.

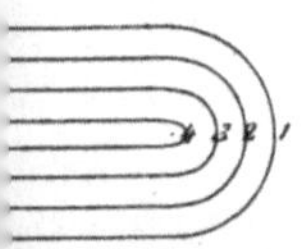

Fig. 36.

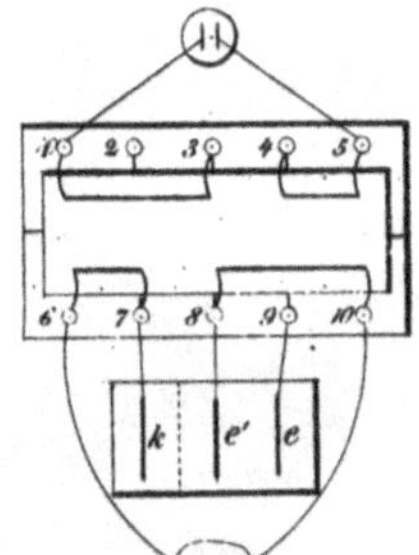

Fig. 37.

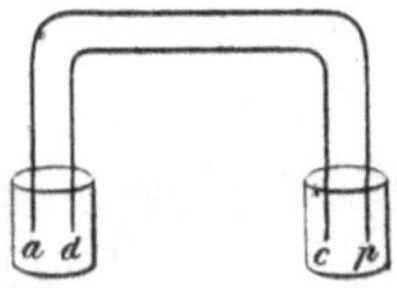

Fig. 38.

Kolibri 360 GmbH
Ferdinand-Jühlke-Straße 7
99095 Erfurt, Deutschland
produktsicherheit@kolibri360.de